독자들은 이 책에서 갖가지 재미를 즐길 수 있을 것이다. 살아 있는 작가들 중 가장 뛰어난 사람 중 하나인 저자의 생생한 문장, 생명과 인간에 대한 자극이 되어주는 생각들, 지적으로 냉철하지만 인간적으로 다정한 이 탁월한 정신의 작동 방식을 살짝 엿보는 기회를.

_ **스티븐 핑커** 하버드 대학 심리학 교수, 《우리 본성의 선한 천사》의 저자

명석하고, 복잡하고, 모순적인 한 인간의 회고가 빽빽하게 담겼다. 도킨스의 매력적이고 스스럼없는 문체와 포복절도할 일화들 때문에 책장이 술술 넘어간다.

_ **〈필라델피아 인콰이어러〉**

리처드는 늘 이야기를 들려주는 것처럼 글을 쓴다. 과학자가 아닌 나 같은 독자들이 그의 글에서 과학을 좀 더 잘 이해할 수 있는 것은 그 때문이다. 그런데 그 이야기가 자기 인생의 이야기라면, 흡인력은 두 배가 된다.

_ **빌 마** 토크쇼 〈빌 마〉의 진행자, 《새로운 새로운 법칙들》의 저자

내가 친구이자, 동료이자, 길동무로서 사귀고 존경해온 리처드 도킨스는 이런 사람이다. 재치 있고, 자기를 낮추는 농담에 능하고, 어마어마하게 호기심이 많고, 늘 진실하며, 듣는 이를 사로잡는 이야기꾼. 그런데 어쩌다 보니 지구에서 제일 뛰어난 과학 저술가 중 한 명이 되어버린 사람. 종교적 우파 진영의 일부가 묘사하는 그런 못된 논객과는 거리가 멀어도 한참 멀다. 《이기적 유전자》와 《만들어진 신》을 쓴 인물의 진정한 모습을 알고 싶은 사람에게 이 책은 틀림없이 즐거움을 안길 것이고, 아마 놀라움도 안길 것이다.

_ **로런스 크라우스** 이론물리학자, 우주론학자, 《스타트렉의 물리학》의 저자

리처드 도킨스 자서전 2

나의 과학 인생

BRIEF CANDLE IN THE DARK
by Richard Dawkins

RICHARD

리처드 도킨스 자서전 2

나의 과학 인생

리처드 도킨스 | 김명남 옮김

김영사

DAWKINS

리처드 도킨스 자서전 2 나의 과학 인생

1판 1쇄 발행 2016. 12. 2.
1판 3쇄 발행 2016. 12. 14.

지은이 리처드 도킨스
옮긴이 김명남

발행인 김강유
편집 조혜영 | 디자인 이경희
발행처 김영사
등록 1979년 5월 17일 (제406-2003-036호)
주소 경기도 파주시 문발로 197(문발동) 우편번호 10881
전화 마케팅부 031)955-3100, 편집부 031)955-3250
팩스 031)955-3111

값은 뒤표지에 있습니다. ISBN 978-89-349-7660-8 04400

독자 의견 전화 031)955-3200
홈페이지 www.gimmyoung.com 카페 cafe.naver.com/gimmyoung
페이스북 facebook.com/gybooks 이메일 bestbook@gimmyoung.com

좋은 독자가 좋은 책을 만듭니다.
김영사는 독자 여러분의 의견에 항상 귀 기울이고 있습니다.

이 도서의 국립중앙도서관 출판시도서목록(CIP)은 서지정보유통지원시스템 홈페이지(http://seoji.nl.go.kr)와 국가자료공동목록시스템(http://www.nl.go.kr/kolisnet)에서 이용하실 수 있습니다.(CIP제어번호 : CIP2016027838)

랄라에게

"꺼져라, 꺼져라, 짧은 촛불!
인생이란 움직이는 그림자일 뿐이고,
잠시 동안 무대에서 활개치고 안달하다
더 이상 소식 없는 불쌍한 배우이며…."
_ 윌리엄 셰익스피어, 《맥베스》 5막 5장

"과학, 어둠 속의 작은 촛불."
_ 칼 세이건, 《악령이 출몰하는 세상》(1995)의 부제

"어둠을 욕하느니 촛불을 밝혀라."
_ 무명씨

옮긴이의 말

이 자서전의 주인공 리처드 도킨스에게, 2016년은 각별한 해다. 올해 75세인 도킨스는 지금까지 열세 권의 책을 썼다. 그중 첫 책이자 대표작인《이기적 유전자》가 올해 출간 40주년이고, 세 번째 책《눈먼 시계공》은 30주년, 다섯 번째 책《리처드 도킨스의 진화론 강의》(원제는 '불가능의 산을 오르다')는 20주년, 아홉 번째 책《만들어진 신》은 10주년이다. 출판사들도 언론도 여기에 주목하여, 그의 몇몇 대표작이 특별한 표지로 갈아입고 나오는가 하면 그의 저작들의 의미를 조명하는 기사가 연중 쏟아졌다.

그러니 영국에서는 각각 2013년과 2015년에 출간되었던 그의 두 권짜리 자서전을 마침 올해 우리말로 옮기는 일도 각별히 느껴질 수밖에 없었는데, 더구나 한창 번역을 진행하고 있던 올봄에 그가 가벼운 뇌졸중을 겪어 쓰러졌다는 소식을 듣고는 마음이 다급해졌다. 그도 이제 확실히 인생의 말년에 접어들었구나, 하고 새삼스레 놀라기도 했다. 그가 진작 옥스퍼드 대학에서 은퇴했으며 백발이 성성한 노인이 되었다는 사실은 알았지만, 어쩐지 마음에서 그는 영원히 청년으로 느껴진 탓이다.

생물학에 관심이 없는 사람이라도 리처드 도킨스의 이름은 모르지 않을 것이고, 설령 도킨스의 이름을 모르더라도《이기적 유전자》

를 들어보지 못한 사람은 없을 것이다. 올가을, 〈경향신문〉은 출판계 전문가들의 추천을 받아 해방 이후 우리 사회에 가장 큰 영향을 미친 책을 뽑아보았다. 그중 제일 많은 추천을 받은 상위 25권 목록에는 과학책이 딱 두 권 포함되어 있었는데, 그중 한 권이 《이기적 유전자》였다(다른 한 권은 칼 세이건의 《코스모스》였다). 생물학자 최재천 교수가 《이기적 유전자》를 "인생을 바꿔놓은 책"으로 꼽는 것은 유명한 이야기이거니와, 학자가 아닌 일반 독자들에게도 《이기적 유전자》는 유전자의 관점에서 진화를 바라보는 시각을 처음 알려준 책이자 진화생물학의 입문서로 기능했을 것이다.

그다음으로 유명한 것은 (어떤 사람들 사이에서는 차라리 악명이겠지만) 《만들어진 신》의 저자로서의 도킨스다. 그 책으로 그는 이른바 '신무신론'의 기수가 되었으며, 지난 10년 동안 그는 회의주의와 과학적 기법의 합리성이야말로 우리 시대에 필요한 가치라는 신념을 주장하는 일에 헌신해왔다.

그러나 《이기적 유전자》와 《만들어진 신》 외의 도킨스는 그다지 많이 알려져 있지 않다. 조지 C. 윌리엄스, W. D. 해밀턴 등이 제안했던 생물학적 통찰을 완벽하게 하나로 통합하여 이기적 유전자 관점을 구축한 것 외에, 도킨스가 독자적으로 기여한 바는 무엇일까? 그의 박사 논문 주제는 무엇이었을까? 학교에서는 어떤 선생이었을까? 나아가, 사생활에서는 어떤 사람일까? 그런 궁금증을 풀어주는 자료는 거의 없었으므로(기라성 같은 동료 과학자들과 철학자들이 도킨스에 대해 쓴 글을 모은 《리처드 도킨스 – 우리의 사고를 바꾼 과학자》가 있긴 하지만, 이 책은 《이기적 유전자》 30주년을 기념한 논문집이었던 탓에 주로 그 주제에만 초점을 맞췄다), 이 자서전은 그를 좀 더 잘 알고 싶은 독자에게 거의 유일한 정보원으로서 소중한 의미가 있다.

자서전의 1권은 그의 출생부터 첫 책《이기적 유전자》를 낸 35세까지의 인생 전반부를 다루고, 2권은 이후 십여 권의 책을 더 쓰고 수많은 방송에 출연하며 세상에서 제일 유명한 생물학자가 된 인생 후반부를 다룬다. 어떤 독자는 그가 케냐에서 태어났다는 사실을 알고서 첫 쪽에서부터 놀랄지도 모르겠다. 더구나 그가 대대로 영국 식민주의의 혜택을 입어온 집안 출신이며 그 자신도 그런 배경이 자신에게 유리하게 작용했음을 부인하지 않는다는 것도 흥미로운 사실이다.

그 밖에도 우리가 자서전에서 새롭게 알게 되는 사실을 열거하자면 한도 끝도 없을 테지만, "내가 쓴 책들의 내용을 여기서 시시콜콜 밝힐 필요는 없을 것이다. 왜냐하면 그 책들은 아직까지 단 한 권도 절판되지 않았으니 여러분이 그냥 그 책들을 직접 읽으면 되기 때문이다"라는 도킨스의 천연덕스러운 말마따나, 여기에서 시시콜콜 다시 이야기할 필요는 없을 것이다.

그래도 굳이 흥미롭다고 짚어두고 싶은 대목은 역시, 그가 이름난 그 저작들을 쓰게 된 과정에 얽힌 뒷이야기들이다. 옥스퍼드 대학 출판부의 편집자 마이클 로저스가《이기적 유전자》원고를 읽고는 대뜸 그에게 전화를 걸어 "제가 꼭 이 원고를 가져야겠습니다!"라고 고래고래 고함질렀다는 얘기, 도킨스가 그런 로저스에게 충성하는 의미에서 로저스가 출판사를 옮길 때마다 따라서 옮겨 다녔다는 얘기, 그리고 어떻게 도킨스가 과학 출판계의 "상어"로 불리는 저작권 대리인 존 브록먼과 손잡게 되었는가 하는 사연, 도킨스가 자기 책들 중에서 제일 자랑스럽게 여기는 것은 무엇이고 제일 안타깝게 여기는 것은 무엇인가 하는 얘기, "영혼의 쌍둥이"라는 평을 들었을 정도로 훌륭한 독일어판을 만들어준 번역자 이야기와 리콜을 해야 할 만큼 형편없었던 스페인어판 이야기….

그의 인생을 수놓은 유명 과학자들, 친구들 이야기도 빼놓을 수 없다. 그가 애정을 담아 따랐던 지도 교수 니코 틴베르헌, 글쓰기의 모범으로 삼았다는 피터 메더워, 가장 존경하는 선배인 듯한 존 메이너드 스미스 등등 저명 생물학자들과의 교분은 물론이거니와 대니얼 데닛, 캐럴린 포르코, 닐 디그래스 타이슨 등등 다른 분야 학자들과의 교분도 소개된다. 특히 한때 그의 숙적처럼 이야기되었던 스티븐 제이 굴드, 무신론의 쌍두마차로 그와 나란히 활약했던 크리스토퍼 히친스, 그가 유일하게 팬레터를 쓴 소설가였으며 그 인연으로 그에게 세 번째 아내인 배우 랄라 워드를 소개해주기도 했던 더글러스 애덤스를 회고하는 대목은 무척 뭉클하다.

그동안 도킨스의 논증적이고 논쟁적인 글에만 익숙했던 독자에게는 한없이 여담에서 여담으로 빠지기도 하는 이 자서전이 낯설지도 모른다. 하지만 그가 태연자약하고 뻔뻔하게 말했듯이, "자서전에서 감상적인 말을 할 수 없다면 대체 어디서 하겠는가?"

도킨스는 이제 일종의 아이콘이 되었다. 진화의 유전자 중심 관점을 상징하는 아이콘, 우리 시대 대중 과학서를 상징하는 아이콘, 회의주의와 무신론을 상징하는 아이콘이다. 무릇 아이콘의 숙명은 그다지 달갑지 않은 숭배와 조금은 억울한 비난을 둘 다 과하게 받게 되는 것이다. 자신이 의도하지 않았던 영역에까지 영향력을 미치게 되고, 여러 오해와 실수가 영구히 박제되는 것이다. 앞으로도 오랫동안 그런 아이콘의 자리를 지킬 게 분명한 도킨스이기에, 그의 입장에서 이야기를 들려준 이 자서전이 너무 늦기 전에 출간된 건 그에게는 다행스러운 일이고 우리에게는 만족스러운 일이다.

유명세라고 하니까 떠오르는 일화가 있다. 자서전 2권에는 웬 창조론자가 도킨스에게 공개 토론회를 제안했다가 거절당하자 무대에 빈 의자를 놓아두고 행사를 강행했던 이야기가 나온다. 그 창조론자의 술책에 대해서, 도킨스는 〈가디언〉에 공개적으로 제 입장을 밝히는 글을 쓰며 이렇게 말했다.

> 크레이그가 내가 부재한 상태에서 토론하겠다고 하는 날 밤에 나를 볼 수 없는 장소는 옥스퍼드만이 아니다. 그날 여러분은 케임브리지, 리버풀, 버밍엄, 맨체스터, 에든버러, 글래스고, 그리고 만일 내 시간이 허락한다면 브리스틀에서도 내가 나타나지 않는 모습을 볼 수 있을 것이다.

이렇게 점잖으면서도 신랄한 유머에 웃지 않을 독자가 있을까. 도킨스는 무엇보다도 최고의 작가다. 이 자서전은 그 사실을 다시 한 번 확인시켜 준다.

마지막으로, 한국어판 제목이 《리처드 도킨스 자서전》인 것에 대해서 한마디 변명을 해둬야 할 것 같다. 이 책에서 도킨스가 똑같이 영어로 된 책인데도 영국판 제목과 미국판 제목이 다른 것을 불평한 걸 보았으니까 말이다. 영국에서는 이 자서전의 두 권이 2년의 간격을 두고 마치 서로 독립적인 책인 것처럼 출간되었지만, 한국어판은 함께 나오게 되었다. 그리고 원제에 숨은 사소한 말장난을 살려서 옮기는 것이 내게 역부족이었다. 1권의 원제 '경이를 향한 갈망'은 원래 《무지개를 풀며》의 부제('과학, 망상, 그리고 경이를 향한 갈망') 중 한 대목인데, 《무지개를 풀며》의 한국어판에서는 이 부제가 쓰이지 않았기 때문에 참조의 의미가 적어졌다. 한편 2권의 원제 '어둠 속의 짧은 촛불'은 도킨스가 2권의 서두에 인용한 세 문구를 노골적으로 조합한 것인데(《맥베스》의 한 대목인 '짧은 촛불'과 칼 세이건의 책 부제 '어둠 속의 촛불'을 합했다), 의미를 제대로 전달하려면 '짧게 어둠을 비추는 촛불' 정도로 옮겨야 좋겠지만 그러면 인용구들을 엮었다는 뜻을 전달하기 어렵다. 그래서 원제의 부제만을 살리고 제목은 바뀌었다.

김명남

차례

• 《**리처드 도킨스 자서전 1**》 어느 과학자의 탄생

차례

RICHARD DAWKINS

1

만찬에서의 회상

My Life in Science

내가 지금 여기서 뭘 하는 거지? 뉴 칼리지 홀에서 100명의 손님을 앞에 두고 자작시를 읊으려 하다니. 내가 어쩌다 여기 서게 됐지? 마음속에서는 아직 25세 청년인데, 현실에서는 태양의 공전을 일흔 번 겪은 것을 기념하는 사람이 되어 이렇게 어리둥절해하다니. 촛불이 밝혀진 긴 탁자 위에 놓인 반들거리는 식기와 반짝이는 와인잔, 거기 부딪히는 섬광 같은 재치와 반짝거리는 대화를 둘러보면서, 나는 주마등처럼 스치는 일련의 장면을 떠올린다.

내 마음은 식민지 시절 아프리카에서 나른하게 나는 큰 나비들과 함께 보낸 어린 시절로 돌아간다. 지금은 사라진 릴롱궤의 정원에서 몰래 꺾었던 한련 잎의 얼얼한 맛. 달콤함을 넘어서 테레빈유와 황의 시큼함까지 살짝 풍기던 망고의 맛. 솔향기 가득하던 짐바브웨 붐바산 속 기숙학교, 그리고 영국으로 '귀향'해 하늘을 찌르는 솔즈베리와 아운들의 첨탑들 아래에서 보낸 학창 시절. 옥스퍼드의 펀트(삿대로 움직이는, 바닥이 평평하고 모가 진 작은 배 – 옮긴이)들과 첨탑들 사이에서 소녀들을 꿈꾸며 보낸 대학 시절, 그리고 과학에 대한 흥미와 과학만이 답할 수 있는 심오한 철학적 의문들에 대한 흥미가 싹텄던 시절. 옥스퍼드와 버클리에서 처음으로 연구와 강의를 수행한 시절. 열성 가득한 젊은 강사로 옥스퍼드에 돌아온 시절. 더 많은 연구와(대부분은 여기 뉴 칼리지의 만찬회에도 참석해 저기 앉아 있는 첫 아내 메리언과 공동으로 수행했다) 첫 책《이기적 유전자》.

이렇게 휙휙 스치는 기억들은 나를 서른다섯 살로, 그러니까 오늘의 기념비적인 생일에서 딱 절반에 해당하는 나이로 데려간다. 이 기억들은 내가《리처드 도킨스 자서전 1》에서 다룬 세월의 이정표들에 해당한다.

그 오래전 서른다섯 살 생일에, 나는 유머 작가 앨런 코렌이 자신의 서른다섯 살 생일에 관해서 쓴 글을 떠올렸다. 코렌은 자신이 인생의 절반 지점에 다다랐고 이제는 내리막만 남았다고 생각하면서 짐짓 우울해했으나, 나는 그렇게 느끼지 않았다. 당시에 내가 첫 책을, 그것도 상당히 청년다운 첫 책을 막 마무리해 그 출간과 반응을 기대하던 터라 그랬을 것이다.

그 책이 불러온 한 가지 반응은, 책이 뜻밖에 높은 판매고를 기록하는 바람에, 늘 지면을 메울 이야깃거리를 찾아 헤매는 기자들로부터, 만일 당신이 만찬을 주최한다면 누구누구를 손님으로 부르고 싶으냐는 질문을 자주 받는 사람이 된 것이었다. 그런 질문에 꼬박꼬박 답하던 시절에, 나는 당연히 훌륭한 과학자들을 초대했지만 작가들이나 온갖 부류의 창조적인 인물들도 초대하곤 했다. 실은 그때의 그런 명단들 중 무엇을 보아도 그중 최소 열다섯 명쯤은 오늘 내 생일 만찬에 실제로 참석한 사람들이었을 것이다. 그중에는 소설가도 있고, 극작가, 텔레비전 방송인, 음악가, 코미디언, 역사가, 출판인, 배우, 다국적 기업을 경영하는 거물도 있다.

탁자에 둘러앉은 낯익은 얼굴들을 둘러보면서, 나는 속으로 생각한다. 지금으로부터 35년 전에는 과학자의 생일 파티에 이렇게 문학계와 예술계 손님들이 섞여 있는 것이 꽤 희한하게 보였을 거라고. C. P. 스노가 과학 문화와 인문학 문화를 가르는 간극을 개탄한 시절 이래, 시대정신이 바뀌어온 걸까? 내가 이 자리에서 되짚어본 지난 세월 동안 무슨 특별한 일이라도 벌어진 걸까? 이런 상념에 빠져 있다 보니 문득 내 기억은 그 세월의 중간 지점으로 돌아가, 슬프게도 이 자리에 없는 더글러스 애덤스를, 결코 잊지 못할 거구의 그의 모습을 떠올린다. 내가 쉰다섯 살이었고 그는 마흔다섯 살이었던 1996년, 채널4 방송의 다큐멘터리 〈과학의 장벽을 깨뜨리다〉가 우리의 대화를 촬영했다. 그 다큐멘터리의 목적은 과학이 좀 더 넓은 문화로 뻗어나가야 한다는 것을 보여주는 것이었고, 내가 더글러스를 인터뷰하는 장면은 다큐멘터리의 하이라이트였다. 그때 더글러스가 한 말을 일부만 옮기겠다.

> 나는 그동안 소설의 역할이 좀 바뀌었다고 생각합니다. 19세기 사람들은 삶에 대한 진지한 고찰과 의문을 얻고 싶을 때 소설을 읽었습니다. 톨스토이나 도스토옙스키를 읽었죠. 그러나 요즘은 누구나 그런 주제에 대해서 소설가보다 과학자에게 들을 말이 훨씬 더 많다는 걸 압니다. 그래서 나는 독서에서 뭔가 진실되고 확실한 정보

를 얻고자 할 때는 과학책을 보고, 가벼운 기분 전환을 위해서는 소설을 읽는 편입니다.

어쩌면 이것이 그동안 벌어진 변화의 일면일까? C. P. 스노가 이른바 제1의 문화로 분류했을 게 틀림없는 소설가들, 기자들, 그 밖의 사람들이 점차 제2의 문화를 받아들인 것일까? 더글러스가 만일 여태 살아 있다면, 그가 케임브리지에서 영문학을 공부하던 25년 전에는 과학에서 찾아보아야 했던 것을 이제는 도로 소설에서 찾아보고 있을까? 이언 매큐언이나 A. S. 바이엇의 소설에서? 아니면 필립 풀먼, 마틴 에이미스, 윌리엄 보이드, 바버라 킹솔버처럼 과학을 사랑하는 다른 소설가들에게서? 톰 스토파드와 마이클 프레인의 전통에 따라, 과학에서 얻은 영감으로 창작되어 대성공을 거둔 연극들도 있다.

화가이자 배우인 동시에 과학도 잘 아는 내 아내 랄라 워드가 나를 위해 마련한 이 만찬의 기라성 같은 손님들은, 비단 내 인생의 사적인 기념일 뿐 아니라 우리 문화의 변화를 보여주는 일종의 상징일까? 나는 과학 문화와 인문학 문화의 건설적인 융합을 목격하고 있는 걸까? 이것이 바로 내 저작권 대리인 존 브록먼이 온라인에서 '살롱'을 운영하고 화려한 과학 저술가 명단을 늘려나가면서 막후에서 이룩하고자 애쓰는 이른바 '제3의 문화'일까? 혹은 내가 랄라의 영향으로 쓴 책 《무지개를 풀며》에서 문학의 세계에 손을 내밂으로써 과학과의 간극에 다리를 놓으려고 시도했을 때 내 나름대로 마음에 품었던 두 문화의 융합이 바로 이런 모습일까? 지난날의 C. P. 스노는 이제 어디 있을까?

이런 생각의 좋은 사례가 되어주는 두 일화가 떠오른다(만일 당신이 책에서 여담 읽기를 싫어하는 독자라면, 이쯤에서 책을 잘못 골랐다는 생각이 들 것이다). 오늘 뉴 칼리지 만찬에 참석한 손님 중 하나인 레드먼드 오핸런은 탐험가이자 모험가이며, 《보르네오의 핵심으로》나 《또다시 곤경에》처럼 괴상하게 웃긴 여행서를 쓴 저자이기도 하다. 그와 아내 벨린다는 종종 작가들을 초대해 파티나 만찬을 여는데, 그것은 꼭 런던 문학계가 통째로 초대된 것만 같은 자리였다. 소설가와 평론가, 기자와 편집자, 시인과 출판인, 저작권 대리인과 문예계의 명사가 다들 저 먼 옥스퍼드셔의 시골 저택으로, 박제된 뱀, 쪼그라든 사람 머리통, 가죽 같은 시체, 가죽으로 장정된 책, 짐작건대 아마 식인 문화의 수집품까지 포함된 진기한 인류학적 수집품이 꽉꽉 들어찬 저택으로 내려갔다. 참으로 볼만한 참석자들이 모인 저녁들이었고, 그중에 살만 루슈디가 포함된 날은 위층 참석자들을 지키는 경호원들도 볼만했다.

마침 네이선 미르볼드가 우리집에 묵던 때였다. 마이크로소프트의 최고 기술 책임자이자 실리콘밸리에서 가장 창의적인 괴짜로 꼽히는 그 유명한 인물 말이다. 수리물리를 전공한 네이선은 프린스턴에서 박사 학위를 받은 뒤 케임브리지로 옮겨서 스티븐 호킹에게 배웠다. 당시 호킹은 아직 간신히 말할 수 있었지만, 가까운 동료들만이 그 말을 알아들었기 때문에, 그런 이들이 나머지 사람들을 위한 통역자 역할을 했다. 네이선은 까다로운 자격을 갖춘 자만이 가능했던 그 통역자들 중 한 명이었다. 그리고 그 시절의 유망한 장래성에 걸맞게, 지금은 최첨단 기술 세계에서 가장 혁신적인 사상가가 되었다. 아무튼 그래서 나와 랄라는 마침 레드먼드와 벨린다의 초대를 받자 손님이 묵고 있다고 말했고, 호의 넘치는 그들은 언제나처럼 손님도 데려오라고 말했다.

네이선은 나서서 대화를 독점하기에는 너무 예의 바른 사람이다. 아마 긴 탁자에서 그의 곁에 앉았던 사람들이 그에게 무슨 일을 하느냐고 물었을 것이고, 그러다 보니 대화가 끈 이론을 비롯한 현대 물리학의 심원한 영역에 대한 토론으로 흘러갔을 것이다. 문학계의 식자들은 홀려버렸다. 그리고 아니나 다를까, 그들이 늘 그러듯이 옆 사람들과 아포리즘 같은 농담을 주고받기 시작했다. 하지만 과학에 대한 호기심의 물결은 네이선의 자리에서 시작되어 식탁 반대편 끝까지 잦아들지 않고 퍼져나갔으며, 그날 저녁은 현대 물리학의 기묘함을 논하는 비공식 세미나로 둔갑했다. 그날의 손님들처럼 뛰어난 지성인들이 참석한 세미나에서는 으레 흥미로운 일이 벌어지기 마련이다.

전형적인 '제3의 문화'라고 말할 만한 그날 저녁, 랄라와 나는 뜻밖의 손님을 데려온 스폰서로서 자랑스럽게 네이선의 후광을 누렸다. 그리고 나중에 레드먼드가 우리에게 전화를 걸어 랄라에게 말하기를, 자신이 오랫동안 파티를 열어왔지만 문학계의 저명한 손님들이 그날처럼 압도되어 입을 다문 모습은 처음 보았다고 했다.

두 번째 일화도 첫 일화의 거울상에 가깝다. 극작가이자 소설가인 마이클 프레인이 역시 뛰어난 작가인 아내 클레어 토말린과 함께 우리집에 묵으러 왔다. 옥스퍼드 플레이하우스에서 그의 훌륭한 연극 〈코펜하겐〉이 공연되던 시기였다. 그 연극은 현대 물리학의 두 거장 닐스 보어와 베르너 하이젠베르크의 관계, 그리고 과학사의 한 가지 수수께끼를 다룬다. 하이젠베르크가 왜 1941년에 코펜하겐으로 가서 보어를 만났으며, 하이젠베르크는 전쟁에서 과연 어떤 역할을 했는가 하는 수수께끼다(이 책 382쪽을 보라). 공연 후 마이클은 극장 위층으로 안내되어 그곳에 모인 옥스퍼드 물리학자들의 질문공세를 받았다. 문학과 철학 분야의 귀족인 그가 왕립학회 회원도 몇 포함된 옥스퍼드 일류 과학자들의 질문을 받아넘기는 모습을 구경하는 것은 귀한 경험이었다. 그날 저녁 역시 '제3의 문화'를 이룩하기 위해서 싸우는 전사들이 소중히 기억할 만한 순간이었다. 30년 전 C. P. 스노라면 적이 놀랐을 법한—그리고 기뻐했을 법한—저녁이었다.

내가 감히 바라는 것은, 1976년 《이기적 유전자》를 시작으로 출간된 내 책들이 스티븐 호킹, 피터 앳킨스, 칼 세이건, 에드워드 O. 윌슨, 스티브 존스, 스티븐 제이 굴드, 스티븐 핑커, 리처드 포티, 로런스 크라우스, 대니얼 카너먼, 헬레나 크로닌, 대니얼 데닛, 브라이언 그린, 두 명의 M. 리들리(마크와 매트), 두 명의 션 캐럴(물리학자와 생물학자), 빅터 스텐저 등의 책과 더불어, 그리고 그 책들이 일으킨 비평가들과 언론인들의 웅성거림과 더불어, 우리 문화의 지형을 바꾸는 데 기여했기를 하는 것이다. 과학을 일반 대중에게 설명해주는 과학 저널리스트들의 일도 물론 훌륭하지만, 내가 말하는 책은 그런 게 아니다. 내가 말하는 것은 과학 전문가가 제 분야와 다른 분야의 전문가들을 위해서 쓴 책, 그렇지만 일반 독자들도 어깨 너머로 함께 읽을 만한 문장으로 씌어진 책이다. 어쩌면 나도 그런 '제3의 문화'를 여는 데 한몫했을 수도 있다고 생각하고 싶다.

자서전 1권과는 달리, 두 번째 권인 이 책은 단순한 연대기적 구성을 취하진 않았다. 내가 일흔 살 생일에 떠올렸던 하나의 회상이 책 전체를 차지하진 않는다. 이 책은 여러 주제로 나뉜 회상들의 연속으로 구성되었고, 그 사이사이 여담과 일화가 끼어 있다. 엄격한 연대기 구성을 버렸기 때문에, 주제들이 나열된 순서는 약간은 임의적이다. 첫 권에서 나는 "인생에서 나를 만든 것이 있다고 한다면, 그것은 바로 옥스퍼드였다"라고 말했다. 그러니 내가 그 밝은 석회암 건물들의 공간으로 돌아간 시점부터 이야기를 시작하면 어떻겠는가?

RICHARD
DAWKINS

2

교수의 일을
물으신다면

My Life in Science

1970년부터 1990년까지 나는 옥스퍼드 동물학부에서 동물행동학을 가르치는 강사였고, 이후 승진해 1990년부터 1995년까지는 부교수(리더reader)로 일했다. 강의 의무는 딱히 부담스럽지 않았다. 최소한 미국에 비하면 그랬다. 나는 동물행동학뿐 아니라 새로 선택 과목이 된 진화 수업을 담당한 첫 강사 중 한 명이었다(진화는 이전에도 당연히 과정에서 핵심적으로 가르치는 주제였지만, 새로 선택 과목이 개설됨에 따라 학생들은 옥스퍼드가 이 주제에 대해 오래 축적해온 전문성의 혜택을 좀 더 온전히 누릴 수 있게 되었다). 나는 동물학이나 생물학을 전공하는 학생들뿐 아니라 인문과학이나 심리학을 전공하는 학생들에게도 강의했다. 둘 다 우등 학위를 받으려면 동물행동학을 주제로 시험을 봐야 하는 전공이었기 때문이다.

나는 또 동물학부 학생들에게 컴퓨터 프로그래밍을 가르치는 강좌도 매년 맡았다. 딴말이지만, 이 수업에서는 학생들의 능력이 놀랍도록 큰 *편차*를 드러냈다. 가장 뛰어난 학생과 가장 처지는 학생의 능력 차가 다른 어떤 수업에서보다 컸다는 말이다. 처지는 학생들은 내가 아무리 최선을 다해도 결코 내용을 이해하지 못했다. 컴퓨터와 무관한 다른 과목에서는 전혀 문제없는 학생들이었는데도 말이다. 뛰어난 학생들은 어땠느냐고? 케이트 레셀스는 학기 전반 수업을 몽땅 빠진 뒤 실습 수업에서야 나타났다.

나는 따졌다. "학생은 이때까지 컴퓨터에 손도 안 대봤고 수업도 4주나 결석했죠. 그런데 어떻게 오늘 실습을 할 수 있다고 생각합니까?"

"수업에서 뭘 가르치셨는데요?" 침착한 눈동자에 소년 같아 보이는 여학생이 태연히 대꾸했다.

나는 황당했다. "내가 지금 4주 수업 내용을 5분으로 압축해서 알려주기를 바라는 건가요?"

케이트는 약간 빈정대는 미소 같은 걸 띤 얼굴로, 여전히 태연하게 고개를 끄덕였다.

"좋아요." 나는 이렇게 말하면서도 내가 그녀에게 도전장을 내미는 건지 나 자신에게 도전장을 내미는 건지 알 수 없었다. "학생이 요청한 겁니다." 나는 정말 네 시간 수업을 5분으로 요약해 들려주었다. 그녀는 받아쓰지 않고 한 마디 말도 없이 내가 한 문장 마칠 때마다 고개만 끄덕였다. 그러더니 이 가공할 만큼 똑똑한 여학생은 콘솔 앞에 앉았고, 실습 숙제를 다 해낸 뒤 교실을 나갔다. 최소한 내 기억으로는 그랬다. 내 이야기가 약간 과장됐는지도 모르겠지만, 케이트의 이후 경력을 보면 과장이라고 생각할 이유가 없다.

대학 동물학부에서 강의와 실습 강좌를 맡는 것 외에 다른 수업 의무는 튜터로서 개인 지도를 하는 것이었다. 개인 지도는 내가 1970년에 펠로가 된 뉴 칼리지에서 맡았다(뉴 칼리지는 지금은 옥스퍼드에서 제일 오래된 칼리지지만 설립된 1379년에는 정말로 '새(뉴new)' 칼리지였다). 옥스퍼드와 케임브리지의 강사들과 교수들은 대부분 두 종합대학을 구성하는 서른 개 혹은 마흔 개의 반半 독립적 칼리지 혹은 홀의 펠로로 소속되어 있다. 내 연봉은 일부는 옥스퍼드대학에서 나오고(대학에 대한 의무는 주로 동물학부에서 하는 강의와 연구였다) 일부는 뉴 칼리지에서 나왔다. 그리고 칼리지를 위해서 나는 일주일에 최소 여섯 시간씩 개인 지도를 해야 했다. 다른 튜터와 상의해 다른 칼리지의 학생을 가르치는 경우도 잦았는데, 생물학 쪽에서는 흔한 관행이었지만 다른 분야에서는 그다지 자주 있는 일이 아니었다. 내가 가르치기 시작했을 때는 개인 지도가 보통 일대일이었지만, 차츰 한 번에 두 명씩 가르치는 경우가 흔해졌다. 나는 대학생일 때 개인 지도 시스템을 좋아했고, 일대일 지도를 훨씬 선호했다. 일대일 지도 시간에는 내가 써온 에세이를 튜터에게 소리 내어 읽어주면 튜터가 메모를 했다가 나중에 함께 토론하거나 아예 낭독을 가로막고 지적해주거나 했다. 요즘 옥스퍼드 튜터들은 한 번에 두 명, 심지어 세 명의 학생을 만나는 경우가 많다. 에세이는 보통 그 자리에서 소리 내어 읽지 않고 학생이 사전에 제출해서 튜터가 미리 읽어둔다.

내가 뉴 칼리지에 재직하던 초기에는 학생이 전부 남자였다. 1974년, 여학생도 받기를 원했던 우리 펠로들은 교수 투표의 다수결에 필요한 3분의 2의 표를 얻는 데 간발의 차로 실패했다. 반대자들 중 일부는 노골적인 여성혐오자였다. 다행히 가장 개탄스러운 주장들은 과거로 물러난 지 오래이므로, 그들의 끔찍한 주장을 여기서 되풀이할 필요는 없겠다. 나는 그때 칼리지 모임에서 통계를 동원함으로써 여성의 학업 능력에 대한 터무니없는 주장들 중 일부를 반박한 것이 기뻤다.

사실 1974년의 첫 투표에서는 우리가 이겼다. 그 투표는 여성의 입학을 *허용*하도록 학칙을 바꾸자는 것이었다. 하지만—이것은 전형적인 의회식 책략인데—승리의 대가는 타협이었다. *실제* 여자 대학생을 받아들일 것인가에 대한 투표는 다음 학기에 따로 하기로 합의했던 것이다. 우리는 두 번째 투표에서도 우리가 이길 거라고 예상했지만, 그렇게 되지 않았다. 타협안을 끌어냈던 반대자들이, 결정적인 투표자 한 명이 미국으로 안식년 휴가를 떠날 거란 사실을 미리 내다보았던 것인지 아닌지는 모르겠다.

어쨌든 요지는, 뉴 칼리지가 처음으로 여학생을 받아들일 수 있도록 학칙을 바꾼 칼리지들에 속했으면서도(더구나 내가 재직하기 한참 전부터 이 문제를 공식적으로 논의했기 때문에, 논의 시점으로 보자면 모든 칼리지 중에서 최초였다), 어쩌다 보니 실제 처음으로 여학생을 받아들인 다섯 칼리지에는 속하지 못했다는 것이다. 우리는 1979년에서야 옥스퍼드의 대다수 칼리지들과 함께 최종 단계를 밟는 데 성공했다.

1974년에 여학생을 받지는 못했지만, 학칙 변경 덕분에 여성 펠로를 선출하는 것은 가능해졌다. 그런데 유감스럽게도 우리가 선출한 최초의 여성 펠로는, 자기 분야에서는 탁월한 학자였지만 그녀 스스로 상당히 여성혐오자 같은 면을 보였다. 그녀는 여학생들도 후배 여성 펠로들도 좋아하지 않았다(그중 한 명으로서 나와 친한 친구가 된 여성 펠로가 말해줘서 알게 된 내용이다). 이후 선출에서는 그보다 운이 좋았고, 이제 뉴 칼리지는 혼성 공동체로서 번영하며 그에 따르는 이점을 모두 누리고 있다.

신입생 선발

펠로로서 가장 괴로운 임무 중 하나는 뉴 칼리지에 젊은 생물학자들을 받아들이는 것이었다. 그 일이 어려웠던 것은 경쟁이 워낙 심한지라 착하고 똑똑한 지원자들을 너무 많이 떨어뜨려야만 하기 때문이었다. 매년 11월이면 영국 전역과 해외에서 의욕 넘치는 젊은이들이 면접을 보려고 옥스퍼드로 몰려온다. 익숙하지 않은 얇은 정장 차림 탓에 추워서 덜덜 떨면서. 칼리지들은 그들을 사전에 비워둔 기숙사에 묵게 하는데, 재학생 중 일부는 자처하여 기숙사에 남아서 지원자들을 보살피고, 학교를 구경시켜주고, 그들이 자꾸 떠는 것은 그저 추위 때문이라고 안심시키는 '목자' 역할을 한다.

지원자들을 면접하는 것 외에도, 예전에는 지원자들이 옥스퍼드 입학시험에서 써낸 답안지를 읽는 일도 해야 했다. 그 시험지의 괴상한 질문들을 출제하는 일도 거들어야 했다('왜 동물에게는 머리가 있을까?' '왜 소는 다리가 네 개인데 우유 짜는 데 쓰는 의자는 다리가 세 개일까?' 여담이지만 두 질문 다 내가 낸 것은 아니다). 시험에서나 면접에서나, 우리가 알아보는 것은 사실적 지식 그 자체가 아니었다. 그 대신 우리가 정확히 무엇을 시험했느냐는 정의하기가 좀 어렵다. 그것은 물론 지성이었지만, IQ식 지성만은 아니었다. 내 생각에는 '해당 학문에서', 즉 내 경우에는 생물학에서 '요구되는 방식으로 건설적인 추론을 펼칠 수 있는 능력' 같은 게 아니었나 싶다. 수평적 사고, 생물학적 직관, 어쩌면 '학습 능력'이라고도 부를 만한 것이었다. 심지어 '우리가 이 사람을 가르치는 일이 보람될까? 이 사람은 옥스브리지의 교육 체계, 특히 독특한 개인 지도 체계에서 득을 볼 만한 부류의 사람인가?'를 평가하려는 것이었을 수도 있다.

이 문제와 관련된 여담이 하나 있다. 1998년에 나는 BBC에서 방송되는 일반 지식 퀴즈쇼로, 각 대학 대표들이 나와서(옥스퍼드와 케임브리지의 칼리지들은 각각 별도의 학교로 취급된다) 복잡한 형태의 승자진출식 경쟁을 벌이는 〈유니버시티 챌린지〉 프로그램 결승전의 트로피 수여자로 초대되었다. 쇼가 다루는 지식수준은 엄청나게 높았다. 여기 비하면 인기 퀴즈쇼인 〈누가 백만장자가 되고 싶나요?〉는 수준이 바닥으로 보일 지경이고, 그저 막대한 상금으로 도박을 건다는 점 때문에 인기가 있는 게 아닌가 싶다. 맨체스터에서 1998년 〈유니버시티 챌린지〉 우승팀에게 트로피를 건넬 때(옥스퍼드 모들린 칼리지가 결승전에서 런던의 버크벡대학을 누르고 우승했다), 나는 이런 말을 했다(위키피디아에 실려 있는 글을 인용했는데, 내 기억과도 일치한다).

> 저는 옥스퍼드에서 동료 교수들과 함께 학생들의 입학시험으로 현재의 A-레벨(영국에서 전국적으로 치러지는 대학 입학 자격시험으로 전문 지식을 시험한다)을 폐지하고, 대신 〈유니버시티 챌린지〉로 대체하자는 운동을 벌이고 있습니다. 저는 아주 진지합니다. 〈유니버시티 챌린지〉에서 이기기 위해서는 지식 자체가 아니라 어디에서든

무언가를 배우고 간직할 수 있는 사고방식이 필요한데, 대학에서 필요한 것도 바로 그런 사고방식입니다.

이어서 나는 옥스퍼드에서 역사를 공부하는 한 대학생 이야기를 꺼냈다. 그 학생은 세계지도에서 아프리카의 위치를 찾지 못했다. 내가 동료 교수에게 그녀는 애초에 우리 대학에(나아가 어느 대학에도) 들어오지 못했어야 한다고 말하자, 동료는 학생이 고등학교에서 지리 수업을 빼먹었던 것뿐일지도 모른다고 반론했다. 그러나 그거야말로 전혀 중요하지 않은 논점이다. 꼭 지리 수업을 들어야만 아프리카의 위치를 알 수 있는 사람이라면 — 즉, 열일곱 살이 될 때까지 그런 지식을 주변에서 습득하거나 단순한 호기심에 직접 찾아보거나 하지 않은 사람이라면 — 대학 교육에서 득을 볼 만한 사고를 갖추지 못한 사람인 게 확실하다. 이 일화는 내가 입학 절차의 일부로 〈유니버시티 챌린지〉 풍의 일반 지식 시험을 제안한 이유를 잘 보여주는 극단적인 사례다. 물론 내 말은 일반 지식 그 자체가 아니라 학생이 교육받을 만한 정신을 갖췄는지 알아보는 리트머스로서의 일반 지식을 시험하자는 것이다.

내 제안은(약간은 농담이었지만 철저한 농담은 아니었다) 아직 진지하게 받아들여지지 않았다. 그러나 옥스퍼드는 각 학문 분야와 관련된 사실적 지식만을 좁게 평가하는 것을 넘어서기 위해서 나름대로 노력해왔다(지금도 하고 있다). 내가 면접에서 묻는 전형적인 질문은 이를테면 이렇다(피터 메더워가 낸 질문이다).

화가 엘 그레코는 인물을 유달리 길쭉하고 가늘게 그린 것으로 유명하다. 한 가설에 따르면, 그것은 그의 시각에 문제가 있었기 때문이라고 한다. 그래서 모든 사물이 수직 방향으로 길쭉하게 늘어난 모습으로 보였다는 것이다. 이 이론이 그럴듯하다고 보는가?

어떤 학생들은 문제를 대번에 이해했고, 그러면 나는 그들에게 높은 점수를 주었다. "아니요, 나쁜 이론입니다. 만일 정말로 그랬다면, 그가 자기 그림을 볼 때도 사물이 *그보다 더* 길쭉해 보였을 테니까요." 어떤 학생들은 단번에 알아차리지는 못했지만 내가 옳은 방향으로 살살 유도하면 금세 요지를 파악했다. 그런 학생들 중 일부는 요지를 깨닫고는 눈에 띄게 흥미로워했는데, 아마 스스로 요점을 파악하지 못한 게 짜증나는 모양이었다. 나는 그들도 학습 능력이 있는 학생으로 상당히 높게 평가했다. 한편 어떤 학생들은 내게 싸움을 걸려고 했는데, 나는 그것도 괜찮게 평가했다. "어쩌면 엘 그레코의 시각은 모델처럼 먼 물체를 볼 때만 문제가 있었고 캔버스처럼 가까운 물체를 볼 때는 문제가 없었는지도 모릅니다." 그러나 어떤 학생들은 내가 살살 이끌어도 요지를 전혀 파악하지 못했다. 나는 그들을 옥스퍼드 교육에서 잘 배울 가능성이 낮은 학생으로 평가했다.

옥스퍼드 튜터들이 면접 때 묻는 질문에 대해서 좀 더 이야기해보겠다. 대입 면접 기술이란 그 자체로 흥미로운 주제이거니와, 내가 내부자 정보를 약간이라도 흘린다면, 굳이 아직 면접을 고수하는 대학들(요즘은 수가 적어졌지만) 중 하나에 들어가고 싶은 학생들에게 구체적인 도움이 될지도 모르니 말이다.

여기 '엘 그레코 문제'와 비슷한 수수께끼가 하나 더 있다. 나도 가끔 쓰는 질문이다.

> 거울은 왜 왼쪽과 오른쪽을 뒤집어 보여주지만 위아래는 뒤집어 보여주지 않는가? 그리고 이것은 어떤 분야의 문제인가? 심리학, 물리학, 철학, 아니면 또 다른 분야?

여기서도 나는 주로 학생의 학습 능력을 시험해보고자 한다. 수수께끼를 즉각 풀진 못하더라도 약간의 안내를 받으면 올바른 추론을 밟아갈 수 있는가 하는. 이 수수께끼는 사실 알고 보면 놀랍도록 어려운 문제다. 질문을 재구성해서, 거울이 아니라 유리문이라고 생각해보면 도움이 된다. 가령 LOBBY라고 씌어진 호텔 유리문을 상상해보자. 문 건너편에서 보면, 글씨는 ΓOBBY가 아니라 YBBOL로 보인다. 거울이 아니라 유리문에 대해서는 왜 이런지 설명하기가 더 쉽다. 그렇다면 내처 거울로 일반화하는 것은 그다지 복잡하지 않은 물리학일 뿐이다. 이 사례는 우리가 문제를 좀 더 다루기 쉬운 형태로 재구성하는 기법의 가치를 잘 보여준다.

아니면, 나는 학생에게 우리 망막에서는 영상이 위아래가 뒤집힌 형태로 맺히지만 그래도 우리는 세상을 똑바로 바라본다는 점을 상기시킨 뒤에 묻는다. "이 현상을 나한테 한번 설명해보세요."

학생들의 생물학적 직관을 시험하기에 좋은 또 다른 질문은 이렇게 시작한다. "학생에게는 조부모가 몇 명 있습니까?" 네 명이요. "증조부모는?" 여덟 명이요. "고조부모는?" 열여섯 명이요. "그러면 지금으로부터 2천 년 전 예수 탄생 시점에는 학생의 조상이 몇 명 있었을 것 같습니까?" 똑똑한 학생들은 그 수를 무한정 두 배로 늘릴 수는 없다는 사실을 대번에 깨닫는다. 그렇게 하면 조상의 수가 오늘날 세상에 존재하는 수십억 인구보다 금세 많아질 테고, 하물며 예수 시절의 더 적었던 세계 인구와는 더더욱 비교가 안 될 것이기 때문이다.

이 질문은 학생으로 하여금 추론을 통해서 우리 모든 인간이 그다지 오래지 않은 과거에 수많은 조상을 공통으로 갖고 있던 친척들이란 결론을 내리게끔 이끄는 과정이다. 이 문제는 이렇게 표현할 수도 있다. "학생과 나의 공통 조상을 만나려면 과거로 얼마나 거슬러 올라가야 할 것 같습니까?" 웨일스 시골 출신의 어느 여학생이 한 대답을 나는 소중하게 기억하고 있다. 그녀는 흔들림 없는 눈길로 나를 아래위로 훑어보더니, 이윽고 천천히 판결했다. "유인원까지요."

유감스럽게도 그녀는 합격하지 못했다(이 문제 때문은 아니었다). 퍼블릭 스쿨[1] 출신의 한 남학생도 마찬가지였다. 그는 의자 등받이에 나른하게 몸을 기대고는(그가 책상에 발을 척 올린 모습도 떠오르지만, 이것은 아마도 그가 내게 보여준 인상에서 비롯된 거짓 기억이리라) 내 비장의 공격에 느릿느릿 대꾸했다. "무슨 그런 한심한 질문이 다 있죠?" 고백하건대 나는 그에게 끌렸지만, 경쟁이 워낙 치열했기에 대신 다른 칼리지에 있는 호전적인 동료에게 그를 추천했고, 그 칼리지는 그를 받아들였다. 그 학생은 나중에 아프리카로 현장 연구를 나갔다가 자신을 향해 돌진해오며 빤히 내려다보는 코끼리의 시선을 정통으로 받았다고 한다.

한편 어느 철학 교수는 "당신이 지금 이 순간 꿈을 꾸고 있는 게 아니란 걸 어떻게 압니까?"라는 질문을 좋아했는데, 나도 좋은 질문이라고 생각한다. 또 다른 교수는 다음 질문을 좋아했다.

> 한 승려가(왜 꼭 승려여야 하는지는 모르겠다. 그냥 색다른 분위기를 주려는 게 아닐까) 새벽에 길을 나서서 길고 구불구불한 산길을 걸어올라가기 시작했다. 정상까지 가는 데 꼬박 하루가 걸렸다. 정상에 다다른 승려는 산장에서 하룻밤을 보내고, 이튿날 아침 똑같은 시각에 똑같은 길을 따라 도로 산 밑으로 걸어내려왔다. 승려가 이틀 모두 똑같은 시각에 지나간 지점이 있을까?

답은 "있다"지만, 누구나 그 이유를 이해하거나 설명할 수 있는 건 아니다. 이번에도 요령은 문제를 재구성하는 것이다. 상상해보자. 승려가 산을 오르기 시작할 때, 같은 시각에 또 다른 승려가 같은 길을 반대 방향으로, 산꼭대기에서 밑으로 걸어내려오기 시작한다. 그렇다면 두 승려는 틀림없이 하루 중 어느 시점이든 산길의 한 지점에서 만날 것이다. 나는 이 수수께끼가 재미있다고 생각했지만 면접에서 쓴 적은 한 번도 없는 것 같다. 이것은 엘 그레코 문제와는 달리(혹은 거울 문제, 망막의 뒤집힌 영상 문제, 꿈꾸는 문제와도 달리), 일단 요지를 이해하면 더 이상 어디로도 진전할 수 없기 때문이다. 그러나 이 문제도 재구성의 힘을 잘 보여주는 사례이기는 하다. 나는 이런 것이 이른바 '수평적 사고'의 일면이 아닐까 한다.

내가 써보진 않았지만 생물학자에게 필요한 수학적 직관을 시험하는 데 좋을 것 같은 질문은 이것이다(이런 직관은 대수적 조작이나 산술 계산 같은 다른 수학적 기술들과는 다른데, 물론 이런 기술들도 나쁠 건 없다). 왜 자연의 많은 영향력은 — 중력, 빛, 전파, 소리 등등 — 역제곱 법칙을 따를까? 이것은 어떤 영향력의 원천으로부터 멀어질수록 그 영향력의 세기가 거리의 제곱에 반비례하여 감소한다는 뜻이다. 왜 꼭 그래야만 할까? 답을 직관적으로 표현하는 한 방법은 이렇다. 그 영향력이 무엇이 되었든 사방으로 퍼져나가서, 갈수록 크게 확장하는 구의 안쪽 면을 덮는 것으로 상상해도 좋을 것이다. 그런데 확장하는 구의 표면적은 갈수록 넓어지므로, 영향력은 갈수록 '얇게 분포될' 것이다. 그리고 구의 표면적은 반지름의 제곱에 비례한다(이 사실은 누구나 유클리드 기하학에서 배웠고 마음만 먹으면 증명도 할 수 있겠지만 면접에서 굳이 그럴 필요까지는 없다). 따라서 역제곱 법칙이 나온다. 이것은 수학적 조작을 동원하지 않은 수학적 직관이고, 생물학을 공부하는 학생이 갖고 있으면 좋은 귀중한 자질이다.

이 질문은 그보다 덜 수학적이지만 더 흥미로운 방향으로, 학생의 학습 능력을 판단하는 데 도움이 되는 방향으로 좀 더 발전될 수도 있을 것이다. 누에나방의 암컷은 페로몬이라는 화학물질을 배출하여 수컷을 꾄다. 수컷은 엄청나게 멀리서도 페로몬을 감지할 줄 안다. 그렇다면 여기에도 역제곱 법칙이 적용될까? 언뜻 그럴 것 같아 보이지만, 학생은 페로몬이 바람에 날려서 특정 방향으로만 날아갈지 모른다고 지적할 수 있다. 그러면 상황이 어떻게 달라질까? 학생은 또 바람이 없더라도 페로몬이 확장하는 구처럼 계속 퍼지진 못한다고 지적할 수도 있다. 구의 절반은 땅에 막힐 것이고 나머지 절반은 너무 하늘 높이 올라가버릴 것이라는 이유 때문에라도 말이다. 그렇다면 튜터는 다음과 같은 흥미로운 사실을 알려줄 수 있겠는데, 학생은 틀림없이 모르는 사실일 것이다.

압력과 온도의 변화 기울기에는 상관관계가 있기 때문에, 소리는 바다의 특정 수심에서 다른 수심에서보다 더 멀리(그리고 더 느리게) 퍼진다. 소파SOFAR 통로 혹은 음파 통로라고 불리는 그 층에서는 음파가 층 경계까지 뻗어나갔다가도 반사되어 돌아오기 때문에, 확장하는 구가 아니라 확장하는 고리에 가까운 모양으로 퍼져나간다. 저명한 고래 전문가이자 보존운동가 로저 페인에 따르면, 고래가 음파 통로에 자리 잡은 채 아주 큰 소리로 노래할 때는 이론적으로 그 소리가 대서양을 가로질러 건너편까지 들릴 수 있다고 한다(이 사실 자체가 면접을 보는 학생에게 영감을 줄 만한 환상적인 이야기다). 그렇다면 이 고래 노랫소리에도 역제곱 법칙이 적용될까? 소리가 확장하는 고리의 안쪽 면을 '덮는다'고 본다면, 학생은 그 '덮이는' 면적은 반지름의 제곱이 아니라 그냥 반지름에 비례한다고 추론할 수 있다(원의 둘레는 그냥 반지름에 비례하기 때문이다). 그러나 분명 그 고리는 완벽하게 납작한 원형은 아닐 것이다. 이때 적절한 대답은 이렇다. "문제가 제 직관으로 풀기에는 너무 복잡해졌습니다. 물리학자한테 전화를 걸어보죠." 이런 대답이 나왔다면, 나는 갈채를 보냈을 것이다.

아마 대개의 튜터들이 그럴 텐데, 나는 내가 면접한 지원자들에게 일종의 충성심을 품곤 했다. 본의 아니게 지원자 중 절반을 훨씬 넘게 떨어뜨려야 했는데, 그래서 마음 아플 때가 많았다. 나는 탈락자들을 옥스퍼드의 다른 칼리지에 집어넣을 수 있는지 애써 알아보았고, 그곳 교수들에게 '내' 지원자의 장점을 극구 선전했다. 우리 뉴 칼리지가 순전히 인원 제한 때문에 떨어뜨려야 했던 지원자보다 자질이 떨어지는 것 같은 학생을 다른 칼리지가 그곳 지원자들 중에서 받아들이면, 괜히 기분이 나빴다. 하지만 아마 그곳 튜터들도

'자신의' 지원자들에게 똑같은 충성심을 품었을 것이다.

모든 칼리지가 저마다 독립적으로 지원자를 받는 옥스퍼드의 입학 체계는 장점이라 할 것은 거의 없고 단점만 많다. 이 복잡한 입학 체계 때문에 옥스퍼드 지원을 아예 포기하는 사람이 한둘이 아니라고 본다. 지원자들로 하여금 옥스퍼드에 흥미를 잃게 만드는 것은 옥스퍼드가 '상류층' 학교라거나 '속물적'이라는 잘못된 인식보다(과거에는 물론 그랬지만 지금은 아니고, 오히려 반대다) 복잡한 입학 체계 탓이 클 것이다.

나는 어른이 된 뒤 거의 늘 나이보다 어려 보였다(이에 대한 이야기는 9장에서 다시 하겠다). 그 때문에 한번은 면접 기간에 재미난 일이 있었다. 온종일 지원자를 면접한 끝에 지치고 목이 말라서, 뉴 칼리지 바로 앞 킹스암스 퍼브로 갔다. 주문한 맥주를 기다리며 바에 서 있자니, 웬 훤칠한 청년이 성큼성큼 걸어와서 공감한다는 분위기로 내 어깨에 팔을 두르고 말했다. "어떻게, 잘 봤어?" 보아하니 내가 방금 면접한 지원자 중 한 명이었다. 그도 그날 어디선가 내 얼굴을 본 것을 기억했고, 그래서 나를 경쟁자 중 한 명으로 여겼던 것이다. 앤드루 포미안코프스키는 뉴 칼리지에 당당히 입학했고, 탁월한 성적으로 우등 졸업했으며, 서식스대학으로 가서 존 메이너드 스미스 밑에서 박사 학위를 받았다. 지금은 유니버시티 칼리지 런던의 진화유전학 교수다. 그는 영광스럽게도 내가 가르친 수많은 똑똑한 학생 중 하나였다.

역시 튜터 체계에 잘 맞았던 또 다른 특출한 학생의 일화가 있다. 뉴 칼리지의 내 연구실에서 개인 지도를 할 때 나는 종종 정해진 시간을 넘겼다. 그러면 다음 차례 학생이 밖에서 기다리곤 했다. 나는 내 목소리가 문 밖에서도 들린다는 걸 몰랐는데, 어느 날 무슨 주제에 관해서 한참 의견을 떠들고 있자니 갑자기 문이 벌컥 열리더니 다음 학생이 불쑥 들어오면서 분연히 외쳤다. "아뇨, 아뇨, 아뇨. 그 말씀에는 절대 동의할 수 없습니다!" 이야기의 저작권은 사이먼 배런 코언에게. 분명 그때 그가 옳았고 내가 틀렸다. 그는 지금 자폐증에 대한 선구적 연구로 유명한 케임브리지 교수다(그의 사촌으로서 재밌을 정도로만 사람들을 약올리는 배우 사샤 배런 코언보다는 덜 유명하지만).

내가 대학원에서 가르친 스타 학생이자 훗날 내 조언자가 된 앨런 그래펀은—그에 관한 이야기는 나중에 잔뜩 나온다—뉴 칼리지 출신은 아니다. 한편 앨런의 친구이자 동료였던 마크 리들리는 뉴 칼리지 출신이다. 앨런보다 덜 수학적인 마크는 비상한 지식을 갖춘 생물학 전문 역사학자이자 종합가이고, 비판적인 사상가, 박식한 독자, 우아한 문체의 작가다. 마크는 나중에 중요한 책을 많이 썼는데, 그중 하나는 진화 교과서로 첫손에 꼽히는 두 책 중 하나다. 미국 대학의 서점들이 정기적으로 새 판을 보충하면서 권수가 아니라 세제곱미터 부피 단위로 주문해두는 것 같은 책이다.

앨런과 마크는 여러 차례 공동 연구를 했는데, 한번은 독일 출신의 똑똑한 여학생 카티 레히텐과 함께 갈라파고스로 가서 캠핑을 하며 신천옹을 조사하는 현장 연구였다. 앨런이 나중에 해준 이야기가 있다. 그와 마크가 비행기를 타고 갈라파고스로 가는데, 옆자리에서 작게 중얼거리는 이상한 소리가 들리더라는 것이다. 알고 보니 그것은 마크가 혼잣말로 라틴어 시를 암송하는 소리였다. 그렇다, 그게 마크다. 그리고 물론 마크는 2행시 애가를 엄청나게 많이 외우고 있었으니 밑천이 떨어질 일도 없었다. 마크가 첫 책의 '감사의 말'에서 사우스우드 교수에게 한 인사말도 대단히 그다웠는데, "리처드 도킨스가 안식년으로 두 학기 동안 식민지에 나가 있을 때" 논문을 대신 지도해준 그에게 고맙다고 했다. 그가 말한 '식민지'는 플로리다였다.

마크를 같은 시기에 옥스퍼드에 다닌 매트 리들리와 헷갈리면 안 된다(매트가 조사해봤더니 두 사람이 같은 Y염색체 부족에 속하더라고는 했지만, 알려진 인척 관계는 없는 사이다). 둘 다 내 좋은 친구이고, 둘 다 일류 생물학자 겸 성공한 작가다. 한번은 어느 학술지 편집자가 둘에게는 미리 알리지 않은 채 같은 호에 서로의 책에 대한 서평을 써달라고 의뢰했다. 둘 다 상대의 책을 칭찬했고, 특히 마크는 매트의 책이 "우리 두 사람의 공동 이력서에 덧붙이기에 훌륭한" 작품이라고 평했다.

1984년, 마크와 나는 옥스퍼드대학 출판부가 새로 발간할 연간 학술지 〈옥스퍼드 진화생물학 개관〉의 창립 편집자가 되어달라는 요청을 받아들였다. 우리는 3년만 일한 뒤 우리 작품을 폴 하비와 린다 파트리지에게 넘겼지만, 그 3년 동안 탁월한 저자들을 확보할 수 있었던 것과(논문을 접수받는 게 아니라 우리가 의뢰해서 싣는 방식이었다) 속표지를 장식한 기라성 같은 편집진과 함께 일할 수 있었던 것은 아주 즐거웠다.

내가 지도하는 대학생들이 옥스퍼드 생활을 마무리할 무렵, 그들이 치를 최종 시험 대비 과외를 해주는 것을 나는 아주 진지한 의무로 여겼다. 미국에서는 보통 학생들이 자신이 듣는 수업마다 학기말에 시험을 본다(중간고사를 볼 때도 많다). 옥스퍼드는 전혀 다르다.

일부 칼리지들이 학생들의 진척을 점검하기 위해서 비공식적으로 '컬렉션'이라는 시험을 치르기는 하지만, 대부분의 옥스퍼드 대학생들은 1학년 말에서 3학년 말 사이에 이렇다 할 시험을 보지 않는다. 모든 시험은 끔찍한 시련과도 같은 그 '최종 시험'에 욱여넣어져 있는데, 더구나 시험장에 '예복'을 갖춰입고 와야 한다는 필수 조건이 시련을 격화시킨다. 내가 재직했던 시절의 복장 규정은 남자는 검은 양복에 흰 나비넥타이, 여자는 검은 치마와 흰 셔츠에 검은 넥타이였다. 그 위에 검은 가운을 걸치고 검은 학사모를 썼다. 2012년부터 학교 측은 성차별적이지 않은 표현이라고 주장할 만한 요령 좋은 표현을 쓰고 있다. "정체성이 양성 중 어느 한쪽인 학생들은 전통적인 남성 혹은 여성의 복장을 하면 된다."

예복 때문에 안 그래도 겁나는 분위기인데, 엄격한 감독도 거든다. 화장실에 가고 싶은 학생은 공식적으로 동성의 감독관과 동행해야 한다. 화장실에서 몰래 뭘 찾아보는 속임수를 막기 위한 조치지만, 내가 감독관이 된 무렵에는 보통 이 규정은 무시되었다. 내가 감독하던 시절에는 최소한 수험생이 인터넷이 되는 휴대전화를 갖고 있는지 몸수색을 할 필요는 없었는데, 아마도 요즘은 그렇게 해야 할 것이다.

이런 관행들은 학생들을 겁주려고 일부러 의도된 것으로, 실제 최종 시험 즈음에 신경쇠약을 일으키는 학생도 드물지 않다. 베일리얼 칼리지에서 심리학을 가르치는 데이비드 맥팔랜드는 시험장 감독관으로부터 이런 전화를 받았다고 한다. "선생님의 학생 누구누구 씨가 걱정되어서요. 시험이 시작된 뒤로 그분의 손글씨가 자꾸자꾸 커지더니 지금은 글자 한 자 폭이 7.5센티미터나 됩니다."

나는 마지막 학기에 학생들을 자주 만나서 그들이 최종 시험의 시련과 이전 몇 주의 복습 기간을 잘 견디도록 돕는 것을 튜터로서 내 의무로 여겼다. 함께 시험 볼 학생들을 정기적으로 내 방에 모아서 시험 기술에 관한 조언을 주었고, 정확히 한 시간 동안 모의시험 문제를 푸는 연습을 시켰다. 그렇게 스스로 시간 제약을 부과하는 것이 중요했다. 학생들은 약 열두 개의 주어진 질문 중 세 개를 골라서 세 시간 동안 세 편의 에세이를 쓰게 될 것이었다. 나는 세 에세이 각각에 똑같은 시간을—즉 한 시간씩을—할당해야 하고, 거기서 너무 많이 벗어나선 안 된다고 충고했다. 나는 약간 과장해서 으름장을 놓곤 했는데, 많은 학생이 압박을 느끼는 상황에서 제일 좋아하는 주제에 대부분의 시간을 쏟은 나머지 그보다 덜 선호하는 질문에 답할 시간이 모자라는 함정에 빠지는 걸 경고하기 위해서였다.

나는 권했다. "좋아하는 질문의 주제에 대해서 자신이 세계적 권위자라고 가정하세요. 그렇다면 자기가 아는 내용의 아주 작은 일부만을 쓸 수 있겠죠." 나는 어니스트 헤밍웨이에게 동의하여, 학생들에게 '빙산의 일각만 드러내기' 수법을 권했다. 빙산의 10분의 9는 물에 잠겨 있다. 만일 당신이 어떤 주제에 관한 세계적 권위자라면, 세상이 끝날 때까지라도 그 주제에 대해서 쓸 수 있을 것이다. 하지만 당신에게 주어진 시간은 남들과 마찬가지로 딱 한 시간이다. 그러니 빙산의 꼭대기만 교묘하게 드러냄으로써 평가자가 물밑에 잠긴 거대한 부피를 짐작하도록 하는 게 좋다. 이를테면 "브라운과 매캘리스터의 반대에도 불구하고…"라고 씀으로써, 당신이 시간만 더 있었다면 브라운과 매캘리스터에 대해서도 얼마든지 꼬치꼬치 쓸 수 있었다는 걸 채점자에게 넌지시 암시하는 것이다. 그러나 실제 꼬치꼬치 적어서는 안 된다. 그러면 시간이 너무 많이 들 테고, 뒤이어 꼭 방문해야 할 다른 빙산들의 꼭대기를 깡충깡충 뛰어넘을 시간이 부족해질 테니까. 이름만 언급해두면 충분하다. 나머지는 채점자가 메울 것이다.

반드시 덧붙여 말해둬야 할 점은, 빙산의 일각만 드러내는 수법은 채점자가 많이 안다는 가정하에서만 통한다는 것이다. 그와 반대로 글쓴이는 전달하려는 내용에 대해서 많이 알지만 독자는 모르는 상황일 때, 가령 설명서 따위를 쓸 때는 이 수법이 형편없는 전략이 된다. 스티븐 핑커는 《문체의 감각》이라는 근사한 책에서 '지식의 저주'라는 표현으로 이 논점을 강력하게 주장했다. 당신보다 조금 아는 사람에게 무언가를 설명할 때, 빙산의 일각만 드러내는 수법은 당신이 취해야 할 전략과 정확히 반대되는 전략이다. 시험에서 이 수법이 통하는 것은 시험지의 독자가 당신보다 많이 아는 채점자라고 가정해도 좋기 때문이다.

나도 대학생일 때 그런 과외를 받았다. 현명하고 박식한 해럴드 퓨지가 나를 비롯한 동기들을 모아서 비슷한 과외를 해주었는데, 빙산의 일각만 드러내는 수법은 그때 그가 알려준 조언 중 하나였다. 퓨지가 쓴 비유는 빙산이 아니라 쇼윈도였던 것 같지만, 그 역시 훌륭한 비유다. 인상적인 쇼윈도에는 공간에 여유가 많게끔 물건이 전시되어 있다. 근사한 물건을 몇 점 우아하게 전시해두는 것만으로도 가게 안에 더 많은 물건이 풍성하게 쌓여 있다는 사실을 알리기에 충분하다. 유능한 쇼윈도 장식자는 가게에서 파는 모든 물건을 죄다 쇼윈도에 늘어놓지 않는다.

내가 학생들에게 문자 그대로 고스란히 전달하는 퓨지 씨의 또 다른 조언은 이렇다(그렇다, 퓨지 박사가 아니라 퓨지 씨다. 그는 사람들이 박사 학위 따위에 신경 쓰지 않던 시절의 교수였다). 시험지에서 좋아하는 주제를 발견했더라도 당장 그 글부터 써내려가지는 말라는 것이다. 우선 열두 개의 질문 가운데 어떤 질문 세 개와 씨름할 것인지부터 정해둔다. 그다음 세 글에 대한 구성안을 각각 다른 종이에 적어둔다. 그러고 나서야 그중 하나를 쓰기 시작한다. 첫 번째 글을 쓰는 동안, 구상이 마련된 당신의 머릿속에서는 다른 두 글에 대한 발상도 계속 떠오를 것이다. 그러면 해당 시험지에 그 내용을 얼른 메모해둔다. 이렇게 하면 두 번째와 세 번째 질문에 답할 시점에는 시간을 거의 들이지 않고서도 생각이 이미 많이 정리되어 있을 것이다. 듣자니 이 조언은 이른바 AP(심화 학습 과정) 시험을 치르는 미국 고등학생들에게도 유효하다고 한다.

해럴드가 해준 또 다른 조언까지 학생들에게 전달할 용기는 나지 않았다. 최종 시험 바로 전주에는 복습을 하지 말고 강에서 노나 저으면서 공부했던 게 머릿속에 스며들도록 놔두라는 조언이었다. 그래도 해럴드의 또 다른 지혜는 전달했는데, 옥스퍼드의 최종 시험을 치르기 전 몇 주 동안 인생에서 가장 많은 지식을 농축해서 담고 있다는 것이었다. 그때 복습하면서 할 일은 그 지식이 좀 더 심화되도록 체계화하는 것, 지식 기반의 여러 부분을 서로 연결 짓고 관계 짓는 것이다.

동물학부에 있는 동안 이따금 내 차례가 되면 채점자 역할도 했다. 채점은 정말로 막중한 책임이다. 업무가 버겁다는 점은 차치하더라도, 내가 내리는 결정이 유망하고 열의 넘치는 청년들의 미래에 영향을 미친다는 엄숙한 자각을 떨쳐버릴 수 없다. 평가 체계 자체에 내재된 불공평함도 있다. 모든 학생은 세 등급 중 하나로 분류되는데, 솔직히 한 등급의 꼴찌가 같은 등급의 1등보다는 그 아래 등급의 1등과 훨씬 가깝다는 것은 모두가 아는 사실이다. 나는 〈불연속적 사고의 횡포〉라는 글에서 이 논점을 이야기한 적이 있으니(내가 객원 편집자로 한 번 참여했던 〈뉴스테이츠먼〉에 썼다. 웹 부록을 참고하라), 여기에서 다시 설명하진 않겠다.

반면에 채점자가 어떻게든 손쓸 수 있는, 손써야 하는 불공평함도 있다. 당신은 원고를 읽는 *순서*가 중요하지 않다고 확신할 수 있는가? 답안지를 줄줄이 읽고 또 읽다 보니 피곤해지진 않았는가? 그 결과 당신의 판단 기준이—더 높아지든 낮아지든—이동하진 않았는가? 육체적으로 피곤하진 않더라도, 인기 있는 한 질문에 대한 답이 지속적으로 머릿속에 들어오다 보니 자연히 그 내용에 익숙해져서 차츰 지루해지진 않았는가? 그것이 인기 없는 질문을 골라서 답을 쓴 지원자들에게 부당한 이점으로 작용하진 않았는가? 아니, 그런 이점은 *정말로* 부당한가? 그런 '지루함 혹은 피곤함 효과'가 순서상 앞에 읽은 답안지들에, 혹은 뒤에 읽은 답안지들에 부당한 이점을 안기진 않았는가? 나는 생물학자들이 실험을 설계할 때 지키는 기본 원칙을 몇 가지 동원해 이런 '순서 효과'를 차단하려 했다. 첫 지원자의 글 세 편을 내리 읽고 두 번째 지원자의 글 세 편을 내리 읽고… 이런 식으로 하지 않았다. 대신 모든 지원자의 첫 번째 글을 다 읽고, 그다음 모든 지원자의 두 번째 글을 다 읽고, 그다음 모든 지원자의 세 번째 글을 다 읽었다. 이렇게 세 단계로 나눠서 답안지를 읽을 때 각 단계마다 똑같은 지원자 순서로 읽지 않고 무작위 순서로 읽는 것도 나쁘지 않을 것이다.

또 한편, 당신은 지원자의 깔끔한 글씨에 반하지 않았는가? 엉망으로 끼적인 글씨에 나쁜 편견을 품지는 않았는가? 그런 장단점은 학자로서의 자질과는 아무 관계가 없는데 말이다. 아니, 어쩌면 관계가 있을까? 나와 첫 아내 메리언은 옥스퍼드 동물학부에서 동시에 채점을 맡은 적이 몇 번 있는데, 그때 답안지를 서로 소리 내어 읽어주는 실험을 해보았다. 이 방법은 '글씨 효과'를 제거하는 데 어느 정도 도움이 되었을 것이고, 추가적인 이점도 있었다. 낭독을 마치면, 우리는 (상대에게 영향을 미치지 않기 위해서) 말 한 마디 없이 *동시에* 셋까지 센 뒤 그 글이 받아야 한다고 생각하는 점수를 소리 내어 말했다. 두 사람이 매긴 점수가 일치할 때가 많다는 데 우리는 안도했다. 어차피 옥스퍼드에서는 모든 시험 답안지에 중복 점수를 매기는데—두 강사가 서로 공모하지 않고 별도로 점수를 매긴다—이것은 특정 종류의 불공평함을 막기 위한 좋은 조치다. 요즘은(내가 채점자일 때는 그렇지 않았다) 또 학생들의 이름을 가리고 무작위로 부여된 숫자만 표기해둔다. 이것은 채점자가 개인적으로 어떤 학생을 좋아하거나 싫어하는 편견의 영향을 막는 조치인데, 동물학부처럼 채점자가 대부분의 학생을 개인적으로 아는 작은 과에서는 중요한 일이다.

나는 새 강사나 펠로를 뽑는 위원회나 어떤 상의 수상자를 정하는 위원회 같은 다른 의사 결정 자리에서도 순서 효과를 걱정했다. 왕립학회는 대중에게 과학을 성공적으로 알린 사람에게 매년 마이클 패러데이 상을 준다. 나는 1990년에 상을 받았고 이후 수상자 선정 위원회에 들었다. 위원은 주기적으로 교체되는데, 나는 5년 기간 중 마지막 3년 동안 의장이었다. 전임자가 의장이었던 첫 2년 동안, 나는 순서 효과가 걱정되었다. 모든 후보자는 위원회에 이력서와 추천서 서류를 제출했고, 위원들은 모임에 나오기 전에 그 서류를 전부 꼼꼼히 읽었다. 여기까지는 좋았다. 그러나 모임에서 우리는 후보자를 순서대로 논의했다. 아마 이름의 알파벳 순서였을 텐데, 그게 더 나쁘긴 하지만 지금 요점은 그게 아니다. 어떤 다른 정렬 기준을 따르더라도 순서 효과는 반드시 발생한다. 첫 몇 명의 서류에 대해서는 토론이 길게 벌어졌지만, 오후가 되면 토론이 갈수록 짧아졌다. 초반의 후보자들에 대해서는 시시콜콜한 것까지 토론하느라 많은 시간을 쏟았는데, 결국 그 후보자가 어느 위원으로부터도 지지받지 못한 가망 없는 후보였다는 게 밝혀지면, 더욱 유감스러웠다.

나는 의장이 된 뒤 그런 종류의 위원회에 내가 늘 추천하는 방식으로 체계를 바꿨다. 그 방식을 자세히 설명할 가치가 있을 것 같다. 토론을 시작하기 전, 서류를 미리 다 읽고 온 위원들은 순서상 먼저 검토했으면 좋겠다고 생각하는 후보자 셋의 이름과 점수를 각자 비밀로 종이에 적었다. 점수는 1등으로 꼽은 후보자에게는 3점, 2등에게는 2점, 3등에게는 1점을 줬다. 나는 그 종이쪽지들을 수거해서 점수를 다 더한 뒤, 순서를 발표했다. 사전에 위원회에 이것은 수상자를 결정하는 투표가 *아니라* 우리가 어떤 *순서*로 후보자를 토론*할지* 결정하는 투표일 뿐임을 확실히 밝혀두었다. 그리고 이제 우리는 서류들을 상세히 토론하기 시작했다. 그 순서는 알파벳순이 아니었고, 알파벳 역순도(알파벳순으로 하면 A나 C가 T나 W보다 유리해진다는 문제를 해결하려고 가끔 시도되는 방식이지만 헛일이다) 아니었고,

그렇다고 무작위 순서도 아니었다. 우리가 예선 비밀투표를 통해 정한 순서였다.

토론을 마친 뒤에는 우승자를 정하는 최종 비밀투표를 했다. 그 결과 뽑힌 우승자는 예선 '순서' 투표에서 1등 한 후보와 같은 사람일 수도 있지만 아닐 수도 있었다. 오후 내내 이어진 철저한 토론이 위원들의 생각을 바꿀 수도 있었던 것이다. 과거의 체계에서는 토론 시간의 가장 큰 몫이 애초에 가망 없는 후보자들에게 낭비되었던 데 비해, 새 체계에서는 최소한 위원들이 조금이나마 더 지지하는 후보자들을 철저히 토론할 시간이 있었으며, 후보자들을 정당한 순서로 토론할 수 있었다.

부학장

새 강사와 펠로를 뽑는 위원회 활동은 내가 옥스퍼드에서 맡은 중요한 의무 중 하나였다. 다른 의무들도 있다. 재정, 목회, 관리에 관한 의무들이다. 옥스퍼드나 케임브리지의 칼리지에서는 펠로 자리 하나마다 큰 자선단체의 위탁 기금이 딸려 있는 경우가 많기 때문에, 뉴 칼리지처럼 비교적 부유한 재단이라면 그 기금들을 투자하고 배당을 지급하는 일이 제법 만만찮다. 펠로들은 게다가 학생 복지와 규율에 대해서도 집단으로 책임을 졌고, 예배당을 비롯한 귀중한 중세 건물들의 유지에 대해서도, 그 밖의 여러 일에 대해서도 책임을 졌다. 우리는 주요 업무를 감독할 책임자를 우리 중에서 선출했다. 기쁘고 마땅하게도, 나는 어떤 직책에도 한 번도 선출되지 않았다(끔찍이도 못했을 것이다). 그러나 뉴 칼리지의 펠로라면 누구도 빠져나갈 수 없는 직책이 하나 있었다. 부학장이다. 다른 옥스퍼드 칼리지들은 부학장을 선거로 정하기도 하는데(옥스퍼드 칼리지들은 혼란스럽도록 다양한 이름으로 학장을 부르기 때문에 그에 따라 부副학장도 부워든, 부마스터, 부프린서플, 부프로보스트 등 다양하게 불린다), 이때 부학장은 학장의 직무 대리자로서 다른 동료들의 존경을 받는 펠로인 셈이다. 그러나 뉴 칼리지의 방식은 그렇지 않다. 뉴 칼리지는 부학장을 선출하지 않는다. 부학장은 펠로 명단을 따라 가차없이 아래로 전달되는 1년짜리 임무이고, 존경과는 무관하다. 명단에서 그 지점이 나를 덮친 1989년까지, 나는 매년 문제의 해가 얼마나 남았는지를 헤아려볼 수 있었다. 그렇게 셈한 값은 늘 최댓값이었다. 명단에서 나보다 앞에 있는 동료가 죽거나 다른 대학 교수가 되어 떠나면—후자는 꽤 흔했다—불길하게도 1년이 제해졌기 때문이다. 왜 '불길한가' 하면, 내가 그 일을 두려워했기 때문이다.

부학장의 임무가 얼마나 성가신가는 그 기간이 짧은 것만 봐도 알 수 있었다. 그렇기 때문에 부학장은 인생에서 딱 1년만 수행하면 되는 일인 것이다. 나는 부학장으로서 모든 위원회 모임에 참석해야 했다. 그것은 곧 모든 하위 위원회 모임에도 참석해야 하고, 모든 임명 및 선출 위원회 모임에도 참석해야 하며, 칼리지 전체 모임에서는 회의록까지 작성해야 한다는 뜻이었다. 사실 회의록 작성은 꽤 즐거웠고, 나는 그것을 동료들을 웃기는 수단으로 활용했다. 물론 회의록을 읽은 사람들에게만 통했는데, 다음 모임에서 가끔 밝혀지듯이 모두가 다 회의록을 읽고 오는 건 결코 아니었다.

부학장은 학장이 부득이 칼리지 모임에 불참할 때나 학장 자신에 관한 문제를 토론하는 자리라서 자리를 비켜줘야 할 때 대신 의장역을 맡는다. 이 역할이 특히 중요해지는 경우는 새 학장을 선출할 때다. 그날 부학장은 투표를 처음부터 끝까지 주재해야 한다. 내가 당번일 때는 그런 일이 없어서 얼마나 다행이었는지 모른다. 내가 참가한 네 번의 학장 투표에서, 그날의 부학장은 스스로 학장 자질이 충분한 사람이거나 그 난국에 잘 대처하는 사람이거나 둘 중 하나였다. 한번은 사람들이 영리한 수를 써서, 노골적인 염세주의자까지는 아니더라도 감정 기복이 크기로 악명 높은 펠로의 부학장 당번을 어찌어찌 미루고, 그 대신 '든든한 손길'이라고 존경받는 펠로가 맡도록 손쓴 적도 있다. 딴말이지만, 내가 정치적 조작에 통 소질이 없다는 것은, 그 네 번의 학장 투표 중 세 번에서 내가 추천한 후보가 차점자에 그쳤다는 것만 봐도 알 수 있다.

부학장으로서 나는 홀에서 열리는 만찬을 주재해야 했고, 식전 감사기도("베네딕투스 베네디카트")와 식후 감사기도("베네딕토 베네디카투르")를 읊어야 했다. 나는 마지막 단어를 대개의 사람들처럼 "베네디카타"라고 발음했는데, 몇몇 연배 높은 고전 전공자 펠로들은 "베네-다이-카이-투르"라고 발음했다. 나는 그 발음에 매료되었지만 감히 따라 할 엄두는 나지 않았다. 그들도 실제 로마인이 그렇게 발음했다고 생각하는 것 같진 않지만, 어쨌든 틀림없이 여러모로 고심한 결과 그렇게 발음하는 것일 테고, 그 근거는 아마 옛 성직자들의 논쟁에 기반하고 있을 것이다. 전임 부학장 중 한 명이었던 고대 역사학자 제프리 드 상트 크루아는 양심적인 이유에서 감사기도 읊기를 거부했다(그는 스스로를 "점잖게 전투적인 무신론자"로 칭했다). 그러나 역시 양심적인 이유에서, 자기 대신 기도해줄 사람을 마련해두었다.

한번은 내가 우리 칼리지와 자매학교인 케임브리지 킹스 칼리지의 만찬에 손님으로 초대되었다(여담이지만, 킹스 칼리지 예배당은 영국에서 가장 아름다운 건물 중 하나다). 만찬을 주재한 선임 펠로는 분자유전학의 창시자이자 마땅히 노벨상을 받은(모든 수상자가 다 그런 자격이 있는 건 아니다), 비길 데 없이 탁월한 시드니 브레너였다. 시드니는 의사봉을 두드려서 모두를 일으켜세운 뒤 옆자리의 내게 엄숙하게 청했다. "박사, 감사기도를 해주시겠습니까?" 나는 뉴 칼리지 부학장이었을 때 다음과 같은 근거에 따라 선뜻 감사기도를 올렸던 훌륭한 철학자 앨프리드 에어 경의 학파에 속한다. "나는 거짓은 발설하지 않겠지만 무의미한 진술을 말하는 데는 이의가 없습니다."

나는 에어 경과 같은 태도를 취한다는 이유로 랍비 줄리아 노이버거에게 신랄한 공격을 받은 적이 있다. 그녀는 영국에서 제일 유명한 랍비인 데다가, 이른바 '훌륭하고 선한 사람들', 즉 세습 귀족인 동시에 상원의원 계층에 속한다. 그녀는 다소 공식적인 오찬에서 내 옆에 앉았다가 내가 뉴 칼리지 홀에서 만찬을 주재할 때 기꺼이 감사기도를 읊는다는 자백을 내 입에서 끌어내고는, 그것은 위선이라며 맹렬하게 나를 나무랐다. 나는 이렇게 반박했다. 감사기도가 그녀에게는 대단한 의미일지 몰라도 내게는 아무 의미가 없는데, 왜 구태여 반대해야 하나? 내게 감사기도는 힌두교나 불교 사원에 들어갈 때 신발을 벗는 것처럼 예의 문제에 지나지 않는 것으로 보였다. 오래된 전통을 존중하는 건 옳은 일 아닐까? (솔직히 "베네딕투스 베네디카트"가 그렇게 오래된 전통인지는 모르겠다. 숱한 '오래된' 전통들과 마찬가지로, 그 전통도 기껏해야 19세기 정도에 생긴 게 아닐까?)

한번은 웰링턴 칼리지에서 옥스퍼드 주교, 철학자 A. C. 그레일링, 저널리스트 찰스 무어(그는 왜인지 몰라도 그 자리에 산탄총 한 쌍을 지니고 나타났다) 등과 토론회를 한 뒤에 저녁을 먹었는데, 당시 학장으로서 지당한 명성을 누리던 앤서니 셸던이 내게 세속적인 감사기도를 해달라는 유쾌한 부탁을 건넸다. 난처해진 내가 즉석에서 생각해낼 수 있었던 말은 이게 전부였다. "우리에게 양식을 주시는 요리사에게 감사합시다."

부학장의 임무에서 제일 벅찬 것은 연설이었다. 연설은 보통 새 펠로를 환영하거나 기존 펠로를 떠나보내는 자리에서 하게 되었다. 내 몫의 시련의 해가 다가오는 동안 내가 유달리 두려워한 것이 바로 이 연설이었다. 이전 부학장들로부터 상당히 형편없는 연설도, 썩 좋은 연설도 많이 들어보았기 때문이었다. 나는 결국 그럭저럭 해냈지만, 즉흥 연설은 아니었다. 사전에 연설문을 쓰는 데 제법 시간을 들여야 했고, 이 점에서 나보다 좀 더 자연스럽게 재치를 발휘할 줄 아는 헬레나 크로닌의 도움을 많이 받았다. 런던경제대학의 과학철학자이자 과학사학자인 그녀는 당시 나와 긴밀하게 협력하고 있었다. 각자 쓰는 책을 서로 도와주고 있었는데, 이 이야기는 나중에 하겠다.

새 펠로의 환영사를 쓰는 것은 특히 어려웠다. 새로 온 사람이니까 당연히 내가 그를 잘 모르고, 따라서 그의 서면 이력서에만 의존해 할 말을 찾아야 했기 때문이다. 일례로 법학과에 새로 온 수잰 깁슨의 이력서에는 '시각적이고 서사적인 구조'로서의 '몸'에 전문적인 관심을 두고 있다는 말이 적혀 있었다. 나는 이것을 농담 소재로 삼아, 뉴 칼리지에서 법학을 공부한 미래의 가상 변호사가 다음과 같이 말하는 것을 연기해 보였다.

판사님, 친애하는 상대 변호사께서는 제 의뢰인이 심야에 사람의 몸을 땅에 묻는 것을 목격한 증인이 있다는 증거를 제시했습니다. 하지만 배심원 여러분, 여러분에게 제가 감히 설명 드리건대, 몸이란 곧 시각적이고 서사적인 구조입니다. 시각적이고 서사적인 구조에 지나지 않는 것을 땅에 묻었다는 이유로 누군가에게 유죄를 선고할 순 없는 겁니다.

수지는 내 농담을 기분 좋게 받아넘겼고, 우리는 친구가 되었다. 내가 같은 날 소개해야 했던 또 다른 신입 펠로는 훗날 역시 소중한 동료가 된 불문학자 웨스 윌리엄스였다. 우리 칼리지에는 이미 두 명의 윌리엄스가 있었기 때문에, 나는 그 점에 착안하여 이렇게 농담했다.

오랫동안 우리에게는 윌리엄스가 한 명밖에 없었습니다. 그걸로 그럭저럭 헤쳐나갔지만, 아무래도 보기에 영 좋지 않았죠. 유감스럽게도 우리는 시간이 한참 더 지나서야 간신히 두 번째 윌리엄스를 영입했습니다. 그러니 오늘 밤 우리의 세 번째 윌리엄스를 환영하게 된 것이 저로서는 기쁘기 짝이 없습니다. 그리고 공식적으로 선언하는데, 향후 모든 선출 위원회는 공정을 기하기 위해서 적어도 한 명의 윌리엄스는 반드시 후보로 포함시켜야 할 것입니다.

이런 환영사는 '디저트' 자리에서 한다. 디저트라는 케케묵은 공식 의식은 대부분의 옥스브리지 칼리지들이 아직 준수하지만 나는 한 번도 좋아한 적이 없는 자리인데, 저녁을 먹은 방이 아닌 다른 방으로 옮겨서 진행된다. 둥글게 앉은 사람들에게 포트와 클라레, 소테른과 호크가(모두 산지에 따른 포도주 명칭이다 – 옮긴이) 시계 방향으로 전달되고, 제일 연배가 낮은 펠로들이 견과류, 과일, 초콜릿을 나눠준다. 뉴 칼리지에는 '포트 철도'라는 희한한 장치가 설치되어 있다. 쉽게 짐작할 수 있듯이 19세기에 만들어진 것으로, 벽난로 때문에 둘러앉은 사람들 사이에 뚫린 빈 공간을 가로질러 술병과 디캔터를 건네는(가끔은 실제로 제 역할을 수행한다) 도르래 장치다. 코담배도 나눠주는 게 전통이지만, 실제 피우는 사람은 거의 없다(오래전 은퇴한 어느 존경할 만한 펠로가 그걸 피우고는 굉장한 소리로 재채기를 해대는 바람에 저녁 내내 재채기 소리가 참나무 벽널에 반사되어 쩌렁쩌렁 울리는 일이 있었고, 최소한 그 뒤로는 아무도 안 피운다).

부학장이 펠로들과 손님들에게 자리를 지정해줄 필요는 없지만(다른 칼리지에서는 주재하는 펠로가 그러기도 한다), 그래도 디저트에서 싹싹한 주인 역할을 해야 한다. 나는 최선을 다했으나, 난감한 저녁이 한 번 있었다. 사람들이 자리에 앉는 걸 거들던 중, 어디선가 불길한 중얼거림이 들려와서 뭔가 문제가 생긴 걸 알았다. 마이클 더밋 경, 즉 앨프리드 에어의 후임으로 위컴 논리학 교수가 된 엄청나게 저명한 철학자이자 엄격한 문법 신봉자, 양심적이고 열성적인 인종차별 반대 운동가, 카드 게임과 투표 이론의 세계적 권위자인 그는 또한 성격이 성마르기로 유명했다. 그는 화가 나면 얼굴이 새하얘졌는데, 그 때문에 — 아마도 내 흥분한 상상의 산물이었겠지만 — 두 눈이 이글이글 뻘겋게 불타는 것처럼 보였다. 굉장히 무서웠다… 그러나 문제가 무엇이든 그것을 처리하려고 노력하는 것이 부학장으로서 내 의무였다.

중얼거림은 곧 호통으로 바뀌었다. "내가 평생 이런 모욕은 당해 본 적이 없소. 자네는 태도가 참으로 막돼먹었군. 보나마나 *이튼* 출신이겠지." 천만다행으로 그 매서운 공격의 표적은 내가 아니라, 우리의 엉뚱하고 재치 있는 고전 역사학자 로빈 레인 폭스였다. 로빈은 안절부절못하고 사과하면서도 당혹스러워했다. "하지만 제가 뭘 어쨌기에 그러시죠? 제가 *뭘* 어쨌기에?" 나는 문제가 뭔지 알아내진 못했지만, 아무튼 주최자의 역할에 따라 두 사람이 최대한 멀리 떨어져 앉도록 했다.

사연은 나중에야 알아냈다. 사건은 그날 점심에 시작되었다. 점심은 각자 음식을 가져다 먹는 편한 자리로, 관례적으로 순서대로 자리를 채우기는 하지만 다들 원하는 자리에 앉아도 괜찮다. 로빈은 마침 새로 온 펠로가 자리를 찾아 머뭇거리는 모습을 보았다. 그래서 그녀에게 정중한 손짓으로 앉을 곳을 가리켜 보였는데, 불행하게도 그가 가리킨 자리는 마이클 경이 앉으려고 다가가던 자리였다. 무시당했다고 여긴 마이클 경은 오후 내내 속을 부글부글 끓이다가 끝내 저녁 디저트 자리에서 폭발했던 것이다. 그러나 내가 얼마 전에 로빈에게 물어서 들은 바에 따르면, 이야기는 결국 해피엔딩이었다. 비참한 사건이 있고서 하루 이틀 뒤, 더밋 교수가 로빈에게 와서 최고로 품위 있는 사과를 전했다. 자신이 칼리지를 통틀어 로빈만큼 모욕하고 싶지 않은 사람은 또 없다고 말했다고 한다. 내가 그의 분노의 표적이 되지 않은 게 어찌나 다행인지. 그는 개종자 특유의 열정이 가득한 독실한 가톨릭 신자였으니, 그 앞에서 나는 아주 취약했을 것이다.

이 일화와는 무관한 이야기지만, 로빈 레인 폭스는 정말로 이튼 출신이다. 여러분은 그를 〈파이낸셜타임스〉에 정원 가꾸기 기사를 쓰는 필자이자 《정원 더 잘 가꾸기》라는 책의 저자로 알지도 모른다. 그 책에서 '나무 더 잘 가꾸기' 장 다음에 '관목 더 잘 가꾸기' 장이 이어지는데, 맛깔스럽게 시대착오적이면서도 너무나도 그다운 서두가 붙어 있다.

> 우리가 이제 높은 나뭇가지로부터 나지막한 관목으로 훌쩍 내려오긴 했지만, 세상이 지금보다 젊었고 메타세쿼이아가 공룡들 사이에서 자라던 시절을 아예 벗어나진 않을 것이다. 마스토돈과 디메트로돈 사이에 놓일 생물로서, 옥스퍼드 고대사 교수라는 내 죽어가는 종보다 더 어울리는 종이 또 있을까? 빈사 상태로 선언된 지 오래이기는 해도 우리 종은 아직 멸종하지 않았다.

알렉산드로스 대왕에 관한 세계적 권위자인 데다가 승마를 열성적으로 즐기는 그는, 자신이 기병대를 이끌고 돌진하는 단역으로 출연한다는 조건하에, 올리버 스톤의 영화 〈알렉산더〉에서 자문을 맡았다. 그리고 실제로 그렇게 출연했다.

이처럼 개성적이고 종잡을 수 없는 동료들에 둘러싸여 일한 것은 내가 누린 특권이었다. 그런 동료들은 위원회 모임마저 즐겁게 만들어주었다. 나는 그런 동료들과 친구들의 일화를 무수히 더 들려드릴 수 있지만, 이쯤 해두겠다. 하나의 예가 전부를 말해줄 수 있을 테니까. 사실 이것은 '개성'의 의미에는 위배되는 바람이겠지만 말이다.

나는 뉴 칼리지와 그곳에서 오래 사귄 친구들에게 큰 애정을 품고 있다. 그러나 만일 운명의 주사위가 다르게 굴러서 내가 다른 칼리지에 가게 되었더라도—혹은 케임브리지에 가게 되었더라도—똑같이 말했을 거라고 거의 확신한다. 이 엇비슷한 칼리지들은 다양한 분야의 학자들이 섞여 있으면서도 공통의 학문적·교육적 가치를 공유하는 멋진 곳이고, 나는 학생들도 그런 가치로부터 혜택을 받는다고 여기고 싶다. 그렇기는 해도 옥스브리지 칼리지들에는 괴짜가 넘쳐난다. 그래서 드넓은 바깥세상에서 부임해온 신입 학장들이 종종 절감하듯이 다스리기 어려운 것으로 유명하다. 사실이다. 우리에게도 학문적 프리마돈나들, 똑똑하긴 하지만 그들의 허영이 스스로 믿게 만든 것처럼 그렇게까지 똑똑하진 않은 사람들이 있다. 그리고 그와 정반대인 사람들도 있다. 허영이라곤 어쩌나 없는지, 점심 자리에서 자신을 우습게 만드는 이런 이야기를 웃으면서 털어놓는 사람들이 있다.

> 오늘 학생신문사에서 전화가 왔어요. "교수님, 오늘 오전 교수님 강의에서 한 학생이 하품을 무진장 크게 하다가 턱이 빠졌다는 사실에 대해서 뭔가 발언할 말씀이 있으신가요?"

그 학생신문 〈차웰〉은(옥스퍼드를 흐르는 강 이름을 따서 지은 거라 철자는 'Cherwell'이지만 '처웰'이 아니라 '차웰'이라고 읽는다) 내게도 전화한 적이 있다. 교수들이 얼마나 쿨한지 알아보는 조사차 건 전화였다. 내가 바깥 현실을 얼마나 잘 아는지 평가하기 위해서, 학생 기자는 내게 "듀렉스 콘돔 한 봉지 가격은 얼마지요?" 같은 질문들을 던졌다. "빅맥은 얼마지요?"라는 질문도. 나는 순진하게도 "아, 컬러모니터랑 같이 하면 2천 파운드쯤(2016년 환율로 약 300만 원 – 옮긴이) 될 겁니다"라고 대답했다. 학생은 인터뷰를 계속할 수 없을 만큼 웃음보가 터져서 전화를 끊어버렸다.

내가 뉴 칼리지 부학장으로서 한 연설 중에는 교목 제러미 시히를 보내는 송별사가 있었다. 그는 영국국교회 생활을 하러 자리를 옮기는 참이었다(당시 관행이었다). 그와 나는 논쟁적인 문제에서 둘 다 자유주의적 입장에 표를 던지곤 했다. 송별사에서 나는 우리의 그런 정치적 친밀감을 언급하며, 칼리지 모임이 열릴 때면 "우리 둘의 깊은 차이를 가로질러 그도 내게 동의한다는 눈길을 보내는 걸 알아차리곤 했다"고 말했다. 당시 뉴 칼리지 부엌은 꽤 맛있는 푸딩을 자주 내놓았는데, 촉촉하고 까만 스펀지케이크 위에 흰 크림이 덮인 푸딩이었다. 그런데 메뉴에는 그 푸딩이 '네그르 앙 슈미즈(셔츠를 입은 깜둥이)'라는 유감스러운 이름으로 적혀 있었다. 제러미 목사는 그걸 늘 속상하게 여겼기에, 나는 송별 선물로 이름을 바꿔주고 싶었다. 나는 주방장에게 가서, 저녁에 그 요리를 내되 새 이름으로 적어달라고 부탁했다(부학장의 몇 안 되는 권력 중 하나였다). 그날 디저트 자리에서, 이 사연을 이야기하면서 목사를 기리는 의미에서 새 이름을 달아보았다고 말했다. '프레트르 앙 서플리스', 즉 '백의를 입은 사제'였다. 아, 안타깝게도 그가 떠난 뒤 오래지 않아 맛있는 푸딩은 도로 옛 이름으로 적히기 시작했고, 그때는 이미 내게 부학장의 권력이 없었기 때문에 어쩔 도리가 없었다.

여담인데, 잉글랜드의 어느 양로원에서도 비슷한 문제가 있었다는 이야기를 들었다. 어느 날 그곳 메뉴에 영국 전통 푸딩이 새로 포함되었는데, 건포도가 송송 박히고 커스터드가 끼얹어진 그 길쭉한 수이트롤의 이름은 '스포티드 딕(점박이 자지)'이었다. 그 지역 공무원 조사관은 그 이름이 "성차별적"이라며 차림표에서 빼라고 요구했다고 한다.

뉴 칼리지 부학장의 연설 업무에서 가장 고된 클라이맥스는 매년 졸업생 중 특정 연령대 집단을 초대하여 치르는 동창회 만찬의 인사말이다. 연령 집단은 매년 몇 년씩 과거로 거슬러 올라가는데, 죽음의 신의 활약 때문에 그 폭이 갈수록 넓어진다. 그래서 이른바 '빈티지' 집단에서 '베테랑' 집단으로 올라갔다가, 결국 특정 날짜 이전에 뉴 칼리지에 입학한 모든 동창생을 아우르는 '올드 고디' 집단까지 올라간다. 그러고 그다음에는 '영 고디', 즉 졸업한 지 10년 정도밖에 안 된 젊은 집단으로 도로 내려와서 주기가 반복된다.

내가 부학장이던 해에 주기는 올드 고디에 도달했는데, 안타깝게도 그들의 수가 계속 준 탓에 자리를 다 메울 수 없어서 30대의 풋내기들인 영 고디에서 젊은 피를 충원하기로 했다. 그 탓에 나는 손님의 절반과 나머지 절반이 세계대전, 대공황, 약 50년의 세월을 사이에 두고 떨어진 집단에게 두루 통하는 인사말을 써야 하는 난감한 처지에 면했다. 쉬운 일이 아니었다. 나는 나이 든 동문이 대학생이었던 격동의 1920년대를 최소한 내 세대인 1960년대에 비하면 다소 심심했다고 봐도 그다지 무리한 해석이 아닐 1970년대와 대비시키는 전략을 시도했다. 나는 나 자신이 "인생의 점심시간"에 도달했다고 말한 뒤, 이 자리는 "금박 시대와 괴팍한 젊음이 만난 자리"라며 이것저것 주워섬겼다. 노인들은 재미있어했던 것 같고, 젊은이들은 어차피 내 말을 진지하게 믿지 않았기 때문에 심각하게 짜증스러워하진 않았던 것 같다.

나는 고맙게도 칼리지 기록 보관 담당자가 빌려준 1920년대 '학부생 휴게실JCR 건의록'에서 몇 군데를 발췌해 읽음으로써 노인들에게는 향수를, 젊은 후배들에게는 도무지 못 믿겠다는 경악스러운 반응을 불러일으켰다. 무얼 못 믿겠는가 하면, 가령 1920년대에는 욕실들이 하나의 커다란 홀에 칸막이로만 나뉜 형태였다는 이야기가 그랬다. 하지만 다음과 같은 건의사항이 여러 번 적혀 있으니 확실한 사실이었다. "오늘 아침 왼쪽으로부터 다섯 번째 욕조에서 노래를 부르려다가 실패한 신사께서는 부디 앞으로 삼가주시겠습니까?" 당시 학생들이 칼리지 하인들을 무례하게 다룬 것도 믿기 어려운 이야기였을 것이다. 그런 태도는 '브라이즈헤드 세대'의 오만함을 여실히 보여주는 배지였지만, 단언컨대 현재의 옥스퍼드 칼리지들은 더 이상 그렇지 않다(요즘 대단히 경멸받는 '벌링던 클럽'(부잣집 자제들의 사교 클럽인 벌링던은 오만하고 난폭한 문화로 악명 높은데, 2015년 당시 영국 총리였던 데이비드 캐머런이 이 클럽 회원으로 방종한 짓을 하고 다녔다는 사실이 폭로되어 한참 구설을 들었다 – 옮긴이)은 물론 예외일 것이다).

> 티타임에 맞춰서 오이 샌드위치 한 접시를 방으로 올려받기를 바라는 사람은 오전 11시 전에 부엌에 요청해야 한다고 알고 있습니다. 이건 너무 불편합니다.

> 신발 청소하는 사람이나 목욕탕 종업원이 축구화에 묻은 진흙을 욕실에서 털어줄 순 없습니까? (필요하다면 기름도 먹여주고 말입니다.)

학생 휴게실 문이 삐걱거린다는 불평도 많았다. 1970년대 졸업생들은 예전처럼 딴 사람이 해주지 않는다고 욕하는 대신 스스로 말없이 기름을 가져다가 경첩에 발랐을 거라고 생각하고 싶다.

그러나 내가 발췌한 대목들은 대부분 그보다는 흘러간 시절에 대한 부드러운 향수를 일으키는 내용이었다.

> 오래된 욕실에 (아주 딱딱한) 새 솔빗과 새 얼레빗을 마련해주실 수 없습니까?

> 휴게실에 파이프 청소 도구를 마련해두자고 제안해도 될까요? 이쑤시개보다는 그게 좀 더 유용한 물품일 것 같습니다.

> 오늘 아침에 전화를 걸려다가 전화박스가 사라진 걸 발견하고 놀랐습니다. 그게 대체 어디로 갔을까요? 적절한 부처에 전달되길 바라는 마음으로 덧붙이는데, 저로서는 딱히 전화박스의 위치를 바꿀 이유가 없어 보입니다.

이 인사말에 대한 평은 꽤 좋았던 것 같다. 나이 든 동문 중 한 명은 나중에 학장에게 감사편지를 써서, 내 인사말이 자신의 옛 튜터인 데이비드 세실 경을 떠올리게 했다고 말했다. 아마도 칭찬이지 싶지만, 킹즐리 에이미스가 자서전에서 그 귀족적인 석학을 회상한 내용을 떠올리면 솔직히 좀 멈칫하게 된다(세실 경은 에이미스의 대학 논문 지도 교수였는데, 에이미스는 자서전에서 그가 별로 훌륭한 선생도 학자도 아니었다고 평가했다 – 옮긴이).

RICHARD DAWKINS

3

밀림의 가르침

My Life in Science

RICHARD
DAWKINS

파나마해협의 바로콜로라도섬에서 사는 115종의 포유류 중에는 부정기적으로 이동하며 서식하는 *호모 사이언티피쿠스*가 있다. 개중에는 그곳에 거주하는 생물학자들과 상호작용하도록(또한 바라기로는 신선한 활력을 불어넣도록) 초대받아 와서 한 달쯤 머무르는 단기 방문자도 있다. 1980년, 나는 영광스럽게도 그런 두 마리 철새 중 한 마리가 되어달라는 초대를 받았다. 다른 한 사람이 누군지 듣고 기뻤는데, 바로 위대한 존 메이너드 스미스였다.

밀림이 울창한 바로콜로라도섬은 파나마해협에서 상당한 넓이를 차지하는 가툰 호수 한가운데에 있다. 그곳에는 스미스소니언 열대연구소STRI가 운영하는 세계적 명성의 열대연구센터가 있다. 밀림에 생물종이 왜 그렇게 풍부한가 하는 것은 생태학의 오랜 의문이다. 밀림의 생명다양성은 다른 주요 생태계들을 능가한다. 넓이

15제곱킬로미터의 바로콜로라도섬은 (아마도 옥스퍼드 근처 와이텀 숲을 제외하고는) 세상에서 제일 집중적으로 연구되고, 제일 많이 조사되고 분석되고, 쌍안경으로 관찰되고, 지도화된 숲일 것이다. 그런 곳에 한 달 동안 초대되다니, 정말 영광이었다.

내가 방문하는 시기에, 원래 나를 초대한 장본인인 파나마의 STRI 연구소장 아이라 루비노프는 안식년으로 잠시 자리를 비우면서 그의 대리인이자 내 옛 친구인 마이클 로빈슨의 유능하고 상냥한 손길에 연구소를 맡길 예정이었다. 마이크와 나는 1960년대 옥스퍼드에서 니코 틴베르헌의 대학원생으로 함께 공부했다. 마이크는 다른 친구들보다 나이가 약간 많았다. 어떤 사람들은 청춘의 낭비였다고 여길지도 모르는(나는 그렇게 생각하지 않는다) 좌파 선동가 시절을 보낸 뒤에야 곤충학에 대한 열정을 추구하기 위해서 머리 굵은 학생이 되어 대학에 돌아왔기 때문이다. 마이크가 좌파 운동가이던 시절에 영국군은 말라야(현재의 말레이반도 – 옮긴이)에서 반군과 싸우고 있었다. 어느 날 그는 밤새 맨체스터 거리를 쏘다니면서 벽마다 페인트로 구호를 적어두었다. "말라야에서 손 떼Hands off Malaya." "말라야에서 손 떼." "말라야에서 손 떼." 동이 텄다. 그는 간밤에 맨체스터에 본때를 보여주었다는 생각에 기분 좋게, 체포되지 않은 채로 침대에서 나왔다. 그러고는 마지막 낙서를 한 곳을 찾아가서 만족스러운 한숨을 쉬다가, 끔찍하게도 이렇게 적힌 것을 보았다. "말라야에서 손 대Hands of Malaya." 그보다 먼저 쓴 것들은 확인할 필요조차 없었다. 자신이 밤새도록 같은 말실수를 휘갈겼다는 게 그제야 기억났다. 맨 처음 저지른 실수를 기계적으로 반복한 것이다.

옥스퍼드에서 대벌레를 소재로 뛰어난 박사 논문을 쓴 뒤, 마이크는 STRI의 일자리를 받아들였다. 연구소가 공식적으로 짜준 파나마로의 여정은 도중에 마이애미를 거치게 되어 있었다. 그런데 그가 한때 공산당원이었다는 이유로, 미국은 그에게 마이애미에 기착할 수 있는 비자를 내주지 않았다. 그가 공항의 보안구역을 한 발짝도 벗어나지 않을 텐데도, 더구나 그가 파나마에서 받기로 한 연봉은 미국 정부가 지불하는 것이었는데도 말이다. 진퇴양난이었다. 문제가 어떻게 해결되었는지는 잊었지만, 그는 결국 파나마로 갈 수 있었다. 훗날 그는 세계에서 제일 유명한 동물원 중 하나인 워싱턴DC의 미국국립동물원을 이끌게 되었으니, 나중에는 미국이 그를 완전히 용서한 게 분명하다(최소한 공식적으로는 잊혔다).

내가 파나마를 방문했을 때도 그는 STRI 연구소장 대리가 될 만큼 인정받고 있었다. 그는 기억 속 모습 그대로였다. 붉은 염소수염을 작게 기르고, 정수리에도 그만 한 머리털을 뾰족 세우고, 불그레하게 빛나는 얼굴이 꼭 예전 그대로였다(옛날에 옥스퍼드에서 웬 아가씨가 인파 중 누가 마이크인지 확인하려고 내게 "수염을 작게 기른 저 사람인가요?"라고 속삭인 적이 있는데, 그러면서 손으로는 얄밉게도 정수리를 가리켰다).

파나마에 도착한 나를 맞은 사람은 옥스퍼드 시절의 또 다른 친구였다. 프리츠 폴라트, 일명 거미맨이었다. 마이클 로빈슨이 그냥 쾌활한 사람이라면, 프리츠는 세계 최고 수준으로 쾌활한 사람이다. 그러나 '파티의 분위기 메이커'라는 부정적 표현이 어울리는 쾌활함이 아니라 '인생의 분위기 메이커'라는 표현이 어울리는 쾌활함이다. 내가 짓궂은 웃음기를 띤 그의 눈을 처음 마주한 것은, 그가 틴베르헌 집단에서 10대 '노예'로 일하려고 독일에서 옥스퍼드로 건너왔을 때였다. 그의 사촌인 후안 델리우스가 그를 소개한 것이었는데, 무지막지하게 명석한 후안은 당시 우리 집단을 이끄는 리더였다. 프리츠는 금세 우리 틈에 끼었고, 서툰 영어로도 늘 우리보다 많이 웃었다. 시간이 흘러 파나마에서 다시 만났을 때도 그는 변한 데가 거의 없었다. 물론 영어는 훨씬 나아졌고, 스페인어도 나쁘지 않았다.

우리는 파나마시티를 여기저기 구경했다. 도중에 차를 세우고 나무늘보가 일주일 만에 용변을 보기 위해 느릿느릿 나무에서 내려오는 모습도 구경했다. 다리엔 국립공원의 산봉우리에도 올랐는데, 아쉽지만 (내가 그곳에서 읊었듯이) "강건한 코르테스가 독수리 같은 눈으로 묵묵히 태평양을 응시하고, 그의 부하들이 무슨 일인지 멋대로 짐작하며 서로를 바라보던" 그 산은 아니었다(인용된 부분은 존 키츠의 시 〈채프먼의 호메로스를 처음 들여다보았을 때〉의 일부다 – 옮긴이). 프리츠는 파나마시티에서 살았고 나는 좀 더 내륙의 바로콜로라도 섬으로 가봐야 했지만, 하루라도 그를 만난 것은 기뻤다. 지금 그는 옥스퍼드로 돌아왔고, 나와 친하게 지내는 것은 물론이거니와 거미의 행태 및 최고로 멋진 특징인 거미줄에 대한 뛰어난 전문가로 활약하고 있다.

파나마시티에서 바로콜로라도까지는 덜컹거리는 작은 기차의 딱딱한 나무 좌석에 앉아서 가야 했다(지금도 그럴까?). 기차는 반도를 반쯤 가로지른 뒤 가툰 호수 근처의 작은 간이역에서 선다(그냥 역이라고 부르기에는 너무 작고 황량하다). 기차가 설 때마다, 간이역 바로 옆 부잔교까지 섬에서 배가 마중을 나온다. 아니, 최소한 나오도록 되어 있었다. 내가 머물던 달에, 존과 실라 메이너드 스미스 부부가 파나마시티로 당일치기 여행을 간 일이 있었다. 마지막 기차로 늦게 돌아온 부부는 배가 통통 선창으로 다가오는 모습을 보고 반가웠다. 그런데 갑자기, 당황스럽게도 배가 방향을 틀어 섬으로 돌아가버렸다. 뱃사공은 막차에서 사람이 내렸을 가능성이 적으니 구태여 살펴볼 것도 없다고 판단한 모양이었다. 부부는 고함을 질러댔지만, 형편없는 뱃사공은 엔진 소음 때문에 그들의 소리를 듣지 못했다. 전화도 없었으므로, 노부부는 몸을 누일 나무 바닥 말고는 은신할 데도 없는 간이역에서 하룻밤을 났다. 두 사람은 이튿날 아침에 놀랍도록 사람 좋은 태도를 보였다. 뱃사공이 해고당했는지 아닌지는 내가 끝내 알지 못했고, 그가 어쩌다 깜박 정신이 팔려서 누가 기다리는지 확인도 하지 않은 채 배를 돌려버린 것이었는지도 알아내지 못했다. 만일 그가 애초에 간이역 선창에 배를 댈 의향이 없었다면 왜 배를 몰고 나섰는가 하는 것도.

내가 도착했을 때는 모든 것이 계획대로 굴러갔고, 배도 임무를 다했다. 섬의 아담한 부두에서 가파른 계단을 오르면 바로 연구소 단지였다. 단지는 연구소로 쓰려고 특별히 지은 붉은 지붕 집들과 실험실들로 구성되어 있었다. 내 침실은 텅 빈 방이었지만 쓸 만했다. 친구 삼을 만한 큼직한 바퀴벌레가 출몰하는 것은 별로 개의치 않았다. 정해진 시간에 두 요리사가 공용 식당에서 갓 지은 식사를 내주었고, 연구자들은 모두 그곳에 모여서 먹고 이야기를 나누었다. 내가 갔을 때는 사람이 열 명 남짓 있었는데, 대부분 대학원생이나 박사 후 연구원(학계의 젊고 총명한 과학자가 박사 학위를 딴 뒤 보통 거치는 과정)으로, 개미부터 야자나무까지 다양한 주제를 연구했다. 대체로 북아메리카 출신이었지만, 한 명은 인도 출신이었다. 나는 그 인도 생물학자 라가벤드라 가다카에게 흥미를 느꼈다. 그가 말벌을 연구했기 때문인데, 그가 연구하는 로팔리디아 종은 원시적인 수준의 사회적 종으로, 나와 제인 브록먼이 전해에 〈행동학〉에 발표한 논문에서 그린 도표 중 한가운데쯤 위치하는 종 같았다. 곤충의 사회성이 진화적으로 어떻게 생겨났는가를 살펴본 그 논문에 대해서는 다음 장에서 더 이야기하겠다.

내가 지어낸 느낌은 아니었다고 생각하는데, 식당과 단지 주변에서 만나는 연구자들의 분위기는 내가 그동안 익숙했던 과학자 동료 집단의 분위기에 비해 약간 차가웠다. 한 달을 머물면서 나중에는 분위기가 상당히 녹았고, 나는 이제 사람들에게 충분히 받아들여졌다고 느껴서 그런 느낌까지 털어놓았다. 내 말에 그들은 남들도 다들 그렇게 말한다고 인정하면서, 그곳이 섬이라서 그렇다고 변명했다. 나는 그런 심리적 통찰을 내가 섬의 생물지리학에 대해서 아는 지식과 어떻게 연결 지어야 좋을지 알 수 없었다('섬의 생물지리학'은 이전에 바로콜로라도에 머물렀던 두 연구자, 즉 비극적으로 요절한 로버트 맥아더와 에드워드 O. 윌슨이 함께 쓴 유명한 책의 제목이다). 그러나 섬에서 한 달을 보내고 나니, 나 역시 신참이 들어오면 아주 약간이지만 텃세를 부리는 마음이 들었다. 그런 기분에 의식적으로 대항하기 위하여, 내가 떠나기 전에 마지막으로 섬에 도착한 사람인 낸시 가우드에게 신년 파티에서 적극적으로 친근하게 굴었다. 알고 보니 그녀는 이전에도 와본 적이 있었기 때문에 내가 나설 필요가 없었지만, 어쨌든 그렇게 한 것이 기쁘고 그녀도 기뻤기를 바란다.

그 파티가 유달리 더 기억에 남은 것은, 숲 바로 너머에서 해협을 지나던 대형 선박이 쏘아올린 불꽃 때문이었다. 그런데 알고 보니 이것은 잘못된 기억이었다. 오랫동안 나는 그 파티가 그냥 새해가 아니라 새로운 10년을 맞이하는 파티였다고, 즉 1980년 1월 1일을 맞는 파티였다고 굳게 믿었다. '새로운 10년을 맞이하는' 파티였다는 기억이 너무나 세밀하고 온전했기 때문에, 나는 아이라 루비노프, 라가벤드라 가다카, 낸시 가우드가 보내준 증거 자료를 받고서야 비로소 내가 명징한 기억이라고 여겼던 것이 실은 거짓일 수도 있음을 인정했다. 그것은 사실 1980년이 아니라 1981년 1월 1일을 맞는 파티였다. 나는 이 사실을 확인하고서 꽤 소스라쳤다. 나의 다른 명징한 기억들 중에도 실제 벌어지지 않은 것이 얼마나 더 많을지 걱정되었기 때문이다(이 회고록을 읽는 독자 여러분에게도 충실히 경고한 셈이다).

대형 유조선이 깊은 밀림 속을 지나가는 꿈같은 장면은 내가 그곳에서 가져온 가장 생생한 기억이다. 오후에 여러 번 상주 과학자들을 따라가서 뗏목에서 물로 뛰어들어 수영을 즐겼는데, 겨우 몇 미터 밖 나무들 너머에서 거대한 배가 차분하게, 또한 놀랍도록 조용하게 맑고 고요한 물을 미끄러지는 모습은 초현실적인 경험이었다. 몇몇 여성 과학자는 일광욕을 즐겼다. 나는 유조선 선원들이 깊은 밀림에서 나체로 물에 뛰어드는 아름다운 여인들을 보고 뭐라고 생각할지 궁금했다. 선원들이 만일 그리스 사람들이었다면 사이렌을 떠올렸을까? 독일 사람들이었다면 로렐라이를? 아니면 — 열대의 싱싱한 식생 틈으로 — 타락하기 전 순수했던 이브의 모습을 엿보았을까? 그들은 열대의 님프들이 미국 최고 대학들에서 과학 박사 학위를 받은 연구자들이란 걸 알 도리가 없었으리라.

내가 잠시 침범하도록 허락된 요새 같은 섬에서 헌신적으로 바삐 일하던 과학자들이 드러낸 텃세를 잠깐 언급했지만, 그것을 너무 과장하진 말아야 할 것이다. 나는 거의 매일 야외에서나 식당에서 친근한 전문가들에게 많은 것을 배웠다. 역시 그 섬에 체류한 경험을 담은 책 《맥의 아침 목욕》의 작가 엘리자베스 로이트도 나처럼 처음에는 약간 냉랭한 분위기를 느꼈다고 적었다. 그러나 그녀도 역시 나처럼 나중에는 분위기가 녹는 걸 느꼈고, 차츰 섬 주민 집단에 받아들여져 연구까지 거들었다. 그때 그녀에게 처음 친구가 되어준 사람은 선임 과학자 에그버트 리였는데, 재미난 괴짜인 그는 내게도 친절했다. 나는 그의 이름을 전부터 알았다. '유전자들의 의회'를 주제로 삼아, 많은 생각을 안기는 논문을 쓴 저자로 알고 있었다. 그렇게 깊이 있는 이론가를 그렇게 깊은 중앙아메리카 숲속에서 만난 건 상당히 놀라웠다. 아무튼 그는 거기 있었고, 섬의 유일한 영구 주거지인 토드홀에서 가족과 함께 살고 있었다. 친해지고서 알게 되었는데, '두꺼비 같다toadish'는 말은('토드toad'는 두꺼비를 뜻한다 – 옮긴이) 리 박사의 어휘집에서 격찬을 뜻하는 표현이었다. 그게 정확히 무슨 의미인지는 알아내지 못했지만, 영국 수학자 G. H. 하디의 사적인 어휘집에서 '스핀'이라는 단어가 그랬던 것처럼, 그 단어도 리에게 뭔가 다면적이고 미묘한 것을 뜻하지 않았을까 추측할 따름이다(C. P. 스노가 하디에 관한 애정 넘치는 회상록을 쓸 때 그 정확한 의미를 어렵사리 밝혀낸 바에 따르면, 하디가 무언가를 인정한다는 뜻으로 쓴 '스핀'은 크리켓에서 유래한 말이었다). 에그버트 리와 나는 R. A. 피셔를 존경한다는 공통점이 있었다. 리는 '과민성 모음 증후군'이라는 말로(이 재치 있는 표현의 유래는 내가 미처 찾아내지 못했다) 표현될 만한 말투로 피셔에 대한 찬사를 내뱉곤 했다.

섬이 갖춘 이론적 화력이 에그버트 리였다면, 존 메이너드 스미스의 도착은 섬의 지적 무기고를 막대하게 보강한 사건이었다. 존이 방문 자문위원으로 섬에 머문 한 달의 전반은 내가 머문 한 달의 후반과 겹쳤다. 존은 늘 가르치는 것뿐 아니라 배우는 데도 열심이었다. 그와 함께 밀림 속 숲길을 걸으면서 그에게 생물학을 배우는 것은 멋진 경험이었고, 우리를 안내한 그 지역 전문가들로부터 그가 *어떻게* 배우는지를 보고 배우는 것도 마찬가지였다. 존이 우리를 자신의 연구 현장으로 안내하던 청년에 대해서 혼잣말로 중얼거리던 말을 여태 기억한다. "자기 동물을 진심으로 사랑하는 사람의 말을 듣는 건 정말 즐거운 일이지." 이때 '동물'이란 야자나무였다. 그것은 너무나 존다운 말이었고, 그런 점 때문에 나는 그를 사랑했다. 그리고 지금은 그가 그립다.

광합성하는 명예동물이 아니라 진짜 동물로는 이름 한번 잘 지은 거미원숭이가 있었다. 물건을 집을 수 있는 거미원숭이의 꼬리는 근사한 다섯 번째 팔다리로 기능한다. 짖는원숭이도 있었다. 짖는원숭이는 후두에 있는 뼈가 소리를 증폭시키기 때문에, 크레셴도와 디크레셴도를 오가는 그 울음소리의 파문은 곧잘 숲 천장을 가르는 제트전투기 중대의 굉음으로 착각된다. 한번은 다 자란 맥을 마주쳤다. 그 목에 붙어서 피를 빠느라 시뻘겋게 부푼 진드기들까지 고스란히 다 보이는 가까운 거리였다. 밀림을 걷다 보면 몸에 진드기가 붙지 않고 넘어가는 날이 하루도 없다시피 했지만, 몸에 붙은 순간에는 진드기가 늘 작았고 우리는 다들 끈끈한 테이프를 지니고 다니면서 녀석들을 떼어냈다. 말이 나왔으니 말인데, 맥은 아프리카에 살았던 적이 없다. 그러니 스탠리 큐브릭이 장대한 영화 〈2001: 스페이스 오디세이〉의 도입부에서 우리 호미닌 선조가 맥을 사냥하는 모습을 보여준 것은 작은 실수였다.

내가 파나마에 머물면서 한 건설적인 일이라고는 《확장된 표현형》의 몇 장을 쓴 것뿐이었다. 섬의 몇몇 과학자와 나눈 토론이 집필에 도움이 되었다. 날짜를 따져보면 내가 1980년 크리스마스를 섬에서 맞은 게 분명하지만, 그날에 대한 기억은 전혀 없다. 크리스마스라고 별다른 수선을 피우진 않았던 모양이다. 카바레 공연과 함께 파티 같은 게 벌어졌던 건 기억하는데, 어쩌면 그게 크리스마스였을지도 모른다. 그날 진행자로 라가벤드라 가다카가 뽑혔는데, 그는 도착한 지 얼마 되지 않았던 터라 적잖이 곤혹스러워하는 것 같았다.

나는 앨런 헤어가 소개해준 가위개미들에게 특별한 애착을 느끼게 되었다. 앨런은 그보다 사악한 군대개미도 알려주었는데, 어느 날 밤 그 개미들이 욕실로 침입해 들어와서 마치 역겨운 흑갈색 커튼처럼 서로의 몸을 길게 이어 늘어진 걸 발견한 일도 있었다. 앨런 외에도 여러 상주 연구자가 또 파라포네라 속의 총알개미를 조심하라고 진지하게 경고했다. 그 개미는 가공할 독침을 가졌기 때문에 밀림 거주자들 중에서도 가장 자주 이야기되는 존재였다. 두려움이 깃든 내 시선은 종종 그 개미를 목격했고, 나는 늘 최고의 존경을 보이며 녀석들과 거리를 유지했다.

내게는 가위개미가 더 매력적이었다. 나뭇잎을 물어 나르는 녀석들의 행렬이 초록 급류처럼 흐르는 광경을 지켜보노라면 몇 시간이 훌쩍 지나는 것 같았다. 수만 마리의 일개미가 각자 초록 파라솔을 치켜든 채 지하의 컴컴한 곰팡이 정원으로 달려갔다. 녀석들이 나뭇잎을 오려 나르는 것은 초록 잎에 대한 자신의 갈증을 당장이든 나중이든 채우기 위해서가 아니라, 그것으로 퇴비를 만들어 곰팡이를 키움으로써 자신이 죽은 뒤에도 계속 번영할 군락에서 다른 개미들이 먹도록 하기 위해서였다. 나는 그 사실에 순수하게 매료되었다. 개미들의 그런 행동은 모종의 '기호'에 따른 것일까? 그런데 그 기호란 개미 자신이 배부를 때 충족되는 게 아니라 가령 입에 나뭇잎을 물고 있는 느낌으로 충족된다든지 아니면 그보다 훨씬 더 간접적인 어떤 느낌으로 충족되는 걸까? 자연선택이 선호하는 '전략'을 그것을 직접 수행하는 개체가 꼭 이해할 필요는 없다는 건, 존 메이너드 스미스가 알려주지 않아도 나도 알았다. 개미들이 의식적인 기호나 욕망을 품는가, 결핍이나 갈망을 느끼는가 아닌가는 우리가 말할 문제가 아니었다. 나는 그 사실을 이해하는 데서 만족감을 느꼈다.

그 기분은 군대개미를 만났을 때도 반복되었는데, 나는 훗날 세 번째 책 《눈먼 시계공》에서 그 기분을 설명했다. 책에 적었듯이, 나는 어려서 아프리카에 살 때 사자나 악어보다 아프리카산 군대개미를 더 무서워했다. 하지만 나는 E. O. 윌슨의 말을 빌려서, 군대개미 군락은 "위협적인 대상이라기보다 오묘하고 경이로운 기분을 일으키는 대상이며, 비록 포유류의 진화와는 다르지만 우리 세상에서 구현될 수 있는 또 다른 진화의 한 정점"이라고 적었다. 그리고 이어서 이렇게 적었다.

어른이 되어 파나마에 갔을 때, 어릴 때 아프리카에서 무서워했던 군대개미와 종류가 같은 신세계 군대개미가 마치 지글거리는 강물처럼 내 곁을 흘러가는 것을 보고 한 발 물러나서 생각에 잠겼다. 오묘하고 경이로운 기분이었다. 개미 군단은 땅을 걷는다기보다 서로의 몸을 넘어다니면서 몇 시간이고 행진했으며, 나는 여왕개미가 나타나기를 계속 기다렸다. 마침내 여왕이 나타났다. 정말 근사한 존재였다. 여왕의 몸이 보이진 않았다. 여왕은 일개미들의 광적인 움직임으로만, 개미들이 서로 팔짱을 끼고 공처럼 뭉쳐서 꿈틀거리는 덩어리로만 내 눈에 보였다. 들끓는 일개미 덩어리 속 어딘가에 여왕이 있었고, 덩어리 주변에는 병정개미들이 잔뜩 늘어서서 턱을 딱 벌린 채 바깥을 향해 위협했다. 다들 여왕을 지키기 위해서라면 당장 상대를 죽이고 자기도 죽을 태세였다. 여왕을 보고 싶었던 내 호기심을 부디 용서하기를. 나는 긴 작대기로 일개미 덩어리를 쿡쿡 쑤셨지만, 여왕을 끄집어내기에는 소용없는 시도였다. 즉시 병정개미 스무 마리가 작대기를 제자리에 붙들어두려는 듯 근육질 턱을 콱 박아넣었고, 그동안 다른 개미 수십 마리가 떼지어 작대기를 기어올라왔다. 나는 얼른 작대기를 내버리는 수밖에 없었다.

나는 일별도 하지 못했지만, 들끓는 덩어리 속 어딘가에는 분명 여왕개미가 있었다. 중앙 데이터뱅크이자 군락 전체의 원본 DNA를 저장한 존재가 있었다. 입을 딱 벌린 병정개미들은 여왕을 위해 죽을 준비가 되어 있었는데, 그것은 그들이 어머니를 사랑해서가 아니었고, 충성의 이상을 주입받은 탓도 아니었고, 그저 그들의 뇌와 턱은 여왕이 지닌 기본 주형에서 찍혀 나온 유전자에 의해 만들어졌기 때문이었다. 그들이 용감한 병정들처럼 행동하는 것은, 그들처럼 용감했던 옛 병정들 덕분에 제 목숨과 유전자를 보전한 선조 여왕이 대대로 물려준 유전자를 그들이 이어받았기 때문이다. 내가 보는 병정개미들이 현재 여왕으로부터 물려받은 유전자는 과거의 병정개미들이 선조 여왕으로부터 물려받은 유전자와 같았다. 내 병정개미들이 지키는 것은 사실 자신들로 하여금 경호를 서게끔 만드는 지침서의 원본이었다. 그들이 지키는 것은 선조들의 지혜, 계약의 궤였다….

나는 묘한 기분이 들었고 이어 경이로움을 느꼈는데, 반쯤 잊었던 두려움도 되살아나서 섞이긴 했지만, 이제 그 두려움은 개미들이 대체 무슨 목적으로 그런 행동을 하는가를 좀 더 성숙하게 이해하게 됨으로써 변형되고 발전된 두려움이었다. 내가 아프리카에 사는 아이였을 때는 그런 이해를 가질 수 없었다. 또한 이 발전은 이 개미 군단이 한 번도 아니고 두 번이나 똑같은 진화의 결론에 도달했다는 사실을 깨닫는 데서 왔다. 이 개미들은 내가 어릴 때 악몽으로 여겼던 아프리카 군대개미와 무척 비슷하기는 해도 관계가 먼 신세계 사촌이었는데, 아프리카 군대개미와 똑같은 이유에서 똑같은 행동을 하고 있었다.

어느새 밤이었다. 나는 숙소로 발길을 돌렸다. 다시 한 번 경외감에 사로잡힌 아이가 되어, 그러나 아프리카에서의 어두운 두려움을 대신할 새로운 이해를 품게 되어 즐거운 마음으로.

나는 가위개미를 대상으로 모종의 정량적 관찰도 건성으로 시도해보았으나, 이렇다 할 결과는 없었다. 시간이 충분하지 않았다. 그리고 유감스럽지만 나는 특정한 목적을 품고 그에 맞게 연구를 계획하는 데는 그다지 소질이 없다. 흥미가 이끄는 대로 나비처럼 이리저리 옮겨다니면서 '시험 실험'을 해볼 순 있겠지만, 진정한 연구를 하려면 프로젝트의 일정을 미리 짠 뒤 그것을 엄격하게 고수해야 하는 법이다. 그러지 않으면 자신이 원하는 결과가 나왔을 때 당장 연구를 그만두기 쉽다. 그것은 비록 고의적인 속임수는 아닐지언정 과학 역사에서 여러 심각한 오류를 낳은 잘못된 태도다.

하루는 가위개미의 두 경쟁 집단이 충돌하는 모습을 섬뜩해하면서도 홀려서 바라보느라 적잖은 시간을 날렸다. 제1차 세계대전이 절로 떠오르는 모습이었다. 넓은 전쟁터 여기저기에 개미들의 다리, 머리, 배가 널렸다. 나는 개미들이 통증이나 두려움을 느끼지 않기를 바랐고, 반쯤은 그럴 것이라고 믿었다. 개미들은 작은 뇌 속에 시계 장치처럼 감겨 있는 유전적 자동 행동 프로그램에 따라서 — 메이너드 스미스 식으로 말하자면 '전략'에 따라서 — 행동하는 것뿐이었다. 그러나 그렇다고 해서 그들이 통증을 느끼지 않는다는 뜻은 아니다. 만일 녀석들이 통증을 느낀다면 나는 꽤 놀라겠지만, 어쨌든 나로서는 이 문제의 답을 결정할 방법이 떠오르지 않는다.

모든 학자에게는, 내가 친애하는 존 메이너드 스미스와 함께 파나마에서 보낸 막간극과도 같은 기분 전환이 꼭 필요하다. 다시 옥스퍼드의 일상으로 돌아왔을 때, 일상은 약간이나마 덜 일상적인 것처럼 느껴졌다.

RICHARD
DAWKINS

4

게으른 자는 말벌에게 가서: 진화경제학

My Life in Science

자연선택은 구두쇠 경제학자와 같다. 눈에 보이지 않는 동전 한 푼까지 셈하고, 지켜보는 우리 과학자들은 알아차리지도 못할 만큼 미묘한 비용과 편익을 따진다. 인간 경제학자들은 서로 경쟁하는 '효용함수'의 무게를 따지곤 하는데, 이때 효용함수란 한 사람이나 회사나 정부 같은 어떤 행위자가 극대화하기를 바라는 대안적인 양들을 뜻한다. 이를테면 국내총생산, 개인 소득, 개인 자산, 회사 이윤, 인간의 행복의 총합 등이다. 이런 효용함수 중에서 다른 모든 함수를 배제한 채 혼자만 '옳은' 것은 하나도 없다. 또한 어느 하나의 옳은 *행위자*가 존재하는 것도 아니다. 우리는 어떤 효용함수든 마음대로 골라서 어떤 행위자에게든 마음대로 적용해볼 수 있고, 그러면 서로 다르기는 해도 늘 적절한 결과를 얻을 것이다.

자연선택은 그렇지 않다. 자연선택은 오로지 하나의 '효용'만을 극대화한다. 그것은 바로 유전자의 생존이다. 그러니 우리가 유전자를 의인화함으로써 비유적인 의미에서 자신의 효용을 극대화하는 '행위자'로 본다면, 우리는 옳은 답을 얻을 것이다. 하지만 현실에서는 유전자가 직접 행위자처럼 행동하지는 않기 때문에, 우리는 실제 결정이 내려지는 차원으로 시선을 돌린다. 그 차원이란 유전자와는 달리 세상을 파악할 감각기관을 갖고 있고, 과거의 사건을 저장할 기억을 갖고 있고, 순간순간 결정을 내릴 계산 도구를 뇌에 갖고 있고, 그 결정을 실행할 근육을 갖고 있는 것, 즉 생물 개체다.

그런데 애초에 왜 의인화가 생물학자들에게 도움이 될까? 유전자든 개체든 어떤 대상을 '행위자'로 의인화해보는 게 왜 도움이 될까? 내 생각에 그것은 우리 인간이 대단히 사회적인 종이기 때문이다. 우리가 인간들의 바다에서 헤엄치는 사회적 물고기들이기 때문이다. 우리 주변에서 벌어지는 일들은 대부분 어떤 인간들의 의도적인 행동으로 말미암아 벌어진다. 그러니 우리가 그 현상을 무생물 '행위자'에게까지 일반화하는 것은 어쩌면 자연스러운 일인지도 모른다. 이런 성향은 폴터가이스트(물건이 저절로 움직이거나 소리가 나는 등 행위자가 보이지 않는데 이상한 움직임이 일어나는 현상 – 옮긴이)나 귀신을 두려워하는 미신으로도 나타나는데, 이 성향이 우리에게 부여하는 단점인 셈이다. 하지만 장점도 있다. 스스로가 하는 일을 제대로 아는 한, 과학자들은 의인화를 간편하고 적절한 지름길처럼 활용함으로써 옳은 결과를 얻을 수 있다.

노벨상 수상자인 생물학자 자크 모노가 이렇게 말하는 걸 들은 적이 있다. "이런 종류의 화학 문제에 부딪히면, 나는 스스로에게 이렇게 물어봅니다. 내가 만일 전자電子라면 이 상황에서 어떻게 행동할까?" 이 말이 내 기억에 남은 것은 그 풍부한 상상력 때문이었다. 물리학자들은 광자를 의인화하여 굴절을 설명한다. 광자의 이동 속도를 서로 다른 정도로 늦추는 매질들이 있을 때 광자는 전체 통과 시간을 최소화하는 각도를 선택해서 움직인다고 해석하는 것이다. 이때 광자는 해변의 인명구조원과 같다. 그는 해변에서 출발해 물에 빠진 사람에게까지 가는 거리를 최적화하고자 하므로, 우선 해변을 따라 한동안 (빠르게) 달리다가 각도를 꺾어서 (별수 없이 좀 더 느리게) 헤엄치는데, 이때 총 이동 시간이 최소화되도록 두 각도를 선택한다. 광자가 (빠르게 달릴 수 있는) 공기에서 (더 느리게 달리게 되는) 유리로 이동할 때, 우리는 광자가 구조원처럼 의식적으로 계산하는 건 아닐지라도 마치 행위자처럼 행동한다고 가정함으로써 그 굴절각을 정확히 계산해낼 수 있다.

한편 공중에 던져진 돌멩이는 마치 물리학자들이 계산할 수 있는 어떤 수학적 양을 최소화하려고 '노력하는' 것처럼 보이는 궤적을 따른다. 화학자들은 화학반응에서 반응물들이 '엔트로피'라는 또 다른 수학적 양을 극대화하려고 '노력한다'고 가정함으로써 옳은 답을 계산해낸다. 물론 이런 무생물 개체들이 정말로 무언가를 하려고 *노력한다*고 믿는 사람은 아무도 없다. 그냥 그것들이 그렇게 한다고 상상하면 계산이 올바르게 나오는 것뿐이다. 그리고 사람의 마음은 모든 현상을 이런 행위자들의 의식적 행동으로 여기도록 만들어져 있다.

따라서 생물학자들은 적절한 의인화의 초점을 유전자에서 생물 개체로 옮긴다. 유전자가 의식적 행위자가 아니라는 건 분명하지만, 개체가 의식적 행위자인가 아닌가 하는 문제는 답하지 않고 놔둬도 괜찮다. 개체는 그 속에 담긴 유전자들의 장기적 생존을 극대화하도록 계산된 결정을 따르는데(이 행동은 무의식적인 것이라고 가정해도 충분하다), 실은 바로 그 유전자들이 배아 발달 과정에서 그 결정을 내릴 개체의 신경계를 미리 프로그래밍해둔 것이다. 개체의 결정은 정말이지 약삭빠른 경제학자의 결정처럼 보인다. 유전자를 후대로 전달하기 위해서는 제한된 자원을 어떻게 사용하는 게(어떻게 배분하고 아끼는 게) 최선인지를 계산한 결정처럼 보인다. 감자의 한정된 자원은 태양, 공기, 흙에서 흘러든다. 약삭빠른 경제학자인 식물은 그 자원을 덩이줄기(미래에 대비한 저장고), 잎(햇빛을 더 많이 모아서 화학 에너지로 바꾸는 태양전지판), 뿌리(물과 미네랄을 빨아올린다), 꽃(값비싼 꿀을 보상으로 제공함으로써 꽃가루받이를 해주는 곤충을 끌어들인다), 줄기(잎이 태양을 향해 높이 솟도록 한다)에 어떻게 배분할지 '결정해야' 한다. 만일 경제의 한 부문에(가령 뿌리에) 너무 후하게 할당하고 다른 부문에(잎이나 꽃에) 너무 빈약하게 할당한다면, 식물 경제의 전 부문에 완벽하게 균형적으로 배분한 식물에 비해서 덜 성공할 것이다.

동물이 취하는 모든 결정은, 행동에 관한 결정이든(가령 근육을 언제 당길 것인가) 발달에 관한 결정이든(몸의 어느 부분을 다른 부분보다 좀 더 키울 것인가), 모두 제한된 자원을 상충하는 요구들에 어떻게 할당할까 하는 경제적 결정이다. 시간 분배에 관한 결정도 그렇다. 얼마나 많은 시간을 젖 먹이는 데, 경쟁자를 꺾는 데, 짝에게 구애하는 데 쓸까 같은 결정 말이다. 육아에 관한 결정도(음식, 시간, 위험이라는 제한된 예산에서 얼마를 현재 아이에게 쓰고 얼마를 미래의 아이를 위해서 아껴둘까) 그렇다. 생활사에 관한 결정도(인생에서 얼마의 기간을 식물을 먹고 자라는 애벌레로 보낼까, 얼마의 기간을 꿀에서 꽃을 빨아 비행 연료를 충당하면서 짝을 찾는 나비로 보낼까) 마찬가지다. 우리가 눈 돌리는 모든 곳에 경제학이 있다. '마치' 비용과 편익을 의식적으로 저울질하는 것처럼 보이는 무의식적인 계산이 있다.

그러나 이것은 모두 이론일 뿐, 약간 속임수처럼 느껴지기도 한다. 우리가 실제 자연으로 나가서 동물들이 야생에서 매순간 취하는 행동을 기록한 뒤 그들의 시간 분배를 계산함으로써 경제적 결정의 실례를 보여줄 수도 있을까? 가능하다. 다만 그러려면 개체마다 이름이 붙은 동물들을 자연 서식지에서 거의 지속적으로 관찰해야 하는데, 그것은 엄청난 인내와 끈기, 지성, 헌신을 갖춘 숙련되고 꼼꼼한 관찰자만 할 수 있는 일이다. 자, 여기에서 제인 브록먼 박사를 소개하겠다.

내가 제인을 처음 만난 것은 1977년 여름 그녀가 옥스퍼드의 내 방으로 통통 튀듯이 쾌활하게 들어온 순간이었다. 그녀를 박사 후 연구원으로 받은 사람은 니코 틴베르헌의 후계자로서 내 상사이자 동료였던, 독특하고 명석한 데이비드 맥팔랜드였다. 그런데 어쩌다 보니 그녀는 1년 늦게 도착했고 마침 데이비드는 안식년 휴가를 떠났기 때문에, 그녀는 자동적으로 데이비드의 대리인 나와 함께 일하게 되었다. 이것은 결국 내게 아주 운 좋은 일이었으며, 제인도 애석하게 여기지는 않았다고 믿고 싶다.

제인이 미국 위스콘신대학에서 받은 박사 학위 주제는 조롱박벌의 일종인 *스펙스 이크네우모네우스*였다. 그녀는 환경이 다른 뉴햄프셔와 미시간의 두 현장에서 암컷 벌들의 개체마다 표시를 한 뒤 그 행동을 체계적으로 꼼꼼하게 관찰한 결과를 잔뜩 싸안고 옥스퍼드로 왔다. 우리가 함께 일하게 된 것은 그 측정 데이터 — 원래는 내 분야보다는 데이비드 맥팔랜드의 분야와 가깝게 연관된 다른 목적으로 수집된 데이터였지만 — 때문이었다.

흔한 노란 줄무늬 벌, 그러니까 미국인들은 '옐로재킷'이라고 부르고 영국인들은 정원에서 차를 마실 때 잼에 몰려들어 성가시게 만드는 존재로 알고 있는 벌은 사회적 곤충이다. 그러나 모든 벌에게 사회성이 있는 건 아니다. 단독생활을 하는 벌도 많은데, 스펙스가 그런 종이다. 암컷 조롱박벌은 짝짓기를 끝내면 다른 일벌들의 도움을 받지 않고 혼자 다 알아서 한다. 수컷은 짝짓기가 끝나면 암컷에게 새끼를 떠안기고 떠난다. 물론 암컷이 정말로 새끼를 떠안고 있는 건 아니다.

전형적인 주기는 다음과 같다. 암컷은 깊이 15센티미터쯤 되는 굴을 땅에 판다. 굴은 수직에서 약간 비스듬히 기울어져 있고, 끝에서 짧게 수평으로 나아간 뒤 널찍한 방으로 이어진다. 굴을 판 뒤, 암컷은 먹잇감을 찾아서 힘차게 날아간다. 이 종의 먹잇감은 여치다. 암컷은 잡은 여치에게 침을 놓아서 죽이진 않고 마비만 시킨 뒤, 그것을 굴로 끌고 들어가 방에 넣는다. 이 과정을 여러 번 반복해서 굴에 여치가 대여섯 마리 소복하게 쌓이면, 암컷은 그 꼭대기에 알을 낳는다. 가끔 같은 굴의 다른 지점에 방을 또 하나 만들어서 신선한 여치를 쌓는 과정을 반복할 때도 있다. 암컷은 그러고는 굴을 덮어 메우고, 새 굴을 파서 똑같은 과정을 반복한다. 어떤 조롱박벌 종은 작은 돌멩이를 입에 물고서 꼭 망치처럼 흙을 다진다. 이 묘기는 한때 인간이 독점한 것으로 여겨졌던 도구 사용의 사례로 대대적으로 선전되기도 했다. 알은 안전하고 어두운 방에서 부화하고,

알에서 나온 유충은 마비된 여치를 먹고 그 영양분으로 통통해진다. 그러다가 번데기로 변하고, 결국 다음 세대의 수컷 혹은 암컷 벌이 되어 굴에서 빠져나온다.

이 벌은 불임의 일벌들로 구성된 큰 집단을 이루지 않는다는 점에서 단독생활을 한다고 일컬어지지만, 또 어떤 의미에서는 완벽한 단독생활은 아니다. 이 벌들은 자신이 부화했던 지점에서 가까운 곳에 굴을 파므로, 자연스레 '전통적' 둥지 영역이 형성된다. 땅의 특정 영역에 일종의 마을과도 같은 분위기가 형성되고, 그곳에서 10여 마리의 암컷이 저마다 자기 일을 보는 것이다. 벌들은 대체로 서로의 존재를 모르지만, 이따금 충돌할 때도 있다. 이런 근접성 덕분에, 제인은 공책을 들고 한자리에 앉아서 그 지역의 모든 벌을 관찰할 수 있었다. 그녀는 색깔 있는 페인트로 점을 찍어두는 방식으로 모든 벌에게 이름을 부여했다. 그녀는 모든 벌을 부호명으로 알았고(빨강-빨강-노랑, 파랑-초록-빨강 하는 식이다), 벌들이 굴을 파는 지점을 지도에 표시했으며, 같은 벌이 다음에는 어디에 파는지, 그다음에는 어디에 파는지 계속 표시했다. 관찰 결과는 여러 가지였지만, 그중 하나는 만일 어느 암컷이 다른 벌이 파둔 굴을 발견한다면 스스로 굴을 파는 대신 이미 있는 굴을 사용함으로써 수고를 덜곤 한다는 것이었다. 내가 앞으로 할 이야기는 이 사실과 관련되어 있다.

그런데 이 벌에 대해서 이와는 좀 다른 이야기를 들려준 사람들도 있었다. 찰스 다윈은 조롱박벌이 먹잇감을 당장 죽이지 않고 유충이 신선한 고기를 먹을 수 있도록 마비만 시키는 것은 소름 끼치게 잔인한 짓이라고 말했다. 죽은 먹이는 금세 썩을 테니, 유충이 먹기에 썩 좋지는 않을 것이다. 먹잇감이 전신이 마비되어 몸을 까딱할 수 없는 상황에서 내부로부터 유충에게 살점이 파먹힐 때 통증을 느낄지 아닐지, 우리는 알 도리가 없다. 나는 진심으로 느끼지 않기를 바라지만, 다윈은 그 가능성만 생각해도 끔찍했던 모양이다. 다윈과 동시대를 산 위대한 프랑스 자연학자 장 앙리 파브르는 조롱박벌이 정확한 방식으로 침을 쏘는 행동은 꼭 수술을 집도하는 임상의처럼 무자비하다고 말했다. 파브르에 따르면, 벌은 먹잇감의 배에 길게 난 신경절만을 노려서 하나하나 조심스레 침을 꽂는다. 아마도 독을 최소로 아끼면서 먹이를 마비시키기 위한 행동일 것이다.

철학자들도 스펙스 종을 놓고서 자기들만의 이야기를 썼다. 그들의 근거는 파브르가 최초로 시도했으며 이후 다른 연구자들이 반복한 몇몇 고전적 실험의 결과였다. 사냥을 나간 벌이 먹이를 물고 굴로 돌아왔을 때, 벌은 곧장 땅속으로 먹이를 끌고 들어가지 않는다. 우선 입구 근처에 먹이를 놓아둔 뒤, 빈손으로 굴에 들어갔다가 도로 나와서는 그제야 먹이를 끌고 내려간다. 사람들은 이것을 굴 '검사'라고 표현했다. 먹이를 끌고 들어가기 전에 구멍 속에 방해물이 없다는 걸 확인하기 위한 행동이려니 짐작한 것이다. 이 발견은 재현해보기 쉬운 행동이다. 벌이 '검사'하러 내려간 사이에 실험자가 먹이를 몇 센티미터 떨어진 곳으로 옮기면, 벌은 굴에서 나와 두리번거리며 먹이를 찾는다. 그러다가 발견하면, 곧장 끌고 내려가는 대신 다시 한 번 굴을 '검사'한다. 실험자들은 이렇게 약올리는 짓을 수십 번 연달아 반복해보았으나, '멍청한' 벌은 매번 방금 굴을 '검사'했으니 다시 할 필요가 없다는 것을 '기억'하지 못하는 듯했다. 이것은 꼭 로봇의 행동처럼 보인다. 매번 세탁 주기의 맨 처음으로 돌아가도록 설정된 세탁기 같다. '최종 헹굼'을 할 단계인데도 '세탁'으로 돌아가는 것이다. 우리가 아무리 많이 반복해도, 한심한 기계는 자신이 이미 옷을 빨았다는 사실을 '기억'하지 못한다. 스펙스는 그런 식의 무신경한 자동 행동을 뜻하는 철학 용어에 이름을 빌려주었다. '스펙스 같은 행동' 혹은 '스펙스성'이 바로 그런 뜻이다.

하지만 제인은 그런 해석에 회의적인 벌 연구자 중 한 명이다. 오해는 벌이 굴을 '검사'한다고 보는 가정에서 생겨난다. 제인을 비롯한 다른 연구자들은 생각이 다르다. 벌은 굴에서 나오는 자세로 먹이에 다가갈 필요가 있는데, 왜냐하면 그래야만 먹이를 끌고 후진해서 굴로 들어갈 때 배가 정확한 방향을 가리키기 때문이다. 그래서 벌은 먼저 머리부터 굴로 들어갔다가, 속에서 방향을 돌려 머리부터 굴에서 나온다. 먹이를 끌고 내려갈 때 배가 굴에서 아래를 향하도록 하는 것이다. 이것은 목적을 달성하는 한 방법일 뿐, '검사' 따위가 아니다.

진화적으로 안정한 전략 탐구하기

제인이 옥스퍼드로 온 무렵은 막 《이기적 유전자》가 출간된 시점이었다. 당시 나는 책의 핵심 개념 중 하나이자 존 메이너드 스미스의 진화적 게임이론에서 유래한 발상인 '진화적으로 안정한 전략 ESS'에 사로잡혀 있었다. 이듬해 워싱턴에서 열릴 사회생물학회에서(140~142쪽을 보라) 발표할 원고 〈좋은 전략 혹은 진화적으로 안정한 전략〉을 작성하고 있던 나는 동물 행동에 관한 이야기를 들을 때마다 — 가령 제인이 내게 해준 벌 이야기 같은 걸 들으면 — 꼴사

나워 보일 만큼 열심히 그것을 ESS 용어로 번역하려 들었다.

어떤 동물집단에서 대부분의 개체가 택하는 전략이 무엇이냐에 따라 어느 한 개체의 최선의 전략이 달라질 때, 우리에게는 ESS 이론이 필요하다. 이때 '전략'은 의식적 계산을 뜻하지 않는다. 그것은 그저 컴퓨터 애플리케이션이나 시계 태엽 장치 같은 행동 법칙을 뜻할 뿐이다. 전략이란 가령 "먼저 공격하라. 상대가 보복하면 달아나되 보복하지 않으면 계속 공격하라"일 수도 있고, 혹은 "처음에는 평화적인 몸짓을 보여라. 만일 상대가 공격해오면 보복하되 공격해오지 않는다면 계속 평화롭게 지내라"일 수도 있다. 가끔은 집단에 어떤 다양한 전략이 퍼져 있는가와 무관하게 절대적인 의미에서 *최선의* 전략이 있을 수도 있고, 그때 자연선택은 그냥 그 전략을 선호한다.

그러나 그보다는 하나의 특정한 최선의 전략이 존재하지 않을 때가 더 많다. 그 대신 집단에서 어떤 다른 전략들이 우세한가에 따라 최선의 전략이 정해진다. 이때 모두가 수행하는 특정 전략이 최선의 전략이 된다면, 우리는 그것을 '진화적으로 안정한 전략'이라고 부른다. '모두가 그 전략을 수행하는' 게 왜 중요할까? '모두가 수행하는 전략'보다 더 나은 전략이 있다면, 자연선택은 그 다른 전략을 선호할 것이기 때문이다. 그러면 자연선택이 몇 세대에 걸쳐 작용한 뒤에는 더 이상 그 애초의 전략을 '모두가 수행하지' 않게 될 것이고, 이제 그 전략은 *진화적으로 안정하지* 않을 것이다. 대안 전략, 즉 앞서 말한 '다른 전략'이 집단에 진화적으로 *침범해* 들어올 수 있다는 뜻에서, 이제 그 전략은 진화적으로 *불안정한* 것이 된다.

어떤 새들에게는 '절취기생'이라는 습성이 있다(제인 브록먼은 나중에 다른 동료와 함께 이 행동에 대한 문헌 조사를 수행했다). 다른 새의 먹이를 훔치는 습관이다. 군함조는 다른 종의 새들이 낚은 물고기를 훔쳐 먹고 살아간다(나는 훗날 갈라파고스에서 목격했고, 제인은 플로리다에서 목격했다). 절취기생은 한 종 내에서도 벌어지는데, 가령 일부 갈매기 종들이 그렇다. 이 도둑질은 진화적으로 안정한 전략일까? 이 질문에 답하려면, 거의 모든 개체가 도둑이고 직접 물고기를 낚는 개체는 거의 없는 가상의 갈매기 집단을 상상해보면 된다. 그때 도둑질은 안정한 전략일까? 아니다. 훔칠 물고기가 없으니, 도둑들은 배를 주릴 것이다. 당신이 도둑들의 집단에 유일하게 존재하는 정직한 낚시꾼이라고 상상해보자. 당신은 잡아온 물고기 중에서 적잖은 양을 도처에 널린 도둑들에게 빼앗기겠지만, 그래도 어느 한 도둑보다는 잘 먹을 것이다. 따라서 진화적 시간이 흐르면, 정직한 낚시꾼 전략이 100퍼센트 도둑들의 집단을 차츰 '침범'한다. 자연선택이 정직한 낚시를 선호할 테니, 정직한 낚시꾼의 빈도가 커질 것이다. 다만 그 빈도는 도둑질이 더 나은 보상을 제공하기 시작하는 지점까지만 커질 것이다.

따라서 도둑질은 진화적으로 안정한 전략이 아니다. 그러면 정직한 낚시는 진화적으로 안정한 전략일까? 이제는 정직한 낚시꾼들로만 구성된 집단을 상상해보면 된다. 그 집단은 진화적으로 차츰 도둑들에게 침범당할까? 아마 그럴 것이다. 만일 당신이 정직한 낚시꾼들의 집단에 있는 유일한 도둑이라면, 당신은 풍성한 소득을 올릴 것이다. 따라서 자연선택은 도둑질을 선호할 테고, 도둑의 빈도가 커질 것이다.

그러나 이번에도 그 빈도는 도둑질이 대안에 비해 더 이상 나은 보상을 제공하지 못하는 지점까지만 커질 것이다. 따라서 결국에는 도둑들과 정직한 낚시꾼들 사이에 균형이 형성되는데, 이를테면 10퍼센트는 도둑이고 90퍼센트는 낚시꾼인 임계 빈도에서 균형이 유지된다. 이 균형점에서는 도둑질이 주는 이득과 정직이 주는 이득이 정확히 같다. 만일 집단 속 비가 이 균형점으로부터 어느 쪽으로든 벗어난다면, 자연선택은 일시적으로 유리해진 쪽 '전략'을 선호할 것이다. 그 전략이 임계 빈도보다 더 드물게 발생하고 있기 때문이다.

우리가 지금 말하는 빈도는 *전략*들의 빈도라는 게 이 이론에서 중요한 부분이다. 내가 표기의 간편함을 위해서 그렇게 표현하고 있기는 하지만, 이것이 꼭 *전략가*들의 빈도와 일치하진 않는다. '10퍼센트 도둑'은 모든 갈매기가 각각 전체 시간 중 무작위로 10퍼센트 동안은 도둑질을 하고 나머지 90퍼센트 동안은 낚시를 한다는 뜻일 수도 있고, 아니면 개체들 중 10퍼센트가 늘 도둑질만 한다는 뜻일 수도 있다. 집단 전체에서 도둑질 *전략*의 빈도가 10퍼센트가 되는 상황이라면 어느 조합이든 가능하다. 그 비가 어떻게 되더라도 수학적 계산 결과는 똑같다. 물론 여기에서 '10퍼센트'에는 아무런 마술적인 의미가 없다. 그냥 내가 단순한 사례를 논하려고 고른 숫자일 뿐이다. 실제 임계 퍼센트는 여러 경제적 요인에 따라 달라질 텐데, 갈매기 애호가들 중 제인 브록먼 같은 연구자가 있지 않은 이상 우리가 그것을 측정하기는 어려울 것이다.

제인 브록먼이 옥스퍼드의 내 방으로 훌쩍 들어왔을 때, 내 머릿속은 워싱턴 학회에서 발표할 이런 내용으로 분주한 상태였다. 우리는 자리에 앉아서 그녀의 벌에 대해 이야기를 나누기 시작했다.

그 벌들은 직접 굴을 팔 때도 있고, 다른 벌이 애써 판 굴을 이용할 때도 있고, 어쩌면 다른 벌이 묻어둔 여치까지 차지할 수도 있다고 했다. ESS 이론에 편향된 내 머리가 이 이야기를 들었을 때 느꼈을 흥분을 상상해보라. 도둑 벌과 정직한 벌이라니! '굴 파기'는 ESS일까? 집단의 대다수 개체가 굴을 판다면, '남들이 애써 판 굴에 기생하는' 경쟁 전략이 차츰 굴 파기 전략을 침범하지 않을까? 그 '기생' 전략은 ESS일까? 아마 아닐 것이다. 아무도 굴을 파지 않는다면 빼앗을 굴도 없을 테니까. 그렇다면 굴 파는 벌과 도둑 벌이 똑같은 성공을 거두는 임계 비가 존재할까? 내가 흥분한 것은 제인에게 이미 구체적이고 정량적인 데이터가 산더미처럼 쌓여 있다는 점 때문이었다. 어쩌면 우리는 그녀의 데이터를 써서 두 전략의 경제적 편익과 비용을 실제로 측정할 수 있을 것이었다. 내가 워싱턴에서 발표할 원고에서 언급한 도둑 새와 낚시꾼 새의 사례에 대해서는 실제 데이터를 갖고 있는 사람이 아무도 없었지만, 개체별로 표시된 벌들의 행동을 기록해둔 제인 브록먼의 방대한 데이터는 혼합 ESS 이론을 현장에서 최초로 시험해본 사례가 될 가능성이 농후했다.

제인과 나는 함께 연구해보기로 했다. 그러나 우리에게는 두 사람이 발휘할 수 있는 것보다 좀 더 이론적인 전문성, 좀 더 수학적인 재주가 필요했다. 거물 수학자를 끌어들여야 하는 시점이었다. 그리고 내 세계에서 최고의 거물은 내 학생 앨런 그래편이었다. 내 학생이 내 스승 겸 조언자가 되다니, 이상하게 들릴 수도 있겠지만, 사실이 그랬다. 앨런은 그런 학생이었다. 그는 ESS 이론에 대한 내 열정을 공유했고, 내가 그 이론의 세부적인 지점들과 진화생물학의 다른 측면들을 좀 더 잘 이해하도록 도왔다. 비록 내가 복잡한 기호 조작까지 다 알아듣지는 못했지만, 그는 내게 수학자의 직관과 통찰을 일부 가르쳐주었다. 어떤 수학자나 물리학자는 자신이 일주일 만에 생물학을 싹 정리할 수 있다고 생각하면서 빼기듯이 생물학으로 진입하지만, 그런 이들은 성공하지 못한다. 그들에게는 생물학자의 직관과 지식이 부족하기 때문이다. 그러나 앨런은 예외다. 수학적 직관과 생물학적 직관을 둘 다 갖춘 보기 드문 사람인 그는(내가 볼 때 그의 우상인 R. A. 피셔도 이런 사람이었다), 덕분에 문제에 대한 옳은 답을 거의 한눈에 눈치챈다. 또한 역시 나와는 다르고 피셔와는 비슷한 점인데, 그는 필요하다면 자기 답이 옳다는 것을 증명하기 위한 수학 계산도 해낼 줄 안다. 앨런은 지금 옥스퍼드의 이론생물학 교수로 내 동료가 되었으며, 충분한 자격에 따라 왕립학회 회원도 되었다.

나는 앨런을 1975년에 만났다. 그는 대학생이었고, 나는 뉴 칼리지에서 튜터로 일하면서 한창 《이기적 유전자》를 쓰던 중이었다. 다른 칼리지의 튜터가 웬 스코틀랜드 출신의 청년이 있는데 보통이 넘는다며 내게 추천해서, 나는 그 청년에게 동물행동학을 지도해주기로 했다. 당시 대학생 개인 지도는 우선 학생이 자신이 써온 에세이를 소리 내어 읽고 그다음에 튜터와 함께 토론하는 것이 관례였다. 앨런의 첫 에세이가 무슨 내용이었는지는 잊었지만, 그의 낭독을 들으면서 감탄하여 소름이 돋았던 것은 생생하게 기억한다. "보통이 넘는다"는 말은 과소평가였다.

앨런의 학사 학위 분야는 심리학이었다(심리학과는 전공 선택으로 동물행동학을 택할 수 있었는데, 그의 튜터가 내게 그를 보낸 게 그 때문이었다). 나는 그가 나와 함께 박사 연구를 하기를 바랐지만, 그는 옥스퍼드에서 수리경제학 석사 학위에 도전하겠다는 어려운 선택지를 택했다. 지도 교수는 그와 같은 스코틀랜드 사람이자 세계 최고의 수리경제학자로 꼽히는 짐 멀리스였다(훗날 노벨상을 받은 제임스 멀리스 경이다). 경제학은 진화 이론에서 갈수록 중요해지고 있었으므로, 앨런이 생물학으로 돌아오든 경제학자가 되든 좋은 선택일 것이었다. 결국 그는 생물학으로 돌아왔고, 나와 함께 박사 학위 연구를 했다. 하지만 제인 브록먼이 우리 삶에 들어온 시점에는 앨런이 아직 수리경제학을 공부하고 있었으며, 그 공부는 세 사람이 함께 한 벌 연구에서 유용하게 쓰일 것이었다.

하지만 그보다 중요한 일부터 먼저 해야 하는 법. 제인의 기억에 따르면(나는 잊어버렸다), 그녀가 도착한 다음 날은 연례 펀트 경주가 열리는 날이었다. 옥스퍼드 대 케임브리지의 보트 경주보다는 덜 진지하지만 아마도 훨씬 더 재미있을 그 행사는 우리 동물행동연구그룹ABRG과 '에드워드 그레이 현장 조류학연구소EGI'가 맞붙는 경주였다. EGI는 동물학부의 또 다른 하위 부서로, 전 외무장관이자 열렬한 조류학자였던 그레이 경의 이름을 딴 연구소였다(그레이 경은 제1차 세계대전 전야에 "온 유럽에서 등불이 꺼지고 있습니다. 우리 생애에는 그것들이 다시 밝아지는 모습을 볼 수 없을 겁니다"라는 잊지 못할 탄식을 뱉었던 것으로 유명하다). 두 팀은 그 수가 무정부주의적으로 이랬다 저랬다 변하는 펀트들을 갖고서 싸웠다(펀트는 바닥이 평평하고 장대로만 미는 배인데, 강바닥에 빠져 옴짝달싹 못하게 되는 경우가 지나치게 잦다). 게임의 관건은 속도가 아니라 방해 전술이었다. 제인이 여태 잊지 못하는 기억은 EGI 팀의 존 크렙스가 유달리 무자비한 방해 전술을 펼치던 모습이라고 한다(그는 훗날 존 경이 되었고, 지금은 왕립학회 회원 크렙스 경이자 영국에서 가장 유명한 생물학자가 되었다). 앨런은 여기에서도 ESS 모형을 구축할 여지를 엿보았을까? '정직하게 장대 밀기' 전술 대 '해적처럼 방해하기' 전술 사이에서? 아니었을 것이다. 그는 지각이 있는 사람인 데다가 어차피 정직하게 장대로 펀트를 미느라 바빴으니까.

그다음은 진지하게 벌을 연구할 차례였다. 제인은 이미 두 군데 현장에서, 즉 주가 되는 뉴햄프셔 현장과 보조적인 미시간 현장에서 개체마다 다른 색깔로 표시한 암컷 조롱박벌들의 행동을 1,500시간 이상 꼼꼼하게 기록했다. 그녀는 굴 410개의 역사, 그리고 벌 68마리의 생애에서 대부분의 시간을 차지하는 둥지 관련 활동들을 거의 온전히 기록해두었다. 앞서 말했듯이, 그녀는 원래 그 기록을 전혀 다른 목적으로 사용해 위스콘신대학에서 박사 논문을 썼는데, 이제 우리 세 사람은 똑같은 데이터를 다시 활용해서 ESS 이론에 관련된 비용과 편익에 대해 그 경제적 가치를 구체적으로 매겨보기로 했다.

매슈 아널드가 '꿈꾸는 첨탑들'이라고 노래했던 캠퍼스가 내다보이는 동물학부의 내 연구실에서, 제인과 나는 매일 PDP-8 컴퓨터로 작업했다. 그녀의 방대한 벌 데이터에 기록된 숫자들을 컴퓨터에 입력하고, 거기에 여러 통계 분석을 적용했다. 앨런은 며칠마다 들러서 전문가의 눈길로 통계를 신속하게 훑어본 뒤, 제인과 내게 수리경제학자처럼 생각하는 법을 끈기 있게 알려주었다. 우리 세 사람은 앨런의 경제학적 발상들을 형식적인 ESS 모형들에 접목시키기 위해서 함께 노력했다. 그것은 마법 같은 시간이었고, 내 연구자 경력에서 가장 건설적인 시기 중 하나였다. 나는 스스로를 타고

난 공동 연구자라고 여기고 싶다. 내 인생에서 후회되는 일 중 하나는 공동 연구를 좀 더 많이 하지 않았다는 것이다.

우리가 시험한 첫 번째 모형은—이름은 특색 있게도 그냥 '모형1'이었다—틀린 것으로 밝혀졌다. 그러나 과학철학의 교과서적인 방식으로, 그 반증은 오히려 훨씬 더 성공적인 '모형2'를 개발할 실마리를 안겨주었다. 우리는 모형1에서 벌의 '합류'를 도둑질 전략으로 간주했다. 그것은 '정직한 굴 파기 벌'이 파둔 굴과 모아둔 여치에 편승하는 전략이라고 보았다. 그러나 모형1의 예측들이 모조리 틀렸기 때문에, 우리는 처음으로 돌아가서 모형2를 다시 설계했다. 모형2에서는 '굴 파기'와 '들어가기'의 두 전략이 있다고 가정했다. '굴 파기'는 말 그대로다. 한편 '들어가기'는 '이미 파인 굴로 들어가서 스스로 판 것처럼 사용한다'는 뜻이다. 흥미로운 한 가지 이유 때문에, 이 '들어가기'는 모형1의 도둑질 '합류' 전략과는 다르다.

그 이유란 이 벌들에 관한 또 다른 사실에서 비롯되었는데, 바로 이 벌들이 한창 파던 굴을 꽤 자주 *버린다*는 점이다. 그 이유를 우리가 늘 분명히 알 수는 없고, 실제로 이유는 다양한 듯하다. 개미나 지네가 침입했다든가 하는 일시적 문제 때문일 수도 있고, 벌이 둥지를 떠나 있는 동안 죽었을 수도 있다. 그렇다면 '들어가는 벌'은 굴에 점유자가 없어서 자신이 독차지하는 상황을 만날 수도 있다. 그러나 이전 주인이 굴을 버린 게 아니라면, 두 벌은 서로 무시하면서 같은 둥지에서 계속 일한다. 그러다가 어쩌다 두 벌이 둥지에서 마주치면(벌들은 대부분의 시간 밖에서 사냥하기 때문에 이런 경우는 아주 드물다), 두 벌은 싸운다.

모형2는 '굴 파기'와 '들어가기'가 서로 균형을 이룬 빈도에서 똑같이 성공적일 것이라고 보았다. 굴 파기가 많이 진행되고 있다면, 버려진 굴이 많이 공급될 테니 들어가기가 좀 더 성공적인 전략이 된다. 그러나 '들어가기'의 빈도가 너무 높아지면, 이제는 굴이 많이 파이지 않는다. 그러면 버려진 굴이 적을 테니, 이제는 '들어가기' 전략이 융성할 수 없다. 그런데 이 대목에서 문제를 더 복잡하게 만드는 흥미로운 사실이 하나 있다. 벌은 이미 여치를 쟁여둔 뒤에도 어느 때고 굴을 버릴 수 있다는 점이다. 따라서 '들어가는 벌'은 다 파인 굴뿐 아니라 잡힌 여치들까지 얻을 가능성이 있다. 모형의 가정에 따르면—제인과 내가 별도의 논문으로 보여주었듯이, 이 가정은 제인의 측정 데이터로 정당화된다—'들어가는 벌'은 굴이 아예 버려진 것인지 주인이 잠시 사냥을 나간 것인지 알 방법이 없다. 그리고 우리는 또 다른 별도의 논문을 통해서, 벌들은 자신이 여치를 몇 마리 잡았는지는 알지만 다른 벌이 굴에 몇 마리나 쟁여두었는지는 모르는 것처럼 행동한다는 것을 보여주었다.

어느 벌이 굴의 유일한 입주자라면—애초에 자신이 그 굴을 팠든 아니든 상관없다—'들어가는 벌'이 그곳에 찾아올지도 모른다는 위험이 늘 있다. 한편 '들어가는 벌'은 자신이 들어가려는 굴에 아직 원래 주인이 있을지도 모른다는 위험을 감수한다. 어느 쪽이든 혼자 굴을 차지하는 것보다는 덜 바람직한 결과다. 두 마리가 공유하는 둥지는 (기각된 모형1이 강조했듯이) 쟁여둔 여치가 더 많을 가능성이 높고(두 마리가 사냥하니까), 따라서 공유된 은닉물에 알을 낳는 데 성공한 벌이 '승자독식'의 편익을 누릴 수 있음에도 불구하고 그렇다. 이 이야기를 딱딱하지 않게 의인화한 언어로 말하면 이렇다. 벌은 새 굴을 판 뒤 딴 벌이 합류하지 않기를 '바랄' 수도 있고, 아니면 이미 파인 굴로 들어가면서 전 주인이 버리고 떠난 것이기를 '바랄' 수도 있다. 모형1에서는 '합류'를 전략적 결정으로 보았지만, 모형2에서는 '합류하기'도 '합류당하기'도 '들어가기'라는 결정에서 파생된 불운한 결과로서 바람직하지 못한 사고일 뿐이라고 보았다. 대조적으로 '굴 파기'와 '들어가기'는 서로 대안에 해당하는 전략적 결정이다. 따라서 평형이 이뤄진 상태에서는 벌들이 둘 중 어느 쪽을 선택하든 차이가 없어야 한다. 모형2는, 만일 정확하다면, 다음과 같은 운문으로 요약될 수 있었다.

> *스펙스 이크네우모네우스*라는 곤충이 있지.
> 그들끼리의 만남은 조화로울 때가 드물지.
> 그들은 들어가기와 굴 파기 사이에서
> 어느 쪽이든 개의치 않지만,
> 합류하기나 합류당하기는 실수라네.

하지만 어떻게 그런 편익들을 측정해서 비교함으로써 모형2를 평가할 수 있을까? 우리는 제인의 데이터를 어떻게 이용해서 각 전략에 따르는 편익과 비용을 평가할지를 조심스럽게 생각해봐야 했다. 증거에 따르면 한 벌이 매번 같은 전략만 쓰는 건 아니었으므로, 벌 각각에 대해서 편익과 비용을 다 더해보는 것은 의미가 없었다. 모든 벌에 대해서 평균을 낸 뒤, 전략들 각각의 편익과 비용을 계산해야 했다. 그러기 위해서 우리는 *결정*이라고 이름 붙인 요소를 도입했다. 성체 벌의 인생은 결정의 연속이다. 어떤 결정이든, 벌은 그 결정으로 말미암아 특정 굴에 대해서 그 기간이 분명히 측정되는 어느 정도의 *시간*을 들이게 된다. 각 기간은 다음 결정이 내려지는 순간, 즉 스스로 굴을 파든 남의 굴로 들어가든 새 굴에 관한 행동을 개시하는 순간에 정확히 끝을 맺는다. 편익과 비용은 각각의 결정에 대해서 매긴다. 그러면 우리는 직접 굴을 파는 결정들에 관련된 순 편익과 남의 굴에 들어가는 결정들에 관련된 순 편익의 평균을 낼 수 있을 것이었다.

성공한 결정은 벌이 굴 속 여치에 알을 낳는 것으로 끝나는 결정이다. 만일 한 굴에 이어진 두 방에 두 개의 알을 낳는다면, 그 결정은 두 배로 성공적이다. 그런데 벌이 알을 낳는 여치까지 고려함으로써 편익 측정을 좀 더 정교화할 수 있을까? 한 마리 여치에게 놓인 알은 세 마리 여치에게 놓인 알보다 덜 성공적이라고 봐야 할 것이다. 전자에서 나온 유충은 영양을 덜 취하게 될 테니까. 게다가 여치들의 크기가 다 같은 것도 아니다. 그런데 제인은 벌들의 별난 행동 덕분에 그 여치들의 크기를 잴 수 있었다.

앞서 내가 '스펙스성'이 어쩌고 하는 철학적 여담을 늘어놓았던 걸 기억하는가? 이 벌들이 굴 입구에 먹이를 놓아둔 채 잠시 굴에 들어갔다 나오는 버릇이 있다고 했던 걸? 그게 제인에게는 기회였다. 그녀는 벌이 굴에 내려간 동안 잽싸게 여치를 가져다가 크기를 잰 뒤, 벌이 '스펙스성' 반복 행동을 하지 않게 하기 위해서 정확히 원래 있던 자리에 가져다두었다. 여치가 제공하는 영양을 측정하는 기준으로는 길이보다 부피가 나으니, 우리는 길이의 세제곱이 대충 부피에 해당한다고 가정했다. 두 마리가 공유한 굴이라면, 두 마리가 모은 여치를 다 더한 값을 끝내 거기 알을 낳는 데 성공한 벌의 편익 점수로 쳐주었다. 승자독식이니까.

요컨대, 우리가 편익을 측정하는 잣대로 삼은 것은 벌이 알을 낳는 데 성공한 여치의 마릿수였다(혹은 여치의 부피 추정값이었다). 그렇다면 비용은 뭘까? 이 대목에서 앨런은 나와 제인에게 깊은 인상을 안긴 순간적 통찰을 발휘하여, 비용의 적절한 통화는 *시간*이라고 주장했다. 시간은 벌들에게 소중한 재화다. 여름은 짧고, 벌들은 오래 살지 못한다. 벌들의 유전적 성공은 여름이 — 그리고 그들의 삶이 — 끝나기 전에 굴 파기/알 낳기 주기를 몇 번 반복할 수 있는가에 달렸다. 우리는 실제로 이 사실을 근거로 삼아서 '결정' 개념을 정당화했는데, 결정이란 벌이 특정 굴에 쏟는 시간이며 다음번 결정이 시작됨과 동시에 끝나는 기간이라고 했다. 그렇다면 벌의 시간에서 매순간은 어떤 전략을 시작하는 결정의 장부에서 *비용* 칸에 집계되어야 했다. 그리고 '굴 파기' 전략의 순 편익은 평균 비율로, 즉 굴 파기에 관련된 모든 결정의 편익 합을 시간 비용의 합으로 나눈 비율로 측정되어야 했다. '들어가기' 전략의 순 편익 계산도 마찬가지였다.

이 대목에서 비로소 우리는 'ESS적으로 생각하기' 시작했다. 우리의 ESS적 모형에 따르면, '굴 파기'와 '들어가기'는 성공률이 서로 같은 지점에서 균형 잡힌 빈도를 유지한 채 공존할 것이었다. 만일 '들어가기'의 빈도가 그 균형을 넘어 더 커진다면, 자연선택은 '굴 파기'를 선호하기 시작할 것이다. 남의 굴에 들어가는 벌이 너무 많으면 두 벌이 한 굴을 공유하는 경우가 많아질 테고, 그러면 벌끼리 서로 싸워 값비싼 싸움에서 질 위험이 높아지기 때문이다. 역도 마찬가지다. '들어가기'의 빈도가 균형보다 더 낮게 떨어진다면, 자연선택은 이제 '들어가기'를 선호할 것이다. 벌들이 버려진 굴에서 풍성한 이득을 취할 수 있을 테니까. 제인의 관찰 데이터에 따르면, 뉴햄프셔 벌 집단의 '들어가기' 빈도는 41퍼센트였다. 우리는 이것이 뉴햄프셔 집단의 균형 빈도일 것이라고 추측했는데, 그렇다면 '굴 파기'와 '들어가기'의 성공률이 같아야 했다. 우리는 정말 그런지 살펴보았다.

실제 성공률은 똑같진 않았다(100시간당 알 0.96개 대 0.84개였고, 여치의 부피 점수를 따진 결과도 비슷했다). 하지만 통계적으로 유의미한 차이가 있는 건 아니었다. 두 값은 충분히 비슷했으므로, 우리는 모형을 좀 더 시험해볼 만하다고 판단했다. 앨런이 뭔가 똑똑한 계산을 통해 이 모형에서 나오는 네 가지 예측값을 추가로 유도했고, 우리는 그것을 관찰값과 비교해보았다. 이때 관찰값들은 벌들이 다음 네 범주의 행동으로 나뉘는 비율이었고, 예측값이란 만일 집단이 우리 ESS 모형에 따라 균형을 이루고 있다면 그 비율이 어떻게 관찰되어야만 *하는가*를 예상한 것이었다. 그 결과가 아래 표다. 뉴햄프셔 집단에서 관찰된 이 값들은 모형2의 예측을 반증하지 못했다. 우리는 기뻤다.

다음과 같이 행동하는 벌의 비율	관찰값	예측값
굴을 판 뒤에 버린다	0.272	0.260
굴을 판 뒤에 버리지 않는다	0.316	0.303
남의 굴에 들어가서 혼자 차지한다	0.243	0.260
남의 굴에 들어가서 다른 벌과 공유한다	0.169	0.176

그럼에도 불구하고, 우리는 어떤 모형의 예측이 관찰 데이터로 반증되지 않았다는 결과는 그 예측이 반증에 *취약한* 경우에만 인상

적인 결과가 된다는 원칙을 유념하고 있었다. 만일 애초에 예측 유도에 관찰 데이터를 너무 많이 사용한다면, 예측이 틀릴 수가 거의 없을 것이다. 우리는 컴퓨터 시뮬레이션으로 (제인의 실제 데이터가 아니라 가상으로 가능할 듯한 데이터를 무작위로 입력해봄으로써) 모형2의 예측들은 그런 경우가 아니라는 걸 확인했다. 모형은 아주 쉽게 틀릴 수 있었지만, 틀리지 않았다. 모형은 위험을 무릅썼고, 살아남았다. 칼 포퍼라도 좋아했을 것이다.

그런데 이 모형이 유효한 것은 뉴햄프셔 집단에 대해서만이었다. 모형2가 쉽게 틀릴 수도 있었다는 사실을 강조하려는 듯이, 제인이 연구한 미시간 벌 집단에 대해서는 모형이 유효하지 *않았다*. 우리는 실망했지만, 덕분에 그 이유를 건설적으로 따져보았다. 다양한 가설이 떠올랐는데, 제일 흥미로운 것은 미시간 벌들이 제인이 연구했던 환경과는 다른 환경에 적응한 벌들이었을지도 모른다는 가설이었다. 미시간 벌들은 '변한 시대를 따라잡지 못한' 벌들, 즉 그 유전자가 과거의 조건에 적응한 상태였는지도 모른다. 인간의 유전자가 과거 아프리카의 수렵채집 생활양식에 적응했음에도 불구하고 오늘날 우리가 도시에서 신발, 자동차, 정제 설탕, 식량 과잉에 둘러싸여 사는 것과 비슷하게 말이다. 미시간 벌들은 지대가 높고 큰 화단에서 살았는데, 그것은 그들의 정상적인 서식지 환경과는 꽤 달랐을 것이다. 실제로 그보다 좀 더 자연스러워 보이는 뉴햄프셔 벌들의 환경과는 꽤 달랐다.

비록 미시간에서는 실패했지만, 우리의 굴 파기/들어가기 모형이 뉴햄프셔에서 성공한 것은 놀라운 일이었다. 이 연구는 지금까지도 메이너드 스미스의 깔끔한 '혼합 ESS' 이론에 대한 몇 안 되는 정량적 현장 시험 사례로 남아 있다(이 경우 '혼합'은 '굴 파기'와 '들어가기'가 섞여 있다는 뜻이다). 그리고 내게는 서로 보완하는 지식과 기술을 지닌 마음 맞는 동료들과의 공동 연구가 얼마나 즐거운지 알려준 사례로 남았다.

그 사는 모습을 보고 지혜를 깨쳐라

(이 장의 제목 '게으른 자는 말벌에게 가서'는 성경의 잠언 6장 6절 '게으른 자는 개미에게 가서'를 패러디한 것이고, 이 소제목 '그 사는 모습을 보고 지혜를 깨쳐라'는 그 구절에서 이어지는 말이다. – 옮긴이)

ESS 모형 연구가 끝나자, 우리는 〈이론생물학 저널〉에 논문을 보냈다. 논문은 '브록먼, 그래펀, 도킨스, 1979'라는 명칭으로 발표되었다. 늘 그렇듯이 이런 인용용 명칭을 보는 것은 흡족한 성취감을 안겼다. 제인과 나는 뒤이어 '군집생활을 낳은 진화적으로 안정한 전前 적응으로서 조롱박벌의 공동 굴 사용'이라는 제목으로 전보다 더 두꺼운 논문을 함께 썼다. 우리가 ESS 논문에서 어떤 사실들을 배경으로 사용했는지를 나열하고, 그 사실들을 통계적으로 실증해 보인 논문이었다. 그러나 그와는 다른 이론적인 목표도 하나 있었는데, 곤충의 사회적 행동이 단독생활을 하던 선조로부터 어떻게 유래했는가 하는 논쟁에 기여하려는 것이었다. 우리는 ESS 논문에서 단독생활을 하는 조롱박벌들의 우연하고 비협조적인 굴 공유가 진화적으로 안정한 전략일 수 있음을 보여주었다. 그렇다면 혹 그것이 지구 생명의 멋진 속성 중 하나인 벌, 개미, 꿀벌의 협동적인 거대 군집생활의 전 단계였을 수 있을까? 내 친구이자 동료인 빌 해밀턴이 설득력 있게 주장했듯이, 분명 제일 중요한 것은 군집생활을 하는 사회적 곤충 개체들 사이의 유전적 근연성이다. 하지만 그 밖에도 군집생활을 하게끔 만드는 다른 압력들이 있을까? 고대 벌 선조들이 우리의 ESS 모형 같은 현상을 겪은 것이 그런 압력 중 하나가 아니었을까? 제인과 나는 주로 그녀의 옥스퍼드 기숙사에서 열심히 이 논문을 썼고(다들 알다시피 맛과 냄새는 추억을 쉽게 환기시키는데, 친자노와 짤랑거리는 얼음 속 레몬 조각의 맛은 내게 그 행복하고 생산적이었던 시기를 연상시킨다), 결국 〈행동학〉 저널에 발표했다.

이 논문은 구성이 특이했다. 나는 이 점을 꽤 자랑스럽게 여기며, 다른 사람들도 따라 해주었으면 좋겠다. 1974년부터 1978년까지 〈동물 행동〉 편집자로 일할 때(당시 내 상사이자 전임 편집자였던 데이비드 맥팔랜드의 아내, 명랑한 질 맥팔랜드가 나를 도왔다), 나는 당시 표준이었고 지금도 표준인 논문 구조와 승산 없는 싸움을 벌였다. 서론, 방법, 결과, 논의로 이뤄진 이 구조는 좀 지루하긴 해도 하나의 실험을 설계, 수행, 논의하는 형태의 연구에는 잘 맞는다. 하지만 한 실험이 다음 실험으로 이어져서 일련의 실험들이 연속적으로 수행된 연구에는 어떨까? 연구자는 어떤 질문을 제기하고, 실험1로 그 질문에 답한다. 그런데 실험1의 결과가 다른 질문을 낳고, 그 질문은 실험2로 대답된다. 실험2를 좀 더 명확히 하려면 실험3을 해야 하고, 실험3의 결과는 실험4를 떠올리게 만들고… 이렇게 계속 이어진다. 내가 볼 때 이런 연구의 논문은 마땅히 다음 구조를 취해야 했다. 서론; 질문1, 방법1, 결과1, 논의1, 이어서 질문2, 방법2, 결과2, 논의2, 이어서 질문3, 방법3… 그러나 편집자인 내게 접수되는 논문은 매번 이런 식이었다. 서론; 방법1, 방법2, 방법3, 방법4; 결과1, 결과2, 결과3, 결과4; 논의. 정말이다! 어떻게 이토록 말이 안 되는 방식으로, 이야기의 흐름을 망가뜨리고, 흥미를 죽이고, 나머지 주제와의 연관성을 감소시키도록 계획된 방식으로 논문을 쓸 수 있을까? 나는 편집자로서 저자들에게 이 방식을 버리라고 극구 설득했으나, 오랜 습관은 죽지 않는 법이다.

제인과 나는 논문을 쓸 때 독자에게 들려주고 싶은 이야기 흐름이 있었다. 실험이 연속되는 게 아니라 관찰 결과가 이어지는 형태였지만 말이다. 우리 연구의 결론은 벌에 관한 일련의 사실적 진술들로 구성되었는데, 통계로 정당화되어야 하는 그 진술 하나하나가 새 질문을 불러일으켰으며, 그 질문은 또 다른 사실적 진술로 이어졌다. 이렇게 이어진 진술들은 곤충의 군집생활이 어떻게 유래했을까 하는 의문에 대한 하나의 논증이 되었다. 그래서 우리는 논문 *요약문*을 작성할 때 일단 사실적 진술을 30개 나열한 뒤, 그 각각에 대한 정량적 증거를 제시하여 진술이 참임을 증명했다. 그다음에는 그 30개 진술이 그대로 본문의 *제목*들이 되었다. 각 제목 아래에는 글, 표, 그림, 통계 분석 등이 나열되어, 그 제목이 참임을 보여주었다. 따라서 독자는 제목만 골라 읽어도 논문의 골자를 파악할 수 있었다. 학술지는 논문의 말미에 요약문을 붙일 것을 요구하는데, 우리는 간단히 제목들만 다시 나열함으로써 일관된 이야기가 있는 요약문을 만들 수 있었다. 이 방법은 제임스 왓슨도 훌륭한 분자유전학 교과서에서 독자적으로 채택한 바 있고, 나도 한참 후에 《지상 최대의 쇼》를 쓸 때 마지막 장에서 이 수법을 다시 동원했다. 다윈의 《종의 기원》의 그 유명한 마지막 문단을 구성하는 문장들을 순서대로 하나하나 나열하여 내 책 마지막 장의 절 제목들로 쓴 것이다. 물론 각 절의 본문은 다윈의 해당 문장을 고찰한 내용이었다.

여기 제인과 내가 쓴 논문의 제목들을 나열해보았다. 이것은 우리가 증명한 사실들의 간결한 요약에 해당한다. 물론 논문에서는 이 진술 하나하나에 그 내용을 입증하는 글, 수치, 분석이 뒤따랐다는 것을 염두에 두기 바란다.

> 곤충 사회성의 진화적 기원에 관한 한 가설은 같은 세대 암컷들이 공동으로 둥지를 사용하는 행동에서 생겨났다는 것이다.

> 자연선택은 둥지 공동 사용을 선호하기 한참 전에, 그와는 좀 다른 형태의 전 적응을 우연히 선호했을 수도 있다. 가령 버려진 굴에 '들어가는' 습관이 그런 것일 수 있는데, 보통은 단독생활을 하는 *스펙스 이크네우모네우스* 벌이 그런 행동을 보인다.

> 우리는 개체별로 표시된 벌들이 수행하는 경제적 행동에 관한 종합적인 기록을 갖고 있다.

> 둥지 마련의 성공률에 개체마다 일관된 변이가 있다는 증거는 없다.

> 벌들은 종종 기껏 파둔 둥지를 버리는데, 그러면 다른 벌들이 빈 굴을 선택해 그리로 '들어간다'.

'굴 파기/들어가기'는 진화적으로 안정한 혼합 전략의 좋은 후보다.

굴 파기 결정과 들어가기 결정은 일부 개체들만이 고유하게 선택하는 것이 아니다.

들어가기를 선택할 확률은 계절 중 이른 시점이냐 늦은 시점이냐에 따라 조건부로 달라지지 않는다.

개체의 크기는 개체가 굴 파기나 들어가기 중 한쪽을 선호하는 성향과는 아무 상관관계가 없다.

개체들은 직전에 거둔 성공에 기반하여 다음번에 굴 파기와 들어가기 중 하나를 고르지 않는다.

개체들이 굴 파기와 들어가기를 연속적으로 택하는 것은 아니고, 번갈아가며 택하는 것도 아니다.

벌들이 수색에 얼마나 오랜 시간을 들였느냐에 따라서 굴 파기와 들어가기 중 하나를 고르는 것은 아니다.

한 조사 현장에서는 굴 파기와 들어가기 결정이 대략 같은 성공률을 보였지만, 다른 현장에서는 들어가기 결정이 약간 더 성공적인 것 같았다.

들어가기를 선택한 벌들은 주인 없이 버려진 굴과 아직 주인이 있는 굴을 구별하지 않는 듯하다.
공동 점유를 '집단생활'이라고 불러서는 안 되는데, 왜냐하면 벌들은 보통 굴만이 아니라 육아방까지 함께 쓰기 때문이다.

벌들이 공동 점유로 약간의 편익을 누릴 것이라고 예상할 수도 있겠지만, 여러 이유 때문에 실제로는 그렇지 않다.

공동 육아방에는 딱 하나의 알만 낳을 수 있고, 두 벌 중 하나만 알을 낳는 게 분명하다.

벌이 두 마리라고 해서 한 마리일 때보다 먹이를 눈에 띄게 더 많이 물어오는 것은 아니다.

벌이 두 마리라고 해서 한 마리일 때보다 먹이 공급이 더 빠른 것은 아니다.

벌들은 가끔 굴을 공동 점유할 때 서로의 노력을 모방하곤 한다.

공동 점유하는 벌들은 종종 값비싼 싸움을 벌인다.

우리가 둥지 공동 사용에 대해서 할 수 있는 말은, 그것이 기생을 줄일지도 모른다는 것뿐이다.

둥지 공동 사용에 따르는 위험은 벌들이 남이 판 뒤 버린 굴을 차지할 때 얻는 이득에 대해서 치르는 대가인 셈이다.

'굴 파기/들어가기'를 진화적으로 안정한 혼합 전략으로 가정한 수학 모형은 예측 면에서 어느 정도 성공을 거뒀다.

변수들이 정량적으로 약간 달라질 경우, 스펙스 모형은 자연선택이 이런 식의 둥지 공동 사용을 선호할 것이라는 예측을 내놓을 수 있다.

우리는 스펙스 모형의 변형 형태를 다른 종들에게 적용함으로써 집단생활의 진화에 관한 이해를 진작할 수 있을지 모른다.

진화적으로 안정한 전략 이론은 어떤 행동의 존속뿐 아니라 그 행동의 진화적 변화에도 유효하게 적용된다.

우리의 결론은 다음과 같았다. 뉴햄프셔의 *스펙스 이크네우모네우스* 집단에게 잘 맞았던 '굴 파기/들어가기' 모형에서, 만일 우리가 몇몇 지정된 경제적 변수를 진화적 시간에 따라 변화시켜보면, 모형은 '사회적 공간'을 비롯한 여러 '공간' 중 한 곳으로 이동한다 (옆 페이지 그래프를 보라). 우리는 모형2를 놓고서 계산에 포함된 두 항, 즉 합류하는 편익을 뜻하는 B_4와 합류당하는 편익을 뜻하는 B_3의 값을 체계적으로 바꾸면 어떻게 되는지 살펴보았다. 그러면 모형은 과연 두 편익이 원래와는 다른 값을 갖는 지점에서 또 다른 안

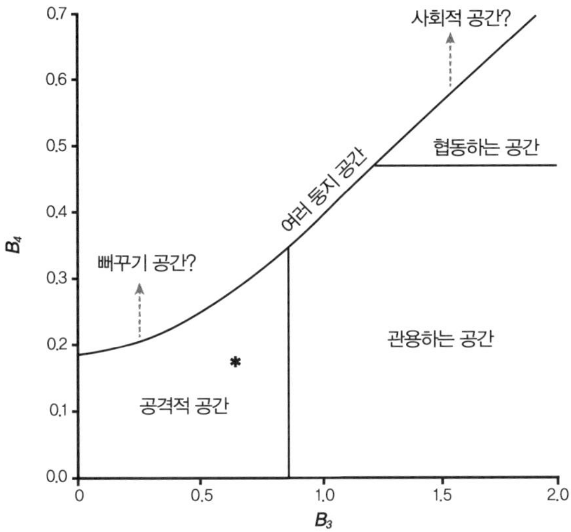

조롱박벌의 행동에 관한 우리의 게임이론 모형에 기반하여 사회적 곤충의 진화를 묘사한 '경제적 풍경'의 평면도. 두 경제적 변수 B_3와 B_4는 각각 합류당한 벌의 편익과 합류하는 벌의 편익을 뜻한다. 별표는 '공격적 공간'에(벌이 혼자 있을 때가 더 나은 공간이다) 있는 *스펙스 이크네우모네우스*를 뜻한다. 지도에서 알 수 있듯이, 경제적 조건들이 변한다면 벌은 그에 따라 '공격적 공간'에서 '관용하는 공간'을 통과하여 '협동하는 공간'과 '사회적 공간'으로 나아가는 매끄러운 궤적을 그린다.

(출처: H. J. Brockmann, R. Dawkins and A. Grafen, '*Joint nesting in a digger wasp as an evolutionary stable preadaptation to social life*', *Behaviour* 71(3), 1979, pp.203–44.)

정적인 ESS 상태를 보여줄까?

뉴햄프셔의 *스펙스 이크네우모네우스* 집단은 '공격적 공간'에서 안정되게 자리 잡은 별로 표시되어 있다(이 공간에서 벌은 혼자 있을 때가 더 낫다). 우리 분석에 따르면, *B* 값들이 변할 때 모형은 (진화적 시간이 흐름에 따라) 매끄러운 기울기를 그리면서 '관용하는 공간'을 통과하여(이 공간에서는 합류당한 벌이 혼자 있는 벌보다 낫지만, 합류하는 벌은 혼자 있는 벌보다 못하다) '협동하는 공간'으로 나아간다(이 공간에서는 합류하는 벌이 혼자 있는 벌보다 낫고, 합류당하는 벌이 제일 좋다).

이 진화적 기울기를 따라 모든 영역에서, 굴 파기와 들어가기가 둘 다 특정한(그러나 변화하는) 균형을 이룬 빈도로 선호되는 안정적인 해답들이 존재한다. 많은 경우에 강한 친족 관계가 유효한 이유겠지만, 우리 분석에 따르면, 설령 그 이유가 없더라도 곤충의 사회적 행동은 *스펙스 이크네우모네우스* 같은 선조 종으로부터 진화해나올 수 있다. 물론 가까운 친족 관계는 곤충들로 하여금 사회성을 좀 더 띠게 만들고, 그런 상태에 머물게 만드는 압력을 더욱 가중하기만 할 것이다.

플로리다에서의 막간

1978년, 제인의 옥스퍼드 체류 기간 1년이 끝났다. 슬프게도 우리는 그녀를 미국 게인즈빌의 플로리다대학에 내주었다. 하지만 우리 삼총사는 다시 뭉칠 것이었다. 나는 1979년에 제인의 게인즈빌 실험실에서 안식년을 보냈고, 내 체류 기간이 끝날 무렵 앨런도 와서 합류하도록 불렀다.

이즈음 제인은 단독생활을 하는 또 다른 벌인 *트리폭실론 폴리툼* 종을 연구했다. '진흙 미장이 벌'이라고 불리는 이 벌은 스펙스와 관계가 있고 습성도 비슷하지만, 땅에 굴을 파지 않고 공중에 '굴'을 짓는다. 벽이나 다리 밑이나 바위 표면에. 공중 굴은 벌이 개천에서 한 덩이씩 물어온 진흙으로 만든 관 모양이다. 관들이 나란히 줄지어 있을 때가 많기 때문에, 이 벌을 '오르간 파이프 진흙 미장이 벌'이라고도 부른다. 관을 다 만들면, 트리폭실론도 스펙스처럼 그 속에 먹이를 공급한다. 여치가 아니라 거미를 사냥한다는 점이 다를

뿐이다. 벌은 관 하나에 거미를 여러 마리 넣되, 그 사이사이 진흙 칸막이를 세운다. 제인은 다리 밑에서 이 벌을 연구하며, 스펙스 때 그랬던 것처럼 개체별로 표시된 벌들이 드나드는 것을 기록했다. 앨런은 제인이 이론을 세우는 것을 도왔고, 나는 앨런과 함께 제인과 학생들이 다리 밑에서 늪살모사를 피해가며 벌을 관찰하는 것을 도왔다. 그곳 사람들에 비해서 나는 늪살모사를 훨씬 더 무서워했다.

나는 벌들이 관을 짓는 모습을 관찰하는 것이 좋았다. 당시《확장된 표현형》을 쓰고 있었는데, 동물이 만든 인공물이 책의 논증에서 주역으로 활약했기 때문에 더 그랬다. 나는 특히 벌이 요변성搖變性이라는 물리현상과 비슷해 보이는 현상을 '용접' 기술처럼 활용하는 모습에 매료되었다. 입에 진흙덩이를 물고 온 벌은 관 주둥이에 덩이를 갖다 댄 뒤 날개를 시끄럽게 퍼덕였는데, 그러면 그 진동이 벌 주둥이를 타고 진흙으로 전달되어 진흙이 유사流沙처럼 '녹는' 게 보였다. 새로 가져온 진흙덩이만이 아니라 관 주둥이 부분의 진흙도, 확실히 보이진 않지만 그런 것 같았다. 그래서 둘 다 녹아 하나로 붙는 것 같았다. 녹이고, 붙이고, 굳히는 과정이 정말 용접 같았다.[2] 진짜로 내 눈에는 진흙을 녹이는 진동이 꼭 금속을 녹이는 용접공의 아세틸렌 불꽃처럼 보였고, 그래서 관 주둥이가 일시적으로 액화하여 새 진흙이 옛 진흙에 단단히 붙는 것 같았다. 제인에 따르면 이런 '요변성' 가설은 아직 아무도 발표한 적이 없다니, 혹 내 생각에 지나지 않을지 몰라도 여기 적어둔다.

제인과 나는 게인즈빌에서 대학원생을 대상으로 진화와 동물 행동 세미나를 열었다. 제인 외에 다른 교수 두 명도 참석하는 자리였다. 매주 열린 그 모임에 대해서 주로 기억나는 것은, 참가자들이 차츰 앨런 그래펀의 지적 능력에 압도되었던 사실이다. 겉으로 앨런은 여러 대학원생 중 하나일 뿐이었지만(더구나 제일 어린 축이었다), 놀랍게도 우리는 학생이든 교수든 할 것 없이 어려운 대목에 다다르면 앨런이 해결해주기를 기대하게 되었다. 앨런이 뚜렷한 스코틀랜드 말투로 어떻게 하면 문제를 명료하게 파악하여 올바른 결론에 도달할 수 있는지 말해주기를 기대하게 된 것이다.

플로리다에서 보낸 안식년이 온통 벌과 일로만 가득한 시간은 아니었다. 제인, 앨런, 나, 그리고 제인의 동물학부 친구 도나 길리스까지 네 사람은 플로리다를 좀 더 알아보러 나섰다. 우리는 차를 몰고 디즈니월드로 갔고(앨런이 조르는 바람에 머리카락이 쭈뼛 서는 기구들을 다 타야만 했다), 시월드에도 갔다(앨런은 공연하는 물개에 의해 풀장에 빠지는 관객 역할을 1등으로 자청했다). 그 후 멕시코만 해안에 있는 플로리다대학의 시호스 키 해양생물학 연구기지로 가서 직접 음식을 해먹고 공동 숙소에서 잤다. 우리는 그곳에서 *리물루스*를 보았다(보통 '투구게'라고 불리지만 사실 게와는 관계가 멀고 거미의 먼 친척인 이 '살아 있는 화석'을 제인은 나중에 연구했다). 수천 마리의 유령게가(이건 진짜 게다) 우리가 다가가면 추적하기 식은 죽 먹기인 발자국을 남긴 채 허둥지둥 구멍을 파고 들어가는 모습도 보았다. 가장 잊지 못할 광경은 플랑크톤 속에서 사는 미생물들이 교란되어 바다가 형광으로 물드는 장면이었다. 우리는 납작한 돌멩이로 물수제비를 떠서 돌멩이가 수면을 스칠 때 퍼져나가는 형광 파문을 구경했다. 도나는 한밤중 해변에서 춤을 췄다. 그녀의 발가락이 젖은 모래에 닿을 때마다 푸른 형광빛 무늬가 그려졌다가 곧 희미해졌다. 그녀는 자기를 삼인칭으로 지칭하며 "그녀는 춤을 춘다네"라고 귀엽

게 노래했다.

다른 해변에서 앨런과 내가 홀딱 벗고 헤엄쳤을 때, 제인과 도나는 걱정스러워했다. 그것이 불법 행위라는 말에, 심지어 밤에도 불법이라는 말에, 앨런과 나는 놀랐다. 이제 와서 하는 생각이지만, 그 몇 년 후에 있었던 일을 떠올리면 정말 미국에서는 나체 수영이 심각한 위법으로 간주되는 모양이다. 어느 더운 여름 밤, 나는 인류학자 헬렌 피셔와 함께 미시간호에서 옷을 벗고 수영을 즐겼다. 노스웨스턴대학에서 열린 학회에서 발표를 하며 무더운 낮을 보낸 뒤였다. 그때 100미터 밖 도로에 경찰차가 와서 섰다. 주변이 캄캄했는데 어떻게 우리를 알아봤는지 모르겠지만, 아무튼 그들은 전조등을 우리에게 쏘면서 확성기로 우렁차게 외쳤다. "당신들을 체포한다, 당신들을 체포한다, 당신들을 체포한다." 헬렌과 나는 기겁하여, 몸을 말릴 새도 없이 옷을 움켜쥐고 내뺐다. 그래도 앨런과 내가 달빛 받은 플로리다의 바다에 짧고 신속하게 몸을 담갔을 때는 그런 불상사는 없었다. 지금 와서 생각하면, 그때 우리는 즐기려고 그랬다기보다 허세로 그랬던 것 같다. 얼마 전에 제인은 요즘도 자기 학생들에게 문제의 해변에서 수영하지 말라고 당부한다고 알려주었다. 그곳에서 가끔 상어가 출몰한다는 것이다.

게인즈빌로 돌아가서, 안식년의 시간은 대부분 《확장된 표현형》을 쓰는 데 바쳤다. 나는 그곳 도서관을 이용했으며, 거의 매일 앨런에게 진화 이론에 대해서, 그리고 어떻게 하면 그 이론을 제대로 이해할 수 있는지에 대해서 자문을 구했다. 그런데 나는 또 그곳에서 〈조롱박벌은 콩코드 오류를 저지르는가?〉라는 새 논문을 제인과 함께 썼다.

콩코드 오류

경제학자들은 매몰 비용의 오류라는 걸 안다. 잘못된 투자에 계속 돈을 쓰게 되는 오류를 말한다. 나는 그 용어를 듣기 전에도 진화생물학의 맥락에서 똑같은 실수를 알아차렸고, 그것에 '콩코드 오류'라는 이름을 붙였다. 내가 이 용어를 처음 쓴 것은 옥스퍼드의 대학생 제자 탬신 칼라일과 함께 1976년 〈네이처〉에 발표한 논문에서였고, 그다음은 《이기적 유전자》에서였다. 앤드루 콜먼이 편집한 《옥스퍼드 심리학 사전》에 실린 '콩코드 오류' 항목의 정의는 이렇다.

> 지난 일과 무관하게 현재 투자의 합리성을 평가하는 게 아니라, 그저 과거의 투자를 정당화하기 위해서 어떤 일에 계속 투자하는 것. 이 오류 때문에 도박꾼들은 불어나는 빚에서 벗어나기 위해 자꾸 더 돈을 쏟아붓는다… 그리고 스펙스 *이크네우모네우스*라는 황금색의 큰 조롱박벌 암컷들이 분쟁 대상이 된 굴을 지키려고 싸우는 데 들이는 시간은 굴에 담긴 먹이의 총량이 아니라 암컷 자신이 넣어둔 먹이의 양에 달려 있다. 보통은 굴에 가장 많은 먹이를 넣어둔 벌이 최후까지 싸움을 포기하지 않는다. 이 현상은 영국 동물행동학자 리처드 도킨스(1941년생)와 대학생 제자 탬신 R. 칼라일(1954년생)이 1976년 〈네이처〉에 발표한 논문에서 처음 확인되고 명명되었다. 결정이론과 경제학에서는 이 현상을 매몰 비용의 오류라고 부르는데… (콩코드라는 이름은 영국-프랑스 합작 초음속 여객기 콩코드에서 땄다. 이 여객기는 1970년대 개발 단계에서 비용이 워낙 가파르게 상승한 터라 금세 경제성이 없어졌지만, 영국과 프랑스 정부는 과거 투자를 정

당화하기 위해서 계속 지원했다.)

내가 쓴 또 다른 이름은 '우리 병사들의 죽음을 헛되게 만들어서는 안 돼 오류'였다. 내가 1960년대 말 캘리포니아에서 최루탄을 피해가며 지냈기 때문에 확실히 기억하는데, 베트남전쟁에 대한 반대가 점증하던 시절 철수에 반대하는 논증 중 하나는 이런 거였다. "이미 많은 미국인이 베트남에서 죽었다. 우리가 지금 철수하면 그들의 죽음이 헛수고가 된다. 우리 병사들의 죽음을 헛되게 만들어서는 안 되니, 우리는 계속 싸워야 한다(그러면 병사들이 훨씬 더 많이 죽겠지만, 우리는 그 점은 언급하지 않겠다)."

제인과 나는 그녀의 데이터를 재분석했을 때 스펙스 벌이 나름의 콩코드 오류를 저지르는 것처럼 보인다는 사실을 발견하고서 좀 당황했다. 벌의 오류는 이랬다.

벌이 남의 굴에 들어갔을 때 그곳에 있던 벌과 마주치는 일은 흔하지 않지만, 만일 마주치면 두 벌은 즉시 싸운다. 패자는 보통 영영 떠나고, 승자는 두 벌이 함께 모아둔 여치를 독차지한다. 벌들은 아마 둘 다에게 귀중한 자원인 굴을 누가 차지할지 정하기 위해서 싸울 것이다. 굴의 가치는 그 속에 여치가 많을수록 커지는데, 우리가 판단하기로 그 가치는 둘 중 누가 여치를 잡았느냐와는 무관하게 둘 다에게 같아야 한다. 따라서 만일 벌들이 콩코드사의 경제학자가 아니라 합리적인 경제학자처럼 행동한다면, 예상컨대 벌들은 둘 다 굴에 여치가 적을 때보다 잔뜩 쌓여 있을 때 더 열심히 싸울 것이다.

스펙스 이크네우모네우스 벌들이 공동의 굴 입구에서 싸우는 모습. 제인 브록먼 그림.

그러나 현실은 그렇지 않았다. 오히려 콩코드 식으로, 벌들은 굴의 진정한 미래 가치가 아니라 자신이 여치를 얼마나 많이 잡아두었느냐에 따라 둥지의 가치를 파악하고 그에 맞게 싸우는 것처럼 보였다. 이 현상은 두 가지 방식으로 드러났다. 첫째, 여치를 더 많이 잡아온 벌이 끝내 싸움을 이기는 경향성이 있음이 통계적으로 확인되었다. 둘째, 싸움의 *지속 시간*은 *패자*가 기여한 여치 마릿수와 상관관계가 있었다. 이 결과에 대한 콩코드 논리를 설명하자면 다음과 같다. 모든 싸움은 한쪽이 달아날 때 끝나고, 그렇게 달아난 쪽이 패자가 된다. 이때 콩코드 벌은 자신이 여치를 적게 기여했을 때는 일찌감치 포기할 테고, 자신이 많이 기여했을 때는 늦게 포기할 것이다. 따라서 싸움 지속 시간과 패자가 잡아온 여치 마릿수 사이에는 상관관계가 발생한다.

제인과 나는 조롱박벌이 콩코드 오류를 저지르는 것처럼 보인다는 사실이 고민스러웠다. 이건 반쯤 농담이지만, 내가 애초에 그 이름을 붙인 장본인이었으니까 더 그랬다. 존 메이너드 스미스의 익살을 빌리자면, 그것은 "자연선택이 또 일을 그르친" 결과였을까? 우리는 언제나 그랬듯이 앨런에게 조언을 구했고, 앨런은 몇 가지 사항을 짚어주었다. 인간 공학자의 설계와 마찬가지로, 자연의 동물 설계는 어떤 절대적 의미에서 완벽한 것은 못 된다. 좋은 설계는 늘 제약이 있다. 현수교는 모든 조건을 다 견디도록 보장된 설계가 아니다. 공학자는 규정된 안전 지침 내에서 가급적 싸게 현수교를 설계할 뿐이다. 어떤 이유에서인지는 몰라도, 만일 벌이 공동의 굴에 있는 여치를 헤아리는 데 쓸 감각 및 신경 도구가 비싼 데 비해 자신이 여치를 잡는 데 기여한 정도를 측정하는 데 쓸 도구는 싸다면 어떨까? 그렇다면 가장 경제적인 벌의 '설계'는 정말 콩코드 오류처럼 보일 것이다. 특히 — 실제 그렇듯이 — 굴을 공유하는 경우가 그다지 흔하지 않은 상황에서는.

알고 보니, 벌이 먹이를 헤아리는 데 쓰는 듯한 신경/감각 도구가 실제 운영하기 비싸다는 것을 보여주는 간접 증거가 있었다. 스펙스와 관계 있는 *암모필라* 속 조롱박벌이 그 예인데, 우연이지만 내 스승 니코 틴베르헌의 첫 대학원생 제자였던 헤라르트 바런츠가 네덜란드에서 연구한 벌이다. 제인의 *스펙스 이크네우모네우스*와는 달리, 바런츠의 *암모필라 캄페스트리스*는 새끼에게 먹이를 꾸준히 공급한다. 먹이를 몽땅 저장해두고 그 위에 알을 낳은 뒤 굴을 봉하고 떠나는 게 아니라, 자라나는 유충에게 매일 먹이를 물어다준다 (이 경우에는 먹이가 여치가 아니라 애벌레다). 게다가 이 벌은 한 번에 두세 개의 굴을 운영한다. 유충들의 나이는 서로 다르고, 따라서 필요한 먹이양도 서로 다르다. 벌은 어린 유충은 좀 더 자란 유충보다 먹이를 적게 먹어도 된다는 것을 '알고', 그에 맞춰서 유충들에게 서로 다른 양의 먹이를 공급한다. 놀라운 대목은 지금부터다. 벌은 유충들에게 먹이가 얼마나 필요한지를 하루에 딱 한 번, 매일 아침 모든 굴을 검사할 때 조사한다. 검사를 마치면, 하루 중 나머지 시간에는 마치 굴의 내용물에 대해서 전혀 모르는 것처럼 행동한다.

바런츠는 깔끔한 실험으로 이 사실을 보여주었다. 그는 유충들을 이 굴에서 저 굴로 체계적으로 옮겼다. 그 때문에 이제 어떤 굴에 아까와는 달리 작은 유충이 들어 있더라도, 벌은 아랑곳하지 않고 아침 검사 시간에 그 굴에 있었던 큰 유충에게 맞는 먹이를 계속 물어다주었다. 역도 마찬가지였다. 이것은 꼭 벌에게 굴의 내용물을 측정할 도구가 있긴 하지만 그 도구는 운영비가 비싸기 때문에 하루에 한 번, 아침에 검사를 돌 때만 켜두는 것처럼 보인다. 그 후 하루의 나머지 시간에는 도구를 꺼둬서 비용이 새는 걸 막는 것이다. 이렇게 해석하면, 벌들이 바런츠의 실험에서 저지른 실수가 설명된다. 벌이 이제 굴의 내용물을 모른다고 생각하면 실수가 말이 되는 것이다. 물론 보통은 그런 '실수'가 문제가 되지 않는다. 바런츠가 없다면 유충들이 이 굴에서 저 굴로 저절로 폴짝 옮겨가는 일은 없을 테니 말이다.

*암모필라 캄페스트리스*는 여러 굴에 있는 서로 다른 나이의 유충들에게 꾸준히 먹이를 공급하는 습성이 있기 때문에, 내용물을 평가하는 도구가 정말 꼭 필요하다. 그럼에도 불구하고 벌은 그 도구를 켜두는 시간을 엄격하게 제약한다. 한편 *스펙스 이크네우모네우스*는 한 번에 한 유충만 키우고 딴 벌과 굴을 공유하는 경우도 비교적 드물기 때문에, 그 도구를 전혀 안 켜거나 아예 안 갖고 있다. 그

래서 이 벌은 콩코드 오류를 저지르는 것처럼 보인다. 진위야 어떻든, 우리는 우리 결과를 이런 해석으로 합리화했다. 그리고 어차피 우리는 벌들의 '수행'에 실망 따위를 해선 안 된다. 그 벌이 일부 철학자들이 믿는 것처럼 '스펙스성' 행동을 하는 종류라면 더더욱 그렇다. 권세 있는 자리에 오른 지적인 인간들조차 콩코드 오류를 숱하게 저지르지 않는가. 대니얼 카너먼과 같은 심리학자들이 보여주었듯이, 사람들은 위험이나 비용과 편익을 평가할 때 벌보다 훨씬 더 한심한 결정을 내리곤 한다.

RICHARD DAWKINS

5

사절의 이야기

My Life in Science

데이비드 로지는 캠퍼스 소설 《교수들》에서 학술회의를 초서 풍 순례에 비유했다.

> 현대의 학회는 중세 기독교의 순례를 닮았다. 참가자들로 하여금 겉으로는 엄격하게 자기 향상에 열중한 것처럼 보이게 하면서 실제로는 여행의 온갖 쾌락과 일탈을 만끽하도록 허락한다는 점에서.

내 책 《조상 이야기》에서 다른 목적으로 초서를 이용한 적도 있는지라, 나는 이 비유가 마음에 든다. 이 장에서는 내가 참가한 수백 건의 학회 중 여섯 개를 골라 소개하겠다. 내 과학적 순례의 여정에 놓였던 대표적인 정거장들로 보면 되겠다.

《이기적 유전자》를 쓰던 시절에 참석한 잊지 못할 학회는 로지의 냉소적인 시각을 부정할 수 없게 만드는 자리였다. 베링거제약회사가 후원한 그 학회는 독일의 어느 산꼭대기에 우뚝 선 근사한 성에서 벌어졌다. 주제는 '과학과 의학의 창조 과정'이었고, 내가 평생 참석한 학회들 중 단연코 가장 사치스러운 자리였다. 주빈 목록에는 엄청나게 유명한 과학자들과 철학자들이 있었으며, 노벨상 수상자도 많았다. 그리고 그 영예로운 인물들이 각자 자기보다 어린 동료를 두 명씩 데려올 수 있었다. 그야말로 기사를 보필하는 종자들인 셈이었다. 내 스승 니코 틴베르헌이 그런 '기사들' 중 한 명이었고, 그는 데즈먼드 모리스와 나를 종자로 데려갔다. 다른 기사로는(몇 명은 문자 그대로 작위를 받은 기사였다) 피터 메더워 경(면역학자이자 에세이스트이자 전설적인 박식가), 메더워 경의 '철학 스승'이었던 칼 포퍼 경, 한스 크렙스 경(세계에서 제일 유명한 생화학자였다), 프랑스의 위대한 분자생물학자 자크 모노가 있었다. 그 밖에도 여러 유명한 과학계 인물이 있었으며, 그들이 각자 대동한 제자들이 있었다. 다 합해도 서른 명쯤에 불과했다. 나는 그 자리에 참석한 것이 대단한 행운으로 느껴졌고, 감히 한 마디라도 할 엄두를 내지 못했다.

우리는 큼직하고 반들반들한 탁자에 둘러앉았다('기사' 비유에는 아쉬운 일이지만, 완전히 둥근 원탁은 아니었던 것 같다). 앞에는 각자의 이름표가 자랑스레 놓여 있었다(여담인데, 왜 그런 행사에서 이름표는 그것을 이용할 만한 다른 사람들을 향해 놓여 있지 않고 아마도 자기가 누군지 이미 알고 있을 그 주인을 향해서 놓여 있는 경우가 많을까?). 탁자에는 공책과 연필, 물병, 사탕(으윽), 그리고 담배가 여기저기 널려 있었다. 마지막 물품은 대단히 부적절한 것이었다. 칼 포퍼는 담배 연기를 싫어하기로 유명했기 때문이다. 한번은 다른 자리에서, 그가 청중석에서 일어나서는 다들 담배를 피우지 말았으면 좋겠다고 특별히 요청한 적도 있었다. 요즘은 그렇게 호소할 필요가 없다. 말할 필요도 없이 당연한 일이니까. 그러나 그 시절에는 달랐다. 그리고 그 위대한 철학자가 얼마나 존경받았는지 보여주는 증거로서, 의장은 그의 요청을 들어주기로 했다. 아니, 거의 들어줄 뻔했다. 의장은 정확히 이렇게 말했다. "칼 경의 희망에 따라, 그를 존경하는 의미에서, 모든 참가자는 담배를 피우고 싶다면 홀을 나가 밖에서 피우시길 부탁드립니다." 그러자 칼 경이 다시 일어나서 말했다. "아니요, 그걸로는 충분하지 않습니다. 그들이 돌아오면 숨에서 냄새가 나니까요."

그러니 우리 호화로운 성의 회의 탁자에 후하게 널린 담배가 얼마나 큰 상심을 일으켰는지는 여러분도 상상할 수 있을 것이다. 흡연자의 손이 탁자를 향해 뻗을 때마다, 시중드는 사람이 바삐 다가와서 그의 소매를 당기며 속삭였다. "안 됩니다. 담배는 제발 참아주세요. 칼 경이 못 견디십니다… 비테 쇤." 그러나 내가 기억하기로 담배는 계속 탁자 위 눈에 뻔히 보이는 곳에 놓여 회의 내내 불운한 중독자를 유혹했다.

회의는 초대 손님이 발제한 뒤 탁자에 앉은 다른 사람들이 질문을 던지고 이어서 다 함께 토론하는 형식으로 느슨하게 짜여 있었다. 독일인다운 철저함을 보여주는 듯, 주최측은 매일 아침식사 자리에서 우리에게 두꺼운 종이뭉치를 건네주었다. 전날 우리가 뱉은 말을 한 단어도 빼놓지 않고 모조리 받아적은 기록이었다. "음"이나 "어"도, 잘못 말해서 다시 얘기한 문장이나 반복한 문장까지도 모조리. 오밤중에 시뻘건 눈으로 이 장황한 수다를 받아적느라 애썼을 야간 타자수들이 딱했다. 그런데 문제가 있었다. 서로 짝이 되는 진주와 굴을 어떻게 묶을까, 그러니까 누가 무슨 말을 했는지를 어떻게 알까? 회의 때마다 의장은 우리에게 반드시 자기 이름을 밝힌 뒤 말을 꺼내라고 당부했다. 첫 회의를 주재한 피터 메더워도 첫 번째 질문을 던지고는 그답게 침착한 말투로 녹음기에 신원을 밝혔다. "지금 말하는 사람은 의장의 특권을 후안무치하게 남용하는 메더워입니다." 그러나 대부분의 사람들은 토론 중간에 끼어들어 말할 때는 자기 이름을 밝히는 것을 잊었으므로, 뭔가 해법이 필요한 듯했다. 그 결과 마련된 방안은 담배보다 더 정신을 산란시키는 것이었다. 크고 반질반질한 탁자 위에 높직하게 회전의자를 올려놓고, 짧은 치마를 입은 젊은 여성이 거기 앉았다. 그녀는 참가자 중 누군가 말을 꺼낼 때마다 전함의 포탑처럼 휙 의자를 돌려서 발언자의 위치를 확인하고는 공책에 그의 이름과 첫 문장을 적었다. 그 기록을 나중에 야간 타자수가 받아서 어떤 말이 누구의 말인지 확인함으로써 한 문단 한 문단 힘들게 재구성한 것이다.

젊은 과학자로서, 과학계 거장들이 자신의 창조 과정을 공개하는 걸 귀동냥하는 것은 환상적인 경험이었다. 한스 크렙스가 밝힌 노벨상 수상 비결은 너무 겸손해서 신뢰가 가지 않을 지경이었다. "매일 아침 9시에 실험실로 출근해서 오후 5시까지 일하고 퇴근하는 과정을 40년 동안 반복하면 됩니다" 하는 식이었으니까. 자크 모노가 밝힌 매력적인 비법, 즉 스스로를 전자라고 상상해 다음에 어떻게 할까 생각해본다는 말은 앞서 소개했다. 나 역시 같은 질문을 받았을 때 그와 비슷하게 대답했다. 내 과학 영웅 빌 해밀턴의 선례를 따라, 만일 내가 유전자라서 후대에 자신의 복사본을 전달하려고 애쓰는 처지라면 과연 어떻게 할까 상상해본다고 말이다.

학회가 끝날 때, 초대 손님 중 한 명이었지만 그때까지 단 한 마디도 하지 않았던 일본 물리학자가 마침내 자신도 한마디 해도 되겠느냐고 소심하게 청했다. 이대로 일본으로 돌아가서 자신이 한마디도 안 했다는 걸 동료들에게 고백하면 체면이 서지 않을 것이라면서. 엄밀하게 따지자면 그가 거기서 말을 멈췄어도 목적은 달성되었겠지만, 그는 이어서 제법 흥미로운 이야기를 꺼냈다. 그는 물리학자들이란 대체로 다양한 종류의 대칭들에 집착하는 법이라고 말했다. 하지만 일본의 전통 미학은 그와는 달리 비대칭을 선호하는데, 어쩌면 그 사실이 일본 물리학자들에게 독특한 관점을 안겨줄지도 모른다는 것이었다. 나는 그 말을 듣자마자 캐나다의 젊은 인류학자, 친구 패멀라 애스퀴스가 떠올랐다. 그녀는 메타영장류 동물학이라고 부를 만한 학문, 즉 영장류학자들을 대상으로 한 비교 연구를 했는데, 그 논제는 일본 영장류학자들이 연구 대상인 원숭이들에게 적용하는 문화적 관점이 서구와는 다르기 때문에 서구 영장류학자들의 시각을 보완한다는 것이었다. 여성 영장류학자들에 대해서도 비슷한 논지가 적용될 텐데, 다른 과학 분야에 비해 영장류학에는 여성 연구자가 상대적으로 많다.

피터 브라이언 메더워

모든 노벨상 수상자 중에서도 나는 피터 메더워에게 특별한 경외심을 품었다. 그는 오랫동안 내 영웅이었는데, 과학뿐 아니라 글쓰기 스타일에서도 그랬다. 그는 심란할 만큼 젊은 나이에 뇌졸중을 겪어서 거동이 심하게 불편해졌지만, 아내 진이 그를 바지런히 보살폈다(그의 넥타이 매듭은 남자가 맨 것보다 약간 부드럽고 느슨한 것처럼 보였다). 발음이 좀 샌들 그의 재치와 박식함에는 거의 방해가 되지 않았다. 딱 한 번, 그의 영웅적인 싹싹함의 갑옷에 균열이 난 것을 흘깃 엿본 적이 있다. 강연에 늦을지도 모르는 참이라 서둘러 복도를 걸어가다가 메더워 부부를 지나쳤다. 그들도 피터가 할 수 있는 한 최대한 서두르고 있었지만, 대단한 속도는 못 되었다. 그때 진이 다급하게 나를 부르더니("리처드, 리처드!") 피터를 학회장에 들여보내는 걸 도와달라고 호소했다. 나는 분부대로 하면서, 남편을 배려하는 그녀와 늦을까 봐 초조한 기색이 역력한 그에게 감동했다. 그것은 겉으로 드러난 귀족적인 태연자약함을 저버리고서 일순 그의 경계가 풀린 순간이었다.

또 다른 자리에서 그는 자신과 내 아버지가 정확히 같은 시기에 말버러 스쿨에서 생물학을 공부했다고 말했다. "자네 아버지와 나는 A. G. 라운즈를 싫어한다는 점에서 의기투합했지." 라운즈는 학생들의 사랑을 듬뿍 받던 전설적인 생물 교사였다. 나는 피터 경에게 그 옛 스승에 대해서 애정 어린 부고를 쓰지 않았느냐고 물었다. "그건… 늙다리가 죽었으니 내가 그 정도는 해야지 않겠나 싶더라고."

그 무렵 〈타임스 리터러리 서플리먼트TLS〉의 편집진이던 레드먼드 오핸런이 내게 피터의 책들에 대한 서평을 써달라고 요청했다. 나는 극찬을 제출했다. 내 평생 쓴 것 중에서 가장 열광적인 서평이었다(나는 평생 고약한 서평들도 좀 썼는데, 이제 와서 생각해보니 그 스타일은 메더워의 영향을 받은 것이었다).[3] 유일하게 살짝 부정적인 문장은 내가 결국 그 부정적 평가를 반박하기 위해서 쓴 말이었다. "어떤 사람들은 메더워를 '어디로 튈지 모르는 위험인물'로 묘사했지만, 나는 이런 혐의에 격렬하게 이의를 제기한다…." 나는 교정지를 받지 못했고, 나중에 출간된 잡지를 보고 경악했다. 내가 쓴 최고의 칭송은 죄다 삭제된 채 '어디로 튈지 모르는 사람이 쏘아낸 말들'이라는 제목으로 서평이 실려 있었기 때문이다. 나는 레드먼드의 아내 벨린다가 운영하는 옥스퍼드의 유명한 애나벨린다 드레스 가게 위층에 있는 그의 사무실로 쳐들어갔다. 박제된 파충류들, 쪼글쪼글한 원숭이 손, 물신숭배적인 물건들, 그 밖에 기이한 여행 기념품 등 넘쳐나는 수집품에 둘러싸인 그는 장황한 내 비난을 묵묵히 듣더니, 말 한 마디 없이 훌쩍 방을 나갔다. 그러고는 손에 들고 온 물건을 역시 말 한 마디 없이 엄숙하게 내게 내밀었다. 쌍발 산탄총이었다. 장전이 되어 있었는지의 여부는 영영 알 수 없겠지만(레드먼드의 별난 모험주의를 고려하면 장전되어 있었을 가능성도 충분했다), 어쨌든 역설적으로 그 반응이 내 마음을 누그러뜨렸다. 짓궂은 교열에 레드먼드가 실제 책임이 있는 것 같지는 않았다. 그리고 피터는 내가 사정을 해명한 편지를 보내자 너그럽게 이해해주었다.

그로부터 10년쯤 지나 피터의 말년에, 진이 런던 북부 햄스테드에 있는 자기 집으로 저녁을 먹으러 오라고 나를 초대했다. 독일에서 만났던 이래 피터의 육체적 상태는 계속 나빠졌지만, 그의 정신은 여느 때처럼 명료했다. 진은 남편을 즐겁게 해주려고 매주 두세 명씩 손님을 초대했다. 나처럼 그를 개인적으로는 잘 모르는 사람들도 초대를 각별한 영광으로 받아들였다. 그 저녁은 결코 잊을 수 없는 것이었다. 나와 함께 방문한 손님은 저명한 저널리스트 캐서린 화이트혼이었다. 나보다는 그녀가 그를 훨씬 더 즐겁게 해준 것 같았고, 그녀도 나만큼이나 그를 존경하는 듯했다. 그가 유일하게 병환에 굴복한 순간은 일찍 잠자리에 들겠다며 양해를 구한 때뿐이었다. "아쉽게도 나는 아주 아픈 사람이 된 것 같군요."

2012년 6월, 피터의 아들 찰스 메더워가 아버지의 장서에서 꺼낸 귀중한 책 한 권을 내게 선물한 것도 더없는 영광이었다. 그것은 위대한 스코틀랜드 자연학자 다시 톰프슨의 은퇴를 맞아 제작된 기념 논문집이었는데, 피터가 직접 편집한 것인 데다가 V. B. 위글스워스, J. Z. 영, J. H. 우저, E. C. R. 리브, 줄리언 헉슬리, O. W. 리처즈, A. J. 캐버나, N. J. 베릴, E. N. 윌머, J. F. 다니엘리, W. T. 애스트버리, A. J. 로트카, G. H. 부슈널 등 모든 저자의 서명이 적혀 있고 물론 두 편집자 W. E. 르 그로스 클라크와 P. B. 메더워 자신의 서명도 되어 있는 책이었다. 심지어 다시 톰프슨의 서명까지 따로 붙어 있었다. 그 저자들은 나와 함께 대학에서 동물학을 공부한 친구들에게는 대개 유명한 이름이었으며, 그중에서도 다시 톰프슨은 특별한 영웅이었다. 피터 메더워는 그를 이렇게 묘사했다.

> 톰프슨은 앞으로 두 번 다시 한 인간 속에서 조합될 수 없을 듯한 지적 재능들을 갖춘 학식의 귀족이었다. 그는 잉글랜드 및 웨일스 고전협회와 스코틀랜드 고전협회의 회장이 될 만큼 탁월한 고전학자였다. 또한 완벽한 수학 논문을 써서 왕립학회에 출간을 허락받은 훌륭한 수학자였다. 그리고 64년간 중요한 직위들을 맡아온 자연학자였다… 유명한 만담가이자 강연자였으며(사람들은 두 가지가 같을 때가 많다고 여기지만 실제로는 거의 그렇지 않다), 만약 문학으로 여기자면 그 철저한 벨칸토 스타일에서 페이터나 로건 피어솔 스

미스의 작품에 비견될 만한 책을 쓴 작가였다. 게다가 그는 키가 180센티미터가 넘었고, 바이킹 같은 체구와 행동거지를 갖고 있었으며, 스스로 훌륭한 용모를 가졌다는 것을 아는 사람이 지니기 마련인 당당한 태도를 갖고 있었다.[4]

누가 내게 글쓰기 스타일에 가장 큰 영향을 준 과학자가 누구냐고 묻는다면, 나는 톰프슨 못지않은 학식의 귀족인 피터 메더워라고 말하겠다. 그리고 위의 짧은 발췌문만으로도 여러분은 아마 왜 그런지 알았을 것이다.

못 알아들을 언어

1977년, 서독 빌레펠트에서 열릴 국제동물행동학회에서 강연을 해달라는 요청을 받았다. 내 경력의 그 단계에서, 당시 내 분야였던 동물행동학의 주력 학회인 그곳의 강연 의뢰는(내가 자원한 게 아니었다) 상당한 영광이었다. 나는 '복제자 선택과 확장된 표현형'이라는 제목의 원고에 무척 공을 들였다. 나중에 독일의 〈동물심리학 저널〉에 발표된 그 글은 내가 '확장된 표현형' 개념과 용어를 처음 소개한 자리였으며, 그 용어는 나중에 내 두 번째 책의 제목이 되었다.

국제동물행동학회는 격년으로 매번 다른 나라에서 열리는데, 나는 그중 여덟 번을 참가했다. 헤이그, 취리히, 렌, 에든버러, 파르마, 옥스퍼드, 워싱턴, 빌레펠트였다. 1965년 취리히 학회에서 내가 박사 연구 내용을 처음 발표하려다가 기술적 곤란에 처했을 때 오스트리아 동물행동학자 볼프강 슐라이트가 구원해주었다는 이야기는

《리처드 도킨스 자서권 1》에서 했다. 학회는 내가 참가하기 시작한 시점보다 훨씬 오래전에 창설되었다. 처음에는 좀 더 아담하고 소박한 모임이었고, 화려하게 잘생긴 콘라트 로렌츠와 그보다 조용하고 사려 깊지만 역시 잘생긴 동료 니코 틴베르헌이 주도했다. 이 분야의 원로였던 두 사람이 — 당시에는 둘 다 그렇게 나이가 많지 않았지만 이미 거물이었다 — 청중을 위해서 서로 번갈아가며 독일어와 영어를 쌍방향으로 통역할 것을 고집했기 때문에, 강연은 길게 늘어지기 일쑤였다. 내가 참가한 무렵에는 학회가 훨씬 커졌고, 독일어 강연은 줄었으며, 통역에 쓸 시간은 더 이상 없었다.

언어 문제가 완전히 사라지진 않았다. 렌에서 열린 모임에서, 네덜란드에서 온 한 지긋한 발표자는 자신이 독일어로 강연할 거라고 프로그램에 선전했다. 말하기 유감스럽지만, 그가 발표하려고 나서자 청중들 가운데 영미권 참가자 대다수가 창피해하면서 자리에서 일어나 출구로 향했고, 나는 당황한 채 예의 바르게 계속 앉아 있었다. 그 재미난 네덜란드인은 최후의 단일 언어 사용자가 부끄러워하며 방을 빠져나갈 때까지 미소를 띤 채 참을성 있게 강연대에서 기다리더니, 이윽고 미소가 만족스러운 함박웃음으로 커지면서 이제 마음이 바뀌었으니 강연을 영어로 하겠다고 선언했다(네덜란드인들은 유럽인 중에서도 언어 재능이 가장 풍부한 사람들일 것이다). 그러자 청중은 그보다 더 줄었다.

같은 학회에 참가한 어느 선구적 프랑스 학자는 중요한 강연 전날 밤에 여론조사를 했다. 프랑스의 자기 스승들이 명한 대로 강연을 프랑스어로 한다면 알아들을 사람이 몇이나 되겠는가 물은 것이었다. 황당할 만큼 적은 수가 손을 들었고, 그녀는 영어로 강연하기로 결정했다. 그녀가 마음을 바꿨다는 사실은 사전에 충분히 선전되었기 때문에, 그녀의 훌륭한 강연에는 청중이 많이 모였다.

역시 렌의 학회에서, 케임브리지 출신의 한 발표자는 지나치게 빠른 말투로 재잘거렸다. 그 강연이 끝나자, 한 질문자가 분연히 일어서더니 똑같이 속사포 같은 네덜란드어로 그를 질책했다. 나는 네덜란드어를 배운 바 없었으나, 다른 청중들처럼 그의 요점은 충분히 알아들을 수 있었다. 나처럼 영어가 모어인 사람들은 우리가 누리는 특권을 남용하지 말아야 한다. 영어는 역사의 이런저런 우연들 덕분에 새로운 공통어로 떠올랐을 뿐이다. 사실 그 똑똑한 네덜란드인은 케임브리지 친구의 영어를 완벽하게 잘 이해했을 것이다. 그는 자신을 위해서가 아니라 남들을 위해서, 속사포 같은 케임브리지 영어를 이해하기 힘겨워하는—대개 네덜란드인이 아닌—사람들을 위해서 불평했던 것이다.

나도 비슷한 일을 한 적이 있다. 언어에 대해서는 아니고 까다로운 과학적 문제에 대해서였지만, 학생들 중 일부가 발표자의 말을 이해하지 못할지도 모르겠다는 걱정이 든 대목에서 그랬다. 나는 소중한 조언자였던 마이크 컬런의 선례를 좇아,[5] 발표자가 말한 내용의 특정 대목을 내가 짐짓 이해하지 못한 척 질문함으로써 발표자가 그 부분을 좀 더 명료하게 해설하도록 만들곤 했다.

어쨌든 나는 그 네덜란드인의 공익정신에 겸허해졌다. 어느 정도였냐면, 옥스퍼드로 돌아와서 (학창 시절 이래) 중단했던 독일어 공부를 재개할 정도였다. 멋진 우타 델리우스가 나를 가르쳐주었으나, 나는 창피할 정도로 편협한 다른 동료로부터 이런 지청구를 들었을 뿐이다. "야, 그러지 마. 그 사람들 *기를 살려줄* 뿐이라고." (이렇게 말한 이의 정체를 — 애정 어린 마음으로, 아마 그다지 어렵지 않게 — 추측할 수 있는 내 동료들과 친구들이라면 그가 그 독특한 억양으로 위와 같이 말하는 소리가 귀에 선할 것이다.)

빌레펠트 학회에서 내가 했던 발표에 관해서라면, 모두가 알아들을 수 있도록 내가 충분히 느리고 또렷하게 말했다면 좋겠다. 그야 어쨌든, 내가 문제의 다언어 사용자인 네덜란드인으로부터 받은 부정적인 지적은 딱 하나, 넥타이 색깔에 대한 사나운 비난이었다. 솔직히 인정하건대 그것은 야한 보라색이었고, 내 복장과 어울리지 않게시리 — 게다가 그의 민감한 감수성에 거슬릴 정도로 — 튀었다.

말이 나왔으니 말인데, 요즘은 내가 의상 면에서 그런 실수를 절대 저지르지 않는다. 요즘 나는 다재다능한 아내 랄라가 직접 도안한 동물무늬로 손수 그림을 그린 넥타이만 맨다. 소재는 다양하다. 펭귄, 얼룩말, 임팔라, 카멜레온, 주홍따오기, 아르마딜로, 잎벌레, 대만구름표범, 그리고… 혹멧돼지. 마지막 동물이 그려진 넥타이는, 인정하건대, 왕실의 인정을 얻는 데 실패하여 높은 분으로부터 상당한 비판을 받은 적이 있다. 나는 버킹엄궁에서 매주 열리는 여왕의 점심식사 행사에 초대받았을 때 그 넥타이를 맸다. 나와 함께 초대받은 손님 10여 명의 면면은 황당하리만치 이색적이었는데, 예를 들어 (식탁에 둘러앉은 사람들 중에는) 국립미술관 관장, 체구와 태도가 딱 누구나 상상할 만한 대로였던 오스트레일리아 럭비팀 주장, 차분한 발레리나(역시 체구와 태도가 상상대로였다), 영국에서 제일 유력한 무슬림,[6] 그리고 (식탁 밑에는) 적어도 여섯 마리의 코기가 있었다. 여왕 폐하는 매력적인 분이었지만, 내 혹멧돼지 넥타이는 좋아하지 않았다. "왜 그렇게 못생긴 동물이 그려진 넥타이를 맸나요?"

내 입으로 말하긴 뭐하지만, 내 대꾸는 즉흥적으로 나온 것치고는 나쁘지 않았다. "맴,[7] 이 동물이 못생겼다면, 그걸로 이렇게 예쁜 넥타이를 만들어낸 예술가의 솜씨는 얼마나 대단하겠습니까?" 여왕이 무의미한 인사치레로 대화를 제약하지 않고 솔직한 자기 생각을 밝힐 만큼 손님들을 존중한다는 사실이 오히려 존경스럽다. 혹멧돼지로 말하자면, 내 미적 감상도 여왕과 같다. 혹멧돼지는 못생겼다. 하지만 녀석들이 꼬리를 수직으로 치켜든 채 달리는 모습은 썩 활기차고 태평해 보인다. 매력적이라고는 말할 수 없겠고, 아름답다고도 절대로 말할 수 없겠지만, 그 쾌활한 기상을 보노라면 녀석들이 지구에 살고 있어서 기쁘다는 생각이 든다. 여왕도 뒤돌아서서는 이렇게 생각했으리라고 믿고 싶다.

내가 보라색 넥타이를 매던 시절의 네덜란드 비평가 이야기로 돌아가면, 확장된 표현형이라는 내 개념 자체는 용케 그의 분노를 모면했다. 고마운 일이었다. 그는 날카로운 지성 못지않게 날카로운 혀를 지닌 이로 악명 높았기 때문이다. 그는 우리 분야의 탁월한 원로이자 인간의 기원에 관한 중요한 이론을 발표한 학자였으나, 모든 사람의 기호에 맞는 인물은 아니었다. 에벌린 워의 한 소설에는 '페러그린 삼촌'이라는 조연이 나오는데, 그는 "지루하기로 국제적 평판이 난 사람이라, 그 두려운 존재가 모습을 드러내면 어떤 문명의 중심지에서도 대번에 방이 싹 비었다"고 묘사된다. 유감스럽지만 내 넥타이 비평가도 비슷한 평판을 들었으며(동물행동학계에서는 그의 이름이 언급되기만 해도 복도가 순식간에 비었다), 더구나 그에게는 예리하게 연마된 피해망상까지 있었다. 어느(현실성이 전혀 없지만은 않은) 풍문에 따르면, 그는 암스테르담대학에서 정교수 연봉을 받는

데, 다만 그가 암스테르담에 절대로 발을 들이지 않는다는 엄격한 조건하에서라고 했다. 그는 옥스퍼드로 와서 살았다.

안타깝지만 그는 네덜란드에서 또 다른 심술궂은 농담들의 대상이었다. 한번은 그가 네덜란드 학술지에 영어 논문을 제출했는데, 거기에 '인간은 리디컬러스ridicolous한 종이다'라는 오자가 있었다. 원래 그는 '니디컬러스nidicolous'라고 적으려던 것이었다. '유소성留巢性'이라는 이 단어는 새끼가 부모에게 심하게 의존하는 종을 뜻한다(가령 개똥지빠귀 새끼가 그렇다). 그 반대말은 '니디퓨거스nidifugous', 이소성離巢性이다(닭이나 양처럼 새끼가 태어나자마자 제 발로 둥지를 나서는 종. 우리에게 훨씬 매력적으로 느껴지는 종이다). 학술지의 훌륭한 편집자들은 저자의 의도를 똑똑히 알았을 게 분명하지만—나중에 짐짓 사과하는 듯한 정오표를 실으면서까지—저자가 아프리카 밀림에 가 있어서 연락이 되지 않은 탓에 자신들이 확률 법칙에 의거하여 신속히 결정을 내릴 수밖에 없었다며, 영어에서는 '니디컬러스'보다 '리디큘러스ridiculous(웃기는)'가 훨씬 더 자주 등장하고 둘 다 오자에서 알파벳 딱 하나만 다른 형태라고 말했다. 그래서 인쇄본에는 이렇게 적혀 있었다. "인간은 웃기는 종이다." 어쩌면 그의 피해망상은 근거가 전혀 없는 건 아니었을지도 모른다. 요즘이었다면 편집자 대신 컴퓨터가 맞춤법을 자동으로 확인해주었을 텐데, 그래도 거의 틀림없이 똑같은 결정이 내려졌을 것이다.

차가운 물, 뜨거운 혈기

다음으로 고른 것은 1978년 워싱턴DC에서 열린 학회다. 그곳에서 벌어진 사건이 이른바 '사회생물학 논쟁' 역사의 중요한 일화이고, 그 이야기를 즐겨 거론하는 대부분의 사람들과는 달리 나는 그 사건을 내 눈으로 직접 목격했기 때문이다. 학회 주최자는 내 버클리 시절 친구였던 동물행동학자 조지 발로와 인류학자 제임스 실버버그였고, 주제는 사회생물학 혁명을 논의하고 그것을 어떻게 이어갈지 토론하는 것이었다. 대표 연사는 아예 '사회생물학'이라는 제목으로 책을 썼던 에드워드 O. 윌슨이었으며, 나도 비슷한 시기에 《이기적 유전자》가 추종자를 얻어가던 터라 초대되었다. 윌슨의 권위 있는 대작과 그보다 얇은 내 책은 서로 영향을 준 바는 없었으나 많은 부분 겹쳤다. 중요한 한 가지 차이는 존 메이너드 스미스의 강력한 ESS(진화적으로 안정한 전략) 이론이 《이기적 유전자》에서는 주역을 맡았던 데 비해, 이상하게도 《사회생물학》에서는 언급되지 않았다는 점이다. 나는 이것을 윌슨의 걸작의 가장 심각한 결함으로 보지만, 당시 비평가들은 모두 간과했다. 앞에서도 말했듯이, 내가 워싱턴 학회에 기여한 바는 자연히 그 주제에 집중되었다. 비평가들은 윌슨의 책에서 인간을 다룬 마지막 장에 대해 쏟아졌던 한심한 정치적 공격에 정신이 팔렸었는지도 모른다. 그 때문에 《이기적 유전자》도 약간(별로 치명적이지진 않았지만) 부수적 피해를 입었다. 그 유감스러운 역사는 사회학자 울리카 세예르스트롤레가 쓴 《진실의 수호자들》에 공정하게 잘 그려져 있다.

워싱턴 학회에서 토론회 청중석에 앉아 있자니, 느닷없이 학생들과 좌파 운동가들이 섞인 어중이떠중이들이 나타나서 연단으로 몰려들었다. 그중 한 명이 컵에 든 물을 에드워드 윌슨에게 내던졌다. 당시 윌슨은 보스턴 마라톤대회에 나가려고 연습하다 다쳐서 목발을 짚고 있었다. 어떤 기자들은 윌슨이 "물 주전자"에 든 "얼음물"을 머리에 "뒤집어썼다"고 보도했는데, 어쩌면 그랬을지도 모르지만, 내가 그 난리통에 목격한 장면은 컵에 든 물이 대충 윌슨 방향으로 쏟아졌고, 그 물을 데이비드 버래시가 영장류 특유의 호전적 자세로 버나드 쇼 풍의(혹은 W. G. 그레이스 풍의) 턱수염을 공격자에게 치켜들며 막아낸 것이었다. 버래시는 읽기 쉬운 사회생물학 교과서를 쓴 저자였으며, 이후 쓴 책들을 통해 우리 분야에서 인간적인 예언자의 목소리를 내는 현인이 되었다. 공격자들은 리처드 르원틴과 스티븐 굴드가 이끄는 하버드 마르크스주의자 무리에게 영향받은 게 분명한 구호를 외쳤으니, 마침 굴드 본인이 윌슨과 버래시와 함께 연단에 앉아 있던 것은 잘된 일이었다. 굴드는 레닌의 말을 빌려서, 이것은 "유아적 무질서"라고 비난했다. 토론회의 의장도 속상한 기색이 역력한 얼굴로 자리에서 일어나 성난 일장 연설을 늘어놓았다. 의장의 마지막 말은 이랬다. "나 또한 마르크스주의자로서, 윌슨 교수께 *개인적*으로 사과하고 싶습니다." 윌슨은 특유의 어진 성품으로 사과를 받아들였다. 우리 모두가 그랬듯이, 아마 그는 그날 그 아수라장 속에서 오히려 자신이 뜻하지 않은 승리를 거뒀다는 사실을 알고 있었을 것이다.

북유럽의 나이팅게일

1989년, 〈생물학과 철학〉 초대 편집자 마이클 루즈가 '진화과학과 철학의 경계'라는 제목으로 학회를 열었다. 이 학회는 주제보다 장소가 특기할 만했는데, 노르웨이 북부 어느 섬에 있는 멜부라는 마을이었다. 그곳 풍광의 아름다움과 한밤의 태양보다 기억에 남은 것은 학회장의—달리 뭐라고 표현할까?—*사회학*이었다. 한때 어업 중심지로 번영을 누렸던 멜부는 어려운 시절을 맞고 있었다. 흥망성쇠에 대응하고자, 한 치과 의사가 주동이 된 시민 컨소시엄이 결성되어 시민회관을 세우기로 했다. 그곳을 학회장으로 운영함으로써 수입을 올리자는 것이었다. 이 사업의 특별한 점은 온전히 자원봉사자들로만 운영된다는 것이었다. 자원봉사자들은 순수하고 이타적인 공익정신에 따라 자신의 시간, 돈, 자원을 아낌없이 제공하는 듯했다. 내가 약간 과장하는지 모르겠지만, 해외에서 모여든 우리 참가자들이 식사 자리에서나 밤중의 산책에서 나눈 대화는 학술적 주제보다 마을 사람들의 이상주의에 대한 감탄일 때가 더 많았다.

즐거운 두 일화가 멜부를 내 기억에 아로새겼다. 우리는 거대한 원통형 어분 창고에서—어업이 쇠락한 뒤로 더는 원래 용도로 쓰이지 않았지만 여전히 희미하게 생선 냄새가 났다—성대한 축하 만찬을 들기로 되어 있었다. 적당한 시간이 되자 우리는 창고 밖에서 길게 줄을 지어 섰다. 학회 참가자들뿐 아니라 마을 주민들도 거의 다 나타난 것 같았는데, 사실 그들이 거의 전부 자원봉사자들이었다. 우리는 서서 기다리고 또 기다렸다. 계속 기다렸다. 끝내 한 노르웨이 생물학자가 줄을 벗어나서 식사가 왜 늦어지는지 알아보러 갔다. 그는 무척 재밌어하면서 완벽한 설명을 갖고 돌아왔다. "요리사가 취했어요!" 그것은 대단히 멜부다운 일이었고, 시트콤 〈폴티 타워스〉에 나온 '미식의 밤' 에피소드와 똑같은 상황이었기 때문에, 갈수록 커가던 우리의 조급함은 기분 좋은 웃음으로 해소되었다. 우리는 계속 명랑하게 기다리다가 마침내 거대한 원통으로 들어갔고, 가장자리에 빙 둘려진 수천 개의 촛불이 우리를 맞이하는 장관을 보았다. 식사도 좋았다.

"그대의 듣기 좋은 목소리는, 그대의 나이팅게일들은 아직 깨어 있구나(윌리엄 코리의 시 〈헤라클레이토스〉의 한 구절이다 – 옮긴이)." 학회 첫날 밤 시민회관에서 뷔페로 저녁을 먹으려다가, 나는 평생 들어본 것 중에서 가장 아름다운 목소리가 옆방에서 노래하는 걸 듣고 문득 아연해졌다. 나는 홀린 사람처럼 식당을 나와서 꼭 라인의 처녀에게 유혹당한 사람처럼 음악 소리가 나오는 곳으로 갔다. 사랑스러운 소프라노가, 프로의 실력임이 분명한 현악사중주단의 반주에 맞춰 독일어로 노래하고 있었다. 향수를 자극하는 그 노래는 빈 풍의 왈츠였다. 나는 도취되어 듣다가 그들에게 물었다. 현악 연주자들은 아니나 다를까 프로 연주자들로, 멜부의 이상주의를 사랑해서 매년 독일에서 이리로 와 무료로 공연한다고 했다. 달콤한 목소리의 소프라노는 독일인이 아니라 노르웨이인이었다. 베티 페테르센이라는 이름의 그녀는 멜부의 의사로, 치과 의사에게 동조해 시민회관을 설립한 컨소시엄의 일원이었다. 우리는 학회 중에 친해졌다. 이후 세월이 흘러서 연락이 끊어진 것은 아쉬운 일이다.

그런데 이 이야기에는 속편이 있다. 2014년 9월, 나는 옥스퍼드 근처 우드스톡에서 열린 블레넘궁 문학 축제에 초대받았다. 밴브러가 말버러 공작을 위해서 설계한 장대한 저택인 블레넘궁은(말버러 공작 가문은 곧 처칠 가문으로, 윈스턴 경은 실제 이 저택에서 태어났다) 문학 행사를 열기에 안성맞춤인 아름다운 장소다. 나는 보통 새 책 홍보차 축제에 참가한다. 이번에는 《리처드 도킨스 자서전 1》을 홍보하는 자리였는데, 형식이 좀 특이할 것이었다. 인터뷰 중간중간, 내 인생의 몇몇 장면을 묘사하는 의미에서—BBC 라디오의 〈무인도 음반〉 코너와 비슷하다고 보면 된다(나도 이 코너에 조난자로 출연한 적이 있다)—내가 고른 음악을 들려주겠다고 했다. 다만 블레넘궁 행사에서는 음악을 즉석에서 연주할 것이라는 점이 라디오와 크게 달랐다. 존 러벅이 지휘하는 세인트존스 오케스트라가 소프라노 한 명, 콘트랄토 한 명, 피아니스트 한 명과 함께 연주할 거라고 했다.

나는 열다섯 곡을 골라야 했는데, 내게 베티와 멜부를 떠올리게 만드는 그 잊지 못할 빈 풍 왈츠를 꼭 넣고 싶었다. 그 노래의 제목도 작곡가도 몰랐다. 하지만 곡조만은 머릿속에 깊이 새겨져 있어, 아침에 샤워할 때 즐겨 부르곤 했다. 나는 그 곡조를 컴퓨터 마이크에 대고 EWI(전자관악기)로 연주한 뒤, 그 멜로디를 음악가 대여섯 명에게 이메일로 보냈다. 한 명이라도 아는 이가 있을까 해서였다. 그런데 정말로 한 명이—딱 한 명만—알았다. 랄라와 나의 친구이자 공교롭게도 블레넘 콘서트에 소프라노 독창자로 섭외된 앤 매카이였다. 애니는 그 노래를 잘 알았고, 예전에 자주 공연했으며, 악보도 갖고 있다고 했다. 그 곡은 루돌프 지친스키가 작곡한 〈빈, 내 꿈의 도시〉였다. 결국 모든 것이 완벽하게 이뤄졌다. 애니는 블레넘궁의 길고 반짝거리는 오린저리에서 그 곡을 아름답게 불러주었고, 그 노래를 듣는 내 마음에서는 멜부 나이팅게일의 달콤한 추억이 떠올랐다.

EWI 소리와 사이키델릭한 빛

그건 그렇고, EWI('이위'라고 발음한다)는 또 다른 이야기다. 2013년에 랄라는 BBC 라디오의 인기 쇼 〈루스 엔즈〉에 출연해 런던 국립극장에서 시작될 자신의 전시회에 대해서 이야기했다. 그때 쇼 도중에 브라스트로넛이라는 밴드가 음악을 연주했는데, 밴드의 한 멤버인 샘 데이비드슨은 전자관악기의 명수였다. 랄라는 흥미를 느껴서 그와 이야기를 나누었고, 그 대화를 전해들은 나는 한때의 클라리넷 주자로서 랄라보다 더 흥미를 느꼈다. 나는 샘과 이메일을 주고받았고, 언젠가 기회가 되면 나도 EWI를 연주해보고 싶다는 생각을 하게 되었다.

그즈음, 런던의 광고 회사 사치앤드사치가 연락을 해왔다. 그들이 칸 다큐멘터리 영화제 개막식에서 선보일 영상 제작을 의뢰받았는데, 주제를 '밈'으로 정했고 내가 출연해줬으면 한다고 했다. 나는 무대 왼쪽에서 등장해 정확히 3분 동안 밈에 대해 강연하면 된다는 것이었다. 그러고 나서 내가 무대를 걸어나가자마자 기묘하고 사이키델릭한 영상이 상영되기 시작할 텐데, 꼭 무슨 마술처럼 내가 방금 강연에서 말한 단어들과 구절들이 뱅글뱅글 도는 내 얼굴과 함께 등장하고, 사방에서 귀청을 때리는 음악과 희한한 조명 효과가 흘러나오고, 내 목소리는 초현실적인 메아리와 화음으로 이뤄진 음악처럼 왜곡되어 울려퍼질 것이라고 했다. 컴퓨터 그래픽과 음향기술이 선보일 수 있는 온갖 묘기를 보여주겠다는 것이었다. 이것이 포스트모더니즘이란 걸까? 누가 알겠는가.

영상은 마술처럼 보이도록 철저히 설계될 것이었다. 컴퓨터가 선보이는 소리와 빛의 쇼가 꼭 내 강연에 나왔던 단어들과 구절들을 즉석에서 가져다가 조각내고, 왜곡된 반향을 일으키고, 사이키델릭한 세상으로 엮어넣는 것처럼 보일 것이었다. 청중은 어떻게 해서인지 몰라도 내 강연의 기억들이 즉석에서 희한하고 몽롱하게 재구성되어 반복되는 것처럼 느낄 것이었다. 물론 사실은, 사치 팀이 몇 주 전에 미리 옥스퍼드의 스튜디오에서 내가 단어 하나까지 똑같은 연설을 낭독하는 것을 녹음해두었다. 그러니 그들에게는 그 녹음의 여기저기를 발췌하여 만화경 같은 영상을 제작할 시간이 충분했다.

아무튼 그들의 계획은 이랬다. 소리와 빛의 쇼가 절정으로 치달은 순간, 내가 도로 무대로 나온다. 이번에는 클라리넷을 손에 들고 있다. 그러면 좀 전까지 사방의 스피커에서 우레같이 울리던 음악이 뚝 멎고, 내가 그 후렴구를 클라리넷으로 이어 연주한다. "저, 선생님께서 클라리넷을 연주할 줄 안다는 게 사실이죠?" 그게… 나는 50년 동안 클라리넷에 손도 안 댔고, 클라리넷을 갖고 있지도 않았으며, 내 입술이 그것을 불 수 있을지조차 알 수 없었다. 그때 랄라가 EWI를 상기시켰고, 나는 사치 팀에게 EWI 이야기를 꺼냈다. 이번에는 그들이 흥미를 느꼈다. 화려한 사이키델릭 쇼의 클라이맥스에 무대로 나와서 EWI를 연주하도록 "EWI를 배워볼 마음이 있으신지요?" 어떻게 없다고 하겠는가? "기회를 줘보시죠." 나도 그쪽도 도전해보기로 했다. 그들은 내게 EWI를 사주었고, 나는 연주를 배우기 시작했다.

EWI는 클라리넷이나 오보에처럼 길고 곧게 생긴 물건이다. 한쪽 끝에는 마우스피스가 달려 있고, 반대쪽 끝에는 컴퓨터로 이어지는 선이 달려 있고, 그 중간에는 목관악기에 달린 것 같은 키들이 달려 있다. 마우스피스 속에는 전자 감지기가 있어서, 거기 입을 대고 불면 컴퓨터에서 소리가 나온다. 소리는 클라리넷, 바이올린, 수자폰, 오보에, 첼로, 색소폰, 트럼펫, 바순 등 소프트웨어가 허락하는 한 어떤 실제 악기의 소리도 모방할 수 있는데, 아주 훌륭하다. 칸의 극장에 있는 대형 스피커들에 컴퓨터를 연결하면, 상당히 인상적인 소리를 낼 수 있을 것이었다.

전자 키보드도 실제 악기들을 모방할 수 있지만, EWI는 연주자가 마우스피스에 불어넣는 숨을 조절할 수 있다는 차이가 있다. 덕분에 감정을 좀 더 많이 표현할 수 있는데, 이것은 키보드로 오케스트라 악기를 흉내낼 때는 어려운 일이다(하지만 피아노로는 가능하다. 피아노의 건반들은 손가락의 압력에 민감하게 반응하기 때문이다. 피아노포르테라는 정식 명칭은 그 때문에 생겼다). EWI의 운지법은 클라리넷이나 오보에와 썩 비슷하기에, 초보자는 오랜 세월 현악기를 긋고 긁으며 연습해야 하는 고통 없이 더 쉽게, 놀랍도록 더 쉽게, 첼로의 아름다운 비브라토 소리나 바이올린의 노랫소리를 낼 수 있다. EWI의 마우스피스에 혀를 세게 대면, 소프트웨어는 그것을 활이 현을 때릴 때 내는 '핑' 소리로 바꿔준다. 소프트웨어가 트럼펫 모드로 맞춰져 있을 때 마우스피스를 혀로 불면, 정말 그 악기를 입술로 덮는 듯한 소리가 난다. 튜바 모드로 놓으면, 만족스럽게 뿜빠거리는 소리가 난다. 클라리넷 모드로 놓으면, 정확히 진짜 클라리넷에서 나는 소리가 난다. 어떤 모드든 갈수록 세게 불다가 서서히 줄이면, 감정이 한껏 부풀듯이 크레센도로 커졌다가 한숨을 쉬는 듯이 디미누엔도로 잦아든다. 나는 사치 쇼의 피날레에서 트럼펫 모드로 정직하게 힘껏 불었다. 사실은 무대 공포증 때문에 약간 실수했지만, 그럭저럭 만회했다. 사치 팀은 친절하게도 내 '즉흥 연주'가 좋았다고 축하해주었다. 그들에 따르면, 그 장면을 담은 유튜브 동영상이 인터넷에서 인기였다고 한다.

우주인들과 망원경들

2011년, 천문학자이자 음악가인 가릭 이스라엘리언이 카나리아제도 테네리페섬에서 아주 특별한 모임을 열었다. 모로코 앞바다의 화산섬들로 구성된 카나리아제도는 구름을 뚫을 만큼 높은 산들이 있어서 천문학 활동의 중심지가 되었고, 그 점을 활용해 테네리페섬과 라팔마섬 두 군데에 중요한 관측소가 설치되어 있다. 가릭은 과학자들을 우주인들, 음악가들과 만나게 함으로써 그들의 공통점이 무엇인지, 그들이 서로 무엇을 배울 수 있는지 알아보면 좋겠다는 기발한 생각을 떠올렸다. 행사의 이름이 '스타머스'가 된 것은 그 때문이었다. 참가한 음악가로는 퀸의 기타리스트였으며 엄청나게 사람 좋기로 이름난 브라이언 메이가 있었고, 과학자로는 노벨상 수상자인 잭 쇼스택과 조지 스무트 등이 있었으며, 우주인으로는 닐 암스트롱, 버즈 올드린, 빌 앤더스(그는 종교를 믿지 않는데도 NASA 홍보부의 요청으로 달에서 창세기의 한 대목을 낭독해야 했다), 찰리 듀크(심란하게도 그는 달에 다녀온 뒤 기독교인으로 거듭났다), 짐 러벌(참사로 끝날 뻔했던 아폴로13호의 선장), 알렉세이 레오노프(최초로 우주공간을 걸은 우주인), 클로드 니콜리에(허블 망원경을 수리하기 위해서 우주를 걸은 스위스 우주인)가 있었다.

행사가 절반쯤 진행되었을 때, 우리 중 몇 명은 작은 비행기로 근처 라팔마섬으로 갔다. 지름 10.4미터의 거울이 있는 세계 최대 광학 망원경, '대형 카나리아 망원경' 속에서 토론하기 위해서였다. 랄라와 나는 닐 암스트롱과 같은 비행기로 갔다. 그가 겸손하고 조용하고 정중하다는 평판이 사실임을 확인하는 것은 기쁜 일이었다. 그가 모르는 사람에게 절대 사인을 해주지 않는다는 합리적 원칙을 고수하는 것은 그런 성품을 배반하는 일이 아니었다. 그가 그 정책을 세운 것은(여행 도중 열성적인 서명 수집가가 그에게 부탁했을 때 그가 해준 설명이다) 자신의 서명이 — 심지어 가짜 서명도 — 이베이에서 수만 달러에 팔린다는 사실을 알았기 때문이었다.

라팔마섬의 거대 망원경은 대단했다. 그 기구, 그리고 하와이 마우나케아산의 켁 천문대에 있는 비슷한 망원경들은 나를 깊이 감동시키는데, 그것들이 인류가 달성한 가장 뛰어난 성취 중 하나이기 때문일 것이다. 그리고 내 친구 마이클 셔머가 적었듯이, 나는 로스앤젤레스 근처 샌게이브리얼산에 있는 지름 2.5미터의 마운트 윌슨 망원경을 보고도 깊이 감동했다. 한때 세계 최대 망원경이었던 그 기구로 에드윈 허블은 우주가 팽창한다는 사실을 최초로 알아냈다. 마운트 윌슨 이전에 세계 최대 망원경의 자리는 아일랜드의 버 성에 있는 지름 1.8미터의 로스 백작 망원경이었다(세계 최대 망원경 자리를 가장 오래 지켰던 망원경이다). '파슨스타운의 리바이어던'이라는 별명으로 불리는 그 망원경은 랄라의 집안과 관계가 있기 때문에, 나는 특별한 애착을 품고 있다. 나는 CERN을 방문해 거대 강입자 가속기를 보았을 때도 똑같이 가슴이 벅차오르는 걸 느꼈다. 그 역시 사람들이 국가와 언어의 장벽을 넘어 협력하면 무엇을 해낼 수 있는지 보여준다는 점에서 눈물을 글썽이게 만드는 자랑스러움을 느낀 탓이었다.

스타머스 회의에서도 국제 협력의 기상이 줄곧 감돌았다. 버즈 올드린이 느지막이 학회장에 도착했을 때, 알렉세이 레오노프는 청중석 맨 앞줄에 앉아 있었다. 흐루쇼프를 똑 닮은 이 쾌활한 우주인은 누가 강연을 시작할 참이라는 데 전혀 구애받지 않은 채, 자리에서 일어나 목청껏 외쳤다. "버즈 올드리이이이인." 그는 팔을 쭉 뻗은 채, 걸어들어오는 올드린을 향해 성큼성큼 다가가서 러시아인 특유의 힘찬 포옹으로 껴안았다. 레오노프는 저녁식사 자리에서 우주인의 재능뿐 아니라 예술적 재능도 있다는 걸 보여주었다. 랄라와 나는 그가 가릭 이스라엘리언의 어린 아들 아서를 위해서 메뉴 뒷면에 슥슥 자화상을 그려주는 모습에 반해버렸다(화보를 보라). 아서의 요청으로 그림에 그려넣은 넥타이는 레오노프가 그때 매고 있던 것과 같은 것으로, 그림에 괴짜 같은 매력을 더해주었다. 그의 매력은 '13 공포증'의 대명사라고 할 아폴로13호의 영웅이었던 짐 러벌이 나타났을 때 또 한 번 벅찬 포옹을 보여준 것만으로도 이미 넘치도록 발산되었는데 말이다.

라팔마에서 테네리페로 돌아오는 비행기에서는 닐 암스트롱이 랄라와 나란히 앉았다. 두 사람은 많은 이야기를 나눴는데, 그러다 우리는 아폴로11호에 장착되었던 총 컴퓨터 메모리가 고작 32킬로바이트였으니 암스트롱이 가리켜 보인 옆자리 꼬마 수중의 게임보이 메모리보다 훨씬 더 작았던 셈이라는—무어의 법칙을 생생하게 증명하는—놀라운 사실도 알았다. 아, 안타깝게도 품위 있고 용기 있던 그 신사는 3년 뒤에 가릭이 다시 연 스타머스 회의에는 참가할 수 없었다. 그 다음번 스타머스 회의도 근사한 경험이었다. 청중이 훨씬 많았고, 스티븐 호킹이 특별 손님으로 참석했다.

1970년대를 돌아보며 가령 워싱턴 사회생물학 학회처럼 내가 과학자 경력 초기에 참가했던 자리들을 회상하노라면, 향수에 가까운 감정이 든다. 그 시절에는 내가 일개 참석자일 수 있었다. 남들의 발표를 흥미롭게 듣고, 강연 후 연사에게 다가가서 궁금한 대목을 묻고, 어쩌면 그들과 저녁도 함께 먹을 수 있었다. 반면에 최근 학회들은, 특히 《만들어진 신》이 출간된 뒤에는 전혀 다른 경험이 되었다. 나는 길 가던 사람들이 자주 알아보는 유명인은 아니지만(어찌나 감사한 일인지 모른다), 세속주의와 회의주의를 추구하는 무신론자들 사이에서는 변변찮으나마 약간 유명해진 것 같다. 요즘은 그런 이들이 조직한 갖가지 학회에 와달라는 초대를 늘 받는다. 또 다른 굵직한 변화는 셀프 카메라의 탄생이다. 여기에 대해서 구태여 자세히 말할 필요는 없겠고, 휴대전화 카메라의 발명은 좋기도 하고 나쁘기도 한 사건이었다는 정도로만 말해두면 될 것이다. 물론 여러분은 이것을 영국인 특유의 대단히 절제한 표현으로 받아들여도 좋다.

RICHARD DAWKINS

6

크리스마스 강연

My Life in Science

1991년 봄, 전화가 울리더니 온화한 웨일스 억양의 듣기 좋은 목소리가 말했다. "존 토머스입니다." 왕립학회 회원인 존 메이리그 토머스 경, 유명 과학자이자 런던의 왕립연구소 소장인 그가 내게 '어린이를 위한 왕립연구소 크리스마스 강연'을 해달라고 전화한 것이었다. 그가 이야기하는 동안 나는 마음이 끓었다가 식었다가 했다. 그런 영광을 누린다는 기쁨에 얼굴이 달아올랐다가도 이내 차가운 두려움이 밀려들었다. 내가 그 의뢰를 거절하지 못하리라는 건 그 순간에 당장 알았지만, 제대로 해낼 수 있을 거라는 확신이 부족했다. 나는 이 이름난 강연 시리즈를 처음 설립한 사람이 마이클 패러데이라는 것을 알았다. 패러데이는 직접 열아홉 번 강연했는데, 마지막이 그 유명한 '촛불의 화학적 역사' 강연이었다. 최근에는 BBC가 강연을 텔레비전으로 방영한다는 것도 알았고, 지난 강연자 중에는 리처드 그레고리, 데이비드 애튼버러, 칼 세이건 같은 과학계의 영웅들이 있었다는 것도 알았다. 만일 내가 어릴 때 런던에 살았다면 나도 아마 그 청중석에 앉아 있었을 것이다.

존 경은 내 두려움을 이해했다(그도 크리스마스 강연을 한 적이 있었다). 친절하게도 그는 당장 정하라고 압박하지 않고, 의논이나 해보자면서 왕립연구소로 나를 초대했다. 나는 런던으로 갔다. 그는 전화 목소리와 다름없이 조용하고 친절한 태도로 연구소를 구경시켜 주며, 특히 그의 개인적 영웅인 마이클 패러데이가 남긴 많은 유산과 전통에 각별한 관심을 기울여서 설명해주었다. 그 전통 중 하나는 내가 이미 잘 알고 있었다.

그로부터 약 1년 전, 나는 역시 왕립연구소의 관습 중 하나로서 역사가 1820년부터 이어지는 '금요일 밤 강연'에 초대받았다. 그 전통에는 사람의 기를 죽이는 형식이 가득하다. 강연자와 청중은 모두 야회복을 차려입어야 한다. 강연자는 시계가 정각을 울릴 때까지 강연장 밖에서 대기하다가, 시계가 마지막으로 타종하는 순간 직원이 양쪽으로 열리는 문을 활짝 열어젖히면 단호하게 강연장으로 걸어들어가서 거두절미하고 첫 문장부터 과학을 이야기하기 시작해야 한다. "이 자리에 서게 되어 대단히 기쁩니다" 따위의 서두나 소개는 일절 없어야 한다. 이것은 꽤 존경할 만한 전통이다. 그보다 좀 더 어려운 것은, 시작한 지 딱 한 시간 지나서 시계가 다시 종을 울리기 시작한 시점에 이것이 확실하게 강연의 끝임을 알 수 있는 말투로 마지막 문장을 말해야 한다는 것이다. 게다가 이것만으로는 강연자를 불안하게 만들기에 부족하다는 듯, 그들은 강연 전 20분 동안 강연자를 '패러데이 방'에 말 그대로 가둬두고는 어떻게 강연을 안 할 것인가에 대해서 패러데이가 쓴 소책자를 건네준다. 그런 걸 읽기에는 이미 늦은 시점이지만 말이다. 듣자하니 이렇게 강연자를 가둬두는 전통은 19세기 언젠가 시작되었다는데, 웬 강연자가 이런 형식들이 너무 버거운 나머지 막판에 줄행랑을 친 탓이었다고 한다. 존 경은 그 인물이 누구였는지 확신은 못하겠지만 아마 휘트스톤이었을 것으로 짐작한다고 말했다(휘트스톤 브리지의 그 휘트스톤이다). 나는 감금된 20분 동안 패러데이의 글을 진짜 읽어보았다. 그리고 놀랍게도 정확히 시계가 울리는 순간에 강연을 마무리지을 수 있었다. 솔직히 강연 도중에 어떤 환상 때문에 살짝 흔들리긴 했는데, 어두운 청중석을 여러 차례 흘긋거리면서 차츰 떨쳐버릴 수 있었던 그 환상이란 야회복 재킷을 입고 앉은 웬 신사가 꼭 필립 공인 것 같다는 착각이었다.

나는 심호흡을 했다. 그리고 존 경의 초청을 수락했다. 패러데이가 원래 한 말을 인용하자면, "청소년 청중에게" 연속 다섯 번의 크리스마스 강연을 하기로 했다. 크리스마스 강연의 전통은 슬라이드 사용을 최소화하는 것이다(초창기에는 환등기라고 불렀을 테고, 요즘은 파워포인트나 키노트라고 불린다). 대신 현장 시연이 아주 강조된다. 보아뱀에 관해서 말하고 싶다면, 보아뱀 사진을 보여줄 게 아니라 동물원에서 한 마리 빌려와야 한다. 청중 중 한 아이를 끌어내 그 목에 뱀을 둘러주면 더 좋다. 그런 시연은 사전에 준비를 엄청나게 많이 해야 한다. 나는 그 준비에 들어갈 시간을 과소평가했다는 걸 금세 깨달았다. 연말의 크리스마스를 향해가는 그해의 나머지 기간에, 나는 자주 런던으로 가서 왕립연구소의 수석 기술 담당인 브라이슨 고어, 그리고 BBC의 하청을 받은 독립 텔레비전 방송사 잉카의 리처드 멜먼, 윌리엄 울러드와 함께 계획을 짰다.

브라이슨은 기술적으로 기발한 방법을 즉석에서 변통할 줄 아는 믿음직한 일꾼이었다(지금은 왕립연구소를 떠났지만 물론 여전히 그럴 것이다). 그가 다스리는 세상은 이전 강연들에서 썼던 소도구를 비롯하여 유용한 쓰레기가 아수라장처럼 널린(언제 다시 요긴하게 쓰일지 모르는 법이니까) 널찍한 작업실이었다. 강연에 필요한 소도구나 다른 준비물을 직접 만들고 제작을 감독하는 게 그의 일이었다. 크리스마스 강연만이 아니라 금요일 밤 강연, 그 밖에 다른 많은 강연도 담당했다. 그의 이름이 성처럼 들리는 것은 좀 아쉬운 일이었는데, 왜냐하면 내가 강연 중에 그를 "브라이슨"이라고 불렀을 때 청중이 나를 친구를 성으로 부르는 고리타분한 인간으로 여겼을지도 모르기 때문이다. 실제로 과거에는 강연자들이 브라이슨의 전임자를 성으로 "코티스 씨"라고 불렀다고 한다. 나는 브라이슨과 그가 거느린 직원의(비핀이라고 불리는 청년이었다) 용역을 내 뜻대로 부릴 수 있었으며, 그것을 어떻게 잘 사용할지를 열심히 고민하고 브라이슨, 윌리엄, 리처드와 함께 의논해야 했다.

내가 미처 예상하지 못했던 크리스마스 강연의 한 가지 기꺼운 특징은, 그 이름이 어디서나 사람들의 선의를 끌어내는 만능열쇠라는 점이었다. "독수리를 빌리고 싶다고요? 그건… 어려운데요. 솔직히 말해서 현실적으로 가능할지 모르겠습니다. 그러니까 진지하게 독수리를… 아, 왕립연구소 크리스마스 강연을 하신다고요? 진작 그렇게 말씀하시지 그랬어요. 물론 됩니다. 독수리가 몇 마리나 필요하죠?" "선생님의 뇌를 MRI로 스캔하고 싶다고요? 그게… 주치의가 누구죠? 국가보건서비스NHS MRI 부서에서 보내서 오신 건가요, 아니면 개인적으로 하시려는 건가요? 건강보험은 있습니까? MRI 스캔이 얼마나 비싼지, 대기자가 얼마나 많은지 아시나요? … 아, 크리스마스 강연을 하신다고요? 그러면 물론 이야기가 다르죠. 연구용 촬영에 슬쩍 끼워드릴 수 있습니다. 아무 질문도 받지 않으실 겁니다. 화요일 점심에 방사선과로 오실 수 있나요?"

크리스마스 강연이라는 말을 슬쩍 꺼낸 것만으로 나는 전자현미경(크고 무거우며, 빌려주는 사람이 운반비를 대고 가져다주었다), 온전한 가상현실 시스템(제작자가 엄청난 노력을 들여서 왕립연구소 강연장을 가상현실로 시뮬레이션해주었다), 올빼미 한 마리, 독수리 한 마리, 컴퓨터 칩 회로도를 엄청나게 확대한 것, 아기 한 명, 그리고 마치 크게 확대된 육중한 몸으로 쉭쉭거리며 움직이는 도마뱀붙이처럼 꿈찔대며 벽을 기어오를 줄 아는 일본 로봇 한 대를 빌렸다.

다섯 차례 연속 강연의 총 제목을 나는 '우주에서 자라다'로 지었다. '자라다'에는 세 가지 의미가 있었다. 첫째는 지구에서 생명이 진화적으로 자라났다는 뜻이었고, 둘째는 인류가 미신으로부터 벗어남으로써 현실을 좀 더 자연주의적이고 과학적인 방법으로 이해하도록 자랐다는 뜻이었고, 셋째는 우리 각자가 아이에서 어른으로 자라면서 세상에 대한 이해가 성장한다는 뜻이었다. 각 한 시간씩 진행되는 다섯 번의 강연 모두에 이 세 가지 주제가 담겨 있었다. 각 강연의 제목은 다음과 같았다.

우주에서 깨어나다

설계된 것과 설계된 것처럼 보이는 것

불가능의 산을 오르다

자외선 정원

목적의 발생

첫 번째 강연은 시연 횟수와 다채로움 측면에서 전형적인 왕립연구소 크리스마스 강연이었다. 나는 식량이 무한하고 아무 제약이 없는 가상의 환경에서 인구가 기하급수적으로 자랄 때 그 기세가 얼마나 대단한지를 보여주기 위해서 종이접기를 동원했다. 종이를 반으로 접으면, 두께가 두 배가 된다. 한 번 더 접으면, 두께가 원래의 네 배가 된다. 그렇게 계속 접어서 계속 두껍게 만들면 여섯 번 접은 상태, 즉 64겹이 된다. 처음에 아무리 큰 종이로 시작했어도 최대한 접을 수 있는 건 보통 여섯 번까지다. 그쯤이면 이미 종이뭉치가 너무 두꺼워서 더 접을 수 없고, 크기도 아주 작다. 하지만 무슨 수를 써서든 계속 접었다고 하자. 무려 50번 접었다고 하자. 그 뚱뚱해진 종이는 화성 궤도까지 가 닿을 것이다. 그런데 이것은 크리스마스 강연이었으므로, 말로만 계산해서는 충분하지 않았다. 거대한 종이를 펼친 뒤 아이 둘을 불러내서 접어보라고 시켜야 했다. 아이들은 당연히 64겹까지만 접을 수 있었고, 그 뒤에는 깔깔거리면서 용을 써야 했다. 나는 이것이 기하급수적 성장의 힘을 보여주는 좋은 비유였다고 생각하지만, 크리스마스 강연 내내 혹 비유가 비유당하는 것의 성질을 밝혀주기는커녕 흐리는 게 아닌가 하는 걱정도 했다.

첫 강연에서 나는 과학적 기법에 대한 믿음이라고 부를 만한 걸 보여주는 실험도 했다. 왕립연구소 강연장의 가파르게 경사진 높은 천장에 브라이슨이 줄을 매달고 그 끝에 포탄을 묶어두었다. 나는 벽에 등을 대고 차려 자세로 선 뒤, 포탄을 코앞에 들었다가 가만히 손을 놓았다. 포탄을 손으로 떠밀지 않도록 주의해야 하지만, 그냥 중력에 의해서 떨어지도록 잘 놓는다면 포탄은 물리법칙에 따라 크게 흔들려 멀어진 뒤 도로 돌아와서 당신의 코를 깨뜨리지 않을 정도로만 가까운 위치에서 멈춘다. 시커먼 쇳덩어리가 자신을 향해 다가오는 것을 보면서도 움찔하지 않으려면 약간의 의지력이 필요하지만 말이다.

전해듣기로(이 이야기를 내게 해준 사람은 어엿한 권위자라 할 수 있는 왕립학회 전 회장으로, 마침 오스트레일리아 사람이었다), 오스트레일리아 과학자들은 이 시연을 할 때 겁쟁이만이 포탄을 얼굴 앞에 든다고 한다. 배짱이 두둑한 이는 고간, 그러니까 사타구니 앞에 댄다는 것이다. 한편 어느 캐나다 물리학자는 포탄이 그를 향해 돌아오는 동안 청중이 성급하게 환호를 터뜨리자 기뻐서 인사하려고 앞으로 한 발 나섰다는데….

나는 첫 강연에서 아기도 한 명 빌렸다(리처드 멜먼의 조카딸이었다). "전기가 무슨 소용이지요?"라는 질문에 대한 패러데이의 유명한 대답에 대해서 이야기해주는 동안 팔에 안고 있기 위해서였다. 패러데이는 이렇게 대답했다(딴 사람들이 한 말이라는 가설도 있다). "갓 태어난 아기는 무슨 소용이지요?" 작고 어여쁜 해나를 팔에 안은 채 생명의 귀중함에 대해서, 이 아기 앞에 펼쳐질 인생에 대해서 말하노라니 — 물론 아기를 놀라게 하지 않으려고 낮은 목소리로 말했다 — 무척 감상적인 기분이 들었다. 그로부터 20년쯤 지나서 해나가 내 웹사이트 RichardDawkins.net의 게시판을 통해 연락해왔을 때, 나는 정말 기뻤다.

내가 각별히 아끼는 또 다른 감상적인 기억은 다섯 번째 강연에서 있었던 일이다. 나는 망막의 영상이 움직이는 두 방식의 차이로부터 우리가 알아낼 수 있는 사실을 설명하고 있었다. 한쪽 눈을 감고 다른 쪽 눈알을(눈꺼풀 위를) 손가락으로 찔러보면—나는 아이들에게 직접 해보라고 시켰다—지진이라도 난 것처럼 눈앞의 장면이 흔들린다. 반면 눈알을 움직이는 용도로 붙어 있는 근육들을 써서 눈알을 굴리면, '지진'이 보이지 않는다. 망막의 영상은 손가락으로 눈알을 찔렀을 때와 똑같이 움직였는데도, 세상은 흔들림 없이 가만히 있고 우리는 그중 다른 영역을 보게 될 뿐이다. 이 현상에 대해서 독일 과학자들은 이런 해석을 제시했다. 뇌가 눈에게 안구 속 눈알을 굴리라고 지시할 때, 뇌는 망막의 영상을 인식하는 뇌의 특정 부위에게도 똑같은 지시를 '복사'해서 보낸다. 복사된 지시 덕분에, 뇌는 영상이 정확히 지시에 따르는 정도만큼 움직이리라는 사실을 미리 '예상'하고 있다. 예상한 것과 관찰된 것이 일치하므로, 우리가 인식하는 세상은 흔들리지 않는다. 반면 우리가 손가락으로 눈알을 찌를 때는 복사된 지시가 뇌로 전달되지 않는다. 이때는 예상한 것과 관찰된 것이 일치하지 않으므로, 눈앞의 영상은 지진이라도 나서 실제로 *세상이* 움직인 것처럼 보인다.

나는 아이들에게 결정적인 실험으로 이 효과를 증명해 보이겠다고 시늉했다. 눈알을 움직이는 근육들을 마비시키는 주사를 놓겠다고 말했다. 그러면 뇌가 눈더러 눈알을 굴리라는 지시를 보내더라도 눈알은 움직이지 않겠지만, *복사된 지시*는 뇌로 전달될 것이다. 따라서 우리는 눈알이 실제로는 움직이지 않았는데도 눈앞에서 지진이 난 듯 느낄 것이다. 예상과 실제 움직임이(즉, 전혀 움직이지 않은 것이) 일치하지 않기 때문에 겉으로는 세상이 움직인 것처럼 보이는 것이다.

크리스마스 강연이니까, 내가 그다음 할 일은 자원자를 구하는 것이었다… 코뿔소도 잠재울 만큼 거대한 수의사용 주사기를 꺼낸 뒤, 아이들에게 실험에 참가할 사람이 없느냐고 물었다. 왕립연구소 강연에 오는 아이들은 보통 시연을 돕고 싶어서 앞다퉈 손을 든다. 그러나 이번에는 자원자가 아무도 없을 것이었고, 그러면 나는 아이들에게 그냥 농담이었다고 말할 참이었다. 그런데 그때, 청중 중에서도 제일 어린 축에 들 일곱 살짜리 여자아이가, 머뭇머뭇 손을 들었다. 제 엄마 곁에 수줍게 앉아 있던 사랑스러운 딸 줄리엣이었다. 내가 휘두르는 괴물 같은 주사기를 보고도 나에 대한 믿음과 용기를 거두지 않았던 딸아이를 떠올리면, 지금도 좀 목이 멘다. 줄리엣이 지금 유망한 젊은 의사가 되었다는 사실이 이 일화와 아무 상관이 없을까?

가장 작은 자원자에서 가장 큰 자원자로 넘어가자. 네 번째 강연에서 나는 우리가 동물을 대하는 도덕적 태도와 동물을 착취해온 역사를 이야기했다. 옥스퍼드 역사학자 키스 토머스의 글을 인용하여, 중세 사람들은 동물이 순전히 인간을 위해서 존재하는 거라고 믿었다고 말했다. 가재에게 집게발이 있는 것은 사람이 그걸 깨는 연습을 거듭하여 이득을 얻기 위해서고, 잡초가 자라는 것은 사람이 그걸 힘들여 뽑는 게 좋은 훈련이 되기 때문이고, 쇠등에가 창조된 것은 "인간이 그들로부터 자신을 보호하는 데 재치와 노력을 경주하도록 하기 위해서"라는 것이었다.

소가 제 발로 기꺼이
도살장으로 왔지, 양과 함께
모든 짐승이 그리로 와서
스스로를 제공했지.

(토머스 커루의 시 〈색섬으로〉의 일부 – 옮긴이).

더글러스 애덤스는 《우주의 끝에 있는 레스토랑》에서 위와 같은 생각을 좀 더 연장함으로써 초현실적 결론을 끌어냈다. "크고 살점 많은 소과科 네발짐승"이 식탁으로 다가와서 손님들에게 자신이 "오늘의 요리"라고 선언하고는 "어깨에서 살점을 좀 뜯어 백포도주 소스에 삶아" 드시는 건 어떠냐고 제안한다. "아니면 캐서롤이 좋으시겠어요?" 그리고 설명해주는데, 사람들이 동물을 먹는 것의 윤리를 너무 걱정한 나머지 "자처하여 잡아먹히기를 바라며 그 사실을 스스로 확실하고 똑똑하게 말할 수 있는 동물을 육성함으로써 복잡한 문제를 단칼에 해결하기로 결정했다"는 것이다. "그래서 제가 여기 있게 된 거죠." 레스토랑 손님들은 대부분 레어 스테이크를 주문하고, 동물은 기쁘게 총총 부엌으로 향한다. "인도적으로" 자살하기 위해서.

나는 이 어두운 유머와 심오한 철학이 담긴 글을 읽어줄 사람이 필요했고, 이번에도 '청소년 청중' 중에서 자원자를 받겠다고 말했다. 언제나처럼 수십 명의 아이가 번쩍 손을 들었고, 나는 한 명을 지목했다. 그러자 키가 2미터에 육박하는 거구의 남자가 좌석에서 몸을 펼쳤다. 나는 그를 무대로 불러냈다.

"이름이 어떻게 되십니까?"

"아, 더글러스입니다."

"성은요?"

"아, 애덤스입니다."

"더글러스 애덤스! 이런 놀라운 우연이 다 있나."

머리가 좀 굵은 아이들은 이쯤에서 내가 미리 그를 심어뒀다는 걸 깨달았지만, 전혀 상관없었다. 더글러스는 '오늘의 요리'를 멋지게 연기했다. "아니면 엉덩잇살도 아주 좋습니다. 저는 열심히 운동했고 곡물도 잔뜩 먹었기 때문에 궁둥이에 훌륭한 살이 아주 많아요" 하는 대목에 이르러서는 몸짓까지 곁들여서.

강연에 필요한 소도구는 대부분 브라이슨과 그의 조수가 만들어줬지만, 나는 예술 재능이 넘치는 어머니에게도 도와달라고 졸랐다. 첫 강연에서 나는 지질학적 시간의 방대한 규모를 아이들에게 직관적으로 전달해보려고 했다. 흔히 쓰이는 비유는 여러 가지가 있지만, 나는 시간을 거리로 표현하여 한 걸음을 천 년에 비유하는 방법을 골랐다. 내가 무대에서 첫 몇 걸음을 걷자, 우리는 정복왕 윌리엄, 예수, 다윗 왕, 파라오들의 시대로 거슬러 올라갔다. 하지만 이후 오늘날에는 화석으로만 알려진 생물들의 시대에 도달한 무렵에는 강연장이 너무 좁아서, 이제 걸음이 아니라 마일로 단위를 바꿔서 해당하는 거리에 놓인 도시의 이름을 대는 것으로 숫자를 생생하게 표현했다. 맨체스터… 칼라일… 글래스고… 모스크바. 그때 그 지점마다 내가 이름을 댈 화석들을 어머니가 큰 마분지에 그림으로 그려주었다. 브라이슨이 미리 그 그림들을 강연장에서 해당 위치에 앉은 아이들에게 갖고 있으라고 주었고, 내가 화석 이름을 하나하나 부르면 그 아이들이 자리에서 일어났다.

부모님은 세 번째 강연의 제목에 해당하는(나중에 똑같은 제목으로 책도 썼다) '불가능의 산' 모형도 멋있게 만들어주었다. 그 산의 한쪽 면은 낭떠러지다. 낭떠러지의 바닥에서 정상으로 뛰어오르는 불가능한 묘기는 눈처럼 복잡한 기관이 단숨에 진화하는 것과 비슷한 일이다. 하지만 같은 산의 반대쪽은 바닥에서 정상까지 완만하게 이어진 오르막길이다. 그 오르막길을 한 발 한 발 오르는 것, 즉 누적적 선택을 통해서 오르는 것이야말로 진화의 작동 방식이다.

그 강연은 고전적인 왕립연구소 풍 시연으로 맺었는데, 나는 제2차 세계대전에 쓰였던 헬멧을 써서 가는목먼지벌레로 분장했다. 가는목먼지벌레는 창조론자들이 좋아하는 곤충이다. 이 벌레는 몸속에서 화학반응으로 만들어낸 뜨거운 증기를 내뿜어 포식자로부터 몸을 지킨다. 반응물질들은 당연히 서로 분리된 분비샘에 보관된 채 접촉하지 않다가, 벌레가 뒤꽁무니에서 뿜어내는 순간에만 합쳐진다. 창조론자들이 이 벌레를 좋아하는 것은, 이런 장치가 진화할 때 그 중간 단계들은 모두 폭발해버렸을 테니 진화가 불가능했을 거라고 여기기 때문이다. 그러나 나는 브라이슨이 세심하게 준비해준 시연을 통해서 이 불가능의 산에도 완만한 오르막길이 있음을 보여주었다.

과산화수소의 반응성을 활용하는 이 반응에는 촉매가 필요하다. 그리고 촉매의 양과 반응의 세기는 매끄러운 곡선을 그리는 상관관계가 있다. 촉매가 아예 없으면, 인식 가능한 반응이 전혀 일어나지 않는다. 창조론자들의 기우를 놀리기 위해서, 나는 이 반응이 폭발은커녕 시시하게 끝난다는 점을 과장되게 강조해서 보여주었다. 그 다음에는 똑같은 재료가 담긴 비커 여러 개를 실험대에 늘어놓은 뒤, 촉매 양을 조금씩 늘려가며 차례차례 집어넣었다. 촉매 양이 적을 때는 과산화수소가 미지근한 정도로만 반응을 일으키지만, 촉매 양을 늘리면 반응이 점점 더 세게 일어난다. 결국 다량을 넣자 증기가 천장까지 훅 솟구쳤고, 청중은 그 모습에 만족스러운 갈채를 보냈다. 이 효과는 분명 경고가 될 만하며, 감히 가는목먼지벌레를 공격하는 포식자를 익혀버릴 수 있을 것이다. 물론 이것은 크리스마스 강연이니까, 나는 괜히 안전모까지 쓰고는 청중에게 혹 걱정되는 사람은 강연장을 나가도 좋다고 경고했다(물론 아무도 안 나갔다).

나는 대학 강사로 오래 일했지만, 크리스마스 강연만큼 리허설과 연습을—안무라고 말해도 좋을 정도였다—철저히 한 적은 없었다. 윌리엄과 리처드는 내 움직임을 일일이 조종하려는 듯했다. 몇 달에 걸친 준비가 12월의 절정을 향해 다가갈 무렵, 커다란 BBC 중계차가 앨버말 거리의 왕립연구소 앞에 와서 섰다. 윌리엄과 리처드에 더해 BBC 무대감독 스튜어트 맥도널드까지 합류한 것이었다. 그의 임무는 카메라 배치 등 실제 방송을 지휘하는 것이었다. 스튜어트, 윌리엄, 리처드는 나라는 꼭두각시의 줄을 조종했다. 물론 브라이슨의 줄도 조종했다. 브라이슨은 강연 내내 화석, 토템폴, 거대한 눈 모형 등 다양한 소도구를 갖다주었다가 내갔으며, 내가 도구를 다루는 것을 옆에서 거들기도 했다. 안무가 깨질 수밖에 없는 순간도 있었다. 동물들을 무대로 불러오는 대목이었다. 한번은 브라이슨과 내가 우습게도 내 꽃무늬 셔츠 위를 마구 기어다니는 대벌레들을 잡으려고 쩔쩔매는 코미디를 연출했다. 인공선택의 힘을 보여줄 요량으로 대조적인 여러 품종의 개들을 그 주인이 데리고 나왔을 때도(다소 직설적이었던 그녀는 자신의 소중한 저먼셰퍼드를 내가 "앨세이션"이라고 부르자 다분히 이해할 만한 무뚝뚝한 말투로 대뜸 내 실수를 바로잡았다) 상황이 우리 손을 벗어났다.

다섯 번의 강연은 보통 이틀씩 간격을 두고 진행되었다. 한 강연마다 사전에 세 번, 처음부터 끝까지 철저하게 리허설을 했다. 전날 두 번을 했고, 저녁 강연을 앞둔 당일 오전에 정식 리허설을 한 번 더 했다. 배우라면 곧 익숙해져버릴지도 모르겠지만, 나는 놀랍게도 아무리 반복해도 지겹지 않았다. 요컨대 나는 다섯 차례의 강연을 각각 네 번씩 연달아 실시했다. 총 스무 시간을 강연한 셈이었다. 매번 세 번째 리허설이 끝나면 솔직히 좀 지쳤지만, 청중을 눈앞에서 만나면 지친 기분이 싹 달아났다. 랄라가 알려줬는데, 배우들은 이것을 "극장 의사 선생님"이라고 부른다고 한다.

'내' 해에 왕립연구소에서 워낙 많은 시간을 보냈기 때문에, 지금도 그곳을 방문할 때면 집처럼 아늑한 친밀감이 든다. 아마 다른 크리스마스 강연 연사들도 마찬가지일 것 같다. 그리고 또 사람들의 말에 따르면—이 역시 모든 크리스마스 강연 연사가 마찬가지일 것이다—'내' 주에 영국 텔레비전에서는 다른 어떤 때보다 내 얼굴이 오래 등장했다고 한다. 그러나 방송 시각이 시청률이 제일 높은 피크타임과는 멀었기 때문에, 다행히 그 때문에 사람들이 길에서 나를 알아보고 그러지는 않았다.

RICHARD DAWKINS

7

축복받은 자들의 섬

My Life in Science

일본

왕립연구소의 크리스마스 강연을 이듬해 여름에 일본으로 수출하는 전통이 있다. 나는 기꺼이 관행에 따랐다. 일본에서는 강연을 6월에 하는데도 여전히 '크리스마스 강연'이라고 불렀고, 횟수는 다섯 번에서 세 번으로 줄었다. 하지만 세 강연을 각각 두 번씩 했는데, 한 번은 도쿄에서 하고 또 한 번은 도쿄에서 초고속열차로 북쪽으로 두 시간 반 거리에 있는 현청 소재지 센다이에서 했다. 랄라가 동행할 수 있도록 합의되었고, 랄라는 내가 다섯 번의 강연을 압축하는 일을 도와주었다. 브라이슨은 런던 공연에서 쓴 소도구를 담은 커다란 상자와 함께 미리 날아가 있었다. 도쿄에서 브라이슨은 영국문화원이 현지에서 우리의 과학적 문제들을 처리해줄 해결사로 고용한 사람을 만났고, 그들은 함께 시연에 필요한 물건과 동물을 구하는 일에 나섰다.

일본 강연은 촬영되지 않았기 때문에—최소한 방송용 촬영은 없었다—안무가 완벽할 필요는 없었다(어차피 그 일을 맡을 윌리엄 울러드나 리처드 멜먼 같은 사람도 없었다). 어쩌면 더 잘된 일이었다. 모든 경우에 런던에서와 똑같은 소도구와 단역을 쓰진 않았기 때문이다. 단역 중에는 기는 녀석도 있었다. 우리가 동물 전문점에서 빌린 비단뱀이었다. 그런데 이 뱀이 뜻밖의 문제들을 일으켰다. 우선 뱀은 일본어로 '산 거북들'이라고 적힌 상자에 담겨서 도착했는데, 가게 측이 상자에 '산 뱀'이라고 적혀 있으면 배달부가 배달을 거부할지도 모른다고 걱정한 탓이었다. 또 누군가 우리에게 뱀을 만지겠다고 나서는 일본 어린이는 없을 거라고 경고해주었기 때문에, 우리는 대신 랄라를 영입했다. 랄라는 위협적으로 몸을 감싼 뱀을 목에 걸고서 근사하게 무대에 오르기로 했다. 가게는 비단뱀의 활동을 억제하기 위해서 뱀을 냉동된 방울양배추들 사이에 담아 보내주었지만, 강연 시간 무렵에는 랄라의 체온 탓도 있고 해서 뱀이 활기를 되찾았다. 뱀은 그만 랄라의 손을 벗어나 제멋대로 미끄러져 다니기 시작했고, 랄라와 브라이슨과 나는 허겁지겁 그 뒤를 쫓았다. 놀란 아이들은 초조하게 침묵을 지키거나 무서워서 울었다.

우리는 굴하지 않고, 슬라이드를 적게 쓰고 시연을 많이 활용하는 왕립연구소의 전통을 고수했다. 한번은 산 사마귀들이 가득 담긴 수조를 비디오카메라로 찍어서 내 머리 위 화면에 쏘아 보여주었다. 나는 사마귀 이야기를 다 마친 뒤 다른 주제로 넘어갔는데, 화면에 여태 사마귀들이 비치고 있다는 걸 몰랐다. 그런데 좀 지나자 청중이 내 말에 흥미를 잃은 것 같다는 불편한 기분이 들었다. 동시 통역 때문에 청중이 약간의 시차를 두고서 내 말을 듣는다는 점을 감안하더라도, 내가 바라는 호응이 나오지 않는 것 같았다. 그러다가 사람들의 눈이 내 머리 위 무언가를 골똘히 바라보느라 튀어나올 지경이라는 걸 깨달았다. 비로소 화면을 올려다보니, 큼직한 사마귀 암컷 한 마리가 섹스 파트너의 잘린 머리를 우적우적 즐겁게 씹어먹고 있었다(그 멋진 턱에는 '우적우적'이란 표현이 정말이지 제격이다). 더구나 수컷의 남은 몸은 여전히 투지 있게 암컷과 교미하고 있었다. 어쩌면 머리를 잃었기 때문에 더더욱 투지 넘치게. (실제로 뇌에서 나오는 신경 자극이 오히려 수컷 곤충의 성행위를 방해한다는 증거가 있다. 옛날에 한번은 나와 같은 집에서 살던 친구 마이클 핸셀이 날도래에 대해 발표하면서, 녀석들을 포획 상태에서 구슬려 번식시키지 못한 게 아쉽다고 말했는데, 그러자 짓궂은 동물행동학 교수 조지 발리가 맨 앞줄에서 거의 경멸하는 말투로 응수했다. "머리를 잘라봤나?") 사마귀 수조를 보여주는 비디오는 집중을 지나치게 방해했다. 흥을 깨자니 좀 미안했지만, 나는 기술자에게 비디오를 꺼달라고 부탁했다.

앞다퉈 시연에 자원하던 런던 아이들과 비교하면, 일본 아이들은 훨씬 수줍었다. 어쩌면 아이들이 강연장 규모에 위축되었는지도 모른다. 도쿄에서도 센다이에서도 강연장이 런던 왕립연구소 강연장보다 훨씬 컸다. 언어 문제도 극복하기 어려웠을 것이다. 이유야 어쨌든, 도쿄에서도 센다이에서도 일본 아이들은 거의 아무도 자원하지 않았다. 우리가 센다이에서는 이 문제를 어떻게 처리했는지 기억나지 않지만, 도쿄에서는 거의 매번 똑같은 자원자들이 손을 들어 우리를 구해주었다. 영국 대사 존 보이드 경의 명랑한 세 딸이었다.

존 보이드 부부는 나, 랄라, 브라이슨을 대사 공관으로 초대해 저녁을 대접해주었다. 그리고 식후에 줄리아 보이드와 세 딸이 우리를 대사관 수영장으로 데려가서 야간 수영을 즐기게 해주었다. 존 경은 그게 꽤 불편한 모양이었는데, 왜냐하면 그것은 규칙에 어긋나는 일이었고 그는 신임 대사로서 자기 가족이 규칙을 어기도록 내버려두는 게 직원들에게 모범이 되지 못하는 일일까 봐 걱정스러웠기 때문이다. 한편 그의 손님들은 명백히 즐거운 시간을 보냈으며, 그는 대단히 너그러운 주인이었다.

오늘날까지 이어지는 보이드 가족과 우리의 사랑스러운 우정은 그렇게 시작되었다. 나는 일본 크리스마스 강연으로부터 2년 뒤에 '나카야마 인간과학상'이라는 값진 상을 받게 되었고, 랄라와 나는 시상식 참가차 다시 도쿄로 갔다. 그때 보이드 부부가 우리더러 공관에서 묵으라고 초대했다. 호텔도 당연히 아주 호화로웠겠지만, 우리는 기쁘게 그들의 초대를 수락했다. 그런데 마침 우리가 그곳에 묵던 날, 지진이 났다. 랄라와 나는 침실에 있다가 벽이 흔들리고 샹들리에가 휘청거리는 걸 보고 약간 걱정스러웠다. 그때 대사께서 몸소 문으로 고개를 디밀더니, 우리에게 줄 안전모 한 쌍을 흔들어 보이면서 이런 일쯤은 다 겪어본 사람다운 함박미소로 우리를 안심시켰다. 다음 날 아침식사 자리에서, 역시 일본 방문 중 대사관에 머물고 있던 어느 영국 하원의원이 식당으로 걸어들어간 랄라와 내게 딴에는 농담이랍시고 이렇게 말했다. "두 분, 어젯밤에 땅이 울릴 정도였습니까?"

보이드 부부는 고맙게도 나카야마상 시상식에 와주었다. 행사에 대해서는 별 기억이 없지만, 시상 후에 단체사진을 찍었던 것은 기억난다. 사진사에게는 조수가 있었다. 까만 정장을 흠 잡을 데 없이 깔끔하게 차려입고 부산하게 돌아다니는 여성이었다. 자그마한 그 아가씨의 임무는 우리가 모두 사진에 잘 잡히도록 줄을 세우는 것이었고, 그녀는 이 임무를 아주 진지하게 여겼다. 맨 앞줄에 앉은 사람들은 손을 포개 무릎에 올려둬야 했다. 모두 정확히 같은 쪽 손이 위로 오도록. 무릎은 딱 붙여야 했고, 신발은 정확한 방향을 향해야 했다. 존 보이드와 내가 한가운데에 앉아서 그렇게 사지를 정돈하던 중, 오른쪽에서 키득키득 억제된 웃음소리가 들려왔다. 우리는 정면을 바라보도록 정렬된 눈길을 대담하게 돌려서 슬쩍 옆을 보았고, 덕분에 기억할 만한 광경을 목격했다. 나란히 앉은 우리 아내들을 사진사의 조수가 정돈해주고 있었는데, 우리 남자들은 신발과 무릎만 줄을 맞추면 되었지만 숙녀들은 스타킹도 똑바로 줄을 맞춰야 했다. 그러기 위해서 사진사의 조수가 그녀들의 치마 속으로 손을 집어넣고 있었고, 그 때문에 제대로 참지 못한 키득키득 소리가 새어나왔던 것이다.

랄라와 내가 다시 일본에 간 것은 1997년이었다. 이때는 존 보이드의 대사직이 이미 끝났기 때문에 다시 한 번 대사관에서 묵는 즐거움을 누릴 순 없었지만, 새 대사가 친절하게도 환영회를 열어주었다. 내가 그때 일본을 다시 찾은 것은 또 다른 상을 받기 위해서였다. 상금이 더 큰 '국제 코스모스상'이었다. 그것은 크나큰 영광이었고, 오사카에서 열리는 시상식에는 황태자 부부까지 참석할 것이었다. 주최측은 미리 나더러 황궁 오케스트라가 나를 위해 연주해줄 음악을 하나 골라달라고 했다. 다만 연주 시간이 엄격하게 정해져 있었기 때문에 선택에 제약이 있었다. 나는 랄라의 오랜 친구 마이클 버킷에게 조언을 구했고, 그는 고민 끝에 슈베르트의 곡 중에서 길이가 딱 알맞은 곡을 제안했는데, 기쁘게도 슈베르트는 내가 제일 좋아하는 작곡가였다. 중간에 조성이 관능적으로 바뀌는 점이 매력인 그 곡을 오케스트라는 아름답게 연주하여, 시상식은 물론이고 우리가 황태자 부부와 사적으로 가진 다과 시간까지 행사를 아주 우아하게 만들어주었다.

아래는 그때 내가 읽은 공식 수상소감의 앞부분이다. 표현을 보면 영국 대사관의 프로 외교관들로부터 작성에 얼마나 많은 도움을 받아야 했는지 짐작할 수 있을 것이다.

> 황태자와 황태자비 전하, 그리고 신사 숙녀 여러분. 오늘 이 자리에 서게 되어 대단히 기쁩니다. 그리고 소감을 말하기에 앞서, 황태자와 황태자비 전하께 오늘 시상식에 참석해주신 것에 대해 진심으로 감사드린다는 말씀을 드리고 싶습니다. 특히 너그럽고 사려 깊은 말씀을 해주신 황태자께 감사드립니다(그의 연설은 옥스퍼드대학에서 보낸 두 해를 회상하는 내용이었다). 축하 메시지를 보내주신 총리께도 감사를 표하고 싶습니다. (이어진 외교적인 감사인사 세 문단은 잘라냈다.)
>
> 일본 역사와 문화에 조금이라도 관심이 있는 사람이라면 누구나 일본인이 자연과의 조화를 얼마나 중요하게 여기는지 압니다. 일본 전통 예술은 양궁이든 서예든 다도든, 그 핵심에 모두 세상과 조화를 이루고자 하는 개인의 노력이 깃들어 있습니다. 사계절은 있는 그대로 제각기 칭송되며, 일본 예술과 디자인에 많은 영감을 주었습니다. 저도 봄에 벚꽃을 감상하거나 가을밤에 달을 감상할 때의 즐거

1_ 내 50번째 생일 선물로, 어머니가 찬장에 내 인생의 장면들을 그려주었다.

2_ 아프리카에서 보낸 유년기.

3_ 뉴 칼리지의 내 방. 컴퓨터 화면에 바이오모프들이 떠 있고, 옥스퍼드의 스카이라인이 내다보인다.

4_ 딸 줄리엣이 개와 고양이 두 마리와 함께 공중에 지어지는 성을 바라보고 있다.

5~8_ 나의 영웅들, 피터 메더워, 니코 틴베르헌, 빌 해밀턴, 존 메이너드 스미스.

9_ 그리고 그들 모두를 다스리는 최고 중의 최고, 찰스 다윈.

5

6

7

8

9

10, 11, 12_ 더글러스 애덤스, 칼 세이건, 데이비드 애튼버러.

2C Gainesville Sun Friday, May 11, 1979

UF's 'Wasp Lady' Is Branching

By The Associated Press

Dr. Jane Brockmann's been watching wasps so long that she is known as the University of Florida's "wasp lady."

Again this summer she's heading for more of the same, this time joined by Dr. Richard Dawkins, an Oxford University professor who studies small animals and insects.

They believe their work will help explain how behavior evolves in wasps, crickets, frogs and other animals — perhaps even humans.

Ms. Brockmann, 32, worked with Dawkins in England last year while she was on a North Atlantic Treaty Organization fellowship.

"The big question is, 'Why is there such diversity of behavior?'" said Dawkins, author of "The Selfish Gene."

As an example, he cited a behavior pattern in frogs: a male frog may sit in a pond and croak beguiling love songs, awaiting females to come to his call. Meanwhile, other male frogs lurk in the dark around him in hope of intercepting the females.

Another evening, Dawkins said, the croaker may become one of the "sneakies" and another act as "caller."

"We tend to think of one strategy as successful and one as a loser's approach, but obviously they're not, or else evolution would favor one above the other," Ms. Brockmann said.

She began watching wasps in preparation for her doctoral degree and estimates she put in 3,500 hours at it from 1973-75.

While working with Dawkins in England, she said, "we analyzed my

(AP Wirephot

Dr. Brockmann at One Point Spent Close to 3,500 Hours Studying W

wasp data in a way I never thought of before.

"Variability in animals' response to new situations has long been considered the province of higher animals, yet recent studies, mine included, using individually marked animals, show that insect behavior can be surprisingly variable too."

Females among Ms. Brockmann's golden digger wasp subjects may dig new nests or move into old ones to lay eggs, and she sees no way to tell which they will do.

"You'd think thee's got to be some little cue to guide her decision, but maybe there isn't," the scientist said.

She found her wasp studies helped in teaching a basic biology course on population genetics and ecology.

"As I prepared my came to realize the field i vant to understanding adap ior, such as that of my wa had to go back to basic co 'fitness,'" she said. "To t about a concept like that, y know what it really means be using it as a piece of jar

13

14

15

플로리다.

13_ 제인 브록먼과 그의 연구 대상.

14_ 굴 입구에 있는 스펙스 조롱박벌.

15_ 트리폭실론 미장이 벌이 지은 '오르간 파이프' 둥지. '확장된 표현형'의 사례다.

파나마. 16_ 바로콜로라도섬에 도달해서 선착장에서 처음 눈에 들어오는 스미스소니언 열대연구소의 모습.

17_ 나는 가위개미가 지하 곰팡이 정원에서 퇴비로 쓰기 위해 나뭇잎을 물어 나르는 모습에 반해버렸다.

18_ 늘 명랑한 프리츠 폴라트.

19_ 연구소장 대리였던 마이클 로빈슨(친구와 함께 있다).

20

21

22

23

24

학회.

20, 21_ 내가 참가한 것 중에서 가장 호화로운 학회가 열렸던 근사한 독일의 성, 그리고 그 모임을 주도한 천재들 중 한 명이었으며 단호한 비흡연자였던 칼 포퍼.

22~24_ 2011년 스타머스 행사에서 대형 카나리아 망원경 속에 앉았던 우리(23). 그 행사에서 우리는 최초로 우주에서 걸었던 우주인이자 너무나도 사랑스러운 사람인 알렉세이 레오노프가 동료 우주인 짐 러벌을 러시아인답게 호탕하게 맞이하는 모습을 지켜보았다(24). 또 레오노프가 주최자의 아들을 위해 자화상을 슥슥 그려주는 모습도 보았는데, 아이는 학회에서 레오노프가 매고 있던 넥타이를 그가 우주에서도 매고 있는 것처럼 그려달라고 요청했다.

25_ '사회생물학의 창시자들'로 불리는 이들 중 몇몇과 함께, 1989년 일리노이주 에번스턴에서. 왼쪽부터 이레네우스 아이블아이베스펠트, 조지 C. 윌리엄스, E. O. 윌슨, 나, 빌 해밀턴.

26~28_ 노르웨이 북부의 아름다운 멜부섬(28)에서 마이클 루즈가 연 1989년 학회에서 무슨 생각에 빠진 듯한 나. 어쩌면 나는 이미 '북구의 나이팅게일' 베티 페테르센(27)의 목소리에 홀려 있었는지도 모른다.

유유상종. 29_ 신무신론의 '네 기수'. 왼쪽부터 크리스토퍼 히친스, 대니얼 데닛, 나, 샘 해리스.

30_ 비극적이게도 불과 몇 년 뒤 나는 "이만 안녕, 히치"라고 말해야 했다.

31_ 상호 개인 지도는 재밌으면서도 공부가 되는 형식인 것으로 확인되었다. 닐 더그래스 타이슨과 '과학의 시정'을 논한 자리도 그랬고, 로런스 크라우스와의 여행도 그랬다.

32_ 나와 로런스는 〈불신자들〉을 찍던 중 완전 밀폐된 데다가 찌는 듯이 더운 리무진 속에 갇히기도 했다.

움을 생각하노라면, 저 자신 마치 일본인이 된 듯한 기분입니다.

한편, 최근 몇십 년 동안 세상이 일본을 보는 시각은 기술과 번영의 창조를 원동력으로 삼아 발전하는 나라라는 것입니다. 우리는 일본의 공장에서 끊임없이 흘러나오는 듯한 인상적인 신제품들을 감탄하는 마음으로, 어떤 이들은 질투하는 마음으로 바라보았습니다. 여러분은 그 과정에서 세계에서 두 번째로 큰 경제를 구축했습니다. 하지만 저는 일본 정부가 근본적인 호기심에 의해 추진되는 과학을 육성하는 데도 적극 나선다는 걸 압니다. 제가 자신있게 예측하건대, 다음 세기에 우리는 일본의 대학들과 기관들에서 기초과학 연구가 활짝 꽃피는 모습을 보게 될 것입니다. 코스모스재단의 목표에 부합하는, 환경과 환경문제에 관한 연구도 포함될 것입니다. 일본이 지금껏 이룬 성취는 당연히 인상적이지만, 저는 이런 느낌을 받습니다. 영국의 구어적 표현을 빌려 말하자면, "지금까지 본 건 아무것도 아니야!"

나중에 해야 했던 과학적 주제의 공개 강연에서는 '이기적인 협조자'를 주제로 잡았다. 그 강연을 확장한 글은 이후 《무지개를 풀며》에 같은 제목으로 실렸다.

나는 일본에 가는 것을 좋아하지만, 고백하건대 날음식에는 비위가 맞지 않는다. 예를 들어 맨 처음 일본을 방문한 1986년에 대접받았던 해삼 내장 같은 것에는. 그때 나는 피터 레이븐을 기념하는 학회에서 보조 발표를 하려고 대여섯 명의 과학자와 함께 간 것이었다. 레이븐을 직접 만난 게 그 자리가 처음이긴 했지만, 탁월한 식물학자이자 아주 성격 좋은 사람인 그가 '국제 생물학상'을 받는 행사였다. 나는 그때 가라오케도 처음 접했고(날생선만큼이나 내게는 별 감흥이 없었다), 교토 신사들의 명상적인 평화로움도 처음 접했다(이건 감흥이 있었다).

부끄럽지만, 나는 젓가락질을 끝내 능숙하게 익히지 못했다. 아무리 젓가락질의 전문가라도, 대체 어떻게 큰 순무 하나가 통째 외롭고도 당당하게 물에 잠겨 있을 뿐인 접시를 공략할 수 있단 말인가? 나는 이 난제 앞에서 완전히 당황하고 말았다. 그 자리는 격식을 차린 식사 자리였고, 나는 주빈이었으며, 스무 명쯤 되는 다른 손님들이 네모꼴로 배열된 길쭉하고 낮은 식탁에 둘러앉은 채 나를 바라보고 있었다. 한가운데에서는 분필처럼 새하얀 얼굴의 두 게이샤가 다도를 보여주고 있었다. 미안하지만 나는 그냥 포기했다. 그러나 내가 관찰한 바로는 다른 손님들 중에서도 순무 공략에 의미 있는 성과를 거둔 사람은 아무도 없었다.

내가 최근에 일본을 찾은 것은 좀 다른 종류의 '상'을 찾아서였다. 그것은 바로 대왕오징어였다. 사연은 이렇다. 나는 어쩌다가 뛰어난 금융업자이자 과학 애호가인 레이 달리오와 친구가 되었다. 해양생물학에 대한 열정을 추구하고자 '알루샤'라는 아름다운 연구용 선박을 사들인 레이는, 일본과 미국의 두 방송사와 팀을 짜서 일본 해역 깊은 곳에서 전설의 바다 괴물로 불리는 대왕오징어를 찾아보기로 했다. 이전에도 간간이 이미 죽었거나 빈사 상태인 대왕오징어, 혹은 그 몸의 일부가 예인망에 걸려 올라온 적은 있었다. 하지만 레이는 자연 서식지에서 살아 헤엄치는 대왕오징어를 찾기 위해 일본, 뉴질랜드, 미국 등지에서 수십 년간 노력해온 소수의 헌신적인 생물학자들에게서 영향을 받았다. 알루샤호는 활동에 나설 준비를 마쳤고, 전 세계의 생물학 전문가들이 소집되었다. 그리고 대단히 기쁘게도, 레이가 나도 항해에 초대했다. 탐사는 극비였기에, 나는 비밀을 지키겠다고 맹세했다. 만일 그들이 정말로 산 대왕오징어를 찍는 데 성공한다면, 두 방송사는 일단 그 뉴스를 비밀로 해두었다가 최고의 효과를 발휘하는 방식으로 발표하고 싶다고 했다.

그러나 안타깝게도 여행은 미뤄졌고, 나는 그 일은 잊은 채 평소 하던 일로 돌아갔다. 그렇게 몇 달이 지난 2012년 여름, 난데없이 전화가 울렸다. 레이였다. 레이는 그답게 변죽 따윈 울리지 않고 본론으로 들어갔다.

레이: "내일 일본으로 오는 비행기를 탈 수 있습니까?"

나: "왜요, 대왕오징어 찾았습니까?"

레이: "자유롭게 말할 처지가 못 됩니다."

나: "좋아요, 가겠습니다."

그래서 나는 갔다. 바로 다음 날은 아니고 일주일쯤 뒤였지만 말이다(원래 현실은 픽션을 따라잡기 어려운 법이다). 레이는 내게 도쿄에서 알루샤호가 정박한 오가사와라제도까지 28시간 동안 페리를 타고 오라고 일렀다. 그 화산섬 제도는 가끔 '동방의 갈라파고스'라고 불리는데, 갈라파고스처럼 그곳도 한 번도 대륙의 일부였던 적이 없어서 독자적인 동식물상을 진화시켰다. 그러나 그 제도는 갈라파고스보다 훨씬 오래되었으며, 지각판들의 힘에 의해 지구에서 가장 깊은 해구인 마리아나해구 근처에 형성되었다.

나는 공식적으로는 아직 대왕오징어가 발견되었는지 아닌지 모르는 입장이었다. 사람들이 내가 갑작스레 일본으로 소환된 이유를 의심스럽게 여겨도 용의주도하게 침묵을 지켰다. 내가 왜 갑자기 일본으로 날아가는지는 랄라만이 알았고, 랄라도 엄격하게 비밀을 지켰다. 그러나 그래봐야 헛수고였던 경우가 적어도 한 번 있었다. 랄라가 웬 행사장에서 데이비드 애튼버러를 만났는데, 그가 내 안부를 묻자 랄라는 내가 일본 해역의 선상에 있다고 말했다. 데이비드 경은 주저없이 대꾸했다. "아, 대왕오징어를 쫓는 모양이군요." 우리의 신중한 과묵함도 고작 거기까지였다.

긴 비행을 마치고 도쿄의 호텔에서 하룻밤을 묵은 뒤, 나는 레이의 오스트레일리아 친구로 역시 알루샤호에 탈 콜린 벨과 함께 페리에 올랐다. 우리는 한 선실을 썼다. 반면 수많은 다른 승객은 대체로 큰 공동 침실에서 바닥에 요를 깔고 잤다. 우리가 시간을 어떻게 보냈는지는 기억나지 않는다. 아마도 책을 읽었겠지. 부두에 도착하니, 알루샤호에 탄 디스커버리 채널 사람들이 마중 나와 있었다. 잠시 뒤 우리는 작은 보트를 타고 배가 정박한 곳으로 달려갔다. 알루샤호는 뒤편에 널찍하고 물에 젖은 적재 구역이 있었는데, 그 위에 잠수정 트리톤과 딥로버가 올려져 있었고, 축축하게 젖은 듯한 사람들이 그곳에 몰려서서 우리가 도착하는 모습을 바라보고 있었다. 역시 그중에 서 있던 레이가 우리를 따스하게 반겼다. 우리는 공식적으로는 아직 그들이 대왕오징어를 발견했는지 아닌지 모르는 상태였지만, 레이가 대뜸 우리에게 윙크를 날리면서 바로 그날 밤 배에서 세미나를 열어 그 역사적 발견이 어떻게 이뤄졌는지 발표할 거라고 말했다. 그런데 그 전에 바다로 내려가볼 마음이 있는지? 있다마다. 우리는 10분 만에 준비를 마쳤다.

나는 3인용 잠수정인 트리톤으로, 콜린은 2인용 딥로버로 잠수할 것이었다. 트리톤의 숙련된 조종사는 영국인 마크 테일러였고, 나와 함께 탈 승객은 도쿄 국립자연과학박물관의 구보데라 쓰네미 박사였다. 박사는 산 대왕오징어 목격에 깊이 관여한 과학자였는데, 물 위에서 다른 사람들이 그랬던 것처럼 물속에서도 마크가 "구 박사님"을 대단히 존경하는 태도로 대한 것이 꼭 그 이유 때문만은 아니었을 것이다.

우리 셋은 트리톤이 알루샤에 실려 있는 동안 꼭대기 해치를 통해 안으로 들어가, 구형의 투명한 공간 속에서 각자 자리에 앉았다. 마크가 제일 높은 자리에 앉았고 그 앞으로 왼쪽에는 구 박사가, 오른쪽에는 내가 앉았다. 해치가 빈틈없이 꽉 닫히고, 트리톤은 승강장치에 들려서 바다로 내려졌다. 딥로버도 비슷한 방식으로 바다에 내려질 때까지, 우리는 수면에서 까딱거리면서 기다렸다. 나는 트리톤이 그렇게 물결 속에서 춤추는 동안 유리 너머로 보이는 푸른 물에 매혹되었다. 마크는 우리에게 안전 지침을 일러주었고, 우리 생명을 지켜주는 누수감지기가 어떻게 작동하는지, 우리가 탄 잠수정과 딥로버는 어떤 흥미로운 기술적 차이가 있는지도 알려주었다. 잠수정 밖에서는 바닷물이 메가파스칼 수준의 압력을 가하겠지만 잠수정 내부는 줄곧 정상 대기압일 거라고 했다. 따라서 우리가 수심 700미터까지 내려갔다가 도로 떠올라도 잠수병을 겪진 않을 테니 특별히 조심할 건 없다고 했다.

구 박사가 나와 함께한 그 잠수에서 *다시* 대왕오징어를 목격하기를 바라는 것은 너무 과한 희망이었다. 그래도 우리는 보통 오징어들을 봤고, 수많은 물고기와 상어, 해파리, 무지갯빛으로 어른거리는 빗해파리, 그 밖에도 동물학자의 꿈에 나올 법한 생물들을 잔뜩 봤다.

그날 저녁 배의 휴게실에서, 탐사에 참가한 동물학자들이 약속대로 세미나를 열어 우리에게 성공적인 대왕오징어 촬영과 목격을 이뤄낸 과학을 설명해주었다. 사진을 곁들인 발표가 두 건 있었는데, 첫 번째는 흔히 '천재상'이라고 불리는 맥아더상을 받았을 만큼 뛰어난 해양생물학자 이디스 위더 박사의 발표였다. 그녀는 생물발광의 전문가로, 대왕오징어가 선호하는 수심에서는 주변의 빛이라고는 생물들이 내는 빛밖에 없다는 걸 잘 알았다. 그 빛은 대개 생물들이 체내 발광기관에서 조심스레 배양하는 세균들이 내는 빛이다. 마찬가지로 심해에서 서식하는 고래와는 달리 대왕오징어에게는 큰 눈이 있으므로, 부분적으로나마 시각에 의존하여 사냥할 것이다. 그런 추론에 따라 에디는 대왕오징어를 유혹하기 위한 발광성 미끼인 전자 해파리를 제작했고, 그 방법은 멋지게 성공했다. 길이 700미터의 케이블로 배 고물에서 자동카메라와 함께 물속으로 늘어뜨려진 미끼는 때를 기다렸고, 마침내 극적인 성공을 거뒀다. 유령 같은, 거의 악몽 같은 대왕오징어가 발광성 미끼를 덮치는 영상은 내가 결코 못 잊을 장면이었다.

역시 잊을 수 없는 장면은, 에디가 실험 후 방대한 컴퓨터 파일을 훑어보다가 빈 화면들 끝에 갑자기 전설의 바다 괴물이 화면 옆에서 덤벼드는 모습이 찍힌 걸 발견하고서 지은 표정을 촬영한 영상이었다. 에디와 동료들이 컴퓨터 화면을 응시하는 모습을 옆에서 텔레비전 촬영팀이 찍고 있었던 것이다. 그때 그들의 표정과 환희에 차 터뜨린 울음은 그 모습을 보는 나마저도 대리 발견의 기쁨에 떨리게끔 만들었다(그러나 실은 걸핏하면 흥을 깨려는 사람들이 제기할 만한 의심이 사실이라서, 나중에 텔레비전에 방영된 장면은 실제 이 장면이 아니라 이 순간을 나중에 재연한 장면이었다).

알루샤호 휴게실의 특별 세미나에서 두 번째로 발표한 사람은 뉴질랜드 해양생물학자 스티브 오시어였다. 그도 구보데라 쓰네미처럼 대왕오징어 수색에 거의 평생을 바친 사람이었다. 오시어의 기발한 미끼는 이디스 위더의 전자 해파리와는 다른 감각, 즉 냄새에 집중했다. 그는 보통 오징어를 갈아서 퓌레로 만들었다. 그 냄새가, 특히 성호르몬이 대왕오징어를 어둠에서 꾀어내길 바란 것이다. 퓌레는 잠수정에 붙은 관을 통해서 유혹적인 구름처럼 물속으로 퍼져나갔고, 정말로 오징어를 끌어들이는 효과적인 자석임을 증명해 보였다. 그러나 안타깝게도 보통의 작은 오징어들뿐이었고, 대왕오징어는 합류하지 않았다.

오시어가 이어서 말했듯이(구 박사도 영어를 할 줄 알았지만 직접 발표할 만큼 자신있어하지 않았다), 산 대왕오징어를 직접 목격하는 최종 성공은 구보데라의 몫이었다. 구보데라의 미끼는 오히려 전통적인 낚시꾼의 미끼에 가까웠다. 그는 대왕오징어만큼은 아니라도 상당히 큰 지느러미오징어를 잠수정에 묶은 낚싯줄 끝에 미끼로 매달았다. 그리고 기적적으로, 그 미끼가 통했다. 구 박사는 며칠 후에 나와 함께 다시 탈 예의 트리톤에 타고 있다가, 그 거대한 크라켄이 미끼를 무는 모습을 목격했다. 녀석은 카메라들이 충격적인 영상을 찍을 수 있을 만큼 충분히 오래 미끼를 물고 있었다. 나중에 텔레비전에 방송된 영상을 보면, 박사가 물 위로 돌아온 순간은 아주 뭉클했다. 선상의 사람들이 전부 갑판으로 나와 배에 오르는 구 박사를 맞이하면서 평생에 걸친 그의 추적이 결실을 맺은 것을 축하했다. 에디도 스티브도 너그러이 축하를 보냈다. 젠장, 나는 단 며칠 차로 그 순간을 놓친 것이었다.

이후 작은 불운이 우리를 기다렸다. 나는 알루샤호에 일주일쯤 머물면서 더 많이 잠수할 예정이었지만, 근처에서 위험한 태풍이 발생해 우리 쪽으로 무섭게 달려오고 있다는 뉴스에 체류를 줄일 수밖에 없었다. 선장이 레이에게 이틀 거리인 요코하마항으로 꽁지 빠지게 달려가서 대피하는 수밖에 없다고 말하는 걸 나도 옆에서 들었다. 방금 배에 오른 콜린과 내게는 몹시 실망스러운 일이었다. 그래도 태풍을 피해 항해한 이틀은 즐거웠다. 나는 어느 날 저녁 휴게실에서 진화 세미나를 열었고, 레이는 아침을 먹는 자리에서 좌중에게 경제 위기 이면의 진실을 들려주었다. 레이의 이야기는 흥미진진했다. 자기가 말하는 주제를 제대로 아는 데다가 그것을 기본 원칙으로부터 설명해낼 수 있는 사람의 이야기는 늘 흥미로운 법이다.

아서 C. 클라크는 우주를 배경으로 한 이야기들을 써서 사람들의 사고를 넓혀준 작가로 유명하지만, 바다를 가리켜 우리 곁에 있음에도 불구하고 우주만큼이나 신비로운 세상이라고 말한 적도 있다. 그 낯선 세상으로 짧게나마 들어가본 두 번의 경험은 내가 살면서 누린 가장 큰 특혜 중 하나였다. 그중 한 번은 방금 말한 여행이었고, 나머지 한 번은 2014년에 역시 레이 달리오의 손님으로 알루샤호에 올라 뉴기니 앞바다 라자암팟제도를 여행한 것이었다. 두 번째 여행은 대왕오징어처럼 뭔가 구체적인 생물학적 발견을 하겠다는 목표가 있는 건 아니었다. 하지만 라자암팟은 지구에서 제일 깨끗하게 보존된 해양 지역 중 한 곳이고, 숨 막히게 아름다우며, 세계 어느 곳보다 풍성한 해양동물상을 자랑한다. 이때는 내가 트리톤으로 여러 차례 잠수를 즐길 수 있었다. 마크 테일러가 선장으로 함께 타기도 했고, 그의 다른 두 동료 중 한 명이 함께하기도 했다. 이 여행의 손님들 가운데 래리 서머스가 있었던 것이 아주 기뻤다. 대단히 유명한 경제학자이자 전 하버드대학 총장인 그는 문학가인 아내 리사 뉴와 함께 와 있었다. 학자인 래리와 현실 시장의 걸출한 행위자인 레이가 맞대결을 펼치는 식사 시간의 대화는 정말로 지적인 성찬이었다.

그런 주제가 여행을 지배한 것은 아니었다. 배에는 자연보전의 세계적 전문가들도 타고 있었고, 우리는 모두 그들의 주제에 푹 빠졌다. 그중 한 명은 국제보존협회 회장인 피터 셀리그먼이었고(내 선실 짝꿍이었다), 다른 한 명은 미국 생물학자 마크 에드먼이었다. 마크는 그 섬들을 제 손금처럼 잘 알았다. 그는 인도네시아어 통역자로서도 우리에게 귀한 존재였다. 그는 서파푸아의 깊은 숲속 강에서 사는 특별한 무지개물고기를 찾고 있었는데, 그의 추측에 따르면 그 종은 지금까지 동정(同定)되지 않았을 것이었으며, 또한 같은 지역의 다른 종들과는 연관관계가 없고 오히려 뉴기니섬의 다른 지역에 사는 종들과 가까운 관계일 것이었다. 추측이 사실이라면, 그것은 동물지리학적으로 중대한 의미일 것이었다. 그 민물 물고기들을 싣고 움직인 지각판의 이동에 관해서 우리에게 뭔가 알려줄 발견이기 때문이다.

알루샤호는 앞바다에 닻을 내렸고, 배의 헬리콥터가 우리를 번갈아 싣고 내륙의 상류까지 날라주었다. 그곳에서 우리는 무지개물고기를 찾는 마크를 도왔다. 반복된 절차는 다음과 같았다. 마크가 그물의 한끝을 쥐고 물살 빠른 개천으로 헤적헤적 들어갔다. 우리 중 한 명은(레이든 나든 그 밖에 교대로 나선 누구든) 그물의 반대쪽 끝을 쥐고 그보다 약간 하류에서 물로 들어갔다. 우리는 (쾌적하게 차가운) 물속에 쭈그려앉아 있다가, 마크의 구령에 맞춰 벌떡 일어나서 그물을 잽싸게 강둑으로 끌어당김으로써 그 속에서 헤엄치던 물고기를 뭐든 잡아올렸다. 물가에 그물을 펼치면, 마크는 잡힌 물고기 중 자신이 찾는 무지개가 있는지 조사했다.

내가 교대할 차례가 되어 두 번째로 강가 모래톱에 착륙했을 때, 마크는 벌써 그물을 들고 물에 들어가 있었다. 우리는 수색에 나섰고, 성공했다! 그날 작은 물고기가 열다섯 마리쯤 잡혔는데, 전문가의 눈길로 녀석들을 살펴본 마크는 자신이 짐작하던 대로 이제까지 명명되지 않은 종이 있다고 확인했다. 그는 물고기들을 산 채로 조심스레 수조에 담았다. 그렇게 두었다가 나중에 세세히 묘사할 것이었고, DNA 분석도 할 것이었다. 물론 제일 중요한 일인 학명 짓기도 할 것이었다.

공교롭게도 나는 물고기 명명에 개인적으로 관심이 있었다. 나는 2012년에 크나큰 영예를 누렸는데, 스리랑카 어류학자들이 스리랑카와 남인도에 서식하는 어느 민물 물고기에 도킨시아라는 속명을 붙인 것이었다. 현재 그 속에는 아홉 종이 알려져 있다. 이 책의 화보에 사진이 실린 아름다운 종은 *도킨시아 로하니다*(이 물고기도 '무지개물고기'란 이름이 어울릴 것 같다).[8]

갈라파고스

내가 '동방의 갈라파고스'라는 오가사와라제도에 느낀 매력의 일부는 내가 갈라파고스제도 자체를 사랑한다는 데 있었다. 갈라파고스는 나 같은 다윈주의자들에게는 순례지나 다름없으니, 윈저성에서 열린 성대한 파티에서 랄라를 만난 빅토리아 게티가 내가 그곳에 가본 적이 없다는 말을 듣고 충격을 받은 것도 무리가 아니었다. 그녀는 어찌나 충격을 받았던지, 당장 그곳으로 가는 여행을 주선해 우리를 손님으로 초대함으로써 사태를 바로잡겠다고 랄라에게 즉석에서 약속했다.

이 우연한 대화가 벌어진 곳은 켄트의 마이클 공자가 주최한 파티였다. 그 파티에서는 영국을 방문한 러시아 오케스트라가 빅토리아의 작고한 남편 폴 게티 경의 동생 고든 게티가 작곡한 교향곡을 연주하는 순서도 있었다. 마이클 공자는 유명한 친러파다. 그가 오케스트라에게 러시아어로 환영인사를 하는 모습은 인상적이었다. 그와 공자빈은 옥스퍼드대학에서 나를 후원한 찰스 시모니의 친구들이었고, 우리가 그곳에 초대받은 것도 시모니를 통해서였다. 그날 저녁 만찬이 내 기억에 남은 것은 랄라와 빅토리아 게티가 나눈 대화 때문이 아니라, 내 옆에 앉은 수전 허치슨 때문이었다. 시애틀에서 텔레비전 뉴스 앵커로 일했던 그녀는 찰스의 자선재단을 운영하는 책임자였다. 그녀는 매력적이고 재미난 말 상대였다. 그녀가 조지 W. 부시를 한 점 부끄러움 없이 열성적으로 지지한다는 사실을 내가 알기 전에는. 그 사실은 내 신사적 태도를 심하게 시험했지만, 그래도 우리는 난투극을 벌이는 수준까지는 가지 않았고 식사가 끝나갈 때는 화해했다. 내가 그러는 동안, 빅토리아는 랄라에게 갈라파고스는 어떻더냐고 물었고, 랄라는 자신은 가본 적이 없고 나도 가본 적 없다고 대답했다. 빅토리아는 그 자리에서 당장 자신이 여행을 주선하여 우리를 초대하겠다고 약속했다. 그리고 바로 이튿날, 그녀는 랄라에게 전화를 걸어 비글호라는 배를 빌려서(제대로 기능하는 범선이었지만, 그 외에는 원조 비글호와 같은 점은 없었다) 항해 날짜를 잡으려 한다고 알렸다. 우리는 무척 기뻤다.

그런데 이후 곤란한 문제가 생겼다. 정확히 말하자면 곤란할 정도로 복에 겨운 문제였다. 이런 사정과는 무관하게, 미국 선박업 거물인 리처드 페인이 내게 연락을 해왔다. 그가 소유한 배 중에서 '셀레브러티 엑스퍼디션 호'가 갈라파고스제도로 운항하는데, 아내 콜레트와의 기념일을 맞아 그 배를 빌려서 친구들과 친척 아흔 명과 함께 축하할 계획이라고 했다. 그러면서 나더러 초대 강사로 승선해 손님들에게 진화 이야기를 들려주겠느냐고 물었다. 다윈에게 최초의 영감을 불러일으켰던 그곳에서, 다윈이 다음과 같은 인상적인 문장을 썼던 그 장소에서. "원래 이 제도에는 새가 없었는데 어쩌다 한 종이 들어와서 이후 서로 다른 목적에 맞게끔 변형된 게 아닌가 하는 상상마저 든다." 페인은 랄라도 초대했고, 내가 딸의 생일을 놓칠까 봐 못 가겠다고 말하자 줄리엣까지 초대했다. 이것은 그냥 넘기기에는 너무나 유혹적이고 관대한 제안이었다.

하지만 빅토리아에게는 뭐라고 말하지? 그녀는 내가 갈라파고스에 가본 적이 없다는 걸 알고 비글호 여행을 준비했다. 그러니 내가 페인의 초대를 받아들인다면, 우리의 비글 항해는 거짓된 전제에 입각한 일이 될 것이었다. 내 첫 번째가 아니라 두 번째 방문이 될 테니까. 우리는 솔직하게 말하기로 했다. 랄라가 빅토리아에게 전화를 걸어 사정을 털어놓았다. 그녀의 반응은 아주 너그러웠다. "그럼 더 잘됐네요. 두 분이 우리한테 이것저것 설명해줄 수 있을 테니까요." 그녀는 그렇게만 말했다.

그런 너그러움은 다음번에 우리가 그녀를 만났을 때도 이어졌는데, 그녀가 작고한 남편의 전통을 기려 주최한 크리켓 시합 자리였다. 그 남편, 영국 예찬자였던 그 미국인은 — 나중에는 아예 영국으로 귀화했다 — 크리켓에 어찌나 열광했던지, 버킹엄셔의 저택 옆 구릉의 비탈을 깎아서 일류 경기장을 조성했다. 카운티 팀들이 그곳에서 시합을 벌였고, 물론 게티 일레븐과도 경기를 했다('게티 일레븐'은 폴 게티가 전직 선수들을 모아 만든 크리켓팀이다 – 옮긴이). 빅토리아는 2003년 남편이 죽은 뒤에도 관행을 이어갔고, 덕분에 우리는 매년 여름 게티 붉은솔개들이 하늘을 맴돌고 아름다운 햇살이 쏟아지는 와중에 열리는 게티 시합에 그해 초대를 받았다. 내가 '게티 붉은솔개'라고 말한 것은, 한때 사냥터지기들 때문에 영국제도에서 멸종되다시피 했던 그 장엄한 새들이 잉글랜드 일부 지역에 재도입된 데 폴 게티의 공이 컸기 때문이다. 크리켓 시합 날에는 손님들을 위해 대형 천막에서 풍성한 오찬이 마련되었는데, 우리는 빅토리아와 같은 테이블에 앉았다가 루퍼트와 캔디다 라이셋 그린 부부를 소개받았다. 두 사람도 우리와 함께 비글호에 탈 승객이었다. 나는 캔디다의 아버지, 즉 더없이 영국다운 시인이었던 존 베처먼을 평생 흠모해온 사람으로서 — 흠모는 아주 절제한 표현이다 — 그녀와 금세 유대를 맺었다.

두 번의 갈라파고스 여행은 둘 다 기막히게 좋았지만 성격은 좀 달랐다. 셀레브러티 엑스퍼디션 호의 승객은 아흔 명이었다. 우리는 호화 유람선의 혜택은 전부 누리면서도 사람들의 관심을 좌현이나 우현 너머가 아니라 바다 위 호텔 내부로 이끄는 끔찍한 카지노나 '유흥'에는 시달리지 않았다. 반면 비글호의 승객은 딱 아홉 명이었고, 모두 빅토리아의 손님이었으며, 모두가 큰 탁자 하나에 둘러앉아 식사했다. 우리의 쾌활하고 박식한 에콰도르 안내인 발렌티나도 함께.

두 배 모두 갈라파고스 여행의 전형적인 패턴을 따랐다. 한 섬 한 섬 닻을 내리고, 조디악 고무보트에 탄 뒤, 강인한 선원들의 '갈라파고스 식 팔 붙잡기'에 몸을 맡긴 채 작은 배에서 섬으로 내렸다가 탔다가 하는 것이었다. 셀레브러티 엑스퍼디션 호에는 조디악 보트가 10여 척 있었고, 보트마다 대단히 박식한 에콰도르 자연학자가 딸려 있었다. 섬에 내리면 그들은 우리가 정해진 길에서 절대 멀리 벗어나지 않도록 감독했다. 다들 영어가 유창했지만 보통은 외국인 억양이었는데, 눈에 띄는 예외가 한 명 있었다. 체 게바라처럼 더부룩한 턱수염을 기른 그는 완벽한 억양에 점잖은 옥스퍼드 교수 영어로 우리를 말문 막히게 만들었다. 선교사들에게 교육받은 게 틀림없었다.[9]

내가 갈라파고스에서 받은 압도적인 인상은 동물들이 온순하다는 것, 그리고 식생이 거의 '화성처럼' 기이하다는 것이었다. 세상에는, 그곳에서 서식하는 대부분의 동물들에 대해서 우리가 멀리서 눈 깜박할 사이에 언뜻 모습을 본 것만으로도 감지덕지해야 하는 곳들이 있다. 그러나 갈라파고스에서는 관광객들에게 동물을 만지지 말라고 주의를 주어야 한다. 터무니없을 만큼 만지기 쉽기 때문이다. 일광욕을 하는 바다이구아나, 둥지를 품은 부비새나 신천옹을 밟지 않도록 조심해야 한다.

비글호는 훨씬 작은 배였기 때문에 더 작은 섬에도 정박할 수 있었다. 가령 피터와 로즈메리 그랜트 부부가 중간 크기의 땅핀치를 대상으로 경이적인 장기 진화 연구를 수행했던 무인도 다프네마요르가 그랬다. 다프네마요르에 내리는 것은 약간 위험했다. 나는 그랜트 부부와 그 동료들과 학생들이 물자를 어떻게 내렸을지 궁금했다. 그 버려진 작은 섬에는 모든 것을, 물까지 다 챙겨서 들어가야 했기 때문이다. 비글호에 딱 하나 있는 조디악 보트는 늘 발렌티나가 감독했는데, 그녀의 크루스 집안 사람들은 제도의 거의 모든 섬을 독차지하고 퍼져 있는 것 같았다. 우리는 농담 삼아 거의 모든 섬에서 그녀의 형제 중 한 명이 우리를 맞아주는 것 같다고 말했다. 그녀의 또 다른 형제는 비글호 선장이었다. 그는 영어를 못하는 척했지만, 발렌티나만큼은 아니라도 자기가 말하는 것보다는 잘했다. 유달리 흥분되었던 어느 순간, 나는 그가 내뱉은 라틴어를 대번에 알아들었다. "몰라 몰라!" 그는 키를 잡은 채 기뻐서 외쳤다. "몰라 몰라!" 바다에 사는 가장 특별한 물고기 중 하나인 개복치가, 학명으로 부르자면 *몰라 몰라*가 수직으로 선 거대한 원반처럼 수면 가까이 떠 있었던 것이다. 그 모습은 갑판에서도 보였다. 크루스 선장은 비글호를 세웠고, 발렌티나와 승객들은 다들 미친 듯이 마스크와 스노클과 물갈퀴를 거머쥐고 바다로 뛰어들었다. 개복치는 그다지 오래 머물지 않았다. 그러나 녀석을 그렇게 가까이서 본 것은 경이로운 경험이었다. 개복치는 곧 모습을 감췄다. 우리 것이 아닌 신비로운 세상으로.

셀레브러티 엑스퍼디션 호에는 멋진 사람이 많았다. 페인 부부도 그렇고 그들의 대가족 중에도 재주 많은 사람이 많았다. 하지만 인원이 너무 많았기 때문에, 누구 한 명을 잘 사귈 수는 없었다. 반면 빅토리아와 그녀의 친구들과 함께한 비글호 여행은 좀 더 친밀한 분위기였다. 캔디다는 남들이 카메라를 갖고 다닐 때 특이하게도 공책을 갖고 다니면서 갈라파고스붉은게들이 종종걸음하는 바위에 앉아 생각, 관찰, 인상을 글로 기록했다. 그 습관은 매력적으로 보였고, 나도 그렇게 하지 않았던 것이 후회된다.

그 모습을 가만히 떠올리자니 가슴이 저린다. 내가 이 글을 쓰는 와중에 캔디다가 암으로 죽었기 때문이다. 매년 여름, 그녀와 루퍼트는 애수를 일으킬 만큼 영국풍인 그들의 아름다운 정원에서 얄궂게도 '국제 크로케 시합'이라고 부르는 경기를 열었다. 그곳은 육각형 탑이 있는 어핑턴의 13세기 교회에서 가까웠고, 청동기 시대부터 백악 구릉지를 뛰놀던 백마가 굽어보고 있는 곳이었다(옥스퍼드셔 어핑턴의 들판에는 기원전 1000년경에 만들어진 것으로 추정되는 커다란 말 그림이 언덕에 새겨져 있다 – 옮긴이). 2014년 토너먼트가 열린 게 불과 몇 주 전이었다. 그것이 자신의 마지막 시합이 되리란 걸 잘 알았던 캔디다는 명랑하고 훌륭한 여주인으로서 용감함의 모범을 보였다. 편히 잠들기를, 영국의 야릇한 찬미자였던 분이여, 그 영국이 찰스 다윈도 알아볼 수 있을 만큼 잘 보존된 데는 그대 아버지의 덕도 있었으니. 편히 잠들기를, 불가사의하게 상냥한 동료 선객이었으며 젊은 다윈이 찾았던 축복받은 섬들을 나와 함께 누볐던 탐사자여.

RICHARD DAWKINS

8
출판사를 얻는 자는 복을 얻은 것이니

My Life in Science

RICHARD
DAWKINS

내 출판사들은 그동안 나를 잘 도와주었다. 거의 40년이 흐르는 동안, 내 책 열두 권 중에서 영어판이 절판된 것은 아직 한 권도 없다. 그래서 내가 함께 일한 출판사가 제법 많아 보인다는 것을 깨닫고는 나도 좀 놀랐다.

영국에서는 옥스퍼드대학 출판부, W. H. 프리먼, 롱맨, 펭귄, 바이덴펠트, 랜덤하우스. 미국 출판사 목록도 이만큼 길다. 이런 난잡한 배신행위에 딱히 하나의 이유는 없다. 오히려 그 반대 이유, 즉 충성심 때문에 시작된 일이었다. 마이클 로저스라는 편집자에 대한 충성심 때문에. 그가—출판계에서는 제법 흔한 일인데—심란할 만큼 자주 고용주를 바꿨기 때문이다.

초기작들

자서전 1권에서 나는 마이클을 처음 만났던 이야기를 했다. 그가 《이기적 유전자》를 내고 싶어서 조심스럽고 절제된 열의를 보였다는 것을. "제가 그 책을 꼭 내야 되겠습니다!" 그는 초고를 읽은 뒤 전화기에 대고 내게 이렇게 소리쳤다. 그가 이제 출판계에서의 경력을 회고한 책 《출판과 과학의 증진: '이기적 유전자'에서 '갈릴레오의 손가락'까지》를 펴냈으니, 같은 일화를 그의 시각에서 들어볼 수도 있다. 그 책에는 2006년 《이기적 유전자》 출간 30주년을 기념하여 헬레나 크로닌이 옥스퍼드대학 출판부와 함께 런던에서 주최한 만찬에서(250쪽을 보라) 내가 한 연설의 일부가 인용되어 있다. 그 인용문을 고스란히 재인용해보겠다. 내가 왜 옥스퍼드대학 출판부보다 마이클에게 충성하게 되었는지 설명해주는 내용이기 때문이다.

> 《이기적 유전자》가 출간된 직후, 독일에서 열린 큰 국제 학회에서 본회의 강연을 하게 되었다. 학회에 딸린 서점은 사전에 《이기적 유전자》를 몇 부 주문해두었지만, 내 강연이 시작된 지 몇 분 만에 다 팔렸다. 서점 담당자는 냉큼 영국의 옥스퍼드대학 출판부로 전화를 걸어, 추가 주문 분량을 항공편으로 급히 독일로 보내달라고 사정했다. 당시 옥스퍼드대학 출판부는 지금과는 아주 다른 조직이었다. 유감스럽게도 서점 담당자는 깍듯하지만 냉정한 거절을 당했다. 서면으로 정식 주문서를 제출해야 하고, 발송은 창고 공급 사정에 따라 몇 주 뒤에 이뤄질 수도 있다는 것이었다. 절박해진 담당자는 학회장으로 나를 찾아와서 출판사에 좀 더 적극적이고 덜 고루한 사람이 없느냐고 물었다… 나는 옥스퍼드의 마이클에게 전화를

걸어 사정을 설명했다. 마이클이 주먹으로 책상을 때리던 소리가 지금도 귀에 선하다. 그가 한 대답도 정확히 기억한다. "사람을 잘 찾아오셨군요! 제게 맡겨주세요!" 호언장담대로, 학회가 끝나기 한참 전에 옥스퍼드에서 보낸 커다란 책 상자가 도착했다.

그 책은 물론 영문판《이기적 유전자》였다. 독일어판《다스 에고이스티셰 겐》은 그보다 뒤에 나왔다. 독일어판 출간 직후에 어느 독일 독자로부터 편지를 받았는데, 번역이 아주 훌륭해서 저자와 번역자가 '영혼의 쌍둥이'인 듯 느껴졌다고 적혀 있었다. 당연히 나는 번역자 이름을 찾아보았고—카링 드 소자 페헤이라였다—놀랍도록 독일스럽지 않은 그 이름은 기억하기 쉬웠다. 얼마 뒤, 저명한 영장류학자 한스 쿠머가 재직하고 있던 취리히대학으로 가서 그를 만날 일이 있었다. 저녁을 먹다가 독일어판 번역자에 관한 일화를 그에게 말해주었다. 내가 '영혼의 쌍둥이'까지만 말하고 번역자 이름은 입도 벙끗 안 했는데, 쿠머가 대뜸 내 말을 막더니 손가락을 권총 모양으로 만들어서 나를 겨냥하며 물었다. "카링 드 소자 페헤이라?" 그렇게 멋진 추천을 독자적으로 두 번이나 받았으니,《눈먼 시계공》을 독일어로 번역하게 되었을 때 나는 같은 번역자를 써달라고 강력하게 요청했다. 기쁘게도 포르투갈 이름을 가진 독일의 내 쌍둥이 영혼은 고맙게시리 은퇴를 번복하고 나서서 그 책을《데어 블린데 우르마허》로 옮겨주었다.

내가 번역 운이 늘 좋았던 것은 아니다. 한 스페인어판은(어떤 책인지는 밝히지 않겠다) 너무 엉망이라, 서로 다른 스페인어 사용자 세 명이 내게 그 책을 거둬들여야 한다고 말했다. 영어 숙어가 단어 대단어로 직역되어 있다는 것이었다. 어느 영어 소설에 나왔던 문장인 "그는 그녀에게 전화를 걸었다"가 덴마크어판에서 "그는 그녀에게 반지를 주었다"로 번역되었다는 유명한 이야기처럼 말이다('He gave her a ring'에서 'ring'은 맥락에 따라 전화도 되고 반지도 된다 – 옮긴이). 이 덴마크어판 이야기는 도시 전설일지도 모르지만, 내 스페인어판은 정말로 ('맹렬히'를 뜻하는) 'with a vengeance'가 ('복수심으로'를 뜻하는) 'con una venganza'로 번역되어 있었다. 숙어의 뜻이 통하지 않게 단어를 문자 그대로 옮긴 것이었다. 더구나 이것은 많은 사례 중 하나일 뿐이었다. 바로 이것이 기계 번역이 어려운 (무수한 이유들 중) 한 이유다. 번역자에게는 단어 사전뿐 아니라 위와 같은 관용구를 찾아볼 사전도 있어야 하고, 나아가 가령 'at the end of the day' 같은 상투적 표현을 찾아볼 사전도 있어야 한다(이 표현은 직역하자면 '하루의 끝에'라는 뜻이겠지만 실제로는 '모든 것을 고려해볼 때'라는 뜻으로 쓰인다). 언어란 정말 환상적이지 않은가? 다행히 스페인 출판사가 책임을 지고 새로 번역을 의뢰했고, 이제 새 번역본이 출간되었다.

사람이 할 일을 컴퓨터에 의존할 때 생기는 위험을 이야기하자니, 옥스퍼드 유일의 저작권 대리인으로 일컬어지는 내 친구 펄리시티 브라이언이 해준 귀여운 이야기가 떠오른다. 그녀의 고객인 어느 작가가 데이비드라는 주인공이 나오는 소설을 썼다. 그런데 편집이 다 끝나 인쇄기에 걸 무렵, 작가는 자기 주인공에 대한 생각이 바뀌었다. 생각해보니 데이비드보다는 케빈이라는 이름이 더 어울리는 것 같았다. 작가는 컴퓨터에게 전체 검색으로 '데이비드'를 '케빈'으로 바꾸라고 시켰다. 변환은 잘 이루어졌지만, 그러다 소설의 배경이 피렌체에 있는 어느 미술관으로 넘어갔는데… (피렌체의 아카데미아 미술관에는 조각가 미켈란젤로의 유명한 걸작 다비드상이 있는데, 이 다비드/데이비드David가 '케빈상'으로 바뀌었을 테니 하는 말이다 – 옮긴이).

번역에 관한 짧은 이야기 하나만 더. 일본에서 진화를 주제로 한 학회에 참석했을 때, 나는 헤드폰으로 동시통역을 들었다. 강연자는 초기 원인의 진화에 관해서 발표하고 있었다. 오스트랄로피테쿠스, 호모 에렉투스, 고대 호모 사피엔스 등. 그런데 그게 헤드폰에서는 뭐라고 나왔는지 아는가? "일본인의 초기 진화." "일본인의 화석 역사." "일본… 인간의 진화 역사."

마이클 로저스는 1979년에 W. H. 프리먼으로 옮겼다. 몇 년 뒤에 두 번째 책《확장된 표현형》을 내게 된 나는 그를 따라 그곳으로 옮겼다. 그리고 앞서 말했듯이 출판계는 유동적이라, 마이클이 다시 롱맨으로 옮겼을 때 나는 또 그를 따라 옮겨서 1986년에《눈먼 시계공》을 롱맨에서 냈다.

이 대목에서《눈먼 시계공》에 관한 일화를 두 가지만 이야기할까 한다. 책의 서두에서 나는 "저명한 현대 철학자이자 유명한 무신론자"와 저녁 식탁에서 나눈 대화를 소개했다. 내가《종의 기원》이 출간된 1859년 이전에는 무신론자를 상상하기 어렵다고 말하자, 철학자가 이의를 제기했다. 그는 흄을 인용하며, 어째서 생명의 복잡성에 특별한 설명이 필요한지 모르겠다고 말했다. 나는 말문이 막혔고, 나중에 책에서 많은 지면을 들여서 그의 주장을 논박했다. 그러나 그의 이름은 끝까지 밝히지 않았다. 그때 내가 왜 그의 정체를 숨기기로 했는지는 잘 모르겠지만, 그는 바로 위컴 논리학 교수이자 뉴 칼리지의 펠로로서 가공할 만큼 똑똑했던 사람, 내가 참으로 존경했던 앨프리드 '프레디' 에어 경이었다. 《눈먼 시계공》이 출간되고 오랜 시간이 흐른 뒤, 그가 내게 와서 이제야 그 책을 읽었다고 말했다. 진작 읽지 않아서 미안하다며(전혀 필요없는 사과였다), 자신이 영향을 준 것이 기쁘다고 말했다. 그러니 최소한 그는 그게 자신이란 걸 알아보았던 것이다. 나는 그에게 우리 대화를 내가 정확하게 적었더냐고 물었고, 그는 이렇게 대답했다. "완벽하게 정확하게."

《눈먼 시계공》에 얽힌 두 번째 이야기를 들려드리는 것은 그냥 웃겨서일 뿐, 다른 이유는 없다. 우선 배경 설명을 좀 해야 한다. 진화를 의심하는 사람들은 동물의 완벽한 위장을 수수께끼 같은 현상으로 여겨왔다. 그들은 가령 새의 예리한 시각이 대벌레에게 마치 조각칼처럼 작용함으로써 결국 대벌레가 싹눈과 잎자국까지 갖췄을 만큼 정교하고 완벽하게 나뭇가지를 모방하도록 변했다는 사실은 마지못해 인정한다. 또 다른 예로, 어떤 애벌레는 새똥을 닮았다. 하지만 이 대목에서 회의주의자는 묻는다. 곤충이 나뭇가지나 새똥을 완벽하게 모방하는 의태가 자연에 의해 선택된다는 것은 인정하더라도, 그 선택의 힘이 그런 곤충의 선조에게 작용하여 모방을 향한 최초의 임시 단계들을 취하도록 만들었다는 가설은 어떻게 믿는단 말인가? 책에서 나는 새똥 모방에 관한 스티븐 제이 굴드의 말을 인용하여 "5퍼센트 똥처럼 보이는 것에 어떤 이점이 있단 말인가?" 라고 물은 뒤, 굴드와는 약간 다르게 대답했다. 그 곤충을 보는 새의 눈은 아주 다양한 조건에서 먹잇감을 볼 것이다. 흐릿할 때나 밝을 때, 눈의 구석으로나 정면으로, 멀리서나 가까이에서. 새가 멀리서 보거나 해 질 녘에 본다면, 애벌레가 새똥과 미미하게만 닮았더라도 애벌레의 목숨을 구하기에는 충분할지 모른다. 반면 새가 환한 대낮에 가까이에서 본다면, 애벌레는 새똥과 똑 닮아야만 목숨을 구할 수 있을 것이다. 그리고 나쁜 시각 조건과 좋은 조건 사이에는 연속된 기울기가 있다. 따라서 조악한 의태에서 완벽한 의태로 발전하는 과정의 매단계에 선택압이 작용할 것이다. 이런 '기울기' 논증은 모든 복잡한 적응에, 즉 눈이나 날개, 그 밖에 창조론자들이 즐겨 거론하는 모든 기관에 적용된다. 이 사실은 진화 이론 전반적으로도 엄청나게 중요한 요소다.

여기까지가 이야기의 배경이다. 자, 이래서 《눈먼 시계공》에는 스티븐 굴드의 이름이 여러 번 등장했고, 따라서 색인에도 나오게 되었다. 단어들의 앞뒤가 도치된 형태를 취하는 색인이란 농담을 숨기기 알맞은 장소다. 눈치채는 사람이 많진 않겠지만, 알아본 사람은 편찬자와 은밀한 공모의 미소를 나눌 것이다. 작고한 존 벅스턴과 펜리 윌리엄스가 엮은 뉴 칼리지의 공식 역사 기록 《뉴 칼리지, 옥스퍼드, 1379~1979》에는 제3의 편찬자였던 중세 역사학자 에릭 크리스티안센이 작성한 색인이 딸려 있다(에릭 자신이 쓰는 뉴 칼리지 회고록은 그와 그의 폭로의 희생자들이 모두 죽기 전에는 출간되지 못할 것이고, 사람들의 이야기를 종합해보자면 정말로 출간되지 말아야 할 것 같다). 에릭은 대학 역사를 기록한 책의 색인에 그답게 재미있고 사소한 농담을 몇 개 끼워넣었다. 예를 들어 '펠로' 항목 하위에는 '~의 안락함', '~의 술주정', '~의 처형', '~의 제명', '~간의 당쟁', '~의 무명성', '~의 유래', 그리고 내가 제일 좋아하는 항목인 '~의 속물근성'이 있다. '~의 속물근성'에 표시된 페이지를 찾아보면, 그 단어 자체는 안 나오고 에릭의 취향에 거슬렸던 게 분명한 세 건축 사업이 설명되어 있다. 그중 두 건물은 19세기 것이고, 특히 흉한 것 하나는 20세기 것이다.

그건 그렇고, 앞에서 말했듯이 나는 《눈먼 시계공》의 색인에 스티브 굴드를 위한 작은 농담을 심어두었다. 영국판 초판에는 내 의도대로 농담이 실렸지만, 미국 출판사는 그것을 경악스러워했다. 그들은 그것을 끔찍한 취향으로 여겼다. 어쩌면 굴드가 자신들에게 제일 돈이 되는 저자 중 하나라는 사실을 의식했을 수도 있다(그러나 정말로 그러냐고 물어보기에는 내가 너무 점잖았다). 그래서 미국판은 농담이 삭제된 채 출간되었다. 그런데 이번에는 고의가 아니라 그냥 실수 때문에, 나중에 롱맨의 영국판과 펭귄의 페이퍼백을 찍을 때 그 검열된 색인이 담긴 마이크로필름이 쓰였다. 마이클 로저스는 원래 영국판에 농담을 남겨둘 생각이었는데도 말이다. 이제 그러지 못하게 되었으니, 우표수집가들이 '절취선에 구멍이 뚫리지 않은' 우표를 귀하게 여기는 것처럼 《눈먼 시계공》 영국판 초판에 수집 가치가 좀 있을지도 모르겠다. 아래는 논란이 되었던 색인 항목의 두 버전이다. 차이를 찾아보라(차이들일지도 모르겠다. 미국 출판사에게 추가의 모욕으로 느껴졌을지도 모르는 작은 농담들이 더 있으니까).

굴드 S. J.	굴드, S. J.
5퍼센트의 눈 81, (41쪽에도 인용됨)	5퍼센트의 눈 81, (41쪽에도 인용됨)
5퍼센트 똥을 닮음 82, (41쪽에도 인용됨)	똥을 모방하는 곤충에 대하여 82, (41쪽에도 인용됨)
언급됨 275, 291	언급됨 275, 291
단속평형 229-52, (36)	단속평형 229-52, (36)
실수를 드러내다 244, (36)	다윈의 점진주의에 대하여 244, (36)
결함을 드러내다 91, (34)	《판다의 엄지》 91, (34)
합성 이론을 기각하다 251, (35)	합성 이론을 기각하다 251, (35)

한편 옥스퍼드대학 출판부는 W. H. 프리먼으로부터 《확장된 표현형》 페이퍼백 판권을 사들였고, 이후 계속 그 책을 내고 있다. 그러니 내가 다른 출판사들로 옮기기는 했어도 옥스퍼드대학 출판부와도 여태 좋은 관계를 유지하는 셈이다. 1989년에는 그들이 《이기적 유전자》의 새 판을 내자고 연락해왔는데, 그 김에 《확장된 표현형》의 논지를 요약한 글을 새 장으로 추가하는 게 자연스러울 것 같았다.

옥스퍼드대학 출판부에서 새 《이기적 유전자》를 맡은 편집자는 힐러리 맥글린이었다. 나는 그녀와 함께 일하는 게 즐거웠지만, 사실 그 프로젝트를 계획하고 실행하는 데 제일 큰 영향을 미친 사람은 친구 헬레나 크로닌이었다. 그녀는 내 작업을 도왔고, 나는 그녀가 아름다운 책 《개미와 공작》을 쓰는 것을 도왔다.

작업에 관여한 사람들은 《이기적 유전자》의 원 텍스트를 손대지 말고 놔둬야 한다고, 결점까지 그대로 두어야 한다고 처음부터 입을 모아 말했다. 출판사는 그 초판이 일종의 상징처럼 되었기 때문에 그대로 보존해야 마땅하다고 여겼다. 아서 케인은 A. J. 에어의 《언어, 진리, 그리고 논리》에 대한 어느 서평을 인용하여 《이기적 유전자》를 "청년의 책"이라고 묘사했는데, 출판사는 그 느낌을 간직하기를 바랐다. 대신 모든 수정, 재고, 추가는 방대한 분량의 미주로 담아낼 것이었다.

나는 새로 추가할 장을 두 개 제안했다. 하나는 BBC 다큐멘터리 〈호라이즌〉 중 내가 출연했던 방송의 이름을 따서(257쪽을 보라) '마음씨 좋은 놈이 1등 한다'라고 제목을 지은 장이었고, 다른 하나는 《확장된 표현형》의 요약본이라 할 수 있는 '유전자의 긴 팔'이었다.

이런 내용까지 포함되어, 1989년판 《이기적 유전자》는 1976년 초판보다 절반쯤 더 두꺼워졌다.

저작권 대리인들

《눈먼 시계공》을 낼 때 마이클 로저스를 따라 롱맨으로 옮겼다는 이야기는 앞에서 했다. 그즈음 내게 저작권 대리인도 생겼다. 런던 '피터스 프레이저 앤드 던롭' 사의 캐럴라인 도네이였는데, 그녀는 새 출판사에 세게 나가서 계약을 맺어주었다(마이클의 회고록에는 이 일화를 약간 극적으로 묘사한 대목이 있다). 캐럴라인이 처음 내게 접촉한 것은 《이기적 유전자》가 출간된 뒤였다. 옥스퍼드의 랜돌프호텔에서 함께 점심을 먹으면서, 그녀는 나도 이제 대리인을 두는 게 좋을 텐데, 자신은 그 분야를 대표하는 괜찮은 사람이라고 나를 설득했다. 겪어보니 정말 그랬다. 하지만 《눈먼 시계공》 출간 후, 뉴욕의 저작권 대리인인 존 브록먼이 점점 나를 압박하며 접근해왔다.

존은 예나 지금이나 인정사정없이 터프한 협상가로 출판계에서 전설적인 존재다. 그래도 그는 그렇지 않은 척하지는 않는다는 점에서 정직하다(어느 기자는 브록먼의 지느러미가 멀리서 호시탐탐 맴도는 것을 볼 수 있다며 그를 상어에 비유하기도 했다). 그러나 내가 그에게 끌린 것은 그가 과학에 대해서, 과학이 우리 지적 문화에서 차지해야 할 위치에 대해서 일편단심으로 헌신한다는 점 때문이었다. 그가 스스로 자신의 임무로 정한 그 일은 착실히 성장했고, 지금 그의 고객은 거의 전부 과학자들이다(혹은 과학에 대해서 쓰는 철학자들이나 학자들이다). 그는 C. P. 스노를 넘어서겠다는 의미에서 그 모임을 '제3

의 문화'라고 불렀고, 현재는 그 모임에 속한 저자들 중 브록먼사의 고객이 *아닌* 사람이 몇 안 되는 수준이 되었다. 그가 운영하는 웹사이트 〈에지〉는 과학자들과 관련 지식인들이 모이는 '온라인 살롱'으로 묘사되는데, 합당한 표현이다. 일부 블로그들처럼, 이 웹사이트에는 여러 작성자가 글을 싣는다. 차이라면 그의 웹사이트에 기고하는 이들은 모두 그가 일부러 초대한 이들, 그가 세심하게 엄선한 엘리트들이라는 것이다. 언젠가 나는 그가 미국에서 제일 훌륭한 전화번호부를 갖고 있다고 쓴 적이 있는데, 그는 그 전화번호부를 과학과 이성을 끈질기게 지지하는 일에 활용한다. 이를테면 연례 '에지 질문'이 그렇다.

매년 크리스마스 즈음, 존은 전화번호부를 뒤져서 그 속의 사람들에게(그의 고객도 있고, 아닌 사람도 있다) 그해의 질문에 대한 개인적인 답을 얻어낸다. 전형적인 질문은 이런 식이다. "지난 2천 년 동안 가장 중요한 발명은 무엇이었습니까?" 나는 친구 니컬러스 험프리의 답변이 특히 기억에 남았다. 그는 안경을 꼽았는데, 안경이 없다면 중년을 넘긴 사람은 글을 읽을 수 없을 테고 우리의 언어적 문화에서 그것은 사람을 참으로 무력하게 만드는 일이기 때문이라고 했다. 내 답은 분광기였다. 분광기가 최고로 중요한 발명이라고 진심으로 생각한 것은 아니었다. 제출이 늦었던 터라, 내가 쓸 때는 다른 뻔한 후보들은 남들이 다 차지한 뒤였기 때문이다. 그래도 분광기는 썩 훌륭한 후보였다. 분광기는 우리로 하여금 뉴턴이 상상할 수 있었던 것을 넘어서게 해주었다. 우리는 분광기 덕분에 별의 화학 성질을 알게 되었고 — 멀어지는 은하들의 빛이 적색이동하는 현상을 측정함으로써 — 우주가 팽창하고 있다는 것도, 우주가 대폭발로 시작되었다는 것도, 그 시점까지도 알게 되었다.

그동안 브록먼이 매년 던진 질문은 이런 것들이었다. "당신이 품고 있는 위험한 발상은 무엇입니까?" "당신은 무언가에 대해서 생각을 바꾼 적이 있습니까? 그 이유는?" "어떤 질문이 세상에서 사라졌을까요? 그 이유는?" "인터넷은 당신이 생각하는 방식을 어떻게 바꿨습니까?" "당신이 제일 좋아하는 심오하고, 우아하고, 아름다운 설명은 무엇입니까?" "당신이 증명할 순 없지만 그래도 진실이라고 믿는 게 있습니까?" (마지막 질문에 대한 내 답은 우주의 다른 어디서든 다른 생명이 발견된다면, 그것 역시 다윈주의적 생명일 거라는 믿음이었다. 534쪽을 보라.) 존은 매년 이 대답들을 모아 책으로 펴낸다. 겉보기에는 여느 연간 선집과 그다지 다르지 않지만, 출연자 명단 중 노벨상 수상자, 미국 국립과학아카데미나 영국 왕립학회 회원, 혹은 세상 사람들이 이름을 다 아는 (최소한 책들과 지식인들이 모인 세상에서는 그럴 것이다) 유명인사를 헤아려보면 얘기가 달라진다.

처음 존이 내게 접근했을 때는 이런 것들은 한참 미래의 일이었다. 그러나 그는 이미 과학을 위한 성전에 착수한 참이었고, 나는 그 점에 감명받았다. 캐럴라인과의 즐거운 관계를 끊는 건 내키지 않았지만(그리고 나는 순진하게시리 저자와 대리인이 결별할 때는 마치 이혼처럼 느껴지는 트라우마가 남는다는 걸 몰랐다), 어쨌든 존을 한번 만나서 그의 설득을 들어보기로 했다. 안 그래도 나는 미국 강연 여행을 할 계획이었으므로, 도중에 코네티컷에 들러서 브록먼 부부가 주말에 뉴욕을 벗어나 쉬러 가는 농장을 방문하기로 했다. 그런데 어쩌다 보니 그 '나는'이 '우리는'으로 바뀌었다. 사정은 이랬다.

때는 더글러스 애덤스가 마흔 살이 된 1992년이었고, 그의 마흔 살 생일 파티는 내게 특별한 이유에서 기억할 만했다. 그가 그 자리에서 내게 배우 랄라 워드를 소개해주었기 때문이다. 더글러스와 랄라는 더글라스가 대본을 다듬고 랄라와 톰 베이커가 주역을 맡아 창의적이고 아이러니한 연기를 보여준 덕분에 〈닥터 후〉가 가장 재치 넘쳤던 시절부터 서로 알고 지냈다. 생일 파티에서 랄라는 스티븐 프라이와 대화하고 있었는데, 더글러스가 나를 그녀에게 데려가서 소개해주었다. 더글러스와 스티븐은 둘 다 랄라와 나보다 어처구니없을 만큼 더 크기 때문에, 그들이 우리 머리 위에서 드높은 재치를 주고받는 동안 랄라와 나는 자연히 그 고딕 아치 밑에서 얼굴을 맞댔다. 나는 아치 너머로 그녀에게 빈 잔을 채워주겠다고 수줍게 제안했다. 내가 잔을 채워 돌아온 뒤, 우리는 대화를 나누기에 파티장이 너무 시끄럽다는 데 동의했다. "진짜 혹시나 해서 말인데, 나가서 얼른 뭘 좀 먹고 — 당연히 — 도로 오면 어떨까요?" 우리는 슬쩍 빠져나와, 메릴리번로에서 아프가니스탄 식당을 발견했다.

랄라가 《이기적 유전자》를 읽었고 내 크리스마스 강연을 시청했다는 것은 흐뭇한 일이었다. 더구나 《확장된 표현형》도 (그리고 다윈도) 읽었다는 것은 믿기 어려울 만큼 기쁜 일이었다. 나는 곧 랄라가 〈닥터 후〉의 동행 역 외에도 BBC TV에서 방송된 데릭 재커비의 영화 〈햄릿〉에서 아름다운 오필리어를 연기했다는 것, 또한 다재다능한 화가이자 책을 낸 저자이자 삽화를 그린 일러스트레이터라는 걸 알게 되었다. 앞에서도 말했지만, 믿기 어려울 만큼 멋있는 일이었다. 우리는 파티장으로 돌아가지 않았다.

나는 랄라에게 곧 미국을 여행할 예정이라는 것, 존 브록먼 방문을 여정에 추가했다는 걸 말해주었다. 랄라는 자기도 연극계의 여자친구와 함께 바베이도스로 휴가를 떠날 예정이라고 말했다. 그러고는 충동적으로, 내게 미국에 데려가줄 수 있느냐고 물었다. 그러면 같이 바베이도스에 가기로 한 친구를 실망시켜야 하겠지만 말이다. 똑같이 충동적으로, 나는 그러마고 승낙했다.

그 때문에 나는 약간 쑥스러운 상황에 처했다. 나는 먼저 보스턴으로 가서 댄과 수전 데닛 부부네 집에서 묵고, 그다음에 코네티컷으로 가서 브록먼 부부네 집에서 묵을 예정이었다. 양쪽 다 손님을 한 명만 기대하고 있었지 두 명은 아니었다. 어떻게 말을 꺼낸담? 랄라와 나는 집주인들이 "두 사람은 만난 지 얼마나 됐나요?"라고 물을까 봐 — 누가 뭐래도 커플에게 당연히 물을 만한 질문이니까 — 조마조마했다. 그러면 우리는 "일주일이요"라고 대답해야 할 것이었다. 그러나 결국 그들은 묻지 않았다. 몇 년이 흐른 뒤에야 랄라가 댄에게 진실을 고백했다. 댄은 짐짓 몰랐던 척하며 말했다. "정말요? 만난 지 몇 년은 됐을 거라고 생각했죠."

우리는 데닛 부부와 헤어져서 사우스캐롤라이나로 날아갔다. 그곳 듀크대학은 마다가스카르를 제외하고는 세계 최대의 여우원숭이 집단을 갖고 있는 것을 자랑한다. 랄라는 (오래전에 대부분의 여우원숭이 종들을 세밀화로 그린 적이 있어서) 라틴어 학명을 죄 알았다. 그 점에 나는 물론이거니와 우리를 안내한 여우원숭이 전문가들도 대단히 감명받았다(그리고 나는 랄라가 숨긴 또 다른 깊이를 재보는 내 모습을 목격한 여우원숭이 두 마리가 다 안다는 듯한 윙크를 주고받는 모습을 본 것만 같다). 견학의 하이라이트는 아이아이원숭이(다우벤토니아 속)였다. 여우원숭이 중에서도 변칙적이고 말 그대로 특이한 그 원숭이는 무지하게 길쭉하고 앙상한 가운뎃손가락으로 먹잇감 곤충을 후

벼내는 데 적응했다. 처음에는 마분지 상자 하나만 보였다. 속에 든 것은 보이지 않았다. 그러다 긴 잔가지 같은 손가락 하나가 쑥 튀어 나왔다. 이어서 악마처럼 우스꽝스러운 얼굴이 나타나서 상자 너머를 훔쳐보았다. 원숭이는 그러더니 멋있고 능숙한 손짓으로, 모든 손가락 중에서도 제일 굉장한 그 손가락을 써서, 나무 구멍에서 곤충을 후벼파는 게 아니라, 제 코를 후볐다. 옥스퍼드를 나왔든 다른 어떤 대학을 나왔든 이미 졸업한 사람이라면 으레 그렇듯이, 나는 대학 수업에서 배운 내용을 대부분 까먹은 지 오래다. 하지만 여우원숭이에 대한 해럴드 퓨지의 수업은 기억에 박혀 있는데, 오로지 그가 연거푸 반복했던 한 문장 때문이었다. 해럴드는 여우원숭이를 일반화한 말이 끝날 때마다 작은 목소리로 반드시 이런 후렴구를 읊었다. "다우벤토니아는 제외하고." 내가 *말 그대로* 특이한 원숭이라고 한 것은 그 때문이다.

우리는 사우스캐롤라이나에서 라과르디아공항으로 날아갔다. 존 브록먼이 그곳에 우리를 맞을 "차를 보내두었다"고 했다. 보니까 거대한 확장형 리무진이 한 대 서 있었다. 랄라가 농담으로 말했다. "저게 우리 찬가 봐요." 그런데 농담이 아니었다. 정말 그 차였다. 차가 하도 커서, 딱한 운전사는 후진과 전진을 숱하게 반복하고서야 주차장에서 차를 빼낼 수 있었다. 그러다 한번은 기둥도 박았다. 내가 미국식 확장형 리무진을 타본 건 그때가 처음이었다. 더블베드만 한 가죽 좌석, 반들반들한 목제 칵테일 선반, 크리스털 디캔터들이 죄다 퍼런 내부 조명에 젖어서 번쩍거리는 차를 타고 어둠을 뚫고서 코네티컷으로 달려가는 건 초현실적인 경험이었다.

코네티컷에는 클레어 블룸이 브록먼 부부의 집과 그다지 멀지 않은 곳에 살고 있었다. 〈햄릿〉에서 블룸이 거트루드를 연기할 때 함께 오필리어를 연기했던 랄라는 그녀를 꼭 다시 만나고 싶어 했다. 나는 그녀를 만나본 적이 없었고, 브록먼 부부도 그랬지만, 그들은 그녀를 점심에 초대했다. 그녀는 차를 몰고 와서, 스크린 속에서만큼 밖에서도 매력적인 인물임을 보여주었다. 점심 후 그녀와 랄라는 나더러 존의 끈질긴 권유를 받아들이라고 설득했고, 나는 결국 브록먼사를 새 저작권 대리인으로 고용하는 계약을 맺기로 했다.

강, 산, 무지개: 여담으로 빠지는 여행

이 시점에, 나는 6장에서 말한 왕립연구소 크리스마스 강연을 끝낸 참이었다. 내가 존과 계약한 첫 책의 가제목은 강연과 똑같이 '우주에서 자라다'였다. 출판사는 영국에서는 펭귄, 미국에서는 노턴이 될 것이었다. 나중에 제목은 다섯 번의 강연 중 세 번째 강연의 제목이었던 '불가능의 산을 오르다'로 더 좁혀졌고, 반면에 내용은 강연에서 이야기되지 않은 것까지 잔뜩 포함하여 더 넓어졌으며, 그러고도 흘러넘친 내용은 존과의 두 번째 책 《무지개를 풀며》에 담기게 되었다.

내가 이미 《불가능의 산을 오르다》를 쓰기 시작했는데(이 책은 한글 번역본이 '리처드 도킨스의 진화론 강의'라는 제목으로 나왔으므로, 앞으로는 후자로 부르겠다 – 옮긴이), 존이 상당히 큰 작업이 될 다른 아이디어를 제안했다. 존은 친구이자 영국의 유명 출판업자인 앤서니 치섬과 함께(치섬은 나와 같은 시기에 베일리얼 칼리지를 다녔지만 서로 알진 못했다) 나중에 《사이언스 마스터스》라고 불릴 열두 권의 얇은 시리즈를 내자는 계획을—'비즈니스 모델'이라고 불러도 좋겠다—떠올렸다. 얇은 책 열두 권을 각기 다른 저자가 써서 각자 자신의 과학 분야를 설명해줄 것이라고 했다. 이 비즈니스 모델의 특이점은 열두 저자가 재정적으로 하나로 묶인 협동조합을 꾸린다는 점이었다. 즉, 비즈니스의 관점에서 우리 열두 저자는—존 브록먼의 고객인—한 사람으로 취급되었고, 열두 권의 인세를 다 합한 것을 모두가 똑같이 나눠 가질 것이었다. 그 말인즉 책이 평균보다 많이 팔린 저자가 덜 팔린 저자를 보조하는 셈이 된다는 뜻이었다. 나는 그 발상이 마음에 들었고—왜 그랬는지 정확한 이유는 기억나지 않지만, 아마도 그 발상이 내 안의 사회주의자에게 호소력이 있었던 모양이다—짧은 책을 쓰기로 계약했다. 그게 바로 《에덴의 강》이었다. 책 협동조합 농장의 동료 저자로는 리처드 리키, 콜린 블레이크모어, 대니 힐리스, 재러드 다이아몬드, 조지 스무트, 댄 데닛, 마빈 민스키… 그리고 스티븐 제이 굴드가 있었지만, 협동조합에는 아쉽게도 굴드는 결국 책을 써내지 못했다.

《사이언스 마스터스》에 참가함으로써 얻은 한 가지 즐거움은 존 브록먼과 공동으로 그 계획을 떠올린 앤서니 치섬을 알게 된 것이었다. 랄라와 나는 첼튼엄 문학 축제에서 시리즈 출간기념회를 할 때 앤서니를 만났고, 이후 그와 그보다 더 재밌는 저작권 대리인 아내 조지나 케이플과 친구로 지내고 있다. 우리는 코츠월드에 있는 그들의 목가적인 집에서 여러 차례 주말을 보냈다. 우리는 장미 너머로 해가 지는 것을 감상했고, 다음 날은 앤서니가 미래에 대한 확신의 증표로 조성한 숲을 거닐곤 했다. 황금빛 쥐라기 석회암 지대에서 보낸 그런 주말들 중 한 번은 거침없는 입담의 가톨릭 옹호자

크리스티나 오도네가 함께 묵었는데, 저녁 자리에서 그녀가 내게 무리하게 싸움을 걸었다. 분위기는 화기애애했지만, 이견은 끝까지 해소되지 않았다. 그리고 아마도 영영 해소되지 않을 것이다. 또 모르겠다. 전혀 있을 법하진 않은 일이지만, 만에 하나 사후에 그녀에게 유리한 방향으로 해결될지도.

《에덴의 강》이 출간된 직후 주말, 랄라와 나는 마침 치섬 부부네 집에 묵고 있었다. 1995년 여름이었다. 언제나처럼 앤서니가 아침 전에 시장이 있는 근처 마을로 가서 일요판 신문들을 사왔다. 〈선데이타임스〉를 펼친 우리는 내 책이 — 랄라가 책에 그림을 그렸고 앤서니의 출판사가 협동조합의 열세 번째 구성원이었으니 *우리* 책이라고 해야 할지도 모르겠다 — 베스트셀러 1위에 오른 것을 발견했다. 앤서니가 아침식사 자리에서 샴페인을 땄는지 아닌지 잘 기억나지 않지만, 그의 넘치는 후의에 딱 어울리는 일이었으니 그랬을 것이다.

《에덴의 강》은 내 아버지와 많이 닮았던 콜리어 막내삼촌이 돌아가신 지 얼마 되지 않아 나왔다. 나는 책을 삼촌에게 바쳤다.

> 헨리 콜리어 도킨스(1921~1992)를 기억하며. 옥스퍼드 세인트존 칼리지의 펠로였으며 매사를 명료하게 만드는 데 일가견이 있었던 삼촌을 위하여.

사람들이 만장일치로 동의한바, 삼촌은 뛰어난 선생이었다. 유머러스하고, 명석하고, 유창하고, 지적이었다. 여러 세대의 옥스퍼드 생물학자들에게 통계학의 원칙을 잘 가르쳐서 — 결코 쉬운 일이 아니다—감사를 받았다. 다른 생물학부 펠로들이 대개 그랬던 것처럼, 나도 삼촌에게 뉴 칼리지의 내 학생을 받아서 통계 개인 지도를 해달라고 부탁하곤 했다. 한번은 내가 그 목적으로 산림학과 사무실로 삼촌을 뵈러 갔다. 이 이야기와 관계가 있기에 하는 말인데, 그때는 그곳을 '대영제국 삼림학연구소'라고 불렀다. 나는 삼촌에게 학생에 대해 설명했다("꽤 똑똑하지만 약간 게을러서 계속 지켜보셔야 할 거예요…" 어쩌고저쩌고). 콜리어 삼촌은 내 말을 받아적었는데, 영어가 아니었다(삼촌은 훌륭한 언어학자였다). 나는 말했다. "야, 아주 비밀스럽네요. 메모를 스와힐리어로 하시다니."

"저런, 아니야." 삼촌이 항의했다. "스와힐리어? 아냐, 아냐, 이 부서에서 스와힐리어는 아무나 다 해. 이건 아촐리어야."

삼촌의 성격을 잘 보여주는 또 다른 일화가 있다. 옥스퍼드 기차역의 주차장은 출구를 기계 팔이 지킨다. 운전자가 요금을 동전으로 집어넣으면 팔이 올라가서 차를 한 대씩 내보낸다. 어느 날 밤, 삼촌이 런던에서 막차를 타고 옥스퍼드로 돌아왔다. 그런데 기계 팔이 고장이 났는지 아래로 내려간 상태로 꼼짝하지 않았다. 역무원들은 퇴근한 뒤였고, 주차장에 갇힌 차 주인들은 빠져나갈 도리가 없어 좌절했다. 삼촌은 자전거를 대두었기 때문에, 개인적으로는 상관없는 일이었다. 그러나 삼촌은 모범적인 이타심을 발휘했다. 기계 팔을 껴안고, 우지끈 부러뜨린 뒤, 그것을 역장 사무실로 가지고 가서 문 앞에 털썩 떨어뜨려두고는, 자기 이름과 주소와 왜 그랬는지를 설명한 쪽지를 함께 남겼다. 삼촌은 메달을 받았어야 했다. 그러나 그러기는커녕 고발되어 벌금을 물었다. 맙소사, 그런 끔찍한 정책으로 공공심이 잘도 장려되겠다. 오늘날 영국 공무원들이 규정에 집착하고, 법만 알고, 옹졸한 관행을 얼마나 전형적으로 보여주는 사례인지.

이 이야기에는 짧은 속편이 딸려 있다. 오랜 시간이 흐른 뒤, 삼촌이 죽고 나서, 나는 우연히 유명한 헝가리 과학자 니콜라스 쿠르티를 만났다(그는 물리학자지만 신기하게도 주사기로 고기에 뭘 주입하고 막 그러는 과학적 요리법을 개척한 사람이다). 내가 이름을 말하자 그의 눈이 반짝였다.

"도킨스? 도킨스라고 하셨습니까? 혹시 옥스퍼드 기차역 주차장 팔을 부러뜨린 도킨스와 친척입니까?"

"네, 제가 그분 조카입니다."

"여, 악수 한번 합시다. 당신 삼촌은 영웅이었습니다."

만일 그때 콜리어 삼촌에게 벌금을 때린 치안판사들이 이 글을 읽는다면, 철저히 부끄러워하기를 바란다. 당신들은 의무에 따라 법을 지킨 것뿐이라고? 아, 그러시겠지.

《리처드 도킨스의 진화론 강의》(1996)는 내 컬러 바이오모프가 데뷔한 책이고(520~522쪽을 보라), 실제 동물들을 그린 랄라의 아름다운 삽화도 들어 있는 책이다. 그런데 랄라의 기여는 거기서 그치지 않았다. 이 책은 이제는 꽤 오래된 우리의 공동 낭독 전통을 (우연히) 개시한 책이었다. 우리는 오스트레일리아와 뉴질랜드에서 이 책을 홍보하고 있었는데… 그런데 잠깐! (공동 낭독 이야기로는 나중에 돌아오겠다.) 기분 좋게 떠오른 추억은 또 다른 여담으로 회상할 가치가 있다. 한 술 더 떠 여담 속의 여담으로.

스트레스가 가득한 인생에

한담을 늘어놓을 자유마저 없다면 어떻겠는가?
그러나 잡담을 들을 생각만 해도 화가 나는 분이라면,
다음 몇 페이지는 건너뛰는 게 좋으리.

랄라와 나는 홍콩과 시드니를 거쳐 크라이스트처치로 갔다(사랑스러운 크라이스트처치여, 그대가 간직하고 있던, 향수를 자극할 만큼 시대에 뒤떨어진 영국다움은 지진을 견디고 살아남았는지?). 우리는 차를 빌려,《리처드 도킨스의 진화론 강의》를 홍보하는 틈틈이 서던알프스산맥을 넘었다. 프란츠요제프빙하를 지나, 독특한 나무고사리로 유명한 남섬 서부 우림까지 갔으나, 아쉽게도 피오르랜드까지 내려가진 못했다(더글러스 애덤스는 그곳을 보자마자 드는 첫 충동이 "그냥 자기도 모르게 박수를 터뜨리게 되는 것"이라고 말했다). 그다음 동쪽으로 건너가서 '양들이 한가로이 풀을 뜯을' 만한 풀밭과 높다란 산울타리가 관능적으로 굽이치는 초원을 통과한 뒤, 더니든으로 갔다. 그곳에서도 강연을 했다. 그곳에서 우리를 보살펴준 사람은 예전 뉴 칼리지 동료였던 피터 스켁이었다. 법학 교수인 피터는 책을 낸 조류학자이기도 하여, 오타고반도에서 보호종으로 지정된 로열앨버트로스 무리로 우리를 데려가서 전문가답게 안내해주었다. 그 거대한 새들이 공항의 보잉 여객기처럼 힘겹게 활주로를 달려서 이륙하는 모습은 피터에게는 익숙했겠으나 랄라와 내게는 새로웠고, 우리는 매혹되었다.

웰링턴과(여기서는 철학자 킴 스터렐니와 저녁을 먹었다) 오클랜드에서도 강연을 한 뒤, 우리는 도로 오스트레일리아로 넘어갔다. 멜버른에서는 오스트레일리아 스켑틱협회의 롤런드 자이델이 우리를 맞았다. 그는 분홍 양복에 짝짝이 양말을 신고 있었는데, 그가 전매특허로 자랑하는 패션이었다. 하지만 짝짝이 양말을 신으면 여성들의 모성본능을 자극할 수 있다고 권했던 스티븐 포터의 '여자 꾀기' 책략과 혼동해서는 안 된다("특허로 등록된 우리 '짝짝이 양말'을 구입하시죠!"). 롤런드는 교외 단데농힐스의 유칼립투스숲 속에 있는 자기 집으로 우리를 데려갔다. 나무 베란다에서 랄라는 웃음물총새들이 그 건방지고 반항적인 부리로 휙 덮쳐 그녀의 손에서 먹이를 낚아채는 모습에 즐거워했다.

이후 우리는 대보초의 헤론섬에서 며칠을 보냈다(화보를 보라). 그곳 연구소장의 아내가 스노클링을 데려가주었는데, 그러던 중 내 눈앞에 갑자기 상어가 나타나자 그녀는 "괜찮아요, 안 해쳐요"라고 말하면서 내 공황을 진정시켰다. 하지만 뒤이은 말이 취지를 좀 무색하게 만들었다. "그래도 녀석이 썩 꺼져서 어디 다른 데로 가 안 해쳤으면 좋겠군요."

나는 캔버라에 있는 오스트레일리아 국립대학에서 명예박사 학위를 받았다. 대학은 나더러 학위복까지 가지라고 주었다. 색깔 배합이 옥스퍼드의 박사 학위복과 거의 같기 때문에 유용할 수도 있겠지만, 꼭 뉴캐슬에 석탄을 선물한 것처럼 좀 쓸데없기는 했다. 명예 학위 이야기가 나온 김에… 나는 오랫동안 스페인의 명예 학위를 탐냈다. 스페인에서는 술 달린 전등갓 같은 멋진 모자를 주기 때문이다. 피터 메더워는 모든 알파벳으로 시작하는 대학들의 명예 학위를 수집하고야 말겠다고 그다운 농담을 한 적이 있는데("예일이랑 짐바브웨 대학이 이유도 없이 늑장을 부린단 말이야"), 나는 그런 야망은 없었지만 그래도 발렌시아대학이 제안하자 기뻤다. 덕분에 이제 나는 매년 옥스퍼드 부총장이 여는 개교기념일 가든파티에, 알록달록하게 차려입은 학자들이 자신을 과시하는 그 멋진 시대착오적 행사에, 남들이 부러워할 만한 전등갓 모자를 쓰고 갈 수 있다. 다른 명예박사 학위 중에서는 줄리엣의 두 모교인 세인트앤드루스와 서식스 대학에서 받은 것이 특히 기뻤다. 후자는 랄라의 친구이기도 한 총장 리처드 애튼버러가 내게 수여해주었다(화보를 보라). 이때 찍은 사진을 보고 내 친구 폴라 커비는 이렇게 말했다. "아주 멋지네요. 그런데 왜 감초사탕처럼 옷을 입었어요?"

자, 마침내, 이런 겹겹의 여담이 처음 시작된 지점으로 돌아가자. 랄라와 나는 오스트레일리아에서 《리처드 도킨스의 진화론 강의》 홍보를 마친 뒤 캘리포니아로 날아가서 홍보를 계속했다. 그런데 오스트레일리아와 뉴질랜드에서 말을 많이 한 데다가 장거리 비행에 따르기 쉬운 감기까지 겹치는 바람에 내가 후두염에 걸렸다. 목소리가 거의 나오지 않았다. 그래서 랄라가 나 대신 아름다운 목소리로(BBC가 그녀를 셰익스피어 극에 캐스팅한 데는 다 이유가 있었다) 책의 몇몇 대목을 읽어주었고, 랄라가 낭독을 마친 뒤 앰프 소리를 키워서 내가 쉰 목소리로나마 청중의 질문 몇 가지에 대답했다. 그렇게 하면서 동쪽으로 이동하는 동안 내 목소리는 차츰 회복되었지만, 랄라의 낭독에 대한 반응이 워낙 좋았기 때문에 랄라가 계속 낭독을 했다. 그래서 이후에도 책을 홍보할 때마다 우리 둘이 한 문단씩 번갈아 읽는 우리만의 전통이 확립되었다. 우리는 콤비를 이뤄서 내가 낸 책들의 대부분을 오디오북으로 녹음하는 작업도 마쳤다. 스트래스모어 오디오북 출판사의 니컬러스 존스가 우리를 전문가답게 이끌어주었다. 이런 식의 녹음은 썩 괜찮은 것 같다. 몇 문단마다 목소리가 바뀌니까 듣는 이가 졸 염려가 없고, 특히 본문에 삽입된 인용구를 읽을 때 거슬리게시리 "인용입니다"라고 말해줄 필요가 없어서 좋다.

나는 혼자서 다윈의 《종의 기원》도 녹음했다. 자서전 1권도, 어머니의 일기에서 발췌한 부분을 랄라가 읽어준 것 외에는 혼자 녹음했다. 나는 빅토리아 시대 가부장을 연기하려는 시도는 결코 하지 않았고, 그냥 내 목소리로 읽었다. 내 목표는 모든 문장을 속속들이 이해함으로써 단어든 음절이든 적확하게 강조해주는 것, 그래서 청자의 이해를 돕는 것이었다. 꽤 어려웠다. 빅토리아 시대 문장은 현대인의 귀에 익숙한 것보다 좀 더 길 때가 많기 때문이다. 이 경험 덕분에 나는 다윈의 지혜와 지성을 이전보다 더 깊이 존경하게 되었다. 그건 정말정말 깊다는 뜻이다.

그동안 나는 소리 내어 낭독하는 예술에 대해 랄라로부터 조금이나마 배운 것 같고, 그러면서 평생 품어온 시에 대한 사랑이 더 깊어진 것 같다. 나더러 과학의 시정을 말하는 책이 필요하며 그 책을 바로 내가 써야 한다고 설득한 사람이 랄라였다. 《무지개를 풀며》는 뉴턴 식 과학을 싫어했던 시인 키츠의 낭만주의적 적대감에 대한 내 대답이다. 《리처드 도킨스의 진화론 강의》로부터 2년 뒤인 1998년에 나온 이 책은 랄라에게 바쳤다. 한편 《리처드 도킨스의 진화론 강의》는 로버트 윈스턴에게 바쳤는데, 그는 랄라와 내가 인공수정으로 아이를 가지려고 네 차례 시도했을 때—아쉽게도 성공하지 못했다—더없이 친절하게 도와준 의사였다. 출간도 되기 전에 헌사를("좋은 의사이자 좋은 사람인 로버트 윈스턴에게") 공개한 것은 즐거운 일이었다. 그것도 어느 랍비가 런던에서 주최한 종교 토론회에서였고, (영국 유대인 공동체에서 제일 존경받는 인물 중 한 명인) 로버트와 나는 서로 반대편에서 발언했다.

나는 《리처드 도킨스의 진화론 강의》가 내 책들 중에서 제일 저평가된 책이라고 생각한다. 하지만 출판사가 충분히 밀어주지 않아서 그랬다는 불평은 할 수 없다. 출판사는 출간 전에 기라성 같은 독자들에게 가제본을 보내, 표지에 쓸 멋지고 훈훈한 추천사를 받아주었다. 그중에서도 내가 가장 기뻤던 것은 데이비드 애튼버러의 칭찬이었다. 여러 말이 있었지만, 특히 그가 책을 하도 재밌게 읽었기 때문에 옆에서 곯아떨어진 낯선 사람을 깨워서 마음에 드는 대목을 읽어주고픈 마음을 간신히 참아야 했다는 말이 좋았다. 그런데 출판사는 이 말을 쓰지 않았고, 그의 추천사를 "눈부신 책이다"라는 두 마디로 줄여버렸다. 뭐가 두려웠던 걸까? 그가 야간 장거리 비행 중에 책을 읽었다는 걸 설명해주면 그만이었는데 말이다.

여기서 잠시, 이 경이로운 인물에 대한 여담을 좀 해보겠다. 영국이 국가원수를 세습하지 말고 선출로 뽑으면 어떻겠느냐는 말이 나올 때마다, 이런 난감한 질문이 제기되곤 한다. 여왕을 없애는 건 좋다 이거야, 하지만 우리가 그 대신 갖게 될 걸 생각해보라고. 토니 블레어 왕? 저스틴 비버 왕? 하지만 그런 불길한 상상은 누군가 모든 영국인이 기꺼이 그 아래에서 뭉치려고 할 유일한 최고위자 후보가 있다는 사실을 지목하면 금세 해결된다. 바로 데이비드 애튼버러 왕이다.

그가 매력적이고 상냥한 사람이라는 건 누구나 아는 사실이다. 그보다 덜 알려진 사실은 그가 남을 흉내내는 재주가 탁월한 데다가 포복절도하게 웃긴 이야기꾼이라는 점이다. 그는 형 리처드처럼 배우가 될 수도 있었을 것이다. 그의 친구이자 그처럼 골동품을 수집하며 그 못지않게 대단한 이야기꾼인 데즈먼드 모리스와 그를 나란히 두면, 우리는 그저 느긋하게 앉아서 쇼를 즐기면 된다. 데이비드의 연기 중에서 잊을 수 없는 것은 데즈먼드의 화려한 아내 러모나가 동물학회 회관에 나타나서 원로 회원들의 눈앞을 가로질렀을 때 그들이 보인 반응을, 즉 의자에서 들썩거리며 천천히 몸을 돌리면서 눈으로 그녀를 좇는 모습을 흉내낸 것이었다. 데이비드는 손에 상상의 커피잔을 쥔 채, 휘둥그레진 눈으로 러모나를 찬미하는 자들을 우스꽝스럽게 흉내내며 몸을 서서히 돌렸는데, 그러다가 상상의 잔이 조금씩 기울어서 바지에 온통 커피를 쏟고 마는 장면이 연출되었다.

한번은 〈가디언〉이 데이비드와 나를 동시에 인터뷰했다. 구실이 뭐였는지는 기억나지 않는다. 두 인물을 동시에 인터뷰하는 고정 코너 같은 거였지 싶다. 인터뷰 전에 사진사가 우리 둘이 함께 나오는 사진을 찍기로 했다. 우리는 데이비드의 정원으로 나가서 담소를 나누었고, 그 모습을 사진사가 찰칵찰칵 찍었다. 기막히게 즐거운 대화였다. 보수적으로 추정하더라도 우리는 아마 전체 시간의 95퍼센트에 껄껄거리며 웃었을 것이고, 사진사는 족히 100장은 찍었을 것이다. 자, 그래서 편집자들이 그중 지면에 실을 딱 한 장으로 과연 무엇을 골랐을까? 우리가 한 쌍의 권투선수처럼 얼굴을 맞댄 모습이었다. 영장류 특유의 공격적인 과시행위처럼 턱을 쑥 내밀고, 당장이라도 서로 주먹을 날릴 것 같은 모습이었다. 미소 띤 사진, 친근한 사진, 웃는 사진을 최소 100장은 놔두고서 딱 한 장 찍힌 험상궂은 사진을 찾아내는 건 정말이지 힘든 일이었을 것이다. 뭐, 그게 저널리즘이니까. 어쩌면 당시에는 그렇게 '날 선' 게 유행이었는지도 모른다.

랄라가 내게 상기시켜준 〈선데이타임스〉 기자의 일화도 있다(이름은 밝히지 않겠다). 그는 내 집으로 인터뷰를 하러 찾아왔다. 랄라는 위층에서 일하고 있었는데, 인터뷰 내내 아래층에서 다정한 웃음소리가 거의 논스톱으로 들렸다고 했다. 그런데 지면에 실린 기사의 첫 문장은 이랬다. "리처드 도킨스의 문제는, 유머감각이 없다는 것이다." 그는 무신론자잖아요, 그리고 무신론자들이 유머감각이 없다는 건 세상이 다 아는 사실이잖아요. (사실은 아마 그 기자도 무신론자일 것이고, 그 신문의 다른 기자들도 대부분 그럴 것이다. 그냥 그렇다고 밝히지 않을 뿐이다.) 무신론을 대표하는 얼굴이 웃음을 띤다는 건 생각할 수도 없어요. 그럴 순 없죠. 늘 그 트레이드마크인 성난 얼굴을 하고 있어야죠.

사람들은 또 무신론자는 시적 감수성도 없다고 생각한다. 이 이야기는 《무지개를 풀며》로 이어지는데, 나는 이 책에서 다른 어떤 책에서보다 과학의 시정을 칭송하려고 애썼다. 앞서 언급했듯이, 이 책은 랄라가 내 글에 미친 영향이 처음으로 강하게 드러난 작품이었다. 랄라는 나더러 이제 '과학의 대중적 이해를 추구하는 시모니 석좌교수'가 되었으니 내가 시인들과 예술가들에게 손을 내밀어야 한다고 주장했다. 책에는 크리스마스 강연의 내용도 일부 포함되어 있지만, 책의 진정한 기상은 1996년 리처드 딤블비 강연에서 싹텄다. 딤블비 강연은 랄라가 제안한 말로 시작해서 랄라가 내게 준 영감을 끝까지 이어간 내용이었다. 강연의 제목 '과학, 망상, 그리고 경이를 향한 갈망'은 《무지개를 풀며》의 부제로 쓰였다.

BBC가 방송하는 연례 리처드 딤블비 강연은 훌륭한 방송인이자 한때 위대했던 그 조직을 이끌었던 딤블비를 기리는 행사다. 1996년 강연자로 초대된 것은 영광이었고, 나는 늘 그렇듯이 불안하고 걱정스러워하면서도 수락했다. 그러나 강연문 초고 작성은 지지부진했고, 불안은 커져만 갔다. 그때 랄라가 영감 어린 첫 문장으로 나를 낙담에서 구해주었고, 나는 그 말을 토씨 하나 바꾸지 않은 채 그대로 썼으며, 그러자 금세 뒷부분의 어조가 정해졌다. 첫 문장은 이랬다. "여러분은 아리스토텔레스에게 개인 지도를 해줄 수 있을 겁니다. 그리고 그를 뼛속까지 전율시킬 수 있을 겁니다."

《무지개를 풀며》의 영국 출판사는 이번에도 펭귄이었다. 미국에서는 존 브록먼이 호턴미플린출판사로 바꿨고, 출판사는 내게 책 홍보 여행을 하라고 했다. 그 여행의 하이라이트는 샌프란시스코 헙스트극장에서 열린 행사였다. 존 클리스가 무대에서 나를 인터뷰하기로 했고, 그는 멋지게 해냈다. 그가 가져온 책에는 노란 포스트잇이 빽빽하게 붙어 있었다. 정말로 예습을 해온 것이다. 그처럼 웃기려면, 최소한 그가 전형적으로 보여주는 그런 방식으로 웃기려면, 아주 지적이어야 하는 법이다. 그의 지성은 그날 밤 무대에서 빛을 발했다. 청중은 다들 그가 웃기리라고 기대하는 것 같았다. 그가 진지한 의도로 진지한 표현을 쓰더라도 무조건 그가 말만 하면 깔깔거릴 정도였다. 하기야 청중은 그의 말투에서 이렇다 할 단서를 얻지 못했을 텐데, 왜냐하면 그는 진짜로 진지한 말투와 진지한 코미디를 할 때의 말투가, 가령 〈토론 클리닉〉 코너에서의 말투나 어느 촌극에서 '한심한 걸음걸이' 개발자가 되길 바라는 마이클 페일린에게 정색한 목소리로 "그게 답니까? 그건 썩 한심하지 않잖아요,

안 그렇습니까?" 하고 말하던 때의 말투와 구별이 안 되기 때문이다. 나는 샌프란시스코 청중의 웃음을 즐겼으며, 나도 아마 동참했을 것이다. 하지만 뒤에 돌이켜보니 존은 자기가 무슨 말을 하든, 심지어 진짜 진지한 말을 할 때도 사람들이 마구 웃어대는 게 좀 좌절스럽지 않았을까 하는 생각이 들었다.

어쨌든 존은 정말 상시적으로 웃긴 사람 같다. 클리스 부부가 휴가에 랄라와 나를 자기네 집으로 초대하여 묵게 했을 때 보니까 그랬다. 그가 들려준 수많은 근사한 이야기 중 하나만 해보자면, 그는 2층버스 위층에서 웬 여자가 이렇게 말하는 걸 엿들었다고 한다(그도 대체 무슨 맥락인지는 모른다고 했다).

> "나는 그 애가 태어났을 때 그 애를 위해서 그걸 빨아줬어. 그 애가 결혼할 때도 빨아줬어. 윈스턴 처칠의 장례식 때도 빨아줬어. 하지만 이제 두 번 다시 그 애한테 그걸 빨아주지 않을 거야."

웃긴 사람들은 남들보다 웃긴 일을 더 많이 겪나? 그럴 리야 없겠지만, 존 클리스뿐 아니라 내가 아는 다른 유머의 자석들, 가령 더글러스 애덤스, 데즈먼드 모리스, 데이비드 애튼버러, 테리 존스 등을 떠올리노라면 절로 그런 의문이 든다. 어쩌면 그들은 그냥 유머에 대한 감각이 우리보다 예민한지라 웃긴 걸 우리보다 더 많이 알아차리는지도 모르겠다.

《조상 이야기》와 《악마의 사도》

내가 존 브록먼에게 다음으로 제안한 책은 《만들어진 신》이었다. 하지만 그의 반응은 뜨뜻미지근했다. 미국에서는 종교를 공격하는 책이 팔리지 않는다는 게 그의 견해였다. 나중에 조지 W. 부시가 나타나서 그의 마음을 바꿔놓기는 했지만 당시에는(1990년대) 그가 옳았는지도 모른다. 그러나 그 전에 1997년으로 돌아가자. 예의 목가적인 코츠월드에서 주말을 보낼 때, 앤서니 치섬이 내게 신나면서도 겁나는 제안을 건넸다. 생명의 역사 전체를 장대한 규모로 써 보자는 것이었다. 그의 표현을 빌리자면, 언스트 곰브리치의 《서양 미술사》에 맞먹는 진화론자의 역사책을.

나는 그 프로젝트의 야심에 아연실색했다. 그런 책을 쓰려면 자료를 엄청나게 많이 읽어야 할 것이었고, 대학 시절 이래 잠든 지식을 깨워야 할 것이었다(나는 앞서도 언급했던 해럴드 퓨지의 말, 우리가 옥스퍼드 최종 시험을 볼 즈음 머리에 욱여넣은 지식은 평생 다시 갖기 힘든 수준이라는 말을 새삼 애석하게 떠올렸다). 더군다나 그 대학생 시절 지식은 이제 대체로 시대에 뒤떨어진 것이 되었을 터였다. 특히나 전 세계의 분자생물학 실험실들이 쏟아내는 새 정보로 대체되었을 것이었다. 내게 앤서니의 제안을 구현해낼 지구력이 있을까? 그것은 힘든 주문처럼 보였다. 그러나 한편으로 나는 '과학의 대중적 이해를 위한 석좌교수'로 임명된 지 2년째였으므로(이 이야기는 나중에 하겠다), 개인 지도의 부담은 벗은 상태였다. 나는 후원자인 찰스 시모니에게 뭔가 굵직한 성과를 보여줄 빚을 진 게 아닐까? 찰스의 후의 덕분에 누리게 된 매일의 잉여 시간에 값하는 뭔가를 써야 할 의무를? 내 후임들이 부끄럽지 않은 기준으로 삼을 만한 *대작*을?

나는 며칠 밤낮을 지새우며 망설였다. 환한 아침에는 해낼 수 있을 것 같았고, 거칠게 계획을 작성하기까지 했다. 그러나 어두운 밤이면, 몇 년이나 짊어져야 할지도 모르는 무거운 짐의 유령이 깨어나 나를 괴롭혔다. 랄라는 내가 도전해봐야 한다는 의견이었다. 몇 년에 걸쳐서 페이스를 조절하면 된다고, 책을 여러 장으로 쪼개 한 번에 한 장씩 처리하면 된다고, 그러면 다스릴 수 있을 거라고 말했다. 그 말에 나는 결심을 굳혔고, 1997년 3월에 앤서니와 계약서를 썼다. 동시에 존은 미국에서 호턴미플린과 협상했고, 그곳의 담당 편집자는 에이먼 돌런으로 정해졌다.

나는 기운차게 써나가기 시작했다. 눈앞에 놓인 길고 험한 길에 명랑하게 맞섰지만, 앞으로 걸릴 시간이나 날라야 할 짐의 무게를 과소평가하진 않았다. 그러나 그로부터 2년 뒤, 엄청난 작업 규모 때문에 다시 좌절에 빠졌다. 랄라는 나를 격려하려고 애썼다. 자신이 사랑스러운 작품들을 제작하는 공간으로 쓰던 방을 비워서 내가 한 벽 전체에 책의 거대한 지도를, 즉 생명의 역사를 핀으로 붙일 수 있도록 해주었다. 그런 분위기 전환으로 처지던 기상이 되살아났지만, 일시적일 뿐이었다. 어느덧 계약서의 마감일이 코앞으로 다가와서 나를 짓눌렀다. 나는 프로젝트를 포기하고 선금을 출판사들에게 돌려주고 싶다는 비겁한 심정에 빠졌다. 정말 그러려던 찰나, 랄라가 혼자서 앤서니를 만나러 코츠월드로 달려갔다. 그것은 나를 비참함으로부터 구해내려는 구호 작업이나 마찬가지였다. 그 위기 대책 회의 결과, 앤서니가 1999년 2월에 내게 이런 편지를 썼다(이 단계에서 책의 가제는 '선조들의 목소리'였지만, 콜리지의 이 암시적인 문구는 이전에도 너무 자주 쓰였기 때문에 나중에 이 제목을 버렸다).

친애하는 리처드…

《선조들의 목소리》에 관하여.

나는 당신이 이 프로젝트 때문에 한순간이라도 잠을 못 이루거나 조금이라도 후회하거나 하는 건 바라지 않습니다. 마감이 고민스럽다면, 날짜를 바꾸면 됩니다. 이 책은 일요판 신문에 실릴 글을 쓰는 것처럼 가볍게 취급하기에는 내게 너무나 중요하고, 당신에게도 그럴 거라고 믿습니다. 우리끼리 개인적으로 약속하면 어떨까 싶습니다. 이 책이 당신의 다음 책이 된다는 전제하에, 탈고 일정은 우리 쪽이나 계약서에 명시된 날짜가 아니라 당신에게 달려 있는 걸로 약속합시다….

_ 마음을 담아, 앤서니

훌륭한 출판업자이자 독서가의 편지란 이런 것이다. 나를 좌절에서 건진 또 다른 요소는 존 브록먼이 협상으로 얻어낸 후한 선금으로 집필을 거들 박사 후 연구원을 풀타임으로 고용하면 되겠다는 깨달음이었다. 애초에 선금이란 그렇게 쓰라고 있는 게 아닌가. 더구나 이상적인 후보자는 생각만 해도 기운이 절로 날 만큼 분명했으며 엎어지면 코 닿을 데 있었다. 바로 마크 리들리와 앨런 그래펀의 영광스러웠던 시절 이래 내가 가르친 최고의 학생 중 하나인 얀 웡이었다. 그는 앨런의 지도 아래 막 박사 논문을 마친 참이었다(그렇다면 얀은 내 학생인 동시에 손자 학생이 되는 셈인지도 모르겠다). 얀은 이 일을 무척이나 맡고 싶어 했는데, 내가 처음에 착수를 주저한 것과 정확히 같은 이유에서, 즉 이 일이 엄청나게 버거울 테고 수많은 자료를 읽어야 할 것이라는 이유에서였다. 내가 장애물로 여겼던 것을 나보다 서른 살 아래의 얀은 도전으로 여겼던 것이다.

얀은 1999년 초부터 나와 일했다. 내 교수직은 명목상 옥스퍼드 대학 자연사박물관에 적을 두었기 때문에, 얀은 그 근사한 건물에(그 속에 보관된 공룡 뼈들의 고딕 양식을 떠올리게 하는 건축물이다) 작은 방을 얻어 뼈, 화석, 먼지, 결정이 든 캐비닛들에 둘러싸여 일했다. 우리는 자주 만나서 책에 대해 세세히 토론하며 구조를 짰다. 원래 앤서니는 생명의 역사를 관행적인 방향으로, 즉 과거에서 현재로 서술하면 좋겠다고 생각했지만, 결국은 기쁘게도 얀과 내가 선호한 대안, 즉 현재에서 과거로 서술하는 방식의 미덕을 이해해주었다. 우리의 이유는 설득력이 있었다. 많은 진화 역사는 인간을 맨 마지막에 배치한다. 《조상 이야기》의 첫 장 제목은 '사후 자만심'인데, 그 뜻은 다음과 같다.

> 두 번째 유혹, 즉 사후 자만심은 또 어떤가? 이것은 과거가 우리의 특정한 현재를 만들어내기 위해서 흘러왔다고 보는 생각이다. 작고한 스티븐 제이 굴드가 제대로 지적한바, 진화에 대한 대중적 신화에는 한 가지 압도적인 상징이 있는데, 절벽을 뛰어내리는 레밍들에 대한 그림만큼이나 널리 퍼진 그 신화는(그리고 레밍 신화가 거짓이듯이 이 신화도 틀렸다) 바로 인간 선조가 원래 원숭이처럼 어기적거리다가 조금씩 일어나서 끝내는 직립보행하는 멋진 *호모 사피엔스 사피엔스*가 되었다는 그림이다. 즉, 인간이 진화의 결정판이라는 것이다(게다가 이런 이야기에서 인간은 거의 늘 여자가 아니라 남자로 묘사된다). 인간은 진화라는 사업이 추구해온 방향이자 진화를 과거로부터 자기 자신까지 끌어당긴 자석이라는 것이다.

우리는 인간의 자만심을 피하고 싶었다. 그러나 동시에, 우리 독자들은 인간인 탓에 분명 인간의 진화에 제일 관심이 많을 거라는 점도 잘 알았다. 어떻게 하면 진화가 인류라는 봉우리를 향해서 꾸준히 상승해왔다는 신화에 영합하지 않으면서도 독자들의 정당한 인간 중심적 관심을 충족시킬 수 있을까? 역사를 거꾸로 서술하면 된다. 만일 생명의 기원에서 출발하여 미래를 향해 진행한다면, 그 역사는 수백만 가지 현생종 중 어느 하나로든 귀결될 수 있다. 어느 종으로 끝나든 다 똑같이 타당한 역사다. *호모 사피엔스*가 딱히 우대될 이유가 없고, *라눈쿨루스 레펜스*도, *판테라 레오*도, *드로소필라 수브옵스쿠라*도 딱히 우대될 이유가 없다. 하지만 만일 역사를 거꾸로 밟아 올라간다면, 임의의 어느 현생종을 우대하여 그것을 시작으로 출발하더라도, 그 기원을 거슬러 올라가면 결국 모든 종이 공유하는 하나의 공통 선조에 다다를 것이다. 그렇다면 우리는 우리가 제일 관심 있는 현생종을, 그러니까 우리 종을 맘껏 시작점으로 선택해도 된다.

얀과 나는 과거로 거슬러 올라가는 이 여행을 초서 풍의 순례로 극화했다. 인간이 모든 생명의 기원을 향해서 과거로 순례를 떠나는 것이다. 인간 순례자는 도중에 만나는 '랑데부 지점'들에서 처음에는 가까운 친척들과 합류하고, 그다음에는 좀 더 먼 친척들과, 그 다음에는 아주 먼 친척들과 차례차례 합류한다. 이러면 어떤 현생종이 다른 현생종의 선조가 아니라 그 *사촌*이라는 사실을 제대로 강조하는 효과가 있다. 놀랍게도 랑데부 지점은 39개에 불과했다. 수가 이렇게 적은 것은 한꺼번에 굉장히 많은 친척이 합류하는 랑데부 지점이 많기 때문이다. 가령 26번 랑데부 지점에서는 대부분의 무척추동물이 순례 인파에 합류한다. 곤충들까지. (물리학자였다가 생물학자가 된 유명 과학자로 영국 정부의 수석 과학자문이자 왕립학회 회장이 된) 로버트 메이의 재치 있는 말처럼, 모든 생물종에 대한 첫 번째 근삿값은 곤충이다.

우리는 현대인 순례자가 랑데부 지점에서 차례차례 만나는 옛 선조들을 가리킬 단어가 필요했다. 나는 학창 시절에 배운 그리스어를 샅샅이 훑어서 '필라르코스'라는 단어를 제안했지만, 입에 착 붙지 않았다. 결국 얀의 아내 니키가 완벽한 단어를 떠올렸다. '공통 선조common ancestor'를 자연스럽게 줄인 '콘세스터concestor'였다. 가령 15번 콘세스터라고 하면 모든 현대 포유류의 공통 선조를 뜻한다.

우리가 초서 풍을 또 가미한 대목은 과거로 가는 인간의 여정에 합류한 다른 순례자들 중 몇몇에게 '이야기'를 시킨 것이었다. 그 이야기들은 노골적인 여담이었다. 그 이야기를 들려준다고 설정된 특정 생물하고만 관계된 게 아니라 책 전체와 관련된 흥미로운 생물학적 사실을 들려주기 위한 핑계였다. 가령 '메뚜기의 이야기'는 종족에 관한 이야기, 특히 인간의 인종이라는 골치 아픈 주제에 관한 이야기다. 그 이야기를 메뚜기가 들려주는 것은 메뚜기 종족들에 관한 어떤 연구가 있었기 때문이다. '유조동물의 이야기'는 캄브리아기 대폭발 이야기이고, '비버의 이야기'는 확장된 표현형 이야기다. 이야기들은 내 목소리로 전달되었다. 동물들이 일인칭으로 말하게끔 하는 것은 지나치게 감상적인 짓일 것이었다.

확신하건대, 만일 얀 웡이 없었다면 이 책은 완성되지 못했을 것이다. 나는 여러 장에서 그를 공동 저자로 명기했다. 그리고 이제 기쁜 소식이 있는데, 내가 얼마 전에 브록먼사를 통해서 출판사와 협상을 마쳤으니, 얀이 최신 내용을 추가하여 업데이트한 개정판이 곧 나올 것이고, 그 개정판에서는 얀이 공동 저자로 표지에 확실하게 이름이 박힐 것이다.

자신감의 위기를 겪던 2002년 언젠가, 나는 출판사들을 달래 마감의 압박을 좀 덜 심산으로 아예 다른 책을 한 권 더 제안했다. 나중에 '악마의 사도'라고 불릴 책이었다. 앤서니는 이미 발표된 내 에세이들과 기사들을 모은 선집을 내고 싶어 했고, 미국 호턴미플린의 에이먼 돌런도 마찬가지였다. 나는 편집을 도와줄 안성맞춤의 인물을 알았다. 라사 메논은 인도 출신이지만 옥스퍼드에서 오래 산 옥스퍼드대학 졸업자로, 마이크로소프트가 후원한 백과사전《엔카르타》작성 프로젝트에서 편집을 맡아 풍부한 수완과 놀라운 학식을 보여주었다. 나는 몇 년간《엔카르타》편집위원이었기 때문에 매년 서머빌 칼리지에서 열리는 모임에 참석했었다. 의장은 탁월한 역사학자 아사 브리그스였지만, 상세 토론은 대체로 라사가 이끌었다. 나는 그녀에게 대단히 좋은 인상을 받았기 때문에,《엔카르타》작업이 끝났을 때 그녀를 옥스퍼드대학 출판부에 과학책 편집자로 추천해서 입사를 성사시켰다. 그 라사가 부업으로 내 선집을 엮어줄 수 있을까? 가능하다고 했다. 그녀는 내가 쓴 글들을 이미 거의 다 알았으므로, 당장 나를 도와서 그중 적당한 글을 골라 7부로 배열하는 일에 착수했다. 나는 각 부의 제목을 시적인 암시가 있는 문구로 붙였다. '빛이 비칠 것이다'(다윈주의에 관한 글들), '그들이 내게 말했네, 헤라클레이토스여'(부고와 추도문), '토스카나의 병사들조차도'(스티븐 제이 굴드와 관계된 이런저런 글들), '우리 안에는 아프리카와 그 경이의 모든 것이 들어 있다'(아프리카 문제에 관한 글들) 하는 식이었다. 마지막 7부 '딸을 위한 기도'에는 글이 딱 한 편뿐이었다. 줄리엣이 열 살일 때 내가 보낸 공개편지였다. 그 글은 책의 클라이맥스였고, 나는 이제 열여덟 살이 된 줄리엣에게 성인이 된 것을 기념하며 책을 바쳤다.

딸을 위한 기도

내가 왜 열 살 딸에게 '무언가를 믿을 좋은 이유와 나쁜 이유'라는 주제로 긴 편지를 썼는지, 좀 이상해 보일지도 모르겠다. 그냥 직접 말하면 안 되나? 슬프지만 그다지 드물지 않은 내 상황이 이유였는데, 그것은 딸을 그다지 자주 만나지 못한다는 것이었다. 줄리엣은 제 엄마인 내 두 번째 아내 이브와 살았다. 이브는 매력적이고 재밌고 아주 좋은 사람이었지만, 우리는 줄리엣에 대한 사랑을 제외하고는 공통점이 별로 없었다. 별거는 차츰 피할 수 없는 일이 되었고, 우리는 줄리엣이 네 살 때 헤어졌다. 우리는 아이가 그 나이일 때 헤어지는 게 더 나중에 그러는 것보다 아이에게 덜 혼란스럽기를 바랐다. 이후 줄리엣과 나는 정기적으로 만났지만 내가 원하는 것보다는 더 짧게 만났고(그런 만남은 '내 편 네 편' 사고방식을 가진 변호사들이 결정한다—내가 더 이상 자세히 설명할 필요가 있을까?), 함께하는 시간은 인생의 의미 같은 무거운 토론을 나누기에는 너무 소중했다. 아이가 어릴 때는 우리가 함께하는 제한된 시간이 아주 후딱 흘러갔다. 나는 아이가 좋아하는 고릴라 책이나 《깜박깜박 잘 잊어버리는 고양이 모그》, 《코끼리 왕 바바》를 읽어주었다. 아니면 함께 피아노를 쳤다. 아니면 작고 사랑스러운 휘핏 페페를 데리고 강을 산책했다.

그러나 나는 좀 더 깊은 이야기도 나누고 싶었다. 게다가 우리가 드물게 만나다 보니 우리 사이에는 장벽이 있었다. 심지어 나는 아이를 약간 겁내기까지 했다. 나는 아이가 태어난 날부터 아이의 상냥한 성격과 어여쁨에 일종의 경외를 느꼈고, 아이 앞에선 이상하게 말문이 막혔다. 종교를 믿는 부모들은 아이를 주일학교에 보내거나 직접 신앙에 대해 이야기해준다. 나는 막연히 그 비슷한 걸 하고 싶었던 것 같다. 줄리엣은 똑똑하고 학교 공부를 잘했으므로, 나는 아이가 길고 사려 깊은 편지를 좋아할지도 모른다고 생각했다. 이 대목에서 성급히 덧붙이는데, 아이에게 내 신념을 주입하는 것은 내가 무엇보다 하고 싶지 않은 일이었다. 내 편지의 의도는 그저 아이가 스스로 생각하여 나름의 결론을 내리도록 격려하는 것이었다.

줄리엣은 편지를 읽고 마음에 든다고 말했지만, 함께 그 내용을 더 토론하진 않았다. 그런데 당시 공교롭게도 존 브록먼이 아이들을 위한 글을 모은 책을 엮고 있었다. 그는 그 책을 아들 맥스의 바르미츠바 성인식 선물로 주고 싶어 했다. 존이 기고를 요청한 사람들 중 한 명이 나였고, 내가 제출할 글은 당연히 줄리엣에게 보낸 편지였다. 그래서 그 편지가 공개편지가 된 것이다. 책으로 출간된 글은 전 세계 부모들에게 좋은 반응을 얻었다. 부모들은 그것을 아이에게 전달하거나 직접 읽어주었다고 했다. 그리고 앞서도 말했듯이, 나는 나중에 《악마의 사도》의 마지막 장으로 그 글을 재수록한 뒤 열여덟 살 생일을 맞은 줄리엣에게 책을 바쳤다.

내가 랄라를 만났을 때 줄리엣은 일곱 살이었고, 내가 랄라와 결혼했을 때는 여덟 살이었다. 두 사람은 처음부터 아주 잘 지내는 것 같았다. 우리는 줄리엣이 격주로 주말에 우리집에 와서 랄라와 나와 함께 지내는 일상을 구축했다. 줄리엣과 그 친구 알렉산드라와 함께 우리 부모님이 복원해둔 집, 커네마라의 열두 봉우리를 바라보는 사구들 속에 있는 아일랜드 서쪽 끝 집에서 멋진 휴가를 보낸 적도 있다. 그 행복했던 시간은 랄라가 수놓아서 우리 부모님에게 선물한 아름다운 자수 속에 간직되어 있다.

그런데 줄리엣이 열두 살 때, 이브가 불길한 증상을 보이기 시작했다. 진단 결과는 부신피질암이었다. 이브는 대수술을 받아서 목숨을 구했지만, 곧 암이 전이하는 바람에 끔찍한 부작용이 잔뜩 뒤따르는 데다가 지겹고 고된 화학요법을 받아야 했다. 이브는 불굴의 용기로 견뎌냈고, 그녀다운 냉소적인 유머로 줄곧 쾌활한 모습을 지켰다. 그런 유머는 애초에 내가 이브에게 끌렸던 이유들 중 하나였다. 한번은 랄라가 내 조카인 수의사 피터 케틀웰에게 페페를 데려갈 때 이브가 말했다. “기왕 가는 김에 피터한테 내가 쓸 진정제도 좀 줄 수 있는지 물어봐줘요. 용량은 중간 크기 셰퍼드한테 알맞은 정도면 될 것 같아요.” 죽음을 앞둔 그녀는 그러고서 용감한 웃음을 터뜨렸다.

이 시기에 랄라와 이브는 놀라운 우정을 다졌다. 그 사실이 랄라와 줄리엣의 유대도 굳혔던 것 같다. 랄라는 이브가 종양학자를 찾아갈 때 매번 따라갔고, 이브를 매주 불러내 퍼브에서 점심을 먹었으며, 이브의 건강이 나빠지는 동안 기운을 잃지 않게 도와주었다. 랄라와 나는 전문 간병인들, 뉴질랜드나 오스트레일리아 출신의 친근하고 유능한 젊은 여성들을 고용해 이브와 줄리엣을 돕게끔 했다. 그리고 이브의 병세가 위중하다는 걸 다들 알았기에, 이브와 줄리엣 단둘만 지중해 유람선 여행을 보냈다. 내 생각에는 이브도 여행을 즐겼던 것 같다.

의사가 되겠다는 줄리엣의 꿈은 제 엄마가 죽어가던 그 괴로운 2년 동안 싹튼 게 아닐까 싶다. 옳든 그르든(결국에는 옳았다고 믿는다), 우리는 줄리엣에게 아무것도 숨기지 않기로 했다. 줄리엣은 이브가 병원을 방문할 때마다 상황이 어떻게 되어가는지를 정확하게 알았다. 그때의 줄리엣을 떠올리며 이 글을 쓰는 지금도 눈물이 날 것만 같다. 사랑스러운 어린 소녀는 나이에 비해 훨씬 철이 들었고, 엄마가 고문과도 같은 화학요법을 잇따라 견디는 동안 엄마를 보살폈으며, 어떤 아이도 그런 일을 겪어서는 안 되건만 자신의 불길한 예감과 괴로움을 숨겼고, 우리 어른들도 썩 잘해내지 못했건만 늘 차분하게 분별을 지켰다. 이윽고 옛 래드클리프병원에서 끝이 왔을 때, 줄리엣은 — 달리 뭐라고 표현하겠는가 — 열네 살짜리 영웅이었다.

나는 뉴 칼리지의 뛰어난 오르간 주자이자 합창단 지휘자인 에드워드 히긴보텀에게 장례식에서 슈베르트의 〈아베 마리아〉를 불러줄 가수를 소개해달라고 부탁했다. 그는 아름다운 목소리의 소프라노를 찾아주었다. 애통한 순간에 그 순수한 목소리를 듣다가 내가 그만 눈물을 터뜨리자, 줄리엣이 몸을 돌려 나를 안아주었다. 장례식이 끝난 뒤 나는 이브의 어머니를 부축해 식장을 나왔고, 우리는 모두 우리집으로 와서 경야經夜를 치렀다.

줄리엣은 그토록 오랫동안 꿋꿋했으니, 엄마를 잃은 뒤에야 비로소 극심한 슬픔에 시달린 것은 놀랄 일이 아니었다. 어려웠던 그 시기에 우리를 하나로 묶어준 것은 랄라였다. 타인에게 본능적으로 공감할 줄 아는 특유의 재능으로, 그리고 뭐랄까, 모두를 하나로 묶을 줄 아는 능력으로. 하지만 줄리엣은 학업에 타격을 입었고, 무자비하기로 악명 높은 옥스퍼드 고등학교의 압박이 오히려 아이를 더 뒤처지게 만들었다. 우리는 줄리엣을 도버브룩학원으로 전학시켰다. 그곳은 아이에게 더 잘 맞았고, 아이는 그곳에서 진정한 교육이 무엇인지 맛보았던 것 같다. 줄리엣은 잠시 의사의 꿈에 자신감을 잃고, 잉글랜드 남해안의 서식스대학으로 진학해 대신 인간과학을 공부했다. 인간과학은 생물학과 사회과학이 혼합된 분야인데, 나는 옥스퍼드에서 비슷한 학위를 개설하는 일에 지엽적으로 관여했고 뉴 칼리지에서 그 학생들을 맡았던 터라 잘 알았다.

줄리엣은 서식스에서 과학을 공부하는 것을 좋아했다. 존 메이너드 스미스는 벌써 은퇴한 뒤였지만 아직 살아 있었다. 그리고 오스트레일리아 출신의 감탄스러운 젊은 여성 린델 브롬햄이 줄리엣의 생물학 튜터가 되어, 아직 생생하게 살아 있던 존 메이너드 스미스의 정신에 따라 진화를 가르쳤다. 반면에 줄리엣은 사회과학은 즐기지 못했다. 자신의 지적인 과학적 접근법과 조화시키기 어렵다고 느꼈다. 줄리엣의 인내를 꺾은 최후의 결정타는 한 강사의 말이었다. "인류학의 아름다움은, 두 인류학자가 같은 데이터를 보더라도 상반된 결론을 내릴 수 있다는 점입니다." 아마도 농담 섞인 발언이었겠지만, 그런 말은 일부 사회과학 강사들의 반다윈주의적 성향과 더불어 예민한 젊은 과학자의 기상을 꺾어놓기만 했다!

줄리엣은 의학에 대한 관심을 되살렸다. 아이의 짧은 경력에서 결정적인 기회는 서식스를 1년만 다닌 뒤 스코틀랜드의 세인트앤드루스대학으로 옮기는 데 성공한 것이었다. 그곳에서 마침내 줄리엣은 의학을 공부했다. 세인트앤드루스는 영국에서 제일 훌륭한 대학들 중 하나로 꼽히는 데다가(옥스퍼드와 케임브리지 다음으로 생긴, 세 번째로 오래된 대학이다) 줄리엣에게 대단히 좋은 선택이었다. 세인트앤드루스에게도 줄리엣이 썩 좋은 선택이었을 거라고, 나는 훈훈한 마음으로 짐작한다. 줄리엣은 인기가 많았고, 평생 갈 친구들을 사귀었고, 의대생들이 내는 잡지를 편집했고, 무도회와 파티에 참석했고… 그러면서도 우등 학위로 졸업했다. 세인트앤드루스에는 임상실습 기관이 없기 때문에 의대생들은 학사 학위만 딴 뒤 다른 곳으로 흩어진다. 대개는 맨체스터대학으로 가지만, 줄리엣은 케임브리지로 진학하기로 결심해 결국 2010년에 케임브리지에서 의사 자격을 땄다. 이브는 줄리엣을 대단히 자랑스러워했을 것이다, 나처럼.

《만들어진 신》

《조상 이야기》가 출간된 직후였던 2005년 초, 존 브록먼이 예전에 《만들어진 신》을 미국에서 내자는 내 제안에 반대했던 입장을 이제는 버렸다고 알려왔다. 조지 W. 부시가 신권정치로 기운 것이—부시는 문자 그대로 신이 그에게 이라크를 침공하라고 말씀하셨다고 말했다—존의 전폭적인 입장 전환에 분명 관계가 있었다. 존은 자신이 출판사들을 돌아다니면서 책을 팔 때 쓸 테니, 자기한테 보내는 편지 형식으로 제안서를 한 장 써달라고 했다. 다음은 내가 쓴 편지의 첫 단락이다.

뉴 칼리지, 옥스퍼드 OX1 3BN

2005년 3월 21일

존 브록먼

뉴욕 브록먼사

친애하는 존.

《만들어진 신》에 관하여.

당신도 알다시피, 나는 곧 종교를 '만악의 근원'(가제입니다만, 바뀔 겁니다)으로 지목하는 텔레비전 다큐멘터리를 쓰고 진행할 예정입니다. 이 다큐멘터리를 의뢰한 것은 채널4의 종교(!) 부서인데, 그들은 최근에 조너선 밀러가 진행한 '무신론의 역사' 시리즈처럼 균형 있고 온건하고 부드러운 접근법이 아니라, 총력을 동원하여 종교를 공격하는 직설적인 접근법을 원합니다. 제작자와 토론할 때 절제하는 목소리를 내는 쪽은 오히려 나입니다!

채널4는 이 다큐멘터리를 한 시간짜리 방송 두 편이나 두 시간짜리 블록버스터 한 편으로 방영할 예정입니다(나와 제작자는 후자를 선호합니다). 촬영은 2005년 5월이나 6월에 시작되고, 방영은 아마 2005년 말이나 2006년 초에 될 겁니다. 채널4는 당연히 이 프로그램을 해외에서도 팔려고 갖은 노력을 기울일 겁니다. 제작자는 현재 세계 각지에서 촬영 장소를 물색하고 있는데, 미국과 유럽은 물론이고 중동도 포함될 겁니다.

덕분에 이 주제가 내 머릿속에서 전면에 부각되어 있는 동안, 대체로 동일한 주제로 책을 써내는 게 합리적일 겁니다. 그래서 나는 당신에게 《만들어진 신》을 제안합니다. 하지만 이것이 TV 방송과 연계된 책은 아닙니다.

뒤이어 나는 어떤 장들을 쓸 것인지를 나열했고, 그 내용은 나중에 결국 쓰게 된 장들과 비슷했다. 내 여느 제안서들보다는 좀 더 실제 구현된 내용과 가까운 편이었다. 내가 존에게 TV 다큐멘터리를 거론하면서 책을 제안하긴 했지만, 책이 방송과 직접 연계된 것은 아니었다. 전혀 아니었다. 다큐멘터리와 책은 각각 독립적인 이야기이고, 약간만 겹쳤다.

존은 미국에서는 《조상 이야기》와 《악마의 사도》를 낸 호턴미플린에게 판권을 팔았다. 영국에서는 새 출판사를 개척했다. 결국 판권을 산 곳은 랜덤하우스의 한 부문인 트랜스월드였고, 담당 편집자는 샐리 가미나라였다. 이 관계가 서로 흡족했기 때문에, 이후의 내 책들은 모두 샐리가 냈다. 최근 샐리는 예전에 존으로부터 위의 편지를 받았을 때 자신이 어떤 반응을 보였는지를 편지로 알려주었다. "동료들한테도 돌려서 같이 읽었는데, 다들 나처럼 열광했어요. 우리는 영국 출판권 입찰에 응했고 결국 따냈죠." 샐리는 원고를 받았을 때 자신이 어떻게 느꼈는지도 들려주었다. 나는 원고가 그녀를 웃겼다는 점이 특히 기쁘다.

그렇게 멋진 유머가 담겨 있으리라고는 예상하지 못했어요. 살짝 웃게 될 거라고는 예상했지만, 소리 내어 깔깔거리게 될 줄은 몰랐죠. 아주 짜릿했어요.

샐리의 반응은 이 책이 신경질적이고 사납고 공격적이라는 — 아마도 간접적으로 책에 대한 설명만 읽은 사람들의 — 평과는 극명하게 대비된다. 이 이야기는 다음 장에서 다시 하겠다. 섈리의 편지는 이렇게 이어졌다.

> …남들도 내 취향에 동의할지는 모르는 법이라서, (2006년 9월) 출간을 준비하면서 다시 초조해졌어요. 출간 전에 폭넓은 분야의 작가들과 사상가들에게 추천사를 부탁했는데, 많은 사람이 기막힌 극찬을 적어줬죠. 평소보다 훨씬 더한 칭찬을. 그래서 나는 다시 흥분하지 않을 수 없었어요. 하지만 뭔가 '대단한' 일이 벌어질 거란 신호를 처음 받은 건, 출간 후 당신이 패치 어윈의 주선으로 〈뉴스나이트〉에 나가서 제러미 팩스먼과 첫 인터뷰를 했을 때였죠.
>
> 그때부터 우리는 재고를 떨어뜨리지 않으려고 안간힘을 써야 했어요. 대중적인 관심이 퍼지자 점점 더 많은 사람이 읽었고, 잇따라 서평이 쏟아졌는데 거의 모두 극찬이었죠. 내가 당신에게 전화를 걸었던 게 기억나는데, 당신은 집에 안 계셔서 랄라와 통화하면서 (그때는 내가 아직 랄라를 만난 적이 없었어요) 내가 몹시 흥분한 채 뭔가 특별한 일이 벌어지고 있다고 재잘거렸어요. 특별한 건 판매고만이 아니었죠. 그 책이 대중의 심금을 결정적으로 울렸다는 게 특별했죠. 그 책이 사회에서 종교의 위치에 대한 토론을 새롭게 열었다고 말해도 과장이 아니라고 봐요. 최소한 우리 세대에서는 새로운 토론임에 분명했죠. 더구나 그 책은 판도를 바꿔놓은 존재였어요.

판도를 바꿔놓은 책? 글쎄, 《만들어진 신》이 지금까지 300만 부 넘게 팔린 건 사실이다. 영어판이 200만 부 이상 팔렸고, 35개 언어로 나머지 부수가 팔렸으며, 그중에서도 독일어판이 25만 부 팔렸다. 또 다른 리트머스 시험지는 이 책이 놀랍도록 많은 '벼룩'을 끌어들였다는 점이다. 나는 웹사이트에서 '도킨스의 망상', '악마의 계교', '만들어진 신의 해법', '도킨스의 망상에 넘어가다', '리처드 도킨스 망상', '신은 망상이 아니다' 같은 제목의 책들을 수집하기 시작했다. 우리는 이런 책을 당시 내 머릿속에 맴돌던 W. B. 예이츠의 시구에서 따 '벼룩'이라고 불렀다.

> 당신은 말하는군요, 내가 종종
> 딴 사람의 말이나 노래를 칭찬하곤 했으니,
> 이런 자들의 것에 대해서도 그래야 한다고.
> 하지만 자신에게 붙은 벼룩을 칭찬하는 개를 보았습니까?

이런 벼룩 중 열한 권을 엄선하여 화보에 사진을 실어두었다.

하지만 판매고나 벼룩 따위는 신경 쓰지 말자. 이 책이 당시 정말로 '판도를 바꿔놓은' 존재로 느껴졌느냐고? 그렇기도 하고 아니기도 하다. '신新무신론자들'이라는 말이 어디서 나왔는지는 모르겠다. 한 가설은 2006년 〈와이어드〉에 기고 편집자 게리 울프가 쓴 기사에서 나왔다는 설이다.[10] 그는 신무신론자의 사례로 샘 해리스, 대니얼 데닛, 나를 나열했다. 만일 그때 크리스토퍼 히친스의 《신은 위대하지 않다》가 출간된 상태였다면 울프는 히친스도 포함시켰을 것이다. 아마 빅터 스텐저도 포함시켰을 것이다. 물리학자의 관점에서 씌어진 빅의 책은 약간 덜 유명하지만 결코 덜 강력하지는 않다. 종종 내가 한 말이라고 일컬어지는 기억할 만한 경구를 만들어낸 장본인도 빅이었다. "과학은 당신을 달로 날려 보내지만, 종교는 당신을 건물로 날려 보낸다." 내가 이 자서전을 교정하는 동안, 빅이 죽었다는 소식이 들려왔다. 그의 강력한 목소리가 몹시 그리울 것이다.

어디서 나온 말이든, '신무신론자들'은 사람들의 입에 붙은 것 같다. '네 기수'도 마찬가지다. 분명 이전에는 '삼총사'였으나 크리스토퍼의 책이 나온 뒤 '네 기수'로 바뀐 것 같다. 이런 표현들에 나는 별 이의가 없다. 다만 '새로운' 무신론이 이전 무신론, 가령 버트런드 러셀이나 로버트 잉거솔이 설파한 무신론과 철학적으로 좀 다르다고 보는 견해는 부인한다. 그러나 설령 아주 새롭진 않더라도 '신무신론'은 저널리즘적 표현으로 나름 의의가 있는데, 왜냐하면 2004년작 《종교의 종말》과 2007년작 《신은 위대하지 않다》 사이에 우리 문화에서 특별한 현상이 벌어진 것만은 분명한 사실처럼 보이기 때문이다. 《만들어진 신》은 2006년에 나왔고, 대니얼 데닛의 《주문을 깨다》와 샘 해리스의 짧고 강력한 책 《기독교 국가에 보내는 편지》도 2006년에 나왔다. 우리의 책들은 소위 '아픈 데'를 제대로 건드린 것 같았다. 반면 이전에 나온 여러 훌륭한 책은 그러지 못했다. 적어도 러셀의 혹독하리만치 명료한 논증 《나는 왜 기독교인이 아닌가》 이후로는 그런 책이 없었다(나는 1950년대에 아운들 스쿨 도서관에서 이 책을 읽고 감명받았었다).

우리의 책들이 유달리 직설적이고 거침없는 말투였기 때문일까? 그것도 좀 상관이 있었을 것이다. 아니면 21세기 첫 10년이 뭔가 특별한 분위기였던 걸까? 이미 창공을 맴돌고 있던 시대정신의 날개가 네 사람의 책이 일으킨 상승기류를 타고 솟아올랐던 걸까? 아마 그랬을 것이다. 조지 부시가 신권정치로 기운 것, 그와 나란히 전투적 무슬림의 위협이 나타난 것도 틀림없이 상관있었을 것이다.

우리 네 사람이 사전에 공모한 게 없었다는 건 확실히 말할 수 있다. 우리는 물론 서로의 책을, 각자 자기 책을 쓰기 전에 나와 있던 것들을 읽었다. 그리고 필연적으로 그로부터 조금이나마 영향을 받았을 것이다. 이 책들 중 맨 먼저 나온 것에 대해서 말해보자면, 나는 《종교의 종말》을 펼칠 때까지 샘 해리스라는 이름은 들어본 적도 없었다. 샘은 첫 쪽부터 오싹하게 뛰어난 글솜씨로, 웬 청년이 버스에서 벌인 끔찍한 자살폭탄 사건을 무대에 펼쳐 보인다. 우리는 시작부터 그 결말이 어떨지 안다. 먼지와 못들, 볼베어링들과 쥐약이 싹 치워진 뒤, 청년의 가족은 비록 그를 잃어서 슬프기는 하지만 자신들의 아들이 순교자들의 천국에 가 있을 거라고 믿으며 기뻐한다. 또한 청년의 업적을 기리는 이웃들이 베푼 음식과 돈의 물질적 안락에 기뻐한다. 이 이야기의 결정타에 해당하는 문장은 독자에게 크나큰 충격으로 다가오는데, 역설적이게도 긴장이 구축되는 과정을 내내 지켜보면서 당연히 그런 결론이 온다는 걸 알고 있었기 때문에 오히려 그 충격이 파괴적인 수준으로 더 *커진다.* 우리는 그 청년에 대해서 무얼 알까? 그는 부유했을까 가난했을까, 인기가 많았을까 없었을까, 똑똑했을까 멍청했을까, 전도유망한 학생이었을까 어쩌면 기술자였을까? 우리는 그에 대해 거의 아무것도 모른다. 그러나 여기 뜻밖의 결말이 있다.

> 그렇다면 왜 이건 이렇게 쉬운가. 시시할 만큼 쉬운가. 거의 목숨을 걸어도 좋을 만큼 쉬운가. 그 청년의 종교를 맞히는 것은.

말할 것도 없이, 샘은 구태여 그 종교가 무엇인지를 독자에게 알려주지 않는다. 그럴 필요가 없었다. 지금도 없다.

샘이 《종교의 종말》에서 보여준 특유의 대담함은 앞서 말한 존 브록먼의 생각 변화와 더불어 내가 《만들어진 신》을 쓰기로 결심한 요인들 중 하나였다. 나는 우리 네 기수가 쓴 책이 대체로 《종교의 종말》만큼 잘 씌어졌다고 여기고 싶다. 그리고 그 특징은 — 변화하는 시대정신에 순풍을 불어줌으로써 — '신무신론'이 성공적으로 충격을 가하는 데 부분적으로나마 기여했다.

크리스토퍼 히친스의 《신은 위대하지 않다》는 출판계의 또 다른 기념비적 사건이었다. '종교는 어떻게 모든 것을 해치는가'라는 미국판 부제는 강력하다. 나는 영국 출판사가 그것을 '종교에 대한 반론'이라고 바꾼 이유를 도대체 헤아릴 수 없다. 얼마나 따분한 결정인가. 나중에 페이퍼백에서는 미국판 부제로 되돌린 걸 보면, 출판사도 나중에는 마음을 고쳐먹은 모양이다. 내가 자주 꺼내는 불만을 다시금 꺼내놓자면, 대체 왜 출판사들은 대서양을 건널 때 책 제목을 이랬다저랬다 바꾸고 난리일까?

크리스토퍼 히친스가 2011년에 암으로 죽음으로써, 무신론 운동은 가장 유창한 대변인을 잃었다. 그는 주제를 불문하고 내가 들어본 웅변가들 가운데 아마도 최고였다. 훌륭한 대중 연설은 데시벨의 문제만이 아니다. 많은 선동가, 전도사, 그리고 — 안타깝지만 — 잘 속는 청중들은 이 점을 곧잘 간과한다. 크리스토퍼는 셰익스피어를 읊는 리처드 버턴을 연상시키는 근사한 바리톤 목소리를 완벽하게 활용했다. 그러나 그의 효과적인 수사법은 그보다는 그의 지성, 재치, 번개 같은 재담에서 나왔다. 가공할 만큼 방대하게 쌓아둔 사실적 지식, 문학적 은유, 그리고 세상에서 가장 위험한 장소들로부터 얻은 개인적 기억으로부터. 그는 지적 무기뿐 아니라 육체적 용기도 있었기 때문이다.

《신은 위대하지 않다》와 《만들어진 신》은 경쟁 상대라기보다 보완관계다. 나는 과학자로서 종교적 신념이 세상의 해설자 역할에서 과학과 경쟁하는 것을 제일 우려했던 데 비해, 크리스토퍼는 좀 더 정치적이고 도덕적인 논리에서 반대했다. 그는 천상의 독재자가 우리에게 완벽한 복종과 헌신을 요구한다는 것, 그리고 우리가 그 의무를 이행하지 않으면—심지어 신의 존재를 의심하기만 해도—우리를 영원히 벌할 태세가 되어 있다는 것 자체를 역겨운 개념으로 여겼다. 그가 말했듯이, 북한의 독재자에게서는 죽음으로써나마 탈출할 수 있지만 그 *신성한* "경애하는 지도자 동지"에 대해서라면 죽음은 고난의 시작일 뿐이다. 크리스토퍼에 대해서는 나중에 더 이야기하겠다.

종교 옹호자들의 반대는 충분히 예상할 만했다. '벼룩' 책들 이야기는 앞에서 했다. 그런데 공격은 무신론자 동지들로부터도 왔고, 더구나 그 말투는 때로 노골적으로 호전적이었다. 어느 평판 좋은 서평가는 《만들어진 신》 때문에 자신이 무신론자인 게 부끄럽다고까지 말했는데, 이유는 내가 '진지한' 신학자들을 진지하게 다루지 않아서인 듯했다. 나는 신의 존재를 주장하는 신학적 논증들은 충분히 다뤘다. 하지만 신의 존재를 처음부터 사실로 *가정*하고 이야기하는 논증들은 구태여 다루지 않았는데, 그것은 전적으로 옳은 판단이었다.

나는 늘 신학에서 진지하게 대할 만한 요소를 찾아보려 애썼지만 실패만 했다. 신학 교수들이 자신의 전문성을 신학이 아닌 다른 곳에 활용할 때는 나도 맹세코 그들을 진지하게 여긴다. 가령 그들이 사해 두루마리 조각을 맞추거나, 히브리어와 그리스어 성서의 미세한 차이를 비교하거나, 네 복음서와 정전에 들지 못한 다른 복음서들의 사라진 출처를 탐정처럼 찾아내거나 할 때는. 그런 것은 진정한 학문이다. 매력적이고 존경받을 만한 연구 주제다. 역사학자들은 유럽사를 물들인 분쟁과 전쟁을 이해하기 위해서라도, 가령 영국 내전을 이해하기 위해서라도 신학적 궤변을 공부할 필요가 있다. 하지만 (캐런 암스트롱이 몽매적인 연막으로 내세운) 이른바 부정신학의 공허하기 짝이 없는 "심오한 헛소리"(댄 데닛의 멋진 표현이다), 혹은 동료 신학자들과 원죄, 성聖변화, 무염시태無染始胎, 삼위일체의 "신비" 등이 "오늘날 우리에게 뜻하는 의미" 따위를 논하느라 귀중한 시간을 낭비하는 것은 어떤 존중할 만한 의미에서도 학문이라 칭할 수 없다. 따라서 대학에서 자리를 차지하지도 말아야 한다.

성변화 같은 과거의 비상식적 개념이 "오늘날 우리에게 뜻하는 의미"를 두고 신학적 곡예를 벌이는 모습은 풍자를 받아도 싸다. 아예 풍자해달라고 요청하는 셈이다. 나는 최근에 이런 보석 같은 말을 들었다. "우리는 물론 요나와 고래 이야기를 문자 그대로 믿진 않습니다. 하지만 그것은 예수의 죽음과 부활에 대한 상징입니다…." (절대 있을 법하지 않은 상상이지만) 미래 과학자들이 왓슨과 크릭이 완전히 틀렸음을 발견했다고 상상해보자. 유전 분자가 실은 이중나선이 아니었다는 것이다. 아, 그야 물론 요즘은 이중나선을 *문자 그대로* 믿는 사람은 아무도 없죠. 하지만 이중나선이 오늘날 우리에게 뜻하는 *의미*가 있지 않을까요? 두 나선 가닥이 친밀하게 휘감고 있다는 이론이 노골적인 물질적 의미에서 *문자 그대로* 사실은 아니지만, 그럼에도 불구하고 상호 애정을 *상징한다*는 걸 느낄 수 있지 않습니까? 푸린과 피리미딘이 정확히 일대일로 짝짓는다는 게 *말 그대로* 사실은 아니죠. 그렇게 노골적이진 않습니다. 하지만 그 *의미*는… 왓슨-크릭 모형을 고찰하노라면 어떤 압도적인 감정이 느껴지지 않습니까? 저도 그렇습니다… 어쩌고저쩌고.

나는 페이퍼백 출간에 맞춰 새로 쓴 서문에서, 요즘 심상찮게 자주 나타나는 전형적인 태도를 지적했는데, "나는 무신론자는 *아니지만*…" 하는 말이다. 역시 흔하게 등장하는 "나도 *예전엔* 무신론자였지만…"과(C. S. 루이스가 퍼뜨린 표현이다) 더불어, 이런 표현을 쓰는 사람들은 '~지만'의 앞에 오는 말이 그 뒤에 오는 말에 신빙성을 부여한다고 생각하는 모양이다. 나는 서문에서 "'나는 무신론자는 아니지만' 부류"의 일곱 종류를 거명한 뒤 일일이 논박했다. (좀 더 최근에 살만 루슈디는 서구 자유주의자들이 테러리스트들의 잔학행위를 이런저런 변명으로 옹호하는 것을 가리켜 "하지만 단체"라는 이름을 퍼뜨렸다.) 여기서 그 논박을 반복하진 않겠지만, 뒤에 올 '과학자의 베틀에서 실을 풀며' 장에서 두어 가지 사례를 소개하겠다.

이후의 책들

《만들어진 신》 다음 책은 엄밀히 내 책은 아니었다. 옥스퍼드대학 출판부는 '옥스퍼드 (무엇무엇)'이라는 제목으로 호평받는 시리즈를 내고 있는데, 보통 해당 분야의 학자가 편집을 맡는다. 그런데 앞에서 말했듯이 《악마의 사도》를 편집한 그 라사 메논이 내게 2007년에 낼 《옥스퍼드 현대 과학 글쓰기》의 편집을 맡아달라고 요청했다. 여기서 '현대'는 지난 한 세기로 잡았고, 그 기간에 83명의 저자가 영어로 쓴 글을 모았다(유일한 예외는 이탈리아어로 쓴 프리모 레비였다). 나는 한 저자와 다음 저자를 잇는 연결문을 썼다. 저자에 대해서 좀 설명하고, 가능하면 개인적인 느낌도 더하는 식이었다. 일례로, 위대한 해양생물학자 앨리스터 하디 경에 대해서는 애정을 담아 언어로 세밀화를 그렸다. 대학생일 때 그에게 배운 적이 있었기 때문이다.

> 《광활한 바다》의 굽이치는 초원, 햇살 내리쬐는 초록 풀밭, 물결치는 평원을 나의 첫 교수였던 앨리스터 하디만큼 잘 느끼는 사람은 아무도 없었다. 그가 그 책에 넣으려고 그린 그림들은 옥스퍼드 동물학부 복도에 여태 장식되어 있다. 그 이미지들은 꼭 열정적으로 춤추는 것처럼 보인다. 강의실에서 소년처럼 이리저리 춤추던 그, 꼭 피터 팬과 늙은 뱃사람을 비딱하게 접목한 것 같던 그처럼. 그 나이 지긋한 분이 그림에 몰두한 채 색색의 분필을 들고 칠판 앞에서 상체를 까딱거리며 춤추면, 금세 미끈미끈한 바다에서 다리가 달린 미끈미끈한 것들이 기어나오곤 했다.

라사는 선집에 내 책에서 뽑은 글도 한 편 넣자고 제안했지만, 차마 그럴 순 없었다.

다음 책은 《지상 최대의 쇼》(2009)였다. 이전 책들도 대부분 진화를 이야기하긴 했지만, 모두 진화를 암묵적으로 사실로 가정했을 뿐 그 증거를 체계적으로 펼친 책은 없었다. 이번에도 영국의 출판사는 샐리 가미나라가 있는 트랜스월드였다. 미국에서는 존 브록먼이 사이먼앤드슈스터의 임프린트인 프리프레스와 새로 계약했고, 담당 편집자는 힐러리 레드먼이었다. 책에는 삽화도 실리고 컬러 사진도 실렸는데, 그것들은 모두 트랜스월드의 실라 리가 수집하고 배치해주었다. 책 제목은 미국의 유명 서커스 이름에서 땄다. 다만 내가 저 문구를 처음 본 것은 고맙게도 이름 모를 누군가가 내게 보내준 티셔츠에서였다. 티셔츠에는 '진화, 지상 최대의 쇼, 마을 유일의 게임'이라고 적혀 있었다. 아직 그 티셔츠를 갖고 있지만, 하도 많이 입고 빨아서 글씨가 옅어졌다. 원래 나는 슬로건 전체를 책 제목으로 쓰고 싶었지만, 출판사들이 이구동성으로 너무 길다고 선언했다. 그래서 '마을 유일의 게임'이라는 문구는 책의 맨 마지막 문장에 슬쩍 끼워넣었다. 서로 모르는 일이었지만, 당시 생물학자 제리 코인과 나는 같은 목적의 책을 동시에 쓰고 있었고, 두 책은 거의 동시에 나왔다. 두 책은 같은 시장에서 경쟁해야 했을 것이다. 그러나—'그리고'가 더 옳을지도 모른다—우리 둘은 상대의 책에 대해 대단히 호의적인 서평을 썼다.

그다음 《현실, 그 가슴 뛰는 마법》(2011)도 영국에서든 미국에서든 같은 출판사와 일했다. 이 책은 어린 독자들을 겨냥하고 쓴 책으로는 처음이자 (아직까지) 유일하다. 각 장마다 우선 아이가 물을 법한 질문이 제기된다. "지진이란 무엇인가요?" "왜 겨울과 여름이 있나요?" "최초의 사람은 누구였나요?" "태양이란 무엇인가요?" 나는 진실된 과학적 대답을 주기 전에, 장마다 해당 질문에 대해서 전 세계 *신화*들이 내놓았던 대답을 먼저 들려주었다(이 멋진 발상은 내 동료인 심리학자 로빈 엘리자베스 콘웰의 생각이었다). 신화를 포함시킨 것은 그것들이 그 자체로 생생하고 재미난 이야기라서이기도 했지만, 한편으로는 어린 독자들에게 제 문화의 특정 신화가(성경이든, 코란이든, 힌두 신화든, 다른 어떤 신화든) 다른 문화들의 다양한 신화들에 비해 딱히 더 특별하거나 우월하진 않다는 걸 보여주기 위해서였다. 이 사실을 명시적으로 말하진 않았다. 그저 아이가 직접 관찰하도록 두었다. 가령 노아의 방주에 대해서라면('무지개란 무엇인가?' 장에 나온다), 나는 그 신화 대신 원조 격인 바빌론 신화를 들려주었다. 바빌론 신화에서는 전설의 조선공이 노아가 아니라 우트나파쉬팀이고 배를 지으라고 경고한 신이 다신교 만신전의 한 신이지만, 그 밖의 세부 내용은 다 같다. 책의 삽화는 데이브 매킨이 그려주었다. 독창적이고 인상적인 그림으로 유명한 그는 이미 그래픽 노블 독자들 사이에서 많은 팬을 거느리고 있었다. 시선을 잡아당기는 그의 화풍은 세상의 신화들뿐 아니라 과학을 묘사하는 데도 이상적인 수단이었다.

출간 후, 샐리와 트랜스월드 팀은 소프트웨어 회사 섬싱엘스에 책을 아이패드용 애플리케이션으로 제작해달라고 의뢰했다. 앱이 아니라 전자책이라고 부르는 편이 나았을지도 모르겠다. 책 내용이 한 단어도 빠지지 않고 고스란히 들어 있는 데다가 데이브의 삽화도 다 들어 있기 때문이다(애니메이션화된 그림도 많다). 하지만 내용이 문자 그대로(그리고 그림 그대로) 똑같더라도 전자책이 아니라 앱이라고 부르는 편이 더 나은 어떤 이유가, 아마도 심오한 마케팅 차원의 문제와 관련된 이유가 있었던 모양이다. 앱에는 텍스트와 삽화 외에도 장마다 게임이 들어 있다. 예를 들어 중력과 행성의 궤도 운동에 관한 장에는 '뉴턴의 포탄'이 등장하는데, 앱에는 그 포탄을 다양한 속도로 발사할 수 있는 게임이 딸려 있다. 속도가 너무 느리면 포탄은 바다로 떨어지고, 너무 빠르면 우주로 날아가버린다. 딱 알맞은(골디락스) 속도일 때만 지구 궤도를 돈다.

다음 책은 이 자서전의 앞 권인 《경이를 향한 갈망》(2013)이었다. 이번에도 영국에서는 트랜스월드의 샐리와 함께했다. 그러나 미국에서는 그동안 힐러리가 하퍼콜린스출판사로 옮긴 터라, 내가 초기에 마이클 로저스를 따라 이 출판사에서 저 출판사로 옮겼던 것처럼, 이번에도 그녀의 능력을 존경하는 뜻에서 나도 따라 옮겼다. 자서전 1권은 내가 유년기와 소년기를 지나 진리를 추구하는 과학자로서의 경력을 갓 시작한 초기 단계에서 끝났기 때문에, 랄라는 톨스토이의 《유년기, 소년기, 청년기》에 기발하게 운을 맞춘 '유년기, 소년기, 진리기'가 제목으로 어떠냐고 제안했다. 샐리와 힐러리는 둘 다 좋아했지만, 이번에도 마케팅 부서는 톨스토이를 암시한 문구라는 사실을 알아차리는 독자가 많지 않을 거라고 걱정했다. 결국 힐러리가 《무지개를 풀며》의 부제 중 한 구절인 '경이를 향한 갈망'을 제안했다. (《리처드 도킨스 자서전 1》의 영어판 원제가 '경이를 향한 갈망'이었으나, 한국어판은 제목이 바뀌었다. – 옮긴이)

기념 논문집

2006년, 옥스퍼드대학 출판부는 《이기적 유전자》의 출간 30주년을 축하하는 의미에서 헬레나 크로닌과 함께 런던에서 기념 만찬을 주최했다. 헬레나와 출판사는 또 런던경제대학에서 멋진 학회를 열어주었는데, 멜빈 브래그가 사회를 맡고 네 명의 연사가 '《이기적 유전자》: 30년의 세월'을 제목으로 강연했다.[11] 1번 타자로는 댄 데닛이 철학을 대표하여 '도킨스의 산에서 본 풍경'을 이야기했다. 다음은 두 생물학자의 차례였다. 존 크렙스는 '지적 배관 작업에서 군비 경쟁까지'라는 제목으로, 매트 리들리는 '이기적 DNA와 유전체의 쓰레기'라는 제목으로 강연했다. 다음에는 이언 매큐언이 과학에 조예 있는 소설가로서 '과학 글쓰기: 문학적 전통을 향하여'라는 제목으로 강연했다. 그리고 마지막으로 내가 그날의 발표들에 대해서 말하며 자리를 마무리했다.

출판사는 《이기적 유전자》 30주년 기념판도 냈다. 이때 초판에 실렸던 로버트 트리버스의 서문과 역시 초판에 쓰였던 데즈먼드 모리스의 표지 디자인을 되살렸는데, 둘 다 그동안은 대부분의 양장본과 페이퍼백에서 빠졌던 요소들이었다. 특히 중요한 것은 트리버스의 서문이다. 이 활달한 천재가 훗날(2011년) 자신의 훌륭한 책 《우리는 왜 자신을 속이도록 진화했을까?》에서 자세히 소개할 각광받는 개념, '자기기만'을 바로 이 서문에서 처음 제안했기 때문이다.

옥스퍼드대학 출판부는 게다가 — 내게는 이것이 가장 특별한 즐거움이었다 — 라사 메논의 기획으로 기념 논문집을 출간했다. 앨런 그래펀과 마크 리들리가 편집한 책의 제목은 '리처드 도킨스: 우리의 사고를 바꾼 과학자 — 과학자들, 작가들, 철학자들의 생각'이다(부제를 적자니 상당히 부끄럽다). 런던 만찬은 이 책의 출간기념회를 겸했다. 그때 이 책에 기고한 몇몇 필자를 비롯한 여러 손님이 내가 받은 증정본에 서명을 해주었는데, 나는 그 책을 보물처럼 아낀다.

이 책에는 총 25편의 글이 '생물학', '《이기적 유전자》', '논리학', '반대의 목소리들', '인간', '논쟁', '글쓰기'의 7부로 나뉘어 담겨 있다. 나는 이번에 다시 읽어보고는 대부분의 글이 아주 잘, 또한 재미나게 씌어졌다는 점에 새삼 놀랐다. 수줍게 고백하건대, 친구들과 동료들이 나를 위해 아낌없이 애써줬다고 생각하면(어쩌면 내 바람일 뿐이겠지만) 마음이 훈훈해진다. 훈훈함은 내용으로도 이어졌다. 내용은 일관되게 흥미롭다. 어떤 글은 나를 비판하는 내용이지만(가령 당시 옥스퍼드 주교였던 리처드 해리스가 쓴 따듯한 장이 그렇다), 모든 글이 독창적이고 생각을 자극한다(가령 필립 풀먼이 내 글쓰기 스타일을 논한 아름다운 장이 그렇다). 마음 같아서는 그 멋진 글들 하나하나에 대해서 자세한 대답을 쓰고 싶지만, 그러려면 책을 한 권 더 써야 할 것이다.

RICHARD DAWKINS

9
텔레비전

My Life in Science

〈호라이즌〉에서

인터뷰를 찔끔찔끔 한 것 외에 내가 텔레비전 카메라에 처음 길게 노출된 것은 1986년이었다. BBC의 '간판' 프로그램이었던(당시에는 떳떳이 그렇게 불렸다) 과학 다큐멘터리 시리즈 〈호라이즌〉의 전담 제작자 겸 감독 제러미 테일러가 내게 연락해왔다. 당시 미국 청취자들은 '호라이즌' 다큐멘터리를 '노바' 시리즈라고 아는 경우가 많았다. 보스턴의 WGBH 방송국이 역시 훌륭한 다큐멘터리들을 그 이름으로 방송했는데, 그중 다수가 〈호라이즌〉 프로그램을 이름만 바꾸거나 가끔은 소개자를 바꿔서 방영한 것이었기 때문이다. 드물게는 심지어 미국 사람이 해설을 새로 녹음한 경우도 있었다.

해설을 새로 녹음하는 것은 미국 청취자들이 영국 영어를 이해하지 못하면 어쩌나 하는—알아듣더라도 싫어하면 어쩌나 하는—걱정 때문이라는 소문을 들었지만, 진위는 확인하지 못했다. 그러나 〈업스테어스 다운스테어스〉나 시대착오라도 일으킬 듯한 〈다운턴 애비〉 같은 드라마들이 미국에서도 인기가 있는 걸 보면 그건 아닌 것 같다. 나는 미국인 친구 토드 스티펠이 분개하면서 해준 이야기에 경악했는데, 역사상 가장 야심만만한 야생동물 다큐멘터리 시리즈였을 것이고 다른 사람도 아닌 데이비드 애튼버러가 내레이션을 맡았던 BBC 〈라이프〉 시리즈가 미국에서는 애튼버러의 내레이션을 오프라 윈프리의 목소리로 바꾼 채 방영되었다는 것이다! 그나마 미국 아마존 고객들이 두 버전을 비교해보고 내린 판결에서 압도적으로 원본이 선호된다는 사실이 다행스럽다. 오프라 윈프리가 왜 하겠다고 나섰는지 통 알 수 없다. 달리 적수가 없는 데이비드 경과 필연적으로 비교될 것이 겁나지도 않았을까?

제러미 테일러의 연락을 받았을 때, 나는 확실히 겁났다. '호라이즌/노바' 시리즈의 막강한 평판 때문이기도 했고, 내가 텔레비전 촬영을 잘해낼 수 있을까 의심스러워서이기도 했다. 나는 그 10년 전에 다른 〈호라이즌〉 제작자 피터 존스로부터 《이기적 유전자》에 관한 다큐멘터리를 진행해달라는 요청을 받았었다. 그때 나는 순전히 긴장된다는 이유로 거절하면서 대신 존 메이너드 스미스를 추천했고, 그는 훌륭하게 해냈다.

내가 기억하기로는 그때 《이기적 유전자》 다큐멘터리를 거절한 게 내 불안감 때문이었지만, 친절하게도 이 자서전 초고를 읽어준 제러미 테일러는 친구였던 피터 존스와의 기억에 의지하여 좀 다른 회상을 들려주었다.

> 내가 기억하기로는, 〈호라이즌〉은(꼭 피터가 그랬던 건 아니고요) 당신이 너무 어려 보여서 당신의 이론을 믿음직하게 소개하기 어려울 거라고 판단했답니다! 꼭 합창단 소년이 설교를 하는 모양새처럼 말이죠! (10년 뒤에) 내가 〈마음씨 좋은 놈이 1등 한다〉 다큐멘터리 진행을 당신에게 맡기자는 의견을 냈을 때도, 당시 〈호라이즌〉 편집자였던 로빈 브라이트웰은 결사반대했습니다. 이번에도 당신이 "너무 어려 보여서" 청취자들이 신뢰하지 않을 거라고 말하면서요. 내가 극구 고집하니까 브라이트웰은 "글쎄, 막진 않겠지만 다 당신이 책임지는 겁니다!"라고 말했죠. 그러니까 만일 그때 당신이 진행을 잘할 수 있을까 하고 초조해했다면, 당신에게는 숨겼던(잘 숨겼다면 좋겠군요) 내 기분은 과연 어땠겠습니까! 물론 〈마음씨 좋은 놈이 1등 한다〉는(제러미와 내가 만든 다큐멘터리를 가리킨다) 〈호라이즌〉과 BBC2에서, 그리고 관리자들에게도 호평을 거뒀고, 덕분에 〈눈먼 시계공〉(당시 제러미가 나와 함께 만들겠다고 제안한 다음번 다큐멘터리다) 기획에 대한 사람들의 태도는 전혀 달랐습니다!

제러미가 내게 〈마음씨 좋은 놈이 1등 한다〉라는 다큐멘터리를 찍자고 제안했을 때, 나는 이전보다 열 살 더 먹었고(외모도 아마 더 나이 들어 보였고) 자신감도 약간 더 생겼다. 그래도 여전히 긴장되었다. 나를 굴복시킨 것은 제러미가 다큐멘터리의 주제에 대해서 드러낸 열정이었다. 미국 사회과학자 로버트 액설로드의 《협력의 진화》를 읽은 그는 협력을 게임이론 측면에서 살펴보는 접근법이 훌륭한 〈호라이즌〉 프로그램 소재가 되리라고 생각했다.

나는 액설로드의 책을 잘 알았다. 그 책이 나오기 오래전에 이런 일이 있었기 때문이다.

> 로버트 액설로드라는, 모르는 미국 정치학자가 난데없이 웬 문서를 보내왔다. 그것은 '반복적 죄수의 딜레마' 게임을 '컴퓨터 토너먼트'로 치르려고 하니 나도 경쟁에 참가하라는 초대였다. 정확히 말하자면—컴퓨터 프로그램 자체가 의식적인 선견지명을 품는 건 아니기 때문에 이 구분은 중요하다—나더러 경쟁을 치를 컴퓨터 프로그램을 제출하라는 초대였다. 아쉽게도 나는 참가작을 보내는 것까진 할 수 없었다. 그래도 그 발상에 아주 호기심이 동했기 때문에, 수동적이기는 해도 그 단계에서는 귀중했던 기여를 보탰다. 액설로드는 정치학 교수였는데, 나는 당파적인 마음에서 그가 우리 분야 사람과, 즉 진화생물학자와 협력할 필요가 있다고 느꼈다. 나는 액설로드에게 답장을 써서 우리 세대에서 가장 탁월한 다윈주의자일 W. D. 해밀턴을 소개해주었다. 액설로드는 당장 해밀턴에게 연락했고, 두 사람은 공동 작업을 했다.[12]

해밀턴도 액설로드가 재직한 앤아버의 미시간대학 교수였지만, 내가 소개하기 전에는 두 사람이 서로 몰랐다. 둘의 공동 연구는 〈협력의 진화〉라는 논문으로 발표되어서 무슨 상도 탔고, 나중에 액설로드의 동명의 책에 한 장으로 실렸다. 나는 그 책의 탄생에 말석이나마 이바지한 내 역할 때문에 약간의 소유욕을 느꼈다. 꼭 그것 때문이 아니라도 그 책이 좋았다. 내가 그 책의 2판에 쓴 서문에서 다시 발췌해보겠다.

> 나는 책이 나오자마자 읽었고, 읽으면서 흥분은 점점 커져갔다. 이후 나는 전도사 뺨치는 열정으로 만나는 사람마다 책을 추천하고 다녔다. 출간 후 몇 년 동안 내게 개인 지도를 받은 대학생들은 한 명도 빠짐없이 이 책에 대한 에세이를 써야 했는데, 그 숙제는 학생들이 제일 즐겁게 쓴 글 중 하나였다.

그러니 제러미의 제안을 받고 그가 액설로드의 책에 나만큼 열광한다는 걸 알았을 때 내가 물리칠 수 없었던 것은 당연한 일이었다.

우리는 직접 만났다. 그의 열광을 익히 알아서 그랬는지, 금세 그가 좋아졌다. 그는 뉴 칼리지 동료인 지적인 철학자 조너선 글러버를 희미하게 연상시키는 데가 있었다. 제러미는 일단 느긋하게 시작해서 어떻게 돼가는지 두고 보자면서 텔레비전에 대한 내 두려움을 달랬다. 그는 내가 카메라 앞에서 할 말을 대본으로 미리 적어두지는 않는 편을 선호했다. 다만 나중에라도 대본이 필요하다고 밝혀지면 좀 더 대본에 충실한 형식으로 바꾸겠다고 단서를 달았다. 다행히 그런 일은 없었다. 대신 우리에게 통한 방식은, 내가 어떤 대사를 말하기 전에 제러미와 함께 꽤 집중적으로 그 내용을 토론하는 것이었다. 그랬다가 그 장면을 무사히 촬영하면, 이제 다음번 대사에 관해서 토론했다. 내용이 내 머릿속에 명료하게 들어올 때까지. 그랬다가 다시 촬영하고… 이런 식이었다.

결국 다큐멘터리의 제목은 '마음씨 좋은 놈이 1등 한다'가 되었다. 사실 다큐멘터리가 거의 완성된 시점에야 떠오른 제목이었지만, 어쨌든 지금은 계속 이 이름으로 부르겠다. 이 말은 '마음씨 좋은 놈이 꼴찌 한다'는 유명한 경구를 비튼 것인데, 꼭 성적인 암시가 있는 표현처럼 느껴지지만 사실은 야구계에서 나온 말이다. 첫 촬영지는 옥스퍼드와 아이시스강(템스강의 옥스퍼드 지류를 부르는 이름이다) 사이에 펼쳐진 널찍한 범람 평원인 포트 메도였다. 포트 메도는 둠즈데이북 이래 한 번도 경작되지 않은 공유지로, "옥스퍼드시의 자유민들과 울버코트의 공유지 사용자들"이 자유롭게 방목하도록 허락된 땅이었다. 내가 첫 아내 메리언과 함께 살았던 울버코트의 집에서는 그 널따란 평원이 바라다보였다. 그곳을 습한 영국판 세렝게티평원이라고 상상하기는 어렵지 않았다. 어슬렁거리는 동물 떼가 누나 얼룩말이 아니라 소와 말이었을 뿐이다.

공유지가 다큐멘터리와 무슨 상관인가 하면, 미국 생태학자 개럿 하딘이 유명 논문에서 이야기한—논문 제목이기도 했다—'공유지의 비극' 현상 때문이었다. 지나친 방목은 공유지를 망친다. 공유지 체계는 모든 사용자가 절제할 때만 유지된다. 어느 한 공유권 소유자가 탐욕스럽게 자기 가축을 너무 많이 풀어놓으면, 모두의 사정이 나빠진다. 하지만 그 이기적인 개인은 남들보다 딱히 더 나빠질 것은 없는 데다가, 그는 가축이 더 많기 때문에 남들보다 상대적으로 더 큰 이득을 누린다. 따라서 모든 사용자는 그처럼 저마다 이기적으로 행동할 동기가 있다. 이것이 바로 공유지의 비극이다.

좀 더 친숙한 예를 들어보자. 열 명이 함께 식당에 간다. 그들은 사전에 계산서의 금액을 10분의 1씩 똑같이 나눠 내기로 약속했다. 그런데 한 명이 남들보다 훨씬 비싼 요리를 시킨다. 그는 자신이 계산서에서 늘어난 금액 중 10퍼센트만 더 내면 되지만 더 비싼 요리의 이득은 혼자 100퍼센트 누린다는 걸 안다. 그러니 모든 사람이 그처럼 주문할 때 절제할 동기가 없는 셈이고, 따라서 계산서 금액

은 각자 자기 밥값을 낼 때보다 더 커질 가능성이 높다.[13]

제러미는 내가 카메라 앞에서 공유지의 비극에 대해 한마디 하기를 바랐다. 그리고 이건 텔레비전이니까, 배경에 뭔가 시각적인 설명이 있어야 했다. 오래된 중세 공유지로서 말 그대로 우리집 문 앞에 펼쳐져 있던 포트 메도는 완벽한 배경이었다. 더구나 가벼운 유머를 보여줄 기회가 나타났고, 훌륭한 방송 제작자라면 으레 그렇듯이 제러미는 기회를 놓치지 않았다. '옥스퍼드시 보안관'이라는 오래된 직위의 소유자에게는 1년에 한 번 공유지의 모든 동물을 모아서 조사할 의무가 있는데, 정확한 소집 날짜는 비밀이다. 적어도 비밀이어야 한다. 그런데 제러미는 어떻게 소문을 들은 모양이었다. 아니면 미리 알진 못했지만 그냥 운이 억수로 좋아서 요행한 기회를 잡은 것인지도 모른다.

예전에는 포트 메도에서 불법으로 가축을 먹이는 사람에게는 벌금이 부과되었는데, 이것은 공유지의 비극을 줄이기 위한 조치였다. 하지만 최근에는 연례 소집이 그저 구속력 없는 의례에 불과했다. 잠시 동물들을 죄 울타리에 몰아넣기는 하지만 누구의 동물이고 누구의 책임인지 따지진 않았다. 그렇다면 이론적으로는 공유지의 비극이 전개될 가능성이 있는 셈이었다. 우리는 그 일제 소집 장면을 찍었고, 사이사이 내가 카메라에 대고 공유지의 비극 원리를 설명했다.

그때 제러미가 카메라팀을 지휘하는 걸 보니까, 그의 의도는 부분적으로나마 코미디를 연출하는 것이란 사실을 알 수 있었다. 그는 보안관의 일꾼들과 그들이 아끼는 전통을 약간 놀리고 있었던 것이다. 나는 좀 걱정이 돼서 제러미에게 괜찮겠느냐고 물었다. 그러자 그는 씩 웃으면서 사람들은 못 알아차릴 거라고 말했고, 설사 알아차리더라도 신경 쓰지 않을 거라고 했다. 사람들은 어떤 이유로든 텔레비전에 나오는 걸 좋아한다는 것이었다. 덕분에 나는 최고의 다큐멘터리 감독들이 지닌 섬세한 재치를 배웠고, 그런 자질은 내가 이후 간간이 방송 진행자로 나설 때 여러 차례 더 접할 특징이었다. 진정한 재치는 공들인 것이어서는 안 된다는 것 또한 내가 제러미에게 배운 교훈이었다.

더구나 제러미는 텔레비전이라는 매체의 관습들과 상투적 기법들을 사용하면서도 그것을 은근히 비웃는 능력이 있었다. 한번은 그가 내게 운전을 하면서 조수석에 앉은 투명인간에게 앞의 식당 예제를 설명해주라고 시켰다. 이때 함께 일한 사이먼 레이크스는 나중에 내가 진행한 채널4의 다큐멘터리 〈과학의 장벽을 깨뜨리다〉를 감독한 사람인데(뒤에서 자세히 이야기하겠다), 내가 '옆자리 사람'에게 설명하는 척하는 장면에서 곧장 바깥에서 자동차를 찍은 숏으로 넘어감으로써 이 상투적 기법을 노골적으로 조롱했다. 밖에서 보면 내 옆자리에 사실은 아무도 없다는 게 뻔히 보였으니 말이다(물론 카메라맨조차 없었다). 내가 항의하자, 사이먼은 웃으면서 아무도 못 알아차릴 거라고 말했다. 이것은 이미 텔레비전의 문법이자 허용되는 관행의 일부가 되었다고 했다.

역시 텔레비전 다큐멘터리에서 허용되는 또 다른 관행은 '카메라를 향해 걸어가기' 기법이다. 진행자가 카메라 쪽으로 걸어가면서, 비현실적이게시리 뒷걸음질을 치고 있다고 가정해야 하는 투명인간에게 뭐라뭐라 말하는 모습을 찍는 것이다. 이때 카메라맨은 진짜로 뒷걸음질을 친다(사운드맨이 어깨를 잡고 신중하게 방향을 잡아주지 않는다면 카메라맨에게나 행인에게나 위험할 수도 있는 노릇이다). 나는 늘 이 상투적 기법에는 선을 그었다. 이 기법은 찍지 않겠다고 거부하면, 함께 일한 감독들은 마지못해하는 경우도 있긴 했지만 어쨌든 다들 받아들여주었다. 한편 텔레비전의 또 다른 관습으로서 시간의 흐름을 뜻하고자 사용되는 '흘러가는 구름 빨리 감기 숏'은 꽤 아름다울 수 있기 때문에, 나도 반대하지 않는다. 고속 촬영이든 저속 촬영이든 시간을 가지고 노는 것은 데이비드 애튼버러의 경이로운 다큐멘터리들이 자주 쓴 수법이다. 효과가 근사하지만, 나는 최소한 그런 기법을 적용하고 있다는 사실이 명백히 드러나지 않는 경우에만이라도 그렇다고 명시적으로 말해주는 게 낫다고 생각한다. 애튼버러의 대단히 흥미진진한 자서전 《인생, 방송 중》에는 텔레비전 다큐멘터리의 초창기 시절에 대한 재미난 이야기가 많다. 당시 그와 동료들은 텔레비전 다큐멘터리의 '문법', 즉 관습을 맨땅에서 일일이 발명해내야 했다. 언제 페이드아웃을 하고 언제 컷을 할지, 언제 해설을 목소리만 입히고 언제 해설자의 얼굴을 보여줄지 등을.

〈마음씨 좋은 놈이 1등 한다〉가 방영된 뒤, 짧은 기간이나마 내 이름이 이기성과 함께 이야기되는 게 아니라—내 첫 책을 제목만 읽은 사람이 워낙 많기 때문에 이런 경우가 흔하다—이타성과 함께 이야기되는 달콤한 시간이 있었다. 그때 세 유력 기업이 내게 접촉해왔다. 마크스앤드스펜서의 회장 시프 경은 마침 뉴 칼리지에서 내 제자로 있던 딸 대니엘라를 통해 런던의 중역실에서 점심을 함께하자는 초대를 해왔다. 손님은 대니엘라와 나 둘뿐이었고, 그녀의 아버지는 우리에게 마크스앤드스펜서는 직원을 제대로 대우하는 훌륭한 회사라는 그럴듯한 설명을 늘어놓았다. 그의 말을 의심할 이유는 없었지만, 그가 〈마음씨 좋은 놈이 1등 한다〉 다큐멘터리의 요지를 제대로 이해했던 것 같진 않다. 어쩌면 대니엘라가 나중에 설명해주었을지도 모르겠다.

그다음에는 마스사 홍보부의 젊은 여성이 내게 점심을 청해, 자기네 회사가 초콜릿바를 파는 것은 돈을 벌기 위해서가 아니라 사람들의 삶을 달콤하게 만들어주기 위해서라는, 좀 덜 그럴듯한 설명을 늘어놓았다. 그녀는 달콤한 여성이었고 함께한 점심식사는 즐거웠지만, 그녀의 회사가 전달하려 했던 메시지는 그 회사의 초콜릿만큼 느끼했다.

마지막으로, 다큐멘터리의 메시지를 제대로 이해한 IBM유럽의 영국인 중역이 나를 브뤼셀 본사로 데려가 중견 간부들의 훈련용 게임을 감독해달라고 했다. 게임의 목적은 간부들의 결속을 도움으로써 직장 분위기를 향상시키는 것이었다. 정력적인 젊은 간부들은 빨강, 파랑, 초록의 세 팀으로 나뉘어 '반복적 죄수의 딜레마' 게임의 변형된 형태를 실시했다(게임이론의 고전인 이 게임을 여기서 자세히 설명하진 않겠다. 액설로드의 책과 《이기적 유전자》 2판에 자세히 나와 있으니 보길 바란다). 각자 다른 방에 갇힌 세 팀은 심부름꾼을 통해서 서로가 놓는 수를 소통했다. 세 팀 모두 긴 오후 내내 훈훈한 협동관계를 발전시키고 유지했는데, 그것은 정확히 액설로드가 예측한 대로였다. 그러나 이론이 또한 예측하는바, 만일 반복적 죄수의 딜레마가 어떤 정해진 시각에 끝난다는 게 알려져 있을 때는 배신하려는 유혹이 생겨난다. 왜냐하면 마지막 판이 마지막 판임이 알려져 있을 때는 사실상 일회성 죄수의 딜레마 게임과 같아지고, 그때 합리적 전략은 배신이기 때문이다. 그리고 만일 합리적 행위자인 상대가 마지막 판에서 배신할 가능성이 있다는 것을 당신이 안다면, 당신에게 합리적인 선택은 끝에서 두 번째 판에 선제공격을 하는 것이다. 이런 식으로 자꾸 거슬러 올라간다. 액설로드는 게임이 끝나는 시점까지 남은 기대 시간을 '미래의 그림자'라고 표현했는데, 그림자가 짧을수록 배신의 유혹은 커진다.

그리고 안타깝게도, IBM 게임에서는 게임이 오후 4시에 끝난다는 사실이 알려져 있었다. 우리는 그로 인한 파국을 예상했어야 했다. 그래서 미리 종료 시간을 알리지 말고, 예측 불가능한 순간에 무작위로 호루라기를 불어서 종료시켰어야 했다. 조건이 그러했으니, 지금 와서 돌아보면, 중요한 다과 시간 직전에 빨강팀이 파랑팀에게 대대적인 배신을 가함으로써 오후 내내 고생스레 쌓아온 장기적 신뢰를 저버린 것이 전혀 놀라운 일은 아니었다. 물론 게임은 진짜 돈이 아니라 토큰으로 수행되었지만, 어쨌든 간부들의 결속을 돕기는커녕 파랑팀과 빨강팀 사이에 엄청난 악감정만 일으켰다. 간부들은 IBM 운영이라는 진지한 사업에서 다시금 협동하기 전에 상담을 받아야만 했다. 지금 생각하면 꽤 재미난 사건이었지만, 당시 집으로 돌아오는 내 기분은 좋지 않았다.

〈마음씨 좋은 놈이 1등 한다〉로부터 그다지 오래지 않아 또 다른 〈호라이즌〉 다큐멘터리를 역시 제러미 테일러가 연출하게 되었다. 이번에는 '눈먼 시계공'이라는 제목이 먼저 나왔다. 이 제목을 따온 책과 마찬가지로 — 책은 막 출간된 참이었다 — 다큐멘터리는 창조론에 대한 과학의 대답을 다루었으므로, 촬영의 상당 부분을 텍사스에서 할 이유가 충분했다. 제러미와 나는 댈러스로 날아가서 차를 빌린 뒤 글렌로즈라는 작고 호젓한 마을로 갔다. 그 근처를 흐르는 팔룩시강은 관능적으로 매끄럽고 평평한 석회암 위를 얕게 지나는데, 그 암석에는 공룡의 발자국들이 온전하게 보존되어 있다. 정확히 말하자면, 일부는 그렇다. 일부는 공룡의 특징인 세 개의 발가락이 온전히 드러난 형태다. 하지만 나머지는 모양이 온전하지 않아서, 신앙의 눈으로 보자면—정말 신앙이 필요하다—사람 발자국처럼도 보인다. 1930년대에 팔룩시강은 어린 지구를 믿고 인간과 공룡이 함께 걸었다고 믿는(욥기에 나오는 '거대한 짐승'이 공룡이라고 했다) 창조론자들의 메카가 되었다. 글렌로즈에는 가짜 공룡 발자국과 큼직한 인간 발자국이 나란히 찍힌 시멘트 모형을 파는 가게들이 생겼고, 그 '증거'란 것은 창조론자들의 말과 문헌에 단골로 등장하는 요소가 되었다.

제러미는 텍사스에서 현지 촬영팀을 고용했다. 우리는 황야를 걸어 글렌로즈에서 팔룩시강까지 간 뒤, 멋지고 매끄러운 석회암 위를 얕게 흐르는 따뜻한 강물에서 철벅거리거나 노를 저으면서 즐거운 하루를 보냈다. 그 지역 과학 교사인 로니 헤이스팅스와 글렌 쿠반이 우리와 동행했는데, 두 사람은 팔룩시강의 '인간 발자취'의 진실을 밝히는 데 공이 컸던 사람들이었다(그것은 사실 공룡의 발자취지만, 뒤꿈치만 찍혔기 때문에 세 개의 발가락이 보이지 않는다). 이 글을 쓰는 동안 기억을 되살릴 겸 영상을 다시 보다가, 나는 내 반바지가 너무 짧은 데 약간 당황했다. 실제로 당시 그 반바지는 인터넷에서 음담패설의 대상이 되었다. 요즘은 짧은 반바지가 한물간 유행이지만, 그래도 나는 여전히 버뮤다팬츠는 볼품없게시리 길다는 생각을 떨칠 수 없다. 더구나 팔룩시강을 헤칠 때 그런 걸 입었다면 바짓가

랑이가 다 젖었을 것이다.

스스로도 텔레비전 경험이 있는 내 친구 제러미 셰퍼스는 또 다른 다큐멘터리 진행자의 반바지 이야기를 내게 들려주었다. 남아프리카공화국의 저명한 인류학자 글린 아이작이 한번은 쭈그리고 앉아서 화석을 집은 후 뒤로 돌아서 카메라에 보여주는 장면을 찍었다. 그런데 그의 반바지가 몹시 짧았고, 그는 자기 성기가 다 보인다는 사실을 몰랐다. 감독이 세심하게 "컷!"을 외쳤지만, 셰퍼스의 말에 따르면, "카메라맨은 훌륭한 카메라맨답게 계속 찍었다". 나는 다행히 그런 당황스러운 사고는 겪지 않았지만, 그때처럼 셰익스피어를 인용하는 장면에서 몹시 짧은 반바지는 (랄라의 표현을 빌리자면) 의상 담당자의 자연스러운 선택은 아닐 거라는 사실을 인정할 수밖에 없다. 그때 내가 인용한 대목은 햄릿이 인간의 눈은 피상적인 유사성에 현혹되기 쉽다고 말하는 대목이었다(햄릿의 경우에는 구름이 동물을 닮았다는 이야기였고, 내 경우에는 공룡 발뒤꿈치 자국이 사람 발자국을 닮았다는 이야기였다).

"내가 보기에는 그것이 족제비 같다Methinks it is like a weasel"는 햄릿이 구름과 비교하면서 말한 문장인데, 나는 《눈먼 시계공》 책에서 누적적 선택과 일회성 선택의 차이를 설명할 때 바로 그 대목을 인용했다. 만일 무수히 많은 원숭이가 무한히 긴 시간 동안 무작위로 타자기를 두드려댄다면 녀석들도 틀림없이 셰익스피어의 작품 전체를 써낼 수 있을 것이라는 얘기였다. 더불어 무수히 많은 언어로 된 무수히 많은 다른 시와 산문도. 하지만 사실 이것은 무한이라는 개념이 얼마나 이해하기 어려운가를 보여주는 사례에 지나지 않는다. "내가 보기에는 그것이 족제비 같다"처럼 짧은 문장이라도,

실제로 등장하려면 원숭이들이 우리가 상상하는 기간보다 수십억 년은 더 긴 시간 동안 두드려야 할 것이다. 우리가 그런 원숭이를 흉내낸 컴퓨터 프로그램을 짠다고 상상해보자. 적당한 길이의 문자열을 무작위로 타이핑하는 프로그램이다. 이때 문자 28개로 구성된 문자열 하나를 치는 데 1초밖에 안 걸린다고 해도, "내가 보기에는 그것이 족제비 같다"라는 문장이 나타날 가능성이 있으려면 현재 우주 나이의 10억 배의 10억 배의 10억 배는 더 긴 시간을 기다려야 한다.

나는《눈먼 시계공》에서 농담 삼아, 내가 비록 아는 원숭이는 없지만 운 좋게도 18개월 된 딸 줄리엣이 "훌륭한 무작위 생성 장치인 데다가 아이는 원숭이 타자수의 역할을 대신하는 데 열심"이라고 적었다. 실은 열심이라는 표현도 줄여 말한 것이었다. 줄리엣은 옥스퍼드운하를 굽어보는 내 옥탑방에 찾아와서, 작은 주먹으로 자판을 쾅쾅 두드리며 내가 마감을 지킬 수 있도록 충실히 도와주곤 했다. 나는 실제로 아이가 타이핑한 무작위 문자열을 몇 개 나열한 뒤, "그러나 아이는 다른 중요한 할 일들이 있었기 때문에, 나는 하는 수 없이 무작위로 타이핑하는 아기나 원숭이를 흉내낸 컴퓨터 프로그램을 짜야 했다"라고 적었다.

텔레비전이란 매체에 익숙한 사람이라면, 제러미가 그 장면을 재연하기를 바랐다는 걸 당연하게 여길 것이다. 줄리엣의 엄마 이브가 촬영 장소였던 뉴 칼리지의 내 연구실로 아이를 데리고 왔다. 카메라들과 카메라맨들, 조명들과 거대한 은박 우산들, 감독이 "시작!"과 "컷!"을 외치는 소리가 위압적이어서 그랬는지, 가엾은 줄리엣은 엄마 무릎에 앉아서도 무대 공포를 이기지 못하고 자판 두들기기 솜씨를 보여주기를 거부했다. 결국 다큐멘터리는 그냥 바로 컴퓨터로 넘어가서, 시뮬레이션된 원숭이와 누적적 선택을 활용하는 '다윈' 알고리즘을 나란히 비교했다. 알고리즘은 부분적으로 성공적인 '돌연변이' 문자열을 선택해 '번식'으로 후세대를 낳았는데, 그러자 "내가 보기에는 그것이 족제비 같다"라는 문장을 '번식시키는' 과정에는 1분 남짓밖에 안 걸렸다.

이 족제비 프로그램은 물론 다윈주의적 진화를 아주 제한된 의미에서만 흉내낸 것이었다. 단 한 세대에 적용되는 무작위화 및 선택에 대비되는 누적적 선택의 힘을 보여주려고 설계된 것일 뿐이었다. 게다가 이 프로그램은 저 멀리 특정한 표적을 두고서 그것을 겨냥했는데(즉 "내가 보기에는 그것이 족제비 같다"라는 미리 정해진 문장을 목표로 삼았다), 이것은 진화가 현실에서 벌어지는 방식과는 전혀 다르다. 현실에서는 그냥 살아남는 것이 살아남을 뿐이다. 우리가 사후에 보면 처음부터 어떤 표적이 있었던 것처럼 생각하고픈 유혹이 들지만, 실제로는 표적이란 없다. 내가 이후 이 프로그램보다 훨씬 더 흥미롭고 현실과 좀 더 비슷한 일련의 '바이오모프' 프로그램을 짠 것은 그 때문이었다. 바이오모프 프로그램들에 대한 이야기는 뒤에서 할 텐데, 어쨌든 그 프로그램들은 이 〈눈먼 시계공〉 다큐멘터리에서도 중요한 역할을 맡았다.

우리는 다큐멘터리 후반부의 어느 장면을 찍기 위해서 베를린에도 갔다. 다윈주의적 선택 메커니즘을 동원하여 풍차와 디젤엔진 설계를 개량한 독일의 선구적 공학자 잉고 레헨베르크를 촬영하려는 것이었다. 그래도 잠시 베를린장벽을 방문할 여유는 있었다. 그곳에서 우리는 동독 경비원들이 슈타지의 조지 오웰 풍 압제에서 벗어나려고 시도하는 사람이 나타나면 당장 쏴버릴 태세로 지키고 선 모습을 보았다. 그 황량하고 울적한 광경 앞에서는 제러미의 평소의 쾌활함마저 사라졌다. 그가 가슴으로부터 내질렀던 절망의 외침을 나는 이후 한시도 잊지 못했다. 그것은 딱히 누구를 향한 외침이 아니라 비 내리는 회색 하늘을 향해 쏟아낸 익명의 포효였다.

나는 두 BBC 〈호라이즌〉 다큐멘터리를 찍은 걸 기쁘게 여기지만, 이 글을 쓰려고 다시 보면서 당시 내가 카메라 앞에서 말할 때마다 초조하게 머뭇거리는 기색이었다는 걸 확인하고는 좀 놀랐다. 좀 부끄럽기도 하다. 어쩌면 내가 실수를 저지를 경우 그 대가가 비싸다는 사실을 의식했던 게 한 이유였을지도 모른다. 당시에는 촬영을 16밀리미터 필름으로 했는데, 비싼 데다가 재사용할 수도 없었다. 요즘의 디지털 촬영은 비용이 한 푼도 들지 않고, 실수의 대가라야 한 번 더 찍는 데 필요한 시간뿐이다. 제러미는 아주 너그러워서 필름 값이나 BBC가 준 빠듯한 예산에 관한 말은 일언반구 하지 않았지만, 그래도 나는 〈호라이즌〉 촬영 당시 실수를 저지를 때마다 사과해야 할 것 같은 기분이었다.

방금 고백한 자신감 결여가 내 발목을 잡았었다는 사실을 제러미는 인정하지 않는다. 내가 스스로의 부족함에 대해서 지나치게 민감할 뿐이라고 말한다. 어쨌든 촬영이 디지털로 전환되면서 실수에 따르는 금전적 비용이 준 탓이었는지, 아니면 내가 나이를 열 살 더 먹어서였는지, 1996년에 찍은 채널4의 다큐멘터리 〈과학의 장벽을 깨뜨리다〉는 지금 다시 봐도 그런 머뭇거림이 느껴지지 않는다.

〈과학의 장벽을 깨뜨리다〉

채널4는 전속 제작진이나 시설이 없다. 대신 런던과 영국 전역에 우후죽순 솟아난 수많은 독립 제작사들 중 하나에 제작을 의뢰한다(BBC도 점점 더 이 모델을 따르고 있다). 그래서 〈과학의 장벽을 깨뜨리다〉를 찍자는 첫 제안은 채널4가 아니라 존가우프로덕션에서 왔다. 나는 곧 존 가우가 영국 방송계에서 가장 존경받는 인물 중 하나라는 사실을 알았다. BBC의 베테랑이었던 그는 그곳을 나와서 독립 제작사를 차렸는데, 텔레비전 업계에서 쌓은 경륜과 수많은 의뢰와 수상 실력으로 널리 존경받는다고 했다. 그러니 나는 그가 내 이름을 걸고 채널4에 입찰을 넣겠다는 제안에 주저없이 응했고, 입찰은 성공이었다. 존은 다큐멘터리를 만들 감독으로 프리랜서 사이먼 레이크스를 고용했고, 자신은 제작을 맡았다. 나는 사이먼과 존과 잘 지냈고, 제작된 다큐멘터리에도 만족했다. 최근에 다시 보았을 때도 그런 인상은 바뀌지 않았다.

〈과학의 장벽을 깨뜨리다〉는 과학 기법 및 과학이 보여준 경이를 칭송하는 내용과, 그럼에도 불구하고 과학을 무시하는 세상에 대한 한탄을 대충 반반 섞은 내용이었다. 후자를 이야기하기 위해서 우리는 케빈 캘런을 등장시켰다. 영국의 화물차 운전사였던 케빈은 살인죄로 종신형을 받았는데, 우리가 프로그램에서 이야기할 이유 때문에 결국에는 도로 석방되었다. 재판에서 배심원들은 머리 부상의 과학에 무지한 의사들의 증언에 현혹되어, 케빈이 네 살짜리 의붓딸 맨디를 마구 흔들어 죽였다는 원고 측 주장을 믿어버렸다.

우리가 이야기하려는 요지는 과학에 대한 무지가 부당한 유죄 선고로 이어졌다는 것이었다. 판사와 검사뿐 아니라 변호인 측의 무지도 문제였다. 케빈이 자기 변호사에게 어떤 전문가를 변호인 측에 세울 거냐고 묻자, 변호사는 그에게 입 다물라고 대꾸했다. 그러고는 증인을 아무도 세우지 않았다. 변호인 측에서 부를까 했던 의사들마저 검사 측 전문가들의 의견에 동의했기 때문이다. 케빈은 혼자였다. 그를 변호할 유일한 증인은 그 자신이었다. 그리고 그는 종신형으로 감옥에 처넣어졌다.

그는 혼자였지만, 굴복하지 않았다. 교도소 규칙에 따라 그는 책을 주문할 수 있었다. 그는 신경병리학이라는 난해한 주제를 체계적으로 독학하기 시작했다. 석방되고 한참 지난 뒤, 웨일스 해안의 작은 집에서 그는 감옥에 있을 때 그 주제에 관해서 모은 육중한 자료 파일을 우리 카메라에 보여주었다. 그 자료들은 최종 졸업시험을 준비하는 여느 일류 대학 학생의 자료 못지않게 완전하고 상세해 보였다. 차이가 있다면, 케빈이 직면한 '최종'은 좀 더 심각한 것이었다는 점이다. 눈앞에 펼쳐진 남은 평생을 감옥에서 살아가야 한다는 생각이 얼마나 영혼을 망가뜨릴지, 상상이 되는가? 더구나 자신은 결백하다는 걸 아는 상태에서?

결국 케빈은 뉴질랜드 신경병리학자 필립 라이트슨 교수의 책에서 가엾은 맨디의 증상과 똑같은 증상이 소개된 걸 발견했다. 케빈은 라이트슨에게 편지를 썼고, 상세한 법정 기록을 보내주었다. 라이트슨은 자료를 면밀히 검토한 끝에 맨디의 부상은 누가 흔들어서 생겼을 리 없다는 결론을 확실히 내렸다. 그것은 케빈이 내내 주장한 대로 추락으로 인해 생긴 부상이었다.

라이트슨의 새로운 증언에 힘입어 사건 검토가 재개되었고, 케빈은 오명 한 점 남기지 않은 채 석방되었다. 하지만 내가 해설에서 말했듯이, 어쨌든 "무고한 사람이 4년이나 감옥에서 보낸 것이다". 만일 이 심란한 사건이 텍사스처럼 사형을 좋아하는 사법권에서 벌어졌다면, 케빈은 아마 진작 죽었을 것이다. 영국에서도 케빈의 놀라운 끈기와 한 뛰어난 뉴질랜드 의사의 성실성이 없었다면, 그는 여태 감옥에서 괴로워하며 동료 수감자들로부터 끔찍한 취급을 받고 있을 것이다.

우리 다큐멘터리는 영국에서 가장 저명한 법정 변호사로 꼽히는 마이클 맨스필드의 입을 빌려서, 그 사건에 관계했던 판사와 변호사들의 과학적 무지를 통렬히 비난했다. 나는 케빈의 이야기에 감동했다. 상대적으로 교육을 덜 받은 트럭 운전사가 오직 의지와 지성만으로 관련 과학을, 나아가 과학적 사고방식을 독학했다는 데 열렬한 존경심을 품었다. 그의 변호사들은 이 영웅적인 청년보다 훨씬 더 많은 교육을 받았지만, 그들이 받은 교육은 다른 주제였기 때문에 결국 그를 실망시켰다.

다큐멘터리에서 우리는 또한 대중이 미신을 너무 잘 믿고 속임수에 너무 잘 속는 현상을 개탄했다. 이 주제는 내가 나중에 《무지개를 풀며》에서, 그리고 채널4와 다시 작업한 다큐멘터리 〈이성의 적들〉에서 재차 다뤘다. 〈과학의 장벽을 깨뜨리다〉에서는 프로 마술사 이언 롤런드를 등장시켰다. 그는 염력으로 숟가락을 구부러뜨린다고 주장하는 사기꾼들이라면 '초자연적' 현상이라고 주장할 법한 마술들을 보여주면서도 자신은 단지 속임수를 쓸 뿐이라는 사실을 강조했다. "이 마술을 초자연적인 방법으로 해내는 사람이 있다면, 괜히 쓸데없이 고생하는 겁니다." 이처럼 사기꾼을 까발리는 정직한 마술사의 역할을 미국에서는 베테랑 회의주의자인 제임스 '어메이징' 랜디가 오래전부터 맡아왔다. 과학적 합리성을 고취하고 사기꾼을 까발리는 데 힘쓰는 또 다른 근사한 마술사로는 펜과 텔러, 제이미 이언 스위스가 있다. 모두 내가 자랑스럽게 친구라고 부르는 이들이다.

나는 평생 한 번도 마술은 해본 적 없지만('없기 때문에'가 더 나은 접속사일지도 모르겠다), 최고의 무대 마술사가 해내는 일에 매력을 느낀다. 거기에는 철학적 의미가 담겨 있다고 말해도 좋을지 모른다. 미국의 제이미 이언 스위스나 영국의 데런 브라운 같은 일류 마술사의 공연을 볼 때면, 기적 같다는 느낌이 하도 강한 나머지, 여기에는 반드시 합리적인 설명이 있을 거라고 스스로를 애써 설득해야 할 지경이다. 겉보기에는 기적이라는 증거가 넘치는 것 같지만, 내가 본 것은 실제로는 기적이 아니다. 이런 마술사들의 재주에 비하면 물을 포도주로 바꾸거나 물 위를 걷는 것쯤은 애들 장난으로 보일 지경이다. 내 모든 본능이 이건 "기적이야" "초자연적이야" 하고 외치더라도, 나는 스스로에게 이것은 속임수에 지나지 않는다고 계속 말해줘야 한다. 제임스 랜디, 이언 롤런드, 제이미 이언 스위스, 데런 브라운처럼 주술을 깨뜨리는 정직한 마술사들은 자신이 정확히 어떻게 그런 묘기를 부리는지까지 털어놓을 필요는 없다. 그럴 수도 없다. 직업윤리를 깨는 게 될 테니까. 그저 그것이 정말로 속임수라는 사실을 우리에게 말해주기만 해도 충분하다.

이 대목에서 창피한 고백을 하나 하겠다. 어느 날 텔레비전에서 장사를 자처하는 사람이 '초자연적' 묘기를 펼치는 모습을 보았을 때, 나는 어린애가 아니라 다 큰 어른이었다. 그는 등의 살갗에 낚싯바늘을 꽂고는 거기 매인 낚싯줄로 크고 육중한 화차를 끄는 것 같았다. 벌거벗은 등짝의 살갗은 극단적으로 잡아늘여졌고, 그는 낑낑용쓰는 연기를 해댔다. 그러자 서서히, 그러나 확실히 화차가 움직였다. 내가 고백할 말이 뭔가 하면 — 창피함을 무릅쓰고 이 얘기를 하는 것은 우리는 누구나 속기 쉽다는 걸 보여주기 위해서다 — 그 장면을 본 내가 '물리법칙이 이런 식으로 깨질 리 없으니 이것은 분명 속임수다'라는 판단을 대뜸 내리지 *않았다*는 점이다. 내 반응은 오히려 이랬다. "와, 놀라운 사람인걸. 하긴, '하늘과 땅 사이엔 꿈도 꾸지 못할 일들이 많다네, 호레이쇼(《햄릿》 1막 5장의 대사 – 옮긴이)'." 그렇다. 고백을 해버리니까 역시 나 자신이 말짱 바보처럼 느껴지지만, 통탄스럽게도 그 시절의 나처럼 잘 속는 사람은 결코 나 혼자가 아니다.

여담이지만, 펜과 텔러나 제임스 랜디 같은 마술사들의 정직함은 상업적으로는 도움이 안 된다. 오히려 반대다. 같은 속임수를 쓰면서도(혹은 보통 더 열등한 속임수를 쓰면서도) 텔레비전에 나와서 그것이 초자연적인 현상이라고 주장하는 사기꾼들이야말로 자신의 '힘'에 대한 책을 써서 베스트셀러로 만들어 손쉽게 돈을 번다(혹은 석유나 귀한 광물이 묻힌 곳을 '염력'으로 '점쳐' 달라며 그에게 두둑한 보수를 주는 바보스러운 중역들이 있는 석유 회사나 광업 회사로부터 돈을 얻어낸다).

철학적 의미는 이보다 더 깊은 수준으로 나아간다. 합리주의 성향의 과학자들은 종종 과연 어떤 상황에 처한다면 당신이 마음을 바꿔서 자연주의가 반증되었음을 인정하겠느냐는 질문을 받는다. 대체 어떤 상황에 처한다면, 무언가가 초자연적 현상이라는 주장을 믿겠는가? 예전에 나는 입에 발린 소리로나마, 누군가 설득력 있는 증거를 보여주기만 한다면 나도 하룻밤 새에 초자연주의자로 변하겠노라고 다짐했었다. 그리고 신이라면 그런 증거를 제공하는 일은 식은 죽 먹기가 아니겠느냐고 가정했다. 하지만 이후 내 웹사이트에 자주 글을 올리는 스티브 자라와의 깊은 토론에 감화되어, 요즘은 그런 확신이 줄었다.

초자연주의를 지지하는 설득력 있는 증거란 어떤 걸까? 무엇이 그런 증거가 될 수 있을까? 제이미 이언 스위스가 코앞에서 보여주는 카드 마술은 내가 상상할 수 있는 어떤 기적 못지않게 초자연적인 사건처럼 보이지만, 이 경우에는 정직한 마술사가 사실은 그것이 속임수이자 착시일 뿐이라고 말해준다. 만일 예수가 광휘에 둘러싸여 내 눈앞에 나타난다면, 혹은 하늘의 별자리가 갑자기 움직여서 제우스의 이름이나 올림포스산 신들의 이름을 몽땅 써 보인다면 어떨까? 그때 나는 '초자연적' 사건이 자연법칙을 뒤엎었다는 회피적인 가설에 굴복하는 대신, 내가 꿈을 꾸고 있다거나, 환각을 보고 있다거나, 그도 아니면 외계인 물리학자나 데이비드 코퍼필드 같은 외계 마술사가 꾸민 교활한 착시에 걸려들었다는 가설을 선택해야 하지 않을까? 그렇다, *초인간적* 가설, 그것도 안 될 게 없지 않을까? 방대한 이 우주에 초인간적 지성이 존재하지 않는다면 나는 오히려 놀랄 것이다. 하지만 '초자연적' 현상이라고? 초자연적이라는 말은 우리가 현재 일시적으로 아는 불완전한 과학적 이해를 벗어난 현상이라는 뜻 외에 어떤 *의미*가 있단 말인가?

예언자적 상상으로 유명했던 과학소설 작가 아서 C. 클라크는 이른바 '제3법칙'에서 바로 그 점을 지적했다. "충분히 발전한 기술은 마법과 구분되지 않는다." 우리가 보잉747을 타고 중세로 돌아가서 그 시대 사람들을 비행기에 태운 뒤 휴대용 컴퓨터, 컬러텔레비전,

휴대전화를 보여준다면, 당시의 가장 뛰어난 지성인들조차 아마 네 기기는 모두 초자연적인 것들이고 그것을 보여주는 우리는 신이라고 결론 내릴 것이다. 이 경우에도 '초자연적'이란 말은 '우리의 현*재* 이해를 넘어선 것'이라는 뜻 외에 달리 어떤 의미가 있단 말인가? 능숙한 마술사의 꾀바른 속임수는 현재 나의 이해를 넘어서고, 여러분의 이해도 넘어설 것이다. 우리는 그것을 초자연적 현상이라고 부르고픈 유혹을 느끼지만, 그렇지 않다는 걸 알기에—마술사 본인이 우리에게 그렇게 말해주므로—유혹에 저항한다. 데이비드 흄이 충고했듯이, 우리는 기적이라고 일컬어지는 모든 현상에 늘 회의주의를 견지해야 한다. 기적이라는 가설의 대안이, 설령 그럴싸하게 들리지 않더라도, 기적보다야 더 그럴싸하기 때문이다.

〈과학의 장벽을 깨뜨리다〉가 전달하려 한 메시지의 나머지 절반은 과학의 경이를 선전하는 것이었다. 여러 방법을 동원했는데, 그 중 하나는 펄서의 발견자인 조슬린 벨 버넬 교수를 출연시키는 것이었다. 그녀가 그 업적을 잘 떠올리게 만드는 장소인 맨체스터 근처 조드럴뱅크의 대형 전파망원경에 있는 모습을. 키클롭스의 외눈 같은 거대한 포물면 안테나가 깊디깊은 우주를 응시함으로써 깊디깊은 시간을 들여다보는 모습은 얼마나 감동적인지. 우리는 데이비드 애튼버러도 인터뷰했고—또 하나의 성과로—더글러스 애덤스도 인터뷰했다. 내가 1장에서 인용한 소설과 과학책에 관한 더글러스의 말은 이 인터뷰에서 딴 것이다. 인터뷰 말미에 나는 더글러스에게 "과학의 어떤 점이 당신의 피를 끓게 만듭니까?"라고 물었다. 그는 즉석에서 아래와 같이 대답했는데, 언제나 자기 자신을 기꺼이 웃음거리로 삼는 그의 태도를 사랑하게끔 만드는 그 반짝거리는 눈동자는 그의 전염성 있는 열정을 누그러뜨리기는커녕 강화시켰다.

> 세상은 정말 지나치게 복잡하고, 풍요롭고, 이상한 곳입니다. 그래서 너무나 멋진 곳입니다. 이토록 복잡한 것이 아주 단순한 것에서 생겨났을 뿐 아니라 아마 아무것도 없던 곳에서 생겨났을 거라는 생각은 정말로 근사하고 특별한 생각입니다. 그리고 일단 왜 그런지를 눈곱만큼이라도 이해한다면, 그건 정말이지 멋진 일로 느껴집니다… 이런 우주에서 칠팔십 년쯤 살 기회가 있다는 건 적어도 내게는 정말로 유익한 시간으로 느껴집니다.

아, 안타깝게도 그에게는 — 그리고 우리에게는 — 겨우 49년만이 주어졌다.

이 대목에서 더글러스와 나의 우정을, 내가 어떻게 그를 알게 되었는가를 이야기하면 알맞을 것 같다. 내가 처음 읽은 그의 책은 《은하수를 여행하는 히치하이커를 위한 안내서》가 아니라 《더크 젠틀리의 성스러운 탐정사무소》였다. 그 책은 내가 처음부터 끝까지 읽고는 당장 1쪽으로 돌아가서 처음부터 끝까지 다시 읽은 유일한 책이었다. 처음 읽었을 때는 그 속에 담긴 콜리지의 인용구들을 알아차리기까지 좀 시간이 걸렸기 때문에, 다시 읽으면서 이번에는 정신을 바짝 차려 다 찾아보고 싶었다.

또한 그 책은 내가 작가에게 팬레터를 보낸 유일한 책이었다. 정확히 말하자면, 내가 그에게 보낸 것은 이메일이 흔하지 않던 시절의 초창기 이메일에 해당하는 것이었다. 당시 애플컴퓨터사에는 애플링크라는 자체 이메일망이 있었다. 역시 그 애플링크 망에 소속된 딴 사람들에게만 이메일을 보낼 수 있었는데, 1980년대 말에는 소속 인원이 전 세계에서 수백 명에 불과했다. 더글러스와 나는 둘 다 앨런 케이의 고마운 주선으로 그 일원이 되었다. 앨런은 한때 제록스파크에 몸담았던 시절에 훗날 애플이, 더 나중에는 마이크로소프트가 채택할 WIMP(윈도스, 아이콘, 메뉴 혹은 마우스, 포인터를 뜻한다) 인터페이스를 발명했던 천재들 중 한 명이다. 앨런은 컴퓨터 세계의 아테네나 다름없던 제록스파크 사람들이 대대적으로 흩어질 때 애플로 옮겼다. 그곳에서 애플 펠로라는 명예직함 하에 자신만의 팀을 결성해 교육용 소프트웨어를 개발했고, 운 좋은 로스앤젤레스의 한 중학교를 시험장으로 채택해서 그것을 도입해보았다. 앨런이 더글러스와 내 책의 팬이었던 덕분에, 우리는 둘 다 그의 교육 소프트웨어 팀에 명예자문으로 뽑혔다. 자문에게 주어지는 혜택 중 하나가 바로 애플링크의 초기 회원권이었다. 당시에는 망에 연결된 사람이 워낙 적었기 때문에, 나는 쉽게 더글러스의 이름을 찾아서 이메일로 팬레터를 보낼 수 있었다.

더글러스는 당장 답장을 보내왔고, 자기도 내 책의 팬이라면서 다음에 런던에 올 일이 있으면 자기를 만나러 오라고 초대했다. 그래서 정말로 나는 이즐링턴에 있는 그의 높은 집 문 앞에서 초인종을 울렸다. 더글러스는 문을 열면서 벌써 웃고 있었다. 그가 나 때문에 웃는 게 아니라 자기 자신 때문에 웃는다는 것, 좀 더 정확하게 말하자면 자신의 엄청난 키에 대한 내 반응을 예상하고 — 그는 그런 반응을 이전에 무수히 겪었을 테니까 — 웃는다는 걸 나는 한눈에 알 수 있었다.[14] 아니면 그는 그저 인생의 어떤 터무니없음에 대해서 아이러니하게 웃는 것이었고, 나 또한 그 사실을 재미있게 생각하리란 걸 미리 예상한 것이었다. 나는 그를 따라 집으로 들어갔다. 그는 여러 대의 기타, 미디 음악 장치, 미래주의적이고 거대한 스피커들, 무어의 법칙에 따라 도태되어 최첨단 후예들의 그늘에서 시들어가는 은퇴한 매킨토시컴퓨터 수십 대가 — 정말로 그렇게 많은 것 같았다 — 북적거리는 집을 구경시켜주었다. 우리는 정말로 서로 같은 것에 웃었고, 서로 같은 것을 터무니없고 웃기게 여긴다는 사실에 똑같이 즐거워했다. 이를테면 그는 내가 자신이 쓴 이런 글에 즐거워하며 웃으리란 사실을 능히 짐작했을 것이다.

> 우리가 깊은 중력 우물의 바닥에서 살고 있다는 사실, 핵 불덩어리로부터 1억 5천만 킬로미터 떨어진 곳에서 공전하는 기체 행성의 표면에서 살고 있다는 사실, 그러면서도 그걸 정상으로 여긴다는 사실은 우리의 시각이 얼마나 쉽게 왜곡되는지를 보여주는 증거가 아닐 수 없다….

또한 '무한한 불가능성 드라이브'에도. 또한 나 대신 뭔가를 믿어달라고 구입하는 노동 절감 기기인 '전자 승려'에도(개량된 버전은 "솔트레이크시티 사람들조차 믿지 않을 것까지 믿는" 기능이 있다고 했다). 또한 식욕을 돋우는 데다가 자멸적이고 도덕적으로 복잡한 《우주의 끝에 있는 레스토랑》 속 '오늘의 요리'에도(크리스마스 강연을 다룬 장에서 소개한 이야기다).

내가 더글러스의 마흔 살 생일 파티에서 지금의 아내를 만났다는 이야기는 앞에서 했다. 하지만 애덤스의 문학 세계에서는 42가 더 중요한 숫자이고(《은하수를 여행하는 히치하이커를 위한 안내서》에서 '42'는 인생의 비밀을 상징하는 숫자로 등장한다 – 옮긴이), 그는 마흔두 번째 생일을 그다운 방식으로 축하했다. 손님을 수백 명이나 불러서 거창한 저녁 자리를 마련한 것이다. 앉아서 먹는 자리라고 했지만, 특별한 자리 배치 때문에 그 약속은 거의 성사되지 못했다. 식탁 매트마다 그 자리에 앉을 손님의 이름이 적힌 좌석표를 놓아두는 것은 더글러스에게는 지나치게 단순한 방법이었다. 더글러스가 만든 좌석표에는 두 사람의 이름이 적혀 있었는데, 그 자리에 앉을 손님의 이름이 아니라 양옆에 앉을 두 손님의 이름이었다. '당신의 왼쪽에 앉은 사람은 리처드 도킨스입니다. 그에게 감사기도를 올려달라고 부탁하세요. 당신의 오른쪽에 앉은 사람은 에드 빅터입니다. 그를 보며 믿기지 않는다는 말투로 이렇게 말하세요. "십오?"'(더글러스의 저작권 대리인이었던 에드 빅터는 런던에서 유일하게 수수료를 최대 15퍼센트까지 받는 대리인이었다.) 이 *자리 배치*를 헤아리는 것은 쓸데없이 너무 복잡한 기술이었기 때문에(짐작건대 그의 매킨토시컴퓨터 군단 중 하나 이상이 방조한 짓이었을 것이다), 더글러스는 거의 저녁 내내 거기에 몰두했다. 우리는 자정이 다 되어서야 자리에 앉을 수 있었다.

그가 너무나 그립다. 세계에서 제일갔던 그의 유머감각과 — 앞서도 말했듯이 — 세계에서 제일갔던 상상력이 그립다.

〈과학의 장벽을 깨뜨리다〉는 참으로 옥스퍼드다운 장면으로 끝을 맺었다. 차웰강에 뜬 펀트에 랄라가 느긋하게 앉아 있고 내가 작대기를 저어 낭만적인 뱃놀이를 하는 동안(물론 카메라맨도 곁다리로 끼어 있지만 청취자는 그걸 모르는 척하게 되어 있다) 화면에 덧씌워진

내 목소리가 우리 두 사람이 음미하는 과학적 현실의 아름다움을 칭송하는 것이었다.

〈7대 불가사의〉

1990년대 중반, BBC 제작자 크리스토퍼 사이크스는 과학자들에게 개인적으로 '세계의 7대 불가사의'를 나열하고 그것을 하나하나 즉석에서 설명해달라고 요청하는 텔레비전 시리즈를 만들면 어떨까 하는 아이디어를 떠올렸다. 크리스토퍼는 과학자들의 선택에 어울리는 영상을 곁들였는데, 아마 BBC의 방대한 저장고에서 가져온 기록이었을 것이다. 내가 꼽은 7대 불가사의는 거미줄, 박쥐의 귀, 배아, 디지털 부호, 포물면 반사기, 피아니스트의 손가락, 그리고 데이비드 애튼버러 경이었다(덕분에 이 위대한 인물로부터 기쁘고 재밌는 손글씨 편지를 받았다). 이 30분짜리 텔레비전 프로그램은 내가 했던 방송들 중 적을 전혀 만들지 않은 듯한(친구는 많이 만들어준) 몇 안 되는 방송이었다. 그렇다면 훌륭한 프로그램이었다는 뜻일까? 윈스턴 처칠은 "적을 만들었다고? 잘했소, 당신이 제대로 하고 있다는 뜻이니까"라고 말했다지만, 이 프로그램은 나쁘지 않았다. 나는 평생 일부러 적을 만들려고 애쓴 적은 한 번도 없다. 하지만 가끔은 눈앞의 직선도로에 드리운 어둠에서 불쑥 그들이 나타나는 것처럼 보이는 법이다.

7대 불가사의를 묻는 형식 덕분에 여러 멋진 후보가 튀어나왔다. 가령 스티븐 핑커는 자전거, 조합 체계, 언어 본능, 카메라, 눈, 입체시, 의식이라는 수수께끼를 골랐다. '택시 운전사의 해마'를 고른 사람은 아무도 없었던 것 같지만, 누군가 골랐어야 했는지도 모른다. 런던의 택시 운전사들은 세계 최대의 도시 중 하나인 그곳의 좁은 도로들과 골목길들에 대한 지식을 속속들이 캐묻는 시험을 통과해야 하는데(심지어 그 시험 이름이 '지식'이다), 그런 운전사들의 뇌에는 해마라는 부위가 확장되어 있다는 사실이 확인되었다. 머지않아 그 '지식'이 GPS 내비게이션 때문에 쓸모없어질지도 모른다고 생각하면 어쩐지 슬프다. 하지만 뒷골목 지름길에 대한, 혹은 교통 사정에 따라 최선의 경로가 어떻게 바뀌는지에 대한 운전사들의 지식을 GPS가 따라잡으려면 한참은 더 걸릴 것이다.

이 시리즈에 참가한 과학자 중에는 내 개인적 영웅인 존 메이너드 스미스도 있었고, 스티븐 제이 굴드, 대니 힐리스(병렬 처리 컴퓨터 발명가), 제임스 러브록(가이아를 설파한 구루), 미리엄 로스차일드도 있었다. 이 비범한 노부인의 7대 불가사의는 귀진드기, 모나크나비, 벼룩의 점프, 융프라우의 여명, 기생충의 기묘하고 복잡한 생활주기, 카로티노이드 색소(우리가 앞을 볼 수 있도록 해주는 색소), 예루살렘이었다. 그녀가 이런 것들에 느끼는 기쁨은 전염성이 있었고—어린아이 같은 열광이 87세 노인의 몸속에서 끓어넘치는 듯했다—그녀의 방송은 크리스토퍼 사이크스가 품은 콘셉트의 기준 표본과도 같은 사례였다.

데임 미리엄

나는 미리엄을 잘 알진 못했다. 그러나 이토록 비범한 인물을 여담으로나마 소개하지 않을 수 없다. 그녀는 애슈턴의 시골집에서 매년 여는 잠자리 파티에(연못 주변에 설치된 잠자리 보호 장치를 그녀가 손님들에게 적극적으로 구경시켰기 때문에 붙은 이름이다) 랄라와 나를 초대하곤 했다. 내가 어릴 적 기숙학교에 다녔던 아운들 근처였다. 그녀의 정원은 그야말로 볼만했다. 《새로운 영국 여성의 정원》이라는 커피 테이블용 책이 있다. 펼친 양면마다 상류층 부인들이나 연줄 많은 숙녀들의 정원을 보여주는 책이다. 반들반들한 책장마다 오래된 삼나무가 그늘을 드리운 깔끔한 잔디밭, 고상하게 절제된 화단, 다년초 화단, 그늘을 드리운 정자나 오래되고 음울한 주목나무 통로가 실려 있다. 모두 예상대로이지만, 오너러블 미리엄 로스차일드의 정원을 펼치는 순간 이야기가 달라진다('오너러블' 대신 'FRS'를 쓸 수도 있었겠지만 그러면 책의 성격에 맞지 않았을 것이다).[15] 그녀의 정원은 딱 그녀다운 스타일이었다. 식물은 다른 숙녀들이 잡초라고 부를 종류들로, 전부 영국의 야생화들과 안 깎은 풀들뿐이었다. 꽃이 점점이 흩어진 키 큰 풀들이 집 벽까지 물결치듯이 나아가 창문을 넘어 그 속의 화분들과 만나는 바람에, 꼭 실내와 정원이 이어진 것처럼 보였다. 큰 저택 자체도 온통 덩굴식물에 휘감겨 있어서, 집을 보려면 낫을 휘둘러야 할 지경이었다. 꼭 동화 속 마법에 걸린 숲속의 성 같았다. 빛바랜 가족사진들 밑에는(중절모를 쓰고 턱을 다 덮도록 수염을 기른 2대 로스차일드 경이 얼룩말 네 마리가 끄는 마차를 타고 런던을 거니는 모습을 찍은 유명한 사진도 있었다) 그 유명한 로스차일드 가문의 곤충 수집품을 담은 진열장들이 있었다.

오찬은 풍성한 뷔페였다. 어느 핸가 그 '잠자리 파티'에서, 그녀가 나를 자기 테이블로 불러서 말했다. "이리 와서 앉아봐요, 어린 양반. 하지만 그 전에 먼저 저기 가서 사슴고기 한 조각만 잘라다줘요.

아주 *작게*. 알았죠. 나는 엄격한 채식주의자니까." 공정을 기하기 위해서 밝히자면, 그 사슴은 먹으려고 잡은 게 아니라 사고로 죽은 것이었으니, 그녀의 채식주의 원칙이 정신적으로는 지켜졌다고 봐줄 수도 있겠다. 육체적으로는 아니겠지만…. 미리엄은 희귀한 페르다비드 사슴(사불상) 떼를 키우고 있었는데, 그녀의 아버지가 그 종을 보존할 요량으로 중국에서 들여온 녀석들이었다(야생에서는 멸종했다). 그 사슴 중 한 마리가 불행하게도 울타리에 목이 끼여죽었고, 그래서 그 윤리적인 뷔페 식탁에 사슴고기가 올라왔던 것이다.

한번은 미리엄이 옥스퍼드로 와서 영예로운 연례 허버트 스펜서 강연을 했다. 부총장과 고관들은 크리스토퍼 렌의 장대한 작품인 셸도니언극장의 맨 앞줄에 착석했다. 그들은 아마 가운에 사각모를 쓴 차림으로 권표를 든 비델(옥스퍼드, 케임브리지 등에서 총장의 장식용 지팡이인 권표를 들고 따르는 직원을 뜻한다 – 옮긴이)의 뒤를 따라 행진해 들어왔겠지만, 그런 세세한 사항은 또렷이 기억나지 않는 데다가 내가 좀 과장했는지도 모르겠다. 반면 미리엄의 강연은 똑똑히 기억한다. 알고 보니 그 내용은 동물의 권리에 대한 절절한 호소와 육식에 대한 열렬한 비난이었다. 나는 부총장 바로 뒤에 앉아 있었는데, 강연이 진행되는 동안 그가 자리에서 초조하게 들썩이기 시작하는 모습이 눈에 들어왔다. 그러더니 그가 몰래 건넨 쪽지 한 장이 줄 끝으로 전달되었고, 측근이 그것을 받아서 서둘러 밖으로 나갔다. 보나마나 부총장이 미리엄을 위해서 마련한 강연 후 만찬을 바삐 준비하고 있는 대학 부엌으로 부리나케 달려가는 것이었다. 어쩌면 그녀가 부총장 사무실에 미리 통지했을지도 모르지만, 내가 추측하기에는 아마 그녀의 장난기가 이겼을 것이다.

이런 일도 있었다. 랄라가 덴빌홀을 위해서 모금하던 때였다. 덴빌홀은 은퇴한 배우들이 가는 훌륭한 병원 겸 훈훈한 분위기의 요양시설로, 랄라는 그곳 이사회 의장을 맡고 있었다. 당시 랄라가 좋아하던 예술 형식은 실크에 아름다운 동물 도안을 그리는 것이었다. 랄라는 넥타이뿐 아니라(내가 왕실의 인정을 받는 데 실패한 혹멧돼지 넥타이 같은 것 말이다) 정말로 아름다운 실크 스카프도 만들었는데, 모두 동물 무늬였다. 나비, 비둘기, 닭, 고래, 물고기, 조개껍질, 오리, 아르마딜로(매트 리들리는 텍사스주 출신의 아내를 위해서 이 스카프를 샀다. 텍사스주의 마스코트가 아르마딜로이기 때문이다)… 그리고 그것들을 팔아서 자신이 선호하는 자선단체를 도왔다. 나는 미리엄이 늘 머리에 스카프를 두른다는 걸 알았기에, 랄라에게 그 부유하고 인정 많은 노부인을 위해서 스카프를 그리면 목돈을 기부받을 수 있지 않겠느냐고 부추겼다. 어떤 동물을 그려야 할지는, 비록 보편적인 대상은 아니었지만, 뻔했다. 미리엄이 그 작은 곡예사 흡혈동물에 대해서 타의 추종을 불허하는 전문가라는 사실을 고려할 때, 답은 바로 벼룩이었다. 랄라는 엄청나게 크게 확대한 벼룩 아홉 종을 스카프에 아름답게 그렸고, 나는 랄라 대신 그것을 미리엄에게 보내면서 좋은 취지를 설명했다. 이윽고 미리엄의 답장이 왔다. "부인에게 고맙다고 전해주세요. 내가 손수건을 (그 "손수건"은 넓이가 적어도 1제곱미터는 되었다) 갖겠다고도 전해요. 하지만 이 말도 전하세요. 그녀가 슬프게도 벼룩의 음경을 너무 작게 그렸는데, 당신은 분명 알겠지만 벼룩의 음경은 상대적으로 따져서 동물계에서 가장 큰 축에 속하죠." 미리엄의 편지에는 덴빌홀에 보내는 후한 액수의 수표와 자신이 쓴 벼룩 해부 구조에 관한 책이 동봉되어 있었다. 그 속에는 랄라를 위해서 이런 메모가 적혀 있었다. "112쪽에 있는 두더지벼룩의 질을 보세요."

덜 즐거웠던 방송 촬영

내가 해설을 맡은 과학 다큐멘터리들 외에도, 이런저런 방식으로 텔레비전 카메라 앞에 설 기회가 많았다. 여기서 그 일들을 모두 자세히 나열하진 않겠다. 내가 고의적이고 기만적인 편집의 희생자가 된 단 두 경우를 제외하고서(이 이야기는 잠시 뒤에 하겠다) 애착을 제일 적게 느낀 출연작은 〈브레인스 트러스트〉였다. 이 제목과 형식은 합당한 명성을 누렸던 전시의 라디오 프로그램에서 물려받은 것이었는데, 청취자들이 보낸 질문을 사회자가 읽어주면 출연한 세 명의 패널이 즉석에서 답을 내놓는 형식이었다. 패널은 매주 바뀌었지만, 자주 나오는 유명인은 줄리언 헉슬리, A. B. 캠벨 중령, C. E. M. 조드였다. 원조 프로그램이 방송되던 시절에 나는 아프리카에 사는 아기였지만, 이후 녹음된 것을 들어보았다. 그것은 친구들끼리 서로 성으로 부르고 라디오의 목소리들이 대화라기보다는 낭송처럼 들리던 옛 시절을 떠올리게 만드는 프로그램이었다("고맙습니다, 캠벨. 자, 헉슬리, 당신의 솔직한 의견은 어떻습니까?"). 텔레비전 버전은 원조 라디오 버전만큼 성공하진 못했다.

지금 와서는 내가 왜 출연하겠다고 했는지 통 모르겠지만, 이유가 뭐였든 나는 그러겠다고 했다. 나는 세 편에 출연했고, 세 편 다 싫었다. 사회를 맡은 여성이 내가 과학자라는 사실에 놀란 표정을 지은 것부터 불안했다. 과학자를 난생처음 만나는 모양이었다. "우리는 옥스퍼드에서 걔네를 '칙칙한 남자애들'이라고 불렀죠. 걔들은 우리가 아직 자고 있는 동안에 아침 9시 수업을 들어가곤 했어요." 그녀는 역시 그 기조로, 내가 어떤 질문에 대한 답에서 왓슨과 크릭을 언급하자 이렇게 말했다. "시청자들을 위해서, 왓슨과 크릭이 누군지 짧게 설명해주시겠습니까?" 내가 워즈워스와 콜리지를 말했어도, 아리스토텔레스와 플라톤을 말했어도 비슷한 요구를 했을까? 길버트와 설리번을 말했어도?

유명한 이름 쌍들을 이야기하노라니, 프랜시스 크릭이 직접 했던 멋진 이야기가 떠오른다. 그가 케임브리지에서 누군가에게 왓슨을 소개했더니, 그 사람이 이렇게 대답했다고 한다. "왓슨? 저는 *당신* 이름이 왓슨-크릭인 줄 알았는데요." 이 이야기에서 떠오른 또 다른 여담. 나는 왓슨과 크릭 두 사람을 다 알았던 것을 영광으로 여긴다. 제한된 데이터를 확장하여 거의 무제한의 중요성을 지닌 결론을 끌어낸 그들의 놀라운 업적에는 둘 모두의 재능이 꼭 필요했으며, 어디서나 쌍으로 붙어다니는 두 이름 중 어느 것이 먼저 와야 옳은지는 분명하지 않다. 왓슨의 《이중나선》 첫 구절은("내가 보기에 프랜시스 크릭은 그리 겸손한 사람이 아니었다") 내가 왓슨보다 적은 정도로나마 그의 연장자 파트너를 겪어본 경험에는 잘 맞지 않지만, 두 사람이 그런 일을 해내기 위해서 엄청난 자신감이 필요했던 것은 사실일 것이다. 나는 크릭의 자서전 《열광의 탐구》 표지에 실린 추천사에 이렇게 적었다.

> 자신의 분야인 분자생물학을 대표하여 그가 품은 정당한 자긍심, 거의 오만에 가까운 자긍심 — 그는 철학적 군소리를 끊어내고 연

구에 몰두하여 금세 생명의 중요한 문제들 중 많은 수를 풀어냄으로써 정말로 오만해도 좋을 자격을 얻었다. 프랜시스 크릭은 무자비하리만치 성공적인 과학 그 자체를, 자신이 구축에 크게 기여한 과학 그 자체를 몸소 보여주는 본보기 같다.

크릭은 DNA 구조를 알아낸 것 외에도 많은 일을 했다. 그가 유전부호는 삼중 부호여야 한다는 사실을 시드니 브레너 등과 함께 증명한 것은 역사상 가장 기발한 실험 중 하나로 꼽힐 만하다.

짐 왓슨 또한, 비록 오만할지언정, 충분히 그럴 자격이 있다. 그의 권위 있는 선언은 사려 깊지 못할 때가 있고 그의 유머감각은 때로 잔인하지만, 우리는 그가 일종의 천진한 태도로 말미암아 그 사실을 깨닫지 못하는 것 같다는 느낌을 받는다. 그의 유머는 또한 당황스러울 때가 있다. 이를테면 그가 만일 자신을 그린 영화가 만들어진다면 자기 역할은 테니스 선수 존 매켄로가 맡아줬으면 좋겠다고 말한 게 그랬다. 대체 무슨 뜻이지? 어떻게 반응해야 하지? 하지만 나는 그의 모교 케임브리지의 클레어 칼리지 정원에서 그를 인터뷰했을 때 그가 어떤 질문에 대해 준 대답을 소중하게 기억하고 있다 (BBC가 방송한 그레고어 멘델 관련 프로그램 때문에 한 인터뷰였는데, 그 위대한 과학자 수도사가 선구적인 연구를 한 바로 그 수도원에서 끝을 맺는 프로그램이었다). 나는 짐에게 종교를 가진 사람들은 무신론자들이 "우리의 존재 이유는 뭐죠?"라는 질문에 어떻게 대답하는지 궁금해 한다고 말했다.

글쎄요, 우리에게 무슨 존재 이유가 있을 거라고 생각하지 않습니다. 우리는 그냥 진화의 산물일 뿐입니다. 누군가는 "저런, 인생에 아무 목적이 없다고 생각하다니, 삶이 꽤나 황량하겠군요" 하고 말하겠지만, 나는 지금 맛있는 점심을 고대하고 있답니다.

이게 바로 최고로 멋있을 때의 짐이다. 그리고 점심은 정말로 맛있었다. 그와 함께해서 더욱 좋았다. 랄라와 나는 짐과 아내 리즈가 옥스퍼드에 집을 사서 몇 년간 여름마다 우리 도시로 와서 지냈을 때 그들과 꽤 친해졌다.

〈브레인스 트러스트〉의 동료 패널은 주마다 달라졌다. 철학자가 보통 한 명은 있었고, 가끔은 역사학자도 있었으며, 한 번은 시적인 소설가도 있었다. 과학자는 나뿐이었던 것 같다. 이 프로그램의 독특한 설정 중 하나는 우리가 질문을 사전에 전혀 모른다는 점이었다. 사회자는 비밀로써 우리를 짐짓 괴롭히고, 한계가 있기 마련인 우리의 즉흥적 재치에 압박을 가함으로써 짓궂게 놀렸다. 질문은 "좋은 인생이란 무엇일까요?", "행복이란 무엇일까요?" 따위였다. "행복이란 산속의 계곡…" 내 불운한 동료 패널이 대답의 첫마디로 꺼낸 말이었다. 내 대답도 비록 허세는 덜 부렸을망정 더 나을 건 없었다. 내가 뭐라고 답했는지 까먹었다는 건 좀 행복한 일이다.

앞에서 나는 노골적으로 부정직한 필름 편집으로 사기를 당한 사례가 두 건 있었다고 말했다. 그런 사례가 두 건밖에 없었다는 건 사실 행운이다. 가망 없는 논제를 주장하는 이들에게는 그런 사기를 치려는 유혹이 아주 클 테니까 말이다. 창조론자들은 창피하게도 계속 논증에서 져왔고, 기만은 그들에게 마지막으로 남은 '비빌 언덕'이므로, 내가 당한 사기가 둘 다 창조론자 조직의 짓이었다는 사실은 놀랄 일이 아니다.

1997년 9월, 오스트레일리아의 한 회사가 연락해 자신들이 진화에 대한 "논란"을 다루는 영화를 찍기 위해서 유럽으로 촬영팀을 보낼 거라고 말했다. 다음 장에서 이야기하겠지만, 나는 스티븐 제이 굴드와의 대화에서 감화받아 창조론자들과는 절대로 토론하지 않는다는 합리적 정책을 취하고 있었다. 하지만 이 촬영팀의 설득을 들어보니 정말로 편견 없이 논쟁을 기록하겠다는 진실된 시도인 것처럼 들리기에, 나는 이야기를 나누겠다고 동의했다.

내 집에 도착한 그 '촬영팀'은 아마추어처럼 빈약했다. 카메라를 조작하는 여자가 질문도 던졌다. 그녀가 영화를 만들 능력이 있기나 한지 의혹이 점차 커졌지만, 그리고 애초에 그녀를 집에 들인 것이 점차 후회되었지만, 나는 어쨌든 질문에 대답했다. 그러다가 그녀가 아주 상투적인 질문을 던졌다. 이른바 "논란"에 연관된 사람이라면 누구나 아는바, 결정적인 증거에 해당하는 질문이었다. 뼛속들이 창조론자인 사람만이 이런 질문을 던지기 때문이다. "도킨스 교수님, 유전체의 정보량을 획기적으로 늘린 것처럼 보이는 유전자 돌연변이나 진화 과정의 예를 하나만 들어주시겠습니까?" 그녀가 거짓된 위장으로 내 집에 들어올 허락을 따냈다는 게 분명해졌다. 그녀는 명백한 근본주의 창조론자일 뿐이었다. 나는 그만 속아서, 그런 자들이 탐내는 관심을, 그리고 그녀의 정신 나간 주장에 맞춰서 내 말을 왜곡할 기회를 주고 만 것이었다.

어떻게 하지? 당장 내쫓아야 하나? 아니면 마치 그녀의 정체를 간파하지 못한 듯 질문에 똑바로 대답해야 하나? 아니면 그 중간쯤? 나는 말을 멈추고 어떻게 할지 고민했다. 11초 동안 마음을 정하려고 고민한 뒤, 마침내 그녀의 애초 접근이 부정직했다는 이유를 들어 내쫓기로 결심했다. 나는 그녀에게 카메라를 멈추라고 말했고, 함께 서재로 가서 내 조수가 보는 앞에서, 그녀의 기만을 감지했으니 당장 떠나줘야겠다고 설명했다. 그녀는 오직 나를 만나기 위해 오스트레일리아에서 여기까지 왔노라며 사정했다(빤히 거짓말이었지만 넘어가자). 그녀는 한참을 애걸했고, 나는 결국 마음이 누그러져 촬영을 재개하겠다고 했다. 나는 그녀의 한심한 질문에 대답하는 대신, 더구나 이해할 능력이 없는 사람에게 정보이론을 설명하려고 시도하는 대신, 그녀가 깜깜하게 무지한 것이 분명한 진화이론의 몇몇 측면을 간략히 가르쳐줄 생각이었다. 그녀의 앞 질문에 대한 온전한 대답이 궁금한 사람은 《악마의 사도》 중 '정보 도전'이라는 장을 보기 바란다. 오스트레일리아 〈스켑틱〉 지에서 이 일화를 자세히 소개한 배리 윌리엄스의 글 출처도 거기 밝혀두었다.

결국 그녀는 떠났고, 나는 그 만남에 대해 더 이상 생각하지 않았다. 1년쯤 지났을까, 누군가 내게 그즈음 개봉된 문제의 영화를 알려주었다. 확인해보니, 내가 그녀를 내쫓을까 말까 고민했던 11초의 침묵이 영화에서는 그녀의 질문에 '쩔쩔매는' 장면인 것처럼 나왔다. 침묵 뒤에 내가 전혀 다른 주제를 이야기하는 장면을 이어붙여서(인터뷰의 다른 대목이었다), 마치 내가 '쩔쩔매는' 질문을 받아 난처한 나머지 제멋대로 주제를 바꾼 것처럼 보이게끔 만든 것이었다. 이 이야기에는 재밌는 코다가 딸려 있다. 그녀는 이 필름의 또 다른 버전을 제작했는데, 그 속에서는 예의 '정보' 질문을 그녀가 던진 게 아니라, 내가 촬영한 방과는 전혀 다른 방에서(아마 오스트레일리아였을 것이다) 남자 공모자가 던진 것처럼 되어 있었다. 아마 그녀가 원래 질문한 목소리가 질이 떨어지게 녹음되는 바람에(그녀는 카메라 뒤에 있었으니까) 그랬을 것이다. 덕분에 기만적인 편집이 더더욱 명백하게 드러났지만, 어떤 부류의 창조론자들의 지성은 제아무리 명백한 증거라도 뚫고 들어가지 못하는 모양이다. 그들은 이후 내가 얼마나 '쩔쩔맸는'지에 대해 의기양양 떠벌리고 다녔을 게 분명하다.

두 번째 당한 사기는 좀 더 심각했다. 어엿하게 프로다운 제작 능력을 갖춘 영화사가 저지른 짓이었기 때문이다. 그러나 그들의 부정직함은 오스트레일리아 아마추어들과 같은 수준이었다. 2007년에 접촉해온 그들 역시 처음에는 창조론 변증론자들의 세계를 객관적으로 살필 것이라고 약속했다. 실제로는 창조론 프로파간다를 만드는 게 목적이라는 낌새는 전혀 내비치지 않았다. 제작자의 의도에 철저히 설득된 나는 그가 런던에서 촬영지를 물색하는 것을 돕기까지 했다. 마이클 루즈, P. Z. 마이어스를 비롯한 다른 진화론자들도 나와 비슷한 방식으로 오도당했다고 한다. 나는 인터뷰에 들어가는 순간까지도 영화의 진짜 주제를 눈치채지 못했다. 인터뷰어는 내게 혹시라도 지구가 지적으로 설계된 상황을 한 가지라도 상상할 수 있겠느냐고 물었다. 내 솔직한 답변은, 무진장 애써서 그런 가능성을 상상해보는 것이었다. 나는 이렇게 답했다. 내가 유일하게 상상할 수 있는 상황은 우주에서 외계인들이 생명의 씨앗을 뿌리는 것인데, 다만 나는 그 가능성을 믿지 *않는다*고. 이것은 곧 지구의 생명이 지적으로 설계되었을 가능성을 믿지 *않는다*는 말을 다르게 표현한 것이었다. 지금 와서 돌아보면, 나는 그런 말이 왜곡되기 쉽다는 걸 짐작했어야 했다! 요즘도 트위터나 블로그에 "도킨스는 신은 믿지 않지만 외계인은 믿는다"는 식의 말이 자주 올라온다. 하지만 내 말의 왜곡은 영화 전체의 왜곡에 비하면 별것 아니었다. 내 동료 마이클 루즈도 비슷한 식으로 기만당했다. 그들은 정직한 교육자로서의 루즈의 성실성을 이용해 그의 말을 부정직한 주제에 끼워맞췄다. 영화는 심지어 히틀러도 다윈의 책임이라고 주장했다! (히틀러가 다윈을 읽었는지조차 의심스럽다. 그의 《나의 투쟁》에는 다윈의 이름이 한 번도 나오지 않는다.)

사실 내가 무진장 애써서 좋게 대답한 말은 문제의 인터뷰어나 사기꾼 제작사가 생각했던 것보다 훨씬 더 그들에게 유리한 것이었다. 이른바 '지적 설계' 옹호자들은 그 '설계자'가 누구인지를 신자들에게는 거침없이 밝힌다. 그것은 당연히 유대교/기독교의 신이기 때문이다. 하지만 그들은 가끔 자신들의 주장이 순수한 과학적 주장인 척하기 위해서, 설령 설계자가 외계인이라도 지적 설계 이론은 똑같이 통한다고 말할 때가 있다. 미국에서는 학교의 과학 수업에서 '지적 설계'를 가르쳐야 한다는 주장을 꺼낼 때 헌법에 명시된 정교분리를 위반하지 않기 위해서라도 그런 식으로 말해야 한다. 인터뷰어가 내게 생명이 지적으로 설계되었을 가능성을 상상만이라도 해볼 수 있느냐고 물었을 때 내가 의식적으로, 또한 의도적으로 무리해서 외계인을 언급한 것은, 인터뷰어가 지지하던 — 나는 전혀 몰랐지만 — 창조론 옹호자들에게 이만저만 좋은 일이 아니었다.

노골적인 부정직의 사례가 둘뿐이라는 건 아마도 행운일 것이다. 그런 소수의 사례를 지나치게 떠벌릴 마음도 없다. 그동안 텔레비전 인터뷰를 말 그대로 수백 건은 했는데, 이런 것은 그중 극히 드문 사건이었으니까 말이다. 그래도 이런 부정직함은 남을 믿으려는 자연스러운 충동을 훼손시킨다는 점에서 상대적으로 큰 악영향을 미친다. 온화한 충동을 잃으면 삶이 팍팍해지는 법이기 때문이다.

비슷한 주제지만 다른 사례가 하나 더 있었다. 한번은 랄라와 내가 어떤 젊은 여성의 거짓말에 넘어가서(내가 개인 지도를 하는 학생이었다) 그녀가 불치의 암에 걸렸다고 믿었다. 나중에 알고 보니 그녀가 겪는 이상은 뮌하우젠증후군뿐이었지만(가짜로 질병을 앓는 척하는 희한한 정신질환이다), 그 사실을 알기 전까지 랄라는 그녀가 고통스러운 검사를 받을 때마다 병원으로 찾아가서 손을 잡고 오랜 시간 곁을 지켜주었다. 그녀는 의사들이 자신의 문제를 간파하자 랄라를 두 번 다시 만나지 않았다. 아마 무안해서였을 것이다. 우리는 그녀가 했던 다른 말 중에서도 거짓말이 얼마나 많았는지를 영영 알아내지 못했다. 가령 자신이 프로 트럼펫 연주자라고 했던 말은 사실인지 아닌지를. 랄라와 내가 동의한바, 이 일화에서 가장 나쁜 점은 그 때문에 우리의 자연스럽고 인간적인 친절함과 불우한 사람을 돕고자 하는 마음이 훼손된 것이었다. 다행히 훼손은 일시적이었다. 랄라는 지금도 자기 시간의 적잖은 부분을 대단히 숙련된 자선활동을 무보수로 펼치는 데 바친다.

다시 채널4로

1996년 〈과학의 장벽을 깨뜨리다〉 다음으로 다시 텔레비전 다큐멘터리 해설을 맡은 건 그로부터 10년이 지난 뒤였다. 이때부터 독립 제작자 겸 감독인 러셀 반스와 나의 길고 생산적인 관계가 시작되었다. 러셀과 나는 지금까지 열한 시간의 다큐멘터리 영상을 찍었고, 그 영상들은 다섯 편의 프로그램으로 채널4에서 방송되었다.

첫 번째는 종교에 관한 프로그램으로, 2006년에 '만악의 근원?'이라는 제목으로 방송되었다. 끝에 달린 물음표는 내가 싫어했던 이 제목에 대해서 채널4가 유일하게 양보한 대목이었다. 사실 무엇도 그것 하나가 *만악*萬惡의 근원일 수는 없다. 종교가 제 기량을 발휘하면 제법 성공하기는 하지만 말이다.

촬영 예산은 꽤 두둑했던 게 틀림없다. 촬영팀 전체가 미국에 갔다가 예루살렘과 루르드에도 갔으니까. 루르드는 인간이 얼마나 잘 속는가를 보여주는 기념비 같은 곳으로, 우리는 그 사실을 가볍게 놀리고 싶었다. 이 경우 사람들이 그렇게 잘 속는 것은 병자들이 느끼는 절망감 때문일 것이다. 랄라는 그보다 몇 년 전에 루르드에 처음 가봤을 때의 이야기를 들려주었는데, 당시 배우 맬컴 맥다월과 동행했다고 한다(〈이프〉와 〈시계태엽 오렌지〉 같은 영화의 스타 말이다). 그들은 루르드 언덕 꼭대기에 차를 세웠다. 그런데 맬컴이 갑자기 언덕을 미친 듯이 뛰어내려가면서 목청껏 소리쳤다. "내가 걸을 수 있어! 걸을 수 있어! 걸을 수 있다고!" 순례자들은 자신이 품은 신앙과 희망이 기대하게끔 이끄는 대로, 그 모습을 또 하나의 기적으로 당연하게 받아들였을까?

러셀은 내게 루르드의 순례자들을 인터뷰할 때 회의를 숨기고 그냥 그들이 말하게 내버려두라고 권했다. 나는 그곳에 상주하는 가톨릭 사제도 인터뷰했다. 그는 기적의 치료를 안 믿는 듯했지만—종교를 가진 사람들의 아주 전형적인 태도인데—그런 현상이 진실인지 아닌지 여부에 *개의치* 않았다. 순례자들이 자신이 나을 수 있다고 *믿는* 것만으로, 그리고 그 믿음이 그들에게 위안이 되는 것만으로 충분하다는 것이었다. 사제에게 진정한 기적은 순례자들의 믿음이었다. 그러나 내게 진정한 기적은 (잘린 팔다리가 다시 자라진 않더라도) 치료까지 포함해야 했고, 내가 지적했듯이 — 이 지적에도 사제는 전혀 실망한 기색이 없었다 — 루르드의 치료율은 순전히 우연에 따라 예측되는 치료율보다 조금도 더 높지 않았다.

모든 촬영에서, 러셀은 내게 창조론자 등속을 인터뷰할 때 늘 과묵하고 정중한 태도를 유지하라고 일렀다. 그것은 그들이 스스로 제 무덤을 파게 만드는 전략이었다. 나는 이 수법을 나중에 러셀과 함께 〈찰스 다윈의 천재성〉이라는 다큐멘터리를 만들 때 파괴적일 정도로 멋지게 써먹었다. 웬디 라이트라고, '미국의 걱정하는 여성들'이라는 단체의 회장으로서 꽤 영향력 있는 창조론자를 인터뷰할 때였다. 분명하고 압도적인 증거에 직면해서도 계속 "증거를 보여줘봐요, 증거를 보여줘봐요"라고만 되뇌는 그녀의 대꾸는 인터넷에서 전설이 되었고, 겸연쩍은 소리지만 그런 그녀를 앞에 두고도 줄곧 (억지웃음을 지으면서) 인내를 지킨 내 태도도 전설이 되었다. 그러나 그것은 내 공이 아니었다. 나는 감독의 지시에 따라 좀 더 자연스러운 — 그리고 덜 신사적인 — 충동을 가까스로 억눌렀을 뿐이다.

〈만악의 근원?〉을 촬영할 때 만난 사람 중 몇몇에 대해서는 그런 충동을 다스리기가 한층 더 어려웠다. 당시 매우 불쾌한 사람을 몇 명 인터뷰해야 했는데, 일례로 이를 드러내고 가식적 웃음을 짓는 테드 해거드가 그랬다. 우리는 미국 촬영의 대부분을 콜로라도스프링스에서 했다. 그곳이 기독교 부흥운동의 온상이었기 때문이다. 그리고 도시 바로 밖, 로키산맥 기슭에 있는 이른바 '신들의 정원'에서는 '불가능의 산' 비유에 쓸 화면을 비롯해 근사한 배경 화면들을 찍을 수 있었다(560쪽을 보라). 콜로라도스프링스에 새롭게 조성된

(그러나 미국임을 감안할 때 놀랍도록 칙칙한) 주거 지역은 전체가 다 근본주의자들의 게토나 다름없는 곳이 되어 있었다. 우리는 그중 한 집을 찾아가서, '테드 목사님'의 대형 집회에 꼬박꼬박 참석하는 점잖지만 순진한 젊은 가족을 촬영했다.

테드 해거드는 큰 교회를 이끄는 작은 남자였다('였다'라고 과거형으로 쓴 것은 그가 이후 망신스럽게 추락했기 때문인데, 나는 샤덴프로이데를 즐기는 사람이 아니므로 그 이야기를 늘어놓진 않겠다). 우리는 그의 신도들이 손에 성경이나 기도책을 쥔 채 세단이나 픽업트럭을 타고 거대한 주차장으로 양떼처럼 몰려드는 광경을 지켜보며 놀라워했다. 대형 스피커들에서 뿜어져 나오는 하나님의 록 음악은 그보다 더 놀라웠다. 사람들은 천국을 향해 두 팔을 치켜들고, 믿음에 취한 얼굴에는 열락의 표정을 지은 채, 노래에 맞춰 통로를 오락가락하며 춤을 추었다. 이윽고 테드 목사님이 거들먹거리며 무대에 나타났다. 늑대 같은 미소를 띤 그는 14,000명에 달하는 군중에게 '순종'이란 단어를 고분고분 따라 읊으라고 시켰다. "순종합니다." 예배가 끝난 뒤, 그는 인터뷰를 하러 찾아간 나를 덥석 끌어안으면서 환영해주었다. 내가 그의 예배를 "괴벨스 박사도 자랑스러워했을 법한 뉘른베르크 집회"에 비교하자 그는 살짝 우쭐해하는 것 같았다. 공정을 기하기 위해서 밝히자면, 사실 그는 뉘른베르크나 요제프 괴벨스를 전혀 몰랐을지도 모른다. 상황이 험악하게 돌변한 것은 내가 그에게 진화를 얼마나 아는지 물어본 대목이었다. 하지만 상황이 아무리 험악해져도, 육식동물 같은 그의 미소는 떨쳐지지 않았다.

나중에, 우리의 재능 있는 카메라맨 팀 크랙이 주차장에서 마지막으로 몇 장면을 찍은 뒤에 그와 내가 함께 장비를 쌀 때, 웬 픽업트럭 한 대가 쌩 달려와서 우리를 칠 기세로 코앞에 멈춰섰다. 운전대를 잡은 테드 목사님은 머리끝까지 화가 나 있었다. 인터뷰를 할 때보다 훨씬 더. 나중에 생각해보니, 그는 인터뷰를 마치고 집으로 돌아가자마자 구글에서 내 이름을 검색해보고 내가 누군지 알아낸 모양이었다. 아무튼 그는 우리가 자신의 호의를 악용했다고 비난했고, 특히 자신이 우리에게 *우유 탄* 차까지 대접했다는 점을 지적했다. 우유를 두 번이나 강조했다. 가장 괴상한 대목은 이것이었는데, 그러고는 내게 비난 투로 말했다. "당신은 내 자식들을 동물이라고 불렀어." 나는 너무 당혹해서 대꾸도 못했다. 촬영팀과 나는 나중에 그 말이 무슨 뜻인지 토론해보았다. 중론은, 내가 동물이나 해거드의 자식에 관한 말을 명시적으로 꺼낸 적은 없지만, 창조론자의 머릿속에는 무릇 모든 진화론자는 인간을 동물로 여긴다는 생각이 암묵적으로 들어 있다는 것이었다. 그야 사실 옳은 말이지만, 그래도 왜 테드 목사님이 온 인류가 아니라 자기 자식이라고 말했는지는, 그가 왜 우유 탄 차를 그토록 강조했는지 못지않게 여전히 수수께끼다. 어쩌면 그는 자신의 생물학적 자식들이 아니라 교회의 신도들, 아이 같은 '순종'에 취한 신도들을 뜻한 것이었을지도 모른다. 누가 알겠는가?

해거드는 우리를 자기 땅에서 내쫓으면서 (다른 것들과 더불어) 촬영 필름을 압수해버리겠다고 으름장을 놓았다. 촬영팀은 위협을 진지하게 받아들여, 그날 저녁 식사하러 나갈 때 호텔 방에 필름을 놓아두지 않고 챙겨서 나갔다. 지금 생각하면 과하게 편집증적이었던 것 같지만, 콜로라도스프링스는 속속들이 근본주의 종교의 온상이었던 데다가 테드 목사님의 '순종적인' 회중은 엄청난 규모였으니, 위험하다고 판단했던 게 말짱 비현실적인 착각만은 아니었을 것이다.

나는 콜로라도에서 또 다른 성직자 마이클 브레이도 인터뷰했다(다만 성직자라는 말이 미국에서 무슨 뜻인지는 잘 모르겠다. '목사'라는 칭호는 별다른 노력을 들이지 않고도 딸 수 있는 것처럼 보이고, 게다가 세금 혜택과 불로소득 같은 명예도 따라온다. 신학에 관한 무슨 자격을 따지 않아도, 심지어 그 어떤 것에 관한 자격조차 없어도 말이다).[16] 브레이는 낙태를 실시한 의사들을 폭행한 죄로 감옥에 다녀온 전력이 있었다. 나는 그에게 그의 태도, 그리고 또 다른 '목사'이자 역시 낙태 의사를 죽인 죄로 플로리다에서 사형된 그의 친구 폴 힐의 태도에 관해 질문을 던졌다. 내가 받은 인상으로, 두 사람에게는 진정성이 있었다. 두 사람은 자신들의 대의가 정의롭다는 것을 진심으로 믿었다. 힐의 유언 중 하나는 "천국에서 큰 보상을 받기를" 기대한다는 것이었다. 그들은 "종교가 있든 없든 착한 사람은 착하게 행동하고 나쁜 사람은 나쁘게 행동하지만, 착한 사람이 나쁜 짓을 저지르려면 종교가 필요하다"라는 스티븐 와인버그의 널리 인용되는 금언을 소름끼치게 잘 보여주는 사례였다. 그리고 나도 그들을 이해할 수 있다. 만일 당신이 정말로 태아가 '아기'라고 믿는다면(그 사람들은 진심으로 그렇게 믿는 것 같다), 당신은 자기 손으로라도 처벌해야 한다는 일종의 도덕주의적 주장을 충분히 내세울 수 있을 것이다. 그리고 주장이야 어떻든, 나는 마이클 브레이가 테드 해거드만큼 싫진 않았다. 그와 대화를 좀 더 나눠 정신을 차리도록 만들 수 있으면 좋겠다 싶었지만, 시간이 없었다. 희한하게도 그는 함께 사진을 찍자고 했다. 무슨 목적인지는 알 수 없었다. 미안하지만 나는 거절했다.

역시 콜로라도에서 인터뷰한 또 다른 '목사' 키넌 로버츠에게도, 비록 그는 브레이보다 훨씬 덜 호감 가는 인물이었지만, 비슷한 식으로 동정을 표할 수 있을지 모르겠다. 로버츠는 헬하우스라는 시설을 운영했다. 그곳은 아이들에게 지옥에서 영원히 바비큐 통구이가 될지 모른다는 위협을 가함으로써 겁주는 게 목적인 짧은 연극들을 상연하는 곳이었다. 우리는 그런 촌극 중 두 편의 리허설을 촬영했다. 두 편 모두 주인공은 호통을 쳐대는 가학적인 악마였다. 악마는 마치 빅토리아 시대 멜로드라마의 준남작처럼 "하-하아" 하고 시끄럽게 웃어대며, 죄인들이 지옥에서 겪을 영원한 고통을 고소해했다. 한 극에서는 낙태를 한 여성이, 다른 극에서는 레즈비언 연인이 죄인이었다. 리허설 후에 나는 로버츠 목사를 인터뷰했다. 그는 자신이 염두에 두는 관객은 열두 살 아이들이라고 말했다. 나는 발끈하여, 아이들에게 영원한 고문을 들먹이며 위협하는 것은 도덕적으로 문제가 있는 일 아니냐고 물었다. 그는 완강하게 변호했다. 지옥은 워낙 끔찍한 곳이라서, 사람들이 지옥에 떨어지지 않도록 설득할 수 있는 조치라면 무엇이든 정당화된다고 했다. 아이들이라도, 아니 아이들은 더더욱. 당신은 왜 하필이면 아이들마저 지옥에 보내는 신을 섬기느냐, 애초에 왜 지옥을 믿느냐 하는 내 질문에는 대답이 없었다. 그것은 그냥 그의 믿음이었고, 내게는 믿음을 캐물을 자격은 없었다.

마이클 브레이와 마찬가지로, 나는 로버츠의 생각이 왜 그런지를 조금은 헤아릴 수 있었다. 만일 당신이 정말로 지옥이 존재한다고 믿는다면, 낙태가 정말로 살인이라고 믿는다면, 동성과 사랑에 빠진 사람은 정말로 지옥에서 영원히 불탄다고 믿는다면, 제아무리 불법적이고 잔인한 조치라도 그것을 예방하는 조치를 취하는 게 더 경미한 악이라고 주장할 수 있을 것이다. 그런 관점에서는 신실한 신자라면 남들이 그런 끔찍한 운명을 맞지 않도록 구원하려고 애쓰는 게 *당연하다*고까지 여길 수도 있다. 이것은 남들이 절벽에서 떨어지지 않도록 뒤에서 붙들어주는 것과 좀 비슷하다. 우리는 설령 상당히 거친 조치를 취해야 할지라도 무조건 그렇게 해야 한다고 느끼기 마련이다. 이 또한 와인버그의 금언에 대한 훌륭한 예시다.

그러나 조지프 코언, 다른 이름으로 유세프 알 카타브에 대해서는 그런 식의 정당화 논리를, 부분적인 논리마저도 전혀 떠올릴 수 없었다. 러셀과 나와 촬영팀은 예루살렘에 들끓는 종교적 적대감을 이해해보기 위해서 그 오래된 도시로 직접 갔다. 우리는 호감 갈 만큼 교양 있고 학식 있는 유대인 대변인과 이야기를 나누었고, 현지에서 고용한 '해결사'를 통역으로 써서 예루살렘의 대大무프티와도 이야기를 나누었다. 다음으로 우리는 그 중간에 해당하는 사람, 양쪽 견해를 다 아는 사람도 만나고 싶었다. 유대인 정착자지만 이슬람으로 개종한 사람보다 더 알맞은 선택이 있을까? 뉴욕에서 조지프 코언으로 살다가 예루살렘으로 와서 유세프 알 카타브로 이름을 바꾼 이가 바로 그런 사람이었다. 그는 분명 양쪽 입장을 다 이해하는 인물이겠지? 어찌나 턱없는 착각이었는지. 우리는 예루살렘 뒷골목 작은 가게에서 향수를 파는 그를 찾아갔다. 그는 우리를 다정하게 맞았지만, 카메라가 돌아가기 시작하자마자 독설을 쏟아냈다. 개종자 특유의 열의가 이글거리는 독설이었다. 스스로 유대인이었음에도 불구하고, 그가 제일 열렬한 증오를 쏟아낸 대상은 유대인이었다. 그는 히틀러를 존경한다고 공개적으로 천명했다. 그는 알라의 병사들이 세상을 정복하기를 갈망했다. 9·11 테러를 비난하기를 거부했다. 생각이 어떻게 꼬였는지는 몰라도, 그는 황당하게도 내게 서구 사회의 타락에 대한 책임을 물었고, 특히 "당신이 여자들에게 옷을 입히는 방식"이 혐오스럽다고 말했다. 나는 순간적으로 화를 누르지 못해서 뻔한 대답을 쏘아붙이고 말았다. "내가 여자들에게 옷을 입히는 게 아닙니다. 여자들은 자기가 알아서 입습니다."

러셀 반스와 함께 찍은 다큐멘터리들은 대부분 늘 똑같은 카메라맨 팀 크랙과 늘 똑같은 사운드맨 애덤 프레스코드와 함께했다. 팀과 애덤은 팀을 이뤄 세계 각지에서 수많은 영화를 찍었고, 러셀과도 자주 일했다. 나는 세 남자와의 우정을 소중히 여기게 되었다. 매일 함께 일하고, 함께 여행하고, 함께 먹고, 똑같은 어리석음을 보면서 함께 웃고, 심지어 초대형 교회 주차장에서 함께 내쫓기면서, 우리 사이에는 일종의 동지애가 형성되었다.

팀은 늘 싱글벙글 웃는 잘생긴 청년이다. 자기 직업에 푹 빠져 있어서, 한순간도 빼놓지 않고 늘 가상의 뷰파인더나 진짜 뷰파인더로 세상을 바라보며 끊임없이 뭔가 흥미롭고 괜찮은 카메라 앵글이 없나 찾아본다. 러셀은 팀이 쓸 만한 배경 화면을 혼자 찾아다니는 걸 기꺼이 방관했다. 팀에게는 감독이 붙어 있을 필요가 없다는 걸 알았기 때문이다.

애덤도 소리 녹음이라는 자기 일에 그 못지않게 헌신했고, 그 못지않게 뛰어났다. 애덤과 팀은 복식 테니스 선수들처럼 서로의 게임을 잘 아는 멋진 팀이었다. 한번은 우리가 인터뷰한 사람이 애덤의 땋은 머리카락과 어두운 살빛을 보고는 그에게 레게 음악에 관해서 묻기 시작했다. 애덤 본인이 내게 유쾌하게 말한 것처럼, 책을 표지로 평가하는 고전적인 사례였다(애덤이 혼자 허밍하는 것을 들어보면 오히려 요한 제바스티안 바흐의 무반주 첼로 모음곡 중 한 소절일 때가 많았다).

러셀로 말하자면, 내가 제러미 테일러에게서 처음 느낀 다큐멘터리 감독 특유의 미덕을 똑같이 갖고 있는 사람이었다. 제러미나 러셀 같은 최고의 감독들은 당시 찍고 있는 다큐멘터리의 주제에 대해 진정한 전문가가 된다는 점에서 학자와 비슷하다. 그들은 연구 논문을 직접 읽고, 전문가를 찾아다니면서 이야기를 나눈다. 그 후에 촬영 계획을 세우고, 실제 촬영을 하고, 편집까지 마친 뒤, 다음 주제로 넘어가서 처음부터 다시 자료를 읽기 시작한다. 카멜레온처럼 획획 바꾸면서 살아가는 그런 삶은 피상적으로 닮은 학자의 삶보다 좀 더 다채로워서 좀 더 만족스러울까? 상상해보면 충분히 그럴 것도 같다.

나중에 찍은 영화들에서는 러셀의 사업 파트너이자 동료 감독인 몰리 밀턴과 역시 즐겁게 일했다. 불가사의하리만치 쾌활하고 친근한 그녀는 그 매력으로 어떤 장애물도 넘었고, 어떤 출입금지 구역으로도 촬영팀 전체를 들여보냈다. 폴리애나처럼 낙천적인 그녀의 방식에 나도 매료되었지만, 가끔은 복잡한 감정이 들었다. 〈섹스, 죽음, 그리고 삶의 의미〉를 찍을 때였다. 그녀가 내게 전화를 걸어, 인도로 가서 달라이 라마를 인터뷰하자고 했다. 나는 그 위대한 영적 지도자는 너무 바빠서 나와 대화할 시간이 없을 거라고 확신했고(결과적으로 옳은 판단이었다), 그 사실을 언급하는 것으로 사실상 몰리의 제안을 거절했다. "하하하, 글쎄요, 만일 당신이 하하하, 달라이 라마와 예약하는 데 성공한다면 하하하, 나도 함께 인도로 가겠습니다 하하하." 나는 내 도전적인 웃음이 거절이나 마찬가지라고 생각했고, 전화를 끊고는 더 이상 생각하지 않았다.

3주쯤 지났을까, 몰리가 엄청나게 흥분한 채 전화를 걸어왔다. "그가 승낙했어요, 승낙했어요, 승낙했어요, 우리 인도로 갈 수 있어요, 제가 달라이 라마와 약속을 잡으면 함께 가겠다고 했죠? 그가 좋다고 했어요, 좋다고 했어요, 좋다고 했어요, 우리는 인도로 갈 거예요, 달라이 라마를 만나러 갈 거예요."

어쩌겠는가. 예전에 한 약속을 지키는 수밖에 없었다. 우리는 인도로 갔다. 그리고 그곳에 도착해서야 알았는데, 내가 애초에 짐작한 대로 달라이 라마는 너무 바빠서 우리를 만날 틈이 없었다. 그제야 알아본 사건의 전모는 이랬다. 달라이 라마의 사무실은 이렇게 말했다고 했다. "글쎄요, 이날 언저리에 오신다면 *어쩌면* 그를 만날 수 있을지도 모릅니다만, 장담은 못합니다." 몰리는 낙천주의자의 귀와 자신에게는 못 넘을 장애물이 없다는 확신을 지녔으니, 그녀의 귀에는 "글쎄, 어쩌면요"가 진짜 "네, 확실히요"로 들렸을 거라고 믿는다. 나는 그녀를 용서했다. 그렇게 귀엽고 매력적인 사람을 용서하지 않기란 불가능하다. 그리고 우리는 인도에 있으면서 근사한 장면도 좀 찍었다.

몰리와 나는 한 가지 창피한 비밀도 공유하고 있는데(그녀가 아니라 내가 창피한 이야기다), 여기서 털어놓을까 한다. 역시 〈섹스, 죽음, 그리고 삶의 의미〉를 찍을 때였다. 우리는 잉글랜드 남해안의 비치헤드 정상에서 촬영하고 있었다. 높이 160미터의 어질어질한 백악 절벽은 자살 장소로 악명이 높다. 절벽 가장자리를 따라 난 길에는 무릎 높이밖에 안 되는 낮고 작은 십자가들이 절망에 빠져 허공으로 몸을 던진 가련한 영혼들을 기념하는 의미에서 점점이 꽂혀 있다. 내가 그 길을 따라 걸으면서 가슴 저린 발걸음을 옮기면, 카메라는 내가 작은 십자가를 지날 때마다 발치를 클로즈업하여 그 슬픈 모습을 하나하나 찍기로 했다. 어째서인지는 몰라도 발이 너무 불편했지만, 나는 아무튼 여러 숏을 찍을 때까지 꾹 참고 걸었다. 충분히 찍은 뒤, 마침내 풀밭에 앉아서 신발을 벗었다. 고마운 휴식이었다. 몰리가 다음 장면을 의논하려고 다가와서 곁에 앉았다. 내가 발이 왜 그렇게 불편했는지를 깨달은 것은 그때였다. 왜 그랬는지 왼쪽 신발과 오른쪽 신발을 바꿔 신고 있었던 것이다. 몰리는 우스워서 킬킬거렸고, 우리는 러셀에게도 촬영팀 딴 사람들에게도 절대로 말하지 않기로 약속했다. 하지만 내 실수는 클로즈업 화면으로 후대에 영원히 남았다. 내 잘못된 걸음이 그 이상 잘못되진 않았던 걸 고맙게 여겨야 할지도 모르겠다. 우리는 절벽 가장자리에서 엄청 가까이 있었으니까.

나는 러셀과 그의 촬영팀과 함께 찍은 모든 영화를 자랑스럽게 여긴다. 우리는 〈만악의 근원?〉(첫 번째였다)과 〈섹스, 죽음, 그리고 삶의 의미〉(마지막이었다) 사이에 〈이성의 적들〉(점성술, 동종 요법, 수맥 찾기, 천사 등 종교를 제외한 다른 비합리적 미신들을 다뤘다), 〈찰스 다윈의 천재성〉, 〈종교 학교의 위협〉을 찍었다. 마지막 다큐멘터리를 찍을 때 벨파스트로 갔던 것은 특히 기억에 남는다. 그곳 종파 간 전쟁의 교육적 뿌리를 살펴보기 위한 여행이었는데, 그곳에서 복면을 쓰고 총을 든 남자들이 사실적으로 커다랗게 그려진 삭막한 벽화 같은 심란한 광경도 많이 보았고, 도중에 오렌지 퍼레이드에도 참가했다.

〈이성의 적들〉에는 수맥의 정체를 폭로한 대목이 있다. 런던대학 심리학자 크리스 프렌치 박사가 실험을 조직했고, 프로와 아마추어를 막론하고 수맥을 찾을 줄 안다는 사람들이 자기 기량을 뽐내려고 전국 각지에서 모여들었다. 그들은 오랫동안 스스로 만족스럽게 증명해온 자기 능력을 확신하고 있었으나… 아, 이중 맹검시험은 전혀 해본 적이 없었다. 크리스 프렌치는 커다란 텐트 속에 양동이들을 직사각형으로 배열했다. 어떤 양동이에는 물이, 어떤 양동이에는 모래가 담겨 있었다. 예비시험에서는 양동이의 뚜껑을 모두 열어두었다. 이때 수맥 전문가들은 다들 어렵지 않게 과제를 해냈다. 개암나무 가지든 구부린 철사든, 그들의 수맥 찾기용 작대기는 모두 물이 보이는 곳에서는 예상대로 움찔거렸고 물이 보이지 않는 곳에서는 가만히 있었다. 그러나 진짜 시험은 따로 있었다. 뚜껑을 다 닫고 하는 시험이었다. 이중 맹검시험이었으므로, 수맥 전문가들도 (점수를 매기는) 프렌치 박사도 어느 양동이에 물이 담겼는지 알지 못했다. 양동이 준비를 담당한 조수는 텐트를 닫아둔 채 작업했고, 작업을 마친 뒤에는 사소한 단서라도 비치지 않기 위해서 현장을 떠났다. 이런 이중 맹검 조건에서는 우연한 수준 이상으로 점수를 딴 수맥 전문가가 단 한 명도 없었다. 그들은 모두 아연실색했고, 절망적으로 — 한 명은 눈물까지 보이며 — 실망했다. 그 모습은 진심인 것 같았다. 이전에는 그런 실패를 결코 겪어보지 못했던 것이다. 하지만 그것은 그들이 이중 맹검시험을 겪어보지 못했기 때문이다.

누가 발명했는지는 모르지만, 이중 맹검 기법은 탁월하게 효과적이면서도 간단하다. 존 다이아몬드가 암으로 죽어가는 동안 선의의 돌팔이들에게 시달리면서 쓴 용감한 책 《엉터리 묘약》에는 회의주의자인 심리학자 레이 하이먼이 응용운동학이라는 '대안' 진단법에 대해서 이중 맹검시험을 해보았다는 이야기가 나온다. 나도 그 운동학이란 걸 직접 받아본 적이 있다. 목을 삐어서 무척 아팠을 때였다. 주말이라 원래 다니던 의사에게 갈 수 없어서, 열린 마음으로 '대안' 치료사에게 가보기로 했다. 그녀는 촉진하기 전에 우선 시험 진단을 해보았는데, 내가 등을 대고 누운 자세에서 그녀가 내 팔을 밀어서 근력을 확인해보는 것이었다. 그게 운동학이다. 그녀는 내 가슴에 비타민C가 든 작은 약병을 얹어놓았을 때 내 팔힘이 더 강하다는 것을 확인하고 만족스러워했다. 그러나 약병은 봉해져 있었으므로 비타민이 내 몸에 들어올 방법은 전혀 없었다. 따라서 그녀가—무의식적이었겠지만—약병이 있을 때보다 없을 때 내 팔을 더 세게 민 게 분명했다. 내가 회의를 표하자, 그녀는 열광적으로 대답했다. "그러니까요, C는 정말 *대단한* 비타민이에요. 그렇죠?"

이중 맹검 기법은 바로 이런 종류의 자기기만을 제거하기 위해서 개발된 기법이다. 어떤 의약품의 효능을 시험할 때는 위약 통제군을 비교하는 것만으로 충분하지 않다. 더 나아가 환자도, 실험자도, 약을 주는 간호사도 어느 쪽이 실험군이고 어느 쪽이 통제군인지를 모르는 게 중요하다. 레이 하이먼이 실시한 이중 맹검시험은 내 돌팔이 치료사의 주장보다는 그나마 약간 덜 어처구니없는 주장에 대한 것이었는데, 혀에 과당을 한 방울 떨어뜨리면 포도당을 떨어뜨렸을 때보다 환자의 팔힘이 더 세진다는 주장이었다. 그러나 이중 맹검 조건에서는 팔힘에 전혀 차이가 없었고, 그 결과를 들은 수석 운동학 치료사는 분개하면서 불멸의 발언으로 남을 만한 이런 말을 했다.

> "이제 *알겠죠*? 그러니까 우리가 이중 맹검을 절대 안 하는 거라고요. 절대 안 맞는다니까요!"

비싼 필름이 디지털 녹화로 대체된 것 외에도, 내가 제러미 테일러와 함께 촬영했던 초창기 이래 많은 것이 바뀌었다. 1980년대에는 촬영 인원들이 대체로 노동조합에 가입해 있었다. 언제 휴식할지, 점심은 언제 먹을지, 하루 일이 끝나고 "촬영 끝났습니다" 하고 외치는 맘 편한 순간이 언제 찾아오는지가 다 규정으로 정해져 있었다. 촬영이 순조로워서든 빛이 좋아서든 제러미가 저녁에 좀 더 늦게까지 촬영팀을 붙잡아두고 싶다면, 그들에게 특별히 봐달라고 청해야 했다. 2000년 무렵에는 상황이 달랐다. 이제 촬영팀 전원이 훨씬 더 개인적으로 영화에 애착을 느끼는 것 같았고, 모두가 필요한 만큼 기꺼이 오래 일했다. 1980년대에는 인원이 조금 과잉으로 배치되었던 것 같다는 생각도 든다. 당시 촬영팀은 카메라맨, 사운드맨, 조감독 한 명씩뿐 아니라 그에 더해 카메라맨 조수가('초점 조수'라고도 불렸다) 한 명, 조명을 다루는 '스파크'가(전기 기사) 한 명 이상 있었다.

그즈음 ITV 텔레비전쇼를 촬영하기 위해서 감독 덩컨 댈러스와 함께 리즈로 갔던 게 기억난다. 무관한 잡담이지만, 덩컨은 나와 정확히 같은 시기에 옥스퍼드 베일리얼 칼리지를 다녔는데, 서로 거의 알지 못했다. 마침 덩컨과 내가 둘만 스튜디오에 앉아 있었다(촬영팀은 차를 마시러 가고 없었다). 그런데 큰 상자 하나가 우리가 곧 작업하려는 공간을 막고 있었다. 내가 도움이 되겠지 싶어서 그것을 들어 옮기려는 찰나, 덩컨이 소스라치며 외쳤다. "건드리지 말아요!" 나는 그가 폭탄이라고 말하기라도 한 것처럼 움찔 물러났다. 그가 이유를 설명해주었다. 상자를 옮기는 건 엄밀히 따져서 도구 담당자들의 일이므로, 내가 옮기다가 그들에게 들키면 어떻게 될지 장담할 수 없다는 것이었다. 덩컨은 잠시 주저하다가 어깨 너머를 초조하게 곁눈질하고는 내게 속삭였다. "젠장, 해치웁시다." 우리는 촬영팀이 휴식을 마치고 돌아오기 전에 서둘러 상자를 옮겼다.[17]

맨체스터 텔레비전 회의

2006년 11월, 맨체스터에서 열리는 과학 다큐멘터리 제작자 회의에서 강연을 해달라는 요청이 왔다. 그들이 제시한 제목은 '비이성의 시대에 텔레비전이 과학을 구할 수 있을까?'였다. 나는 그즈음 만들어진 텔레비전 다큐멘터리들에서 딴 영상을 보여주면서 강연했다. 사이먼 베르통이 영상들을 모아주었고, 내용에 대한 조언도 해주었다. 나는 우선 프로들에게 그들의 일에 대한 훈수를 두는 실례를 저지르는 걸 사과하면서 시작했다. 내가 내세울 변명은 그렇게 해달라는 요청을 받고 왔다는 것밖에 없었다. 나는 까다로운 열 가지 선택을 나열한 뒤 그것을 중심으로 강연을 꾸렸다. 달리 말하면 다큐멘터리가 순차적으로 놓이게 되는 열 가지 눈금, 과학 다큐멘터리를 만드는 이라면 누구나 직면하게 되는 선택들이었다.

열 가지 선택 중 첫 번째는 '수준을 낮추는' 문제였다.

> 텔레비전 제작자는 리모컨을 두려워하면서 살아가는데, 그럴 만합니다. 그의 소중한 방송이 나가고 있는 동안 어느 순간이라도, 말 그대로 수천 명의 시청자가 한번 딴 채널로 돌려볼까 하는 유혹을 느낀다는 걸 알기 때문입니다. 그래서 제작자는 '재미'를 늘리고 싶은 유혹, 이런저런 장치를(가령 찰리 채플린처럼 실험 과정을 빨리 감기 한다거나) 잔뜩 쓰고 싶은 유혹, 과학을 인상적인 한 마디로 축소시키고 싶은 유혹을 강하게 느낍니다. 그렇게 축소된 데 든 진정한 과학적 영양분은 팝콘 한 봉지에 든 영양분만큼이나 빈약한데도 말입니다.

나는 시청률을 높여야 할 필요성에 공감하면서도, 엘리트 의식이라는 인기 없는 주의를 지지했다. 단 그것은 시청자를 존중한다는 의미에서의 엘리트주의이지, 대중에게 과학을 전달하려면 수준을 낮춰야 한다고 가정함으로써 시청자를 얕보고 사실상 모욕하는 엘리트주의가 아니었다. 이처럼 대중을 얕보는 태도의 사례로서 내가 접한 것 중 최악은 과학의 대중적 이해를 주제로 삼았던 다른 학회에서 어느 참가자가 한 말이었다. 그는 "소수자와 여성을" 과학에 끌어오기 위해서는 수준을 낮출 필요가 있을 수도 있다고 말했다. 정말로, 진짜로 그렇게 말했다. 그리고 남들을 얕보는 그 진보주의자의 좁은 가슴은 분명 그 말을 하면서 따뜻하고 훈훈해졌을 것이다. 나는 맨체스터 강연에서 이렇게 말했다.

> 엘리트주의가 금기어가 되어버린 건 아쉬운 일입니다. 엘리트주의는 속물적이고 배제적일 때만 비난받을 만합니다. 최선의 엘리트주

의는 좀 더 많은 사람이 엘리트에 합류하도록 격려함으로써 엘리트의 범위를 넓히려고 노력합니다… 과학은 본질적으로 흥미롭습니다. 인상적인 한 마디, 기발한 장치, 수준을 낮추는 수법을 쓰지 않더라도 그 흥미는 충분히 전달될 겁니다.

열 가지 어려운 선택 중 또 하나는 '균형'을 잡아야 할 것 같다는 생각이다. 이것은 공영방송의 강령을 갖고 있는 BBC가 유달리 많이 시달리는 생각이다. 나는 좋아하는 금언을 하나 인용했는데, 아마 앨런 그래펀에게 처음 들은 것 같은 말이다. "상반되는 두 시각이 똑같이 열렬하게 옹호되는 경우, 진실이 꼭 그 중간에 놓여 있는 건 아니다. 한쪽이 완전히 틀렸을 수도 있다."

방송에서 이런 오류가 극단적으로 드러나는 현상은, 주류에 반항한다는 점 외에는 아무것도 내세울 게 없는 소위 독불장군들을 방송이 옹호하는 성향이다. 내가 아는 가장 터무니없는 사례는 삼중 MMR 백신이 자폐를 유발한다고 주장하는 어느 의학 연구자의 이야기를 텔레비전이 마치 성인전처럼 방송한 것이었다. 그가 제시한 증거는 희박했고, 그나마 이미 의학계에서 대체로 기각되었다. 그러나 그의 이야기에는 방송인들이 인기 요인이라고 부르는 요소가 있었다. 잘생기고 호감 가는 배우가 연기하는 젊고 정력적인 반항아가 고루한 원로들에게 맞서 싸운다는 안이한 구도를 만들어낼 수 있었던 것이다.

'익룡 테리'는 내가 붙인 또 다른 문제의 이름이었다. 〈쥐라기공원〉에서 처음 눈에 띄게 활용된 컴퓨터 그래픽이라는 멋진 기법은 곧 다큐멘터리 제작자들도 활용하게 되었다. 하지만 경이로운 재현

장면이 스스로 말하도록 내버려두는 대신, 다큐멘터리들은 〈쥐라기 공원〉을 망쳤던 유혹에 똑같이 굴복하곤 한다. 인간의 이해를 포함시켜야 한다는 생각에 넘어가는 것이다. 우리는 컴퓨터 애니메이션으로 익룡의 생활방식을 이야기하는 데 만족하지 못하고, 특정한 이름을 가진 한 익룡의(해당 다큐멘터리에서 주인공 익룡의 이름이 실제로 '테리'였던 건 아닌 것 같지만, 요점은 그게 아니다) 눈물겨운 사연을 만든다. 그 익룡이 길을 잃고 가족을 찾아 헤맨다거나 하는 식으로 감상적이고 쓸데없는 스토리를 덧붙이는 것이다. 의인화한 드라마는 불필요한 잉여일 뿐 아니라 추론과 진짜 증거의 구분을 흐리는 악영향을 미친다.

> 익룡이나 검치호랑이나 오스트랄로피테쿠스의 습성과 사회생활에 관한 추론은 얼마든지 해도 좋습니다. 단 그것이 추론이라는 사실을 알려줘야 합니다. 검치호랑이의 사회생활과 성생활은 사자와 비슷했을 수도 있습니다. 아니면 호랑이와 비슷했을 수도 있습니다. '하프 투스와 형제들'이라는 이름의 특정 검치호랑이들 이야기를 들려주는 것의 문제는, 그러면 가령 사자 이론이라는 특정 이론을 다른 이론보다 선호하도록 *강요하는* 셈이라는 것입니다.

나는 드라마틱한 '인간의 이해'를 과학적 진실에 앞세우는 경향성을 설명할 때 또 다른 다큐멘터리를 예로 들었다. BBC는 서인도제도에서 세 사람을 골라 그들의 미토콘드리아 DNA와 Y염색체 DNA를 추적함으로써 그들의 뿌리가 아프리카였는지 유럽이었는지 알아보자는 흥미로운 발상을 떠올렸다. 왜 하필 미토콘드리아와

Y염색체인가 하면, 다른 염색체들과는 달리 이것들은 염색체 교차를 거쳐서 유전자 역사가 전체적으로 마구 뒤섞이는 과정을 겪지 않기 때문이다. 이론적으로 우리는 과거의 어떤 특정 순간으로든 거슬러 올라가서, 가령 기원전 30000년 1월 14일로 올라가서, 당신에게 미토콘드리아 DNA를 물려준 여자가 그때 어디 살았는지를 알아낼 수 있다. 당신의 미토콘드리아는 오직 그 여자에게서 왔을 뿐, 당시 살았던 다른 누구로부터도 오지 않았다. 물론 그녀의 딸들(그리고 손녀들) 중 한 명과 그녀의 어머니, 외할머니 등도 포함시켜야겠지만 말이다. 만일 당신이 남자라면, 당신의 Y염색체는 기원전 30000년에 살았던 딱 한 명의 남자로부터만 왔다(물론 그의 아버지, 친할아버지 등과 그의 아들들 중 한 명, 손자들 중 한 명도 포함된다). 반면에 당신이 가진 그 밖의 DNA들은 수천 명의 사람으로부터 왔을 테고, 그들은 아마 세계 곳곳에 흩어져 있었을 것이다.

그러니 세 사람을 골라서 그들의 유전체에서 뒤섞이지 않은 단 두 부분, 미토콘드리아와 Y염색체의 기원을 추적해보자는 발상은 훌륭했다. 그러나 제작자들은 이 탐구의 과학적 매력만으로 만족하지 못했다. 그보다 더 부풀려야 했다. 그러기 위해서 그들은 세 사람을 '고향'으로 데려갔고, 그럼으로써 슬프게도 그들을 현혹시켜 근거 없는 감상에 빠지게 만들었다.

> 나중에 카이가마라는 부족명을 얻게 된 마크가 니제르의 카누리부족을 방문했을 때, 그는 자신이 "자기 민족"의 땅으로 "귀향했다"고 믿고 말았습니다. 기니 앞바다의 어느 섬에서 사는 부비족의 여덟 여인은 뷸라를 오래전에 잃은 딸처럼 환영했습니다. 뷸라의 미

> 토콘드리아가 그녀들의 미토콘드리아와 일치했던 겁니다. 뷸라는 이렇게 말했습니다. "꼭 핏줄이 만나는 것 같았어요… 가족처럼 느껴졌어요… 나는 그만 울어버렸죠. 그냥 눈물이 차올랐고, 심장이 마구 뛰었어요…."
> 그들은 뷸라를 그렇게 현혹시켜서는 안 되었습니다. 뷸라나 마크가 만난 사람들은 — 최소한 그들이 가진 근거에 따르자면 — 단지 그들과 미토콘드리아를 공유한 이들에 지나지 않았습니다. 사실 마크는 그 전에 자신의 Y염색체가 유럽에서 왔다는 말을 들은 상태였습니다(그래서 혼란스러워했는데, 나중에 그의 미토콘드리아는 아프리카에서 왔다는 말을 듣고는 눈에 띄게 안도했습니다).

그들의 나머지 유전자들은 아주 폭넓은 장소에서, 아마 전 세계에서 왔을 것이다.

이 대목에서 잠시 Y염색체에 얽힌 개인적 일화를 이야기할까 한다. 2013년, 제임스 도킨스로부터 재미있는 이메일을 받았다. 그는 유니버시티 칼리지 런던에서 박사 과정을 밟는 젊은 역사학자로, 친가가 자메이카 출신이었다. 그의 박사 논문은 영국과 자메이카에서 땅을 소유했던 어느 지주 가문의 사유지에 관한 내용이었고, 문제의 그 가문이 바로 도킨스 가문이었다. 도킨스 가문은 17세기와 18세기에 사탕수수 농장을 경영했고, 유감스럽지만 노예 소유주였다. 내 집안의 역사가 애석하게도 그랬기 때문에, 도킨스는 자메이카에서 흔한 성이 되었다. 영주의 초야권 때문은 아니었다. 집안이 자메이카에서 소유했던 '우리' 땅의 온갖 장소에 그 이름을 붙였기 때문이었다. 내 7대조 제임스 도킨스(1696~1766)는 실제로 '자메이카 도킨스'라는 별명을 갖고 있었는데, 나는 그 사실을 보즈웰의 《존슨전》에서 알았다.

> (존슨은 말하기를) 나는 여태껏 막대한 재산을 가진 사람들이 뭔가 특별한 행복을 즐기는 모습을 한 번도 보지 못했다. 베드퍼드 공작은 어땠나? 데번셔 공작은? 누군가 부유함을 즐기는 모습을 본 유일하고 멋진 사례는 자메이카 도킨스의 예였는데, 그는 팔미라를 방문하기 전에 그곳에 강도가 창궐한다는 소문을 듣고는 터키 기병대를 고용해서 경호를 맡겼다.

제임스 도킨스의 가산은 편집증이 있었던 윌리엄 도킨스 대령(1825~1914)이 헛된 소송에 탕진하는 바람에 오래전에 날아갔다. 도킨스 대령은 무일푼으로 죽었고, 한때 상당했던 집안의 부동산은 이제 여태 농장으로 쓰이는 옥스퍼드셔의 작은 집 하나로 줄었다. 현대의 제임스 도킨스는 내 여동생 가족이 반갑게 맞이하는 손님으로 그 농장에 여러 차례 머물면서 우리 어머니의 다락에 보관된 오래된 주석 상자들 속 먼지투성이 문서를 연구했다. 우리는 다들 그가 오래전에 헤어진 친척으로 밝혀졌으면 하고 바랐는데, 사실을 알아보는 분명한 방법은 우리 Y염색체를 살펴보는 것이었다. 옥스퍼드의 유전학자이자 《이브의 일곱 딸들》을[18] 쓴 브라이언 사이크스가 친절하게도 분석해주겠다고 했고, 제임스와 나는 둘 다 뺨 안을 면봉으로 훑은 표본을 사이크스의 회사 '옥스퍼드 앤세스터스'로 보냈다.

내 결과가 먼저 나왔고, 나는 생물학자로서 역사학자인 제임스에게 그의 결과에서 무엇을 살펴보면 되는지 알려주는 편지를 썼다.

> 우리는 각자 자기 아버지와 형제들과 거의 같은 Y염색체를 갖고 있습니다. 하지만 세대가 흐르면 가끔 돌연변이가 발생합니다. 따라서 당신의 Y염색체가 친할아버지의 Y염색체와 거의 같기는 해도, 당신 아버지의 Y염색체와 비교했을 때보다는 차이가 약간 더 날 가능성이 있습니다. 만일 우리가 둘 다 친가 쪽으로 16세기 자메이카 도킨스의 후손이라면, 우리 둘의 Y염색체는 거의 같을 겁니다. 완전히 같진 않겠지만….
>
> 논리적으로 따져서, 과거로 충분히 많이 거슬러 올라갈 경우, 세상 모든 사람의 Y염색체는 'Y염색체 아담'이라는 재밌는 이름으로 불리는 단 한 명의 선조에게서 유래한 것이어야 합니다. 그는 거의 틀림없이 아프리카에서 살았을 텐데, 시기는 아마 10만 년 전에서 20만 년 전 사이였을 겁니다. 우리가 세상 모든 Y염색체를 살펴본다면 그것들은 모두 그 Y-아담에게서 유래한 것으로 드러나겠지만, 지리적 분리나 이주 등의 요인들이 있기 때문에 그것들을 10여 개의 굵직한 '종족'으로 분류할 수가 있습니다. 종족 각각을 거슬러 올라가면 가상의 어느 선조에게, 즉 특정 장소에서 살았던 특정 남자에게 가 닿을 겁니다. 브라이언 사이크스는 그 남자들에게 맘대로 이름을 붙였습니다. 가령 내 Y염색체는 서유라시아에 살았던 오이신에게서 왔다고 말합니다. 이건 대부분의 영국 남자들이 마찬가지일 테고, 그렇다고 해서 우리가 다들 가까운 친척이라는 뜻은 아닙니다. 하지만 만일 *당신의* Y염색체도 오이신에게서 왔다고 밝혀진다면, 그건 대단히 흥미로운 결과일 겁니다. 물론 그것이 우리가

> 둘 다 서유럽인이라는 뜻에 지나지 않을 수도 있습니다. 하지만 우리에게는 또한 성이 같다는 우연의 일치가 있으므로, 그러면 우리 둘의 Y염색체가 여느 두 서유럽인의 Y염색체보다 서로 좀 더 *비슷한지*를 더 자세히 살펴볼 만한 가치가 있을 겁니다. 반면에 당신의 Y염색체가 제법 예쁜 그 분지도에서 빨간색으로 표시된 세 아프리카 조상 중 한 명에게서 유래했다고 밝혀진다면, 그건 우리가 유전적 인척 관계를 더 조사해봐야 소용없다는 뜻일 겁니다. 그러면 얼마나 애석할지!

곧 제임스의 결과가 나왔고, 우리는 같은 도킨스 선조에게서 유래한 친척이 아니라는 게 밝혀졌다. 정말 애석했다. 제임스의 Y염색체는 브라이언 사이크스가 오이신이라고 이름 붙인 남자 조상이 아니라 아프리카에서 살았던 에슈라는 조상에게서 유래했다.

이 책의 화보에는 브라이언이 그린 모든 인간의 Y염색체 족보가 실려 있다. 제임스와 내 얼굴이 각자의 선조인 (아프리카인) '에슈'와 (서유럽인) '오이신' 옆에 붙어 있는데, 이 이름들은 브라이언 사이크스가 지은 것이다. 보다시피 우리 둘의 친족 관계는 오히려 먼 편이다. 엄밀하게 말하자면 Y염색체 친족 관계가 가깝지 않다는 걸 보여줄 뿐이지만 말이다. 물론 우리가 모계로는 좀 더 최근에 선조를 공유했을지도 모르지만, 그렇더라도 그것은 우리 공통의 성이 직접적인 유전적 의미는 없다는 것, 달리 말해 J. B. S. 홀데인이 "나는 역사적으로 이름난 Y염색체를 타고났습니다"라고 말했을 때 뜻한 유서 깊은 성은 아니라는 뜻이다. 이 대목에서 재미난 생각이 떠오르는데, 부계를 수백 년까지 거슬러 올라갈 수 있는 귀족과 왕족 집안은 이제 족보에 등장하는 각각의 고리가 타당한지를 따져볼 수 있게 된 셈이다. 부계 친척들이라고 알려진 이들의 Y염색체를 검사하면 되니까. 조만간 법정은 까맣게 잊었던 먼 친척들이 나타나서 왕위나 공작령 저택에 대한 권리를 주장하며 제기한 DNA 소송을 다루게 될까?

내가 과학 다큐멘터리 제작자들에게 주제넘은 강연을 하던 이야기로 돌아가자. 나는 '시로서의 과학 혹은 유용한 것으로서의 과학'이라는 짧은 장을 집어넣었다. 과학의 유용성은 누구도 부인할 수 없다. 그 유용성은 우주 탐사 사업이 논스틱 프라이팬이라는 뜻밖의 부산물을 낳은 것으로 정당화된다는 신화를 사례로 들먹이며 지지되곤 한다. 하지만 나는 그 스펙트럼에서 논스틱 프라이팬 쪽보다는 칼 세이건 쪽, 즉 '이상적'이고 '시적인' 쪽을 더 지지하고 싶었다. 나는 이전에 다른 자리에서 "과학의 유용성에만 집중하는 것은 음악이 바이올리니스트의 오른팔 연습에 좋다는 이유로 칭송하는 것과 비슷하다"고 말했었다.

내가 마지막으로 펼친 공격의 대상은 TV 종사자들 사이에 정설로 퍼진 생각, '시청자들은 말하는 사람의 얼굴을 보고 싶어 하지 않는다'는 생각이었다. 내 회의론을 뒷받침할 데이터 같은 건 없었다. 그러나 나는 BBC TV에서 존 프리먼의 '페이스 투 페이스(얼굴을 맞대고)' 시리즈가 대성공을 거둔 걸 기억하는데, 그 프로그램에서는 인터뷰하는 사람은 얼굴조차 안 보이고 뒤에서 찍은 뒤통수와 한쪽 어깨만 보일 뿐이었으며, 오로지 인터뷰에 응하는 사람의 얼굴만—그리고 그의 말만—강조되었다. 이 시리즈는 전설적이었다. 출연자로는 버트런드 러셀, 이디스 시트웰, 아들라이 스티븐슨, C. G. 융,

토니 행콕, 헨리 무어, 에벌린 워, 오토 클렘퍼러, 오거스터스 존, 시몬 시뇨레, 조모 케냐타 등이 있었다. 나도 최근에 다시 부활된 이 쇼에 출연하여 재치 있고 유창한 사회학자 로리 테일러에게 인터뷰를 당했다. 그보다 작은 규모로는 내가 제작한 '상호 개인 지도' 비디오들도(348~357쪽을 보라) 호평을 들었는데, 이 영상들은 철저히 말하는 사람들의 얼굴로만 이뤄져 있다.

맨체스터 회의로부터 거의 10년 전, 이런 '말하는 얼굴' 형식을 최고로 잘 활용한 프로젝트에 운 좋게 참가한 적이 있다. 1997년 봄, 한때 BBC 사이언스를 지휘했고 BBC 〈호라이즌〉 시리즈의 제작자이기도 했던 그레이엄 매시가 연락을 해왔다. 그는 친구 크리스토퍼 사이크스가 위대한 물리학자 리처드 파인먼을 인터뷰한 유명한 영상에서 영감을 얻어, 멋진 생각을 떠올렸다. 뛰어난 과학자들이 자신의 경력에 대해서 길게 이야기하는 모습을 영상으로 담은 아카이브를 구축하자는 것이었다. 그리고 해당 과학자보다 젊되 그 분야를 잘 아는 다른 과학자가 그를 인터뷰하는 형식을 씀으로써 이야기를 순조롭게 끌어내자고 했다. 작업의 요지는 당장 방송할 수 있는 프로그램을 만드는 게 아니었다. 미래를 위해서 기록을 모아두자는 것이었다. 오래 살아남아 후대 과학사학자들의 관심을 받을 만한 기록을. 나는 이 발상이 좋았고, 따라서 존 메이너드 스미스를 인터뷰해달라는 요청을 받았을 때 엄청난 영광으로 여겼다.

인터뷰는 서식스의 루이스에 있는 존의 집에서 이틀간 진행되었다. 존과 아내 실라의 초대로 나는 그 집에서 묵었고, 그레이엄과 촬영팀을 포함한 모두는 이틀 동안 동네 퍼브에서 함께 점심을 먹었다. 이틀의 대화는 각각 몇 분에 불과한 짧은 '이야기' 102편으로 나뉘었다.[19] 이야기마다 별도의 제목이 달려 있고, 따로따로 봐도 된다. 그러나 이야기들은 하나의 분명한 순서로 나열되어 있으며, 전체를 죽 이어서 보면 이 위대한 인물의 과학자로서의 삶을 흥미롭게 묘사한 큰 그림이 떠오른다. 유년기에 대한 자전적 회고, 이튼에서 받은 교육, 전쟁 중 비행기 설계 엔지니어로 일했던 것, 케임브리지의 마르크스주의 정치학, 전쟁 후 생물학을 공부하기 위해서 나이 든 학생이 되어 대학으로 돌아간 것….

후반부 '이야기'들 중에는 종종 껄끄러웠던 빌 해밀턴과의 관계에 대해서 말한 대목도 있다. 존은 거리낄 것 없이 툭 털어놓았다. 존뿐만 아니라 괴짜이기로 유명했던 그의 위대한 스승 J. B. S. 홀데인도 자기네 대학의 다른 과에서 연구하던 그 수줍은 청년이 완성된 천재라는 사실을 깨닫지 못했다고 한다. 존은 헉슬리가 《종의 기원》을 읽고 했다는 말을 인용했다. "이 생각을 먼저 떠올리지 못했다니, 나는 바보 천치로군." 존은 해밀턴에게 지지가 필요했을 때 자신이 돕지 않았던 것을 자책했다. 이어지는 '이야기'들에서 존은 빌 해밀턴의 '포괄 적합도' 개념을(생물 개체가 극대화하려고 애쓸 것으로 예상되는 양이다) 빌이 다른 논문들에서 말한 '유전자의 관점'에 비교했다. 나와 존은 후자의 관점을 선호하지만(429쪽을 보라), 그런 관점에서 계산한 답도 결국에는 포괄 적합도 접근법의 답과 같다.

존이 J. B. S. 홀데인 밑에 들어간 것은 전후 유니버시티 칼리지 런던에서였다. 인터뷰에는 그 가공할 기인에 관한 사랑스러운 일화가 잔뜩 나온다. 맛보기로 하나만 인용해보겠다.

> 그와 아내 헬렌에게는 꽤 멋진 습관이 있었죠. 우리가 졸업시험을

마치는 날 밤… 마지막 시험이 끝난 뒤에 반 전체를 말버러라고, 길 건너편에 있던 퍼브로 데려가서 문 닫을 때까지 술을 사주는 거였습니다. 아주 즐거웠죠. 나도 졸업시험을 치른 날 밤 거기 갔습니다. 그러다 퍼브가 문을 닫을 때가 됐는데, 홀데인이 나하고 패멀라 로빈슨에게, 역시 대학원에 진학할 학생이었는데요, 전공은 고생물학이었습니다만… 자기 집에 가서 술을 더 마시지 않겠느냐고 묻더군요. 우리가 양껏 못 마신 게 분명했거든요. 우리는 멍청하게시리 그러겠다고 했죠.

그래서 교수의 아파트로 가서 술을 더 마시면서 세상 이야기를 나눴습니다. 그러다가 새벽 2시쯤 됐는데 패멀라가 말했어요. "저기요, 교수님. 존하고 저는 이제 가봐야 하는데요, 지하철이 끊겼으니까 교수님이 우리를 태워다주세요." 홀데인은 "좋아요, 태워다주죠"라고 말했습니다. 그래서 우리는 교수의 차에 탔는데… 차는 정말이지 그의 물건다운 물건이었어요. 엄청나게 오래되고 망가지고 낡은 차였거든요. 아무튼 우리는 (팔러먼트) 언덕을 오르기 시작했습니다. 그런데 오르막을 반쯤 올랐을 때 차 안에 연기가 차기 시작했어요. 나는 아무 말도 안 했어요. 그게 정상이려니 했죠. 하지만 패멀라가 "교수님, 차에 불이 난 것 같아요"라고 말했죠.

"아 그래요?" 교수는 그러더니 차를 세웠습니다… 그리고 나더러 자네가 엔지니어니까 뭐가 잘못됐는지 살펴보라고 하더군요. 별로 심각한 고장은 아니었습니다. 앞좌석 바닥의 천이 트랜스미션으로 떨어져서 불이 붙은 거였죠. 그걸 잠깐 보고 섰자니 홀데인이 말했어요. "숙녀분들은 저기 가로등 뒤로 가서 서 계세요." 나는 '어쩌려고?' 싶었습니다. 그런데 그가 내게 이렇게 말했어요. "스미스, 팡

타그뤼엘의 방법을 써야겠어요. 자네가 나보다 맥주를 더 많이 마셨으니까 저걸 꺼요." 자, 이 상황에서는 일단 그가 인용한 그 고전을 알아야 합니다. 팡타그뤼엘이 파리에 불이 났을 때 소변을 눠서 껐다는 걸 알아야 하죠. 나는 그렇게 했습니다. 그리고 당신도 아마 알겠지만, 맥주를 잔뜩 마시고 소변을 누기 시작하면 도중에 멈추기 어렵죠. 그런데 교수는 이렇게 말했어요. "그만하면 됐어요. 자네, 그만하면 됐다고."

내 이야기의 요점은 이겁니다. 홀데인과 함께 일하고 함께 지내려면 이런 약간의 예측불허 상황들을 겪을 준비가 되어 있어야 했다는 거죠. 그리고 나는… 나는… 홀데인의 또 다른 특징은, 만일 그가 당신이 동의할 수 없는 무슨 말을 꺼낸다면 그에게 그만 소리는 간두라고, 한심한 늙은이처럼 굴지 말라고 대놓고 대꾸할 수 있다는 거였습니다. 그렇게 해도 그는 전혀 신경 쓰지 않았죠. 하지만 그를 반드시 그렇게 다뤄야 하지, 점잖게 말해서는 아무 소용이 없었습니다. 그가 당신의 의견에 반대되는 말을 꺼낸다면 반드시 맞서서 대들어야 했습니다.

녹취로 읽는 것도 좋지만, 그보다는 존이 직접 말하는 걸 들어야 한다. 존은 정말로 끝내주는 이야기꾼이었다.

위의 '이야기' 바로 뒤에 이어진 '이야기'를 하다가, 존은 눈물을 터뜨렸다. 홀데인이 말년을 인도에서 보내려고 영국을 떠날 때의 일이었는데, 그가 존의 아내 실라에 대한 애정을 표현하면서 자신이 직접 말을 전할 수 없으니 존에게 대신 전해달라고 부탁했다는 이야기였다. 과거의 회상일 뿐이었는데도 실제적인 그 감정은 존이 눈물을 터뜨릴 만큼 강력하고 감동적이었다. '말하는 얼굴' 기법으로도 충분히 그런 걸 해낼 수 있었던 것이다.

RICHARD DAWKINS

10
토론과 만남

My Life in Science

나는 토론이라는 형식을 썩 좋아하진 않는다. 구조와 시간이 엄하게 정해져 있고 끝을 투표로 맺는 형식은 더더욱 싫다. 대학생일 때는 옥스퍼드 유니언에서 목요일 밤마다 여는 토론회를 꼬박꼬박 보러 갔다. 초대 손님들의 토론도 들었는데, 당대의 우수한 정치인과 웅변가 중에서 모셔온 몇몇 연사는 대단히 훌륭했다. 마이클 풋, 휴 게이츠컬, 로버트 케네디, 에드워드 히스, 제러미 소프, 해럴드 맥밀런, 오슨 웰스, 브라이언 월든… 오즈월드 모즐리마저도, 비록 그의 정치적 시각은 불쾌했지만, 최면을 거는 듯이 훌륭한 연사였다. 대학생 토론자 중에서도 몇몇은 엄청나게 뛰어났다. 가령 마이클 풋의 조카인 폴 풋이 그랬는데, 그는 훗날 예리한 탐사 저널리스트가 되었다. 하지만 나는 서로 맞선 변호사들처럼 적대적인 태도를 취하는 토론회 자체에는 환멸을 느끼게 되었다. 대학 토론팀들이 대회에 출전하면, 어느 쪽이 어떤 주장을 옹호할 것인지를 동전을 던져서 정한다. 그야 물론 변호사들에게는 좋은 훈련이 될 것이다. 하지만 내게는 청년들이 임의로 부여받은 대의를, 더구나 자신이 믿지도 않는 대의를 무엇이 되었든 다 섬기는 수사법을 연마한다는 것이 어쩐지 매춘과 비슷한 일로 느껴진다. 심지어 자신의 믿음과 반대되는 대의를 옹호해야 하는 경우도 있는 것이다. 내가 만일 어떤 웅변을 듣고 감동한다면, 나로서는 그 웅변이 진심이었으면 좋겠다.

하지만 잠깐, 능숙한 배우가 무대에서 하는 연기는 내 비난이 틀렸음을 보여주는 반증일까? 헨리 5세가 성벽 앞에서 했던 피끓는 연설이나 마르쿠스 안토니우스가 카이사르의 장례식에서 한 연설은 진짜가 아니라 배우가 하는 말이기 때문에 설득력 있게 느껴질 수 없는 걸까? 그렇진 않다고 본다. 훌륭한 배우라면 자신이 맡은 포샤라는 인물에 철저히 동화하기 때문에, 그가 말하는 '자비의 본질' 연설은 우리에게 정말 진심처럼 느껴진다. 반면 자신이 믿지 않는 내용을 변호하는 변호사는 그럴 수 없을 것이다. 아니, 그럴 수 *없어야 한다.* 랄라에 따르면, 정말로 그 인물이 되어서 그의 파토스를 받아들였을 때는 무대에서 우는 연기도 쉽게 된다고 한다.

영국 법은(스코틀랜드와 미국 법도 그런 것 같다) '줄다리기' 원칙에 의거한다. 어떤 의견 대립에 대해서든, 일단 누군가에게 해당 명제를 가장 강력한 방식으로 옹호하도록 시킨다. 그가 그 명제를 믿든 안 믿든 상관없다. 그리고 다른 누군가에게는 그 명제를 가장 강력하게 반대하도록 시킨다. 그 뒤에 줄다리기가 어떻게 진행되는지 지켜보는 것이다. 이것은 유럽 법의 특징에 가까운 '조사위원회' 원칙과 대비되는데, 아마 내가 순진한 탓이겠지만 내 눈에는 후자가 좀 더 정직하고 인간적인 것처럼 보인다. 이 접근법은 다들 둘러앉아서 증거를 놓고 살펴보면서 실제 어떤 일이 벌어졌는지를 알아내보자는 방식이다. 영국과 미국의 변호사들은 워낙 실력이 좋았던지라 심지어 ○○까지(뻔히 유죄인 사람의 이름을 이 자리에 채워넣으라) 빼냈다는 과거의 전설적인 변호사들에게 노골적인 찬사를 보낸다. 그의 의뢰인이 유죄란 사실은 바보도 알 수 있을 만큼 뻔했지만, *그런데도* 그 대단한 변호사가 배심원들을 설득해냈다면, 변호사의 평판에는 더더욱 좋다.

나는 미국의 어느 총명하고 젊은 피고 측 변호사와 대화하다가 심한 충격을 받은 적이 있다. 그녀는 자신이 고용한 사설탐정이 의뢰인의 결백을 의심의 여지없이 보여주는 증거를 찾아냈다며 기뻐했다. 나는 물었다. "축하합니다. 그런데 만일 탐정이 의뢰인의 죄를 결정적으로 보여주는 증거를 찾아냈다면 어떻게 하셨겠습니까?"

"무시했겠죠." 그녀의 뻔뻔한 대답이었다. "검사 측 증거는 검사 측이 찾아내야죠. 저는 *저쪽*을 도우라고 돈을 받는 게 아니에요." (강조는 내가 한 것이다.)

그것은 살인 사건이었다. 그런데도 그녀는 줄다리기에서 '저쪽' 검사 측에게 지느니 증거를 숨기는 게 낫다는 말을 하고도 거리낌 없이 즐거워했다. 그럼으로써 살인자가 풀려나서 다시 살인을 저지를지도 모르는데 말이다. 분별 있는 사람이라면 이 이야기에 어떻게 충격을 안 받을 수 있을까? 그러나 나는 이런 태도를 재깍 비난하는 변호사를 아직 한 명도 만나지 못했다. 변호사들은 '우리' 대 '저쪽' 연기를 하도 많이 마셔서 그 사실을 인식조차 못한다. 나는 숨이 막히는데도.

여담이지만, 줄다리기로 진실을 얻어내는 접근법은 일군의 텔레비전 인터뷰어들도 쓰고 있다. 그 시작은(최소한 영국에서는) 로빈 데이였다. 바로 어제, 나는 BBC 텔레비전 스튜디오에서 그런 좌불안석의 인터뷰를 기다리고 있었다. 결국에는 나는 그런 식으로 취급당하지 않았지만, 내가 기다리는 동안 인터뷰어는 세 주요 정당을 대변하는 정치인들에게 차례차례 현안에 대한 의견을 물었는데, 질문 스타일이 초장부터 공격적이었다. 인터뷰어는 세 정치인이 모두 거짓말을 한다고, 잘 봐줘야 무능한 사람들이라고 가정하고 들어가는 것 같았다. 어쩌면 인터뷰어는 진심으로 그렇게 믿었을지도 모른다. 하지만 내가 짐작하기에 진짜 이유는, 그가 저널리즘을 배울 때 인터뷰에서 진실을 끌어내는 최선의 방법은 인터뷰이를 최대한 자극해서 줄다리기가 어떻게 진행되나 지켜보는 것이라고 배웠기 때문일 것이다. 어쩌면 정말로 그게 최선일지도 모르지만, 그렇다고 해서 그것이 자명한 사실은 아니므로 타당한 근거가 필요하다.

아무튼 나는 간간이 옥스퍼드 유니언이나 케임브리지 유니언의 토론회 초청을 수락하긴 했어도 적대적인 토론 형식은 여전히 좋아하지 않는다. 내가 처음 그런 토론회를 경험한 것은 1986년 옥스퍼드 유니언에서였다. 존 메이너드 스미스와 내가 한편이 되어 두 창조론자 에드거 앤드루스와 A. E. 와일더 스미스와 붙었다. 논제는 '창조의 교리가 진화 이론보다 더 타당하다'는 것이었다. 요즘이라면 그런 논제를 내건 토론에 결코 응하지 않을 것이다. 1986년에도 거기 나간 것은 우리 뉴 칼리지의 귀한 학생 대니엘라 시프가 대학생 연사 대표로 과학을 옹호하는 측에서 토론하기로 했기에 오로지 그녀를 응원하기 위해서였다.

상대편 초대 토론자는 둘 다 생물학에는 아무 자격이 없는 사람들이었다. 화학자인 와일더 스미스는 겪어보니 무해하고 상냥한 광대에 지나지 않았다. 한편 물리학자인(그리고 덜 상냥한) 앤드루스는 근본주의 창조론을 지지하는 책을 많이 쓴 사람이었는데(그중에는 '홍수지질학'에 관한 책도 있는데, 정말 그 노아의 홍수를 말하는 거다!), 나는 사전 대책으로 그 책들을 읽어두었다. 옥스퍼드 유니언에서는 물론 순진한 창조론을 들고 나왔다가는 단박에 토론에서 질 게 뻔하다. 그래서 앤드루스는 좀 더 세련된 과학철학적 접근법을 취하는 척했고, 물리학 교수인 그가 순진한 창조론을 진지하게 믿는 사람이라는 건 아무도 짐작하지 못했을 것이다… 내가 그의 책에서 인용한 구절들을 읽어내리기 전에는. 그는 애처롭게, 그리고 거듭 자리에서 일어나 의장에게 자기가 직접 쓴 글을 내가 읽는 걸 저지해달라고 요구했다. 의장은 온당하게도 그의 요청을 기각했고, 그는 자리에 앉아서 손으로 머리를 감싼 채 내가 그의 철학적 가식을 폭로하는 중요한 구절들을 읽는 것을 가만히 듣고 있었다. 토론회가 끝난 뒤 술자리에서 그는 존 메이너드 스미스와 언쟁을 벌였다. 그 사랑스럽고 착한 존이 화가 나서 얼굴이 시뻘게진 모습을 본 건 그게 처음이자 마지막이었다.

내가 창조론자들과의 공식 토론회를 거부하는 가장 구체적인 이유는, 과학자가 그런 토론에 응할 때마다 사람들 사이에 양쪽 의견이 동등하다는 망상이 형성되기 때문이다. 청중은 연단에 두 의자가 나란히 놓인 모습에, 그리고 '양측에' 똑같은 발언 시간이 할당되는 모습에 속아넘어간다. 정말로 양 '측'이란 게 *있다*고 믿어버리고,

정말로 토론할 만한 거리가 있다고 믿어버린다. 내가 그런 '두 의자 효과'에 눈뜨도록 해준 사람은 스티븐 제이 굴드였다. 미국에서 어느 창조론자와 토론해달라는 초청을 받고는 스티브에게 전화를 걸어 의견을 물었더니, 그는 다정하게 "하지 마세요"라고 조언했다. 진정한 과학자가 그런 토론에 응하는 순간, 창조론자는 토론 자체가 어떻게 되는지와는 무관하게 이미 주된 목적을 달성한 셈이다. 스티브는 "그 사람들은 홍보를 원하는 겁니다. 하지만 당신은 그럴 필요가 없죠"라고 지적했다. 로버트 메이도 오스트레일리아인답게 무뚝뚝한 재치를 곁들여서 똑같은 생각을 표현하곤 했는데, 그런 토론에 참가해달라는 요청이 오면 그는 이렇게 대답하기를 즐겼다. "그건 당신 이력서에는 훌륭한 항목이 되겠지만 내 이력서에는 그렇지 않아요!" 내가 이 이야기를 하도 자주 하는 바람에, 이 재치 있는 말을 내가 했다고 생각하는 사람이 적지 않다. 나도 그랬으면 좋겠다!

'두 의자 효과'는 워낙 강력하기 때문에, 내가 그 효과를 거부하는 것을 어느 쩨쩨한 악의를 품은 사람이 오히려 내게 불리하게 악용한 사례가 있었다. 크레이그라는 미국의 기독교 변증론자가 내게 옥스퍼드에서 토론을 하자고 요청해왔다. 그는 그 몇 년 전부터 자신과 두 번째 토론을 하자고 조르고 있었다(첫 번째는 멕시코에서 열린 큰 행사에서였는데, 그때 그는 상대측 세 토론자 중에서 제일 인상적이지 않은 토론자였다). 그가 옥스퍼드 토론회를 제안한 날에 나는 마침 런던에서 저녁에 다른 강연이 예정되어 있었다. 그러나 선약이 없었더라도, 잠시 뒤에 설명할 이유 때문에 어차피 요청을 거절했을 것이다. 그런데 내가 거절하자 그의 지지자들은 옥스퍼드 무대에 빈

의자를 놔두고는 내가 겁쟁이라서 나타나지 않은 척했다!

사실 나는 크레이그라는 그 인간과 두 번 다시 한 연단에 서고 싶지 않은 이유를 구체적으로 밝힌 글을 이미 〈가디언〉에 발표한 뒤였다. 그 이유는 그가 성경의 가나안족 살육을 정당화한 게 역겨웠기 때문이다. 나는 집단살해였다고 하는 그 사건 자체를 불평하는 게 아니었다(구약이 말하는 '역사'가 대부분 그렇듯이, 사실 그 사건은 실제로는 벌어지지 않았다). 내 요지는, 크레이그는 그 사건이 정말로 벌어졌다고 *믿으면서도* 그로테스크한 비윤리적 논리로 그 일을 *정당화*한다는 데 있었다. 그는 가나안족 사람들이 모두 죄인이었으니 그런 벌을 받아도 쌌다고 말했다. 더군다나 가나안족은 침략해온 "이스라엘 사람들"에게(그의 표현을 그대로 옮겼다) 땅을 내주기만 하면 됐고, 그러면 목숨은 건졌을 거라는 거였다.

> 내가 성경을 좀 더 꼼꼼하게 읽고서 깨달은바, 신이 이스라엘에 내린 명령의 요지는 가나안족을 멸절하라는 게 아니라 그들을 그 땅에서 몰아내라는 것이었다. 그 고대 근동 부족의 머릿속에서 최우선으로 중요했던 것은(지금도 마찬가지다!) 땅이었다. 그 땅을 차지하고 있었던 가나안부족 왕국들은 국가로서 파괴되어야 했을 뿐 꼭 개개인으로서 파괴되어야 하는 것은 아니었다. 당시 엄청난 방탕에 빠져 있던 그 부족들에게 신이 내린 판결은 그들에게서 땅을 박탈하는 것이었다. 가나안 땅은 신이 이집트에서 꺼내온 이스라엘 사람들에게 주어질 것이었다. 만일 가나안족이 이스라엘 군대를 보고 그냥 달아나는 쪽을 선택했다면, 한 명도 죽임을 당할 필요가 없었을 것이다.[20]

그러니까 가나안족이 잘못했다는 것이다. 신이 그들의 땅을 자신이 아끼는 부족의 생활권으로 내주고 싶어 했는데 그 거주자들이 제 발로 제 고향을 저버리기를 거부했으니, 제 무덤을 스스로 판 셈이었다는 것이다. 크레이그는 심지어 이스라엘 사람들이 아이들을 살육한 짓도 정당화했다. 아이들은 어차피 천국으로 갔을 거라면서.

딴말이지만, 나는 〈가디언〉 기사에서 '빈 의자' 전략도 언급했다(크레이그가 그 전략을 쓸 것이라는 사실은 사전에 널리 홍보되었다).

> 건방지게 남을 괴롭히는 짓의 전형이랄까, 크레이그는 내 불참을 상징하는 뜻에서 다음 주 옥스퍼드의 무대에 빈 의자를 놓아두겠다고 발표했다. 딴 사람과 함께 무대에 섬으로써 상대의 이름에 편승하여 돈을 벌어보겠다는 생각은 전혀 새롭지 않다. 하지만 내가 나타나지 않는 것을 자신을 홍보하는 묘기로 바꿔놓으려는 이 시도는 어떻게 이해해야 할까? 모든 것을 투명하게 밝히고자 덧붙이자면, 크레이그가 내가 부재한 상태에서 토론하겠다고 하는 날 밤에 나를 볼 수 없는 장소는 옥스퍼드만이 아니다. 그날 여러분은 케임브리지, 리버풀, 버밍엄, 맨체스터, 에든버러, 글래스고, 그리고 만일 내 시간이 허락한다면 브리스틀에서도 내가 나타나지 않는 모습을 볼 수 있을 것이다.[21]

크레이그는 모든 가나안 여자들과 아이들을 학살하는 불쾌한 의무를 수행해야 했던 딱한 '이스라엘' 군인들에게 특별한 연민을 보냈다. 그건 그렇고, 빈 의자 수법은 이제 '이스트우딩'으로 알려져 있다. 배우 겸 감독 클린트 이스트우드가 2012년 미국 대통령 선거

기간에 오바마 대통령을 겨냥해 그 전략으로 서투른 묘기를 선보였기 때문이다.

'두 의자 효과'를 염려하여 토론회를 거절하는 내 입장은 진짜 자격을 갖춘 신학자들에게는 해당되지 않는다. 그들하고라면 기꺼이 토론을 하겠고(공개 대화라는 표현이 더 좋지만), 실제로 지금까지 두 명의 캔터베리 대주교, 요크 대주교, 여러 주교, 추기경 한 명, 영국 랍비장의 직위를 연이어 물려받은 두 랍비와 토론했다. 대개는 우호적이고 교양 있는 만남이었다. 일례로, 1993년 언젠가는 왕립학회 토론회에서 나와 저명한 우주론학자 허먼 본디 경이 한편이 되어 전 버밍엄 주교 휴 몬티피오리, 기독교 신자이자 물리학자로서 현대 물리학을 아이들에게 설명해주는 훌륭한 '앨버트 삼촌' 시리즈를 쓴 러셀 스태너드를 상대했다. 스태너드는 이 만남을 다음과 같이 기록했다.

> 주최자가 우리를 서로 소개시켜준 뒤, 도킨스는 곧바로 내게 '앨버트 삼촌' 시리즈를 정말 재미있게 읽었다고 말했다. 그가 직접 재밌게 읽었다는 것이다! '앨버트 삼촌' 시리즈를 재밌게 읽은 사람이라면 그렇게 나쁜 사람일 리 없다는 생각이 번뜩 떠올랐다. 안 그런가?
>
> 하지만 잠깐, 이건 나를 안심시키려는 술수가 아닐까… 알고 보니 걱정할 필요가 없었다. 토론은 건설적이고 정중한 방식으로 진행되었다… 긴장감 없는 토론이었다는 말이 아니다. 전혀 그렇지 않았다. 우리는 서로 말을 자르면서 주고받았고, 다양한 주제에 의견이 철저히 대립했다. 그러나 악감정은 없었고, 야비하게 점수를 올리

> 려는 짓도 없었다.
>
> 얼마나 기분 좋은 토론이었는지 강조하자면, 참가자들은 토론회가 끝난 뒤 식당으로 자리를 옮겨서 다 함께 즐겁게 저녁을 먹었다! 나는 도킨스 옆에 앉았고, 그와 함께하는 자리가 즐겁기만 했다.[22]

최근 캔터베리 대주교직에서 은퇴한 로언 윌리엄스와는 네 번 만났다. 알고 보니 그는 내가 살면서 만난 사람들 가운데 제일 좋은 사람이었다. 너무나도 기분 좋은 사람이라, 논쟁을 벌이기가 불가능할 지경이다. 그리고 너무나도 친절하게 지적인 사람이라('지성intellego'의 문자 그대로의 의미, 즉 '이해한다'는 의미에서 그렇다), 상대방의 말을 대신 끝맺어주기까지 한다. 설령 그 말이 — 내가 이해하는 한 — 그의 주장을 손상시킬 게 분명한 내용인 데다가 그가 딱히 응수할 말이 없는 것처럼 보이는 경우에도 말이다! 나는 그 귀여운 버릇을 채널4 다큐멘터리 때문에 그를 인터뷰했을 때 처음 눈치챘다. 이후 그는 램버스궁에서 연 즐거운 파티에 랄라와 나를 초대했다(그가 초대할 만한 매력이 있다고 느낀 사람은 랄라였을지도 모른다. 그의 아들 핍이 〈닥터 후〉에서 랄라가 맡았던 배역의 팬이었으니 말이다). 그로부터 몇 년 후, 그와 나는 셸도니언극장에서 좀 과장되게 홍보된 '토론'을 하게 되었다. 나는 사회자 없이 친근하게 대화하는 자리였으면 했다. 사회자는 토론에 방해가 될 때가 많다는 걸 느끼고 있었기 때문이다. 이 경우에도 그랬다. 끝나고서 대주교와 나는 함께 저녁을 먹었고, 나는 그가 얼마나 매력적인 사람인지를 새삼 느꼈다.

우리가 가장 최근에 만난 것은 케임브리지 유니언 토론회에서 서로 반대편 연사로 나선 때였다. 윌리엄스 박사가 대주교직에서 물

33

34

35

36

37

38

넥타이.

33~38_ 요즘 나는 랄라가 동물무늬로 디자인하고 손으로 그린 아름다운 넥타이들만 맨다. 이 사진들에서 나는 듀공 넥타이를 매고 랄라와 함께 있고(33), 캔터베리 대주교 로언 윌리엄스와 함께 있고(34, 사마귀 넥타이), 내가 《리처드 도킨스의 진화론 강의》를 바친 사람인 로버트 윈스턴과 함께 있고(35, 카멜레온 넥타이), 헤이온와이에서 조앤 베이크웰과 함께 있고(36, 펭귄 넥타이), 책에 사인을 해주고 있고(37, 주홍따오기 넥타이), 개방대학에서 명예박사 학위를 받았다(38, 얼룩말 넥타이).

옥스퍼드.

39, 40_ 앨런 그래펀과 빌 해밀턴이 연례 펀트 경주에서 활약하고 있다.

41_ 경주가 끝난 뒤, 존 크렙스(오른쪽 안경 쓴 사람)가 동물행동그룹의 친구들과 함께 강둑에 앉아 있다.

42, 43_ 마크 리들리는 나와 함께 창간호 편집을 맡았던 〈옥스퍼드 진화생물학 개관〉 속에 농담을 슬쩍 끼워넣었다.

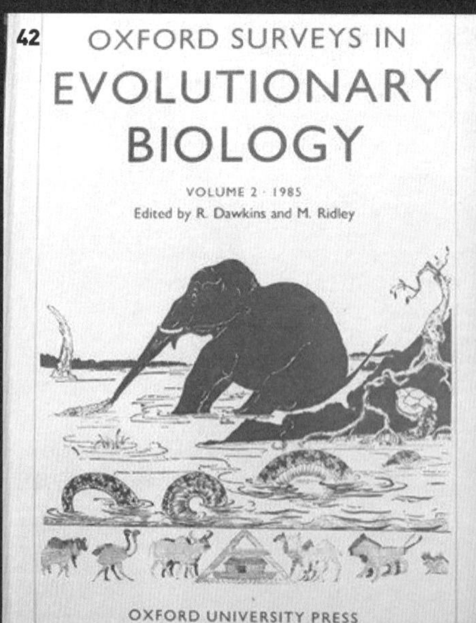

지적 거장들이자 좋은 친구들.

44_ 랄라와 나는 프랜시스 크릭(왼쪽에서 두 번째)과 리처드 그레고리(오른쪽)를 옥스퍼드의 우리집으로 초대해 함께 저녁을 즐겼다.

45_ 리처드 애튼버러가 서식스대학에서 내게 명예박사 학위를 수여한 뒤("그런데 왜 감초사탕처럼 옷을 입었어요?").

46_ 옥스퍼드의 우리집 정원에서 랄라와 함께한 '행성들의 시인' 캐럴린 포르코.

47_ 탁월한 모험가 레드먼드 오핸런. 사진의 책들은 그가 쓴 책들 중 지극히 작은 일부에 지나지 않는다.

왕립연구소 크리스마스 강연과 일본에서 여름에 재탕으로 한 강연.

48_ 거인 같은 어린이 자원자 더글러스 애덤스.

49_ 내 코를 깨부술 정도로는 다가오지 않을 게 분명한 포탄을 응시하는 모습.

50_ 가는목먼지벌레의 방어용 화학반응을 시연하는 모습.

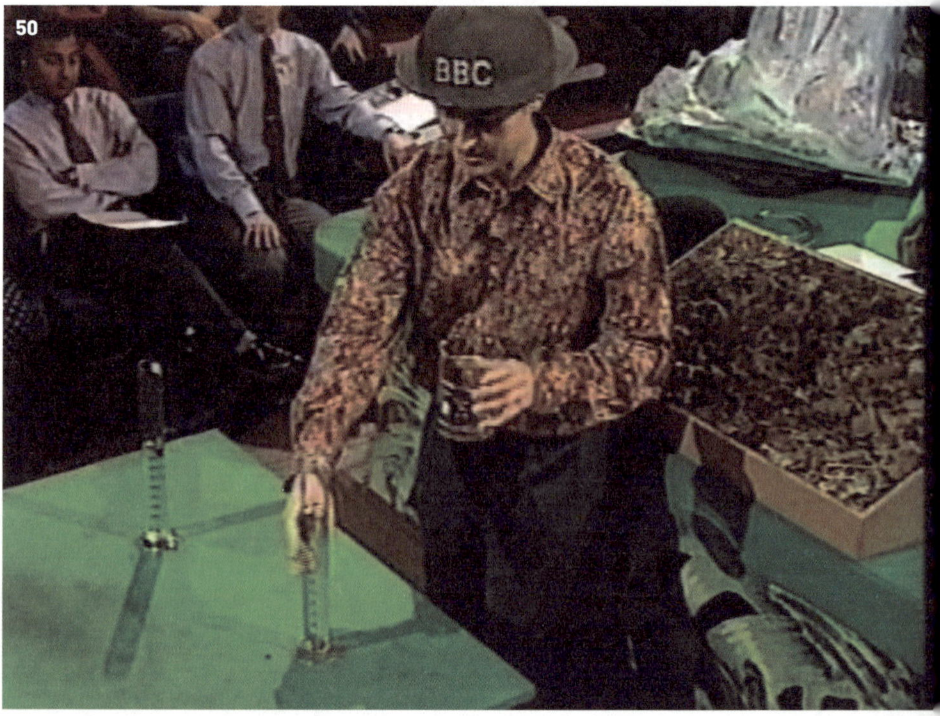

51, 52_ 랄라는 일본 강연에서 나와 함께 무대에 올랐고, 한번은 우리가 강연을 위해서 구입한 비단뱀을 걸치고 나서기도 했다.

53_ 랄라와 나는 이 일본 여행 중에 당시 일본 대사였던 존 보이드 경을 처음 만났고, 이후 지금까지 좋은 친구로 지내고 있다.

54_ 인위선택의 힘을 보여주고자 집합시켰던 여러 품종의 개들 중 몇 마리.

심해.

55_ 레이 달리오의 연구용 선박 알루샤호에서 대왕오징어를 찾아 트리톤 잠수정에 탑승하기 직전의 모습.

56_ 이 놀라운 생물체의 살아 있는 표본이 처음 사진으로 찍힌 모습. 이디스 위더가 만든 '전자 해파리'는 대왕오징어를 카메라로 꾀는 데 성공했다.

57_ 잠수정 조종사 마크 테일러.

58_ 산 대왕오징어를 처음 목격한 과학자인 구보데라 쓰네미(오른쪽)와 함께 트리톤 속에 있는 모습.

59

햇살에 젖은 섬들.

59, 60_ 알루샤호를 타고 나선 두 번째 탐사에서는 라자암팟제도를 방문했는데, 그곳에서 카약을 타보았다.

61, 62_ 랄라와 나는 《리처드 도킨스의 진화론 강의》 홍보 여행 때 대보초의 헤론섬을 방문했다. 여기에서 나는 상어들 사이에서 스노클링을 했다.

63_ 슬프게도, 나는 사랑스러운 도킨시아 로하니를 직접 보진 못했다.

60

63

61

62

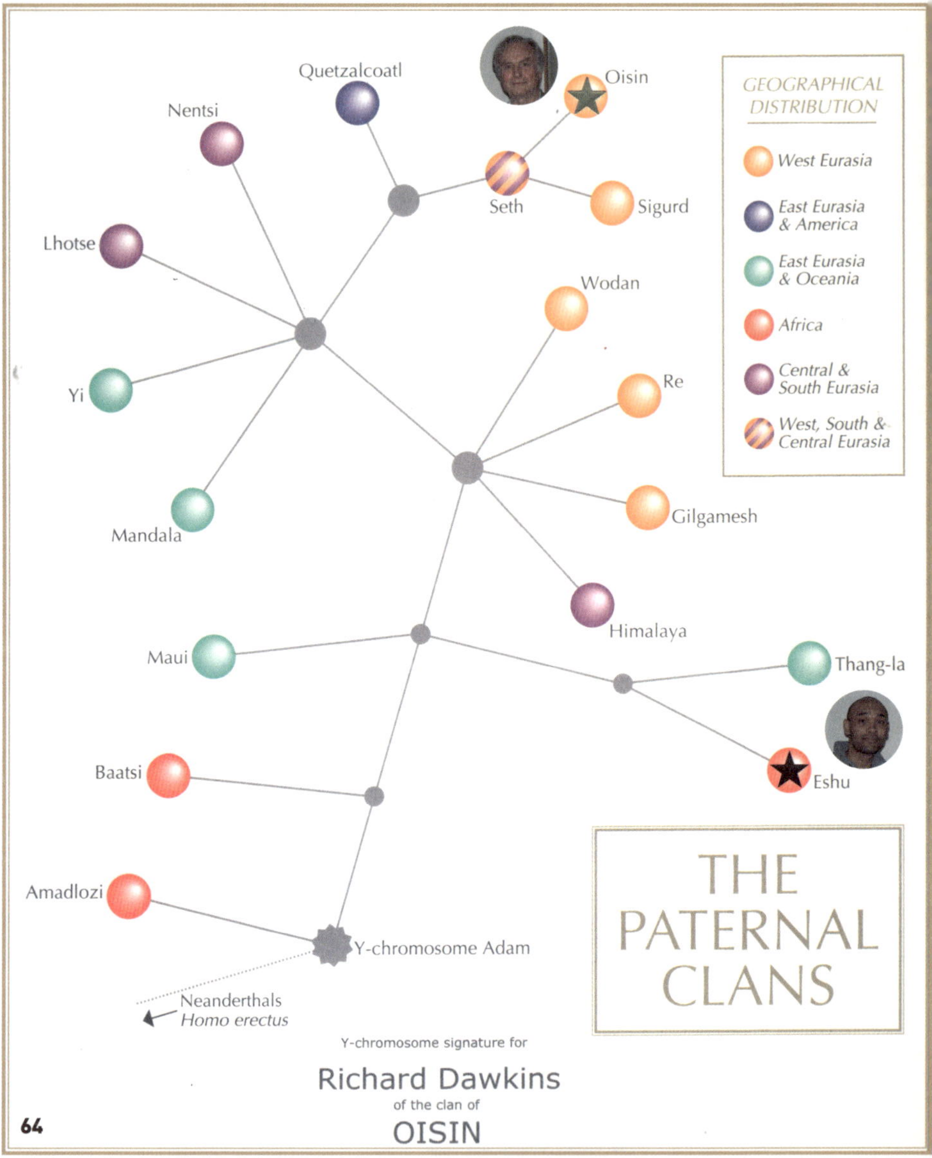

64, 65_ 제임스 도킨스와 내가 둘 다 자메이카에서 살았던 선조 도킨스 집안의 후손이기를 바랐으나, DNA 확인 결과 그렇지 않았다. 유전학자 브라이언 사이크스의 인간 Y염색체 계통도에서 볼 수 있듯이, 우리는 서로 다른 Y염색체 '부족'에 속한다. 각각 에슈와 오이신이다.

러나 모들린 칼리지 학장이 된 뒤였다. 저녁식사 자리에서, 그는 매일 아침 깨어나서 '이제 나는 캔터베리 대주교가 아니야' 하고 상기하는 게 정말 즐겁다고 말했다. 토론으로 말하자면 그의 편이 이겼는데, 승리의 공은 주로 그에게 있었다. 그는 정말로 훌륭한 연설을 펼쳤다. 하지만 청중의 반응으로 보아, 진정한 승자는 그의 편에서 마지막으로 발언한 저널리스트 더글러스 머리였다. 아주 호감 가는 사람인 머리는 자신이 무신론자라고 선언했지만, 그래도 — 이 대목이 그의 유일한 논지였다 — 종교는 사람들에게 유익하다고 생각한다고 말했다. 종교가 없으면 사람들이 불행할 거라는 거였다. 로언 윌리엄스라면 절대로 그렇게 잘난 척 사람들을 얕잡아보지 않을 것 같지만, 어쨌든 — 놀랍게도[23] — 케임브리지 청중은 그 말을 순순히 받아들였다.

내가 신학자와 나눈 대화 중에서 가장 뜻깊었던 것은 바티칸천문대 관장이었던 예수회 신부 조지 코인과의 인터뷰였던 것 같다. 이것도 윌리엄스 대주교처럼 채널4 다큐멘터리를 만들 때 촬영한 인터뷰였다. 안타깝게도 감독은 두 인터뷰를 다 담기에는 시간이 빠듯하다고 여겨 코인 신부와의 인터뷰는 빼버렸다.

속속들이 과학자인 이 프로 천문학자는 인터뷰 중 거의 대부분은 꼭 지적인 무신론자처럼 말했다. "신은 설명이 아닙니다. 만일 내가 설명의 신을 추구했다면… 나는 아마 무신론자가 되었을 겁니다" 하는 식이었다. 여기에 대해서 나는 내가 무신론자인 이유가 바로 그것이라고 말할 수밖에 없었다. 만일 전능한 창조주로서의 신이 실재한다면, 그가 어떻게 모든 것에 대한 설명이 되지 않을 수 있겠는가? 거꾸로 만일 그가 모든 것에 대한 설명이 되지 못한다면, 대체 그가 무얼 하기에 인간들의 숭배를 받을 자격이 있단 말인가?

코인 신부는 또 자신이 가톨릭을 믿게 된 것은 우연히 가톨릭 집안에서 태어났기 때문이라는 사실도 흔쾌히 인정했다. 자신이 만일 무슬림 집안에서 태어났다면 마찬가지로 독실한 무슬림이 되었을 것이라고 인정했다. 나는 그의 개인적인 솔직함에 놀랐고, 동시에 그런 그가 가톨릭 교단으로부터 전문적인 부정직함을 강요받는다는 점을 놀랍게 여기지 않을 수 없었다. 그는 점잖고, 인간적이고, 지적인 사람으로 느껴졌다.

영국 랍비장 조너선 색스도 마찬가지였다. 그는 랄라와 나를 자기 집으로 초대해서 런던의 몇몇 유력 유대인과 함께 저녁을 먹는 자리를 마련했다. 그때 나는 세계 인구 중 1퍼센트도 안 되는 유대인이 전체 노벨상의 20퍼센트 이상을 탔다는 충격적인 사실을 들었다. 이 수치는 전 세계 무슬림의 보잘것없는 성공률과 통렬한 대비를 이룬다. 세계적으로 무슬림 인구가 유대 인구보다 자릿수가 몇 개 더 클 만큼 많은데도 말이다. 나는 이 대비가 의미심장하다고 생각했고, 지금도 그렇게 생각한다. 유대교와 이슬람교를 종교로 여기든 문화로 여기든(널리 퍼진 오해에도 불구하고 둘 다 절대로 '인종'은 아니다), 노벨이 치하하는 지적 활동의 여러 분야에서 둘 중 한쪽이 다른 쪽보다 말 그대로 수만 배 더 성공했다는 사실이 어떻게 의미심장하지 않을 수 있는가? 이슬람 학자들은 중세와 기독교 세계의 암흑기에 그리스 학문의 불꽃을 꺼뜨리지 않고 살려두는 데 지대하게 기여했다. 이후 뭐가 잘못되었던 걸까? 여담이지만, 해리 크로토 경은 유대인으로 표기된 노벨상 수상자들 중 대다수는(그 자신도 포함되었다) 아마 실제로는 불신자일 것이라고 내게 말한 적이 있다.

나중에 맨체스터의 텔레비전 스튜디오에서 색스 경을 다시 만났을 때, 그는 좀 이상하게도 나를 반유대주의자로 공개적으로 비난했다. 알아보니 그 이유는 내가 《만들어진 신》에서 구약의 하느님을 "논쟁의 여지는 있겠으나 역사상 모든 픽션을 통틀어 가장 불쾌한 인물"이라고 규정한 탓이다. 나는 이 책의 뒷부분에서 위 문장의 나머지 부분까지 다 인용했는데(571쪽을 보라), 저 말이 약간 시비조로 들린다는 건 인정한다. 성경에 등장하는 수많은 증거로 정당화되는 말이기는 해도. 그러나 내 의도는 시비를 걸려는 게 아니라 웃기려는 것이었다. 나는 내심 에벌린 워가 드물게 동원하는 화려한 장치를 염두에 두었다(그리고 같은 문단에서 워가 랜돌프 처칠에 대해서 했던 말을 언급함으로써 내가 워를 염두에 두었다는 사실을 넌지시 드러냈다). 그야 물론 내 말이 신에게 맞서는 말이라는 걸 부인할 순 없지만, *유대인*에게 맞서는 말이라고? 그건 그렇고… 내가 비슷한 근거에서 반유대주의자로 비난받은 건 그때가 처음이 아니었다. 내가 갈라파고스제도를 여행하는 유람선에서 강의를 했을 때, 동료 승객 중 한 명이 똑같이 그렇게 항의했었다. 그 승객의 유일한 논리는 내가 신을 반대한다는 것이었다. 그러니까 그는 신과 유대인으로서 자신의 정체성을 동일시했고, 그 결과 개인적으로 기분이 상했던 것이다.

랍비장은 좋은 사람이라, 며칠 뒤에 내게 품위 있는 사과 편지를 보내왔다. 나는 그가 스튜디오에서 한 말은 일시적 일탈이었다고, 점잖은 신사가 이례적인 실수를 저질렀던 것이라고 여긴다. 반면에 내가 함께 토론한 로마 가톨릭 대변인들 중에서도 제일 높은 직위였던 시드니 대주교 조지 펠 추기경에게는 그렇게 좋은 인상을 받지 못했다. 이것도 아주 부드럽게 표현한 말이다. 우리가 맞붙은 곳은 오스트레일리아 방송협회의 텔레비전 스튜디오였는데, 사전에 누군가 내게 그는 남을 잘 괴롭히는 '무뢰한'이라고 경고해주었다. 상당히 너그러운 원칙들에 기반하여 운영된다고 자처하는 교회의 고위직 인물이 받는 평판으로는 썩 바람직한 평판이 아닌 것 같다.

펠은 윌리엄스 대주교, 랍비장 색스, 조지 코인 신부 같은 성직계의 신사들이라면 결코 택하지 않을 방식으로 청중으로부터 얕은 웃음을 끌어내려 애썼다. 스튜디오를 메운 청중의 상당수가 그에게 호의적인 사람들로 엄선되었다는 사실은 그에게 행운이었다. 그는 거의 귀여워 보일 지경으로 끊임없이 실언하는 재주가 있었기 때문이다. 가령 그는 그 말만 안 했더라면 진화를 기특하게 잘 이해했다고 볼 만한 이야기를 늘어놓다가 문득 사람이 "네안데르탈인에서" 유래했다고 말하는 실수를 저질렀다. 이런 실수도 있었다. 무슨 일화를 말하던 중 "내가 영국 남자아이들 몇 명한테 첫…"이라고 말한 뒤 당황스러울 만큼 길게 말을 멈추고는 한참 뒤에야 "영성체를 준비시켰다"라고 문장을 맺었던 것이다. 침묵이 꽤 길었기 때문에, 청중 중 소수는 다 알겠다는 듯이 킬킬거렸다. 그보다 덜 귀여운 실수는, 그가 유대인의 지성을 의심하는 듯한 말을 늘어놓으면서 신이 왜 유대인을 택했는지 모르겠다고 말한 것이었다. 그 말에 사회자 토니 존스가 당장 꾸짖었고, 추기경은 실수를 모면하려 미친 듯이 애썼다. 나는 그가 모면하도록 내버려두었다. W. N. 유어와 세실 브라운이 주고받은 시를 인용하고픈 유혹을 억누르면서.

신은 너무

이상하시지
하필이면
유대인을 선택하시다니.

하지만 이 사람들보다
이상하실까
유대인의 신을 선택하고서
유대인을 쫓아낸 사람들보다.

펠은 다윈의 자서전에서 다윈이 말년에 유신론자였음을 보여주는 증거라고 여겨지는 대목을 인용함으로써 당파적인 다수의 청중으로부터 열렬한 갈채를 받았다. 그것은 절대 틀린 말이었고, 나는 그 자리에서 그렇게 지적했다. 하지만 펠은 메모를 준비해와서, 그걸 참고하면서 자신은 다윈의 회고록 중 '92쪽'을 인용하는 거라고 당당하게 말했다. 박수부대의 갈채를 끌어낸 것은 바로 그 당당한 '92쪽'이라는 말이었다.

지금부터 하는 이야기는 여담이겠지만, 교회의 추기경이 텔레비전에서 다윈의 종교적 신념을 그릇되게 말한 것은 충분히 중요한 문제이기 때문에 여담을 좀 할 만하다. 지금 다윈의 자서전을 다시 펼치니, 펠이 '92쪽'을 의기양양 언급한 건 일부러 사람들을 속이려고 그랬던 건 아니었으리라고 생각하고 싶어진다. 모르면 몰라도 조수가 그에게 쪽 번호까지 적힌 인용구를 건넸을 테고, 그 뒤에 어떤 내용이 이어지는지는 말해주지 않았을 것이다. 그러니 판단은 여러분이 직접 해보시라. 다윈의 이른바 '종교적 신념'에 관한 장에서 펠이 인용한 대목은 다음과 같다. 굵게 처리된 단어는 내가 생각하기에 펠이 강조했어야 하는 단어다.

> 내게는 신의 존재를 믿게 만드는 또 다른 근거가, 감정이 아니라 이성과 관련된 근거가 훨씬 더 중요한 것처럼 느껴진다. 그것은 바로 이 원대하고 멋진 세상을, 더구나 머나먼 과거와 머나먼 미래를 내다볼 줄 아는 인간까지 포함한 이 세상을 그저 우연이나 필연의 결과라고만 생각하기란 대단히 어렵거나 심지어 불가능하다는 것이다. 이렇게 생각할 **때**, 나는 제1원인이 어느 정도는 인간의 지성과 비슷한 지성을 가졌을 것이라고 여길 수밖에 없다. 그런 의미에서라면 나는 유신론자라고 불릴 수 있을 것이다.

나는 굵게 처리된 저 '때'를 조건부의 의미로 해석하지만, 펠은 그게 아니라 절대명제라고 주장할 수 있었을 것이다. 하지만 펠이 읽어주지 않은 바로 뒤 단락을 보면, 다윈이 저 글을 쓸 때 실제 입장이 어땠는지가 분명히 드러난다. 이번에도 내가 다윈의 뜻을 해석하는 데 열쇠가 되는 단어를 굵게 처리해 강조했다.

> 내가 기억하는 한 《종의 기원》을 쓰던 당시 내 마음속에서는 이런 결론이 아주 **강했다**. 그러나 이후 그런 생각은 많은 굴곡을 겪으면서 서서히 약해졌다… 만물의 기원이라는 수수께끼는 우리가 풀 수 없는 문제다. 그리고 나 자신은 불가지론자로 남는 데 만족해야 한다.

나는 펠 추기경이 부정직했다는 비난은 벗겨줘야 한다고 생각한다. 그냥 그가(혹은 조수가) 두 번째 단락을 못 읽었다고, 그래서 이해할 만하게도 첫 번째 단락을 오해했다고 치자. 하지만 이것만은 바란다. 만일 그가 의기양양 "92쪽에 나옵니다"라고 말했을 때 환호를 보냈던 오스트레일리아 청중 중 한 명이라도 이 책을 읽는다면, 부디 다윈의 자서전에서 '종교적 신념'에 관한 장 전체를 다 읽어주길 바란다. 내가 방금 인용한 단락, 즉 다윈이 자신은 불가지론자로 남는 데 만족한다고 결론 내린 대목 외에도, 그 장의 내용은 주로 기독교 신앙에 대한 강한 비판이다. 젊을 때 독실한 기독교 신자로서 성직을 택하려고도 했던 다윈이 말이다. 가령 이런 유명한 문장이 있다.

> 어떻게 기독교 교리가 사실이기를 바라는 사람이 있을 수 있는지 이해되지 않는다. 왜냐하면 만일 그게 사실일 경우, 성경에 뻔히 적힌 말에 따르자면 신을 믿지 않는 사람들, 그러니까 내 아버지, 형제, 거의 모든 친구를 포함한 많은 사람이 영원한 벌을 받게 될 테니 말이다. 참으로 고약한 교리가 아닌가.

다윈은 자기 교구 교회에 끝까지 너그러웠다. 금전적으로 지원했고, 죽으면 그곳에 묻히기를 바랐다(그의 친구들이 그를 영예로운 웨스트민스터사원에 안장시키는 데 성공한 탓에 소망은 이뤄지지 못했다). 그리고 다윈은 에드워드 에이블링(1849~1898)과 그의 독일인 친구 루트비히 뷔히너(1824~1899)의 태도를 전투적 무신론으로 여기고는 그에 대해 따져물었다. 에이블링이 1881년 다윈의 집 점심 식탁에서 다윈을 만난 일을 적은 기록은, 에이블링이 자신의 "눈을 들여다본 가장 솔직하고 친절한 눈동자의 마력에 사로잡혔다"는 감동적인 묘사로 시작되어 종교에 대한 토론으로 넘어간다. 다윈은 그들에게 물었다. "왜 당신들은 스스로 무신론자로 칭하고, 신은 존재하지 않는다고 말합니까?" 에이블링과 뷔히너는 이렇게 대답했다.

> 우리는 신성의 증거가 없기 때문에 우리가 무신론자라고 말했다… 우리는 신을 부정하는 어리석음을 저지르진 않지만, 신을 확신하는 어리석음도 똑같이 조심스럽게 피한다고. 신은 증명되지 않았고, 우리에게는 신이 없으며, 따라서 우리에게는 이 세상에 대한, 오로지 이 세상에 대한 희망만 있을 뿐이라고. 이렇게 말하는 동안, 늘 솔직하게 우리와 시선을 맞춰온 그 눈동자의 빛이 바뀌는 것으로 보아, 그의 머릿속에서 새로운 생각이 싹트는 게 분명했다. 그때까지 그는 우리가 신을 부인하는 사람들인 줄 알았는데, 이제 우리 생각이 사실상 그의 생각과 다르지 않다는 걸 알아차린 것이었다. 왜냐하면 우리가 제기하는 논점마다 그는 모두 동의했고, 우리가 주장하는 명제마다 그는 모두 승인했기 때문이다. 마침내 그는 이렇게 말했다. "나는 당신들과 생각이 같습니다만, 무신론자라는 말보다는 불가지론자라는 말이 좋습니다."[24]

'무신론자'라는 단어에 대한 혼란은 지금까지도 남아 있다. 어떤 사람들은 이 단어가 세상에는 신이 존재하지 않는다고 단정적으로 확신하는 사람을 뜻한다고 여기고(무신론자 에이블링이 말한 "신을 부정하는 어리석음"이 이런 뜻이었다), 어떤 사람들은 신이 존재한다고 믿을 이유가 없으니 신과 상관없이 삶을 살기로 한 사람을 뜻한다고 여긴다(다윈이 스스로를 불가지론자로 칭한 것, 에이블링이 "신이 없다"고 말한 게 이런 뜻이었다). 아마 과학자가 둘 중 첫 번째 의미를 받아들이는 경우는 퍽 드물 것이다. 신이 빠져나갈 구멍은 요정 레프러콘이나 태양을 도는 찻주전자나 부활절 토끼가 뛰어넘을 구멍보다 아주 약간만 더 넓을 뿐이라는 말을 덧붙일 순 있겠지만 말이다. 두 입장은 하나로 이어진 스펙트럼의 양극단이다. 물론 다윈도 하늘을 나는 찻주전자를 믿는 것보다야 신을 믿는 데 덜 회의적이었을 것이다. 그가 말년에 아가일 공작과 나눈 대화에서 그 사실을 짐작할 수 있는데, 공작의 기록은 이렇다.

> 나는 다윈 씨에게 물었다. 그의 대단한 책 《난초의 수정에 관하여》와 《지렁이》, 그 밖에도 자연이 특정 목적을 달성하는 데 쓰는 놀라운 장치들에 대한 그의 다양한 관찰에 관한 질문이었다. 나는 그에게 그런 것을 보노라면 그것들이 어떤 의도의 결과라는 생각을 떨칠 수 없지 않느냐고 물었다. 다윈 씨의 대답은 영원히 못 잊을 것이다. 그는 나를 골똘히 바라보더니 말했다. "글쎄요, 가끔은 그런 생각이 압도적으로 들기도 합니다. 하지만 또 어떤 때는…" 그러고는 머리를 살짝 저으면서 덧붙였다. "그런 생각이 사라져버리는 것 같습니다."[25]

나도 태양을 도는 찻주전자보다야 신을 믿는 데 아주 조금은 덜 회의적이다. 신으로 간주할 만한 모든 상상 가능한 것의 집합이 찻주전자로 간주할 만한 모든 태양을 도는 물체의 집합보다 더 크다는 이유 하나 때문에라도. 그러나 나는 신을 증명할 책임은 무신론자가 아니라 유신론자에게 있다는 에이블링의(또한 나의) 의견에 다윈도 동의했을 거라고 생각한다.

조지 펠 추기경에 대한 내 평가가 부당하지 않았기를 바란다. 여러분이 내 말을 무턱대고 믿기보다는 토론 자체를 들어보면 좋겠다.[26]

내가 또 다른 고위 성직자인 요크 대주교 존 햅궂과 1992년 에든버러 과학 축제에서 한 토론은 녹음으로 남지 않은 것 같다. 어쩌면 잘된 일인지도 모른다. 〈옵서버〉 기사의 판결에도 불구하고(아래를 보라) — 혹은 그 판결 때문에 더욱더 — 그때 내 행동이 딱히 자랑스럽진 않기 때문이다. 펠 대주교를 남을 괴롭히는 '무뢰한'이라고 부를 수 있다면, 유감스럽지만 내가 햅궂을 대한 태도도 딱 그랬던 것 같다(육체적으로는 여느 무뢰한만큼 체격이 좋진 않지만 말이다). 지금이라면 그런 만남에서 그렇게 행동하지 않을 것이다. 내가 좀 더 인정이 많아져서 그런 것도 있겠지만, 이미 쓰러진 사람을 더 때리는 건 지금은 차마 못할 일로 느껴지기 때문이다. 하지만 기억에 따르면, 20년 전에 나는 마치 팩스먼처럼 햅궂을 취조했다. 그에게 처녀 잉태를 진심으로 믿느냐는 질문을(그는 의사이기에 직업적으로는 믿지 말아야 했다) 여러 차례, 그것도 지나치게 가혹하게 던졌다. 유감스럽게도 청중까지 가세했다. 청중은 "대답해! 대답해!"라고 외치며 그를 몰아세웠다. 그날 저녁에 대한 〈널리피디언〉의 기사는 내 걱정스러운 기억이 사실이었음을 증명하는 듯하다.

> 지난 부활절 에든버러 과학 축제에서, 진화에 관한 책들로 유명한 리처드 도킨스는 요크 대주교 존 햅궂에 맞서서 신의 존재에 관한

토론을 벌였다. 〈옵서버〉 과학 기자의 보도에 따르면, 상대의 "기를 철저히 죽이는" 리처드 도킨스는 "신이란 산타클로스나 이빨 요정처럼 이야기되어야 한다"고 믿는 게 분명했다. 기자의 귀에 웬 성직자가 이렇게 침울하게 토론을 평가하는 말이 들려왔다. "정리하기 쉽네. 사자들 10점, 기독교인들 빵점."[27]

영국인이 아닌 독자를 위해서 '팩스먼처럼'이라는 말이 무슨 뜻인지 설명하자면, 영국에서 제일 무시무시한 텔레비전 기자였던 가공할 제러미 팩스먼이 당시 내무장관 마이클 하워드를 인터뷰한 게 아주 악명 높은 사건이었기에 하는 말이다. 팩스먼은 하워드에게 똑같은 질문을 무려 열두 번이나 가차없이 던졌고, 가련한 하워드는 똑같이 끈질기게 대답을 회피했다. 나는 그 인터뷰를 방금 다시 들어보았는데,[28] 지금이라면 내가 그토록 잔인할 수는 없을 거란 생각이 든다. 당시에도 햅굿에 대한 내 잔인함은 처녀 잉태에 관한 난처한 질문을 세 번 되풀이하는 게 한계였다.

여담인데, 제러미 팩스먼은 BBC 텔레비전에서 나를 두 번 인터뷰했다. 당시 옥스퍼드 주교였던 리처드 해리스와 내가 무대에서 토론할 때 그가 사회를 본 적도 있다. 세 번 다 그는 따뜻하고 공감할 줄 아는 사람으로 느껴졌으며, 다른 사교적인 자리에서 마주쳤을 때의 인상도 그랬다. 그의 집 마당에서 열린 여름 저녁 파티에서도 그랬고, 지금 이 글을 쓰는 이번 주에 열린 헤이온와이 축제에 내가 참가해서 호텔에서 혼자 아침을 먹는데 그가 내 자리에 와서 합석한 때도 그랬다. 어쩌면 그를 정말 두려워해야 하는 사람은 정치인들뿐인지도 모른다. 나는 미국의 악명 높은 정치 선동가가 영국에 와서 책을 홍보할 때 팩스먼이 인터뷰 첫마디로 던진 말을 소중하게 기억한다. "출판사에서 우리한테 1장을 미리 보내줬습니다. 앤 콜터 씨, 그래서 저도 읽어봤습니다만, 뒤로 가면 좀 나아집니까?" 앞에서 나는 로빈 데이의 선례를 따라 일군의 호전적인 텔레비전 기자들이 생겨났다고 말했는데, 제러미 팩스먼은 그보다 더 무자비하다. 나는 그보다는 내가 '상호 개인 지도'라고 이름 붙인 인터뷰 혹은 공개 대화의 기법이 더 좋다.

상호 개인 지도

토론보다 더 내 마음에 맞는 것은 서로 승점을 올리려고 다투기보다(인터넷 세대의 표현을 쓰자면 '오우닝owning' 혹은 '포우닝pwning'이다[29]) 서로 가르침을 주는 것을 목적으로 삼는 공개 대화다. '상호 개인 지도'라는 표현이 처음 떠오른 것은 1999년 2월 웨스트민스터 센트럴홀에서 심리학자이자 언어학자인 스티븐 핑커와 함께 무대에 오른 때였다. 〈가디언〉이 후원하고 그곳 과학 편집자 팀 래드퍼드가 사회를 맡은 행사는 '토론회'라고 홍보되었는데, 청중이 2,300명쯤 들었으며 그러고도 많은 사람이 입장하지 못해서 발길을 돌렸다. 그러나 사실 그것은 토론회가 아니었다. '논제'는 없었고, 청중 투표도 없었으며, 어차피 우리 둘은 대부분의 주제에서 의견이 일치했다. 그리고 앞서 말했듯이, 그 대화는 내가 나중에 '상호 개인 지도'라고 부를 대화 형식의 길을 닦아주었다. 이후 나는 무대에서 대화를 나누는 그 장르를 인터뷰나 토론보다 나은 대안으로 밀기 시작했다. 팀 래드퍼드는 거슬리지 않게 사회를 잘 봐준 편이었지만, 그래도 그때 나는 아예 사회자 없이 토론자들끼리 서로 가르쳐주는 형식이 괜찮겠다고 생각하게 되었다.

'사회자 간섭 효과'는 앞서 말한 옥스퍼드 셸도니언극장의 토론회, 즉 당시 캔터베리 대주교였던 로언 윌리엄스와 한 토론회에서 특히 두드러졌다. 윌리엄스와 나는 둘 다 교양 있는 대화를 나눌 준비를 갖췄고, 나는 그 대화를 대단히 고대했지만, 아쉽게도 저명한 철학자이자 아주 좋은 사람이었던 사회자가 대화를 끊임없이 탈선시켰다. 철학 용어를 끌어들여서 상황을 '명료화하려는' 그의 부단한 노력은—철학자들은 대체로 자주 그러는 듯하다—오히려 정확히 반대 효과를 냈다.

스티븐 핑커와 런던에서 가진 '상호 개인 지도'에('상호'라고는 했지만 그가 내게 배운 것보다 내가 그에게 배운 게 더 많았다고 고백하지 않을 수 없다) 청중이 엄청나게 몰린 걸 보고, BBC가 흥미를 보였다. 그날 저녁 우리 둘이 BBC의 〈뉴스나이트〉 프로그램에 출연해서 더 많은 시청자를 대상으로 아까의 토론을 반복해 보일 의향이 있느냐고요? 그러죠, 뭐. 잠시 뒤 BBC 제작자가 전화를 걸어와서 내용이 어떨지 짧게 설명해달라고 했다.

"핑커 박사와의 의견 차이가 어떤 건지 요약해서 들려주실 수 있습니까?"

"글쎄요, 사실 의견 차이 면에서는 별게 없는 것 같습니다. 우리는 대부분의 주제에 의견이 일치합니다. 이게 문제가 됩니까?"

전화선 너머에서 길게 침묵이 이어졌다. "의견 차이가 없다고요? 의견 차이가 *없어요?* 맙소사."

그녀는 얼른 초대를 취소해버렸다! 서로 정보를 나누는 대화라는 형식은 '좋은 방송거리'가 못 되는 모양이다. 의견 차이가 있어야 하고, 불꽃이 튀어야 하는 모양이다. 만일 '좋은 방송거리'가 높은 시청률을 뜻한다면, 우울한 일이다. 나는 그녀가 잘못 생각했다고 믿고 싶다. 사실 의견 차이가 꼭 시청률에 좋은 건 아니라고. 하지만 내가 남들에게 그렇게 믿게끔 만들 수는 없는 노릇이다. 아무튼 앞에서도 말했듯이, 내 개인적인 기준에서 시청률은 '좋은 방송거리'를 판단하는 척도로 점수가 낮은 편이다. BBC는 특히 그렇다. BBC는 시청료를 통해서 중앙정부로부터 자금 지원을 받으니까 광고 수입을 그다지 걱정할 필요가 없지 않은가.

나는 핑커와의 '토론 아닌 토론'에 감화되어, 내가 운영하는 자선재단인 '이성과 과학을 촉진하기 위한 리처드 도킨스 재단RDFRS'의 후원하에 그 형식을 시리즈로 제작해보기로 했다. 그 첫 번째는 2008년 3월 스탠퍼드대학의 수많은 청중 앞에서 이론물리학자 로런스 크라우스와 나눈 대화였다. 나는 먼저 청중에게 형식을 소개했다. "우리 둘 사이에 사회자가 앉아 있지 않은 것에 대해서는 제가 좀 책임이 있습니다. 저는 새로운 공개 대화 기법을 개척해보는 중입니다…" 나는 '상호 개인 지도'를 설명했고, 그런 행사에 사회자를 두는 걸 왜 반대하는지 설명했다. 그 경우 대화를 계속 진행시켜야 하는 부담이 우리 둘에게 떨어진다는 걸 나도 물론 알았다. 나는 로런스에게 이야기를 시작하라고 권함으로써 부담을 그에게 떠넘겼다.

로런스는 우리의 첫 만남을 상기시키면서 이야기를 시작했는데, 사실 그것은 아주 우호적이었다고는 할 수 없는 만남이었다. 《만들어진 신》이 출간된 직후였던 2006년, 뉴욕주에서 열린 어느 회의에서였다. 나는 강연 후 질문을 받고 있었다. 이미 그런 자리를 많이 겪었기 때문에 도전적으로 느껴지는 질문을 받는 경우는 거의 없었지만, 그때만큼은 달랐다. 청중 한가운데에서 일어난 웬 질문자는 딱히 키가 크진 않았지만 자신감은 높아 보였다. 그는 첫 문장부터 또렷하고 유창하고 확신 있게 말했는데, 그런 공개 행사에서 그런 모습은 당연히 흔치 않았다. 그는 내가 신자들과 논쟁할 때 지나치게 공격적인 데다가 회유가 부족하다며 호되게—거의 공격적으로—나무랐다. 내가 어떻게 반응했는지는 잊었지만, 끝나고서 우리는 함께 술을 마셨고 그때 로런스는 좀 더 친근한 태도로 지면에서 토론을 이어가자고 제안했다. 우리는 그렇게 했고, 대화는 〈사이언티픽 아메리칸〉에 실렸다.[30] 그가 스탠퍼드 청중에게 시작하는 말로 들려준 게 바로 이 일화였다.

로런스와 나는 이후에도 여러 차례 공개 토론을 했고, 우리가 친구가 되어 서로의 견해에 좀 더 가까이 다가갈수록 애초의 의견 차이는 줄었다. 그리고 우리가 서로에게 배웠기 때문에, 우리의 상호 개인 지도는 차츰 정말로 이름값을 하게 되었다. 우리의 그런 대화들은 거스와 루크 홀베르다가 감독한 다큐멘터리 〈불신자들〉의 바탕이 되었다. 이 다큐멘터리는 로런스와 내가 세계 곳곳을 다니는 모습을 보여주는데, 그중에서도 가장 눈길을 끄는 장소는 시드니 오페라하우스다.

로런스는 별스럽고, 웃기고, 재밌는 사람이다. 나는 '웃길 타이밍'이란 게 정확히 뭔지는 모르겠지만, 그에게는 좌우간 그게 있는 것 같다. 만일 그가 내성적인 멜랑콜리까지 레퍼토리로 갖춘다면, 그를 어엿한 물리학의 우디 앨런이라고 불러도 좋으리라(나는 언젠가 그렇게 부른 적이 있다). 그리고 그는 가장 건설적이고 훌륭한 의미에서 도발적이다. "당신의 몸에 있는 모든 원자는 폭발한 별에서 왔다. 그리고 아마 당신의 왼손에 있는 원자들은 오른손에 있는 원자들과는 다른 별에서 왔을 것이다… 예수 따위는 잊자. 당신이 지금 여기에 있는 건 예수가 아니라 별들이 죽어주었기 때문이니까."

〈불신자들〉을 찍을 때 한번은 무더운 날 런던에서 리무진을 빌려 촬영한 적이 있다. 차는 상상할 수 있는 모든 게 다 고장나 있었다. 그때 로런스가 회사에 전화를 걸어서 쏟아낸 말을 나는 소중하게 기억하고 있는데(그 열변은 '내성적인' 것과는 거리가 멀었고 '멜랑콜리' 따위로는 도무지 표현할 수 없는 것이었다), 장광설의 클라이맥스는 그 한심한 차량을 한쪽 끝에서 다른 쪽 끝까지 물리적으로 손상시키겠다는 협박이었다. 대가다운 솜씨를 유감없이 발휘한 그 독설은 우리가 에어컨이 고장나고 창문도 안 열리는 찜통 같은 차 안에서 웃음을 터뜨리기 위해서 꼭 필요한 것이었다.

내가 핑커와 크라우스와 함께 개척한 '상호 개인 지도' 모형은 다른 공개 대화에서도 성공적인 것으로 확인되었다. 역시 사회자가 없는 형식이었다. 나와 함께 그런 대화를 나눠준 상대로는 오브리 매닝 교수와 리처드 홀러웨이 주교가 있다(아마 스코틀랜드에서 최고로 사람 좋은 두 남자일 것이다). 오브리와 나는 니코 틴베르헌의 제자라는 공통의 유산이 있기 때문에(오브리가 10년 선배이기는 하다), 우리는 대화 중에 동물행동학의 아테네였던 틴베르헌 그룹 시절을 회상하며 많이 웃었다. 물론 과학에 대해서도 이야기를 나눴다. 홀러웨이 주교는 자신을 "회복 중인 기독교인"이라고 표현한다. 그는 아마 주교로서 가능한 한계 내에서는 최대로 무신론자에 가까운 사람일 것이다. 우리는 한 번 이상 만났고, 에든버러에서는 무대 위에서 대화를 나눈 적도 있는데, 그 광경을 본 글래스고 기자 뮤리얼 그레이는 이렇게 썼다.

> 다들 알듯이, 홀러웨이는 교회의 지도자지만 자신의 신앙을 회의하고 그것이 부족하다고 느끼는 사람이다. 도킨스는 물론 선구적 연구로 세계적으로 유명한 과학자지만, 조직화된 종교에 대한 공격적인 견해로도 유명하다. 둘의 대화가 시작되기 전, 웬 청중 한 쌍은 솔직히 두 사람이 서로 주먹을 날리지 않을까, 아니면 웬 근본주의자 청중이 그 자리를 틈타서 도킨스에게 욕설을 퍼붓지 않을까 걱정된다고 말했다. 그러나 마치 5분처럼 느껴진 한 시간의 대화는 전혀 그렇지 않았다. 놀랍도록 지적인 두 사람은 인간미가 넘쳤고, 우리 존재가 얼마나 경이롭고 신비롭고 멋진 것인가에 대해서 각자 다른 그림을 보여주었다. 홀러웨이는 종교에서 여전히 시정과 의미를 끌어내려고 애쓰며 자신은 아직 그것을 완전히 내버릴 준비가 되지 않았다고 말했는데, 그 말을 듣는 것은 기쁨 그 자체였다. 한편 도킨스는 홀러웨이의 욕망을 무지라고 폄훼하는 대신 그에게 열심히 귀 기울이면서 그의 말을 거들었는데, 그것은 크나큰 영감을 주는 태도였다. 그리고 대화의 시작과 끝은 우주의 탄생, 블랙홀, 만일 우리가 연약한 살 대신 실리콘과 합금으로 몸을 만들기 시작한다면 인간종의 미래는 어떻게 될까에 대한 도킨스의 이야기가 장식했다. 이런 게 바로 오락이다… 이날 밤의 가장 끔찍했던 대목, 거의 견딜 수 없었던 대목은 대화가 한 시간 뒤에 끝났다는 점이었다.[31]

이 정도면 안심하고 상호 개인 지도라고 불러도 좋지 않을지. 그건 그렇고, 나는 이후 뮤리얼 그레이 본인과도 역시 에든버러에서 지적으로 흥미로운 무대 위 대화를 두 차례 나눴다.

또 다른 멋진 만남은 뉴욕 헤이든천문관 관장인 닐 더그래스 타이슨과의 대화였다. 우리의 대화는 2010년에 RDFRS가 소위 '역사적 흑인 대학'이라고 불리는 워싱턴주 하워드대학의 캠퍼스에서 주최한 회의에서 이뤄졌다.[32] 활기찬 대학생 청중 앞에서(다만 닐과 내가 보통 접하는 것보다는 규모가 작았는데, 나중에 듣자니 종교 지도자들이 참석을 "권장하지 않았다"고 했다), 닐과 나는 '과학의 시정'을 주제로 대화를 나눴다. 누구나 그 문구를 들으면 자동적으로 칼 세이건을 떠올리기 마련이다. 닐 타이슨은 당당하게, 하지만 마땅히 겸손한 태도로, 세이건의 메울 수 없는 빈자리를 대신하여 새로 제작되는 '코스모스' 시리즈를 진행하는 도전을 받아들였다. 따뜻하고, 친근하고, 재치 있고, 똑똑한 이 사람은 과학의 대변인으로서 얼마나 탁월한지! 더구나 그는 방대한 지식과 더불어 그것을 잘 설명하는 능력까지 갖추었다. 내 생각에 칼 세이건을 훌륭하게 대신할 만하다 싶은 사람은 닐 외에는 딱 한 명이 더 있다. 캐럴린 포르코다(그녀에 관한 이야기는 다음 장에서 더 많이 하겠다). 모든 과학 분야 중에서도 유독 천문학에 기라성 같은 과학의 대사들이 많은 건 어쩌면 전혀 놀라운 일이 아닐지도 모른다.

내가 닐 타이슨을 만난 건 그게 처음이 아니었다. 2006년 샌디에이고에서 있었던 우리의 첫 만남은 로런스 크라우스와의 만남과 거의 복사판이었다. 나는 종교적 성향의 생태학자 조앤 러프가든을 비판하는 발언을 마친 뒤였다. 이어진 질문 시간에, 닐이 정중하지만 진지하게 — 그리고 흠잡을 데 없는 문장으로 — 내 스타일을 공격했다.

> 말씀하시는 동안 저는 뒷줄에 앉아 있었습니다… 그래서 당신의 입에서 여느 때처럼 아름답고 여느 때처럼 확고한 발언이 흘러나오는 동안, 말하자면 방 전체 분위기가 어떤지 지켜볼 수 있었습니다. 말씀드리고 싶은 건, 당신의 발언에는 아무리 당신임을 감안해도 제가 미처 예상하지 않았던 수준의 날카로움이 담겨 있었다는 겁니다… 당신은 '과학의 대중적 이해'를 진작하기 위한 교수이지, 대중에게 진실을 전달하는 교수가 아닙니다. 두 가지는 전혀 다른 활동입니다. 후자라면, 당신은 사람들에게 진실을 그냥 보여주기만 하면 됩니다. 그러면 당신이 말한 대로, 사람들은 당신의 책을 사거나 안 사거나 둘 중 하나를 택할 겁니다. 그러나 그건 교육자가 아닙니다. 그건 그냥 진실을 꺼내놓는 것에 지나지 않습니다. 교육자는 진실을 알아야 하는 것은 물론이거니와, 거기 더해서 설득을 겸비해야 합니다. 설득은 "내가 이렇게 사실을 알려줬으니까, 넌 바보거나 아니거나 둘 중 하나를 택해"라고만 말해서 되는 게 아닙니다. 설득은 "이것이 사실인데, 여기에 대한 네 감수성은 이렇구나" 하고 말하는 것입니다. 사실과 감수성, 두 가지가 결합될 때 비로소 영향이 미칩니다. 그리고 저는 당신의 기법이, 너무나 확고하고도 가시 돋친 당신의 말이, 오히려 효과적이지 못할까 봐 우려됩니다. 당신에게는 현재 드러나는 것보다 훨씬 더 큰 영향을 미칠 힘이 있는데도 말입니다.

나는 사회자였던 로저 빙엄이 얼른 자리를 정리하고 싶어 하는 것을 의식했기 때문에, 다음과 같이 짧게만 대답했다.

> 고마운 마음으로 질책을 받아들이겠습니다. 다만 제가 이런 측면에서 최악은 아니란 걸 보여주는 사례를 하나만 얘기할까 합니다. 〈뉴사이언티스트〉의 아주 훌륭했던 전 편집자에게—그가 사실상 〈뉴사이언티스트〉를 그렇게 훌륭하게 만든 사람이었습니다—누군가 물었습니다. "〈뉴사이언티스트〉의 철학은 뭡니까?" 편집자는 이렇게 대답했답니다. "〈뉴사이언티스트〉의 철학은 이렇습니다. 과학은 흥미로운 거니까, 동의하지 않으면 썩 꺼져."

닐 타이슨의 유쾌한 너털웃음을 들으며, 로저 빙엄은 종료를 선언했다.[33] 닐의 비판은 훌륭했다. 로런스 크라우스의 비판과 비슷했으나, 표현이 좀 더 온화했다. 나는 그 비판을 마음에 새겼다. 이 문제는 나중에 《만들어진 신》을 논할 때 다시 이야기하겠다.

어떤 '상호 개인 지도'에서는 상대보다 내가 훨씬 더 많이 배웠기 때문에 '상호'라는 단어를 빼야 할 지경이었다. 제일 벅찬 상대는 노벨상을 받은 물리학자이자 교양 있는 박식가로서 가공할 지성을 갖춘 스티븐 와인버그였다. 대화를 촬영할 때도 그렇고, 그가 나를 위해서 오스틴의 클럽에서 열어준 즐거운 저녁 파티에서도 내가 불안감을 잘 감췄다면 좋겠다. 오스틴은 텍사스의 지적 오아시스라는 말을 들은 적이 있다. 영국인 특유의 다소 절제된 표현으로 말하자면, 노벨상 수상자들 중에는—아무리 그렇게 안 보려고 해도—그냥 운이 좋았구나 싶은 사람도 몇 있다. 하지만 와인버그 교수를 만나면 그런 느낌은 전혀 들지 않는데, 이 말에서도 영국인 특유의 절제된 표현이 분명하게 느껴진다면 좋겠다. 그는 세계 최고의 천재로 캐스팅할 만한 좋은 후보다.

사회자가 없는 형식은 토론자가 두 명 이상일 때는 통하지 않을 거라고 짐작할 수도 있겠지만, 이른바 신무신론의 '네 기수'라고 불리는 네 사람이 2008년에 만났을 때 그 형식으로 잘 해낸 예가 있다. 내 재단이 촬영한 그 대화는[34] 벽이 책으로 뒤덮인 크리스토퍼 히친스의 워싱턴 아파트에서 진행되었다. 한자리에 모인 댄 데닛, 샘 해리스, 크리스토퍼, 그리고 나는 사회자 없이도 괜찮게 해냈다. 원래 다섯 번째 멤버로 아얀 히르시 알리를 초대했으나, 아쉽게도 그녀는 한때 하원의원을 지낸 네덜란드에 긴급한 볼일이 생겨서 가봐야 했다. 그래서 결국에는 우리 넷이 '네 기수'라는 이름을 지키게 되었다. 탁자를 둘러싸고 앉아서 나눈 토론 시간은 놀랍도록 순식간에 흘러갔고, 그동안 누구 하나가 대화를 지배하는 일은 없었다. 이 경우 사회자가 있었더라면 틀림없이 분위기를 망치기만 했을 거라고 생각한다.

크리스토퍼

내 마음의 영웅, 크리스토퍼 히친스에 대해서 말하지 않을 수 없다. 나는 그를 잘은 몰랐다. 나는 그가 젊어서부터 친하게 지낸 친구는 아니었다. 하지만 그의 책 《신은 위대하지 않다》가 나왔을 때 그를 알게 되었고, 그 책이 자연히 《만들어진 신》과 하나로 묶여서 언급되었기 때문에, 우리는 다양한 종류의 공식 연단에 함께 올랐다.

그를 처음 만난 것은 2007년 3월, 런던 웨스터민스터 센트럴홀에서 열린 토론회에서였다. 청중을 2천 명 넘게 수용하는 대강당인 그곳은 앞에서 스티븐 핑커와 만난 장소로 언급했던 곳이다. 크리스토퍼와 나는 내가 좋아하는 철학자 중 한 명인 A. C. 그레일링과 한편이 되어 '종교가 없는 편이 더 낫다'는 논제를 옹호하는 입장에 섰다. 내가 형식적 토론회에 참가하지 않는다는 평소의 원칙을 깬 것은 그 존경하는 두 동료 때문이었다. 반대편에는 인류학자 나이절 스파이비, 철학자 로저 스크루턴, 그리고 앞서 언급한(53쪽을 보라) 랍비 줄리아 노이버거가 앉았다. 그 토론회라고 하면 맨 먼저 기억나는 것은 크리스토퍼가 "대체 어떻게? *대체* 어떻게 그럴 수 있죠?"라고 멋지게 쏘아붙인 것이다. 하지만 알고 보니 이건 내가 잘못 기억한 것이었는데, 거짓 기억 증후군은 좀 더 널리 알려질 필요가 있는 데다가 내가 멜버른에서 크리스토퍼의 사망을 애도하는 추모사를 읽을 때 이 거짓 기억을 공개적으로 회상한 적이 있기 때문에 여기에 굳이 적어둔다.

"*대체* 어떻게 그럴 수 있죠?"라는 크리스토퍼의 대사는 랍비 노이버거의 발언 중에 크리스토퍼가 끼어들면서 한 말이었다고, 나는 확실하게 기억했다. 그런데 아니었다. 비디오테이프를 보면 확실히 알 수 있는데, 그것은 청중 중 웬 질문자가 자신은 신을 안 믿지만 그래도 (좋은 사람이 되고 싶기 때문에) 종교적인 사람이라고 주장한 데 대한 반응이었다. 크리스토퍼가 노이버거의 발언에 끼어들기는 했지만, 그때 한 말은 전혀 달랐다(크리스토퍼의 마이크가 꺼져 있었기 때문에 비디오에서 똑똑히 들리지는 않지만 그래도 "대체 어떻게 그럴 수 있죠?"는 확실히 아니었다).

거짓 기억 증후군은 실재하는 현상이고, 흥미롭지만 심란한 현상이다. 나는 법학도를 비롯하여 증인이 진술한 증거를 다루는 모든 사람이 이 현상에 대해서 배우기를 바라지만, 유감스럽게도 지금은 그렇지 않다. 사실 목격자 증거의 신뢰도는 배심원을 비롯하여 많은 사람이 생각하는 것보다 훨씬 떨어진다. 법정에 선 목격자들은 그냥 거짓말만 하는 게 아니고, 심지어 그 거짓말을 진심으로 사실로 믿는 자기기만에 빠져 있다. 내가 이 사실을 처음 확신한 것은 미국의 용감하고 다정한 심리학자 엘리자베스 로프터스를 만난 자리에서였다. 엘리자베스는 가령 아동 성추행 등으로 무고하게 고발된 사람들을 옹호하는 증언대에 자주 오른다. 그녀가 다룬 몇몇 사건에서는 부도덕한 변호사들이 목격자에게 고의로 거짓 기억을 심음으로써 사태를 악화시켰는데, 그녀가 내게 설명한 바에 따르면, 특히 아이들에게는 그러기가 심란할 정도로 쉽다고 한다. 물론, 크리스토퍼가 끼어든 대사에 관한 내 거짓 기억은 누가 일부러 심은 것은 아니었다. 내 뇌가 직접, 스스로, 무의식적으로 두 가지 진짜 기억을 하나로 합쳐버린 것이었다.[35]

나는 마땅히 사과해야 하겠지만, 최소한 나만 그런 것은 아니라는 사실에 안도한다. 1982년, 노벨상 수상자인 분자생물학자 프랑수아 자코브는 《가능성과 실제》라는 훌륭한 책을 썼다(프랑스어판 원제는 '가능성의 도박Le Jeu des possibles'이고, '가능성과 실제'는 영어판 제목이다 – 옮긴이). 영어 번역본이 나왔을 때 그 책을 읽은 나는 희한하게 눈에 익은 단락을 하나 발견했다. 좀 찾아본 뒤에 이유를 알았다. 자코브는 《이기적 유전자》를 읽은 모양이었다. 적어도 그 프랑스 번역본을. 어쩌면 그는 사진기 같은 기억력을 갖고 있었을지도 모르고, 아니면 문제의 단락을 베껴써뒀다가 나중에 보고는 자기가 쓴 것으로 착각했을지도 모른다. 아래에 두 책에 나오는 단락을 실어보았다.

《이기적 유전자》

리처드 도킨스

1판 옥스퍼드대학 출판부 1976년, 49쪽

오늘날 동물이라고 불리는 또 다른 분파는 식물의 화학적 노동을 활용하는 방법을 '발견했다'. 그 방법은 식물을 먹는 것일 수도 있고 다른 동물을 먹는 것일 수도 있다. 생존 기계의 두 주요 분파는 다양한 생활양식에서 효율을 높이기 위해 점점 더 기발한 수법을 진화시켰고, 새로운 생활양식이 끊임없이 생겨났다. 하위 분파들과 하위-하위 분파들이 진화했고, 그 각각은 바다에서, 땅에서, 하늘에서, 지하에서, 나무 위에서, 다른 생물의 몸속에서 살아가도록 특수하게 전문화된 능력을 갖게 되었다. 이렇게 하위 분파들이 분화함으로써, 오늘날 우리를 감동시키는 동식물의 엄청난 다양성이 생겨났다.

《가능성과 실제》

프랑수아 자코브

1판, 판테온북스, 1982년, 20쪽

동물이라고 불리는 또 다른 분파는 식물의 생화학적 능력을 이용할 줄 알게 되었다. 그 방법은 식물을 직접 먹는 것일 수도 있고 식물을 먹은 다른 동물을 먹는 간접적인 방법일 수도 있다. 두 분파는 갈수록 다양해지는 환경에서 살아나가는 새로운 생활양식을 발견해냈다. 하위 분파들과 하위-하위 분파들이 나타났고, 그 각각은 바다에서, 땅에서, 하늘에서, 극지방에서, 온천에서, 다른 생물체의 몸속에서, 기타 등등의 특수한 환경에서 살아나가는 능력을 갖게 되었다. 이렇게 수십억 년에 걸쳐 계속적으로 분화가 이뤄짐으로써, 오늘날 생명계에서 우리를 놀라게 하는 엄청난 다양성과 적응이 생겨났다.

이것이 고의적인 표절이었다고는 추호도 생각지 않는다. 저명한 노벨상 수상자가 왜 그랬겠는가? 나는 이것이 기억의 진정한 실패를 보여주는 사례라고 생각한다. 아니면 텍스트 자체에 대한 기억은 너무 *훌륭했지만* 그 출처를 기억하는 데는 실패한 사례였을 것이다.

런던 토론회로 돌아가자. 토론회를 주최한 것은 '인텔리전스 스퀘어드'라는 단체였는데, 그들은 토론 전후에 청중에게 투표를 시켜서 토론회의 말들이 사람들의 마음을 바꿨는지 아닌지 알아보는 관행이 있었다. '종교가 없는 편이 더 낫다'는 논제를 내건 우리 토론의 경우, 투표 결과는 아래 표와 같았다. 토론회가 끝난 뒤의 총투표수가 시작할 때 집계한 것보다 112표 더 많은 건 왜인지 모르겠다. 그리고 직후에는 '모르겠다' 항목은 집계되지 않았기 때문에, 어쩌면 증가분이 더 컸을 수도 있다. 아무튼 우리 편이 절대 숫자로도 이겼고 비율로도 이겼다는 것은 흐뭇한 일이었다.

	전	후
그렇다	826명	1,205명
아니다	681명	778명
모르겠다	364명	기록 없음
총계	1,871명	1,983명
'그렇다'고 답한 사람이 '아니다'라고 답한 사람보다 얼마나 더 많은가?	145명	427명

토론회가 끝난 뒤 저녁식사 자리에서 나는 처음 만나는 사이였던 로저 스크루턴 맞은편에 앉았는데, 그는 조용하면서도 매력적인 인물이었다. 그 자리에는 (다른 사람도 많았지만) 마틴 에이미스도 있었다. 마틴과 크리스토퍼가 둘 중 누가 〈닥터 후〉에서 랄라가 맡았던 배역의 더 열렬한 팬인가를 두고(랄라는 둘 사이에 앉아 있었다) 짐짓 논쟁하듯이 재치를 겨루는 모습이 보기 좋았다.

나는 아마 크리스토퍼 히친스를 공식적으로는 마지막으로 인터뷰한 사람인 것 같다. 나는 〈뉴스테이츠먼〉의 2011년 크리스마스 합본호에 객원 편집자로 초대받았는데, 그때 내가 포함시킨 기사 중 하나는 내가 크리스토퍼를 길게 인터뷰한 내용을 압축한 원고였다. 인터뷰는 2011년 10월 7일, 그가 집중 암 치료를 받고 있던 텍사스주 휴스턴에서 했다. 크리스토퍼 부부는 그곳에 있는 어느 넓고 아름다운 집을 그 주인들이 해외로 나간 틈에 빌려서 살고 있었고, 그곳에서 내게 저녁을 대접했다. 카리스마 있는 작가 겸 영화 제작자 매슈 채프먼도 함께했다(그는 다윈의 고손자이기도 하다). 크리스토퍼는 식탁에서 재치 있고 매력적이고 배려 깊은 멋진 주인이었지만, 너무 아파서 먹지는 못했다.

저녁 전, 크리스토퍼와 나는 정원 탁자에서 〈뉴스테이츠먼〉에 실을 대화를 나눴다. 나는 그의 말을 한 마디라도 놓칠까 걱정에 휩싸여 녹음기를 세 대나 썼다. 녹음기들은 다 잘 작동했다. 그 인터뷰 녹취록은 웹 부록에 올려두었고, 여기에는 짧은 대목 하나만 옮겨두겠다. 이 대화는 내게 대단히 중요했고, 요즘도 내가 가끔 사면초가에 몰린 기분이 들 때 나를 위로해준다.

도킨스: 종교에 대한 내 주된 불평 중 하나는 그들이 아이들에게 '가톨릭 아이'니 '무슬림 아이'니 하는 딱지를 붙인다는 겁니다. 내가 그걸 지적하는 것도 이젠 좀 지겨운 얘기가 되어버렸습니다.

히친스: 그런 비난은 절대 걱정해선 안 됩니다. 당신의 지적이 귀에 거슬린다는 비판도.

도킨스: 명심하겠습니다.

히친스: 내 말이 사람들 귀에 거슬리는 건 아무 문제가 없습니다. 나는 글쟁이이고, 원래 시끄럽게 떠들어대는 사람이니까요. 반면에 당신에게는 따로 전문 분야가 있고, 당신은 그 분야에서 뛰어납니다. 당신은 많은 사람을 가르쳤습니다. 그건 누구도 부인하지 못하죠. 최악의 적들마저도. 당신은 자기 분야가 공격받고 모욕당하는 걸, 사람들이 그 분야를 없애버리려고 시도하는 걸 목격하고 있습니다. 사실 당신은 시끄러운 소리를 낼 필요가 없는 사람인데 말입니다… 당신의 동료들이 당신과 나란히 대형을 이뤄서 사람들에게 "이봐, 우리는 이렇게 형편없고 본질을 흐리는 문제로부터 우리 동료를 보호하겠어"라고 말하지 않는 건 부끄러운 일입니다.

그는 마지막으로 쓴 칼럼에서도 이런 주장을 펼쳤다. 그 글은 '리처드 도킨스를 옹호하며'라는 제목으로 사후에 〈프리인콰이어리〉에 실렸다.[36]

〈뉴스테이츠먼〉 인터뷰 다음 날, 크리스토퍼와 나는 둘 다 텍사스 자유사상 총회에 참석했다. 저녁 연회에서 내가 그에게 미국무신론자연맹이 수여하는 리처드 도킨스 상을 건네기로 되어 있었다. 매년 시상되는 이 상은 이제 12회를 맞았다.[37] 첫 해였던 2003년 수상자는 제임스 랜디였고, 이후 앤 드루얀, 펜과 텔러(공동 수상), 줄리아 스위니, 대니얼 데닛, 아얀 히르시 알리, 빌 마허, 수전 저코비, 크리스토퍼 히친스, 유지니 스콧, 스티븐 핑커, 그리고 제일 최근에는 레베카 골드스타인이 차례로 받았다. 크리스토퍼는 몸이 너무 안 좋아서 식사를 하진 못했고 식이 끝나갈 때 입장했다. 그때 관중의 기립박수에 나는 정말이지 눈물이 났다. 그다음 내가 연설을 했고,

내 말이 끝났을 때 크리스토퍼가 다시 한 번 기립박수를 받으면서 단상으로 올라와서 내가 건네는 상을 받았다. 그의 수상소감은 온 힘을 동원한 역작이었다. 그의 근사한 목소리가 생명력이 시들면서 더불어 쇠약해졌다는 뼈저린 사실 때문에 오히려 그의 말이 더 강력하게 느껴졌다. 그의 발언은 즉흥적이었지만, 내 발언은 원고가 있었다. 그를 기리며, 여기 그 원고의 시작과 끝을 옮겨본다.[38]

> 저는 오늘, 우리 운동의 역사에서 버트런드 러셀, 로버트 잉거솔, 토머스 페인, 데이비드 흄과 나란히 이름이 기억될 사람에게 경의를 바치기 위해 이 자리에 나왔습니다.
>
> 그는 독보적인 스타일을 지닌 작가이자 웅변가로, 제가 아는 어떤 누구보다도 훨씬 더 폭넓은 어휘와 문학적·역사적 비유를 구사합니다. 저는 옥스퍼드에서 사는데, 그도 저도 그곳 대학 출신입니다.
>
> 그는 열렬한 독서가인데, 독서 폭이 어찌나 깊으면서도 동시에 광범위한지, 약간 고루한 표현이지만 '학식이 깊다'는 말이 딱 어울립니다. 물론 크리스토퍼는 여러분이 평생 만날 학식 있는 사람들 중에서 제일 덜 고루한 사람이겠지만 말입니다.
>
> 그는 토론가입니다. 그는 불행한 희생자를 납작 눌러버리지만, 워낙 우아하게 누르기 때문에 상대마저 마음이 누그러집니다. 그는 그러면서도 상대의 논지를 제압해버리는 겁니다. 그는 누구든 제일 큰 목소리로 떠드는 사람이 토론을 이긴다고 생각하는 (너무 흔한) 학파의 일원이 결단코 아닙니다. 그의 상대들은 호통을 치고 악을 쓸지도 모릅니다. 정말로 그럽니다. 하지만 히치는 소리칠 필요가 없습니다….

그는 과학자가 아니고 그런 척하지도 않습니다만, 그래도 우리 인류가 좀 더 발전하고 종교와 미신을 타파하기 위해서는 과학이 중요하다는 걸 이해합니다. "우리는 이 사실을 분명히 말해야 한다. 종교는 인간들 중 누구도—모든 물질은 원자로 이뤄졌다고 결론 내렸던 대단한 데모크리토스조차도—세상에 대해 조금도 아는 바가 없었던 인류의 선사시대에 생겨났다. 종교는 우리 종이 빽빽 울어대고 겁먹었던 영아기에 생겨났다. 종교는 지식에 대한(그와 더불어 위안, 안심, 그 밖의 어린애 같은 욕구들에 대한) 우리의 불가피한 욕구를 만족시키기 위한, 아기처럼 유치한 시도였다. 요즘 내 아이들 중 제일 적게 배운 아이라도 종교의 옛 창시자들보다 자연의 질서에 대해서 훨씬 더 많이 안다…."

그는 우리에게 영감을 주었고, 에너지를 주었고, 격려를 주었습니다. 우리로 하여금 거의 매일 그를 응원하도록 만들었습니다. 그는 심지어 '히치슬랩'이라는 새로운 단어도 낳았습니다(히치슬랩은 상대의 멍청한 발언을 멋진 말로 깔아뭉개버리는 것을 뜻한다-옮긴이). 우리가 존경하는 것은 그의 지성만이 아닙니다. 우리는 그의 호전성, 기상, 비열한 타협을 묵인하기를 거부하는 태도, 직설적인 성정, 불굴의 기상, 잔인할 정도의 솔직함도 존경합니다.

그리고 이제 그는 질병을 정면으로 마주하는 태도를 통해서, 종교에 반대하는 자기 주장의 일부를 몸소 구현해 보여주고 있습니다. 죽음의 두려움에 직면했을 때 상상의 신 앞에 납작 엎드려 징징대고 훌쩍이는 짓은 종교를 믿는 사람들이나 하라고 합시다. 현실을 부정하는 데 삶을 허비하는 짓은 그들이나 하라고 합시다. 히치는 죽음을 정면으로 바라봅니다. 부정하지 않고, 그렇다고 해서 굴복하지도 않고, 그저 정면으로 정직하게 마주합니다. 그 용기는 우리 모두에게 영감을 안깁니다.

발병하기 전에 그는 박학다식한 저자이자 에세이스트였습니다. 재치 넘치고 최고로 강력한 연사였습니다. 이 용맹한 기수는 종교의 어리석음과 거짓말에 맞서는 사람들의 돌진을 맨 앞에서 이끌었습니다. 그런데 발병한 뒤 그는 자신의 무기고에, 또한 우리의 무기고에 또 하나의 무기를 더했습니다. 어쩌면 이것은 모든 무기를 통틀어 가장 무시무시하고 강력한 무기일지도 모릅니다. 그것은 바로, 그라는 인물 자체가 무신론의 정직과 존엄을 뜻하는 훌륭하고 뚜렷한 상징이 되었다는 점입니다. 뿐만 아니라 그는 종교의 유아적인 헛소리에 넘어가지 않은 인간의 가치와 존엄을 보여주는 상징이 되었습니다.

그는 기독교의 숱한 거짓말 중에서도 제일 치사한 거짓말, 즉 참호에는 무신론자가 없다는 말이 허위임을 매일 몸소 증명하고 있습니다. 히치는 지금 참호 속에 있습니다. 그리고 그 상황을 용기 있고, 정직하고, 위엄 있게 다루고 있습니다. 우리도 만일 스스로 그렇게 할 수 있다면 얼마나 자랑스러울까요. 아니, 자랑스러워해야만 합니다. 또한 그는 그 과정에서 우리의 감탄과, 존경과, 사랑을 더욱더 많이 받을 만한 사람다운 모습을 보여주고 있습니다.

저는 오늘 크리스토퍼 히친스에게 영예로운 상을 수여해달라는 요청으로 이 자리에 섰습니다. 그러나 사실은 그가 제 이름이 붙은 이 상을 받아줌으로써 제게 훨씬 더 큰 영예를 안겨주는 것이란 사실은 제가 구태여 지적할 필요도 없을 겁니다. 신사 숙녀 여러분, 동지 여러분, 크리스토퍼 히친스를 소개합니다.

RICHARD DAWKINS

11 시모니 교수

My Life in Science

나는 초기에 개인 지도를 즐겼다. 그리고 내가 충분히 잘했다고 생각한다. 한번은 뉴 칼리지의 수석 튜터가 내가 개인 지도를 하던 시기를 분석한 기발한 통계 논문에서, 뉴 칼리지 생물학부 학생들은 옥스퍼드 전체의 생물학부 학생들보다 우등 졸업을 하는 확률이 상당히 더 높다는 걸 밝혀냈다. (뉴 칼리지의 수학과 학생들도 마찬가지였지만, 그 밖의 과들은 그런 현상이 명확하게 드러나지 않았다.) 내 지도가 조금이라도 그 사실에 대한 공을 인정받을 수 있을까? 확신할 수야 없지만, 그렇다고 생각하는 것보다 더 기쁜 일은 세상에 몇 없을 것이다.

초기에 나는 젊음의 열정을 간직하고 있었다. 그리고 학생들에게 이해를 전달하는 일을, 지식만이 아니라 이해를 안기는 일을 정말 중요하게 여겼다. 나는 뭐든 설명하기를 좋아하는데, 개인 지도는 설명의 기술에서 몇몇 기법을 가다듬는 계기가 되었고 — 그런 기술은 능력이 뛰어난 학생들뿐 아니라 능력이 부족한 학생들에게도 발휘되었다 — 그런 기법들은 나중에 책을 쓸 때 도움이 되었다. 하지만 50대가 되고 그동안 일대일 지도에 쏟은 시간이 600시간에 이르다 보니, 슬슬 싫증이 나는 것은 부정할 수 없는 사실이었다. 이제 나는 스스로의 기대만큼 잘하지 못하는 것 같았고, 이전만큼 잘하지도 못했다. 최선을 다하고는 있었지만, 은퇴하려면 아직 15년쯤 더 남았는데 나보다는 새로운 사람이 튜터로 영입되면 뉴 칼리지 생물학부에 더 유익하지 않을까 하는 생각이 커졌다. 동시에 나는 앞으로 남은 시간 동안 옥스퍼드 담장 너머의 더 폭넓은 대중에게 설명하는 데 전념하는 편이 세상을 좀 더 낫게 만드는 길일 거라는 확신을 품게 되었다. 어떻게 하면 그럴 수 있을까? 나는 아래와 같은 노선으로 생각해보았다.

내 책들은 베스트셀러였다. 내가 옥스퍼드 학생들에게 예전처럼 좋은 강사이든 아니든, 나는 전 세계에서 강연자로 수요가 있었다. 텔레비전과 저널리즘도 약간 경험했다. 다양한 사람들이 일깨워준 바에 따르면, 내게는 진취적인 기업가 — 그리고 물론 부자인 — 독자들이 있었는데, 그중 일부는 팬이라고 말해도 좋을 만큼 나를 열렬히 지지했다. 이즈음에는 옥스퍼드도 다른 대학들처럼 후원금 모금에 힘썼고, 뉴욕에도 대학발전사무소 지부를 낸 터였다. 그래서 옥스퍼드의 프로 모금자들이, 특히 미국 사무소가 나서서 '과학의 대중적 이해를 위한 교수' 직을 신설하여 나를 임명해줄 후원자를 찾아보면 성과가 있을지도 모른다는 생각이 들었다. 그 자신 동물학부의 리너커 석좌교수였기에 내가 사적으로도 잘 알았던 부총장 리처드 사우스우드 경의 지지를 받아, 나는 옥스퍼드 발전사무소 직원들과 함께 그 가능성을 논의하는 회의를 여러 차례 가졌다. 그들은 결국 뉴욕 지부에 과제를 넘겼고, 나는 잠시 그 일을 잊고 내 할 일을 했다.

이제 주도권은 뉴욕 사무소의 마이클 커닝엄에게 있었다. 나는 그에게 저작권 대리인 존 브록먼의 코네티컷 농장에 놀러 갔을 때 역시 손님으로 온 네이선 미르볼드를 만난 적이 있다고 말했는데(네이선이 나중에 옥스퍼드에 온 이야기는 21쪽에서 했다), 네이선은 이후 마이크로소프트의 최고 기술 책임자가 되었다. 마이클은 네이선과 연락했고, 우리 셋이 뉴욕에서 만나기로 약속을 잡았다. 네이선은 옥스퍼드가 제안한 '과학의 대중적 이해를 위한 석좌교수' 직의 후원자를 찾아보자는 요청을 받아들였고, 마이크로소프트로 돌아가서 몇몇 친구와 그 문제를 의논했다. 그 친구들 중 하나가 찰스 시모니였다.

찰스

찰스 시모니는 헝가리 출신의 미국인 소프트웨어 개척자다. 뛰어난 소프트웨어 설계자인 그는 제록스파크에서 현대 개인용 컴퓨터의 'WIMP' 인터페이스를 만들어낸 뛰어난 무리 중 한 명이다. 그는 1981년 일찌감치 마이크로소프트에 스카우트되었다. 그곳에서 제록스파크에서 개발된 객체 지향 프로그래밍을 계속 주창했고, 프로그래머들을 위해서 스스로 개발한 이른바 '헝가리 표기법'도 선보였다. 나는 직접 그 표기법을 쓰진 않았지만 그 기발함에 흥미를 느겼었다. 그는 또 마이크로소프트의 첫 오피스 프로그램들의 설계를 감독했다. 그리고 마이크로소프트의 초기 투자자로서, 오랜 기간에 걸쳐 회사 주식을 늘려 부자가 되었다. 네이선은 마이클에게 찰스가 옥스퍼드의 제안에 잠정적으로 흥미가 있으며 나를 직접 만나 논의해보고 싶어 한다고 전했다.

1995년 봄, 랄라와 나는 시애틀로 날아가 뉴욕에서 날아온 마이클 커닝엄과 합류했다. 찰스가 우리에게 잡아준 숙소는 물가에 있는 근사한 호텔이었다. 우리는 그날 저녁의 시련을 준비했다. 시애틀의 한 레스토랑에서 찰스의 손님 약 쉰 명과 함께 저녁을 먹어야 했다. '시련'이라고 표현한 건 그 자리가 (랄라의 연기자다운 비유를 빌리자면) "배역에 대한 오디션"일 게 뻔했기 때문이다. 찰스는 손님들의 자리 배치를 아주 신중하게 짜두었다. 식사 도중에 역시 신중하게 계산된 두 번째 배치로 다들 자리를 옮기기도 했다(옥스퍼드 칼리지들의 만찬에서도 가끔 이러지만, 저녁식사 뒤에 따로 디저트 순서가 있는 형식적인 자리에서만 그런다). 나는 계속 같은 자리에 앉았고, 딴 손님들은 모두 자리를 옮겼다. 전반에는 내 옆자리에 빌 게이츠가 앉았다. 그가 대단히 지적이고 아주 재미난 사람이라는 건 전혀 놀라운 일이 아니었으나, 실은 다른 손님들도 대부분 그런 것 같았다. 이 사실이 걱정스러울 정도로 분명해진 것은 찰스가 내게 한마디 하라고 한 뒤 방에 있는 누구든 내게 질문을 던지라고 말했을 때였다. 이전까지 나는 케임브리지, 옥스퍼드, 하버드, 예일, 프린스턴, 버클리, 스탠퍼드를 비롯하여 세계 각지의 대학 청중으로부터 온갖 질문을 다 받아본 몸이었지만, 단언컨대 대체로 과묵하던 그 자리의 젊은 손님들만큼 날카로운 질문으로 나를 심문한 청중은 또 없었다. 시애틀과 실리콘밸리에서 온 그들은 첨단 기술에 정통한 디지털 지식인, 기업가, 벤처캐피털리스트, 컴퓨터나 생명공학 분야의 개척자였다. 나는 그럭저럭 모든 질문에 답했고—야유에 가까울 만큼 비판적이었던 한 손님의 질문도 받아넘겼다—자리가 파할 때는 괜찮게 해냈다는 기분이 들었다.

이튿날은 찰스와 함께 시간을 보내면서 서로를 좀 알아보기로 했다. 랄라와 나는 찰스와 그의 친구 앤절라 시달을 만났다. 찰스가 직접 운전하여 우리를 시애틀의 한 비행장으로 데려갔고, 그곳에서 우리를 그의 헬리콥터에 태웠다. 프로 조종사와 그 지시를 받는 찰스가 함께 조종하는 헬리콥터는 우리를 북쪽 퓨젓만으로, 캐나다 쪽으로 데려갔다(캐나다로 넘어가진 않았다). 우리는 어느 섬에 내려서 점심을 먹으며, 식당 창밖으로 흰머리수리를 구경하는 귀한 호사를 누렸다. 돌아오는 길에는 시애틀 시내의 마천루들 사이를 헬리콥터가 춤추듯이 누벼서 꿈같은 분위기가 이어졌다. 찰스는 비행장에서 호텔까지 도로 우리를 태워다준 뒤, 마이클 커닝엄과 단둘이 방에 틀어박혀 10분간 회의를 했다. 그 뒤 찰스와 앤절라는 떠났고, 마이클이 방에서 나와 랄라와 내게 협상이 맺어졌다고 알렸다. 세부 사항은 옥스퍼드와 의논해야 하겠지만, '과학의 대중적 이해를 위한 찰스 시모니 석좌교수' 직이 정말로 신설될 것이었다.

세부 사항 중 하나는 찰스의 후원이 교수직에 주어지는 것임에도 불구하고 내가 처음에는 당시 직위, 즉 리더로 임명될 거라는 점이었다. 이것은 옥스퍼드에 이름난 개인이 기부금으로 승진을 사들이는 것을 엄격하게 막는 규칙이 있기 때문이었다(세심하고 합리적인 이 안전장치는 부자 친척이 돈으로 승진을 시켜주는 것을 막기 위한 조치인데, 찰스는 나중에 '성직 매매'를 뜻하는 '시모니simony'가 자기 이름과 발음이 같다면서 농담을 해댔다). 그래서 나는 승진은 되지 않았다. 계속 리더였고, 연봉은 외려 좀 깎였다. 그리고 1년 뒤에야 교수로 정식 승진했는데, 남들과 똑같이 객관적인 근거로 자격심사를 거친 결과였다. 요컨대 나는 처음에는 시모니 리더로 임명된 뒤 1년이 지나서야 시모니 교수가 되었다. 그러나 내 후임들은 모두 처음부터 시모니 교수로 임명될 것이었다.

'후임'이라고? 그렇다. 찰스가 너그럽게도 영구 교수직을 후원하기로 했기 때문이다. 달리 말해, 그는 내가 은퇴할 때까지만 필요한 돈을 제공하는 게 아니라(우리야 원래 이 안을 제안했다) 자신이 옥스퍼드에 일시불로 기부한 돈으로 옥스퍼드가 매년 투자 소득을 냄으로써 나뿐 아니라 무기한 이어질 후임들의 연봉과 경비까지 지불하도록 했다. 그것만 해도 엄청나게 너그러운 조건이었지만, 찰스는 그 아량에 상상력 있는 전망까지 덧붙였다. 감히 말하건대, 이것은 굵직한 후원자들 사이에서는 상당히 드문 경우다. 그는 선견지명 있는 선언서라고도 말할 수 있는 문서를 작성해서 선물에 딸려 보냈다. 선언의 요지는 그가 먼 미래를 내다본다는 것, 따라서 자신의 기부금을 앞으로 몇백 년간 어떻게 할 것인가에 대한 조건을 구체적으로 적시하지는 *않겠다*는 것이었다. 그는 다음과 같은 요지로 말하면서 법적 요식을 명시적으로 거부했다. '다가올 미래는 현재와 다를 수밖에 없고, 어떻게 다를지 우리는 예측할 수 없다. 옥스퍼드의 미래 세대여, 나는 당신들을 믿는다. 내가 '과학의 대중적 이해'를 통해서 성취하고자 하는 바의 *취지*를 당신들이 그 시대에 비춰 잘 해석해줄 것이라고 믿는다.' 찰스의 말을 그대로 옮기자면,

"1995년에 우리는 이 지점에 있다. 이 글은 나, 대학, 그리고 교수직의 첫 임명자인 리처드 도킨스 사이에 이뤄진 합의의 핵심이다. 여러분은 필요하다면 이 지점에서 벗어나되, 잘 생각해서 하길 바란다. 그리고 가능하다면 다시 이 지점으로 돌아오라."

여기, 시모니 박사가 복되게도 변호사를 끼지 않고 작성한 신탁 취지서, 미래에 전달하는 편지의 전문을 싣는다. 옥스퍼드의 미래 세대가 그의 신탁을 배반한다면, 부디 내 유령이 그들을 찾아가서 괴롭히기를. 같은 말을 좀 더 현실적인 표현으로 하자면, 나는 그의 선언서를 영원히 존속할(적어도 내 바람은 그렇다) 이 책에 인쇄함으로써 누구든 간단히 그의 부탁을 배신할 수 없게끔 하고 싶다.

거기엔 모든 것이 질서와 아름다움
호화와 고요, 그리고 쾌락뿐
_ 보들레르

나는 컴퓨터과학자니까, 옥스퍼드대학에 '과학의 대중적 이해'를 위한 교수직을 창설하는 의도를 밝힌 이 글을 마땅히 '프로그램'이라고 불러야 할 것 같다! 컴퓨터 프로그램이 처리 장치에게 변경 불가능한 미래의 경로를 지정해주는 것처럼, 이 프로그램도 향후 여러 세대에 걸쳐서 이 교수직의 적임자를 임명할 위원회들의 행동을 안내해야 하지 않을까? 뻔히 알 수 있듯이, 이것은 약한 비유다. 행정 업무의 속성상, 나는 고명한 위원들이 새 교수를 임명하기 전에 내 말을 염두에 둬주기를 그저 바라는 수밖에 도리가 없다. 그러나 나는 임명 과정에 내재된 불확실성과 유연성을 불평할 마음은 없다. 대학은 그럼으로써 적응하고, 진화하고, 번영할 수 있는 것이니까.

그런 유연성은 새 방식을 실험하고 탐구하도록 돕겠지만, 시간이 흐르면 또한 알아차리지도 못할 만큼 사소한 방향 전환이나 표류가 계속 누적되도록 만들 수도 있다. 따라서 이 프로그램의 목적은 그런 무수한 가능성의 바다에서 하나의 고정된 항해 좌표가 되어주는 것이다. 그 좌표를 말하자면 이렇다. 1995년에 우리는 이 지점에 있다. 이 글은 나, 대학, 그리고 교수직의 첫 임명자인 리처드 도킨스 사이에 이뤄진 합의의 핵심이다. 여러분은 필요하다면 이 지점에서 벗어나되, 잘 생각해서 하길 바란다. 그리고 가능하다면 다시 이 지점으로 돌아오라.

이 교수직은 '과학의 대중적 이해'를 위한 자리다. 따라서 이 자리에 앉는 사람은 과학에 대한 대중의 인식을 연구하는 자가 아니라 특정 과학 분야에 대한 대중의 이해를 높이는 데 중요하게 기여한 자여야 한다. 여기서 '대중'이란 최대한 폭넓은 청중을 뜻한다. 하지만 그렇다고 해서 그런 발상을 전파하거나 반박할 힘과 능력을 갖춘 사람들을(특히 다른 과학 분야와 인문학 분야의 학자, 엔지니어, 기업가, 저널리스트, 정치인, 전문가, 예술가를) 놓쳐서는 안 된다는 전제가 붙는다. 이 대목에서 학자와 대중화 전문가의 역할을 구분해두는 게 좋겠다. 대학의 교수직은 자기 분야에서 독창적으로 기여한 성과가 있는 학자, 필요하다면 최고로 추상적인 수준에서 해당 주제를 파악할 줄 아는 학자를 위한 자리다. 반면 대중화 전문가는 주로 청중의 규모에 초점을 맞추며, 학계와는 좀 떨어져 있을 때가 많다. 대중화 전문가는 종종 당면 관심사나 심지어 유행에 대해서 쓴다.

어떤 경우에는 현 상황이나 과학의 과정을 지나치게 단순화하거나 과장함으로써 눈높이를 낮춘 내용으로 교육을 덜 받은 청중까지 끌어들이려고 꾀하는 수도 있다. 왕년에 유행했던 이른바 '거대한 뇌' 유의 컴퓨터책들을 떠올리면 알 수 있듯이, 과연 어떤 책이 그런 범주에 속하는가 하는 문제는 사후에 돌아볼 때에야 잘 드러나는 법이지만, 어쨌든 나는 현재의 과학책 중에서도 많은 수는 시간이 흐르면 그런 범주로 떨어질 거라고 생각한다. 그런 대중화 전문가의 역할도 물론 소중하지만, 이 교수직은 그런 사람을 위한 것이 아니다. 대중은 학자에 대해서 높은 기대를 품고 있다. 그러니 우리도 대중에 대해서 높은 기대를 품는 것이 온당하다.

이 경우 '이해'라는 말은 문자 그대로의 뜻뿐 아니라 약간 시적인 뜻으로도 해석되어야 한다. 우리 목표는 대중으로 하여금 추상적 세계와 자연계에 층층이 숨어 있는 질서와 아름다움을 음미하도록 하는 것이다. 과학자들이 최고로 어려운 수수께끼를 만났을 때 느끼는 흥분과 경외감을 공유하도록 하는 것이다. 세상의 장엄함 앞에서 겸허해진 과학자들에게 공감하도록 하는 것이다. 과학의 질서와 아름다움을 느낄 수 있을 만큼 충분히 이해한 청중은 과학과 자신들의 일상이 긴밀하게 연결되어 있다는 사실에 대해서도 더 깊은 통찰을 가질 수 있을 것이다.

마지막으로, 여기서 '과학'은 자연과학과 수리과학뿐 아니라 과학사와 과학철학까지 포함한다. 하지만 주로 기호 조작을 통해 결과를 표현하거나 얻는 분야, 가령 입자물리학, 분자생물학, 우주론, 유전학, 컴퓨터과학, 언어학, 뇌 연구, 그리고 물론 수학이 선호되어야 한다. 이것은 내 개인적 취향 때문만은 아니다. 기호를 활용한 표현은 최고 수준의 추상화를 가능케 한다. 그리고 강력한 수학 및 데이터 처리 도구의 활용은 엄청난 발전을 보장한다. 그런데 바로 그 성공의 수단이 한편으로는 과학자들을 평범한 청중으로부터 고립시켜서 연구 결과의 소통을 가로막는 경향이 있다. 사회 전체와 과학계의 상호의존이 얼마나 중요한지를 고려할 때, 효과적인 정보 흐름이 부족한 것은 대단히 위험한 일이다.

위의 목표를 달성하기 위하여, 이 교수직에 임명된 사람이 가르치는 범위는 전통적인 대학 환경을 넘어서야 한다. 그는 온갖 종류의 청중과 다양한 매체에서 효과적으로 소통할 수 있어야 한다. 무엇보다도 그는 대중에게 철저히 솔직하게 다가가야 한다. 자연히 그는 정치, 종교, 기타 사회적 힘들과도 상호작용하겠지만, 어떤 경우에도 그런 힘들이 그가 말하는 과학의 타당성에 영향을 미치도록 허용해서는 안 된다. 거꾸로 그는 언제든 과학 지식의 한계에 대해서도 솔직해야 하며, 자기 전문 분야의 불확실성, 좌절, 과학적으로 혼란스러운 현상, 심지어 실패까지 소통해야 한다.

과학에 기반한 추론은 그런 이름표를 달고 있을 때, 그리고 청중이 그런 추론의 개념과 그것이 과학 기법에서 차지하는 위치를 명확하게 이해했을 때 아주 재미난 작업이 될 수 있다. 그것은 아주 효과적인 소통 도구이므로 결코 저지되어서는 안 된다.

우리는 이런 자질을 다 갖춘 사람이 드물다는 걸 안다. 따라서 앞에서 말한 특정 과학 분야에 대한 선호는 임명되는 사람의 교육적 재능과 소통 면에서의 재능에 비해 부차적인 것으로 여겨져야 한다.

임명자에게는 자기 분야의 과학 연구를 지속할 기회가 주어져야 한다. 그러기 위해서는 그의 전공과 제일 가까운 학부와 평생교육학부에 공동으로 적을 두는 게 제일 좋을 것이다. 그는 옥스퍼드에 굳게 기반을 두겠지만, 대학은 그가 여행 및 방문 교수 기회를 잘 활용할 수 있도록 가능한 모든 지원을 해줘야 한다. 비슷한 맥락에서 옥스퍼드 내에서 그의 수업과 행정 의무는 일정 수준으로 제한되어야 하며, 주로 비전문가들을 가르치는 일에 할애되어야 한다. 그는 과학자 청중뿐 아니라 대중을 위한 책을 쓸 것이고, 매체를 불문하고 기사도 쓸 것이다. 대학에서든 다른 곳에서든 대중 강연을 할 것이다. '과학의 대중적 이해'에 해당하는 일에 전반적으로 참여할 것이다.

만일 처음 이 자리에 임명된 사람이 이전에 갖고 있던 자리가 공석으로 남는다면, 이 기부금이 오히려 비생산적인 영향을 미칠지도 모른다. 나는 현재 리처드 도킨스가 동물학부에서 차지한 자리가 관례대로 비슷한 전공의 다른 사람으로 메워진다는 전제하에 이 선물을 주려 한다.

이 프로그램의 틀을 작성하는 데 도움을 준 도킨스 교수에게 감사한다.

_ 찰스 시모니, 벨뷰에서, 1995년 5월 15일

당연한 말이지만, 미래의 모든 시모니 교수 임명위원회 위원들은 이 편지 전문을 읽어야 한다. 위원회 회의에 둘러앉은 그들의 자리마다 이 편지가 놓여 있어야 한다. 하지만 나는 특히 중요한 요점 몇 가지를 강조할까 한다. 찰스는 과학을 대중화하는 사람과 (자기 분야에서 독창적인 과학적 기여를 한) 과학자로서 대중화를 하는 사람을 구분했다. 찰스는 과학에 대한 '이해'를 '약간 시적으로' 해석했다. 그가 이 편지를 쓴 것은 내가 《무지개를 풀며》를 쓴 때로부터 3년 전이었는데, 그가 보기에 그 책이 그의 희망에 잘 부합하는 것이었다면 좋겠다. 나는 그 책의 서문에서 찰스를 "과학과 과학의 소통 방식에 대해서 상상력 풍부한 전망"을 품은 르네상스형 인간으로 묘사하며 헌사를 바쳤다. 우리가 친구가 된 뒤 그런 주제에 대해서 어떤 이야기를 나눴는지를 말하고, 《무지개를 풀며》는 그런 우리의 대화에 글로써 기여하는 것이자 내 '시모니 교수직 취임사'에 해당한다고 말했다.

선언서에서도 특히 의미심장한 한 대목에서, 찰스는 미래의 시모니 교수들에게 과학의 한계를 솔직하게 밝히라고 권했다. 한편 종교나 정치 세력이 그들이 하는 말의 과학적 타당성에 영향을 미치도록 내버려둬서는 절대 안 된다고 말했다.

마지막은 좀 더 단기적이지만 역시 중요한 요점인데, 찰스는 만일 내가 그냥 자리를 옮기는 꼴이 되어서 동물학부에 소속된 기존의 내 자리가 없어진다면 자신의 선물이 도리어 역효과를 낳게 된다는 점을 이해했다. 내가 변화를 추구한 동기 중 하나는 바로 내가 바깥세상에 대한 열정을 새로이 추구하는 한편 옥스퍼드 동물학부에는 새 인물이 들어와서 나 대신 신선한 열정을 주입해주었으면 하는 바람이었다. 그리고 정말 내 후임으로 젊고 뛰어난 동물학자들이 임명되었다. 데이비드 골드스타인, 에디 홈스, 올리버 파이버스 — 이들은 모두 오래지 않아 다른 영예로운 교수직에 임명되어 떠났다 — 그리고 현재는 우리의 멋진 애슐리 그리핀이다(그녀도 언젠가는 떠나겠지만, 그 전에 부디 우리와 함께 오래 머물기를 바란다).

시모니 강연

내가 시모니 교수로서 맨 먼저 한 일 중 하나는, 훨씬 더 적은 금액이나마 내가 인세로 번 돈을 내놓아서 옥스퍼드에 연례 찰스 시모니 강연을 만든 것이었다. 찰스의 선언에 부합하도록, 내가 초대한 연사들은 모두 제 분야에서 뛰어난 학자인 동시에 과학의 대중적 이해를 높이는 데도 성공적으로 기여해온 사람들이었다. 자랑스럽게 말하건대, 상당히 기라성 같은 명단이다. 연사들의 이름과 강연 제목은 다음과 같았다.

1999년	대니얼 데닛	문화의 진화
2000년	리처드 그레고리	우주와 악수하기
2001년	재러드 다이아몬드	인류 역사는 왜 대륙마다 다르게 펼쳐졌나?
2002년	스티븐 핑커	빈 서판
2003년	마틴 리스	복잡한 우리 우주의 미스터리
2004년	리처드 리키	인류의 기원은 왜 중요한가
2005년	캐럴린 포르코	궤도에 안착! 토성계를 탐사하는 카시니 탐사선
2006년	해리 크로토	인터넷이 계몽주의를 구할 수 있을까?
2007년	폴 너스	생물학의 위대한 발상들

그리고 마지막으로, 내가 은퇴한 해인 2008년에는 내가 직접 열 번째 시모니 강연을 했다. 일종의 고별사였다. 제목은 '목적의 목적'이었다.

여담이지만, 그해의 하이라이트는 부총장 존 후드가 나를 위해 대학 박물관에서 근사한 은퇴 만찬을 열어준 순간이었다. 거기 모인 손님들은 3년 뒤 내 일흔 살 생일 만찬에 모인 손님들만큼이나,

한 명도 빼놓지 않고 모두 고명한 분들이었다.

동물학부에서 열린 첫 두 번을 제외하고, 모든 시모니 강연은 편안하고 세련된 옥스퍼드 플레이하우스에서 열렸다. 플레이하우스의 지적인 관리자들은 연극뿐 아니라 과학을 선전하는 데도 열심이었다. 베르너 하이젠베르크가 전쟁 중에 닐스 보어를 왜 찾아갔는가 하는 수수께끼를 다룬 마이클 프레인의 중요한 연극 〈코펜하겐〉이 그곳에서 공연되었다는 이야기는 앞에서 했다. 그때 플레이하우스 측은 옥스퍼드 물리학자들을 초대하여 공연 뒤 마이클 프레인과 직접 질의응답 시간을 갖도록 주선했다. 마이클은 나중에 랄라와 내게 꽤 진땀 빼는 경험이었다고 말했지만, 나는 그가 훌륭하게 해냈다고 생각한다. 내가 이야기를 나눈 저명한 물리학자들, 가령 로저 펜로즈 경과 로저 엘리엇 경도 같은 생각이었다.

또다시 여담을 하자면, 하이젠베르크-보어 만남은 역사적으로 중요한 사건이었다. 독일이 왜 원자폭탄을 개발하지 못했는가 하는 수수께끼와 관련된 사건이기 때문이다. 그런 프로젝트를 이끌 사람이 있었다면, 그건 바로 하이젠베르크였다. 그가 현실적으로 개발이 가능할 리 없다고 잘못 계산한 것은 의도적인 실수였을까? 그렇다고 보는 것은 그를 기리는 헌사나 마찬가지겠지만, 아쉽게도 답은 아마도 아니었으리라는 것이다.

내게 이 답을 처음 알려준 사람은 위컴 논리학 교수로서 로저 엘리엇의 전임자였으며 뉴 칼리지의 내 선배 교수였던 루돌프 파이얼스 경이었다. 파이얼스는 핵을 활용한 슈퍼폭탄이 *가능하다*는 사실을 처음 정확하게 계산하고 연합군에게 경고한(〈프리슈-파이얼스 보고서〉) 두 영국 물리학자 중 하나였다(둘 다 히틀러를 피해 이주한 유대인이었다). 말년에 홀아비 생활을 할 때, 루돌프 경은 옥스퍼드의 자기 아파트에서 성대한 저녁 파티를 열어 랄라와 나도 초대했다. 그때 그는 요리를 전부 혼자 다 해냈다. 랄라와 나는 다른 손님들이 떠난 뒤에도 남아서 설거지를 도왔는데, 그때 그는 하이젠베르크가 히로시마 소식을 듣고 겉으로 보기엔 진심으로 놀란 것 같더라는 이야기를 들려주었다(그 반응은 비밀리에 녹음되고 있었다). 역시 설거지를 하면서, 루돌프 경은 우리에게 당시 독일이 원자폭탄 프로젝트에 진지하게 매달리진 않고 있다는 사실을 자신이 어떤 기발한 방법으로 추측했는가 하는 재미난 이야기를 들려주었다. 독일 물리학계를 속속들이 알았던 그는 대학 강의 목록을 꼼꼼하게 살피면서 이 교수, 폰 어쩌고 교수, 저 박사가 다들 각자의 대학에서 강의하고 있다는 사실을 확인했다. 만일 맨해튼 프로젝트 같은 게 진행되고 있었다면 틀림없이 그 사람들은 다른 곳으로 파견되었을 시기였는데 말이다. 멋진 탐정 활동 아닌가!

루돌프 경 또한 멋진 사람이었다. 전후에 그는 로버트 오펜하이머처럼 자신이 그 개발을 거든 끔찍한 무기의 위험을 줄이고자 노력했으며, 세계 평화를 바라는 퍼그워시 운동에서 두각을 드러내는 구성원으로 활약했다. 나는 1995년 그의 장례식에 참석했다. 그리고 시모니 강연을 열 때 그가 없어서 아쉬웠다. 그는 과학의 대중적 이해를 높이는 일에도 관심이 지대했기 때문이다. 그는 나 같은 사람들을 위해서 물리학을 설명한 자신의 책《자연의 법칙들》에 서명을 해서 내게 한 부 선물해주었었다.

시모니 강연이 끝나면, 매번 열여섯 명쯤 되는 인원이 모여 저녁 식사를 했다. 장소는 보통 뉴 칼리지였지만, 두 번은 세월이 흘러도 변함없이 아름다운 옥스퍼드 근교 와이텀수도원이었다. 그곳에서 사는 마이클과 마르틴 스튜어트 부부가 친절하게 장소를 제공했고, 두 사람도 합석하여 활기를 더해주었다. 찰스는 직접 강연을 들으려고 여러 번 날아왔다(자기 제트비행기를 몰고 와서 옥스퍼드의 작은 공항에 내렸다). 한번은 그런 강연 후 저녁식사 자리에서, 찰스가 내게 나의 가장 귀중한 소유물이 된 물건을 선물해주었다. 겨우 1,250부만 찍었다는 《종의 기원》 초판본이었다. 그가 일어나서 고마운 말과 함께 책을 건넸을 때, 나는 감격에 겨워 말문이 막혔다.

'내' 시모니 강연자 아홉 명을 알게 된 것은 특권이었다. 내가 댄 데닛을 처음 안 것은 그와 동료 더글러스 호프스태터가 생각할 거리를 잔뜩 던지는 선집 《이런, 이게 바로 나야!》에 《이기적 유전자》의 한 장(밈에 관한 장)을 싣자고 연락해온 때였다. 선집에는 댄의 걸작 강연인 '내가 어디 있지?'의 텍스트도 실려 있다. 그 강연에서 그는 자신의 뇌('요릭')가 생명 유지 장치에 연결되어 통에 든 채 육체와는 무선으로 소통하고, 그 똑같은 복사본('휴버트')은 컴퓨터에 다운로드되어 서로 완벽하게 동기화된 상태로 굴러가고 있다고 상상했다. 두 '뇌' 중 어느 쪽이 육체를 조종하느냐는 아무런 차이를 낳지 않는다. 그는 그 상호 변환 가능성을 철저히 확신하기 때문에, 강연의 클라이맥스에서 뇌를 이쪽에서 저쪽으로 바꿔본다. 극적으로 연출된 그 결과는 아마 실제 강연에 뒤따랐을 것이 분명한 기립박수를 응당 받을 만하다.

'내가 어디 있지?' 강연은 나로 하여금 철학자가 무엇을 할 수 있는지 '감을 잡도록' 해준 철학작품 중 하나였다. 그리고 댄은 (A. C. 그레일링, 조너선 글러버, 레베카 골드스타인과 더불어) 내게 그 사실을 알려준 철학자 중 한 명이었다. 그의 사고는 대단히 깊을 뿐 아니라 활기차고 좀 짓궂기까지 하다. 그는 *과학*을 잘 알며 정상급 과학자들과 그들의 분야에 대해서 동등하게 대화할 수 있는 새로운 부류의 과학철학자 중 한 명이다. 또한 따뜻하고 인정 많은 친구이고, 대화할 때 상대가 누구든 "게임의 수준을 높이는" 재주가 있는 사람이다. 댄과 대화할 때면 내 지능지수가 그의 수준으로 높아지는 걸(정확히 같은 수준에 도달하진 않지만) 느낄 수 있을 정도다.

"게임의 수준을 높이는" 이 희한한 능력은 물론 드물지만 다른 사람들에게서도 찾아볼 수 있다(시모니 강연자 명단에서 더 찾아보자면 스티븐 핑커가 그렇다). 교육 이론가들이 이 현상을 연구해보면 좋을지도 모르겠다. 작고한 버나드 윌리엄스도(그 상냥한 아내 퍼트리샤와 함께 내 친구가 되어준 또 한 명의 탁월한 철학자였다) 비슷한 효과를 발휘했는데, 단 그의 경우에는 상대를 좀 더 재치 있고 재밌는 사람으로 만들어주는 것 같았다. 그런 사람을 또 꼽으라면, 문학가이자 전기 작가인 허마이어니 리가 있다. 역시 뉴 칼리지 동료였으나 지금은 옥스퍼드 울프슨 칼리지 총장이 된 그녀는 예전처럼 자주 만나진 못해도 여전히 좋은 친구다. "게임의 수준을 높인다"는 표현이 어디서 생겼는지는 몰라도, 이 사람들에게 정말로 어울린다.

다음 장에서 '밈'을 논할 때 다시 이야기하겠지만, 댄 데닛은 (활달하고 지적인 심리학자로서 《밈》을 쓴 수전 블랙모어와 더불어) 내가 만든 밈이라는 개념을 받아들여 발전시킨 사람들 중 한 명이다. 밈은 《다윈의 위험한 생각》, 《의식의 수수께끼를 풀다》, 《주문을 깨다》를 비롯한 댄의 여러 책에서 중요하게 등장한다. 댄에게는 직관 펌프들이 터질 듯 가득 담긴 화살통이 있는지라, 머리에 딱 그려지는 적당한 용어를 재주 좋게 잘 만들어낸다('직관 펌프, 생각을 열다'는 그의 또 다른 책 제목인데, 그 책 자체가 하나의 직관 펌프다). 그중에서 내가 제일 좋아하는 용어는 '크레인'과 '스카이훅'이다(데닛은 창조론처럼 하늘에서 누군가가 멋진 건물을 지어주었다고 여기는 이론을 '스카이훅'에, 진화론처럼 땅에서 차근차근 건물을 지어올렸다고 해석하는 이론을 '크레인'에 비유한다–옮긴이). 그는 또 몽매주의와 허세가 가득한 '심오한 헛소리'를 가차없이 눌러버린다('심오한 헛소리deepity'도 댄이 만들어 낸 멋진 표현인데, 표면적으로 정의하자면 '디팩 초프라, 카렌 암스트롱, 테야르 드 샤르댕이 한 거의 모든 말'이라고 해도 좋겠다).

댄의 시모니 강연으로부터 한참 뒤, 뉴욕에서 존 브록먼과 함께 있을 때 존이 그 자리에 있는 사람들에게 댄이 위중할 정도로 아프다는 사실을 털어놓았다. 진단은 심각했고, 그의 친구인 우리는 애도할 마음까지 먹고 있었는데, 상황이 조금씩 나아지고 있다는 소식이 들려왔다. 댄은 미국의 뛰어난 의학과 첨단 심장수술 덕분에 살아남았다. 병원에서 회복하는 동안, 그는 '선good, 善에게 감사하며'라는 제목으로 대단히 감동적인 글을 썼다. '신God에게 감사하며'라는 흔한 표현과의 대비는 일부러 의도한 것이었다. 그는 자신을 돌본 의사들, 간호사들, 그들이 그를 진단하고 치료할 수 있도록 거든 발전된 과학 장비의 발명가들, 나아가 자신의 피가 묻은 시트를 빨아준 세탁부들의 선량함에 감사했다. 그리고 자신을 위해 기도하겠다는 편지를 보내온 사람들을 가볍게 비꼬았다. "염소 제물은 바쳤습니까?" 그 글을 읽어보라. 그것은 정말로 감사받을 자격이 있는(그리고 정말로 실존하는) 대상들에게 바치는 진심 어린 기쁨의 감사편지다.[39]

리처드 그레고리는 2010년 타계했다. 그의 사망은 과학에 대한 대중의 이해를 높인다는 우리 공통의 사업에 크나큰 손실이었다. 그는 착시를 정신의 작동 방식을 들여다보는 창으로 활용하는 데 정통한 심리학자였고, 또한 창의적 발명가의 기예와 통찰을 심리학에 접목했으며 과학사에도 조예가 깊었다. 그는 직접 만져보는 '체험형' 과학관을 개척한 장본인이었다. 그런 형식은 그가 직접 지은 브리스틀의 익스플로러터리와 샌프란시스코의 익스플로러토리엄을 통해서 널리 알려졌다.

리처드는 늘 즐거움과 열정으로 펄떡거리는 사람이었다. 자신이 좋아하는 과학적 사실을 설명할 때면, 다 큰 어른인 그가 꼭 크리스마스에 받은 새 장난감을 풀면서 흥분에 겨운 소년처럼 즐거워서 깔깔거리며 거의 춤이라도 추는 듯 행동했다. 그는 왕립학회 회원으로 선출되었을 때 대단히 기뻐했고, 한참 뒤에 내가 같은 영예를 누리게 되었을 때 친절한 축하편지를 보내와서 이렇게 말했다. "'밖'에 있는 것보다는 '안'에 있는 게 훨씬 더 재밌답니다!"

리처드를 처음 만난 것은 내가 대학원생일 때 그가 옥스퍼드에 강연을 하러 온 때였다. 심리학 강연 후 질문에 대답하다가, 그는 자신이 직접 만든 끝내주게 기발한 발명에 대해서 설명했다. 천체망원경에 적용되는 그 발상은(지금은 같은 효과를 내는 컴퓨터 기술로 대체되었다) 이미 감광된 사진판으로 다시 사진을 찍음으로써 상층 대기가 가하는 무작위적 '잡음'을 평준화하여 제거하자는 꾀바른 수법이었다.

그를 다시 만난 것도 그가 옥스퍼드를 방문한 때였다. 이번에는 랄라와 내가 그를 우리집으로 초대해 함께 저녁을 먹었다. 그 자리에 우리는 프랜시스 크릭과 아내 오딜도 초대했다(화보에 실린 사진은 오딜이 찍었다). 두 지적 거인을 우리집 식탁에 앉히고 두 사람의 불꽃 튀는 대화를 듣는 것은 랄라와 내게 엄청난 영광이었다. 그 대화는 훗날 내가 상호 개인 지도라고 부를 형식의 선구 격이었다.

앞서 언급한 수 블랙모어가 쓴 리처드 그레고리의 부고가 떠오른다. 애정 넘치는 그녀의 부고는 그 인물을 아름답게 담아냈다. 그녀는 1978년에 브리스틀 연구실에서 그를 처음 만난 기억을 이렇게 회고했다.

> 그는 내가 정신이 쏙 빠지도록 이것저것 구경시켜주었다. 석고와 약간의 나무로 만들어진 초기의 모의 비행 장치, 금속 팔과 관절을 가진 3차원 그림 기계, 빙글빙글 회전하는 수은 공. 수은은 그가 일종의 반사망원경처럼 썼으면 해서 갖고 있는 물건이었다(요즘은 그런 실험이 허락되는 걸 상상도 할 수 없다).
>
> "이거 재밌죠?" 그레고리는 괴상하고 흥미로운 한 질문에서 다른 질문으로 넘어갈 때마다 이렇게 내뱉었다….
>
> 그레고리처럼 괴짜 같고, 창의적이고, 별나고, 똑똑하고, 매력적인 사람은 다시는 없을 것이다. 하지만 나는 그의 명랑한 호기심과 과학에 대한 기쁨을 품은 과학자가 더 많아지기를 바란다. 그런 과학자들의 열정이 목표, 측정, 유용성에 대한 집착으로 가득한 오늘날의 문화에서 꿋꿋이 살아남기를 바란다.

리처드의 시모니 강연 제목 '우주와 악수하기'는 당연히 그의 '체험형' 접근법을 빗댄 말이었고, 강연은 생생한 시연의 잔치였다.

나는 1987년 로스앤젤레스에서 재러드 다이아몬드를 처음 만났다. 나는 그곳에서 두 주를 머물면서 앨런 케이가 애플컴퓨터에서 꾸린 연구팀의 객원으로서 집중적으로 일했고, '바이오모프'를 생성하는 프로그램인 내 '눈먼 시계공'의 컬러 버전을 작성하고 있었다(520~521쪽을 보라). 그곳은 작업에 이상적인 환경이었다. 나는 젊고 영리한 프로그래머들과 탁 트인 사무실을 함께 쓰며 어느 때고 맥 툴박스의 난해한 작동 방식에 대해서 그들에게 물어볼 수 있었다. 그보다 더 좋았던 것은 거주 환경이었다. 나는—수학 교사이자 뛰어난 퍼즐 애호가인—쾌활한 그웬 로버츠의 집을 찾아드는 잡다하지만 흥미로운 손님들 중 한 명으로 머물렀다. 그녀는 몹시 별나고 재미난 사람이었는데, 만일 작가였다면 최고로 이색적인 '펄버배치'를 자랑했을 것이다.[40] 매일 아침 나는 그웬의 집에서 버스로 출근했고, 점심은 보통 사무실의 컴퓨터광들과 함께 근처 델리로 사람을 보내 사온 샌드위치를 먹었다. 그러던 어느 날, 내 전공인 생물학 분야에서도 이름이 나 있었지만 그때까지 만난 적은 없던 어느 UCLA 교수로부터 밖에서 함께 점심을 먹자는 제안을 받았다. 그가 재러드 다이아몬드였다.

그가 자기 차로 나를 애플 사무실 앞에서 태워가기로 했다. 그가 쓴 책들은 모두 베스트셀러였기에, 나는 모퉁이에서 기다리면서 꽤 괜찮은 차를 기대했다. 번드르르한 차까지는 아니라도 있어 보이는 차를. 똑바른 길 저 멀리서부터 털털거리고 휘청거리며 느릿느릿 내 쪽으로 다가온 낡아빠진 폭스바겐 비틀에는 눈길도 주지 않았다. 그런데 그 차가 끽 섰고, 그 안에는 다이아몬드 박사의 웃는 얼굴이 있었다. 나는 차에 탔다. 접착제가 떨어지는 바람에 천장에서 늘어져내린 천조각을 피하려고 애쓰면서 함께 타고 갔다. 그가 어떤 식당으로 데려갈지 나는 전혀 몰랐다. 매력적인 폭스바겐에서 감을 잡았어야 하는 건데 말이다.

우리는 UCLA 캠퍼스에 비틀을 주차한 뒤, 나무 그림자가 살짝 드리운 시원한 강둑 풀밭으로 걸어갔다. 우리는 풀밭에 앉았고, 재러드가 큼직한 천으로 만 점심을 꺼냈다. 치즈 한 덩어리와 바삭한 빵이었다. 그가 스위스 군용 접이칼로 그걸 잘라주었다. 완벽했다! 웨이터가 우리에게 "저는 제이슨이라고 합니다, 제가 오늘 식사를 봐드리겠습니다" 하고 수줍게 인사한 뒤 오늘의 특별 요리를 주섬주섬 소개하고 나중에는 "맛이 괜찮으십니까?" 하고 물어서 대화를 방해하는 시끄러운 레스토랑보다는, 흥미로운 대화를 나누기에 훨씬 좋은 환경이었다. 그리고 그 전원적인 풍경에서, 재러드의 빵과 치즈는 맛이 정말 끝내줬다.

말이 나왔으니 말인데, 영국 퍼브들은 빵과 치즈만 제공하는 메뉴를 '농사꾼의 점심'이라고 부른다. 오래된 이름은 아니고, 웬 마케팅의 명수가 만들어냈을 것이다. 이 이름은 〈아처스〉에서 재미난 시대착오적 농담의 소재가 된 적이 있다.[41] 한 농장 일꾼이 향수에 젖어서 요즘 마을 여관에서 주는 '농사꾼의 점심'은 자신이 젊었던 그 옛날 좋았던 시절에 받았던 '농사꾼의 점심'과는 비교도 안 되게 허술하다고 불평하는 대목이었다.

내가 재러드를 다시 만난 건 1990년이었다. 당시 롱아일랜드의 콜드스프링 하버연구소 소장이었던 짐 왓슨이 재러드와 나더러 그 명망 있는 기관의 100주년 기념 학회를 조직해달라고 요청했다. 학회의 제목은 '진화: 분자에서 문화로'였지만, 내가 제일 생생하게 기억하는 것은 좀 직설적이었던 러시아 언어학자들과의 일화다. 그들을 초청한 사람은 재러드였다. 나는 언어학자와 진화생물학자는 공통점이 많으리라는 허황된 상상을 품고 있었던 것 같다. 언어가 역사적 시간의 흐름에 따라 점진적으로 바뀌는 방식은, 생물종이 지질학적 시간의 흐름에 따라 변화하는 방식과 피상적일지언정 아주 비슷해 보인다. 언어학자들은 후손 언어들을 세심하게 비교 분석함으로써 인도유럽공통조어 같은 고대 사어를 재구성하는 기법을 완벽하게 개발해냈는데, 그 기법은 진화생물학자들에게 친근하리만치 익숙해 보인다. 특히 분자적 텍스트라고 불러도 좋을 만한 대상을 다루는—왓슨-크릭 시대 이후의—분자생물학적 분류학자들에게. 게다가 우리 호미닌 선조에게 언어 능력이 처음 생겨난 사건은 생물학자들에게도 크나큰 관심의 대상이다. 일부 언어학자들은 그것을 (풀 수 없기에) 금지된 문제로 여기지만 말이다. 1866년 파리언어학회가 그 문제에 대한 답은 영원히 알 수 없다는 이유로 그 문제에 대한 토론을 금한 것은 악명 높은 일화다.

내게는 그런 금지가 터무니없이 부정적인 것으로 보인다. 언어의 기원을 재구성하기가 아무리 어렵더라도, 언어에는 당연히 하나의 기원, 혹은 여러 기원이 있었을 것이다. 우리 선조들의 전前 언어 상태로부터 언어가 진화한 전이기가 있었을 것이다. 전이는 실재했던 현상이고, 파리언어학회가 좋아하든 말든 실제 벌어진 사건이었으며, 그것에 대해 추론만이라도 해봐서 해될 것은 없다. 우리 선조들은 침팬지의 기호언어와 비슷한 단계, 즉 어휘는 많이 갖고 있으되 현재 인간만 쓰는 위계적 중첩 구문론은 갖고 있지 않은 단계를 거쳤을까? 위계적으로 내포된 문법구조를 쓰는 능력은 어느 한 천재적 개인에게서 돌연 생겨났을까? 만약 그랬다면, 그는 누구와 말을 나눴을까? 그 능력은 원래 발화되지 않은 내면의 생각을 표현할 소프트웨어 도구로서 생겨났다가 나중에 발성 언어의 형태로 외면화한 걸까? 화석은 우리의 다양한 선조들이 어떤 범위의 발성을 낼 수 있었는지에 대해서 뭔가 실마리를 줄까? 비록 현재로서는 우리가 그 답에 가 닿을 수 없더라도, 당연히 이런 질문에는 모두 확실한 답이 있을 것이다. 이 문제에 대해서는 다음 장에서 다시 이야기하겠다(512~516쪽을 보라).

재러드와 나는 즐거운 서신 교환을 통해서 학회에 초청할 사람들의 명단을 꾸렸다. 단 대부분의 전문성은 그가 제공했다는 사실을 밝혀야겠다.

마침내 열린 학회는 내게는 좀 당황스러운 자리였다. 나는 언어학자들이 인도유럽공통조어 같은 비교적 최근의 조어祖語들을(약 기원전 3500년의 언어다) 재구성하는 데 성공했다고 말하면서 내보이는 확신에 감명받았다. 그리고 그들이 우랄공통조어나 알타이공통조어 같은 다른 원시 언어들도 비슷하게 재구성할 수 있으리라고 짐작했다. 비유를 좀 더 밀어붙이자면, 그런 조어들을 똑같은 재구성 기계에 집어넣으면 이론적으로는 모든 원시 언어의 끝에 해당하는('시작에 해당하는'이라고 말해야 옳을지도 모르겠다) 하나의 원시 언어가—이른바 '노스트레이트공통조어'가—나올지도 모른다. 많은 언어학자는 이것을 좀 무리한 가정으로 여긴다는 걸 나도 알고 있었지만 말이다.

여기까지는 좋았다. 그러나 나는 상당히 자명한 가설, 속된 말로 돌머리도 떠올릴 것 같은 가설을 그 자리에서 과감하게 제안하고서

망했다. 진화생물학자로서 뭔가 기여해야겠다는 생각에, 나는 내 딴에는 언어 진화와 유전자 진화의 명백한 차이라고 여긴 특징을 지적했다. 생물종은—아마도 지리적 사건으로 서로 분리된 탓에—일단 둘로 나뉘면, 그 뒤에 상호 교배가 불가능할 지경까지 발산하면, 그 상태를 영원히 되돌릴 수 없다. 과거에는 유성생식으로 뒤섞였던 두 유전자풀이 이제는 서로 만나더라도 다시 통합되지 않는다.[42] 과학자들이 종의 분리를 정의하는 것도 이 기준에 따라서다. 대조적으로, 언어들은 서로 멀리 발산했다가도 종종 다시 만나서 근사하고 풍요로운 잡종을 형성한다. 따라서 생물학자는 모든 현생 포유류종의 과거를 추적하여 가령 1억 8천만 년 전쯤 살았던 단 하나의 암컷 생물체로 거슬러 올라갈 수 있는 데 비해, 모든 인도유럽어족 언어의 과거를 추적하여 가령 350만 년 전 동유럽 어딘가의 특정 부족이 사용했던 단 하나의 선조 언어로 거슬러 올라가는 작업은 불가능할 것이다.

이런 내 말에 러시아 언어학자들은 졸도할 지경으로 분개했다. 그들은 언어들은 *절대* 융합되지 않는다고 주장했다. 나는 "하지만, 하지만, 하지만" 하고 더듬거리며 물었다. "영어는 어떻습니까?" "말도 안 됩니다." 그들은 쏘아붙였다. "영어는 순수한 게르만어입니다." 그래서 나는 "영어 단어의 몇 퍼센트가 로망스어에서 유래했습니까?" 하고 물었다. "아, 80퍼센트쯤입니다." 그들의 태연한, 오만할 정도로 역설적인 대답이었다. 나는 납작 짓밟혔지만 수긍하지 못한 상태로, 내 생물학자의 껍데기에 도로 틀어박혔다.

학회는 성공적이었던 것 같다. 재러드와 나는 둘 다 뿌듯했다. 나중에 시모니 강연을 하러 옥스퍼드로 왔을 때, 그는 최고로 너그러운 손님이었다. 빵과 치즈의 이미지와는 달리—아니, 오히려 그에 부합한다고 말하는 게 옳겠다—그는 자신이 인생의 더 좋은 것들도 음미할 줄 아는 사람임을 보여주었다. 랄라와 내게 훌륭한 빈티지의 나파밸리 카베르네 소비뇽 와인을 선물하며, 세심하게도 2005년에서 2017년 사이에 마시라고 병에 적어둔 것이다. 우리는 2015년에 이 자서전이 출간되면 기념으로 그 와인을 딸 것이다.

재러드는 뛰어난 생리학자, 조류학자, 생태학자인 동시에 뛰어난 교양인이고, 여러 언어를 하며, 인류학과 세계사에도 조예가 깊다. 시모니 강연은 그 덕을 보았는데, 그는 자신의 책 《총, 균, 쇠》를 중심으로 강연을 풀어나갔다. 실로 역작인 그 책을 읽어보면, 왜 재러드 이전에 다른 역사학자가 이런 책을 못 썼을까 하는 의아한 마음이 절로 든다. 왜 그 책의 흥미로운 역사적 논지를 구축하는 데 꼭 과학자가 필요했을까? 그다음 시모니 강연자였던 스티븐 핑커의 책 《우리 본성의 선한 천사》에 대해서도 똑같은 말을, 어쩌면 좀 더 강하게 할 수 있을 것이다.

나는 촘스키의 책과 다른 책을 한두 권 더 읽은 것 말고는(문법 생성 컴퓨터 프로그램을 짜려고 독학할 때 읽었는데, 이 이야기는 자서전 1권과 이 책 524~525쪽을 보라), 언어학에 대해 아는 바를 대부분 스티븐 핑커에게 배웠다. 현대 인지심리학에 대해 아는 바도 마찬가지다. 인간의 폭력성의 역사에 대해서도.

스티브 핑커와 나는 전 세계 과학자들 중 유전체 전체를 서열 분석한 몇 안 되는 사람이다(다른 이로는 짐 왓슨과 크레이그 벤터가 있다). 스티브의 유전자에 따르면, 그는 지능이 높아야 한다(이건 전혀 놀랍지 않다). 더 재밌는 점은, 그가 대머리여야 한다는 것이다(인터넷에서 그의 사진을 찾아보라). 여기에는 우리가 알아야 할 중요한 교훈이 있다. 많은 경우 유전자의 효과는 특정 결과가 발생할 통계적 확률을 아주 약간만 변화시킨다는 사실이다. 헌팅턴병 같은 두드러진 예외를 제외하고는, 특정 유전자가 특정 결과를 높은 확률로 결정해버리는 게 아니라 다른 많은 유전자를 비롯한 다른 많은 요인과 상호작용을 해서 결정한다. 우리는 특히 어떤 '질병의 유전자'를 이야기할 때 이 점을 명심해야 한다. 어떤 사람들은 자기 유전체를 살펴보면 자신이 정확히 언제 어떻게 죽을지 알게 될까 봐, 일종의 사형선고를 받을까 봐 두려워한다. 그런 두려움이 현실적인 것이라면, 일란성쌍둥이는 모두 동시에 죽어야 하지 않겠는가!

스티브는 심리학자치고는 선천론 진영으로 살짝 기울어 있다는 평을 듣는다. 그러나 이 평은 사실 그가 심리학 및 사회과학 분야에서 20세기 대부분의 기간에 강단의 일부 학파들이 추종한 극단적 환경결정론을 따르지 않는다는 뜻에 불과하다. 그의 입장은 그의 책 《빈 서판》에 잘 나와 있는데, 이 책의 제목은 그의 2002년 시모니 강연 제목이기도 했다. 그는 꾸준히 성장하고는 있지만 아직은 좀 사면초가 상태인 일부 진화심리학자들의 지도자다. 이 입장 때문에 그는 일부 심리학자와 철학자 사이에서 이상하게 인기가 없었다. 그런 철학자 중에 고 버나드 윌리엄스도 포함되었다는 점은 더 이상했다. 윌리엄스는 다른 문제들에서는 대단히 합리적인 철학자였기 때문이다.

앞서 말했듯이, 국제무신론자연맹은 황송하게도 2003년에 리처드 도킨스 상을 제정하여 무신론에 대한 대중의 의식을 고취시킨 사람에게 매년 시상해왔다. 2011년에 국제무신론자연맹이 두 단체로 갈라진 뒤에는 미국무신론자연맹이 상을 주었다. 나는 수상자를 고르는 위원회에는 관여하지 않지만, 연맹의 연례 모임에 참석하여 직접 시상하려고는 노력한다. 미국에 못 갈 때는 연설을 비디오로 녹화해서 보낸다. 2013년 수상자인 스티브 핑커에 대한 내 연설문 전문은 웹 부록에 실려 있다. 여기에는 시작과 끝만 인용해보겠다.

> 신문이나 잡지는 종종 전 세계에서 대중적으로 가장 영향력 있는 지식인의 순위를 매긴 명단을 발표합니다. 그런 명단에서 스티븐 핑커는 늘 꼭대기 근처에 있는데, 아주 합당한 일입니다. 제가 그런 세계 지식인 명단을 작성한다면, 아마도 그가 1등일 겁니다. 그런 그에게 제 이름이 붙은 이 상을 드리게 되어 진심으로 기쁩니다.
> 대단히 잘 읽히는 글을 쓸 줄 아는 그는 자신의 전문 주제를 비전문가 독자들에게 소개합니다. 그런 일을 하는 사람이 그만은 아니지만, 그는 그걸 최고로 잘해냅니다. 그런데 정말로 놀라운 점은 그가 서로 다른 여러 주제에 대해서 그렇게 한다는 것이고, 과학 저널리스트와는 달리 그는 자신이 쓰는 모든 주제에 대해서 진정한 세계 정상급 전문가라는 것입니다. 그의 학식은 독자를 사로잡는 그의 문체의 매력만큼이나 깊습니다.

나는 그의 책들을 간략히 소개한 뒤 이렇게 마무리했다.

> 이렇게 많은 성과를 이뤘으니, 어떤 이들은 그가 그동안 모은 적잖은 월계관을 쓰고 이제 그만 쉴 거라고 생각했을지도 모르겠습니다. 생각해보니까 월계관은 그의 유명한 헤어스타일에 아주 잘 어

울리겠군요. 하지만 월계관을 쓰고 쉬는 것이야말로 스티브가 결코 하지 않은 일이었습니다. 그는 걸작이라는 말로밖에 설명할 수 없는 책을 써냈고, 그것도 완전히 새로운 분야, 즉 역사 분야로 옮겨서 그렇게 했습니다.《우리 본성의 선한 천사》는 학문적 역작 그 이상입니다. 그 책은 희망과 낙관주의의 기록입니다. 희망과 낙관주의는 오늘날 우리에게 몹시 필요한 것들인데, 바로 그렇기 때문에 우리는 그것들을 제공하겠다고 나서는 사람을 누구든 일단 의심하고 봐야 합니다. 하지만 이 경우 우리의 의심은 순수한 학문적 성과의 무게에 굴복하고 맙니다. 그리고 '학문적 성과의 무게'란 표현이 이 책이 어려울 거라는 느낌을 준다면, 그거야말로 틀린 말입니다. 이 책은 가볍고 쉽게 읽힙니다. 재치와 재미가 있어서 곁에 두면 즐거운 책입니다. 저자처럼 말입니다.

무신론자연맹이 이렇게 걸출한 학자이자 제 개인적 영웅인 분을 제 이름이 붙은 상의 수상자로 선정한 것이 저로서는 황송하고 영광스러울 따름입니다.

영국 과학에 국한해서 말하자면, 마틴 리스는 *진정한* 귀족에 가깝다. 그는 왕립천문학자이고, 왕립협회 회장이었고, 케임브리지와 옥스퍼드의 모든 칼리지를 통틀어 논의의 여지는 있을지언정 가장 부유하고 저명한(과학 분야에서는 틀림없이 가장 저명하다) 칼리지의 학장이었고, 기사 작위를 받았으며, 귀족이 되었다. 그리고… 템플턴상 수상자다. 아, 이건 문제다. 그 상을 주는 이들이 꿈꾸는 '영적 차원'에서 진정한 과학이 어떻게 타락할지 누가 알겠는가?

순진하리만치 너그러운 창설자가 금전적 측면에서 노벨상을 능가하도록 제정한(물론 다른 측면들에서는 그렇지 않다) 템플턴상은 초기에는 테레사 수녀나 빌리 그레이엄처럼 노골적으로 종교적인 인물들에게 주어졌다. 얼마 후에는 음흉한 초점이 이동하여, 과학자들 중에서 대단히 뛰어나진 않더라도 신앙을 공개적으로 천명한 사람들이 수상자가 되었다. 그런데 좀 더 최근에는 상황이 완벽하게 역전되어, 아주 뛰어난 과학자들 중에서 종교인이라고는 전혀 말할 수 없어도 이따금 '심오한 헛소리'에 지나지 않는 '영적' 발언을 함으로써 진정한 과학의 금가루를 종교에 좀 뿌려줄 의향이 있는 사람들에게 상을 주게 되었다. 프리먼 다이슨과 마틴 리스가 제일 좋은 예다. 다음번 파우스트적 단계는 무엇일까? 다마스쿠스 개종을 할 마음을 먹은 악명 높은 무신론자들? '심오한 헛소리'라는 멋진 용어를 지어낸 장본인인 댄 데닛이 제일가는 후보일지도 모른다. 아니면, 댄이 내게 말했던 것처럼, "리처드, 혹시라도 형편이 어려워지면…."

뛰어난 과학자일수록 템플턴상이 그를 이용해먹을 위험도 높아진다. 마틴 리스는 정말 훌륭한 과학자일뿐더러 보기 드물게 선하고 훌륭한 사람이다. 혹시라도 템플턴상에 대한 내 반감이 예나 지금이나 그를 개인적으로 비난하는 것처럼 보였다면 사과하겠다. 나는 그를 대단히 존경하며, 따라서 템플턴상이 그런 빛나는 스타를 끌어들여 자신의 꾀죄죄한 이미지를 빛내고 싶어 하는 마음을 정확히 이해한다.

마틴 리스는 훌륭한 과학자일 뿐 아니라 자기 분야를 훌륭하게 소개하는 전달자다. 그 분야가 우주론일 때, 그것은 결코 쉬운 일이 아니다. 우주론학자들은 다른 어느 과학자들보다도 심오한 질문과

씨름할 때가 많다. 마틴은 그 내용을 눈높이를 낮추지 않은 채, 대중영합주의에 빠지지 않은 채, 명료하고도 흥미진진하게 전달한다.

그의 시모니 강연은 우리 존재라는 심오한 문제를 어떻게 하면 단순하게, 그러나 지나치게 단순화하지 않고서 다룰 수 있는지 보여주는 모범이었다. 강연 제목이 '복잡한 우리 우주의 미스터리'였기 때문에 그는 복잡성이 무엇인지부터 설명했는데, 사랑스러운 이미지 하나를 예로 들었다. 별들은 비록 거대하지만, 그래도 "별이 나비보다 훨씬 단순하다"는 것이었다. 그는 타당한 확신을 담아 말하기를, 추론적 의문을 제기할 자격은 형이상학이 아니라 과학에 있다고 했다. 이를테면 우리가 우주에서 생명 친화적 행성을 발견할 확률이 얼마나 되는가, 아니면 수십억 개의 우주가 있다는 다중우주에서 생명 친화적 우주를 발견할 확률이 얼마나 되는가 하는 의문 따위가 그렇다(그는 《여섯 개의 수》에서 다중우주 개념을 아름답게 탐구한 적이 있다). 그가 강연에서 한 말을 빌리자면, "이런 질문은 형이상학이 아니라 과학입니다. 추론적 과학이기는 하지만."

내가 리처드 리키를 처음 만난 계기는 그가 내게 보내온 좀 특이한 편지였다. 그는 이사로 재직하는 런던의 어느 칼리지에서 후원에 관한 용무를 맡고 있는데, 웬 미국 부자에게 거금을 기부하라고 설득하는 중이라고 했다. 그런데 그 잠재적 후원자가 내 책의 독자였고, 나를 만나고 싶어 했다. 리처드는 자기 둘과 함께 옥스퍼드의 레스토랑에서 점심을 먹어줄 수 있느냐고 편지로 물었다. 나는 그러겠다고 했다. 주된 이유는 리처드 리키를 만나고 싶어서였다.

두 남자는 방식은 달라도 둘 다 비범한 인물이었다. 우리를 초대한 남자는 아는 게 많고 말도 많은 사람이었으며, 더구나 의지도 강해서 자신이 좋아하는 '철인왕'이라는 별명에 어느 정도 걸맞은 인물이었다. 식사를 주문할 때, 그가 별생각 없이 와인 목록을 리처드에게 건네면서 하나 고르라고 했다. 리처드가 목록을 훑은 뒤 소믈리에와 귓속말을 나누고 목록을 도로 건넬 때, 그의 입술에 사악한 미소가 스쳤던가? 만일 그랬더라도 나는 알아차리지 못했다. 분위기는 유쾌했고, 와인은 훌륭했다. 훌륭해야만 했다. 바로 이 점이 이야기의 핵심이다. 그러나 당시에는 나는 웨이터가 철인왕에게 계산서를 건넬 때까지 아무것도 몰랐다. 철인왕은 얼굴이 새하얘지고 입이 딱 벌어졌지만, 군말 없이 지불했다. 나는 뭐가 문제인지 몰랐지만, 나중에 리처드가 무척 재밌어하면서 알려주었다. 그가 소믈리에에게 속삭인 지시는 한 병에 200파운드가(2016년 환율로 약 30만 원 – 옮긴이) 넘는 와인을 가져오라는 것이었다. 이것은 분명 거액의 기부금을 끌어내고자 하는 상대의 마음에 들려고 노력하는 처신은 아니다. 이런 태도를 표현할 적절한 말은 당돌함인 것 같은데, 내가 나중에 겪어서 알게 되었듯이 당돌함이야말로 리처드 그 자체였다. 내가 아는 한, 그는 심지어 그런 일을 저지르고도 별탈이 없었던 것 같다.

다음에 그를 만난 것은 또 다른 점심식사 자리에서였다. 이번에는 존 브록먼과 앤서니 치섬이 추진한《사이언스 마스터스》시리즈 출간기념회였다(210~211쪽을 보라). 리처드도 나도 얇은 책 한 권씩을 시리즈에 보탰다. 내 책은《에덴의 강》이었고, 그의 훌륭한 책은《인류의 기원》이었다. 식탁에서 랄라가 그의 옆자리에 앉았는데, 두 사람이 워낙 죽이 잘 맞았던지라 그가 랄라에게(덤으로 내게도) 크리스마스에 인도양에 면한 케냐의 자기 집으로 놀러 오라고 초대했다. 우리는 갔고, 그 만남을 통해서 다시 한 번 그에게는 유머가 가미된 불굴의 기상이 있음을 깨달았다. 크리스마스 방문 후 나는 〈선데이타임스〉에 그에 관한 이런 글을 썼다(《악마의 사도》 중 '영웅과 조상' 장에 재수록되었다).

> 리처드 리키는 강건한 영웅과도 같은 사람이다. 그는 '어느 모로 보아도 거인'이라는 상투적인 표현에 실제로 어울린다. 다른 거인들처럼 그는 많은 사람에게 사랑받고, 몇몇 사람에게 두려움을 사지만, 어떤 사람의 평가에도 지나치게 집착하지 않는다. 그는 1994년 치명적일 뻔했던 비행기 사고로 두 다리를 잃었다. 당시는 그가 밀렵꾼과의 전쟁에서 엄청난 성공을 거둔 시기의 끝자락이었다. 케냐 야생동물국 국장으로서 그는 사기가 땅에 떨어졌던 관리인들을 밀렵꾼들에게 맞먹는 현대적 무기를 소지한 일류 전사들로 바꿔냈다. 더 중요한 점은 그들에게 단결심과 밀렵꾼에게 맞서려는 의지를 불어넣었다는 것이다. 1989년 그는 모이 대통령을 설득하여 몰수한 코끼리 상아 2천 개 남짓을 몽땅 쌓아올려 불질러버렸다. 너무나 리키다운 대중 홍보의 절묘한 한 수는 상아 무역을 박멸하고 코끼리를 살리는 데 크게 기여했다. 하지만 그의 국제적 명성에 대한 질투가 생겨났다. 그는 그 명성을 활용하여 자기 부서를 위한 기금을 모았는데, 다른 공무원들은 그 돈을 탐냈다. 그들이 더 용납할 수 없었던 점은, 그가 케냐에서 큰 부서를 효율적으로 운영하면서도 부패하지 않을 수 있다는 사실을 눈에 띄게 증명해 보인 점이었다. 그들은 리키를 내쫓아야 했고, 리키는 정말로 떠났다. 그런데 우연히도 그 무렵 그의 비행기가 이유 모를 엔진 이상을 겪는 바람

> 에, 그는 이제 두 의족으로 걸어다닌다(수영할 때 쓰도록 물갈퀴가 달린 여분도 한 쌍 있다). 그는 이제 다시 아내와 딸들을 선원으로 삼아서 돛단배를 달리고, 비행기 조종사 자격증도 한시도 꾸물거리지 않고 당장 되찾았다. 그의 기상은 결코 으스러지지 않을 것이다.

여기에서 '우연히' 뒤에 물음표가 딸려야 할까? 우리는 아마 영영 알 수 없겠지만, 그의 목숨을 앗을 뻔했던 엔진 이상이 비행기 점검을 받은 뒤 첫 비행에서 이륙 직후에 발생했다는 건 좀 수상하게 들린다.

리처드가 자기 다리에 대해서 약간 기괴하지만 재미난 이야기를 들려준 게 있다. 케임브리지에서 두 다리를 절단한 뒤, 그는 감상적인 이유에서 그 다리들을 사랑하는 케냐에 묻고 싶었다. 다리를 국외로 반출하려면 허가를 얻어야 하는데, 관료들은 그가 사망신고서를 함께 제출해야만 허가해줄 수 있다고 계속 우겼다. 그는 자신은 죽지 않았다고 합리적으로 항변했고, 관료들도 결국에는 그 말이 정당하다는 데 동의했다. 하지만 그들은 그가 손수 다리들을 휴대하여 갖고 나가야 한다고 정했다. 화물로 체크인할 순 없다고 했다. 리처드는 엑스선 검사기 화면을 들여다보며 지루하게 앉아 있던 직원이 그의 두 다리가 든 가방이 통과하는 순간 한 박자 늦게 놀라던 모습을, 그러고는 얼른 와서 이걸 좀 보라고 동료들을 불러댈 때의 표정을 배꼽 빠지게 흉내내 보였다.

리처드는 시모니 강연자로 자연스러운 선택이었고, 당연히 뛰어난 공연을 보여주었다. 언제나처럼 그의 강연은 별도의 메모 없이 즉흥적으로 이뤄졌다. 히친스와 비슷한 부류인 그의 유창한 강연이

더욱 인상적이었던 것은, 그가 이번에도 또 다른 성대한 점심식사 후 곧장 극장으로 달려왔기 때문이었다. 철인왕을 만났던 바로 그 식당에서, 이번에는 네덜란드 출신의 기부자 후보와 함께 말이다(그리고 내가 아는 한 똑같이 훌륭한 와인을 곁들인 자리였다).

나는 캐럴린 포르코를 1998년 로스앤젤레스에서 처음 만났다. 우리는 둘 다 앨프리드 P. 슬론 재단의 초청으로 과학자들과 영화 제작자들이 한자리에 모인 모임에 참석했는데, 할리우드에 과학을 좀 더 호의적인 관점으로 그려달라고 설득하기 위한 자리였다. 프랑켄슈타인 박사에서 스트레인지러브 박사까지, 픽션 속 과학자는 전형적으로 냉혈한의 괴짜, 인정머리 없는 인간, 사이코패스, 아니면 그보다 더 나쁜 모습으로 그려진다는 것이다. 마리 퀴리를 그린 1943년 영화는 그녀를 남편의 죽음에도 태연자약한 사람으로 묘사했는데, 한 참가자의 말에 따르면, 사실 "지금까지 전해진 한 편지를 보면, 그녀는 사람들이 남편의 시체를 실어왔을 때 허겁지겁 달려가 입을 맞추며 울었다". 회의에 참석한 감독들 중에는 그 행사와 행사의 취지를 몽땅 망치려고 혈안이 된 듯 격분한 반대자가 한 명 있었다. 그가 방송계에서 이름나고 유력한 사람이라 더욱 안타까웠다. 결국 짐 왓슨은 참을성을 잃고서 정말이지 그다운 말로 남자에게 멋지게 면박을 주었다. "당신, 실존 인물입니까? 꼭 예일대 영문학과에서 도망 나온 사람처럼 말하는군요." 그런데 나는 그 남자와 같은 패널로 바로 옆자리에 앉아 있던 웬 총명하고, 달변이고, 용감하고, 아름다운 천문학자가 그를 태연히 무시하는 모습에도 감명받았다. 그러다 문득 그녀가 그에게 뭐라고 조용히 속삭였고, 그는 온 청중이 다 듣도록 고래고래 소리 질렀다. "아, 이젠 이분도 나더러 멍청이라고 하는군요."

그 자리에서는 과학 멜로드라마를 만들면 어떨까 하는 말이 많이 나왔다. 과학자들에게 인간미를 부여해서 호감 가게 그리자는 것이었다. 캐럴린은 그런 드라마의 여주인공으로 이상적인 역할모델일 것이었다. 실제로 칼 세이건의 과학소설 《콘택트》의 여주인공 엘리에 관한 두 가지 소문 중 하나에 따르면, 캐럴린이 바로 그 모델이었다고 한다(다른 후보는 '외계 지적 생명체 탐색SETI' 사업의 책임자인 사랑스러운 질 타터다). 하지만 내가 토론에서 제시한 의견은 약간 이단적이었다. 나는 과학은 그 자체로 무척 흥미롭기 때문에 멜로드라마의 인간미 따위를 꼭 부여할 필요는 없다고 주장했다. 행사를 보도한 〈뉴욕타임스〉는 〈쥐라기공원〉에 공룡이 나오는데 사람까지 나올 필요가 뭐가 있느냐는 내 말을 기사에 인용했다. 그때 나는 비행기에서 그 영화를 다시 보고 온 참이었는데, 작은 화면으로 봤는데도 여전히 공룡들에게 홀딱 빠졌다. 하지만 그 영화의 '인간미' 메시지가 얼마나 과학적이지 않은지는 깜박 잊고 있었던지라 다시 보고 놀랐다. 영화의 결말 부분에서 과학자 등장인물들조차 부정적인 태도를 취하는 것은 너무 비현실적인 설정이었다. 그야 물론 티라노사우루스가 변호사를 통째 삼키는 광경을 목격하고 그랬으니까 끔찍한 경험이었겠지만, 아무리 그래도 호박에 보존된 모기가 빨았던 최후의 만찬에서 현재에 되살릴 수 있는 공룡 DNA를 회수한다는 발상에 매료되지 않을 과학자가 세상 천지에 어디 있단 말인가? 그리고 '카오스이론'을 터무니없는 방식으로 욱여넣은 것은, 영화가 제작된 그 시기에 인기였던 과학적 유행을 따른 것이었으리라. 요즘 그처럼 찰나의 인기를 누리는 과학적 유행을 꼽으라면, 나는

'후성유전학'을 들겠다(진심이다. 솔직하게 밝히지 않는 게 나을 내부자끼리의 농담도 많다).

토론이 끝난 뒤 우리는 할리우드를 돌며 대형 스튜디오 한 곳을 구경하기 위해서 버스에 탔는데, 그때 나는 후안무치한 술책을 동원해서 기어코 캐럴린 옆자리에 앉았다. 스타가 넘치는 전설의 도시에서, 나는 그보다는 카리스마 있는 과학자에게 반해버렸던 것이다. 그야말로 그 회의의 취지를 잘 구현한 일이 아니었을까? 생각해보니 바버라 킹솔버의 《비행 행동》도 정확히 같은 취지의 소설이다. 과학자를 공감할 만한 인간으로 묘사하고 그들이 어떻게 일하고 생각하는지를 그린 아름다운 이야기니까. 할리우드여, 제목을 적어두시라. 사랑스러운 영화가 될 것이다.

캐럴린은 옥스퍼드로 우리를 만나러 왔고(화보를 보라), 이후 랄라와 나와 친구가 되었다. 그녀는 NASA에서 카시니 영상팀을 이끄는 행성학자다. 토성과 그 여러 위성을 찍은 근사한 사진을 우리에게 보여준 팀 말이다. 하지만 그녀는 훌륭한 과학자 그 이상이다. 그녀는 과학의 시적인 측면에서, 특히 우리와 태양을 공유하는 행성들의 낭만에서 영감을 얻는다. 그녀는 내가 아는 한 여성 칼 세이건에 가장 가까운 인물이며, 행성들의 시인이자 별들의 가수다. 《콘택트》의 주인공이 실제 그녀를 모델로 삼았든 아니든, 소설이 영화화될 때 칼 세이건이 그녀에게 인물 자문을 맡아달라고 부탁했던 건 사실이다. 엘리가 먼 우주로부터 온 소통의 분명한 신호를 처음 듣는 장면은 지금도 생각만 해도 소름이 돋는다. 그 호리호리하고 영리한 젊은 여성이 충격적인 신호에 정신이 번쩍 들어 오픈카로 기지로 돌아가면서, 기지에서 졸고 있는 조수들에게 인터컴으로 천상의 좌표를 환희에 찬 목소리로 외치는 모습. 숫자들, 숫자들, 짜릿한 시와도 같은 그 숫자들, 그리고 각초角秒(3,600분의 1도) 수준의 그 정밀함이라니. 그 숫자들의 영웅이 여성이라는 건 시적으로 얼마나 어울리는 일인가. 그 또한 캐럴린을 닮은 역할모델이라는 사실이.

캐럴린의 시적인 면을 잘 보여주는 일화가 있다. 나는 이 일화를 옥스퍼드 플레이하우스에서 열린 그녀의 시모니 강연에서 그녀를 소개하면서 말했다. 그녀가 칼텍에 다닐 때 좋아했던 스승은 지질학자 유진 슈메이커, 그러니까 자신의 아내와 데이비드 레비와 함께 유명한 슈메이커-레비 혜성을 발견한 그 슈메이커였다. 천체지질학의 개척자였던 슈메이커는 아폴로 우주 탐사 프로그램의 일원이었다. 그는 달에 착륙하는 최초의 지질학자가 되고 싶어서 지원했지만, 슬프게도 건강 문제로 중도에 포기해야 했다. 그는 스스로 우주인이 되는 대신 우주인들을 훈련시키는 일을 맡았다. 1997년, 그가 오스트레일리아에서 자동차 사고로 죽었다. 비통에 잠긴 캐럴린은 행동에 나섰다. 그녀는 NASA가 곧 무인우주선을 발사한다는 걸 알았다. 우주선은 임무를 마친 뒤 달에 불시착하도록 프로그래밍될 것이었다. 그녀는 그 사업 책임자는 물론이거니와 NASA의 행성 탐사 프로그램 총책임자까지 설득하여, 스승의 재를 우주선에 싣는 데 성공했다. 우주인이 되고자 했던 진 슈메이커의 꿈은 생전에는 이루어지지 않았지만, 이제 그의 재는 그것을 흩뜨려놓을 바람 한 점 불지 않는(그래서 닐 암스트롱의 발자국도 아직 그대로 남아 있을 게 거의 분명하다고 한다) 달 표면에 고이 잠들어 있다. 캐럴린이 《로미오와 줄리엣》에서 고른 다음 글귀가 새겨진 사진제판과 함께.

…그가 죽고 나면,

그를 데려가 밤하늘의 작은 별들 사이에 심어다오,

그러면 하늘의 얼굴은 더욱 아름다워져서

모든 사람이 밤과 사랑에 빠질 테고,

번쩍거리는 태양을 더는 숭배하지 않을 테니.

나는 이 이야기를 수시로 꺼내 사람들에게 들려주곤 한다. 하지만 셰익스피어를 제대로 암송하지 못할 때가 많기 때문에, 랄라에게 구조를 요청한다. 랄라가 머릿속에 외우고 있는 이 대사를 아름다운 목소리로 낭송할 때 좌중 가운데 목이 메는 사람이 나 혼자만은 아닌 듯하다.

쉽게 예상할 수 있듯이, 캐럴린은 시모니 강연에서 근사한 사진들을 곁들여 보여주었다. 그녀의 시적인 말과 어울리는 아름다운 이미지들이었다. 나는 옥스퍼드 청중이 그녀에게 보내는 갈채를 들으면서 이 강연 시리즈를 시작한 게 자랑스러웠고, 찰스가 직접 이 강연에 참석했다는 게 기뻤다. 저녁식사 때 나는 캐럴린과 찰스를 나란히 앉혔다. 둘은 이후 계속 연락을 주고받고 있을 것으로 안다. 여담이지만, 슈메이커와 버스가 1982년 5월 27일 발견한 소행성대의 소행성 8331번이 도킨스라고 명명된 것은 캐럴린 덕분이었다.

나는 시모니 강연을 두 노벨상 수상자와 함께, 2006년의 해리 크로토 경과 2007년의 폴 너스 경과 함께 행복하게 마쳤다. 둘 다 엄청나게 유명하지만—게다가 폴 너스는 현재 왕립학회 회장이다—이른바 '훌륭하고 선한 사람들'이라 불리는 세습 귀족 기득권의 틀에는 맞지 않는 이들이다. 특히 해리 크로토는 남들이 자기를 독불장군이라고 불러도 개의치 않을 것이다. 그는 탄소 원자 60개로 이뤄진 놀라운 분자 버크민스터풀러렌('버키볼')을 발견한 공으로 다른 두 화학자와 함께 노벨상을 탔다. 6각형 20개와 5각형 12개를 조립하여 깔끔한 공 모양 입체를 만들 수 있다는 사실은 예전부터 알려져 있었다(고전 기하학자들은 이것을 '깎은 정이십면체'라 부르는데, 축구공을 이 방식으로 만들 때가 많다). 탄소 원자들이 꼭 팅커토이 장난감 부속처럼 서로 결합하여 크기에 한계가 없는 구조물을 이룰 수 있다는 사실도 진작 알려져 있었는데, 제일 유명한 예는 흑연과 다이아몬드 결정이다. 따라서 탄소 원자 60개가 결합하여 '축구공', 즉 깎은 정이십면체를 만들 가능성이 이론적으로는 알려져 있었지만, 해리 크로토와 그 동료들의 실험실에서 그 가능성이 실제로 실현된 것은 믿기 힘들 만큼 멋진 일이었다. 해리는 그 분자를 선구적 건축가 버크민스터 풀러의 이름을 따서 '버크민스터풀러렌'으로 명명했다(딴말이지만 나는 프랑스에서 열린 웬 희한한 학회에서 나처럼 연사로 참석한 90대의 풀러를 만난 적이 있는데, 그는 세 시간 동안 청중을 휘어잡는 멋진 강연을 보여주었다). C_{60}의 모양이 버키가 발명한 측지선 돔의 안정된 구조와 닮았다는 사실을 알아차렸던 것이다. 버키볼은 놀랍게도 운석에도 존재하는 것으로 밝혀졌다. 그보다 더 놀라운 사실은, 버키볼이 양자에 비하면 거인처럼 큰 분자인데도 불구하고 직관을 거스르기로 유명한 이른바 이중 슬릿 실험에서 꼭 양자처럼 행동한다는 것이다. (골프공으로 그 실험을 직접 해볼 만큼 모험심 투철한 사람은 아직 없었겠지? 하지만 이 잡담은 지나치게 멀리 벗어난 게 분명하다.)

해리 크로토의 시모니 강연은 계몽주의와 이성적 사고를 구하자는 간절한 호소였다. 그리고 뜻밖에 그는 템플턴재단에 우레 같은 공격을 감행했다. 내 귀에는 꼭 음악처럼 들리는 말이었다. 그는 내가 감히 시도하지 못할 수준까지 맹비난을 가했기 때문이다. 강연에서 그는 자신이 모은 교육용 자료들, 과학 교사들이 활용할 만한 짧은 영상들을 많이 보여주었다. 나는 두 번째 스타머스 회의에서도(151쪽을 보라) 그를 만났는데, 그때도 그는 여느 때처럼 무척 자극이 되는 강연을 펼쳐 보여서 기립박수를 받았다(내 기억에 그 회의에서 기립박수를 받은 연사는 해리 크로토뿐이었다).

말이 나왔으니 말인데, 해리의 스타머스 강연과 시모니 강연은 둘 다 파워포인트의 기교를 유감없이 발휘한 역작이었다. 그리고 그가 사용한 기법은 누구든 따라 하면 좋을 것 같다. 대개의 강연자가 그렇겠지만, 나는 강연할 때 종종 예전에 쓴 것과 똑같은 슬라이드 모듈 집합을 쓰되 그중 매번 다른 슬라이드를 뽑아서 쓰게 된다. 하지만 사실 프레젠테이션을 만들 때마다 똑같은 슬라이드들을 매번 복사해서 쓴다는 건 낭비다. 프로그래머라면 누구나 떠올릴 합리적인 전략은 모든 슬라이드를, 혹은 모든 슬라이드 모듈 집합을 하나씩만 만들어두고 여러 강연에서 필요할 때마다 그걸 '불러오는' 것이다. 해리는 내가 아는 한 유일하게 실제로 그렇게 하는, 그것도 제대로 하는 사람이다. 따라서 그의 프레젠테이션은 하드디스크 다른 곳에 저장된 단위들의 위치를 지시하는 *지시자(포인터)*들의 집합에 지나지 않는다. 한 가지 짜증스러운 것은, 다른 면에서는 파워포인트보다 더 나은 경쟁 프로그램인 애플의 키노트에서는 이 작업이 불가능하다는 것이다. 나는 그동안 절대 점프 대신 '서브루틴 점프' 하이퍼링크를 구현하게 해달라고 애플에 수시로 요청을 넣었다. 서브루틴 점프의 특징은 온 곳을 기억했다가 그곳으로 돌아간다는 것이다. 크로토 식 기교를 발휘하려면 이 기능이 꼭 필요하다. 이미 구현되어 있는 절대 점프보다 서브루틴 점프가 더 어려울 이유가 뭔지 나는 통 모르겠다(더 어려워서도 안 된다. 절대 점프는 애초에 나쁜 프로그래밍 관행이기 때문이다).

나는 폴 너스가 아직 옥스퍼드에 있을 때 두어 차례 만났다. 그가 포트 메도에서 달리기를 할 때라든지. 하지만 이야기를 길게 나눠 본 것은 2007년 4월 내가 뉴욕 록펠러대학이 주는 루이스 토머스 상을 받으러 그 대학을 찾아간 때였는데, 폴은 당시 그곳 학장으로서 나를 맞이해주었다. 그 상을 받은 건 유달리 기쁜 일이었다. 왜냐하면 루이스 토머스는 생물학자 중에서도 가장 감탄스럽고 서정적인 문체를 자랑하는 산문시인이었기 때문이다. 폴은 기분 좋게 격식 없고 친근한 학장이었다. 만나자마자 좋아지고 계속 좋아할 수밖에 없는 유형의 사람이었다. 그는 내게 자신의 출생에 얽힌 이상한 이야기를 들려주었는데, 지금은 잘 알려진 내용이지만 당시에는 그도 안 지 얼마 안 된 터였다. 내용인즉, 그가 그때까지 어머니로 여겼던 사람이 실은 외할머니였고 누나라고 여겼던 사람이 실은 어머니였다는 것이다. 두 사람은 죽을 때까지 그런 척했다고 한다. 폴은 진짜 출생의 사정을 알게 된 데 충격을 받았다기보다는 재밌게 여기는 듯했다. 물론 그 사실을 받아들이는 데는 시간이 좀 걸렸다고 했지만 말이다. 나는 생각했다. 어떤 기이한 운명의 장난이 뜻밖의 시작으로부터 천재를 발굴하는 걸까? 얼마나 많은 천재가 기회를 얻지 못한 탓에 끝내 발견되지 못했을까? 얼마나 많은 라마누잔이 세상에 알려지지 않은 채로 죽었을까? 얼마나 많은 재능 있는 여성이 이슬람 신정정치하에서 교육받지 못한 노예 상태로 남았을까?

폴 너스는 해리 크로토와 마찬가지로 소위 '기득권층'과는 거리가 먼 사람이다. 나는 그에게 그라면 마틴 리스를 이어 왕립학회의 이상적인 회장이 될 수 있을 거라고 말했고, 그는 넌지시 그럴 가능성이 없지 않다고 답했다. 2010년에 실제로 그렇게 되었을 때, 나는 아주 기뻤다. 그가 그 3년 전인 2007년에 한 시모니 강연 '생물학의 위대한 발상들'도 이미 왕립학회 회장에게서 기대할 만큼 권위 있는 개설概說이었으며, 피터 메더워가 1963년 영국과학협회 회장에 취임할 때 했던 강연을 약간 떠올리게 했다(그러나 물론 최신 정보로 업데이트한 내용이었는데, 현대 생물학에서 그것은 큰 차이다).

육군 원수였던 웨이블 경은 생애의 이런저런 시기에 외웠던 시들을 주로 묶은 매력적이고 놀라운(육군 원수의 책으로서는 그렇다는 말이다) 시선집 맨 끝에, 자신이 쓴 시를 마치 '길가의 수수한 민들레'처럼 살짝 끼워넣었다. '체리의 성모를 위한 소네트'라는 제목의 시에서 섬세한 세 연의 4행시들에 이어지는 마지막 두 행은 기독교적 취지에도 불구하고 내게 깊은 감동을 안긴다.

> 그 모든 사랑스러움, 온기, 빛에도 불구하고,
> 축복받은 성모여, 저는 싸움터로 돌아갑니다.

내가 지금 웨이블을 인용하는 것은 그가 독자들에게 자신의 시를 감히 걸작 시들과 나란히 수록한 데 대해 겸허하게 사과했기 때문이다. 나도 내 재직 기간 중 마지막이 될 시모니 강연을 스스로 하기로 결정했을 때, 웨이블처럼 조심스러웠다. 나는 신임 교수들이 다들

하게 되어 있는 취임 강연을 하지 않았던 걸 의식하고 있었다. 앞서 말했듯이, 내가 처음에는 시모니 리더로 임명되었고 나중에야 시모니 교수가 된 탓이었다. 실질적으로는 딤블비 강연이(221~222쪽을 보라) 취임 강연을 대신하는 셈이라고 여겼지만, 그것은 옥스퍼드 강연장에서 한 게 아니라 전국 텔레비전에 방영된 강연이었다. 그래서 나는 옥스퍼드 플레이하우스에서 고별 강연을 함으로써 빠뜨렸던 것을 보충하기로 했다. 그것이 내가 주최하는 시모니 강연 시리즈의 마지막일 것이었고, 탁월한 아홉 차례 강연의 정원 한 켠에 피어난 '수수한 민들레'일 것이었다. 나는 강연의 일부로 지난 시모니 강연들의 사진과 제목을 다 보여주었다.

'목적의 목적'이라는 제목의 내 강연은 목적의 두 의미를 구별하려는 시도였다. 나는 가령 창조적 설계에서 찾아볼 수 있는 참되고, 의도적이고, 인간적인 목적을 '신新목적'으로 정의했다. 이것은 목표와 야심으로서의 목적이다. 그리고 '원原목적'을 신목적에 선행했던 과거의 목적, 즉 다윈주의적 자연선택이 꾸며냈던 의사擬似 목적으로 정의했다. 내 논지는 신목적 그 자체가 원목적의 다윈주의적 적응이라는 것이었다. 여느 다윈주의적 적응처럼 이 적응에도 한계가 있지만—나는 그 어두운 면도 조명했다—또한 엄청난 미덕과 놀라운 가능성도 갖고 있다.

*

내가 그의 이름을 붙여서 만든 이 연속 강연이 찰스 시모니의 마음에 들었다면 좋겠다. 내 후임인 마커스 드 사토이가 전통을 잇고 있는 것은 고마운 일이다. 댄 데닛이 시리즈의 첫 연사로 섰던 1999년을 포함하여 매년, 찰스가 가급적 직접 강연을 들으러 오려고 애쓴 것도 고마웠다.

첫 강연이 끝난 뒤 저녁식사 자리에서, 나는 댄과 찰스의 건강을 빌며 축배를 제의했다. 그때 내가 한 말은 웹 부록에 전문을 수록해 두었는데, 여기서는 그 끝부분만을 인용하며 이 장을 맺을까 한다.

> 제가 시모니 교수가 된 지도 4년째라니, 믿기지 않습니다. 이런 위치를 누리게 된 제가 얼마나 운이 좋다고 느끼는지, 찰스의 후의가 얼마나 고마운지 이루 말할 수 없습니다. 저 자신만이 아니라 대학을 대신해서도 고맙습니다. 여러분에게 굳이 상기시킬 필요도 없겠지만, 찰스는 이전까지 아무 관계도 없던 이 대학에 영구 기부금을 냈습니다. 그건 곧 여러분이 저를 앞으로 10년만 더 참아주시면 다음번 시모니 교수를 만날 수 있다는 뜻입니다.
>
> 찰스는 그동안 개인적으로도 저와 랄라에게 좋은 친구가 되었습니다. 좋은 동료이기도 합니다. 우리는 과학과 인간 정신에 대해서 아주 많은 이야기를 나누기 때문입니다. 저는 그에게 끊임없이 배우며, 그와의 토론에서 제 논증을 가다듬습니다.
>
> 저는 찰스를 일종의 지적인 제임스 본드라고 여깁니다. 그는 인생을 한껏 만끽합니다. 추월차선에서 살아가는 삶이라고 표현해도 본인도 개의치 않을 겁니다. 그는 이런저런 장비들과 빠른 차를 좋아하고, 개인용 헬리콥터와 제트비행기를 직접 몹니다. 초음속 비행기도 있고 보통 비행기도 있죠. 하지만 여러분이 그의 헬리콥터나 쾌속정에서 그와 나눌 *대화*는 제임스 본드에게 기대할 만한 내용

과는 천양지차일 겁니다. 대화 주제는 차라리 의식의 속성이나 시간의 시작, 발언의 자유의 원칙, 대통일 이론에 대한 희망 따위일 가능성이 훨씬 높습니다.

찰스는 저희 집에도 네다섯 번 묵었습니다. 그를 손님으로 맞는 건 늘 즐거웠습니다. 랄라와 제가 시애틀을 방문한 횟수는 그보다 적은데, 주된 이유는 그와는 달리 우리에게는 리어 제트기도 팰컨 제트기도 없기 때문입니다. 하지만 대단히 인상적인 그의 집에서 열렸던 인상적인 집들이 파티에는 참석할 수 있었습니다. 시모니 저택은 제가 평생 본 건물 중에서 그 구조가 가장 상상력 풍부한 집이었습니다. 유리로 된 벽들이 믿기지 않는 각도로 맞닿아 있는 초현대적 건축물은 바자렐리의 그림들이나 벽 전체를 덮는 컴퓨터 스크린의 배경으로 완벽합니다.[43]

아쉽게도 작년에 열린 그의 쉰 번째 생일 파티에는 참석하지 못했습니다. 하지만 파티 분위기가 어떨지는 능히 상상할 수 있었습니다. 그리고 저는 그 자리를 축하하는 짧은 시를 써보내 마음으로나마 참석했습니다. 지금 그 시를 들려드리기 전에 말씀 드릴 점은, 그 시기는 마침 제가 《무지개를 풀며》를 출간한 시점과 겹쳤다는 것입니다. 《무지개를 풀며》는 키츠와 뉴턴, 과학과 시인들에 관한 내용이지요.

존 키츠는 잊자,
뉴턴의 과학적 기예도 잊자.
윌리엄 버틀러 예이츠도,
윌리엄 워즈워스도, 윌리엄 게이츠도 잊자.

뭘 풀어버리는 이야기도 잊자,

여기 믿기지 않는 남자가 있으니.

여기 어찌나 명민하고 민첩한지

나이 오십에 마하2를 뚫는 남자가 있다!

그리고 그가 꿰뚫는 게 어디 그것만이랴…

(윈도스98조차 그의 이해를 벗어나지 않으니.)

즐거운 이륙. 즐거운 착륙.

그의 초음속 비행기를 보라—

그것이 무지개를 *꿰뚫고* 사라지는 모습을!

RICHARD DAWKINS

12

과학자의 베틀에서 실을 풀며

My Life in Science

RICHARD
DAWKINS

나는 수십 년 동안 열두 권의 책을 썼다. 그 책들을 쓰려고 조사하고, 글을 쓰고, 교정하는 일이 내가 깨어 있는 거의 대부분의 시간에 내 머릿속을 채웠다. 하지만 그 책들은 모두 여러분이 직접 읽을 수 있으니, 자서전에서 한 권 한 권 소개하며 내용을 요약할 필요는 없을 것이다. 게다가 앞서 저작권 대리인들과 출판사들과의 관계를 이야기할 때 대충 시간순으로 책들을 다 언급했다. 여기서는 대신 내 책들에 거듭하여 등장하는 몇몇 주제를 소개할 텐데, 이것은 젠체하려는 게 아니다. 이 주제들을 다 합한 것이 말하자면 한 생물학자의 세계관을 보여주기를, 더 나아가 감히 희망하기로는 일관된 세계관을 보여주기를 바랄 뿐이다.

나는 각각의 주제가 한 책에서 다음 책으로 연속적으로 발전한 과정을 좇고, 그 주제가 언제 맨 처음 내게 떠올랐는지 살필 것이다.

따라서 시간순 배열은 느슨하게만 적용될 것이다.

진화의 택시 이론

자서전 1권에서 나는 웬 일본 텔레비전 촬영팀이 옥스퍼드로 찾아온 일화를 소개했다. 그들은 삼각대, 조명, 우산형 반사 장치, 카메라 장비를 런던 택시 한 대에 바리바리 싣고 나타났고, 감독은 반드시 달리는 택시 안에서 인터뷰를 하고 싶어 했다. 인터뷰는 쉽지 않았다. 통역자의 영어가 내가 알아들을 수 없는 수준이라, 부득이 그 딱한 통역자를 한 시간 동안 산책이나 하다 오라고 쫓아버린 뒤, 소위 '인터뷰'를 '즉흥적 독백' 형식으로 진행해야 했다. 또 다른 이유는, 런던에서 온 어리벙벙한 택시 운전사가 옥스퍼드 지리를 모르는 터라 내가 한참 떠들다가 이따금 말을 멈추고 어깨 너머로 "좌회전!" "우회전!"을 외쳐줘야 했기 때문이다.

뉴 칼리지로 돌아왔을 때, 나는 왜 인터뷰를 꼭 택시에서 해야 했는지 궁금해서 감독에게 물었다. 그랬더니 황당해하는 대답이 돌아왔다. "당신이 진화의 택시 이론을 쓴 사람 아닙니까?" 이번엔 내가 황당해할 차례였다. 나는 나중에야 그 표현이 어디서 나왔는지를 알아냈다. 나는 책에서 육체를 '그 속에 탄' 유전자들의 '생존 기계'나 '운반자'라고 자주 표현했는데, 짐작하기로—사실인지 확인해 보진 않았다—일본 번역자가 약간의 시적 자유를 발휘하여 '운반자'를 '택시'로 옮겼던 모양이다. 방송의 생리상, 그것은 그들이 달리는 택시에서 인터뷰를 진행할 충분한 이유가 되었다. 그러나 딱히 택시에 신경 쓸 것은 없다. 지금 내가 설명하려는 것은 '운반자'

의 이론적 중요성이다.

《이기적 유전자》에 대해서 가장 끈질기게 — 그리고 가장 짜증나게 — 제기되는 비판은, 그 책이 자연선택이 작용하는 차원을 헷갈렸다는 것이다. 그런 잘못된 지적을 가장 유창하게 표현한 사람은, 아니나 다를까 스티븐 굴드였다. 그는 엄청나게 천재적인 방식으로 상황을 오해했을 뿐 아니라 그 오해를 엄청나게 유창한 말로 표현했다.

> 개체에 초점을 맞췄던 다윈의 견해에 대한 도전들이 제기되어, 진화론자들은 꽤 활발하게 토론해왔다. 도전은 아래에서도 오고 위에서도 왔다. 위로부터는, 15년 전 스코틀랜드 생물학자 V. C. 윈 에드워즈가 선택의 단위는 개체가 아니라 집단이라고 주장함으로써 정통파의 노여움을 샀다. 아래로부터는, 최근 영국 생물학자 리처드 도킨스가 선택의 단위는 유전자이고 개체는 유전자의 임시 용기일 뿐이라고 주장함으로써 나의 노여움을 샀다.[44]

굴드의 말 중에서 다윈이 자연선택의 단위로서 생물 개체에 초점을 맞췄다고 한 말은 옳았고, 윈 에드워즈가 집단선택을 대안으로 주장했다고 한 말도 옳았으며, 내가 개체를 유전자의 임시 용기로 보았다고 한 말도 옳았다. 하지만 그런 주장을 개체에 집중한 다윈의 견해에 대한 도전으로 본 것은 절대로 절대로 절대로 틀렸다. 애초에 '위에서/아래에서' 수사 자체가 비록 유혹적이되 틀렸다. 유전자, 개체, 집단은 같은 사다리에 놓인 발판들이 아니다. 꼭 사다리로 비유해야겠다면, 유전자는 차라리 따로 떨어져서 혼자 놓인 발판과 같다. 유전자와 개체는 둘 다 자연선택의 단위지만, '단위'의 서로 다른 두 의미에서, 즉 복제자로서의 의미와 운반자로서의 의미에서 그렇다. 복제자는(지구에서는 보통 DNA 부호 조각, 간혹 RNA 조각이다) 실제로 살아남거나 — 수백만 년이나 살아남을 잠재력도 있다 — 살아남는 데 실패하는 단위다. 세상에는 성공한 복제자가 가득하고, 성공하지 못한 복제자는 존재하지 않는다. 이때 '성공'이란 말 그대로 수많은 세대에 걸쳐서, 심지어 지질학적 시간에 걸쳐서 복사본의 형태로 살아남는 데 능한 것을 뜻한다.

복제자가 성공하려면, 세상에 영향을 미쳐서 자신의 생존을 북돋는 재주가 필요하다(정확히 어떻게 영향을 미치느냐는 종마다 크게 다르지만, 전형적인 경우에는 자신의 번식을 용이하게 만드는 운반자의 발달에 영향을 미치는 방식이다). 그리고 만일 그 복제자가 살아남는 데 성공한다면, 그것은 거듭, 거듭, 거듭… 무한한 미래까지 살아남을 가능성이 있다. 따라서 성공이냐 실패냐의 차이는 정말 중요하다. 정확히 말하자면, 복제자에게 정말 중요하다. 운반자에게는 그렇지 않다. 운반자, 즉 개체는 성공하든 성공하지 못하든 어차피 한 세대만 살 수 있기 때문이다. 개체에게 성공이란 자신이 비교적 가까운 미래에 필연적으로 죽기 전에 유전자를 먼 미래로 넘겨주는 것을 뜻한다. 설령 진딧물이나 대벌레처럼 무성생식하는 동물이라도 개체는 복제자가 될 수 없는데, 그건 그런 동물의 다리 하나를 떼어보면 알 수 있다(그런 가학적인 짓을 굳이 진짜로 해볼 필요는 없다. 안 해봐도 어차피 다들 결과를 알지 않는가). 그런 종류의 '돌연변이'는 유전되지 않으니까 말이다. 반면 DNA 일부가 제거되거나 바뀐다면, 그 변화는 — 이것은 진정한 돌연변이다 — 무수한 세대까지 살아남을지도 모른다.

'표현형'이란 복제자가 제 생존을 북돋고자 사용하는(성공하든 못하든 상관없다), 외부로 드러난 어떤 물리적 수단을 뜻한다. 현실에서 표현형은 보통 개체의 어떤 속성이다. 그리고 개체는 그 속에 담긴 복제자의 영향을 받는 발생 과정에서 탄생한다. 개체는, 특히 동물은(식물은 덜 그렇다) 전체가 살거나 아니면 전체가 죽는, 하나로 통일된 몸이다. 동물이 죽으면 그 속의 복제자도 다 죽는다. 단, 사전에 번식을 통해서 다른 개체의 몸으로 전달된 복제자는 예외다. 자, 이제 '운반자'라는 단어가 얼마나 적합한지 느껴지는가? '일회용 생존 기계'라는 단어가 얼마나 적합한지도?

대부분의 동물은 유성생식을 하는데, 그것은 그 속의 복제자들이 끊임없이 짝을 바꾸면서 새로운 조합의 복제자들과 함께 새로운 몸을 공유한다는 뜻이다. 이 사실은 '생존 기계'로서의 개체, 불멸의 유전자를 위한 필멸의 운반자로서의 개체가 일시적인 존재라는 사실을 더욱 강조한다. 몇십 년 전만 해도 대부분의 생물학자들은 이런 사고방식을 떠올리지 못했을 것이다. 그들은 유전자를 개체가 이용하는 도구로 보았지, 요즘 우리처럼 거꾸로 생각하진 않았을 것이다.

이제 여러분도 유전자(복제자)와 개체(운반자)가 둘 *다*—비록 방식은 전혀 다르지만—*단위*로서 설득력 있다는 사실이 이해되지 않는가? 둘 *다* 자연선택의 단위지만 서로 다른 의미에서 그렇다는 걸 알지 않겠는가?

나는 1980년대 말 대대적으로 선전되었던 옥스퍼드 셸도니언극장의 토론회에서 스티븐 굴드에게 이 사실을 설명하려고 노력했지만, 결국 실패했다. 그 행사는 굴드의 출판사였던 W. W. 노턴이 후원하고 당시 옥스퍼드 평생교육원에 있던 존 듀랜트가 사회를 맡은 자리였다. 존은 스티브가 묵고 있던 랜돌프호텔에서 토론 전에 우리 셋만을 위한 저녁식사 자리를 마련했다. 내 기억으로 그 자리는 다소 쌀쌀했다. 스티브가 딱히 친근하게 굴지 않은 탓도 있었던 것 같고, 내가 당시 친했던 헬레나 크로닌의 도움으로 전문적인 리허설과 준비를 마쳤음에도 불구하고 옥스퍼드에서 제일 크고 신성시되는 극장에서 토론한다는 생각에 괜히 주눅이 들어 있었던 탓일지도 모르겠다. 내 불안은 토론에서도 지속되었다. 그래도 나는 괜찮게 해냈던 것 같고, 특히 사전에 준비된 두 발표에 이어진 공개 대화에서는 썩 잘했던 것 같다. 두 공식 강연은 오디오테이프로 녹음되었고, 나중에 오스트레일리아 방송협회의 스타 과학 저널리스트인 로빈 윌리엄스가 방송으로도 내보냈다. 하지만 대부분의 흥미로운 발언들은 강연 후 벌어진 공방에서 나왔음에도 불구하고 그 대화의 녹음은 남아 있지 않은 것 같다. 그 녹음이 사라진 것이 대단히 아쉽다. 그 테이프는 내가 옳았고 스티브가 내 말을 이해하지 못했다는 사실을 — 내 입장에서야 당연히 이렇게 말할 수밖에 없고, 스티브는… 아, 더 이상 세상에 없으니 내게 반대할 수가 없다 — 보여줄 것 같기 때문이다.

'이런 생명관'에(원래 다윈이 쓴 이 표현은 스티븐 굴드가 〈자연사〉에 연재한 칼럼의 제목으로 삼은 구절이지만, 여기서 나는 내 생명관에 대한 표현으로 다윈에게서 직접 빌려왔다) 색채를 더하는 이미지가 두 가지 있다. 첫 번째 이미지는 《눈먼 시계공》에 나오는 것으로, 내 정원 끝에 선 버드나무가 보송보송한 씨앗을 사방으로 뿜어내어 내 쌍안경이 미치는 한 저 멀리 옥스퍼드운하까지 흩뿌리는 광경이다.

> 저 밖에서 버드나무는 DNA를 비처럼 뿌리고 있다… 저 모든 실행, 솜털과 꽃차례와 나무 등 모두가 단 하나의 목적, 즉 DNA를 이 땅에 퍼뜨리겠다는 목적을 돕기 위한 것이다… 저 점점이 흩뿌리는 솜털들은 말 그대로 자기 자신을 만드는 지침을 퍼뜨리고 있다. 저들이 저기 있는 것은 그 선조들이 똑같은 일을 하는 데 성공했기 때문이다. 저 버드나무는 지침을 비처럼 내리고 있다. 프로그램을 비처럼 내리고 있다. 나무를 자라게 하고 솜털을 퍼뜨리게 하는 알고리즘을 비처럼 내리고 있다. 이것은 그냥 은유가 아니라 명백한 진실이다. 나무가 플로피디스크를 비처럼 내린다고 해도 이보다 더 명백해 보이지 않을 것이다.

플로피디스크라니, 시대가 엿보이는 표현이다. 하지만 '명백한 진실'은 시간을 초월하여 늘 심오하고, 그 진실성은 비록 무어의 법칙이 피상적인 이미지를 훼손하더라도 결코 감소되지 않는다. 2015년 1월, 나는 트위터의 좋은 점이 무엇인지를 보여주는 가슴 따뜻한 일을 겪었다(트위터가 별로인 점은 훨씬 더 많다). 한 여성이 위 구절을 인용하고는 자신의 기쁜 반응을 덧붙인 글을 올렸다.

> 밖은 겨울이지만, 안은 봄이다. 갑자기 나는 버드나무 아래 풀밭에 누운 듯하다.[45]

두 번째 이미지는 10년 뒤의 책 《리처드 도킨스의 진화론 강의》

에 나온다. 나는 컴퓨터 바이러스와 생물학적 바이러스의 유사점을 강하게 지적했다. 둘 다 "나를 복제하라"고 말할 뿐 그 밖에는 별다른 말을 하지 않는 프로그램들이다. 하지만 그렇다면 코끼리처럼 큰 동물은 뭘까?

> (코끼리의 DNA도) 마찬가지로 "나를 복제하라"고 말하지만, 그것을 훨씬 더 에두른 방식으로 말한다. 코끼리의 DNA는 컴퓨터 프로그램과 비슷한 하나의 거대한 프로그램이다. 그것도 바이러스의 DNA처럼 궁극적으로는 "나를 복제하라"고 지시하는 프로그램이지만, 그 궁극의 메시지를 효율적으로 수행하기 위해서 어처구니없을 만큼 멀리 에두른 단계를 필수적으로 거친다. 그 우회로가 바로 코끼리다. 이 프로그램은 "나를 복제하라, 단 먼저 코끼리를 만드는 우회로를 거쳐라" 하고 말하는 것이다.

대부분의 진화생물학자들이 다윈을 좇아 생물 개체를 적응의 주된 *행위자*로 취급한 것은, 코끼리처럼 하나로 잘 통일된 생물 개체란 운반자로서 워낙 그럴듯하고 설득력 있어 보이기 때문이다. 동물학자들이 동물의 모든 행동을 개체의 생존과 번식을 위한 노력이라고 해석하는 것은 곧 다윈의 시각을 따르는 셈이다. 이 시각은 물론 정확하지만, 그때 그 행위자가 과연 무엇을 극대화하려고 노력하는가에 대해서는 좀 세련된 관점을 취할 필요가 있다. 집단유전학자들은 그 무엇을 '적합도'라고 부른다. 그것은 개체의 자식들, 손주들, 그 밖의 모든 후손의 가중합으로(혹은 그 합에 비례하는 양으로) 정의된다.

부모가 자식을 보살피는 행위와 개체가 후손을 위해서 자신을 희생하는 행위는 누가 봐도 이 공식에 잘 들어맞는 사례들이다. '다윈의 또 다른 이론'인 성선택도 그렇다. 그러나 R. A. 피셔, J. B. S. 홀데인, 그리고 누구보다도 W. D. 해밀턴이 정확히 깨달은바, 자연선택은 또한 자신과의 관계가 그보다 먼 친척을 보살피는 개체, 달리 말해 보살핌을 지시하는 유전자를 자신과 공유할 통계적 확률이 높은 개체들을 보살피는 개체를 선호할 수 있다.

이 논증을 이해하는 한 방법은 내가 《이기적 유전자》에서 '녹색 수염'이라고 이름 붙인 사고실험을 해보는 것이다. 대부분의 새 돌연변이는 몸에 하나 이상의 효과를 미친다(이 현상을 다면발현성이라고 한다). 상상해보자. 어떤 유전자는 개체에게 녹색 수염처럼 눈에 확 띄는 표지를 부여하고, 더불어 녹색 수염에 대한 우호적인 감정과 다른 녹색 수염 개체들의 생존과 번식을 돕고 싶어 하는 성향까지 부여한다. 지브스라면 "그건 너무 개연성이 낮은 상상입니다"라고 지적할 테지만, 논점을 설명하기 위한 상상일 뿐이니 넘어가자. 그런 유전자는 개체군에 널리 퍼져나갈 것이다. 이 상상은 사람들의 마음을 끌었지만(구글에서 '녹색 수염 효과Green Beard Effect'를 검색해 보면 결과가 많이 나오고 사진까지 몇 장 나온다), 내 목적은 그저 혈연선택을 설명하고자 하는 것이었다. 어떤 특별한 육체적 속성과 그 특별함에 대한 이타적 성향을 둘 다 갖춘 다면발현성이 있을 가능성은 물론 낮다(이후 과학 문헌에 그런 가능성을 시사하는 사례가 몇 등장하기는 했다). 하지만 녹색 수염 효과에 해당하는 통계적 현상, 그 효과를 통계적으로 좀 희석한 현상은 발생 가능성이 결코 낮지 않다. 만일 우리가 자기 형제가 누구인지를 이미 '안다면', 녹색 수염 유전자

같은 특정 유전자를 확인할 필요조차 없다. 우리는 그 *어떤* 유전자에 대해서든 그와 내가 그 유전자를 공유할 확률을 계산해볼 수 있다.[46] 그 가상의 유전자는 형제에게 친절하게 행동하도록 만드는 유전자일지도 모른다. 좀 더 구체적으로 상상하자면, 자신과 어릴 때 같은 둥지를 쓴 개체에게 친절하게 행동하도록 만드는 유전자일지도 모른다. 혹은 자신과 똑같은 냄새가 나는 개체들을 — 이것은 형제자매를 확인하는 실용적인 경험 법칙이다 — 선호할 수도 있는데, 이것은 이론적으로 녹색 수염 유전자가 선호되는 것과 같은 이유에서다. 혈연관계는 — 구체적으로 말하자면 자신과 둥지를 공유하거나 똑같은 냄새가 나는 개체는 — 비현실적인 녹색 수염에 대한 현실적인 통계적 대리 지표다.

1964년에 해밀턴은 개체의 관점에서 혈연관계를 고려할 수 있도록 '적합도'를 수학적으로 재정의하는 방법을 발표했다. 그것이 바로 *포괄 적합도*였다. 나는 포괄 적합도를 덜 형식적인 방식으로 재정의했다. "개체가 실제로는 유전자의 생존을 극대화하려고 노력하지만 그때 겉으로 극대화되는 것처럼 보이는 양"이라고(너무 안 형식적이었는지도 모르겠지만 해밀턴 본인이 승인해주었다). 아래 표는 '복제자'와 '운반자'의 개념을 요약하고 둘이 어떻게 서로 다른 의미에서 각각 선택 단위인지를 설명한 것이다.

선택 단위	역할	극대화되는 양
유전자	복제자	생존
생물 개체	운반자	포괄 적합도

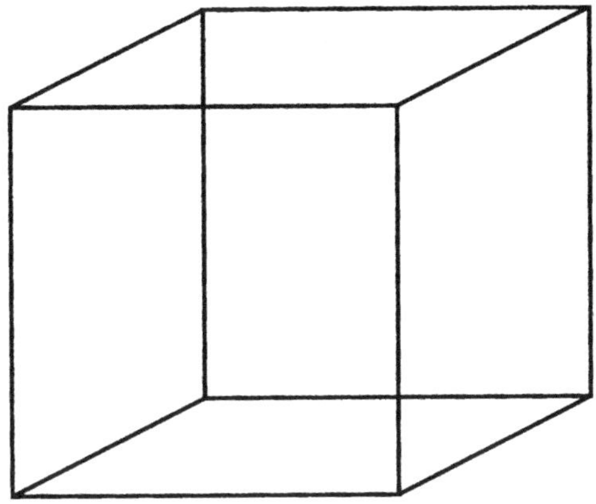

《확장된 표현형》에서 나는 이 논점을 네커 정육면체(위 그림을 보라)를 끌어들여 설명했다. 우리는 네커 정육면체를 두 가지 관점에서 볼 수 있는데, 둘 중 어느 쪽이든 눈에서 입력된 정보에 합치한다. 마찬가지로, 자연선택을 바라보는 두 관점도 사실은 같다. 네커 정육면체 이야기는 이 장의 뒷부분에서 다시 하겠다.

나는 《이기적 유전자》에서 해밀턴의 관점을 따르겠다고 말했지만, 해밀턴 본인은 이런 내용을 설명할 때 유전자 중심 관점과 개체 중심 관점, 즉 포괄 적합도 방식 사이에서 왔다갔다 했다. 그는 유전자 중심 관점을 다음과 같이 설명했다.

> 어떤 유전자가 그 복제자들의 집합이 전체 유전자풀에서 점점 더 큰 부분을 차지할 때, 우리는 그 유전자가 자연선택에 의해 선호된다고 말할 수 있다. 그런데 지금 우리는 개체의 사회적 행동에 영향을 미치는 것으로 추정되는 유전자에게 관심을 쏟을 것이므로, 논

> 증을 좀 더 생생하게 만들기 위해서 임시로나마 유전자 자체에게 지능과 약간의 선택의 자유를 부여해보자. 달리 말해, 유전자가 스스로 어떻게 하면 자기 복제자들의 수를 늘릴 수 있을까 고민한다고 상상해보자….

해밀턴은 이 글을 예의 1964년 포괄 적합도 논문으로부터 8년쯤 지난 뒤에 썼지만, 그 걸작 논문에서도 이미 바탕에 이런 유전자 중심 관점이 깔려 있었다. 나도 《이기적 유전자》에서 유전자 자체가 비유적 의미의 행위자나 의사 결정자로 행동한다고 보는 관점, 그리고 개체가 과연 자신이 어떻게 행동하면 자신의 유전자에게 최선일까 하고 독백한다고 보는 비형식적인 포괄 적합도 접근법 사이를 꽤 자유롭게 오갔다. 당연한 소리지만, 이런 두 가지 형태의 주관적 독백은 둘 다 문자 그대로 받아들여서는 안 된다. 우리는 어느 쪽이든 '행위자'가 *마치* 최적의 행동 경로를 계산하는 것처럼 군다고 상상해야 하지만, 그래도 어디까지나 '마치'일 뿐이다.

해밀턴은 이처럼 유전자의 관점에 바탕을 두고서 포괄 적합도 개념을 구축했지만, 그럼에도 불구하고 결국 포괄 적합도는 개체, 즉 운반자에 초점을 맞추는 기존 관점을 지키는 수단이 되어버렸다. 솔직히 나는 유전자가 아닌 개체를 다윈주의가 관심을 집중할 대상으로서 굳이 구조하려고 노력하는 것은 불필요한 일이라고 본다. 하지만 그렇다면 왜 개체는 그토록 눈에 잘 띄고 개별적인 운반자인 걸까? 우리는 왜 개체를 당연하게 여길까? 우리가 날개나 눈, 뿔이나 음경이 왜 존재하는지를 묻고 그에 대해 유전자 중심의 대답을 기대하는 것처럼, 유전자의 관점을 취하면 애초에 왜 개체란 게 존재하는지도 물어야 하지 않을까? 유전자는 표현형이라는 지렛대를 잡아당김으로써 생존한다. 그러나 왜 그 표현형 지렛대들은 하필이면 개체라는 개별적 운반자로 뭉쳐져서 존재하는 걸까? 그리고 왜 불멸의 복제자들은 굳이 다른 유전자들과 패거리를 이뤄서 하나의 운반자를 공유하는 방법을 '선택한' 걸까? 이것이 바로 내가 해밀턴에게 전혀 반대하지 않으면서도 그를 넘어선 대목이었다. 내 두 번째 책 《확장된 표현형》은 바로 이 이야기였다. 마렉 콘은 '자연선택과 영국의 상상력'이라는 부제가 붙은 책 《모든 것에 대한 이유》에서 다음과 같이 요점을 잘 짚었다.

> "적응이 무언가를 '위한' 일이라면 그 무언가는 유전자다"라는 가정에 입각하여 첫 책을 썼던 도킨스는 이제 "이기적 유전자를 그 관념적 감옥이었던 개체로부터 해방시키려고" 시도한다.
> 그 바스티유의 간수 중 한 명은 빌 해밀턴이었다. 그는 어쩌다 보니 혁명가가 되었으나 다름 아닌 자신의 신봉자들로부터 급진성이 부족한 혁명가로 여겨지는 신세가 되었다. 도킨스는 물론 해밀턴에 대한 존경을 전혀 꺾지 않는다. 그래도 도킨스는 유전자의 관점으로 생물학적 사실들을 바라보는 데 있어서 포괄 적합도 개념이 장애물이 된다고 여긴다. 포괄 적합도는 유전자 선택에 관한 개념이지만, 해밀턴이 그것을 기존 생물학 틀에 욱여넣으려고 애씀으로써 문제를 꼬아버렸다는 것이다. "해밀턴의 혁명 이전에, 세상은 제 목숨을 부지하고 자식을 낳는 일에만 일편단심 매진하는 개체들의 세상이었다. 해밀턴은 그 상황을 바꿔놓았다. 그런데 만일 그가 자신의 발상을 끝까지 좇아서 그 논리적 결론에 다다랐다면 개체를

아예 대좌에서 몰아냈겠으나, 그는 그 대신… 개체를 구원할 수단을 발명하는 데 천재성을 발휘하고 말았다."

존 메이너드 스미스도 1997년에 나와 나눈 '이야기들의 망' 인터뷰에서(320~324쪽을 보라) 거의 똑같은 말을 했다.[47]

표현형을 확장하다

만일 성 베드로가 천국의 문에서 내 팔을 비틀면서 지상에서 작은 공간을 차지하고서 그 공기를 조금이나마 들이마신 것에 값하는 일을 뭐든 했는지 말해보라고 다그친다면, 내 최선의 대답은《확장된 표현형》을 가리키는 것일 테다. 이 책이 주장하는 가설은 옳을 수도 있고 틀릴 수도 있는 새로운 가설, 실험이나 관찰로 시험될 수 있는 가설은 아니다. 그보다는 이미 익숙한 것을 새롭게 바라보게 만드는 방식에 가깝다. 그 방식으로 생물학을 바라보면, 비로소 앞뒤가 맞아떨어지면서 이해가 되는 것이다. 말하자면 "오늘이 당신 인생에서 남은 시간의 첫 날이다" 따위의 금언과 비슷하달까. 진부하고, 당연히 사실이고, 굳이 그 명제를 뒷받침하는 증거를 찾아볼 필요도 없는 진술이지만, 그럼에도 불구하고 우리가 세상을 바라보는 방식을 바꿔놓는 진실처럼 느껴지는 말. 뻔히 자명한 명제이기는 해도, 사람들의 행동 방식에 충분히 영향을 미칠 수 있기 때문에 수고를 감수하고 들려줄 만한 말. 나는 '확장된 표현형'이라는 개념을 그렇게 이해한다. 하지만 이 개념은 간결한 아포리즘으로 요약되는 것은 아니니, 설명을 좀 할 필요가 있다. 이 개념을 설명하는 한 방법은, '운반자'의 역할이 중추적이라고 보는 시각에 도전하는 개념이라고 표현하는 것이다.

유전자가 표현형에 미치는 영향은 그 유전자를 지닌 개체의 몸이라는 경계에서 끝난다는 게 기존의 생각이었다. 유전자는 배아 발달 과정을 통해서 몸에 영향을 미친다. 돌연변이 유전자는 가령 칼새의 날개 모양에 미묘한 변화를 일으킬 수 있을 것이다. 그 덕분에 새는 같은 에너지를 쓰고도 좀 더 빠르게 날 수 있고, 그 덕분에 생존 확률이 좀 더 높아지고, 그 덕분에 그 유전자를 후손에게 전달한다. 그 효과가 수많은 개체와 수많은 후세에게 증폭되면, 돌연변이 유전자가 대립 유전자를 누르고 개체군에서 우세를 점한다.[48]

유전자가 영향을 미치는 구체적인 방식은 개체의 몸속 생화학적 과정에 깊이 묻혀 있기 때문에, 그것에 정통한 과학자들이 아닌 보통 사람들의 눈에는 띄지 않는다. 하지만 우리가 적응 혹은 생존 도구라고 인식하는 최종적인 표현형 효과는 대개 겉으로 드러나서 우리의 맨눈에도 띈다. 칼새의 날개 모양이 그렇다. 개체의 몸속에 담겨 있는 인과관계들의 연쇄는 특정 DNA 서열이 암호화한 단백질이 합성되는 것으로 시작되곤 한다. 우리는 그 연쇄의 어느 지점이라도 임의로 '표현형'이라고 여길 수 있는데 — 단백질 자체도, 단백질이 세포 내 생화학반응의 촉매로서 미치는 직접적인 영향도, 그 때문에 조직 내에서 세포들이 상호작용하는 행동도, 그보다 좀 더 진행하여 발생되는 어떤 영향이든 전부 표현형이 될 수 있다 — 그렇게 끝까지 나아가다 보면 결국 동물에게 겉으로 드러나는 어떤 특징에 맞닥뜨리게 된다. 오리의 발에서 물갈퀴가 좀 더 발달했다든지, 벌의 날개가 좀 더 커졌다든지, 앨버트로스의 구애 몸짓이 좀 더 우스꽝스러워졌다든지 하는 식이다. 이런 모든 현상은 유전자의 표현형 효과로 합당하게 불릴 수 있다.

내가 《확장된 표현형》에서 덧붙인 생각은, 이런 연쇄적 인과관계가 굳이 개체의 몸에서 끝날 필요가 없다는 것이었다. 일례로 제인 브록먼이 연구한 '진흙 미장이 벌', 즉 *트리폭실론 폴리툼* 벌이 짓는, 관처럼 생긴 둥지를 떠올려보자(114~115쪽과 화보를 보라). 그 관들은 몸의 기관이나 마찬가지다. 새끼를 양육하기 위한 몸 밖 자궁이나 마찬가지다. 벌의 날개나 다리나 더듬이와 똑같은 방식으로, 관들은 어떤 유용한 목적을 달성할 수단으로서 자연선택에 의해 만들어졌다. 유전자는 그 관을 만드는 행동을 통해서 벌에게 영향을 미쳤고, 그 전에는 세심하게 갖춰진 신경계를 통해서, 그 전에는 발생 과정의 세포 성장 프로그램을 통해서, 그 전에는 세포 성장에 미치는 생화학적 영향을 통해서, 그 전에는 세포핵에 담긴 유전자의 지시를 받는 단백질 합성을 통해서 벌에게 영향을 미쳤다. 벌의 다리나 날개와 마찬가지로, 자연선택은 (진흙으로 된) '기관'의 형태와 *크기*를 좀 더 낫게 만들어주는 유전자를 선호했다. 그리고 역시 다리나 날개와 마찬가지로, 유전자는 다른 많은 유전자와 상호작용함으로써 간접적으로도 진흙 '기관'의 형태와 *크기*에 영향을 미쳤는데, 그 시작은 세포 내 화학반응에 미친 영향이었고, 그 영향이 연속된 중간 원인들을 거쳐서 최종적인 표현형까지 이어진 것이었다.

그렇다, *표현형*. 내 요점은 바로 이것이었다. 물론 이 경우 '표현형'은 살아 있는 세포가 아니라 진흙으로 만들어졌지만—그렇기에 *확장된* 표현형이라고 부르는 것이다—그래도 분명 어엿한 표현형이다. 벌이 물고 오기 전 개울에 뒹굴고 있던 진흙은 표현형이 아니다. 진흙은 생물학적 목적에 맞게, 이 경우에는 자라는 유충을 보호한다는 목적에 맞게 성형된 뒤에야 비로소 표현형이 된다. 그것이 분명 표현형인 까닭은 관의 형태를 비롯한 여러 성질이 무수한 세대를 거치면서 점점 더 완벽하게 진화해왔기 때문이다. 따라서 분명 관의 길이를 결정하는 유전자, 지름을 결정하는 유전자, 벽 두께를 결정하는 유전자, 속에 드문드문 설치된 칸막이 사이의 거리를 결정하는 유전자 따위가 있을 것이다.

그런 유전자들이 있다는 걸 어떻게 아느냐고? 사실은 모른다. 내가 방금 나열한 표현형의 속성들에 대하여 유전자 연구를 해본 사람은 아직 없으므로, 나는 분명 모른다. 하지만 만일 그런 유전자 연구가 수행된다면 — 그런 연구는 충분히 가능하다 — 이 모든 표현형 속성이 유전자 통제 조건에서 변이를 드러내는 것으로 밝혀지리라는 점만은 확신한다. 어떻게 확신하느냐고? 왜냐하면 이 벌이 만든 관은 자연선택에 의해 점점 더 훌륭한 설계를 취하도록 다듬어진 게 분명하고, 자연선택의 논리에는 무릇 유전자가 관여하기 때문이다. 자연선택이 특정 유전자를 다른 유전자보다 선호하는 방법 외에, 달리 어떤 방법으로 벌에게 점점 더 훌륭한 유충 보호 기능을 부여할 수 있었겠는가? 다시 말하지만, 물론 유전자는 벌의 둥지 짓기 행동을 통해서 간접적으로만 관에 영향을 미친다. 인과관계의 사슬에서 그보다 한 단계 앞에서는 벌의 신경계를 통해서 영향을 미치고, 그보다 더 전에는 벌의 신경계를 만드는 세포 내 과정을 통해서 영향을 미친다. 그러나 어차피 표현형으로 드러난 효과란 무엇이 되었든 다 간접적인 법이다. 유전자가 진흙 관에 미치는 영향은 유전자가 벌의 날개, 다리, 더듬이에 미치는 영향과 똑같은 방식으로 간접적이다. 그리고 우리가 살펴보는 확장된 표현형이 인과관계의 사슬에서 맨 마지막 지점은 아닐 가능성도 있다. 그 표현형이 사슬에서 그보다 더 '하류'로 내려가서 일으키는 현상이 있다면, 그리고 만일 그 현상을 낳는 유전자가 자연선택으로 선호된 결과라면, 그 또한 좀 더 멀리 확장된 표현형이라고 볼 수 있다.

이 책의 화보에 실린 사진을 보면, 관들의 색깔이 조금씩 다르다. 그렇다면 관 색깔을 결정하는 유전자도 있을까? 어쩌면 있을지도 모른다. 이 점에서는 확신이 덜한데, 왜냐하면 관 색깔이 자연선택에 의해 선호되는 특질인가 아닌가 분명하지 않기 때문이다. 어쩌면 특정한 색깔이 다른 색깔들보다 나을 가능성도 있다. 그래서 유전자가 벌에게 거둬들이는 진흙의 색깔을 까다롭게 고르도록 만들 가능성도 있다. 그러나 또 한편으로는 벌이 진흙의 색깔에는 신경 쓰지 않고, 연갈색이든 진갈색이든 적갈색이든 그 동네 개울에 있는 진흙이라면 뭐든지 거둬들일 가능성도 있다. 하지만 그렇다면 왜 관의 길이나 두께에 대해서는 이런 '무관심' 논증이 똑같이 적용되지 않을까? 그야 어쩌면 적용될지도 모르지만, 내가 볼 때 그럴 가능성은 낮은 듯하다. 벽의 두께가 목적을 수행하기에 너무 얇은 경우란 얼마든지 가능하고(그러면 유충을 제대로 보호할 수 없을 테고 심지어 부서질지도 모른다), 거꾸로 너무 두꺼운 경우도 얼마든지 가능하다(그러면 진흙을 너무 많이 써야 하므로 개울을 오가는 데 시간을 너무 많이 허비할 것이다). 그러므로 벽의 두께가 자연선택의 대상이 *아니란* 건 상상하기 어렵다. 개인적으로 나는 관의 색깔도 자연선택의 대상일 것이라고 추측하지만(포식자의 눈에 더 잘 띄는 색깔이란 게 있을 것이다), 색깔이야 어떻든 무조건 제일 가까운 개울에서 진흙을 날라와(더 나은 색깔의 진흙이 있는 개울을 찾아 더 멀리까지 나가지 않고) 건축 시간을 줄이는 게 급선무일 가능성도 충분히 있을 수 있다.

이런 세부적인 이야기는 내가 예시로서 상상한 가설일 뿐이다. 요는, 자연선택의 논리상(자연선택이 유전자의 표현형 효과를 기준으로 유전자를 선택한다는 속성상) 우리로서는 기능적 표현형이 개체, 즉 '운반자'의 몸에만 국한되진 않으리라는 생각을 떠올릴 수밖에 없다는 것이다. 이때 제일 명백하고 단순한 예시는 동물들이 만든 인공물이다. 이 점에서 나는 옥스퍼드 대학원생일 때 같은 집에서 살았던 친구 마이클 핸셀의 도움을 많이 받았다. 마이크는 현재 동물들의 인공물에 관한 세계적 권위자이며, 그 소재를 발판으로 삼아서 동물 행동의 여러 측면을 좀 더 폭넓게 이야기한 아름다운 책 《동물들이 만든 것》을 포함하여 여러 권의 책을 쓴 저자다. 나는 《확장된 표현형》에서 아예 따로 한 장을 할애하여 날도래의 집, 새의 둥지, 흰개미의 집, 비버의 댐까지 동물들이 만든 가지각색의 인공물을 소개했다. 심지어는 비버의 댐 때문에 형성된 호수도 비버 유전자의 (확장된) 표현형으로 간주해도 좋을 텐데, 그렇다면 그것은 아마 세상에서 제일 큰 표현형일 것이다.

만일 《확장된 표현형》이 제인 브록먼의 진흙 미장이 벌이나 마이크 핸셀의 날도래가 짓는 인공물 같은 것으로만 범위를 제약했다면, 나는 감히 "내 다른 책은 전혀 읽지 않아도 좋으니 부디 *이 책만큼은* 읽어주기 바란다"라고 말하지 않았을 것이다(출판사가 이 말을 페이퍼백 표지에 인쇄하지도 않았을 것이다). 그러나 확장은 그보다 더 나아간다. 동물들의 인공물을 소개한 장은 독자의 마음을 엶으로써 그보다 더 급진적인 생각, 즉 기생자가 숙주를 조종한다는 개념과

'원격작용'이라는 개념을 받아들이도록 만드는 역할을 한다. 날도래 유충이 돌집 속에서 살듯이, 흡충은 달팽이 껍데기 속에서 산다. 날도래가 집을 짓는 것처럼 흡충이 달팽이 껍데기를 '짓는' 건 아니다. 하지만 만일 흡충이 제게 유리한 방식으로 달팽이 껍데기를 변형시킬 방법을 갖고 있다면, 그리고 그 변형이 자연선택에 의해 선호되는 게 확실하다면, 신다윈주의의 논리상 우리는 흡충에게 달팽이 껍데기의 어떤 특징을 '결정하는' 유전자가 있다고 말하지 않을 수 없을 것이다. 우리가 일단 날도래 집과의 비유를 받아들인다면(어떻게 받아들이지 않을 수 있겠는가?), 확장된 표현형의 논리에 따라 흡충의 유전체에는 달팽이의 표현형을 '결정하는' 유전자가 있다고 결론 내릴 수밖에 없다. 적어도 흡충의 유전체에는 자신의 표현형을 '결정하는' 유전자가 있다고 말하는 것과 같은 의미에서.

날도래의 집이 날도래를 보호하는 거처이듯이 달팽이 껍데기는 달팽이를 보호하는 거처다. 따라서 달팽이가 기생충에 감염되는 바람에 약해질 수 있다는 것, 이를테면 껍데기가 정상보다 얇아져서 달팽이가 취약해질 수 있다는 건 별로 놀라운 일이 아니다. 그런데 만일 기생충에 감염된 달팽이의 껍데기가 오히려 더 *두꺼워진다면*, 그건 어떻게 해석해야 할까? 어떤 흡충에 감염된 달팽이들은 정말로 그렇게 된다. 그런 달팽이는 기생충 덕분에 더 많이 보호받게 된 걸까? 흡충이 달팽이에게 이타적인 선행을 베푼 걸까? 달팽이가 기생충을 품고 있는 게 더 나은 걸까?

어떤 의미에서는 그렇다고 말할 수도 있겠지만, 그것은 좋은 다윈주의적 해석은 못 된다. 내 생각은 이렇다. 동물의 모든 속성은 서로 상충하는 압력들이 타협한 결과다. 껍데기가 달팽이에게 해로울 만큼 얇을 수 있는 것처럼, 껍데기가 지나치게 두꺼운 경우도 가능하다. 어째서? 진화 이론이 자주 그렇듯이, 이것 또한 경제적인 문제다. 껍데기를 만드는 데 쓰이는 칼슘 등의 수단은 비싼 자원이다. 앞서 벌의 경제학을 다룬 장에서 설명했듯이, 몸의 경제에서 한 부분에 너무 많이 투자하는 것은 다른 부분에 너무 적게 투자하는 대가를 수반한다. 껍데기에 너무 많이 투자한 달팽이는 다른 데서 아껴야 할 테고, 따라서 껍데기에 그보다 덜 투자한(덕분에 다른 데 더 투자한) 경쟁자에 비해 성공하지 못할 것이다. 우리는 기생충에 감염되지 않은 달팽이들의 평균 껍데기 두께를 최적의 상태로 가정해도 좋을지 모른다. 그렇다면 흡충이 달팽이로 하여금 껍데기를 그보다 더 두껍게 만들도록 할 경우, 그것은 곧 달팽이의 최적 상태로부터 벗어나서 그보다 더 비싼 다른 최적 상태, 즉 흡충의 최적 상태로 나아가도록 밀어붙이는 일인 셈이다.

흡충에게 최적의 상태인 껍데기 두께가 달팽이에게 최적인 상태보다 더 두껍다는 게 있을 법한 일일까? 그렇다. 실은 개연성 높은 일이다. 모든 동물은 개체의 생존에 필요한 욕구와 번식에 필요한 욕구 사이에서 균형을 잡아야 한다. 그런데 같은 공작이라도 수컷과 암컷은 이런 성-생존의 연속선상에서 최적인 상태가 서로 다르다. 암컷은 생존에 좀 더 '신경 쓰는' 데 비해, 수컷은 수명이 줄어드는 대가를 치르더라도 번식에 치중한다. 왜냐하면 수컷은 비싼 알을 낳을 필요가 없으므로 짧은 생애 중에도 암컷보다 훨씬 더 많은 번식 행위를 해낼 가능성이 있기 때문이다. 물론 대부분의 수컷은 평균적인 암컷보다 유전자 전달 측면에서 성공률이 떨어지지만, 소수의 '엘리트' 수컷은 평균적인 암컷보다 훨씬 더 성공한다. 심지어 일찍 죽더라도 그렇다. 따라서 수컷들은 번식의 노다지를 쫓다가 일찍 죽은 소수의 엘리트 집단에 속했던 자기 선조들의 특징을 물려받는 경향이 있다. 그러니 수컷들에게는 몸의 경제를 생존의 최적 상태가 아니라 번식의 최적 상태 쪽으로 기울이는 경향이 있다.

달팽이는 번식을 '신경 쓴다'. 개체의 생존을 추구하는 목표들은 사실 번식의 수단일 뿐이다. 반면 흡충은 자신이 현재 거처로 삼은 특정 달팽이의 번식 성공률에는 전혀 '신경 쓰지' 않는다. 달팽이의 생존과 번식 사이에 타협 관계가 성립하는 것처럼, 흡충 유전자에게는 달팽이 유전자와는 다른 타협 관계가 성립한다. 달팽이 유전자는 달팽이의 번식에 쓸 자원을 아껴두기를 '바라므로', 달팽이의 생존 측면에서 타협을 가한다. 반면 흡충 유전자는 자신이 깃들인 거처를 보존하는 데 달팽이가 온 자원을 쏟기를 '바란다'. 흡충에게는 달팽이의 생존이 우선이고 달팽이의 번식은 어찌 되든 알 바 아닌 것이다. 만일 흡충이 부모 달팽이에게서 자식 달팽이에게로 직접 전달된다면 이야기가 다를 텐데, 그 경우에는 흡충도 달팽이의 생존뿐 아니라 번식에 '신경 쓸' 것이다. 이것이 《확장된 표현형》의 중요한 교훈 중 하나다. 그런 경우에는 기생자가 숙주에게 좀 더 온화해진다는 것, 공생에 좀 더 가까워진다는 것, 그래서 그 기생자의 후손이 숙주 종의 다른 개체들을 무작위로 감염시키는 게 아니라 특정 숙주의 후손에게만 전달되기도 한다는 것.

그렇다면 기생자의 유전자는 숙주의 표현형에 '확장된' 효과를 미치는 셈이다. 기생생물학 문헌을 살펴보면, 기생자가 자신의 생활주기를 촉진하기 위해서 숙주의 습관을 희한하게, 심지어 기괴하게 조종한 사례가 잔뜩 있다. 나도 《확장된 표현형》 중 '기생자 유전자가 행사하는 숙주 표현형' 장에서 사례를 많이 소개했다. 그런 사례들은 마치 기생자가 숙주라는 꼭두각시 인형의 줄을 잡아당기는 것처럼 보이고, 자연선택의 논리상 우리는 그 이미지를 기생자의 유전자 차원으로 내려가서 해석하지 않을 수 없다. 데이비드 휴스와 동료들은 2012년에 《기생자의 숙주 조종》이라는 멋진 책을 냈는데, 그 속에서 아주 멀리까지 '확장된 표현형'의 관점을 취했다.[49]

원격작용

그런데 기생자가 꼭 숙주의 몸에 깃들일 필요는 없다. 뻐꾸기와 숙주 사이에는 빈 공간이 있지만, 그래도 뻐꾸기는 어엿한 기생자이고 양부모가 된 새의 왜곡된 부모 노릇은 뻐꾸기 새끼에 대한 어엿한 자연선택적 적응이다. 뻐꾸기 새끼는 대체 어떤 흑마술을 써서 자그마한 굴뚝새의 신경계를 꾀는 걸까? 우리는 알 수 없지만, 그것이 진화의 군비 경쟁의 산물인 것만큼은 분명하다(458~459쪽을 보라). 그 군비 경쟁에서, 뻐꾸기가 자연선택을 겪는다는 건 곧 숙주를 조종하기 '위한' 뻐꾸기 유전자가 선택된다는 뜻이다. 그리고 그것은 달리 말하면 숙주의 행동을 '결정하는' 뻐꾸기 유전자, 즉 숙주의 행동이 고분고분하게 바뀌는 현상으로 그 표현형 효과가 드러나는 뻐꾸기 유전자가 존재한다는 뜻이다. 그러므로 확장된 표현형은 개체의 몸을 벗어나, 날도래를 감싼 돌집을 벗어나, 흡충을 둘러싼 달팽이 껍데기를 벗어나, 개체의 몸 밖까지, 뻐꾸기와 숙주 사이 빈 공간을 건너서까지 미치는 셈이다. 뭔가가 그 공간을 건너서 한 개체로부터 다른 개체로 전달되는 것이다. 이것이 바로 《확장된 표현형》의 끝에서 두 번째 장 제목인 '원격작용'의 뜻이다. 더구나 이 현상은 기생자와 숙주에게만 적용되는 게 아니다.

> 생리학자가 암컷 카나리아를 번식 상태로 만들고 싶다면, 즉 기능하는 난소의 크기를 키워서 둥지 짓기나 여타 번식 행동을 개시하게끔 만들고 싶다면, 그가 써볼 방법은 여러 가지가 있다. 그는 새에게 생식샘 자극 호르몬이나 에스트로겐을 주입할 수도 있다. 전등을 켜서 새가 겪는 낮의 길이를 늘릴 수도 있다. 아니면, 우리 관점에서 가장 흥미로운 방법은 이것인데, 새에게 수컷 카나리아의 노랫소리를 담은 녹음을 틀어줄 수도 있다. 다만 꼭 카나리아의 노래여야 할 것이다. 잉꼬의 노랫소리는 안 될 것이다. 잉꼬의 노래가 암컷 잉꼬에게는 비슷한 효과를 내겠지만 말이다.

이 인용문은 《확장된 표현형》에서 그보다 앞에 나오는 '군비 경쟁과 조종' 장에서 발췌한 것이지만, 어쨌든 원격작용을 잘 설명하는 예시다. 수컷 카나리아의 유전자는 암컷 카나리아에게 — 원격으로 — 미치는 확장된 표현형 효과를 갖도록 자연선택된 것이다.

이 주제는 내가 존 크렙스와 함께 쓴 1978년 논문 〈동물의 신호: 정보일까 조종일까?〉에서 일찌감치 등장한 바 있다(457쪽을 보라). 그 논문은 이른바 '이기적 유전자' 혁명을 새소리 같은 동물들의 신호에 적용한 연구로 인정받을 만하다. 그 전에는 니코 틴베르헌, 마이크 컬런, 데즈먼드 모리스, 기타 틴베르헌-로렌츠 학파 동물행동학자들의 영향 때문에, 동물의 신호를 협동의 취지로 해석하는 게 정설이었다. 즉, 소통에 관여한 두 당사자가 정확한 정보의 흐름으로부터 각자 이득을 얻는다고 해석하는 것이었다("상호 이득을 위해서 네게 알리는데 말이야, 나는 너와 같은 종의 수컷이고, 영역을 확보하고 있으며, 이제 짝짓기를 할 준비가 되었어"). 존 크렙스와 나는 그런 해석을 뒤집어, 신호를 보내는 쪽은 마치 약물로 상대의 신경계를 취하게 만드는 것처럼, 혹은 미세 전극으로 상대의 뇌에 전기 자극을 주는 것처럼, 신호를 받는 쪽을 *조종*하는 거라고 해석했다. 《확장된 표현형》에서 나는 의도적인 점강법漸降法을 동원하여 이렇게 말했다.

> *라나 그릴리오* 종 돼지개구리의 콧소리가 다른 돼지개구리에게 미치는 영향은 나이팅게일이 키츠에게 미친 영향, 종달새가 셸리에게 미친 영향과 같을 것이다.

더 나중에 《무지개를 풀며》에서는(이 책의 제목은 키츠의 시구를 살짝 바꾼 것이다) 키츠의 〈나이팅게일을 위한 송시〉를 인용한 뒤 위와 비슷한 이야기를 다시 했다.

> 키츠의 말뜻이 문자 그대로의 의미는 아니었겠지만, 나이팅게일의 노래가 마약처럼 작용한다는 그의 생각이 아주 터무니없는 것만은 아니다. 그 노래가 자연에서 무슨 일을 하는지, 자연선택이 그 노래에게 무슨 일을 시키는지를 한번 따져보자. 수컷 나이팅게일은 암컷 나이팅게일들의 행동에, 또한 다른 수컷들의 행동에 영향을 미쳐야 한다. 일부 조류학자들은 수컷의 노래가 다음과 같은 정보를 전달하는 행위라고 여긴다. "나는 *루스키니아 메가르힝코스* 종의

수컷이야. 나는 번식하고 싶고, 내 영역이 있고, 호르몬 덕분에 이제 짝짓기를 해서 둥지를 지을 준비가 되어 있어." 이런 정보를 사실로 믿고 행동하는 암컷이 이득을 얻을 수 있다는 점에서, 노래에는 물론 이런 정보가 담겨 있다. 하지만 나는 줄곧 이와는 좀 다른 관점이 더 생생한 것 같다고 느꼈다. 수컷의 노래는 암컷에게 정보를 주려는 게 아니라 암컷을 조종하려는 것이라는 관점이다. 수컷의 노래는 암컷의 지식을 바꾸려는 것이라기보다는 암컷의 뇌 내부의 생리 상태를 바꾸려는 것이다. 노래는 마약처럼 작용한다.

암컷 비둘기들과 카나리아들의 호르몬 농도와 행동을 직접 측정해 본 실험 증거도 있다. 그 결과 암컷들의 성적 상태는 수컷의 노랫소리에 직접적인 영향을 받으며 그 효과는 며칠에 걸쳐 누적된다는 게 확인되었다. 수컷 카나리아의 노랫소리는 암컷의 귀를 통해 뇌로 흘러들어가서 인간 실험자가 주사기로 끌어낼 수 있는 효과와 구별되지 않는 효과를 내는 것이다. 수컷의 '마약'이 주사기가 아니라 암컷의 귀라는 관문을 통해 몸으로 들어간다는 차이는 있지만, 이 차이가 딱히 유의미한 것 같진 않다.

내가 좀 더 과대망상에 빠졌던 순간에는, 동물의 모든 소통을 확장된 표현형의 원격작용으로 설명할 수 있을 것이라는 꿈도 꾸었다.

(이론적으로) 유전자의 원격작용은 같은 종 혹은 다른 종 개체 사이의 거의 모든 상호작용을 포함할 것이다. 생명계는 복제자들이 서로 힘겨루기를 하는 여러 장이 맞물리며 하나로 이어진 네트워크

로 볼 수 있을지 모른다.

그러나 아쉽게도 다음과 같은 상황은 아직 변함이 없다.

하지만 나는 이 발상을 세부적으로 이해하는 데 반드시 필요할 모종의 수학을 제대로 떠올릴 능력이 없다. 그저 진화의 공간에서 선택을 겪는 복제자들이 저마다 다른 방향으로 표현형을 잡아당기는 모습을 어렴풋이 상상할 뿐이다.

다음 이야기도 아직 사실이다.

내게는 수학적 공간에서 날 수 있는 날개가 없다. 따라서 언어적 메시지가 있어야만 한다…. 주로 해밀턴 덕분에, 오늘날 진지한 현장 생물학자들은 동물이 그 몸속에 담긴 유전자들의 생존 확률을 극대화하는 것처럼 행동한다는 정리에 대체로 동의한다. 나는 이 정리를 수정하여, 확장된 표현형이라는 새로운 중심 정리를 내세웠다. 동물의 행동은 그 행동을 '지시하는' 유전자의 생존을 극대화하는 경향이 있는데, 이때 그 유전자가 직접 그 행동을 수행하는 동물의 몸에 들어 있는가 아닌가는 상관없다는 것이다. 만일 동물의 표현형이 그 동물의 유전형의 전적인 통제하에 놓여 있고 다른 개체의 유전자로부터는 전혀 영향받지 않는다면, 두 정리는 물론 같은 말이 될 것이다.

개체의 재발견: 승객과 무임승차자

그렇다면, 운반자로서 개체는 어떻게 봐야 할까? 우주 어딘가에는 생명의 복제자들이 경계가 지어진 운반자를 갖지 않는 행성도 있을지 모른다(그러나 나는 어디에 있는 생명이든 그 기반에는 복제자가 있어야 할 것이라고 추측한다). 그런 행성의 생물권은 경계가 지어지지 않은 복제자들로부터 뻗어나온 확장된 표현형들의 영향이 마구 교차하며 하나의 망을 이룬 형태일 것이다. 하지만 우리 행성은 그렇지 않다. 지구는 여러 복제자가 서로 협력하며 공유하는 개별 단위인 개체가 지배하고 있다. 거의 모든 복제자는 자유롭게 돌아다니는 대신 큰 운반자 속에 여럿이 함께 타고 있다. 나는 이것을《이기적 유전자》에서 "바깥세상으로부터는 차단된 채, 크고 육중한 로봇 속에 떼지어 있다"라고 표현했는데, 이 표현은 많은 논쟁을 낳았으며 널리 인용되었다. 그렇다면 왜 유전자들은 떼를 지어서 하나의 목적을 위해 협동할까? 개체는 왜 생겨났을까?

《확장된 표현형》에서 나는 가상의 두 해초가 등장하는 사고실험을 해보았다.《이기적 유전자》의 개정판에서는 두 해초의 이름을 '가지말'과(이 해초는 말단이 계속 자라다가 따로 떨어져 나가는 방식으로 생장한다) '병목말'로(가지말과는 달리 이 해초의 유전자들은 세대마다 유전적 병목에 해당하는 하나의 세포, 즉 단세포 포자로 수렴된다) 바꿨다. 여기서는 그 논증을 재차 펼치진 않고, 어떤 면에서는 확장된 표현형 개념에서 자연히 따라나온다고 볼 수도 있는 다소 실용적인 결론으로 곧장 넘어가겠다. 그것은 바로 특정 '운반자' 개체에 든 모든 유전자는 미래로의 출구를('병목'을) 다 함께 공유하기 때문에 서로 협력한다는 것인데, 이때 그들이 공유한 출구란 개체의 정자 혹은 난자다. 만일 일부 유전자가 다른 출구를 이용한다면, 가령 현재의 개체로부터 사정을 통해 분출되어 나가는 게 아니라 재채기를 통해 분출되어 나간다면, 그들은 협력하지 않을 것이다. 우리는 그런 그들을 대신 '바이러스'라고 부른다. 개체의 통일성이란 그 속의 유전자들이 하나의 출구를 공유한다는 점, 따라서 미래에 대한 기대나 심지어 '희망'도 공유한다는 점에 바탕을 두는 것이다.

흡충의 유전자와 달팽이의 유전자는 달팽이 껍데기 두께에 관해서 서로 다른 최적 상태를 선호한다. 달팽이 유전자는 달팽이의 번식에 더 '흥미가 있지만', 흡충 유전자는 달팽이의 생존에 더 '흥미가 있다'. 흡충 유전자는 제 번식체가 제가 몸담은 달팽이의 정자나 난자를 통해서 후대로 전달되는 경우에만 달팽이 유전자에게 '동조할' 것이다. 만일 어떤 세균에게 숙주의 난자로 들어간 뒤 난자에 실려 그 숙주의 후손에게 전달되는 방법 외에 다른 미래가 없다면, 세균 유전자와 숙주 유전자는 거의 같은 선택압을 겪을 것이다. 둘 다 숙주의 생존을 '바라는' 것은 물론이거니와 숙주가 둥지를 짓고, 짝을 꾀고, 알 도둑을 물리치고, 새끼를 먹이고, 심지어 손주까지 돌보기를 '바랄' 것이다. 그런 기생자는 더 이상 기생자라는 이름에 어울리지 않을 것이다. 그들의 유전자는 숙주 유전자와 너무나 긴밀하게 얽히도록 진화할 것이므로, 결국 그것이 원래는 기생자였다는 흔적을 마치 체셔 고양이의 미소처럼 희미하게만 남긴 채 숙주의 정체성과 하나로 통합되고 말 것이다.

미토콘드리아는(생물의 모든 세포 속에서 에너지를 생성하는 긴요한 소기관이다) 원래 무임승차한 세균이었다. 하지만 협동조합의 다른 모든 유전자와 출구를—즉, 운반자의 난자를—공유하게 되었기에 결국에는 어엿한 승객으로 바뀌었다. 미토콘드리아가 남긴 체셔 고양이의 미소가 워낙 희미했던 탓에(이 비유는 한때 나와 함께 옥스퍼드에서 가르쳤던 데이비드 C. 스미스 교수에게서 빌려왔다), 우리는 그것이 원래는 세균이었다는 사실을 최근에야 알아차렸다. 미토콘드리아가 우리와 싸우지 않고 우리에게 협력하는 것은 우리가 몸이라고 부르는 큰 운반자를 우리와 공유하기 때문만은 아니다(많은 악성 기생자도 우리와 큰 운반자는 공유한다). 자신을 한 몸에서 다른 몸으로 전달해주는 더 작은 운반자, 즉 난자까지 공유하기 때문이다. 따라서 확장된 표현형의 논리에서는 언뜻 초현실적인 듯 들리는 다음 결론이 자연히 따라나온다. 우리가 '품고 있는' 모든 유전자, 우리 *자신의* 모든 유전자는 사실 온갖 바이러스의 거대한 군집으로 볼 수도 있다는 결론이다. 그리고 그런 우호적인 바이러스들이 악성 바이러스와 다른 점은 재채기, 기침, 숨, 분비물을 통해서 미래로 나가는 게 아니라 정자나 난자라는 '떳떳한' 통로를 통해서 현재 숙주의 후손에게 전달된다는 점뿐이다.

'우리' 유전자들, 즉 우리에게 '우호적인 바이러스'들은 수두나 이런저런 독감의 바이러스와 같은 '무임승차자'와는 달리 운반자에게 제대로 삯을 치른 승객인 셈이다. 가장 깊은 차원에서 양자의 차이는 그들이 운반자에서 어떻게 빠져나가느냐에 달려 있다. 《확장된 표현형》의 주된 메시지는 바로 이것이며, 내가 성 베드로의 천국의 법정에서 제시할 증거물 1호도 바로 이것이다. 이 명제는 곰곰이 생각해보면 거의 자명하기까지 하지만, 나 이전에 다른 사람이 이런 식으로 표현한 사례는 없었던 것 같다.

《확장된 표현형》의 여파

《확장된 표현형》이 낳은 세 가지 여파는 내게 특별한 기쁨을 안겨주었다. 첫 번째는 1999년에 새로 페이퍼백을 찍을 때 뛰어난 과학철학자인(그리고 같은 해에 첫 시모니 강연을 한) 대니얼 데닛이 멋진 통찰이 담긴 후기를 써준 일이었다. 두 번째는 학술지 〈생물학과 철학〉이 《확장된 표현형》 20주기를 비평적으로 회고한 특별호를 낸 일이었다. 세 번째는 '확장된 표현형' 개념이 거둔 성패를 평가하고자 데이비드 휴스가 코펜하겐 근처에서 학회를 연 일이었다.

댄 데닛의 1999년판 후기가 내게 특별히 기뻤던 것은, 철학자가 《확장된 표현형》을 하나의 철학작품이라고 주장해주었기 때문이다. 고백하건대, 사람들이 일단 무리하다 싶을 만큼 내 과학 연구를 칭찬한 뒤 그걸 서두로 삼아 결국에는 나더러 철학으로 흘러들지 말고 과학에 머물라고 충고하는 글을 읽으면, 나는 좀 화가 난다. 철학이란 결국 명료하고 논리적인 사고가 아닌가? 그리고 과학자도 응당 명료하고 논리적인 사고를 해야 하지 않나? 물론 대개의 생물학자는 철학 학위를 딴 사람만큼 옛 철학자들의 글을 많이 읽진 않았을 테니 흄, 로크, 비트겐슈타인의 말을 딱 적절하게 인용하지는 못할 수도 있다. 그러나 그렇다고 해서 그가 철학의 성격을 띤 명료하고 논리적인 논증을 제시하지 못한다는 말은 될 수 없다. 그러니 내가 여기서 데닛의 글을 인용하는 것이 지나치게 방어적인 태도로 보이진 않았으면 좋겠다.

> 어째서 철학자가 이 책의 후기를 쓰고 있을까? 《확장된 표현형》은 과학일까, 철학일까? 사실은 둘 다다. 이 책은 틀림없이 과학이다.

> 하지만 한편으로는 철학이 갖춰야 할 것, 그러나 실제로는 간헐적으로만 갖춘 것을 갖춘 책이다. 철학이 갖춰야 할 것이란 바로 우리에게 새로운 시각을 열어주고, 애매한 것이나 오해된 것을 명료하게 밝히고, 우리가 이미 안다고 여겼던 주제를 새롭게 바라볼 방법을 알려주는 꼼꼼한 논증이다. 리처드 도킨스가 시작부터 말하듯이, "확장된 표현형은 그 자체 시험 가능한 가설은 아닐지도 모른다. 하지만 우리가 동식물을 바라보는 방식을 크게 바꿔놓기 때문에, 그 개념이 없다면 우리가 결코 상상하지 못했을 법한 시험 가능한 가설들을 떠올리도록 돕는다." 그렇다면 그 새로운 방식이란 과연 뭘까? 도킨스가 1976년작 《이기적 유전자》로 유명하게 만든 '유전자의 관점'만은 아니다. 그 관점을 토대로 삼되, 이 책에서 도킨스는 개체를 바라보는 기존의 방식을 그보다 더 풍요로운 방식으로, 즉 우선 개체와 환경의 경계를 지운 뒤 좀 더 깊은 차원에서 부분적으로 경계를 재구축하는 방식으로 바꿔야 한다고 주장한다….
> 나는 철학자로서 이 말을 덧붙이지 않을 수 없다. 이 책에는 즐길 것이 가득하다. 내가 지금까지 접한 모든 추론을 통틀어서도 가장 솜씨 좋게 연쇄적으로 이어지는 추론이 나온다….

마지막 문장을 인용하는 나의 자기만족을 부디 용서하길 바란다. 어쩌면 내가 과민한 건지도 모르겠지만, 나는 이로써 그동안 철학적으로 순진하다는 평을 들었던 것에 대해서 균형을 바로잡고 싶다. 데닛은 이후 내 책의 쪽수를 구체적으로 언급하면서 자신이 왜 그렇게 생각하는지를 설명해나갔다. 그가 좋은 논증의 예로 든 대목들 중에는 내가 고안한 몇 가지 사고실험도 포함되었는데, 그 점이 각별히 흥미로운 것은 데닛 자신이 일종의 '직관 펌프'로서 사고 실험의 탁월한 대가이기 때문이다.

《확장된 표현형》을 일종의 철학적 논증으로 보는 이야기가 계속 이어지는 셈인데, 2002년에는 오스트레일리아 철학자로서 학제 간 학술지인 〈생물학과 철학〉 편집자 킴 스터렐니가 《확장된 표현형》 20주기를 기념하는 특별호를 내기로 했다. 이런저런 지연 사항 때문에 기념호는 결국 2004년에야 나왔지만, 그건 상관없었다. 스터렐니는 세 학자 케빈 랠런드, J. 스콧 터너, 에바 야블론카를 골라서 각자 《확장된 표현형》에 대한 회고적 평가와 비평을 써달라고 의뢰했고, 나더러는 그 글들에 붙일 상세한 답변을 작성해달라고 했다. 우리는 넷 다 의뢰를 수락했다. 그 글들을 읽고 내 대답을 작성하는 일은 기대했던 것보다 더 즐거웠다.

내 답변의 제목은 '확장된 표현형 — 그러나 지나치게 확장되진 않은'이었다. '지나치게 확장되진 않은'이라는 구절은 내가 이전에도 인간의 인공물에 관한 어느 청중의 질문에 답하면서 썼던 표현이다. "만일 베짜는새의 둥지가 확장된 표현형이라면, 시드니 오페라하우스나 크라이슬러빌딩에 대해서도 똑같이 말할 수 있을까요?" 아니, 나는 같다고 말하지 않겠다. 그 이유는 질문 자체보다 더 흥미롭다. 새의 둥지, 날도래의 집, 벌의 관 따위는 자연선택의 산물이다. 자연선택은 훌륭한 집짓기 행동을 육성하는 유전자를 고른다. 베짜는새의 선조 새들은 둥지 짓는 스타일이며 기술이 각양각색이었을 것이다. 그런 변이들 중 일부는 유전적이었을 것이고, 변이에 따라 만들어진 둥지가 해당 유전자를 간직한 알과 새끼를 보호하는데 얼마나 성공했느냐 혹은 실패했느냐에 따라 그 변이가 선호되거나 선호되지 않았을 것이다. 인간이 만든 건물이 확장된 표현형으로 간주되려면, 건물들에 드러난 변이가 건축가들의 유전자 변이로 말미암아 생겨난 것이어야 한다. 물론 그럴 가능성도 절대적으로 배제할 순 없지만, 아주 신중하게 말하더라도 그런 연구의 전망이 그다지 좋을 것 같진 않다. 건축적 재능에 유전적 변이가 있다는 발견이라면 나도 전혀 놀라지 않을 것이다. 일란성쌍둥이 중 한쪽이 3차원 시각화에 재능이 있다면 다른 한 명도 그럴 것이라고 기대할 수 있으니까. 하지만 날도래, 벌, 댐을 짓는 비버에게는 건축에 관련된 유전자가 있을 것으로 예상되는 데 비해, 만일 사람에게 고딕 아치, 포스트모던한 피니얼 장식, 신고전주의적 아키트레이브 따위를 선호하는 유전자가 있다는 게 밝혀진다면 나는 무척 놀랄 것이다.

〈생물학과 철학〉에 실은 글의 제목에서 '지나친 확장'을 언급하면서 내가 염두에 둔 것은 인간의 건축물로의 확장만은 아니었다. 내가 지적한 주된 문제는 당시 유행하던(그리고 좀 짜증스러웠던) 이른바 '생태지위 건설' 개념이었다. 느슨하고 막연한 이 개념이 우리를 얼마나 헷갈리게 만드는지를 보여주는 좋은 예가 있다. 지구의 대기에 든 자유 산소는 전부 식물들이(그리고 광합성을 하는 세균들이) 내뿜은 것이다. 생명의 역사 초기에는 대기 중에 자유 산소가 없었다. 처음으로 대기에 산소를 내뿜은 녹색세균은(그리고 나중에 나타난 식물들은) 그로써 자신을 포함하여 이후 나타난 모든 생물의 생태지위를 대대적으로 바꿔놓았다. 대부분의 현생 생물들은 산소가 없다면 당장 죽어버릴 것이다. 그런데 그런 *생태지위 변화*는 광합성의 부산물로서 우연히 발생했을 뿐, 의도적으로 '건설'된 것은 아니었다. 광합성이 선택된 것은 녹색세균 자신들에게 영양 측면에서 직접적인 이득이 있었기 때문이지, 대기에 미치는 영향 때문에 선택된 게 아니었다. 녹색세균이 산소를 만든 것은 자신이나 자신의 후손이나 그 밖의 생물들이 미래에 산소 호흡의 이득을 누리도록 하기 위해서가 아니었다. 그저 광합성을 하면 자연히 산소를 내기 마련이니 부산물로서 만들어진 것뿐이었다. 일단 산소가 만들어지자, 자연선택은 그 산소를 활용하여 번성할 수 있는 세균들과 생물들을 선호했다. 요컨대 생태지위는 어쩌다 보니 바뀐 것이었고, 이후에는 모두가 원래 오염물질이었던 산소를 처리할 줄 알도록 진화했다.

자연선택이란 온 세상에 전반적으로 돌아가는 이득이 아니라 해당 개체에게만 *차별적*으로 돌아가는 유전적 이득을 뜻한다. 그런 긍정적 이득이 축적될 때, 그러니까 온 세상이 아니라 그 일을 하는 개체에게만 특별히 돌아가는 유전적 이득이 쌓일 때 그것이 확장된 표현형이지, 그렇지 않은 경우에는 확장된 표현형도 생태지위 건설도 아니다. 생태지위 변화일 뿐이다.

새의 둥지, 비버의 댐, 뻐꾸기 양부모의 앞뒤가 바뀐 양육 행동 같은 진정한 확장된 표현형은 그 행동을 일으키는 유전자에게 유리한 다윈주의적 적응이어야 한다. 조심스럽게만 쓴다면 '생태지위 건설'도 의미 있는 표현일 수 있다. 하지만 다윈주의적 이해 없이 아무렇게나 쓰이는 경우가 너무 많기 때문에, 나는 차라리 그 표현을 안 썼으면 싶다. 조심스레 적절히 사용된 경우, 그 용어는 확장된 표현형 중에서도 특수한 경우, 즉 동물이 자기 유전자를 위해서 제 생태지위를 바꿔놓는 경우를 뜻할 수 있다. 비버의 댐이 그런 예이고, 다른 예도 더 있을지 모른다.

'생태지위 변화'의 동의어처럼 잘못 쓰인 '생태지위 건설' 개념과 진정한 '확장된 표현형'을 혼동하는 문제는 세 번째 '여파'에서도, 즉 2008년 코펜하겐 근처의 큰 별장에서 열린 학회에서도 약간 드러났다. 학회를 주최한 사람은 젊고 재능 있는 아일랜드 생물학자로서 현재는 미국에서 연구하는 데이비드 휴스였다. 그는 확장된 표현형의 비판자와 지지자를 아울러 뛰어난 과학자들을 한자리에 모았다. 〈사이언스데일리〉가 그 학회에 대한 기사를 실었는데, 제목은 '유럽 진화생물학자들, 리처드 도킨스의 확장된 표현형을 응원하러 모이다'였다.[50] 여담이지만, '유럽' 생물학자들이라는 표현은 틀렸다. 뛰어난 유전학자 마크 펠드먼(비판자 쪽이었다) 같은 미국 과학자들도 있었으니 말이다.

데이비드 휴스는 현재 확장된 표현형 이론을 누구보다 앞서서 제창하는 연구자다. 나는 〈생물학과 철학〉에 실은 글의 클라이맥스에서, 미래에 '확장된 표현형 연구소'가 생기면 어떨까 하는 백일몽 같은 상상을 펼쳤는데, 그 가상 연구소의 첫 소장으로는 휴스가 적격일 것이다.

> 노벨상 수상자가(왕립학회 회원으로는 아마 부족할 것이다) 공식적으로 개소를 선언한 뒤, 손님들은 새 연구소 건물을 둘러보며 감탄한다. 건물에는 세 동이 있다. 각각 동물 인공물 박물관, 기생자의 확장된 유전학 실험실, 원격작용 연구센터다. … 세 동 모두에서 과학자들은, 마치 네커 정육면체를 또 다른 각도에서 바라보는 것처럼, 낯익은 현상을 낯선 시각에서 연구한다. (세 동의 과학자들은 모두) 자신들이 엄밀한 이론을 고수한다는 것을 자랑으로 여긴다.[51] 연구소 정문

위에는 사도 바울의 금언 중 한 유전자자리에서만 돌연변이가 일어난 문장이 새겨져 있다. "하지만 이중 제일은 명료함이라."

지금이라면 내 몽상의 연구소에 의학동을 추가해야 할 것이다. 미국 생물학자 폴 이월드는 랜돌프 네스,[52] 데이비드 헤이그와 더불어 다윈주의 의학이라는 신생 성장 분야를 이끌고 있다. 폴과 홀리 이월드가 확장된 표현형 개념을 끌어들여 다윈주의적 시각으로 암을 바라본 논문을 썼다는 사실을 내게 알려준 이는 선구적 과학자 로버트 트리버스였다. 종양 속 세포들이 종양 내에서 자연선택을 겪는다는 건 익히 알려진 사실이다. 그런데 그 자연선택은 결말이 열린 과정이 아니라 시간이 제한된 과정이다. 돌연변이 세포는 그보다 덜 악성인 세포를 능가하도록 더 '나아지고'(당연히 암이 되는 데 더 낫다는 말이지 환자에게 낫다는 말은 절대 *아니다*), 그 덕분에 종양 내에서 수가 더 많아진다. 하지만 그 진화는 환자의 죽음과 함께 끝난다. 또한 그 과정과 동시에 몸의 나머지 부분에서는 암에 저항하고, 암에 맞서는 장벽을 세우고, 암에 대항하는 면역학적 수법을 개발하기 위해서 그보다 더 장기적인(이것은 여러 세대에 걸친 과정이기 때문이다) 유전자 선택이 벌어진다. 종양 자신들이 쓰는 수법은 세대마다 새로이 진화해야 한다. 종양은 매 개체의 몸에서 악성 진화를 처음부터 밟아나가기 때문이다. 원래 정상적이고 건강했던 세포가 종양이 된 뒤, 이후 자연선택을 통해 차근차근 진화하며 다른 암세포들과의 증식 경쟁에서 이길 수 있는 특징들을 갖춰가는 것이다.

몸과 암세포가 군비 경쟁을 벌인다는 이 발상에서 다른 흥미로운 생각들이 따라나온다. 암은 일종의 기생자다. 더구나 그 세포가 숙주 세포와 거의 같기 때문에(하지만 완벽하게 같지는 않다) 유달리 음흉한 기생자다. 그렇다 보니 몸은(또한 의학적 치료법은) 촌충이나 세균처럼 '밖에서 온' 기생자보다는 암세포를 가려내는 데 더 애를 먹는다. 몸은 여러 세대를 거치면서, 그동안 여러 차례 발생하는 암과의 드잡이를 통하여, 암으로 의심되는 세포를 알아보는 '기술'을 갈고 닦는다. 여느 군비 경쟁이 그렇듯이, 여기서도 위험을 지나치게 회피하는 상태와(즉, 위험이 없는데도 위험을 보는 것) 지나치게 '느긋한' 상태(위험이 있는데도 위험을 보지 못하는 것) 사이에서 균형을 잘 잡아야 한다. 이런 상황은 풀을 뜯던 영양이 풀밭이 일렁이는 것을 보고는 그것이 포식자 때문인지 바람 때문인지 판단해야만 하는 딜레마와 비슷하다. 풀이 일렁일 때마다 매번 겁에 질려 펄쩍 뛰는 영양은 풀을 뜯다 말고 자꾸 달아나야 할 테니, 영양을 적게 섭취하게 될 것이다. 반면 남들이 다 달아나는데도 태평하게 계속 풀을 뜯는 영양은 표범의 뱃속에 들어갈 위험을 감수해야 할 것이다. 자연선택은 영양의 유전자에 작용하여, 위험을 회피하는 스킬라와 너무 느긋한 카리브디스 사이에서 신중하게 균형을 잡는다. 면역계도 악성 세포를 감지할 때 꼭 이런 아슬아슬한 곡예를 벌이는 것이다. 너무 느긋하면, 환자는 암으로 죽을 것이다. 너무 '펄쩍' 뛰면, 즉 위험을 지나치게 회피하면, 면역계는 무해한 정상 세포를 암으로 '의심하여' 공격할 것이다. 탈모, 건선, 습진 같은 자가면역질환들에 대해서 이보다 더 나은 설명이 있을까? 알레르기도 면역계가 위험을 지나치게 회피함으로써 걸핏하면 과잉반응을 일으키는 현상으로 이해할 수 있다.

이월드 부부는 이 분석에 확장된 표현형 개념을 도입하는 독창적인 기여를 덧붙였다. 종양은 그것을 둘러싼 체세포들이 제공하는 미시 환경에서 살아가며 진화한다. 종양 세포가 체내 자연선택을 통해 진화시킨 더 나은 악성 수법이란 대개 그 미시 환경을 조작하는 방법이다. 일례로, 종양 세포도 다른 세포 못지않게—어쩌면 다른 세포보다 더—영양과 산소를 제공해주는 혈액 공급을 필요로 한다. 비버의 유전자가 비버의 행동에 영향을 미침으로써 개울을 막아 호수를 만드는 확장된 표현형을 낳는 것처럼, 종양 내에서 돌연변이를 일으켜 진화하는 유전자들은 종양으로 가는 혈액 공급을 촉진하는 구조라는 확장된 표현형을 만들어낸다. 확장된 혈관이나 우회하는 혈관의 세포 자체는 암세포가 아니고, 암세포에 의해 조작된 것일 뿐이다. 이 현상은 진정한 다윈주의적 적응이기 때문에(물론 몸에 좋은 적응이 아니라 암에 좋은 적응이다), 이런 혈관 변화는 종양의 돌연변이 유전자들이 만들어낸 진정한 확장된 표현형이라 할 수 있다. 이월드 부부가 논문에서 '확장된 표현형'이라는 용어를 제대로 쓰고 그 개념을 유용하게 여겼다는 게 나는 기쁘다.

완전화에 대한 제약

1979년, 존 메이너드 스미스가 왕립학회에서 '자연선택에 의한 적응의 진화'를 주제로 학회를 열었다. 나도 존 크렙스도 발표해달라는 청을 받았는데, 우리는 '진화의 군비 경쟁'이라는 주제로 공동 논문을 쓰기로 했다. 우리는 1978년에 〈동물의 신호: 정보일까 조종일까?〉라는 논문을 함께 쓴 적이 있기 때문에(442쪽을 보라) 우리가 공동 작업을 잘한다는 걸 알았다.

요즘은 자주 못 만나지만, 나는 존을 지적 형제로 여긴다. 우리는 늘 한마디 설명할 필요 없이 같은 것을 보고 웃는 사이였다. 한번은 그가 해외에 체류했다가 옥스퍼드 동물학부로 돌아와서 짐을 풀 때 어떤 유용한 물건을 보고는 내 생각이 난 모양이었다. "리처드, 혹시라도 가짜 턱수염이 필요할 일이 있을까?" 그는 예언자일까? 아직 두고 볼 일이다. 나는 내 여동생 세라처럼 존도 내가 어릴 때 읽은 것과 똑같은 책들과 시들을 읽은 게 분명하다고 믿는다. 우리는 그만큼 자연스럽게 서로의 암시를 알아듣는다. 그는 나보다 약간 어리지만 나보다 한참 전에 합당하게 왕립학회 회원이 되었다. 나와는 달리 그는 대학 내 정치와 공무 행정을 잘 다루고, 그것을 훌륭한 과학 활동과 결합시킨다. 그는 기사 작위를 가진 영국식품표준국 수장이 되었고, 이제는 상원의원이자 옥스퍼드의 아름답고 오래된 칼리지인 지저스 칼리지의 학장이다.

우리가 1979년 왕립학회에서 발표한 군비 경쟁 논문의 첫 문단은 이렇게 열렸다.

> 여우와 토끼는 두 가지 의미에서 경쟁을 벌인다. 한 여우 개체가 한 토끼 개체를 쫓을 때는 경쟁이 행동의 시간 척도에서 벌어진다. 그것은 특정 잠수함과 그 잠수함이 침몰시키려는 배의 경쟁처럼 개별적인 경쟁이다. 그런데 그와는 다른 시간 척도에서 벌어지는 다른 경쟁도 있다. 잠수함 설계자는 과거의 실패로부터 배운다. 기술이 발전할수록 후대 잠수함들은 배를 감지하고 침몰시키는 능력을 더 잘 갖추고, 후대 배들은 침몰을 피하는 능력을 더 잘 갖춘다. 이것 또한 '군비 경쟁'이며, 이 경쟁은 역사의 시간 척도에서 벌어진

다. 마찬가지로 진화의 시간 척도에서 여우의 계통은 토끼를 더 잘 사냥하도록 적응하고, 토끼의 계통은 여우를 더 잘 피하도록 적응한다.

우리는 종간 군비 경쟁 대 종내 군비 경쟁(가령 포식자/먹이 대 수컷/수컷 경쟁), 그리고 대칭적 군비 경쟁 대 비대칭적 군비 경쟁이라는(가령 수컷/수컷 경쟁 대 부모/자식 갈등) 네 차원으로 사례들을 분류했다. 그리고 군비 경쟁이 어떻게 끝나는가, 즉 일방의 '승리'로 끝나는가 아니면 모종의 평형을 이루게 되는가를 따져보았다. 군비 경쟁이 '승리'로 끝나는 방식에는, 이솝 우화에서 영감을 얻어 '목숨/저녁밥 원칙'이라는 이름을 붙였다. 토끼는 목숨을 구하려고 달리는 데 비해 여우는 저녁밥을 얻으려고 달리기 때문에 토끼가 여우보다 더 빨리 달리게 된다는 원칙이다. 이런 비대칭은 경제 용어로도 표현된다. 토끼와 여우는 가능하다면야 둘 다 마세라티처럼 달리겠지만, 빨리 달리는 데 필요한 장치는 비싸기 때문에, 그러면 신체 경제의 다른 부분에서 대가를 치러야 한다. 목숨/저녁밥 비대칭 때문에, 토끼는 귀중한 신체 자원을 빠른 속도에 투입하려는 동기를 여우보다 더 많이 갖는다.

비슷한 비대칭이 '희귀한 적 효과'에도 나타난다. 뻐꾸기의 선조들은 한 마리도 빼놓지 않고 모두 양부모를 속이는 데 성공해야 했던 데 비해, 양부모 새의 선조들 중에는 평생 뻐꾸기를 한 번도 만나지 않은 개체도 많았을 것이다. 뻐꾸기가 숙주보다 실패의 대가를 더 크게 치르기 때문에, 군비 경쟁에서 더 절박한 쪽에 해당했던 뻐꾸기 선조들은 미래 양부모와의 만남에서 살아남는 능력을 더 잘 갖추게 되었다. 이런 군비 경쟁 개념은 대단히 유익한 것으로 증명되었고, 나는 여러 책에서 소개했다. 역시 내 친구이자 존 크렙스와 함께 현대 행동생태학을 창시한 인물이라고 말해도 좋을 케임브리지 동물학자 N. B. 데이비스는 뻐꾸기에 대한 고전적인 현장 연구에서 이 군비 경쟁 개념을 요긴하게 활용했다.[53]

그 학회에서는, 설령 생물학 전체에서는 아닐지라도 적어도 내 분야에서는 최고로 과대평가된 논문이라고 부를 만한 논문도 발표되었다. S. J. 굴드와 R. C. 르원틴의 1979년 논문 〈적응주의 프로그램에 대한 비판〉이다. 르원틴과 굴드는 이 분야의 우두머리 수컷들이자 1970년대에 에드워드 O. 윌슨에 대한 반대 운동을 이끈(142쪽을 보라) 강력한 지도자들이었다(다행히 윌슨은 스스로를 잘 건사했지만 말이다). 그들의 괴롭힘은 1979년 왕립학회에서도 이어졌다. 르원틴은 참석하지 않았으므로, 논문은 굴드가 발표했다. 또 굴드는 다른 사람들이 발표할 때 뒷줄에 앉아서 너털웃음을 터뜨리며 최대한의 조롱을 보냈는데, 신비롭게도 그는 같은 날 앞선 자리에서 팀 클루턴 브록과 폴 하비가 '비교와 적응'이라는 발표로 자신의 핵심 논제를 철저하게 무너뜨렸다는 사실을 깡그리 무시하는 듯했다. 굴드가 클루턴 브록과 하비의 지적을 제대로 받아들이지 못한 것은 그에게 즉석에서 논문을 수정할 여유가 없었다는 점에서 용서할 만한 일인지도 모른다. 하지만 그가 그들을 향해 가볍게 고개를 끄덕여주고 조롱의 웃음소리를 조금만 줄였다면 훨씬 더 공손한 태도로 보였을 것이다.

논쟁의 주제는 우리가 동물의 어떤 속성을 볼 때 그것을 자연선택에 의해 형성된 것으로 간주해도 옳은가 아닌가 하는 문제였다.

요컨대, 그것은 반드시 '적응'일까? 굴드와 르원틴은 그런 시각을 '적응주의'로 간주하고(이 용어도 르원틴이 이전에 만든 것이었다) 맹렬하게 공격했지만, 대체로 그 공격은 우리가 '신중한 적응주의'라고 부를 만한 시각과는 거리가 먼 허수아비를, 혹은 이류 생물학을 때리는 것에 지나지 않았다. 클루턴 브록과 하비는 과학적 엄밀함을 지키면서 적응 가설을 시험해보는 세련된 양적 기법들을 소개함으로써 굴드-르원틴의 공격을 무너뜨렸다. 대체로 비교 방법론의 통계적 변형 형태인 그 기법들은 이후 클루턴 브록과 하비뿐 아니라 내 제자였던 마크 리들리, 그리고 폴 하비가 우리 대학 동물학부 교수로 재직하던 기간에 성공적으로 길러낸 여러 연구자에 의해 빠르게 발전했다.

나는 틀림없이 과격한 '적응주의자'로 비판받을 테지만, 사실 이 토론에 내가 활자로 주로 기여한 바는 오히려 《확장된 표현형》 중 한 장으로 '완전화에 대한 제약'이라는 제목의 글이었다. 내가 대학생일 때 옥스퍼드 동물학부에서 받은 주된 영향은 허수아비 형태가 아니라 신중한 형태의 적응주의였다(실제 이 이름으로 불리진 않았다). 그런 분위기를 육성한 사람은 내 스승인 거장 니코 틴베르헌, 그리고 집단유전학뿐 아니라 통계학에서도 엄청난 혁신을 이룬 로널드 피셔 경을 헌신적으로 추종했으며 그 자신 '생태유전학'의 창시자인 E. B. 포드를 따르는 연구자들이었다. 포드는 엄청나게 까다로운 탐미주의자였기 때문에 그가 현장 연구를 하는 모습은 상상조차 하기 어려웠지만, 그를 비롯하여 버나드 케틀웰, 아서 케인, 필립 셰퍼드 같은 여러 재능 있는 동료는 실제로 숲과 들판으로 나가 야생에서 자연선택의 압력을 측정하는 연구를 수행했다. 그들이 수집한 나비, 나방, 달팽이 표본들은 테오도시우스 도브잔스키를 따르는 미국 유전학자 집단이 수집한 표본들과 더불어 꽤 뜻밖의 결과를 보여주었다. 겉으로는 사소하게만 보이는 차이가 큰 생존율 차이로 이어지는 것으로 드러난 것이다.

앞서 소개했듯이, 마렉 콘의 책 《모든 것에 대한 이유》는 자연선택주의자들 중에서도 이른바 '영국 학파'를 생동감 있게 묘사한 집단 초상이다. 콘의 타당한 평가에 따르면, 포드는 "열렬한 선택주의의 기풍이 옥스퍼드 동물학부를 감싸도록 만들었으며, 자신의 연구 대상이었던 인시목을 다룰 때만큼이나 꼼꼼하게 스스로 만들어낸 전설을" 뒤에 남겼다. 그 전설에는 세련된 여성혐오도 포함되었다. 포드가 유일한 예외로 존경한 여성은 미리엄 로스차일드였는데 (283~286쪽을 보라), 아마도 그녀가 — 귀족의 딸로서 — 말 그대로 존경할 만한 '오너러블'이었으며 포드가 속물이었던 탓일 것이다.

내가 포드를 직접 대면한 것은 한 번뿐이었지만, 그의 강의는 다 들었다. 학과에서도 종종 마주쳤는데, 그는 활짝 펼친 손으로 결벽증 있는 사람처럼 인파를 헤치면서 커피 마실 시간을 맞아 몰려든 평민들 속을 뚫고 지나가곤 했다. 그는 네스카페의 존재를 인정하기를 한사코 거부하여 늘 커피를 "코코아"라고 불렀고, 마찬가지로 개의 존재를 인정하기를 거부하여 늘 녀석들을 "푸시(고양이)"라고 불렀다. (콘에 따르면, 한번은 포드가 개를 기르는 어느 숙녀에게 걱정스러운 듯 푸시는 괜찮으냐고 물어서 그녀를 깜짝 놀라게 만들었다.) 내가 그를 딱 한 번 사교적인 자리에서 만났을 때, 그의 눈동자는 심지어 교활함까지 느껴질 만큼 빈틈없어 보였기 때문에, 나는 그의 괴짜 같은 태도가 진짜가 아닐지도 모른다고 의심하게 되었다. 하지만 그가 한밤중에 와이텀 숲에 나방 덫을 확인하러 나갔을 때 랜턴을 앞뒤로 흔들면서 "나는 세상의 빛이로다"라고 선언하는 모습을 누군가 목격했다는 일화가 사실이라면, 아마 이 일화는 필립 셰퍼드에게서 나온 것 같은데, 그렇다면 그는 진짜 괴짜였는지도 모르겠다. 물론 그가 정말로 아무도 자신을 안 보고 있다고 생각하고서 한 행동이었다면 말이다.

좀 자기중심적이기는 해도 아름답게 씌어진 포드의 《생태유전학》은, 독자로 하여금 자연선택의 힘은 이미 증명되었다는 사실에 추호의 의문도 품지 못하게 만든다. 대학생이었던 나는 그런 분위기를 포드의 후배 격인 로버트 크리드, 존 커리, 니코 틴베르헌(그는 유전학자는 아니었지만, 그가 동물 행동의 생존 가치에 관해서 실시한 현장 실험들은 견실한 적응주의 풍이었다) 같은 선생들을 통해서 흡수했는데, 그중 누구보다 큰 영향을 준 사람은 이른바 '옥스퍼드 학파' 중에서 철학적으로나 역사학적으로나 가장 세련되었던 아서 케인이었다.

아서의 적응주의는 견실한 것 이상이었다. 정도를 넘진 않았지만, 최정상에 가까웠다. 또한 아주 신중했다. 메이너드 스미스는 아서에게 1979년 왕립학회의 마무리 토론을 소개하는 역할을 맡겼다. 그때 굴드와 르원틴에 대한 아서의 반감은 눈에 보일 정도였다. 아서와 나는 굴드가 강연을 시작하기 전 맨 앞줄에 나란히 앉아 있었는데, 아서는 화가 나서 혼자 뭐라뭐라 중얼거렸다. 그는 특히 이전에 르원틴이 어느 글에서 포드 학파를 가리켜 "영국 중상층의 활동"이라고 험담했던 것에 화가 나 있었다. 그것은 아마 나비 수집이라는 고상한 취미를 비딱하게 언급한 표현이었을 것이다. 아서는 낮게 중얼거리면서 할 말을 연습해두었다가, 끝내 공식 발언에서 이렇게 말했다. "강한 편견은 사실도 지워버리는 모양입니다. 극단적인 순수주의자가 아니고서는 내 출신과 교육 배경을 노동 계층의 그것과 다르다고 보지 않을 텐데 말입니다." 굴드의 발표를 기다릴 때, 아서는 초조하게 들썩거리면서 내게 스탠리 홀러웨이의 말을 인용해 "자, 전투를 개시해봅시다"라고 말했다(홀러웨이의 모놀로그 〈샘: 네 머스킷을 들려무나〉에 나오는 말이다).

1964년에 아서는 〈동물의 완전함〉이라는 논문을 썼다. 그 속에는 우리가 동물의 어떤 속성을 '사소하고' 비기능적인 속성이라고 부르는 것에 대해 정곡을 찌르는 공격을 가한 대목이 있었다. 나는 '완전화에 대한 제약' 장을 열 때 그의 주장을 끌어들여 이렇게 말했다.

> 케인은 이른바 사소한 특징에 대해서 비슷한 문제를 지적했다. 그는 다윈이 언뜻 놀랍게도 리처드 오언으로부터 영향을 받은 나머지, 그런 사소한 특징에는 기능이 없다는 가설을 지나치게 쉽게 받아들였다고 비판했다. "누구도 사자 새끼의 줄무늬나 어린 찌르레기의 점무늬가 그 동물들에게 무슨 쓸모가 있다고 생각하진 않을 것이다…." 다윈의 이 발언은 오늘날 적응주의의 가장 신랄한 비판자들에게조차 무모한 말로 들릴 것이다. 역사는 적응주의자들의 편이었던 것 같다. 이런 특수한 사례들에서 적응주의를 비웃었던 사람들을 연거푸 당혹시켰기 때문이다. 케인의 유명한 연구, 즉 셰퍼드와 그 무리와 함께 케파이아 네모랄리스 달팽이의 줄무늬 다형질성을 유지시키는 선택압을 알아본 연구는 "달팽이 껍데기에 줄

> 무늬가 한 줄이든 두 줄이든 달팽이에게는 아무 상관없을 거라는 확고한 단정"에(케인의 책 48쪽) 부분적으로나마 자극받아 진행된 것일지도 모른다. "그러나 이른바 '사소한' 특징의 기능을 밝혀낸 사례들 중 제일 놀라운 것은 맨턴이 폴릭세누스 속 노래기를 대상으로 한 연구일 것이다. 그녀는 이전에 '장식'으로 여겨졌던 특징이 (장식보다 더 쓸모없는 게 어디 있겠는가?) 사실 그 동물의 삶에서 말 그대로 결정적인 요소에 가깝다는 것을 보여주었다."(케인의 책 51쪽)

그러나 놀랍게도, 내가 아는 가장 극단적인 적응주의적 발언은 케인이 아니라 다름 아닌 르원틴 자신이 반대파로 개종하기 전인 1967년에 한 말이다. "내 생각에 모든 진화론자가 동의할 만한 유일한 논점은, 생물체가 자신의 환경에서 해내고 있는 일을 그보다 더 잘해내기란 사실상 불가능하다는 것이다."

옥스퍼드 출신답게 적응주의적 편향을 갖고 있었음에도 불구하고, 내 글은 꼭 그 반대 방향으로 나갔던 것처럼 보인다. 나는 완전화에 가해지는 몇 가지 주요한 *제약*을 지적했다. 케인도 우리가 살펴보는 동물이 어쩌면 그냥 시대에 뒤떨어진 경우일 수도 있다는 점을 인식했고, 그 뒤떨어지는 기간의 상한선을 약 200만 년으로 추정해보기도 했다. 그런데 나는 그보다 더 영구적으로 완전화에 제약이 가해진 사례를 대학생일 때 튜터였던 존 커리에게 들어서 알고 있었다(커리도 케인과 함께 달팽이 집단유전학 연구를 수행했다). 뇌신경 중 한 갈래인 되돌이후두신경은 뇌에서 후두로 이어진다. 하지만 이 신경은 그 길을 곧장 가지 않는다. 대신 가슴으로 내려가서, 심장에서 나오는 동맥 중 하나를 휘감은 뒤, 도로 목으로 올라와서 후두로 들어간다. 기린이라면 그 우회로가 상당히 길 수 있고(영국식으로 대단히 절제한 표현이다), 그것은 아마도 값비싼 일일 것이다. 이 현상에 대한 설명은 역사에서 나온다. 그 신경은 아직 식별 가능한 목이 진화하지 않았던 우리 물고기 선조에게서 처음 나타났던 것이다. 까마득한 과거에는 그 신경이(정확히는 물고기에게 그 신경에 해당하던 신경이) 당시의 표적으로 향하는 지름길이 정말 문제의 동맥에 해당하는 물고기의 동맥 뒤로(한 아가미에 피를 공급하는 동맥이었다) 넘어가는 길이었다. 나는 《확장된 표현형》에서 이렇게 말했다.

> 만일 굵직한 돌연변이가 발생했다면 신경 경로가 철저히 재편될 수 있었겠지만, 그러면 초기 배아 발생 과정에서 크나큰 격변을 대가로 치러야 했을 것이다. 만일 데본기에 예언자적이고 신적인 설계자가 존재했다면, 그는 미래에 기린이 출현할 것을 내다보고 원래 배아에서 신경 경로를 다르게 설계할 수 있었을 것이다. 하지만 자연선택에게는 그런 선견이 없다.

세월이 흘러 2010년에 채널4가 〈자연의 거인들 속으로〉라는 다큐멘터리를 제작할 때, 나는 동물원에서 죽은 기린의 되돌이후두신경을 해부하는 실험을 도왔다. 꼭 꿈속처럼 보였던 그 현장은 지금도 결코 잊지 못한다. 해부가 이뤄지는 무대는 말 그대로 무대였다. 무대는 수의학과 학생들이 앉은 관람석과 큰 유리벽을 사이에 두고 떨어져 있었다. 관람석은 어두웠지만, 무대에 내리쬐는 눈부신 조명은 기린의 얼룩무늬 색깔과 다들 무릎까지 오는 장화를 갖춰 신은 해부팀의 오렌지색 전신 작업복 색깔이 같다는 걸 똑똑히 보여주었다. 기린의 한쪽 뒷다리가 기중기로 높이 들어올려져 있는 모습이 그 장면의 초현실적인 느낌을 가중했다. 나는 이따금 감독의 청에 따라 유리벽으로 가서 쓸데없이 몇 미터나 우회하는 되돌이후두신경의 진화적 의미를 학생들에게 마이크로 설명해주었다.[54]

선택은 강력할 수 있지만, 선택 대상인 유전적 변이가 존재하지 않는다면 무력할 따름이다. 그야 물론 돼지도 날 수 있을지 모른다. 날개가 돋는 데 필요한(그 밖에도 유체역학적으로 중요한 여러 요소에 필요한) 돌연변이들이 마련되기만 한다면. 이 제약이 얼마나 큰가는 논쟁할 만한 문제이고, 이 문제는 발생학의 영역에 속한다. 나는 《리처드 도킨스의 진화론 강의》에서 내 생각에는 나름대로 건설적인 방식으로 이 주제를 다시 다뤘다.

또 다른 명백한 제약은 재료비가 가하는 제약이다. 《확장된 표현형》에서 나는 1980년에 제인 브록먼과 함께 쓴 '콩코드' 논문을 인용했다.

> 제도판에 백지를 부여받은 엔지니어는 새의 '이상적인' 날개를 맘대로 설계할 수 있을 테지만, 그래도 그는 우선 자신이 따라야 할 제약에 무엇이 있는지부터 알아야 한다. 그에게는 깃털과 뼈를 사용해야 한다는 제약이 있는가? 아니면 티타늄 합금으로 뼈대를 설계해야 하는가? 날개에 비용을 얼마나 지출할 수 있으며, 가용 자원을 가령 알 생산에는 얼마나 많이 투자할 수 있는가?

제인과 나는 이런 경제적 제약 개념을 끌어들임으로써 언뜻 콩코드 식 오류로 보이는 벌의 행동을 해석했다(118~123쪽을 보라).

교실의 다윈주의 엔지니어

내가 옥스퍼드 대학생일 때 튜터들을 통해서 훗날 비판의 대상이 될 적응주의적 성향을 익혔다는 이야기는 앞에서 했다. 훗날 내가 다른 옥스퍼드 연구자들과 함께 그보다 더 조심스럽고 신중한 형태의 적응주의를 변호했다는 말도 했다. 그런데 나 스스로 튜터가 되었을 때, 나는 그런 적응주의적 편향에 교육적 이점도 있다는 걸 깨달았다. 적응주의적 시각은 생물학의 시시콜콜한 사실들을 기억하는 데 도움이 되는 '이야기'를 제공한다.

강사이자 튜터로서 나는 막대한 분량의 사실을 외워야 하는 학생들의 처지에 공감했고, 어떻게 하면 그 일을 쉽게 만들 수 있을까 수시로 고민했다. 가장 크게 괴로움을 겪는 것은 의대생들이다. 하지만 안타깝게도 내가 여기서 '다윈주의 엔지니어'라고 부르는 내 교수법은 인체해부학에서 외워야 하는 가공할 분량의 무지막지한 사실들을 줄이는 데는 별로 도움이 되지 않을 것이다. 그러니 나로서는 딸 줄리엣 도킨스가 우등으로 의학 학위를 딴 게 더더욱 자랑스럽게 느껴진다. 더구나 줄리엣이 다닌 세인트앤드루스대학은 아직도 해부를 직접 실시하면서 배우는 몇 안 되는 의대들 중 하나니 말이다. 해부학의 어려움은, 적어도 최고의 의대들이 가르치는 세밀한 수준에서의 어려움은, 해부학적 사실들이 낱낱이 떨어진 정보의 파편들과 같을 때가 많아서 어떤 하나의 일관된 이야기로 꿰어 기억을 도울 수 없다는 점이다. 물론 인체의 드넓은 간선도로들에는 모두 기능적 의미가 있을 테니까 그에 따라 익히면 되겠지만, 정확히 어떤 신경이 어떤 동맥의 위나 아래로 지나가는가 하는 세세한 사항은 — 외과 의사에게는 말 그대로 목숨이 달린 문제임에도 불구하고—무조건 외우는 수밖에 없다. 거기에 기능적 의미가 있더라도(나는 있을 거라고 예상한다), 그 의미는 발생학의 복잡한 내부에 깊이 숨겨져 있기 때문에 겉으로 알아보기 어렵다.

동물학부 학생들은 의대생들보다는 쉬운 편이다. 그러나 과거에도 늘 그렇지는 않았다. 1965년에 피터 메더워는 1860년 유니버시티 칼리지 런던에서 비교해부학을 배우는 학생들이 치른 시험문제 여덟 개를 이렇게 인용했다.

> 박쥐는 어떤 특수한 구조를 써서 하늘을 나는가? 날원숭이, 하늘다람쥐, 주머니날다람쥐, 날다람쥐는 어떻게 공중에서 몸을 지탱하는가? 박쥐의 날개 구조를 새의 날개 구조와 멸종한 익룡의 날개 구조와 비교하고, 코브라가 목을 길게 늘이는 구조를 설명하고, 날도마뱀이 공중을 나는 구조를 설명하라. 뱀은 어떻게 땅에서 불쑥 솟아나고, 물고기와 두족류는 어떻게 물에서 갑판으로 튀어오르는가? 날치는 어떻게 공중에서 몸을 지탱하는가? 거미류와 유충의 섬유성 낙하산, 그리고 그 새끼를 감싼 고치의 기원, 성질, 제작 방식을 설명하라. 곤충의 겉날개와 속날개를 지탱하는 골격 요소와 그것들을 움직이는 근육을 묘사하라. 곤충 다리의 구조, 부착 형태, 주요한 변형 형태를 묘사하라. 그것을 다모류의 속 비고 관절 있는 다리와, 그리고 지렁이류의 관족과 비교하라. 산호의 단단한 가시, 회충의 피복, 따개비의 관형 구멍, 윤충의 바퀴, 불가사리의 발, 해파리의 망토, 말미잘의 관형 촉수를 움직이는 근육은 어떻게 배치되어 있는가? 체내 기생충은 발달과 변형에 필요한 이주를 어떻게 달성하는가? 산호충류와 해면동물은 어떻게 바다에 자손을 퍼뜨리

는가? 마지막으로, 우리가 결코 죽일 수 없는 원생생물은 어떻게 한 연못에서 다른 연못으로 옮기면서 전 지구로 퍼지는가?[55]

메더워가 이 터무니없는 시험문제를 인용한 것은 과학이 발전할수록 외울 게 점점 더 많아지기 때문에 익히기가 점점 더 어려워진다는 세간의 견해를 반박하기 위해서였다. 그는 그답게 도발적인 답을 내놓았는데, 실제로는 잡다한 사실들이 비교적 소수의 일반 원리로 포섭되었기 때문에 빅토리아 시대 선조들보다 우리가 외울 게 오히려 더 적다고 주장했다. 그리고 그 원리들 중에서 제일 큰 것은 당연히 다윈이 제공한 원리였다.

메더워의 말은 일리가 있다. 그러나 처음도 아닌 일이지만, 장난기가 있었던 이 뛰어난 인물의 말에는 약간의 과장이 있었다. 오늘날 〈네이처〉나 〈사이언스〉에 실리는 논문들은 대부분 해당 분야 전문가들만 읽을 수 있다는 건 메더워도 인정했을 것이다. 그야 어쨌든, 낱낱의 사실들을 하나의 기능적인 이야기로 엮어내는 것은 기억을 돕는 강력한 도구다. 나는 옥스퍼드와 버클리에서 강의를 시작한 초기부터 이 방법을 썼고, 특히 옥스퍼드에서 개인 지도를 할 때 많이 썼다. 내가 적응주의에 교육적 이점이 있다고 말한 것은 이런 뜻이다. 내가 선생으로서 사용하는 구체적인 방법은, 어떤 동물이 맞닥뜨린 문제를 마치 엔지니어가 맞닥뜨린 문제처럼 학생에게 제시하는 것이다. 그다음 엔지니어가 떠올릴 법한 다양한 해법들을 나열하고, 각각의 장단점을 꼽아본다. 마지막으로 자연선택이 실제로 채택한 해법을 들려준다. 이렇게 하면 자연스럽게 하나의 이야기가 생겨서 머리에 쏙 들어오고, 외우는 데 도움이 된다.

나는 이 기법의 기량을 《눈먼 시계공》 2장과(박쥐 초음파의 예를 들었다) 《리처드 도킨스의 진화론 강의》 2장에서(거미줄의 예를 들었다) 시험해 보였는데, 여기서 두 예시를 다시 소개하겠다. 첫 번째, 박쥐. 박쥐가 맞닥뜨린 문제는 어떻게 밤중에 길을 찾을까 하는 것이다. 한낮의 하늘 사냥터는 새들이 독점한 터라, 박쥐는 밤에 사냥해야 했다. 그래서 문제가 생겼다. 밤에는 캄캄하다는 문제였다. 엔지니어라면 여기서 다양한 해법을 떠올릴 텐데, 각 해법마다 새로운 문제가 따라나온다. 가령 심해의 물고기처럼 스스로 빛을 낼 수도 있겠고, 전갈붙이처럼 긴 더듬이로 길을 찾을 수도 있겠고, 올빼미처럼 극도로 민감한 청력을 갖춤으로써 희미하게 바스락거리는 소리로도 먹이를 찾을 수도 있겠고, 두더지처럼 극도로 민감한 후각을 갖추거나 별코두더지처럼 극도로 민감한 촉감을 갖출 수도 있겠다. 혹은, 마지막으로, 초음파를 갖출 수도 있겠다. 큰 소리를 낸 뒤에 그 반향을 활용하는 것이다. 이런 여러 엔지니어링 해법 중에서 박쥐가 실제로 채택한 것은 초음파였다. 박쥐는 자신이 낸 초음파 소리의 메아리가 돌아오는 시간을 다양한 방법으로 잼으로써 장애물이나 먹이의 위치를, 또한 상대 위치의 변화율을 계산한다.

그런데 여기서 또 다른 문제가 생겨난다. 소리와 그 반향의 시간 간격은 짧은 소리일수록 더 정밀하게 잴 수 있다. 하지만 소리가 스타카토처럼 짧게 끊어질수록, 소리를 크게 내기는 점점 더 어려워진다. 그런데 반향은 아주 희미하기 마련이라, 애초에 소리를 크게 낼 필요가 있다. 엔지니어는 양쪽의 장점만 취하는 해법을 알아낼 수 있을까? 한 방법은 스타카토가 아닌 소리를 내는 것이다. 소리를 좀 더 길게 내되 음높이를 바꿔, 한 번의 소리마다 한 옥타브를 훽

내려오는(혹은 올라가는) 것이다. 그러면 소리가 짧지 않으므로 좀 더 크게 낼 수 있다. 각각의 음에 할당된 시간이 짧을 뿐이다. 반향이 돌아왔을 때, 뇌는 고음의 반향은 소리에서 앞부분에 해당하고 저음의 반향은 뒷부분에 해당한다는 걸 '안다'. 내가 《눈먼 시계공》을 쓸 때 우리 칼리지 학장이었던 물리학자 아서 쿡은 제2차 세계대전 중 영국의 일급비밀 레이더 프로젝트에서(당시에는 RDF라고 불렸다) 일했는데, 그가 어느 날 저녁식사 자리에서 내게 당시 레이더 엔지니어들이 실제 '짹짹 레이더'라는 이름으로 그 기법을 썼다고 말해주었다. 또 다른 엔지니어링 해법은 도플러 이동 효과를 활용하는 것이다(구급차가 우리를 지나쳐서 멀어져갈 때 사이렌의 음높이가 낮아지는 현상이다). 어떤 박쥐는 곤충처럼 움직이는 먹이를 추적할 때 이 효과를 유용하게 활용한다.

다음 엔지니어링 문제로 넘어가자. 반복하지만, 반향은 원래 소리보다 훨씬 희미한 법이다. 너무 희미해서 자칫 안 들릴지도 모른다. 이때 가능한 엔지니어링 해법은 소리를 엄청나게 크게 지르는 것, 그리고/혹은 귀를 엄청나게 민감하게 만드는 것이다. 하지만 두 해법은 서로를 훼방한다. 극도로 민감한 귀가 극도로 큰 소리를 들으면 멀어버릴지 모른다. 제2차 세계대전 초기의 레이더도 비슷한 문제에 직면했는데, 역시 아서 쿡이 내게 알려준 바에 따르면, 엔지니어들은 이른바 '송신-수신' 레이더를 설계함으로써 문제를 풀었다고 한다. 그런데 일부 박쥐들도 똑같은 해법을 채택하여—믿어지는가?—쓴다. 소리를 지르기 전, 소리를 전달하는 고막뼈에 붙은 특수한 근육을 잡아당겨서 귀를 잠시 꺼두는 것이다. 그랬다가 소리를 지른 뒤 얼른 근육을 이완시킴으로써 귀가 최대 민감도를 되

찾아 반향을 제때 듣도록 한다. 근육을 잡아당기고, 소리를 지르고, 근육을 이완시키고, 반향을 듣고, 다시 잡아당기고… 이 주기를 매번 소리 지를 때마다 반복한다. 놀랍게도 그 반복 속도는 박쥐가 먹잇감 곤충에게 다가가서 죽이려는 최종 시점에는 기관총보다 빠른 초당 50회까지 빨라진다.

'다윈주의 엔지니어' 접근법의 교육적 이득은 사실들을 조각조각 외우는 대신 기억하기 쉬운 이야기로 한데 꿸 수 있다는 것이다. 심지어 학생들이 사실을 듣기도 전에 그것을 *예상해낼* 가능성도 있는데, 이것은 연구자가 확인해볼 가치가 있는 유익한 가설을 떠올리는 훈련도 되어준다.

예를 들어보자. 박쥐는 수백 마리의 다른 박쥐와 함께 날 때가 많다. 그렇다면 자신의 반향이 다른 박쥐들의 소리와 반향에 마구 섞여버리는 문제는 어떻게 해결할까? '다윈주의 엔지니어'처럼 생각하는 학생이 떠올릴 법한 발상은 이렇다. 우리가 영화 필름을 프레임별로 조각조각 자른 뒤, 낱낱으로 떨어진 프레임들을 모자에 몽땅 넣어 뒤섞고는, 무작위로 하나씩 뽑아서 도로 이어붙인다고 해보자. 그러면 이제 스토리가 전혀 말이 되지 않을 것이다. 아예 '스토리'라는 게, 연속된 이야기라는 게 없을 것이다. 마찬가지로, 한 박쥐에게 다른 박쥐들의 반향은 꼭 무작위로 프레임을 이어붙인 영화 필름처럼 들릴 것이다. 그런 소리들은 '이제까지의 스토리'와 무관하게 제멋대로 예측 불가능한 내용일 것이므로, 박쥐는 쉽게 무시할 수 있을 것이다. 오직 자기 자신의 반향만이 반향들의 서열에서 이전 반향에 '이어붙였을' 때 일관된 이야기를 형성할 것이다. 실험심리학자들은 이른바 '칵테일파티 문제'를 해석할 때 똑같은 논증을 사용한다. 칵테일파티에서 우리 귀는 주변에서 진행되는 수많은 다른 대화들의 소리에 공격당한다. 그럼에도 불구하고 귀가 어떻게 하나의 대화를 알아듣는가 하는 문제다.

나는 이 '다윈주의 엔지니어' 기법을 《리처드 도킨스의 진화론 강의》 2장에서도 동원했다. 이번에는 박쥐의 초음파가 아니라 거미줄을 예로 들었다. 이번에도 하나의 문제로 시작한다. 거미는 먹이를 붙잡는 팔다리의 유효 길이를 어떻게 늘릴 수 있을까? 이번에도 다양한 가상의 해법들을 제공한 뒤, 자연선택이 실제로 채택한 우아하고 경제적인 해법, 즉 거미줄로 마무리한다. 그러고는 그 해법에서 따라나오는 하위 문제들과 하위-하위 문제들로 위의 과정을 반복한다. 같은 책 뒷부분의 '눈은 어떻게 진화했을까?' 장에서는 똑같은 공식에 따라 눈의 구조를 이야기했다. 이때 나는 혹자가 심하게 극단적이라고 여길 수도 있을 만큼 '설계 엔지니어' 접근법을 끝까지 밀어붙였는데, 그래도 나름대로 유익한 시도였기를 바란다.

수정체는 단순한 장치다. 하지만 수정체가 풀어내는 문제는 놀랍도록 복잡한 연산을 필요로 한다. 이 점을 극적으로 보여주기 위해서, 나는 광선을 받아들여 정확하게 계산된 각도로 꺾음으로써 스크린에 영상을 맺는 컴퓨터를 상상해보았다. 그것은 상상만 해도 황당하리만치 복잡한 작업이지만, 수정체는 그 일을 쉽게 해낸다. 그런데도 수정체는 구조가 너무나 단순하기 때문에 — 내가 왕립연구소 크리스마스 강연에서 시범을 보인 것처럼 — 물이 들어 축 처진 투명 비닐봉지로도 얼추 비슷한 효과를 낼 수 있다. 물론 그런 대용품은 초점이 흐린 부실한 영상을 맺지만, '불가능의 산'의 완만한 오르막을 따라 한 걸음 한 걸음 걷는다면 그 영상은 개량될 수 있다. 이것은 겉보기에 복잡해야만 할 것 같은 무언가가 실제로는 쉽게 진화할 수 있다는 걸 알려주는 비유다. 다윈의 시절부터 그의 이론의 적으로 선전되었던 눈의 구조는 알고 보면 쉽게 진화할 수 있는 것이고, 실제 동물계의 모든 부문을 아울러 수십 번이나 독립적으로 진화했다.

'다윈주의 엔지니어' 접근법이 무언가를 설명하는 데 유용하다는 사실을 나는 아주 일찌감치 깨달았다. 케임브리지의 두 눈 전문 생리학자 W. A. H. 러시턴과 H. B. 발로에게 따로따로 영향을 받은 결과였다. 나는 러시턴을 아운들에서 학교를 다니던 시절에 만났다. 그의 두 아들도 아운들에 다녔고 그중 한 명은 나와 같은 학년인 덕분이었다. 우리는 학교 오케스트라에서 함께 클라리넷을 불었는데, 구글 검색으로 찾아보니 그 친구는 이후 음악학자가 되었다고 한다 (전혀 놀랍지 않았다). 저명한 러시턴 교수가 6학년 생물 시간에 와서 이야기를 해주기로 한 것은 두 아들이 다니는 학교라서였을 것이다.

그날 러시턴은 아날로그와 디지털 신호 체계의 차이점이라는 흥미로운 이야기를 들려주었다. 아날로그 전화에서는 연속적으로 변하는 소리의 압력파가 고스란히 전압파로 변환되어 전선을 통과한 뒤 반대쪽 끝 수화기에서 다시 소리로 바뀐다. 문제는 만일 전선이 길다면 신호가 도중에 감쇠되기 때문에 증폭기로 승압해줘야 한다는 것이다. 그런데 승압된 신호에는 반드시 무작위적 잡음이 끼어든다. 승압기가 몇 개 안 될 때는 딱히 문제가 되지 않는다. 하지만 승압기가 아주 많다면, 누적된 잡음이 신호를 삼켜서 대화가 알아들을 수 없는 소음으로 바뀌고 만다. 이 때문에 몸의 신경은, 최소한 긴 신경은 (아날로그) 전화선처럼 작동할 수는 없다.

신경은 전류를 나르는 전선과는 다르다. 신경은 그보다 덜 세련된 장치로, 차라리 한 줄로 놓인 화약이 지지직거리면서 도화선으로 기능하는 것과 더 비슷하다. 다만 '랑비에 결절'이라는 추가의 요소가 있는데, 이것은 띄엄띄엄 놓인 승압기라고 보면 된다. 요컨대 신경은 전체 길이에 수백 개의 승압기에 해당하는 잡음 도입 요소가 존재하는 것이다. 엔지니어는 이 문제를 어떻게 풀까? 정보를 파동의 높이(전압)로 전달하겠다는 생각을 버리는 것이다. 대신 파동을 뾰족한 스파이크로 변환하는데, 스파이크의 높이는 고정되어 있을 수도 있고 값이 어떻든 어차피 상관없다. 정보를 스파이크의 높이가 아니라 변이하는 스파이크들의 서열이 지저귀는 패턴으로 전달하면 되기 때문이다. 가령 큰 소리는 한 무리의 스파이크들이 잇따라 빠르게 발생하는 것으로 신호를 보내고, 조용한 소리는 소수의 스파이크들이 시간적으로 드문드문 간격을 두고 발생하는 것으로 신호를 보낸다.

자, 우리는 하나의 엔지니어링 문제에 대해서 흥미로운 생물학적 해법을 찾은 셈이다. 하지만 박쥐나 거미와 마찬가지로, 한 해법은 다른 엔지니어링 해법을 필요로 하는 다른 문제로 이어지기 마련이다. 이 대목에서 내게 영향을 미친 두 번째 케임브리지 학자 호러스 발로가 등장한다. 첫 아내 메리언과 나는 캘리포니아 버클리대학에 체류하던 시절에 호러스를 만났고(그의 이름은 자신의 할아버지이자 찰스 다윈의 아들 호러스 다윈 경의 이름을 딴 것이다), 그가 그곳에 감각생리학 방문교수로 와서 연 강의를 다 들었다. 강의는 호러스가 보통 최소한 30분씩 늦었다는 점에서 특기할 만했다. 그러나 기다릴 가치가 있었다. 엄청나게 똑똑한 그는 개성적인 장난기가 가득한 사람이었다. 얼굴만 봐도 그가 곧 농담을 뱉을 순간이라는 걸 농담이 나오기 몇 초 전부터 알 수 있었다. 우리 부부에게 영향을 준 발로의 논문은 우리가 그의 강의를 들은 때로부터 10년 전쯤 발표된 것으로(우리가 굳이 강의를 들으러 간 게 그 논문 때문이었다), 내가 학생들에게 감각을 가르치는 방법을 철저히 바꿔놓았다. 메리언과 나는 발로의 그 논문에 너무나 집착하여, 한동안 우리가 주고받는 과학적 대화는 그 논문의 내용이 죄다 장악했다. 둘 사이에서는 '호러스 발로'라는 이름 자체가 당시 우리가 공유한 생각들을 가리키는 약칭이었다. 내가 당시 버클리 학생들에게 가르친 행동생리학 수업도 '다윈주의 엔지니어' 접근법으로 점철되었다.

나는 방금 신경이 스파이크의 높이가 아니라 빈도나 시기를 활용하여 큰 소리라는 신호를 전달한다고 말했다(높은 온도, 밝은 빛 따위의 신호도 마찬가지다). 이것은 사실이지만, 그렇다면 또 다른 엔지니어링 문제가 발생한다. 신경 스파이크의 발생 빈도가 단순히 신호의 강도에 비례한다면, 필요한 정보는 제대로 전달되겠지만 그 과정에서 낭비가 발생한다. 그런데 그 낭비가 발생하는 방식이 심오하고 흥미롭다. 우리가 '중복'을 제거함으로써 손볼 수 있는 낭비이기 때문이다. 그렇다면 중복이란 무엇일까?

어느 한 순간의 세상의 상태는 바로 앞 순간의 상태와 거의 같다. 세상은 제멋대로 변덕스럽게 바뀌지 않는다. 뉴스를 보도하는 기자와 마찬가지로, 세상의 상태를 보고하는 신경은 *변화*가 있을 때만 신호를 보내면 된다. "소리가 크다, 소리가 크다, 소리가 크다, 소리가 크다, 소리가 크다, 소리가 크다…"라고 계속 말하는 대신 "큰 소리가 시작되었고, 별도의 통지가 있기 전에는 변화가 없다고 간주하라"라고 말하면 되는 것이다. '중복'이 정보이론에서 전문용어로 쓰이는 것은 이 대목에서다. 일단 우리가 세상의 현 상태를 알면, 똑같은 상태를 더 보고하는 것은 *중복*이다. 중복은 정보의 반대말이고, 정보란 '놀라움'을 수학적으로 정밀하게 측정한 것을 의미한다. 시간의 영역에서, 정보란 세상의 상태가 한 순간에서 다음 순간으로 넘어갈 때 어떻게 *변했느냐*를 뜻한다. 변화만이 '놀라움'의 가치를 갖고 있기 때문이다. 이런 맥락에서 중복은 곧 '같음'이다. 여러 메시지를 받는 수신자는 모든 채널을 매순간 감시할 필요가 없다. *변화*를 알리는 채널만 확인하면 된다. 만일 세상이 늘 제멋대로 변덕스럽게 바뀐다면, 이런 방침은 전혀 유효하지 않을 것이다. 하지만 다행히 — 뭐 꼭 다행까지는 아니라도 아무튼 — 세상은 제멋대로 바뀌지 않는다.

시간 영역의 신호 경제성 문제에 대한 엔지니어링 해법으로 발로가 제안한 것이 바로 중복 걸러내기였는데, 알고 보니 신경계는 실제로 *감각 적응* 현상이라는 형태로 그 해법을 구현하고 있다. 대부분의 감각계는 변화를 감지했을 때 일련의 스파이크들을 잇따라 빠르게 내놓는데, 그런 뒤에는 스파이크 발생률이 도로 낮아지거나 아예 0이 되어 다음번 변화가 있을 때까지 낮게 유지된다.

공간 영역에도 비슷한 엔지니어링 문제가 있다. 눈이(혹은 디지털 카메라가) 어떤 장면을 볼 때, 대부분의 망막세포들은(혹은 대부분의 카메라 픽셀들은) 이웃한 세포들과 같은 것을 보고 있을 것이다. 왜냐하면 세상의 장면들이란 보통 변덕스럽게 무작위적으로 얼룩덜룩한 패턴이 아니라 파란 하늘이나 흰 벽처럼 단일한 색깔이 폭넓게 펼쳐진 패턴이기 때문이다. 이때 장면의 가장자리로부터 먼 영역에서는 모든 픽셀이 이웃 픽셀과 같은 걸 보게 되는데, 그걸 일일이 보고하는 건 픽셀 낭비다. 이때 정보를 경제적으로 전달하는 방법은 송신자는 *가장자리*만 보고하고, 수신자가(이 사례에서는 뇌가) 그 가장자리 속에 넓게 펼쳐진 단일한 색깔을 알아서 '채워넣는' 것이다.

발로는 이 엔지니어링 문제에 대해서도 생물학적으로 깔끔하고 중복이 적은 해법이 있음을 알려주었다. 바로 *측면 억제* 현상이다. 측면 억제란 감각 적응과 같은 현상이지만, 시간 영역이 아니라 공간 영역에서 발생한다. 나란히 배열된 '픽셀들' 속 세포들은 뇌로 신경 스파이크를 보내는 일뿐 아니라 바로 옆 세포들을 *억제*하는 일도 한다. 그런데 단일한 색깔 영역 한가운데에 놓인 세포들은 사방에서 억제를 받기 때문에, 뇌로 스파이크를 보내더라도 아주 조금만 보내게 된다. 반면 특정한 색깔 영역 *가장자리*에 놓인 세포들은 한쪽 방향에서만 이웃으로부터 억제를 받는다. 따라서 뇌가 받는 스파이크는 대부분 가장자리로부터 오는 스파이크들이다. 그렇다면 중복 문제는 해결된다. 적어도 완화된다.

논문에서 발로는 상상력을 한껏 고취시키는 사고실험을 하나 수록했는데, 메리언과 내 마음을 사로잡은 건 특히 이 문제였다. 상상해보자. 뇌가 인지하고자 하는 모든 패턴에 대해서 — 모든 나무, 모든 포식자, 모든 먹이, 모든 얼굴, 모든 알파벳 문자, 모든 그리스어 알파벳 등등 — 바로 '그' 형태가 망막에 나타날 때만 신호를 내는 신경세포가 각각 하나씩 망막과 이어져 있다고 하자. 그런 뇌세포는 특정 '열쇠구멍'에 해당하는 픽셀들의 조합과 배선되어 있기 때문에, 그 정확한 '열쇠구멍' 형태가 보일 때만 발화한다. 그런데 그런 뇌세포는 '반-열쇠구멍'(열쇠구멍에 해당하지 않는 모든 픽셀)과도 부정적으로 배선되어 있어야 한다. 안 그러면 아무 패턴도 아닌 빛이 열쇠구멍을 몽땅 다 덮을 때도 발화할 것이기 때문이다. 이 이야기는 썩 괜찮은 가설처럼 들리지만, 다시 생각해보면 사실일 수가 없다. 서로 겹치는 열쇠구멍들을 통해서 인지되어야 할 어떤 패턴은 무수히 다양한 방향과 무수히 다양한 거리에서 올 수 있을 것이다. 그렇다면 서로 겹치는 열쇠구멍들의 수는 어마어마하게 많을 것이고(그리고 각각의 경우에 망막의 나머지 부분은 반-열쇠구멍이 된다), 그 각각에 상응하는 뇌세포의 수는 세상에 존재하는 모든 원자의 수보다 더 많을 것이다. 이런 발로의 생각과 똑같은 생각을 독자적으로 떠올렸던 미국 심리학자 프레드 애트니브의 계산에 따르면, 이 경우 뇌의 용적은 세제곱 광년 단위로 측정되어야 할 것이라고 한다!

중복 제거라는 해법은 감각 적응과 측면 억제 현상으로 나타날 뿐만 아니라, 뇌에서 특정 속성만을 감지하는 환상적인 뉴런들에게도 적용된다. 가령 수평선 감지 뉴런, 수직선 감지 뉴런, '버그 감지 뉴런' 같은 뉴런들은 모두 발로/애트니브 방식의 중복 제거 기법으로 표현될 수 있다. 이를테면 직선은 양끝의 두 점으로만 표시하고 그 사이 중복되는 점들은 뇌가 알아서 '채워넣도록' 하는 것이다. 박쥐나 거미줄의 사례와 마찬가지로, 발로의 이야기는 한 엔지니어링 해법이 새 문제를 일으키고 거기서 또 새 엔지니어링 해법이 도출되는 과정이 이어지는, 깔끔하고 외우기 쉬운 일련의 문제들로 설명될 수 있다.

그런데 우리는 특정 동물종의 뇌에서 진화한 '형태 감지' 세포가 감각 신호 흐름에서 중복되는 속성만을 감지하는 게 아니라 그 종에게 기능적으로 중요한 속성, 가령 성적 파트너의 색깔이나 형태와 같은 속성도 감지하도록 진화했으리라고 추측해볼 수 있다. 두 가지를 함께 고려할 경우, 동물의 뇌에 있는 감지 세포들의 완전한 목록은 곧 그 종이 살아가는 세상의 주요 특징들을 간접적으로 묘사한 그림에 해당할 것이다.

이 발상은 내가 스스로 떠올린 또 다른 발상, '죽은 자의 유전자 책'이라는 발상으로 이어진다. 이것은 어떤 동물의 유전자는 이론상 그 동물의 선조들이 생존했던 환경에 대한 디지털 묘사로 읽힐 수 있다는 생각이다.

'죽은 자의 유전자 책', 그리고 '평균을 내는 컴퓨터'로서의 종

《에덴의 강》은 우리 모두 자신의 선조들을 돌아보면서 그들 중 요절한 이는 한 명도 없었고 이성애 성관계를 한 번이라도 하지 못한 이 또한 한 명도 없었다는 사실을 깨닫자는 말로 시작된다. 이것은 따져보면 너무 당연해서 시시하게까지 느껴지는 말이지만, 그래도 의미 있는 사실이다. 세상에 태어난 모든 개체는 말 그대로 한 번도 끊어지지 않고 이어진 선조들의 유전자를 물려받았다. 우리 모두는 내가 엘리트라고 부르는 그 성공한 선조들을 엘리트로 만들어준 유전자를 물려받았다. 개체를 성공한 선조로 만들어주는 수단이야 종마다 다르겠지만, 어떤 수단이든 우리 모두는 그 수단에 능한 개체들로부터 유래했다. 새와 박쥐와 익룡은 나는 데 '능했을' 테고, 두더지와 땅돼지와 웜뱃은 땅을 파는 데 능했을 테고, 사자와 매와 강꼬치고기는 사냥에 능했을 테고, 수사슴과 코끼리물범과 기생무화과말벌은 싸움에 능했을 것이다.

따라서 어느 종의 DNA를 그 종이 능히 해내는 생활양식의 묘사로 읽어낼 수 있다는 생각에는 일리가 있다. 나는 '죽은 자의 유전자 책'이라고 이름 붙인 이 발상을 여러 책에서 언급했는데, 가장 잘 설명한 것은 《무지개를 풀며》 중 역시 '죽은 자의 유전자 책'이라는 제목을 단 장이었다. 나는 이런 식으로 설명했다.

> 종이란 곧 평균을 내는 컴퓨터다. 종은 현생 개체들의 선조가 과거에 살고 번식했던 세상에 대한 통계적 묘사를 여러 세대에 걸쳐 축적해나간다. 그 묘사는 DNA의 언어로 씌어져 있다. 다만 어느 한 개체의 DNA가 아니라 번식 개체군 전체의—모든 이기적 협력자의—DNA에 집단적으로 새겨져 있다. 어쩌면 '묘사'보다 '해독'이라는 표현이 더 알맞을지도 모른다. 우리가 이제까지 과학계에 알려지지 않은 새로운 종의 개체를 발견했을 때, 제대로 지식을 갖춘 동물학자가 그 개체를 속속들이 검사하고 해부한다면 그 몸을 '해독'함으로써 그 개체의 선조들이 어떤 환경에서 서식했는지, 그곳이 사막이었는지 우림이었는지 극지방 툰드라였는지 온대 삼림이었는지 산호초였는지를 알아낼 수 있을 것이다. 동물학자는 또 개체의 이빨과 장을 해독함으로써 그 선조들이 무엇을 먹고 살았는지도 알 수 있을 것이다. 평평한 맷돌 같은 이빨과 길고 구불구불하고 막다른 골목이 많은 장은 그것이 초식동물이었음을 암시하고, 날카롭게 찢는 이빨과 짧고 구불구불하지 않은 장은 그것이 육식동물이었음을 암시한다. 동물의 발, 그리고 눈을 비롯한 감각기관

은 그것이 어떤 방식으로 움직이고 먹이를 구했는지를 알려준다. 지식을 갖춘 사람이라면 동물의 무늬로부터, 그리고 뿔이나 볏으로부터 그 동물의 사회적·성적 생활을 해독해낼 수 있다.

나는 종을 '평균을 내는 컴퓨터'라고 불렀다. 하지만 왜 개체가 아니라 종이 평균을 내는 컴퓨터일까? 왜냐하면, 적어도 유성생식하는 동물에서는, 어느 한 개체의 유전체란 수세대에 걸쳐 유전자들을 체질하고 키질함으로써 선조 세대 개체들이 직면하고 생존했던 환경과 역경을 평균적으로 새겨온 유전자풀 중에서 골라낸 하나의 일시적 표본에 불과하기 때문이다. 종의 유전자풀은 그 개체들이 살았던 평균적 환경을 음각으로 새긴 이미지라 할 수 있다. 자연선택이 거친 원재료를 깎아서 갈수록 더 완벽한 형상을 만들어내는 조각가라면, 그때 깎이는 대상은 종의 유전자풀이다. 어느 한 개체의 유전체는 그 유전자풀에서 뽑아낸 하나의 표본일 뿐이고, 그 개체의 생존은(혹은 실패는) 개체가 유전자풀로부터 어떤 조합의 유전자들을 운 좋게(혹은 불운하게) 뽑아냈느냐에 달려 있다.

나는 유전자의 성공이 동료 유전자들에게 달려 있다는 이 발상을 1976년 《이기적 유전자》에서 처음 소개했는데, 그때 끊임없이 멤버를 뒤섞으면서 새롭게 결성하는 조정팀들을 비유로 들었다. 이때 노잡이들은 유전자들에 해당하고, 계속 새로 결성되는 팀은 개체를 뜻한다. 대개의 비유가 그렇듯이, 이 비유도 지나치게 밀어붙여서는 안 되지만, 그래도 이 비유는 비록 가장 뛰어난 유전자의 복사본들이 특정 개체 내에서 열등한 동료 노잡이들을 만나는 바람에 뒤처져 사라지는 경우가 많기는 해도 장기적으로는 유전자풀에서 끝까지 살아남는 경향이 있다는 중요한 개념을 알기 쉽게 전달한다. 자연선택이 여러 세대에 걸쳐 깎아내는 과정에서 장기적으로 향상되는 건 전체 유전자풀이다. 여기서 한 발만 더 나아가면, 우리는 '죽은 자의 유전자 책'이라는 이미지에 쉽게 도달한다. 단 환경이 유전자에 직접 새겨지는 건 아니라는 사실을 이해해야 한다. 그런 것은 라마르크 식 과정이다. 그게 아니라, 유전자들은 무작위로 변이하되 개중 환경에 더 잘 맞는 것들이 더 잘 생존함으로써 미래 세대 유전자풀에서 그 수가 늘어나는 것이다.

충분한 지식을 갖춘 동물학자라면 어느 종의 해부 구조, 생리, DNA로부터 이론상 그 종이 어디서 어떻게 살았는지, 어떤 적을 대했는지, 어떤 기후와 씨름했는지 등을 읽어낼 수 있으리라는 생각을 내가 처음 떠올린 것은 아마 개인 지도를 하던 중이었다. 나는 동물 분류의 과학, 즉 분류학의 원리를 가르치고 있었다. 유연관계가 없지만 생활양식이 비슷한 동물들은 서로 겉보기 속성이 닮은 경우가 있다. 그때 우리는 그 속성에 정신이 팔린 나머지, 그 동물이 진정한 분류학적 친척들과 공유하는 속성을 못 볼 위험이 있다. 돌고래와 청새치는 둘 다 해수면 가까이에서 빠르게 헤엄치기 때문에 겉모습이 닮았지만, 그 겉보기 유사성보다는 돌고래가 육상 포유류와 닮은 속성이나 청새치가 다른 어류와 닮은 속성이 압도적으로 더 많다. 이렇듯 서로 경쟁 관계에 있는 유사성들이 '선조' 속성이냐 '최근' 속성이냐 하는 문제와는 무관하게, 분류학자들은 그런 유사성을 수치적으로 평가하는 기법들을 갖고 있다.

요즘에는 그런 '수치적 분류학' 기법이 내가 대학생으로서 아서 케인에게 배우던 시절보다는 인기가 없지만, 어쨌든 내 발상의 요지를 보여주는 데는 유용하다. 요컨대 이런 기법이다. 우리는 수많은 종에 대해서 측정할 수 있는 것을 모조리 측정한 뒤, 그 값들을 몽땅 컴퓨터에 입력하고는 컴퓨터에게 어느 한 종과 다른 모든 종 사이의 *거리*가 얼마나 되는지를 물어본다. 이때 거리란 물론 공간적 거리가 아니다. 두 종이 얼마나 닮았는가, 다차원적이고 수학적인 '유사성 공간'에서 둘 사이의 거리가 얼마나 되는가 하는 것이다. 이때 우리가 듣고자 하는 대답은, 돌고래와 청새치가 비슷한 생활양식 덕분에 당위적으로 '그래야만' 하는 것보다는 약간 더 '가깝지만', 그 유사성들은(가령 유선형 몸매 따위는) 한쪽은 포유류이고 다른 쪽은 어류라는 점에서 비롯한 훨씬 더 많은 차이점에 압도된다는 것이다. 두 종은 데본기 이래 오랫동안 갈라져 진화해왔으니까 말이다. 수치 계산은 (소수의) 겉보기 유사성을 '걸러냄'으로써 혈통관계를 뜻하는 (다수의) '근본적인' 유사성만을 남긴다.

그런데 나는 개인 지도를 맡은 학생들과 대화하며 생각을 발전시키는 과정에서, 이 수치 기법을 이론적으로는 거꾸로 뒤집을 수도 있을지 모른다는 생각이 들었다. '겉보기' 기능적 특징을(가령 돌고래와 청새치의 유선형 몸매를) 걸러내 '진정한' 분류학적 특징을 남기는 게 아니라, 거꾸로 유연관계에서 비롯한 분류학적 특징을 걸러내 소수의 기능적 유사성에 집중해보자는 것이다. 어떻게 그렇게 할까? 다음과 같이 동물들을 쌍쌍이 묶는다고 생각해보자. 각 쌍에서 앞쪽 동물은 물에서 사는 종이고 뒤쪽 동물은 뭍에서 사는 종이다. 그런데 분류학적으로 이 동물들은 모든 쌍에서 '자기 쪽'에 해당하는 동물들보다는 자기와 같은 쌍으로 짝지어진 '다른 쪽' 동물과 좀 더 가깝다. 이를테면 {수달, 오소리} {비버, 뒤쥐} {물주머니쥐, 주머니쥐} {물뒤쥐, 땅뒤쥐} {물쥐, 들쥐} {우렁이, 땅달팽이} {물거미, 땅거미} {바다이구아나, 땅이구아나} 하는 식이다. 이 동물들에 대해서 (그리고 이와 비슷한 수많은 쌍에 대해서) 수많은 측정을—해부적 측정, 생리적 측정, 생화학적 측정, 유전 서열 측정을—실시한 뒤, 결과를 몽땅 컴퓨터에 입력하고 컴퓨터에게 각 쌍에서 어느 쪽이 수생동물이고 어느 쪽이 육상동물인지를 알려준다. 그러고는 컴퓨터에게 이렇게 묻는다(말처럼 쉽진 않은 일이지만 할 수 있는 방법들이 있다). "수생동물들이 각자의 짝인 육상동물들과는 달리 자기들끼리 공유하는 특징은 무엇인가?" 이보다 더 섬세하게 할 수도 있을 것이다. 동물들이 수생동물인지 육상동물인지 둘 중 하나를 선택하는 대신, 수생성의 정도에 따라 동물들을 배열한 뒤 그 기울기에 대한 양적 상관계수를 알아보는 것이다. 심지어 이렇게 대담하게 물을 수 있을지도 모른다. "어떤 동물을 육상동물에서 수생동물로 변형시키려면 어떤 측정값을 *몇 배나 증폭시켜야* 하는가?"

그다음에는 나무에서 사는 종들과 땅에서 사는 종들로 비슷한 작업을 해볼 수도 있다. {다람쥐, 쥐} {나무개구리, 개구리} {나무캥거루, 왈라비}. 그다음에는 지하에서 사는 종들과 지상에서 사는 종들로. {두더지, 뒤쥐} {땅강아지, 귀뚜라미} {장님쥐, 쥐}. 수생동물 대 육상동물의 경우에는 물갈퀴 달린 발이 한 대답으로 튀어나올지 모르는데, 이것은 상당히 뻔한 대답이다. 그러나 컴퓨터라면 동물들의 몸 깊숙이 숨어 있어서 이보다 덜 뻔해 보이는 대답들도 찾아낼 수 있을 것이다. 혈액의 화학 조성에 관한 특징이라든가 하는 것들을.

그리고 '죽은 자의 유전자 책' 이야기로 돌아가자면, 우리는 유전자들에 대해서도 똑같은 작업을 할 수 있을 것이다. 딱히 가까운 관계는 아니더라도 한 수생동물을 다른 수생동물과 이어주는 유전자가 있을까? 우리가 보통의 유전자 비교에서 기대하는 것은 동물들이 서로 얼마나 가까운 관계인지를 아는 것이다. 바다이구아나와 땅이구아나는 가까운 친척이므로 대부분의 유전자에 대해서 틀림없이 엇비슷한 결과를 보일 것이다. 하지만 나는 그 반대로도 알아볼 수 있었으면 한다. 바다이구아나가 다른 바다동물들과는 공유하지만 땅이구아나를 비롯한 육상동물들과는 공유하지 않는 소수의 유전자를 찾아보자는 것이다. 이를테면 염분을 배설하는 데 관련된 유전자 같은 것일지 모른다.

나는 이런 생각을 몇 년에 걸쳐 여러 학생과 토론하고 논쟁한 끝에 '죽은 자의 유전자 책'이라는 표현을 만들어냈고, 충분한 지식을 갖춘 동물학자라면 미지의 동물을 접했을 때 컴퓨터의 도움을 받아 그 동물의 — 엄밀하게 말하자면 그 선조들의 — 생활양식을 재구성할 수 있을 것이라는 주장을 제기했다. 특히 그 선조들의 생존을 도왔던 유전자들은 이론상 그 선조들의 세상을 — 그들이 겪었던 포식자, 기후, 기생자, 사회 체계 등을 — 암호로 적어둔 묘사처럼 해독될 수 있을 것이다.

학생들과 함께 이런 발상을 이리저리 굴려볼 때, 나는 내 튜터였던 아서 케인이 말한 금언, "동물이 현재 모습이 된 것은 그럴 필요가 있었기 때문이다"라는 말을 늘 새기고 있었다. 내가 대학원생일 때 한번은 옥스퍼드의 로열오크 퍼브에서(예전에는 그 맞은편에 래드클리프병원이 있었기 때문에 '의사들의 퍼브'라고도 불렸다) 혼자 저녁을 먹었다. 말하기 부끄럽지만 베이컨과 계란으로. 우연히 아서도 같은 퍼브에서 같은 처지였고, 우리는(역시 부끄러운 말이지만, 꼭 기드온협회를 창설한 두 '출장길의 남자'처럼) 합석했다. 우리는 분류와 적응에 대해 이야기를 나눴는데, 그러던 중 아서가 다람쥐는 어쩌면 쥐를 닮았던 제 옛 선조보다 "나무 위에서 생활하는 습성이라는 성질의 차원"에서 좀 더 먼 수준까지 나아간 쥐로 봐도 좋을지 모른다고 말했다. 그 이미지는 내 마음에 남았고, 나는 훗날 《무지개를 풀며》 중 '죽은 자의 유전자 책' 장을 쓸 때나 《리처드 도킨스의 진화론 강의》 중 두 장의 주제인 '존재할 수 있는 모든 동물의 박물관' 개념을 떠올릴 때 그 영향을 받았다. 하지만 '박물관' 개념에 이보다 더 직접적인 영향을 미친 것은 《눈먼 시계공》을 쓸 때 수행한 컴퓨터 모델링 작업이었다.

픽셀 속 진화

《눈먼 시계공》의 3장 '바이오모프의 나라'를 쓰는 데는 나머지 열 장을 쓰는 데 든 만큼의 시간과 노력이 소요되었다. 화면에서 인위선택을 통해 '컴퓨터 바이오모프'를 육성하는 프로그램인 '눈먼 시계공' 프로그램을 짜는 데 몇 달을 쏟았기 때문이다. '바이오모프'라는 단어는 친구 데즈먼드 모리스에게 빌려왔다. 그의 초현실주의 회화에는 유사 생물학적 형상들이 그려져 있는데, 전적으로 믿을 만한 본인의 설명에 따르면, 그 형상들은 캔버스에서 캔버스로 나아가면서 '진화'한다고 한다. 데즈먼드의 그림 중 〈기대에 찬 계곡〉은 《이기적 유전자》의 표지에 쓰였고, 나는 그 원작을 데즈먼드의 전시회에서 구입했다. 가격이(750파운드, 2016년 환율로 약 110만 원 – 옮긴이) 마침 내가 옥스퍼드대학 출판부에서 받은 선금과 같다는 사실이 모종의 징조처럼 내 욕망을 자극했기 때문이다. 그로부터 10년 뒤에 내가 데즈먼드에게 《눈먼 시계공》 이야기를 들려주자, 그는 그 제목에 홀딱 반한 나머지 당장 같은 제목의 그림을 그리기 시작했다. 그 그림은 — 책의 내용보다 제목하고만 관계가 있지만 — 나중에 롱맨과 펭귄 판 《눈먼 시계공》의 표지로 쓰였다.

나는 컴퓨터 바이오모프 프로그램을 파스칼로 짰다. 지금은 거의 딴 언어들에게 밀려난 이 언어는 내가 대학원생 때 익힌(그리고 지금은 파스칼보다 훨씬 더 철저히 밀려난) 알골-60의 직계 후손이었다. 나는 애플 매킨토시 컴퓨터에게 고유의(그러나 이후 경쟁사들이 속속들이 베낀) '룩 앤드 필' 특징을 부여하는 내장 기계어 프로그램들이었던 '툴박스'에 의지했고, 맥 툴박스의 매뉴얼 대여섯 권은 어찌나 자주 떠들어봤던지 점차 너절해진 데다가 지저분한 주석이 잔뜩 달린 나의 성경이 되었다.

나는 또 한결같이 참을성이 강한 앨런 그래펀의 도움과 조언에 끊임없이 의지했다. 그는 맥 프로그래밍 경험이 나보다 더 많은 건 아니었지만 — 오히려 반대였다 — IQ 부문에서 부인할 수 없는 장점이 있었다. P. G. 우드하우스라면 "셔츠 칼라 위로만 따지자면, 앨런은 독보적이었다"라고 표현했을지도 모르겠다. 혹은 메리언의 말마따나 "앨런의 가장 짜증나는 버릇은 늘 옳다는 점"이었다. 한번은 내가 프로그래밍 마라톤을 하던 시기에 앨런이 나더러 다정한 어조로 안됐다고 말한 적이 있다. 내가 유달리 까다로운 코딩에 발목이 잡혀 있었지만 돌아나가기에는 이미 너무 깊이 빠져 있었기 때문이다. 꼭 콩코드의 오류처럼 들리는 이야기인데, 실제로 어느 정도는 그랬다. 도로 돌아나간다는 것은 내가 그때까지 한 작업을 모두 내버리는 게 될 터였다. 하지만 꼭 그래서 계속한 것만은 아니었다. 나는 생물학적 통찰에 기대어 밀고 나가고 있었으며, 이 점에서는 감히 인정받을 만하다고, 심지어 약간 자랑스럽다고 느낀다. 나는 생물학자로서의 거의 본능적인 직감에 따라, 이 일은 잘될 거라고 느끼고 있었다. 끈기를 발휘하여 복잡한 늪에서 벗어나기만 하면 바이오모프 생성 알고리즘이 정말 흥미로운 결과를 보여줄 거라는 확신, 그 확신이 나를 떠밀고 있었다.

확신의 열쇠는 내 바이오모프에 내재된 이른바 '발생학'이 프랙털적 속성을 갖고 있다는 점이었다. 바이오모프 알고리즘이란 내가 유전자라고 부른 아홉 가지 숫자의 조합으로 정량적 세부가 통제되는 재귀적 나무 성장 알고리즘이었다. 이때 유전자들의 수칫값을 바꿔주면 바이오모프의 형태가 변한다는 건 뻔한 사실이었다. 그런데 그 변화가 생물학적으로 흥미로운 방향일 때가 많다는 건 뻔하지 않은 결과였다. 나는 인위선택을 통해 부모 바이오모프로부터 딸 바이오모프를 (무성생식으로) '번식'해냄으로써 다윈주의를 (비록 성까지는 아니지만) 도입한 셈이었다. 컴퓨터가 살짝 돌연변이를 일으킨 유전자를 지닌 여러 딸 바이오모프를 선택지로 제공하면, 인간 선택자가 그중에서 후대를 낳을 개체를 골랐다. 그런 식으로 무수히 많은 세대까지 이어졌다. 유전자의 수칫값은 감춰져 있었다. 소나 장미를 육성하는 사람처럼, 바이오모프 육성자는 유전자가 변한 결과만을, 즉 컴퓨터 화면에 나타난 형태만을 볼 수 있었다.

나는 무언가 흥미롭고 기대하지 못한 것이 출현하는 미래를 상상으로 내다볼 수 있었다. 하지만 내 바이오모프들이 식물학에서 곤충학으로 진화하리라고는 꿈도 꾸지 않았었다!

프로그램을 짤 때, 그것이 다양한 형태의 나무를 닮은 형상들 이상으로 진화하리라고는 전혀 기대하지 못했다. 수양버들, 레바논 삼나무, 롬바르디아 양버들, 해초, 어쩌면 사슴의 가지뿔 정도는 기대했다. 하지만 생물학자의 직관으로도, 20년간 컴퓨터 프로그래밍을 해온 경험으로도, 더없이 자유로운 상상으로도 실제 화면에 출현한 것을 예상하지는 못했다. 진화하는 형태들이 곤충과 비슷해질 수도 있겠다는 생각이 머리에 처음 떠오른 게 언제였는지, 정확히는 기억나지 않는다. 대담한 예측을 품고서, 나는 제일 곤충다워 보이는 자식을 골라서 한 세대 또 한 세대 번식시키기 시작했다. 그것이 점차 곤충다운 형태로 진화하는 것과 발맞추어 놀라움은 커져만 갔다… 그 생물체들이 출현하는 모습을 눈앞에서 처음 보았을 때 느낀 환희를 아직도 숨길 수 없다. 머릿속에서는 (〈2001: 스페이스 오디세이〉의 주제곡인) 〈차라투스트라는 이렇게 말했다〉의 의기양양한 전주부가 또렷이 울려퍼졌다. 나는 뭘 먹지도 못했고, 그날 밤 자려고 애써 눈을 감았을 때는 감은 눈꺼풀 속에서 '내' 곤충들이 우글거렸다.

시판되는 컴퓨터 게임 중에는 플레이어에게 지하 미로를 헤매는 듯한 환상을 안기는 게임들이 있다. 그런 미로의 지형은 복잡하기는 해도 확실하게 정해져 있다. 플레이어는 그 속에서 용이나 미노타우로스나 다른 신화적인 적들을 마주친다. 그런 게임에서 괴물의 수는 비교적 적다. 괴물은 모두 인간 프로그래머의 손으로 설계된 것이고, 미로의 지형도 마찬가지다. 컴퓨터 게임 버전이든 현실 버전이든, 진화 게임에서도 플레이어는(혹은 관찰자는) 끝없이 갈라지는 통로로 이뤄진 미로 속을 비유적으로 헤매는 듯한 느낌을 받는

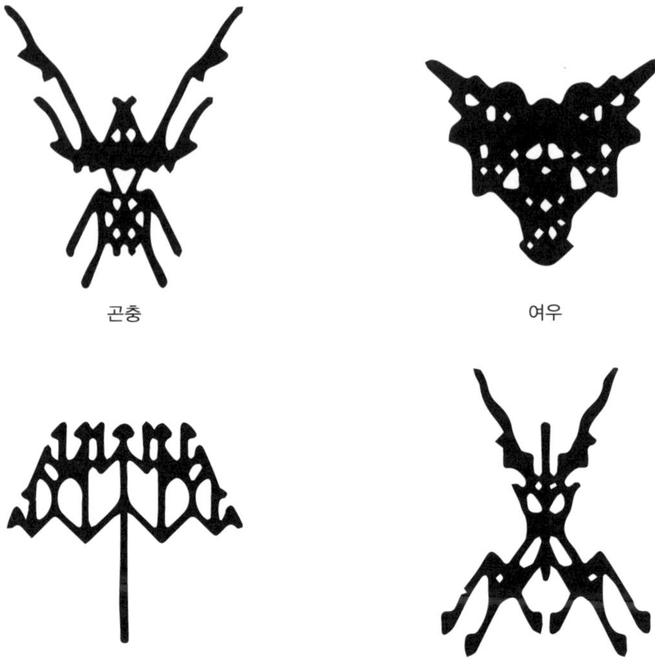

'눈먼 시계공' 프로그램이 육성한 바이오모프 중 몇 가지

다. 하지만 이때 가능한 경로의 수는 거의 무한하며, 그가 마주치는 괴물은 미리 설계된 것이 아니라 예측 불가능한 것이다. 나는 바이오모프랜드의 후미진 곳을 헤맬 때 투명새우, 아스텍 신전, 고딕 교회의 창, 애버리지니(오스트레일리아 원주민 – 옮긴이)가 그린 캥거루 그림을 만났으며, 기억할 만하지만 다시 재현할 순 없는 어느 순간에는 위컴 논리학 교수의 캐리커처라고 말해도 통할 듯한 형상까지 만났다.

마지막 문단은 내가 이 프로그래밍 실습에서 얻은 주된 생물학적 교훈 중 하나를 건드린 말이었다. 나는 내면의 상상력의 눈으로 '바이오모프의 나라'를 볼 수 있었다. 그것은 형태학의 다차원 풍경, 즉 9차원의 하이퍼큐브다. 그 속에는 존재할 수 있는 모든 바이오모프가 구석구석 숨어 있고, 그 모든 바이오모프는 단계별로 차근차근 밟아갈 수 있는 궤적, 즉 점진적 진화를 통해 다른 모든 바이오모프와 이어져 있다. 현실에서는 유전자 개수가 고정되어 있지 않기 때문에 이보다는 덜 깔끔하겠지만, 이론상 우리는 *현실에서* 존재할 수 있는 모든 동물도 이런 n차원 하이퍼큐브 속에 담겨 있다고 상상할 수 있다. 나는 그 하이퍼큐브를 《눈먼 시계공》 3장에서 '유전자 공간'이라고 불렀다. 물론, 그런 괴물들의(나는 이 단어를 심사숙고해서 사용한다) 하이퍼큐브에 담긴 대부분의 거주자들은 지금까지 한 번도 실제로는 존재하지 않았을 뿐 아니라, 존재했더라도 생존하지 못했을 것이다. "살아 있는 방법이 아무리 많아도, 죽어 있는 방법은 그보다 훨씬 더 많다."(이 문장은 기쁘게도 《옥스퍼드 인용구 사전》에 실렸다.) 현실에 존재하는 동물들은 그 하이퍼공간 속 섬들과 같아서, 마치 하이퍼열도를 이룬 듯이 띄엄띄엄 흩어져 있다. 각 섬은 유연관계가 가까운 동물들의 산호초로 둘러싸여 있지만, 다른 섬들과는 대체로 건널 수 없는 불가능한 동물들의 망망대해로 멀찌감치 떨어져 있다. 그리고 실제의 진화는 이 하이퍼큐브 속을 뚫고 지나는 궤적들, 시간선들에 해당한다. 자, 어떤가. 나는 방정식을 작성하거나 계산을 제대로 하는 데는 소질이 없지만, 어쩌면 수학자의 영혼을 기본적인 수준이나마 품고 있는지도 모른다. 아니, 그러기를 갈망한다.

댄 데닛은 나중에 '멘델의 도서관'이라는 이름으로 이 생각을 유익하게 전개했고, 나도 《리처드 도킨스의 진화론 강의》에서 '존재할 수 있는 모든 동물의 박물관'을 상상하며 이 생각을 좀 더 펼쳐 보았다.

> 이런 박물관을 상상해보자. 이 박물관의 방들은 사방으로 저 멀리 무한히 뻗어 있고… 그 속에는 지금까지 존재했던 온갖 형태의 동물과 우리가 상상할 수 있는 온갖 형태의 동물이 보존되어 있다. 각 동물의 바로 옆방에는 그 동물과 제일 많이 닮은 동물이 있다. 박물관의 각 차원은—즉, 방이 뻗어 있는 여러 차원 하나하나는—동물이 변이할 수 있는 어떤 한 차원이다… 방들은 다차원 공간에서 서로 교차하는데, 이 공간은 우리가 부족한 정신으로 시각화할 수 있는 보통의 3차원 공간과는 다르다.

《리처드 도킨스의 진화론 강의》에서 나는 이 '박물관'을 연체동물 껍데기라는 좀 특수한 사례에 국한하여 소개했다. 껍데기가 가장자리로부터 자라나서 (지수적으로) 팽창하는 관이나 마찬가지라는 사실은 예전부터 알려져 있었다. 관의 단면 형태를 무시할 경우(가령 단면이 무조건 원이라고 가정할 경우), 모든 껍데기 형태는 내가 책에서 *벌어짐*, *가늘기*, *꼬임*이라고 명명한 세 가지 숫자로만 규정된다. *벌어짐*은 관이 자라는 확장률을 결정하고, *꼬임*은 평면으로부터 벗어나는 정도를 결정한다. 전형적인 암모나이트는 *꼬임*이 0이지만(한 평면 위에 다 놓여 있다), 고둥 같은 경우는 *꼬임*값이 크다. *벌어짐*값은 새조개에서는 크고(새조개의 '관'은 워낙 급속히 확장되기 때문에 아예 관처럼 보이지 않는 모양이 되고 만다), 고둥에서는 작다. *가늘기*는 말로 설명하기가 좀 까다롭지만, 아무튼 아래 그림 속 스피룰라의 껍데기는 *가늘기*가 큰 사례의 전형이다. 미국 고생물학자 데이비드 라우프가 깨달았듯이, 만일 어떤 동물종의 형태에 드러나는 변이를 관장하는 숫자가 딱 세 개뿐이라면, 그 동물의 모든 형태는 단순한 수학적 공간 속에, 즉 3차원 정육면체 속에 다 들어간다. 하이퍼큐브까지도 필요없고 현실의 큐브면 되는 것이다. 같은 맥락에서 나는 유전자를 아홉 개가 아니라 세 개만 써서 바이오모프 프로그램의 달팽이 버전을 만들 수 있다는 걸 깨달았다. 나무처럼 생긴 바이오모프들 중에서 일부를 골라 육성하는 대신, 이제 스네일로모프들 혹은—좀 더 엄밀한 용어를 쓰자면—콩코모프들을 만들 수 있었던 것이다. 여러 세대에 걸쳐 줄곧 내가 선호하는 형태를 선택

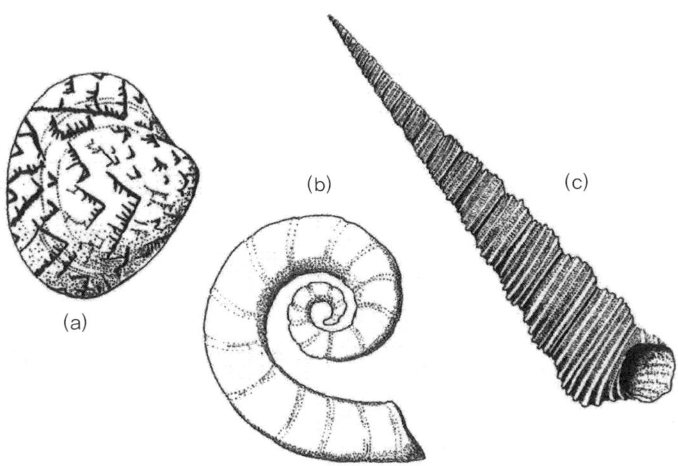

벌어짐, 가늘기, 꼬임을 설명하기 위한 껍데기들. (a) 벌어짐이 큰 경우: 쌍각류 조개인 리콘차 카스트렌시스. (b) 가늘기가 큰 경우: 스피룰라. (c) 꼬임이 큰 경우: 고둥인 투리텔라 테레브라.

하여 번식시키면, 어떤 껍데기에서 어떤 껍데기로도 진화시킬 수 있을 것이었다. 이때 진화는 존재할 수 있는 모든 껍데기의 정육면체 속을 한 단계 한 단계 뚫고 지나가는 궤적일 것이었다.

그런 프로그램을 짜기 위해서 내가 할 일은 원래의 유전자 9개짜리 바이오모프 발생학 대신 유전자 3개짜리 달팽이 발생학을 쓰는 것밖에 없었다. 나머지는 다 같았다. 그리고 어떤 한 껍데기에서 시작해 세대마다 목표와 가장 비슷한 껍데기를 선택함으로써 다른 어떤 껍데기든 맘대로 육성해내는 것은 아주 쉬운 일이었다. 당시에는 아직 3D 프린터가 발명되지 않았다. 만일 있었다면, 나는 정육면체 전체를 '프린트'했을 것이다. 그러나 실제로는 납작한 정사각형 종이에 정육면체의 여섯 면을 인쇄한 뒤 마분지로 만든 상자 겉에 풀로 붙이는 데 만족해야 했다. 화보에 랄라가 그 '달팽이 상자'를 든 사진이 실려 있다.

현실의 진화는 정육면체 속에서, 즉 가상의 '존재할 수 있는 모든 달팽이의 박물관' 속에서 어디로든 자유롭게 쏘다닐 수 있을 것이다. 하지만 라우프가 일찍이 지적했듯이, 수학적으로는 허용되지만 실제로는 어떤 껍데기도 생존할 수 없는 '출입금지' 구역이(정확히 말하자면 용적이) 상당히 크게 존재한다. 그런 형태들은 기능적으로 생육할 수 없기 때문이다. 옛 지도에서 "여기에는 용이 출몰함"이라고 적힌 지역으로 흘러들어간 것이나 다름없는 그런 돌연변이들은 그냥 죽고 만다. 옆 페이지의 그림은 정육면체의 거주 불가능 구역에 존재할 법한, 오로지 수학적으로만 가능한 네 형태다. 이런 형태들은 조개껍데기로는 실존하지 않지만, 흥미롭게도 영양이나 다른 소과 짐승의 뿔로는 존재한다.

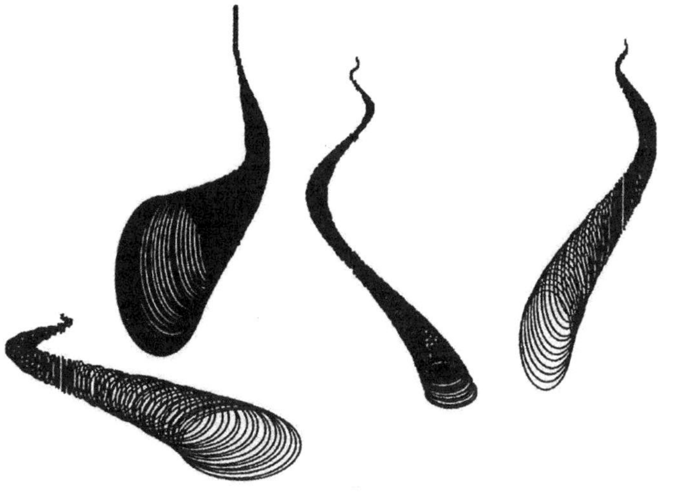

그러나 '존재할 수 있는 모든 껍데기의 박물관'이 3차원 정육면체라는 건, 엄밀히 말하자면 사실이 아니다. 자라는 관의 단면 형태를 무시한 채 그것이 가령 완벽한 원이라고 가정할 때만 그럴 뿐이다. 나는 원래의 세 유전자에 네 번째 유전자를 더함으로써 단면을 원 대신 변이 가능한 타원으로 만드는 시도도 해보았다. 그런데 현실의 생물체들은 기하학적으로 그렇게 완벽하지 않다. 껍데기들의 단면은 수학적으로 엄밀하게 규정하기 어려운 형태일 때가 많으므로(물론 이론적으로야 가능할 것이다), 나는 그 대신 손으로 그린 그림을 입력하는 데 만족했다. 발생학 모듈에서 이 점이 수정된 것 외에는 유전자 세 개짜리 프로그램을 그대로 썼고, 그 결과 컴퓨터 화면에서 고무적일 만큼 현실적인 갖가지 형태의 조개껍데기를 길러내는 데 성공했다(다음 페이지의 그림을 보라).

맨 처음 나무 발생학과 그다음 달팽이 발생학 말고도 내 진화 프

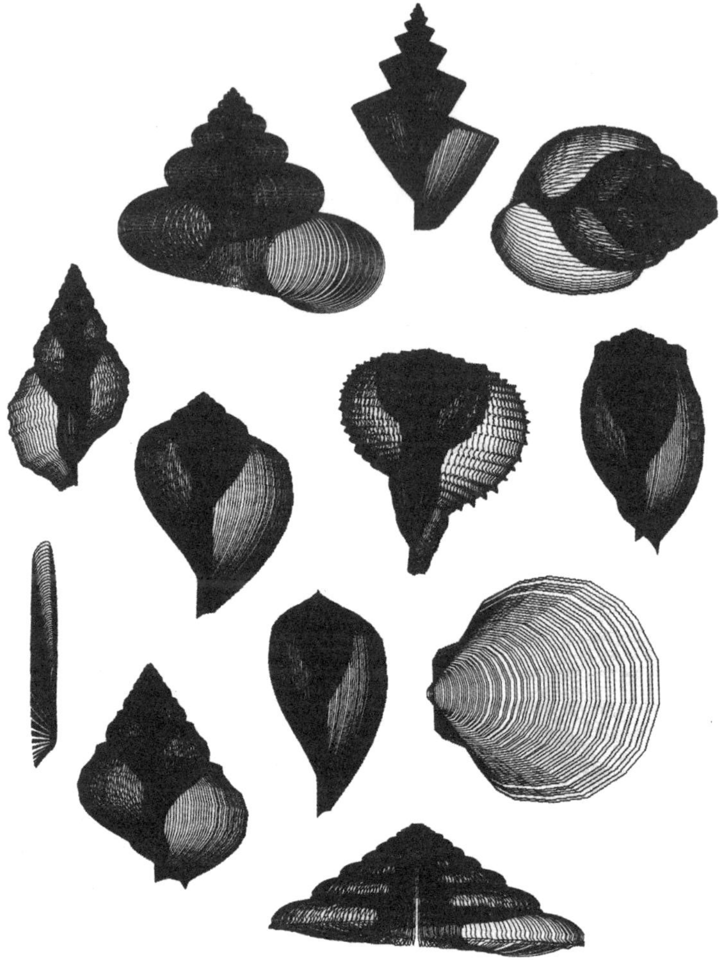

로그램에 끌어들일 수 있는 또 다른 발생학 모듈이 있을까? 나는 예전부터 다시 톰프슨의 '변형'에 매력을 느껴왔다. 그 위대한 스코틀랜드 동물학자는(134~135쪽을 보라) 라우프에게, 더 나중에는 내게 달팽이 연구를 하도록 영향을 미친 인물 중 한 명이었다. 그러나 톰프슨은 무엇보다도 어떤 생물학적 형태를 수학적 변형을 통해 그와 연관된 다른 형태로 바꾸는 작업을 보여주었던 것으로 유명하다. 그의 작업은 죽죽 늘어나는 고무로 된 판에 어떤 동물 형태를, 가령 게리온 속 꽃게를 그리는 것으로 시각화해볼 수 있다. 그 뒤 고무를 수학적으로 규정된 방식으로 잡아늘임으로써 꽃게를 그와 연관된 다양한 형태의 다른 게들로 변형시키는 것이다. 다음 페이지의 다시 톰프슨의 그림은 그 과정을 보여준다. 꽃게는 맨 윗줄 왼쪽의 모눈종이('고무')에 그려져 있다. 나머지 다섯 형태의 게들은(안타깝게도 현실의 게들과는 대충만 비슷하다) 그래프의 좌표를 수학적으로 깔끔한 다섯 방식으로 뒤틀어서(즉 '고무'를 잡아늘여서) 얻은 결과다.

나는 오래전부터 '다시 톰프슨에게 컴퓨터가 있었다면 그는 그걸로 무엇을 했을까?' 하는 상상을 즐겼다. 옥스퍼드 동물학부 최종 시험 문제로 이 질문을 낸 적도 있다. 하지만 대답한 학생은 한 명도 없었던 것 같은데, 슬프지만 학생들이 들은 수업 중에는 이 문제에 답할 수 있게끔 가르쳐준 수업이 없었을 테고 초조한 수험생들은 안전한 문제를 풀기를 바랐을 것이다(이해할 만하다). 그래서 나는 이제 바이오모프 프로그램을 변형시킴으로써 내 질문에 내가 직접 대답해보고 싶었다.

유전자는 나무의 발달을 통제하는 대신 컴퓨터 속 가상의 '고무'를 잡아늘이는 일을 수학적으로 통제할 것이었다. 콩코모프 때처럼, 원래의 바이오모프 프로그램에서 핵심 발생학 루틴만 다시 짜면 되고 나머지는 다 똑같이 두면 될 것이었다. 그러면 단계별 선택을 통해서 게리온 속 꽃게를 가령 코리스테스 속 수염게로 '진화'시킬 수 있을 것이었다. 나는 다시 톰프슨의 선례를 좇아, 이 게들이 모두 현

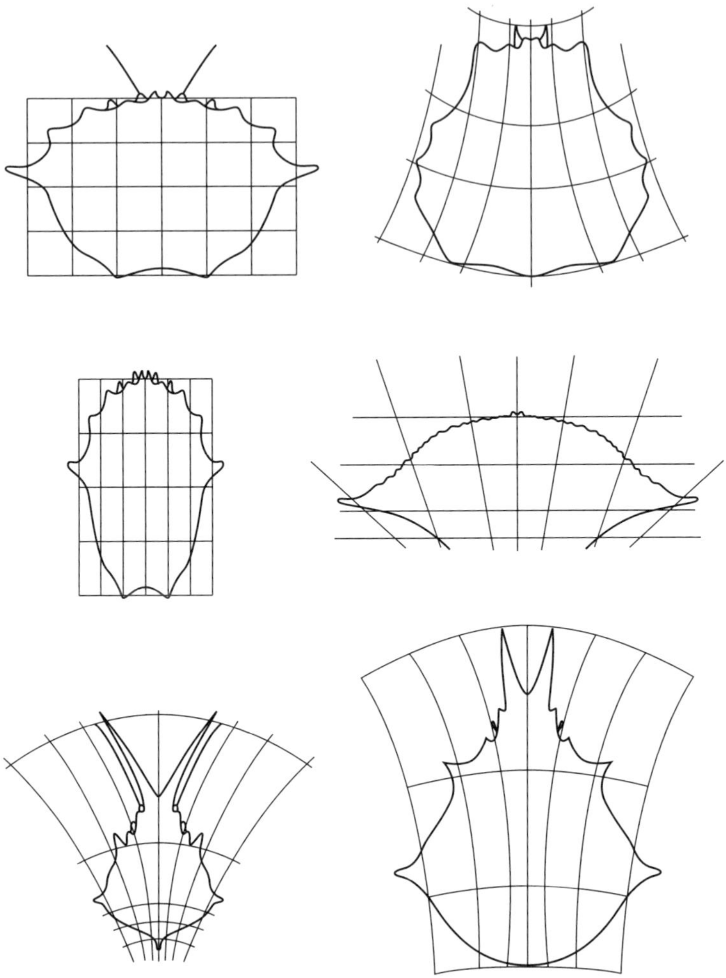

생종이라서 실제로는 어느 한 종이 다른 종에서 유래한 건 아니라는 사실은 무시할 생각이었다. 나는 유연관계가 있는 동물들을 서로 잡아늘이고 비틀고 왜곡시킨 형태처럼 여길 수 있다는 생각에, 즉 '모든 동물의 수학적 박물관'이라는 거대한 공간에서 각자 이웃

한 형태의 왜곡된 버전으로 여길 수 있다는 생각에 매료되었다.

설령 내가 직접 할 여유가 있었더라도 이 일에 필요한 수학 및 컴퓨터 기술은 내 능력을 넘어섰기 때문에, 나는 옥스퍼드의 웬 컨소시엄에 합류해서 두 명의 프로그래머를 고용할 지원금을 땄다. 한 명은 내 '다시 톰프슨' 프로젝트를 맡을 것이었고, 다른 한 명은 그와는 무관한 농업 관련 프로젝트를 맡을 것이었다. '내' 프로젝트를 맡아준 프로그래머 윌 앳킨슨은 내가 바란 능력을 완벽하게 갖춘 이였다.

윌이 작성한 '다시 톰프슨' 프로그램 속 '유전자'들은 다양한 작업을 수행했다. 어떤 유전자들은 '잡아늘인 고무'를 직사각형에서 사다리꼴 모양으로 바꾸었다. 왜곡 정도는 그 유전자에게 부여된 수칫값에 따라 결정되었다. 또 어떤 유전자들은 '축'을 하나만 혹은 둘 다 지수 척도로 바꾸었다. 혹은 그 밖에도 다양한 수학적 변형을 가했다. 내 원래 바이오모프 프로그램에서 그랬던 것처럼, 관찰자가 선호하는 '후손'을 골라서 '번식'시킴에 따라 고무에 그려지는 생물 형태들은 차츰 변해갔다.

그런데 윌의 프로그램은 깔끔하게 짜여졌음에도 불구하고, 그것이 '진화'시키는 형태들은 세대가 흐를수록 점점 덜 '생물'다워 보였다. 진화하는 동물 형태들은 생존 가능한 새로운 변형 형태가 아니라 갈수록 선조의 퇴화 버전처럼 보였다. 원래의 프로그램에서 진화한 바이오모프들과는 달리, 이 녀석들은 실제 진화로 생겨난 후손처럼 보이지 않았다. 윌과 나는 고민 끝에 이유를 알아냈는데, 그나마 교훈이 되는 내용이었다. 그 이유는 '다시모프'에는 발생학이 없다는 점이었다. 세대에서 세대로 진화하는 것이 동물 형태 자체가 아니라 그 형태가 그려진 '고무'였던 탓이다.

그리고 애초에 다시 톰프슨의 변형 과정은 실제 진화 과정이라고 할 수 없었다. 그가 그린 동물들은 모두 성체인 데다가 현생종이었기 때문이다. 어떤 동물의 성체가 다른 동물의 성체로 바뀌는 일은 있을 수 없다. 발생 과정은 선조들의 발생 과정에서 진화할 뿐이다. 줄리언 헉슬리는(그는 한때 뉴 칼리지 동물학부에서 튜터로 일했으니 내 선배인 셈이다) 다시 톰프슨의 기법을 변형시켜 배아가 성체로 바뀌도록 만들었는데, 피터 메더워가 지적했듯이 이쪽이 생물학적으로 좀 더 현실적인 용법이다. 내 원래 바이오모프들에게 생물 형태를 낳는 '생식력'이 있었던 것, 심지어 '창조력'까지 있었던 것은 그것들에게 발생 과정이 있었기 때문이다. 그것들은 끊임없이 새롭고 흥미로운 방향으로 진화하려는 성향을 내재한 것처럼 재귀적으로 계속 가지를 뻗어나가는 나무들이었다. '콩코모프' 또한 (원래 바이오모프와는 다르지만 역시 생물학적으로 흥미로운) 나름의 발생학을 갖고 있었기에, 생물학적으로 현실적인 형태들을 다채롭게 생성해낼 수 있었다. 현실의 발생 과정은 정말로 그렇게 '창조적인' 게 아닐까? 심지어 발생 과정 자체가 진화를 더 잘 일으키는 방향으로 진화하는 게 아닐까? 혹 진화적으로 비옥한 발생 과정만을 골라내는, 발생 과정에 대한 고차원의 선택이 존재하는 게 아닐까? 이런 생각은 '진화 가능성의 진화'라는 내 또 다른 발상의 싹이 되어주었는데, 여기에 대해서는 잠시 뒤에 설명하겠다.

《눈먼 시계공》에서 소개한 최초의 유전자 9개짜리 바이오모프들은 9차원 하이퍼큐브라는 구속 속에서 진화의 경로를 자유롭게 밟았다. 이때 진화의 경향성이란 특정 하이퍼큐브, 즉 9차원의 '모든 바이오모프의 박물관' 속에서 조금씩 조금씩 나아가는 경로에 해당했다. 나는 그 하이퍼큐브에서 아예 빠져나가는 방법, 더 큰 하이퍼큐브로 나가는 방법이 있을지 궁금했다. 한 방법은 나무 발생학을 달팽이 발생학으로 바꾸는 것처럼 아예 다른 발생학으로 대체하는 것이었고, 말했다시피 나는 이 방법을 시도해보았다. 그런데 그 전에 나는 기존 발생학, 즉 원래의 나무 바이오모프 발생학에 영향을 미치는 유전자의 개수를 늘리면 결과가 어떨지 궁금했다. 그것은 곧 진화에 주어진 수학적 공간의 차원을 9차원 이상으로 확장하는 일일 테고, 나는 그럼으로써 실제 생물 진화에 관한 통찰을 얻기를 바랐다.

나는 이 작업을 두 단계로 실시했다. 두 번째 단계는 색깔을 내는 유전자를 도입한 것으로, 《리처드 도킨스의 진화론 강의》에서 첫선을 보였다. 첫 번째 단계는—여전히 단색이었다—1991년 출간된 《눈먼 시계공》 재판에 부록으로 수록해 선보였는데, 이 단계에서 나는 유전자 수를 9개에서 16개로 늘렸다. 가지를 뻗어나가는 나무의 발생학이라는 골자는 그대로 두되, 새 유전자들은 그 기본 바이오모프를 좀 더 다양하게 그리는 방법들을 맡았다(다시 말하지만 유전자는 숫자일 뿐이었다). '체절' 유전자들은 지렁이나 지네의 체절을 본떠서 여러 바이오모프를 한 줄로 이어붙였다. 한 유전자는 체절을 몇 개나 그릴지를 결정했고, 다른 유전자는 체절 사이의 거리를 통제했고, 또 다른 유전자는 몸통의 앞에서 뒤로 갈수록 나타나는 점진적 변화의 '기울기'를 정했다. 체절을 갖춘 바이오모프들은(다음 페이지 그림을 보라) 내 '차라투스트라' 곤충들보다도 더 절지동물을 닮았다. 여러분이 보기에도 정말 '생물'답지 않은가? 어느 특정

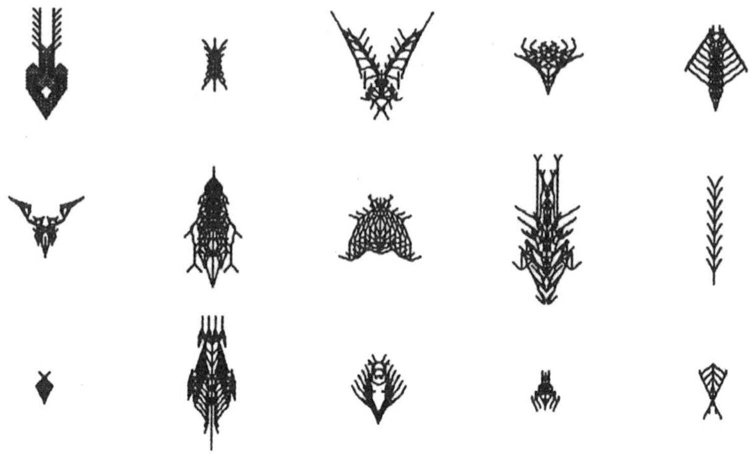

곤충 같다고 짚어 말할 순 없더라도 정말 현실의 종들처럼 보이지 않는가? 또 다른 유전자들은 다양한 대칭면에 대해 바이오모프를 '거울상'으로 복사하는 일을 했다.

새 대칭 유전자들과 체절 유전자들을 갖춘 16차원 하이퍼큐브는 원래의 9차원 공간이 허락했던 것보다 훨씬 더 폭넓은 레퍼토리의 바이오모프가 진화하도록 허락했다. 여기서는 심지어 약간 불완전한 알파벳들도 만들어낼 수 있었는데, 나는 그것으로 서툴게나마 내 이름을 써보았다(아래 그림을 보라). 원래의 유전자 9개로는 알파벳을 만들어내기가 절대 불가능했을 것이다. 그리고 16차원 하이퍼큐브가 만든 알파벳들도 완벽하진 않은 걸 볼 때, 바이오모프 진화의 유연성을 좀 더 높이려면 더 많은 유전자가 필요할 것이다.

나는 이런 생각을 하다가 생물학으로 돌아왔고, 그 덕분에 '진화 가능성의 진화'라는 개념을 제안하게 되었다.

진화 가능성의 진화

《눈먼 시계공》이 출간된 다음 해, 인공생명의 선구적 발명가인 크리스토퍼 랭턴이 미국 뉴멕시코의 로스앨러모스 국립연구소에서 그 신생 분야를 처음 소개하는 학회를 열면서 나를 초청했다. 원자폭탄이 개발되었던 장소를 구경하자니, 그리고 이제 이어지는 긴 평화의 한가운데에서 최초의 원자폭탄 시험이 사막에서 벌어진 뒤 로버트 오펜하이머가 했던 음울한 신탁과도 같은 이 말을 떠올리자니, 나는 절로 숙연해졌다.

> 우리는 세상이 전과 같지 않으리란 걸 깨달았다. 몇몇은 웃었고, 몇몇은 울었고, 대부분은 침묵했다. 나는 힌두 경전 《바가바드 기타》의 한 구절을 떠올렸다… "이제 나는 죽음이 되었다. 세상의 파괴자가 되었다." 우리는 모두 어떤 식으로든 그렇게 생각했던 것 같다.

최초의 인공생명학회에 모인 사람들은 오펜하이머의 동료들과는 전혀 달랐지만, 둘 다 완전히 새롭고 희한한 사업을 함께하고자 하는 개척자들이 모인 자리였으니 분위기는 좀 비슷했을 듯도 싶다. 우리의 사업은 건설적이었고 그들의 사업은 다들 알다시피 파괴적이었지만 말이다. 나는 크리스 랭턴 외에도 스튜어트 카우프먼, 도인 파며, 노먼 패커드 등 근처 산타페연구소의 여러 명사를 만나서 기뻤다. 마지막 두 명은 신발에 숨긴 초소형 컴퓨터를 발가락으로 조작함으로써 뉴턴 물리학의 원칙으로 라스베이거스 금고를 털려고 했던 모험적인 — 그리고 실로 위험천만한 — 시도의 동지들이었다. 이 일화는 토머스 배스가 흥미진진한 책으로 썼는데, 이 책 역시 대서양을 건너면서 쓸데없이 제목이 바뀌었기 때문에 여기서 제목을 밝히진 않겠다(토머스 배스의 책은 미국판 제목은 '행복주의자의 파이The Eudaemonic Pie', 영국판 제목은 '뉴턴 카지노The Newtonian Casino'다 – 옮긴이).

그와 비슷한 모험적인 기상과 뉴멕시코 사막의 몽환적인 분위기가 어우러져, 내가 그 학회에서 만났던 어느 매력적인 젊은 여성으로 현실화한 것 같았다. 그녀는 나를 제 차에 태워서 산타페 바깥 사막에 있는 제 집으로 데려갔고, 내게 엑스터시를 먹어보라고 권했다. 나는 그 이름을 처음 들어봤고(1987년이었다), 당시에는 스스로 겁쟁이라고 느꼈지만, 지금 돌아보면 제안을 거절하길 잘한 것 같다. 그러나 그녀의 부드러운 아름다움, 낯선 어도비 벽돌집, 그녀가 연주해준 '뉴에이지' 음악, 꼭 꿈속에서처럼 산까지의 먼 거리를 확 좁혀버리는 듯한 사막의 괴괴한 적막함과 건조하고 맑은 공기는 희열을 느끼게 했으므로, 구태여 약을 할 필요도 없었다. 그녀와 보낸 막간의 짧은 시간, 특히 사이키델릭할 정도로 크게 확대된 모습으로 남서쪽 지평선에 서 있던 산들의 모습은 어째서인지 그 학회의 분위기를 요약한 장면으로 내 마음에 간직되어 있다.

나는 강연 제목을 '진화 가능성의 진화'라고 달았다. 내가 알기로 그 강연과 이후 출간된 학회집 속 내 논문은, 오늘날 꽤 자주 쓰이는 이 표현이 처음 데뷔한 자리였다. 나는 맥컴퓨터를 써서 유전자가 9개에서 16개로 늘면 그 확장된 '바이오모프 공간'에서 진화 자유도가 얼마나 더 높아지는지 보여주었고, 이어서 생물학적 교훈을 설명했다.

나 같은 철두철미한 적응주의자는 자연선택이 아무 한계 없이 뭐든 해낼 수 있다고 생각하기 쉽다. 하지만 선택은 발생 과정이 제공해준 돌연변이들이 있어야만 작업할 수 있다(이 제약은 5년 전 《확장된 표현형》에서 나열한 '완전화에 대한 제약' 중 하나였다). 진화적 변화는 '존재할 수 있는 모든 동물의 박물관' 속 다차원 복도를 슬금슬금 나아가는 것과 같다. 하지만 일부 복도는 완벽하게 막혀 있진 않더라도 다른 복도들보다 통과하기가 더 어렵고, 진화는 언덕을 흘러내리는 물처럼 최소의 저항을 겪는 길을 추구하기 마련이다. '진화 가능성의 진화' 개념의 요점이 바로 여기에 있다. 어쩌면 발생 과정을 혁신하는 진화적 발명이 나타남으로써 이전까지 막혀 있었거나 속도가 지연되었던 복도들이 갑자기 활짝 열릴 수도 있는 것이다. 고대 선캄브리아기에 등장한 최초의 체절동물은 체절이 없었던 제 부모보다 더 잘 생존했을 수도 있지만, 어쩌면 그렇지 않았을 수도 있다. 그러나 체절 탄생이라는 발생학적 혁명 덕분에, 갇혔던 봇물이 왈칵 터진 것처럼 진화가 갑자기 새로운 길로 펼쳐지게 되었다. 그렇다면 발생에서의 진화적 '생산성'을 기준으로 특정 계통을 선택하는, 일종의 한 단계 더 고차원적인 자연선택이 존재할 수 있을까? 당시 1980년대에 철저한 다윈주의 적응주의자였던 내게는 이런 생각이 이단에 범접할 정도의 일탈이었지만, 나는 흥미를 느끼지 않을 수 없었다.

최초로 체절을 갖게 된 동물에게는 체절이 없는 부모가 있었을 것이다. 그리고 그 동물에게는 최소 두 개의 체절이 있었을 것이다. 체절의 핵심은 그 단위들이 모든 복잡한 측면에서 다 같다는 점이다. 지네는 중앙에 다 똑같이 생긴 다리 달린 트럭들이 길게 이어져 있고, 그 맨 앞에는 감각 엔진이, 맨 뒤에는 생식기 칸이 달린 기차나 마찬가지다. 사람 척추의 체절들은 다 똑같진 않지만, 그래도 모두 척추뼈 하나, 앞뒤의 신경들, 근육 덩어리, 반복된 혈관들 등을 똑같이 지닌 형태를 취한다. 뱀은 척추뼈가 수백 개나 되고 더구나 다른 종들보다 척추뼈가 더 많은 종도 있지만, 대부분의 그 척추뼈들은 '기차'에서 이웃한 뼈들과 똑같이 생겼다. 뱀의 모든 종은 서로 친척이므로, 이따금 부모보다 척추뼈를 더 많이(혹은 더 적게) 가진 개체가 태어나곤 할 것이다. 그리고 그 더 많은(혹은 더 적은) 개수는 늘 정수일 것이다. 체절을 절반만 가질 수는 없기 때문이다. 체절 150개에서 151개로, 혹은 155개로 바뀔 수는 있어도 150.5개나 149.5개로 바뀔 수는 없다. 체절은 모 아니면 도다. 우리는 이제 그런 변화가 어떻게 일어나는지도 꽤 자세히 아는데, 그 변화는 이른바 호메오 돌연변이를 통해서 일어난다. 게다가 놀랍게도—내가 동물학을 공부한 대학생 시절로부터 훨씬 더 뒤에야 등장한 충격적 발견이었다—체절화를 일으키는 호메오 돌연변이는 척추동물과 절지동물이 같다. 그래서 쥐에서 초파리로 유전자를 이식하더라도 거의 같아 보일 만큼 비슷한 효과가 발생한다.

'진화 가능성의 진화' 강연으로부터 1년 뒤, 《눈먼 시계공》에서 나는 '보잉747' 식의 대大돌연변이에 대비되는 개념으로서 '확장형 DC-8' 돌연변이를 제안했다. 저명한 천문학자 프레드 호일 경은 다윈주의에 대한 회의를 표현하면서(적절하지 못하게[56] 생물학에 발을 들인 물리학자는 그가 처음도 마지막도 아니었다) 폐품 하치장에 불어닥친 태풍이 요행히도 보잉747을 조립해내는 광경을 상상할 수 있겠느냐고 말한 적이 있다. 사실 그의 말은 생명의 기원(생물 발생)에 관한 것이었지만, 어쨌든 그 비유는 진화 자체에 의혹을 드리우는 창조론자들이 툭하면 꺼내는 이야기가 되었다. 그러나 물론 그들은 자연선택의 *누적적인* 힘, 불가능의 산의 완만한 오르막을 느릿느릿 오르는 힘을 놓치고 있다. 화보를 보면, 내가 비행기들의 무덤에 서서 혹시 자연발생적으로 보잉747을 조립해줄 태풍이 불어올 기미가 없나 예의 주시하는 사진이 실려 있다.

나는 그와 대비되는 비유로서 또 다른 비행기 기종인 '확장형 DC-8'을 끌어들였다. DC-8의 한 종류인 확장형 DC-8은 기체 머리 쪽에 6미터, 꼬리 쪽에 5미터 길이의 구간을 더함으로써 기체를 총 11미터 연장한 형태였다. 말하자면 호메오 돌연변이를 두 번 일으킨 DC-8이었다. 이때 기체에 추가된 부분에서 한 줄의 좌석, 물론 거기 딸린 접이식 탁자, 조명, 환풍기, 호출 버튼, 음악 단자 등까지 다 합한 것을 하나의 체절 단위로 봐도 좋겠다. 이것은 예전에 진작 발생했던 돌연변이로 생겨난 기존 체절들의 복사본이다. 여기서 내가 주장한 생물학적 논점은, 아주 새롭고 복잡한 동물이나 기관이 하나의 돌연변이만으로 단숨에 만들어진다는 생각에는(즉, 호일의 보잉747) 반대를 제기할 수 있겠지만, 각 체절이 아무리 복잡하더라도 이미 생겨난 그 체절 전체가 쉽게 중복된다는 생각에는(내 DC-8) 원론적으로 반대할 수 없다는 것이었다. 아무것도 없는 데서 척추뼈를 '짠' 발명해낼 수는 없다. 하지만 이미 첫 번째 척추뼈가 있다면, 하나의 돌연변이만으로 두 번째 척추뼈를 만들어내는 건

가능하다. 한 체절을 만들 줄 아는 발생 장치는 두 개의 체절도, 열 개의 체절도 만들 수 있다. 그리고 이제 우리는 그 일을 해내는 호메오 메커니즘까지 안다.

발생 메커니즘은 연속된 체절들 각각의 길이를 늘이는 일도 쉽게 해낸다. '확장형 DC-8'이 그런 식의 '돌연변이'로 만들어진 건 아니지만, 그래도 나는 이런 돌연변이의 결과도 '확장형 DC-8'이라고 부르겠다. 왜냐하면 이것 역시 가상의 '747 돌연변이'처럼 복잡성이 단숨에 증가한 경우는 아니기 때문이다. 기린의 목뼈는 다른 포유류처럼 일곱 개다. 기린의 목이 긴 것은 일곱 개의 목뼈 하나하나가 모두 길쭉하게 늘어났기 때문이다. 나는 그 변화가 점진적으로 일어났으리라고 추측하지만, 어쨌든 하나의 대돌연변이가 발생하여 일곱 개의 목뼈에 동시에 영향을 미침으로써 목이 단번에 길어졌다는 가설에 대해서는, '747' 풍으로 그건 불가능하다고 원리적으로 반대할 수 없다. 기존에 목뼈와 거기 연관된 각종 복잡한 신경, 혈관, 근육을 만들던 발생 장치들은 이미 온전하게 갖춰져 있었다. 추가로 필요한 것은 일곱 목뼈가 동시에 길어지도록 모종의 성장계수가 양적으로 조절되는 것뿐이었다. 모든 뼈가 길어지는 대신 — 뱀처럼 — 뼈의 개수가 더 많아져서 목이 길어졌더라도 이 점은 마찬가지였을 것이다.

조지 오웰의 《1984》 속 독재 정권은 매일 '2분 증오 시간'을 두어 시민들에게 골드스타인이라는 변절자 당원을 미워하라고 지시한다(이 변절자는 트로츠키, 혹은 사탄이 된 '타락천사' 신화를 떠올리게 하는 데가 있다). 이때 '증오'를 '조롱'으로 바꾸면, 내가 대학생일 때 옥스퍼드 동물학부가 주로 E. B. 포드의 영향 탓에 독일계 미국 유전학자 리처드 골드슈미트에게 보였던 지배적인 반응에 대해 감을 잡을 수 있을 것이다. 골드슈미트의 '가망 있는 괴물' 이론, 즉 대돌연변이가 진화적으로 중요했다는 이론은 그가 제안한 맥락에서는 실제로 그릇된 생각이었다(이를테면 대단히 '옥스퍼드적인' 분야인 나비의 의태에 대해서는 틀렸다). 그래도 그는 '확장형 DC-8' 풍의 타당한 영역을 벗어나서 '보잉747' 풍의 대돌연변이 환상으로 엇나간 적은 없었기 때문에, 이론적으로 한도를 넘어서진 않은 셈이었다. 게다가 최초로 체절을 갖게 된 동물에게 '가망 있는 괴물'이라는 이름을 붙이는 걸 나무라긴 누구라도 어려울 것이다. 물론 형태학적 대량생산의 모델-T나 마찬가지였던 그 오래전 동물의 화석을 실제로 본 사람은 아무도 없지만 말이다.

대돌연변이는(큰 효과를 빚는 돌연변이를 말한다) 실제로 발생한다. 비록 빈도가 드물지만, 대돌연변이가 유전자풀에 통합되어 표준이 될 수 있다는 가설에 원론적으로 반대할 근거는 없다. 내가 *원론적으로* 반대하는 것은 하나의 대돌연변이가 철저히 새롭고, 복잡하고, 제대로 기능하는 기관이나 체계를 만들어낸다는 가설이다. 그 수많은 부분이 어쩌다 동시에 갖춰졌다고 여기는 것은 지나친 우연의 일치일 듯한 기관이나 체계를 하나의 대돌연변이가 만들어낼 수 있다는 가설이다. 이를테면 망막, 수정체, 초점을 맞추는 근육, 조리개 제어 장치 등을 모두 온전히 갖춘 눈 같은 것을 말이다. '네눈박이 물고기' 아나블렙스가 하나의 대돌연변이로 여분의 눈 두 개를 더 갖게 되었으리라는 가설에 대해서는 원론적으로 반대할 수 없다. 아나블렙스는 실제 호메오 돌연변이를 통해서 그렇게 생겨났을 것이며, 따라서 확장형 DC-8 진화의 좋은 사례일 것이다. 진작에 돌연변이를 일으킨 적 있었던 그 선조의 발생 장치들은 눈을 만드는 방법을 이미 '알았다'. 하지만 그 눈은, 나아가 어떤 척추동물의 눈이라도, 아무것도 없던 곳에서 단 하나의 돌연변이만으로 생겨날 순 없었다. 그런 '747 진화'는 기적에 가까우므로, 우리가 인정할 수 없다. 최초에는 척추동물 눈의 장치들이 한 단계 한 단계 점진적으로 만들어져야 했다.

말이 나왔으니 말인데, 스티븐 굴드가 처음 제창한 뒤 다른 이들도 자주 제기하는 한심한 주장에 대한 답이 이 대목에서 나온다. 그 주장이란 다윈은 '점진주의자'였으니까 이른바 '단속적' 진화에는 반대했으리라는 것이다. 그러나 다윈이 '점진주의자'라는 건 747 식 대돌연변이를 인정하지 않았을 거라는 뜻에서 하는 말이다. 다윈 자신은 물론 비행기 비유를 쓰지 않았지만, 아무튼 대돌연변이에 대한 그의 반대는 747 풍 돌연변이에 대한 것이었을 뿐 확장형 DC-8 돌연변이에 대한 것은 아니었다.

언어의 진화는 이 토론에서 흥미로운 시험 사례가 되어준다. 말하는 능력은 하나의 대돌연변이에서 생겨났을까? 391쪽에서 언급했듯이, 인간의 언어와 다른 동물들의 소통을 구별 짓는 핵심적인 질적 속성은 구문론, 즉 관계사절이나 전치사절 따위가 위계적으로 내포되는 구조가 있느냐 하는 점이다. 컴퓨터 언어에서는 물론이고 아마 인간의 언어에서도 이 일을 가능하게 만들어줄 듯한 소프트웨어적 수법은 이른바 재귀적 서브루틴이다. 서브루틴이란 호출되었을 때 자신이 호출된 지점을 기억했다가, 끝나면 그 지점으로 돌아올 줄 아는 코드를 말한다. 더 나아가 재귀적 서브루틴은 자기 자신을 호출했다가, 끝나면 그보다 더 바깥의(더 포괄적인) 자신으로 돌

66

"하지만 자신에게 붙은 벼룩을 칭찬하는 개를 보았습니까?"

66_《만들어진 신》에 자극받아 출간된 스무 권이 넘는 종교적 서적들 중 일부를 모았다. '개'도 한가운데에 나와 있다.

시모니 강연. 67, 68_ 옥스퍼드대학에 '과학의 대중적 이해를 위한 석좌교수' 직을 마련할 후원금을 제공한 찰스 시모니는 멀리 내다볼 줄 아는 사람이다. 많은 관심사와 열정을 가진 그는 시애틀의 근사한 집에서 살며 현대미술 작품을 모으고 있고, 2009년에는 우주로 여행을 다녀왔다. 동료 우주인들과 함께 있는 그의 모습이다.

68

67

71

69

72

70

'과학의 대중적 이해를 위한 교수' 자리에 첫 타자로 임명된 나는 시모니 강연을 열기 시작했고, 운 좋게도 기라성 같은 스타들을 무대에 세울 수 있었다.

69~77_ 대니얼 데닛, 재러드 다이아몬드, 리처드 그레고리, 스티븐 핑커, 마틴 리스, 리처드 리키, 캐럴린 포르코, 해리 크로토, 폴 너스.

73

74

75

76

77

78

79

80

텔레비전. 78_ 내가 채널4를
해 TV 다큐멘터리를 처음
한 것은 〈과학의 장벽을 깨
다〉였다.

79_ 나중에는 러셀 반스(뒷줄
데)와 그의 촬영팀, 특히 카메
팀 크랙(오른쪽)과 사운드맨
프레스코드(앞)와 함께 일했다.

80, 81_ 우리는 벨파스트에서
영한 〈종교 학교의 위협〉, 〈찰스
윈의 천재성〉 등을 제작했다.
를 촬영하던 중, 나는 고릴라와
튼버러 순간'이라고 부를 만한
감을 나눴다. 동물원이 아니었
좋았겠지만.

81

82_ 러셀과 나는 〈찰스 다윈의 천재성〉도 함께 찍었고, 그때 나이로비 빈민가에서도 촬영했다.

83, 84_ 〈만악의 근원?〉을 찍을 때는 루르드를 방문했고(83), 예루살렘에도 갔다. 오른쪽 사진은 통곡의 벽 앞에서 내가 의무적으로 착용해야 하는 모자를 쓴 모습이다.

진화의 이미지들.

85_ "폐품 하치장에 불어닥친 태풍이 요행히도 보잉747을 조립해낼 순 없다"는 주장의 허점을 밝히기 위해서 찍은 장면. 멋진 숏이었지만 편집되고 말았다.

86_ 랄라가 '존재할 수 있는 모든 바이오모프 껍데기'를 담은 정육면체를 들고 있다.

85

86

87

88

89

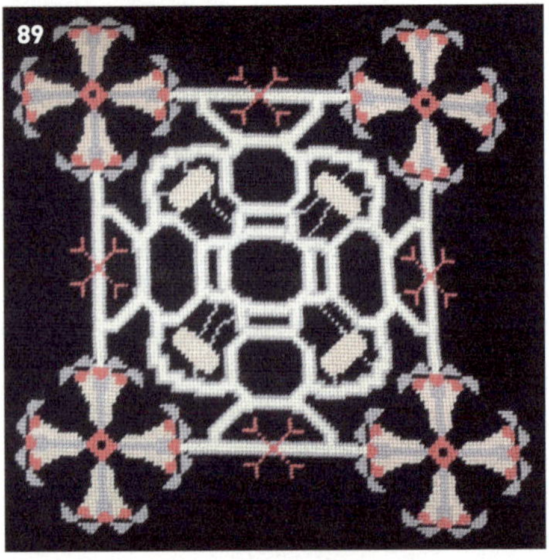

87_ 랄라를 만났을 때, 나는 단색과 컬러 컴퓨터 바이오모프를 만드는 데 죽자사자 매달리고 있었다.

88_ 랄라는 여기서 영감을 얻어, 한 땀이 한 픽셀에 해당하도록 수를 놓아 의자 커버를 만들었다.

89_ 자수의 도안은 사실 바이오모프는 아니다. 하지만 그렇게 착각할 만도 하다. 이것은 사실 유리해면의 골격이다.

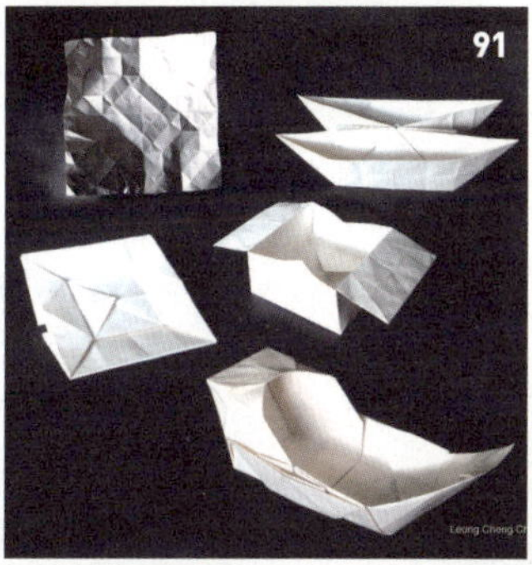

밈의 모든 것.

90~92_ 수전 블랙모어가 데번의 자기 집에서 연 '밈랩' 모임 중 댄 데닛과 수와 함께. 그 모임에서 한번은 내가 '중국 배 접기' 밈을 퍼뜨렸다.

93_ 소년 시절에 클라리넷을 연주했던 경험을 살려, 사치앤드사치가 칸에서 선보였던 화려한 밈 영상이 끝나는 시점에 무대에 올라 EWI를 연주했다.

94_ 만찬. 내 70번째 생일을 축하하기 위해서 뉴 칼리지 홀 저녁 만찬에 모인 손님들.

아갈 줄 아는 코드다. 이 이야기는 《리처드 도킨스 자서전 1》에서 자세히 했기 때문에, 지금은 아래의 요약 그림을 보여드리는 것으로 만족하겠다. 아래 문장은 내가 짠 컴퓨터 프로그램이 작성한 것이다. 이 문장은 (의미는 없어도) 문법적으로 완벽한 문장을 무한히 생성해낼 수 있다. 누구든 영어가 모어인 사람이라면 그 문장들이 문법적으로 옳다고 여길 것이다. 나는 내포 단계가 깊어질수록 크기가 작아지는 활자와 괄호를 써서 문장구조를 분석해두었다. 종속절이 주문장의 끝에 덧붙은 게 아니라 속에 포함되어 있다는 점을 눈여겨보라.

The adjective noun
(of the adjective noun
(which adverbly adverbly verbed
(in noun (of the oun (which verbed))))
adverbly verbed.

이런 종류의 (의미론적으로는 공허하지만) 문법적으로 정확한 문장을 무수히 생성해내는 프로그램을 짜는 건 거의 식은 죽 먹기다. 단 컴퓨터 언어가 재귀적 서브루틴을 허용해야 한다. 최초의 IBM 포트란 언어나 동시대의 다른 경쟁 언어들로는 이런 프로그램을 짤 수 없었을 것이다. 나는 그보다 약간 더 나중에 등장한 알골-60을 썼는데, 재귀적 서브루틴이라는 '대돌연변이'가 도입된 뒤 개발된 현대 프로그래밍 언어라면 어떤 언어로든 쉽게 짤 수 있을 것이다.

사람의 뇌도 이런 재귀적 서브루틴에 해당하는 무언가를 갖고 있어야 할 것 같고, 그런 능력이 우리가 대돌연변이라고 부를 만한 하나의 돌연변이를 통해 생겨났으리라는 가정도 말이 전혀 안 되는 건 아니다. 더구나 폭스P2라는 유전자가 여기 관여할지도 모른다는 증거도 좀 있다. 이 유전자의 드문 돌연변이 형태를 지닌 사람들은 말을 제대로 못하기 때문이다. 좀 더 의미심장한 증거는, 유전체에서 다른 대형 유인원들과는 달리 인간만 독특하게 지닌 소수의 영역 중 하나에 이 유전자가 담겨 있다는 사실이다. 하지만 폭스P2의 증거는 아직 명확하지 않고 논쟁 중이므로, 여기서 더 말하진 않겠다. 이 경우에 내가 대돌연변이를 고려할 의향이 있는 것은 논리적인 이유 때문이다. 체절을 반만 가질 수는 없듯이, 재귀적 서브루틴과 비재귀적 서브루틴의 중간 단계를 가질 수는 없다. 컴퓨터 언어는 재귀를 허용하든 허용하지 않든 둘 중 하나다. 재귀성을 절반만 허용한다는 건 있을 수 없다. 이 소프트웨어 기법은 전부 가능하든지 아예 불가능하든지, 둘 중 하나만 택할 수 있다. 그리고 일단 이 기법이 시행되면, 즉각 위계적 내포 구문이 가능해지고 덕분에 무한히 확장된 문장을 얼마든지 만들 수 있게 된다. 언뜻 이 대돌연변이는 복잡한 것 같고 꼭 '747 풍' 돌연변이처럼 보이지만, 실은 그렇지 않다. 이것은 소프트웨어에 간단한 기능만을 추가한—'확장형 DC-8 풍'—돌연변이지만, 그럼으로써 갑자기 창발적으로 대대적인 복잡성을 뒤이어 생성해낸다. '창발성', 이 단어가 중요하다.

정말로, 진정한 위계적 구문을 구사할 줄 아는 돌연변이 인간이 갑자기 태어났다고 하자. 그는 누구와 말을 나눴을까? 지독하게 외롭지 않았을까? 만일 가상의 '재귀 유전자'가 우성이었다면, 그건 곧 최초의 돌연변이 인간에게서 그 유전자가 발현되었을 것이고 그녀의 자손 중 50퍼센트에게서도 그랬으리라는 뜻이다. 그러면 최초의 언어적 가족이 존재했을까? 폭스P2가 실제 우성 유전자라는 게 중요한 사실일까? 다른 한편으로는, 설령 부모와 그 자식 중 절반이 구문 구사용 소프트웨어 도구를 공유했더라도, 어떻게 그들이 당장 그것을 의사소통에 사용하기 시작했는지 상상하기 어려운 게 사실이다.

《리처드 도킨스 자서전 1》에서 나는 이 재귀적 언어 소프트웨어가 가젤 사냥이나 이웃 부족과의 싸움 같은 활동을 계획할 때 일종의 전前 언어적 기능으로 쓰였을지도 모른다는 가능성을 언급했는데, 여기서도 간략하게 다시 소개하겠다. 치타의 사냥의 모든 국면은 일련의 욕구 루틴으로 이뤄져 있다. 그 루틴은 서브루틴들을 호출하는데, 각 서브루틴은 그것이 호출된 상위 프로그램의 어느 지점으로 돌아가라는 신호를 주는 '중단 규칙'에 따라 종료된다. 혹시 이처럼 서브루틴에 기반한 소프트웨어가 언어적 구문의 길을 앞서 닦아주었을까? 그래서 서브루틴이 스스로를 호출하도록 허락하는 돌연변이, 즉 재귀성이라는 최후의 대돌연변이가 제자리에 딸깍 맞아떨어지기만을 기다리고 있었을까?

놈 촘스키는 우리가 위계적 내포 문법뿐 아니라 여러 언어학적 원칙을 이해하는 데 긴요한 도움을 준 천재다. 그는 인간 아기들은 다른 동물종의 새끼들과는 달리 뇌에 언어 습득 도구를 유전적으로 갖추고 태어난다고 믿는다. 아기는 물론 제 부족이나 나라의 특정 언어를 배워야 하지만, 타고난 언어 기계를 써서 자기 뇌가 언어에 대해 이미 '아는' 내용에 살만 붙이면 되기 때문에 습득하기가 쉽다. 오늘날 지식인들 사이에서는 유전성을 강조하는 성향이 정치적 우파와 연관되는 편인데(과거에는 꼭 그렇진 않았다), 촘스키는 아무리 보수적으로 말하더라도 정치적 스펙트럼에서 그로부터 정반대에 해당하는 사람이다. 어떤 이들은 이런 괴리가 역설적이라고 느끼는 모양이다. 하지만 이 문제에서만큼은 촘스키의 유전중심주의 시각이 일리가 있고, 더구나 흥미로운 의미가 있다. 언어의 기원은 어쩌면 '가망 있는 괴물' 진화 이론의 희귀한 사례일지도 모른다.

체절을 처음 만들어낸 가망 있는 괴물, 혹은 논란의 여지는 있겠으나 언어를 처음 만들어낸 가망 있는 괴물보다는 덜 극적이었을망정, 달리 말해 그 성질을 처음 지닌 개체에게 생존 면에서 그다지 극적인 이점을 안기진 않았을망정, 그래도 미래의 진화에 봇물을 터뜨려준 발생학적 혁신이 얼마든지 있었을 수 있다. 이 대목에서 우리는 '진화 가능성의 진화'로 돌아간다. 내가 로스앨러모스 학회에서 이 표현을 지어낸 것은 우리가 사후에만 눈치챌 수 있는 모종의 고차원적 자연선택이 있을지 모른다고 주장하려는 의도였다. 그런 새로운 혁신은 단기적으로 개체의 생존을 직접 향상시키는가와는 무관하게, 진화의 다각적인 곁가지들을 낳음으로써 그 개체의 후손들이 지구를 물려받도록 돕는다. 내가 첫손에 꼽은 예시는 체절화였고, 언어도 유달리 극적인 사례가 될 수 있겠지만, 그 밖의 사례들도 있다. 물고기로 하여금 물을 떠나 뭍에 상륙하도록 만든 최초의 적응은 그 개척자들로 하여금 단지 새 식량자원을 얻도록, 혹은 해양 포식자를 피하는 새 방법을 얻도록 해준 것만은 아니었다. 그들은 그럼으로써 새로운 생활환경을 개척했는데, 그것은 개체의 단기적 생존에만이 아니라 미래에 번성할 분기군 전체에 유용했다. 요컨대 다윈주의 선택이 개체의 생존을 돕는 적응을 선호하는 것처럼, 그보다 고차원적인 비다윈주의적 선택이 존재하여(이 선택 또한 다윈주의적이라고 말할 수도 있겠지만, 상당히 애매하고 혼란스러운 의미에서만 그럴 것이다) 진화 가능성의 질을 높이는 *계통*만을 선택할지도 모른다. 이것이 바로 내가 로스앨러모스 학회에서 발표한 '진화 가능성의 진화' 강연의 요지였다. 나는 컴퓨터 바이오모프를 예로 들어, 내가 프로그램을 다시 짜서 체절화 유전자와 여러 대칭면에 대한 대칭성 유전자를 도입했을 때 바이오모프에게 진화의 새로운 전망들이 느닷없이 활짝 열렸다는 점을 설명했다.

이어진 질문 시간에(뛰어난 이론생물학자 스튜어트 카우프먼이 사회를 맡아 내 주장에 공감하는 방향으로 진행해주었다), 누군가 농담으로 바이오모프 프로그램이 알파벳 말고 돈도 육성해낼 수 있느냐고 물었다. 나는 즉석에서 임기응변을 떠올려, 달러 기호로 통할 만한 그림을 화면에 띄워 보여주었다(504쪽 그림의 내 이름 중 's' 자다). 강연은 기분 좋은 웃음으로 마무리되었다.

만화경 같은 배아들

로스앨러모스 강연 제목은 '진화 가능성의 진화'였지만, 그 단계에서 나는 그 발상을 최대한으로 밀어붙이진 않았다. 그러다 나중에 《리처드 도킨스의 진화론 강의》 중 '대칭이 진화를 풍요롭게 한다' 장에서 한껏 더 나아가보았는데, 제법 만족스러운 방향이었다. 바이오모프 프로그램 후속 버전들 중 하나에서 '거울 유전자'를 도입했다는 말은 앞에서 했다. 동물의 여러 평면에 대한 대칭성을 통제하는 유전자는 만화경 속 거울처럼 배아에 '거울'을 끼워넣는 것으로 상상해도 좋다. 전부는 아니지만 대개의 동물들은 몸의 중선을 따라서 이런 거울을 갖고 있기 때문에, 몸통이 좌우대칭이다. 이론적으로는 곤충의 세 번째 다리에 벌어진 돌연변이가 오른쪽 다리에만 영향을 미치는 경우도 가능하겠지만, 현실에서는 반드시 왼쪽 다리도 거울상으로 영향을 받는다. 엄밀히 따지자면, 이런 거울 대칭은 진화의 자유를 제약하는 구속이다. 그런 대칭이 없어도 양쪽에 따로따로 돌연변이를 일으킴으로써 완벽한 대칭을 만들어낼 수 있을 테고—'무리해서 해낸다'는 표현이 더 어울리겠지만—더 나아가 갖가지 희한한 비대칭도 만들어낼 수 있을 것이다. 하지만 만일 좌우대칭 자체가 전반적으로 유리하다고 가정한다면(내가 《리처드 도킨스의 진화론 강의》에서 언급한 이유들에 따르면 정말로 그럴 가능성이 높다), 돌연변이가 자동으로 양쪽에 거울 대칭을 이뤄줄 때 진화의 개선 속도가 빨라진다. 따라서 대칭 부여는(즉, 배아 만화경의 중선에 '거울'을 끼워넣는 것은) 제약이 아니라(물론 엄밀한 의미에서는 제약이지만) 오히려 진화 가능성을 진화적으로 발전시킨 혁신으로 볼 수도 있다.

다른 평면에 대한 대칭도, 현실의 생물에게서 좌우대칭만큼 흔하지는 않지만, 마찬가지다. 옆 페이지의 그림에서 왼쪽은 사각 대칭을 지닌 컴퓨터 바이오모프다(두 '만화경 거울'이 직각으로 교차된 셈이다). 가운데는 방산충(정교한 단세포 미생물)의 골격이고, 오른쪽은 십자해파리다(물론 실제 크기는 아니다). 이들은 모두 발생의 깊은 단계에 직각으로 교차된 '두 거울'을 갖고 있다. 바이오모프는 내가 그 발생 소프트웨어를 직접 짰으니까 정말로 그렇다는 걸 안다. 반면 나머지 두 실제 동물은 그렇게 확신할 순 없지만, 그래도 나는 사각

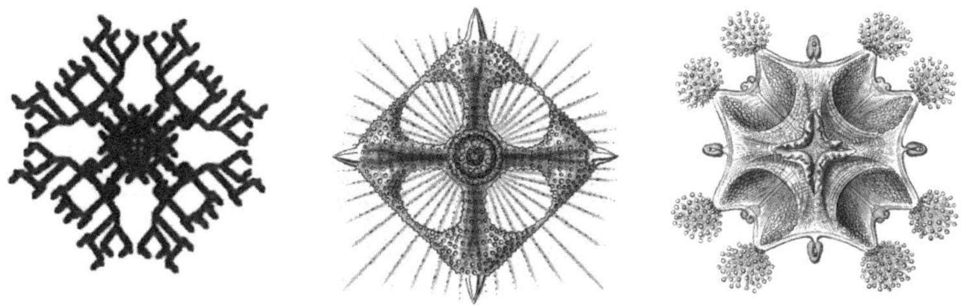

대칭이 발생의 기본 제약으로 작용했으리라는 데 전 재산이라도 걸겠다. 최초에 이런 만화경적 제약을 가한 발생 과정의 혁신이 무엇이었든, 거기에는 이득이 있었을 것이다. 나는 그 혁신을 진화 가능성의 진화적 발전이라고 부르고 싶다.

극피동물은(불가사리, 성게, 거미불가사리 등) 대체로 오각 대칭이다. 이 경우에도 틀림없이 그 형태를 낳는 대칭 규칙은 발생 과정 깊숙이 심어져 있어, 불가사리의 한 팔 끄트머리에 발생한 사소한 돌연변이가 다섯 팔 모두에 반영될 것이다(팔이 다섯 개 넘게 달린 불가사리가 이따금 나타난다는 사실도 이 일반화를 반증하진 못한다). 이 경우에도 만일 그 대칭이 어떤 이유에서든 불가사리에게 유익하다면, 돌연변이를 '거울 대칭'으로 반영하는 것은 오각 대칭에서 벗어나지 않은 채 변화를 이루는 지름길이다(팔마다 따로따로 변하는 것에 비해 지름길이라는 뜻이다). 따라서 이 현상은 '진화 가능성의 진화'라는 개념의 범주로 분류될 법하다.

또 의미심장한 사실은, 내가 컴퓨터 화면에서 오각 대칭 바이오모프를 육성하려고 했던 시도는 모조리 실패했다는 것이다. 이유는 거의 뻔하다. 오각 대칭은 발생학 루틴을 대대적으로 다시 써야만 얻을 수 있었기 때문이다. 이 또한 우리가 진정한 진화 가능성의 진

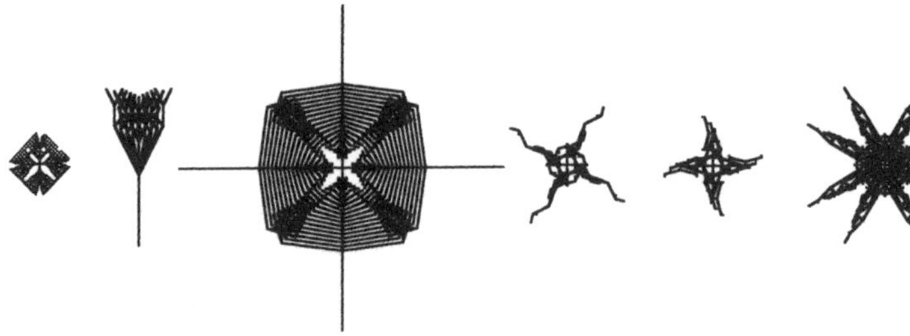

화 사례를 논하고 있음을 보여주는 사실이다. 내가 어찌어찌 육성해낸 '극피동물' 바이오모프들은 모두 '사기'였다(위 그림을 보라). 겉으로는 연잎성게, 갯나리, 성게, 거미불가사리, 두 종의 불가사리를 닮았지만, 사실은 어느 것도 오각 대칭이 아니다.

로스앨러모스 학회 시절에는 컬러로 된 맥이 없었다. 마침내 컬러 맥이 생겼을 때 내가 시도할 다음 단계는 당연히 바이오모프 유전체에 색깔 통제 유전자를 추가함으로써 확장하는 것이었다. 동시에 나는 발생 알고리즘의 기본 가지를 그리는 선을 변형시키는 유전자도 추가했다. 단순한 선도 여전히 허용했지만, 선의 두께를 바꾸는 유전자를 새로 도입했다. 단순한 선을 직사각형이나 타원형으로 바꾸는 유전자, 그런 도형의 속을 메울지 비울지 결정하는 유전자, 선의 색깔과 속을 메울 색깔을 결정하는 유전자도 도입했다. 이런 추가 유전자들은 진화의 봇물을 새로이 터뜨려, 선택자로 하여금 점점 더 희한한 꽃, 테이블매트, 나비 따위처럼 보이는 것들을 육성하도록 유혹했다. 심지어 나는 컴퓨터를 마당으로 갖고 나가 진짜 벌과 나비에게 화면 속 '꽃'과 '나비'를 선택할 기회를 줘야겠다는 마음이 들었다. 진짜 곤충들이 전혀 꽃답지 않은 출발점에서 시작해 진짜 꽃을 닮은 모조품을 육성해주면 좋겠다고 기대했다. 그러나 아쉽게도—사실 미리 예상했어야 했다—곤충들이 먹이를 찾으러 나온 이유인 한낮의 햇빛은 화면을 제대로 볼 수 없게 만드는 요소였다. 언뜻 똑똑한 생각인 것처럼 보였던 발상들이 으레 그렇지만, 나는 이 프로젝트를 처박아버리고 두 번 다시 꺼내지 않았다. 그러나 혹 야행성 나방으로는 가능할까? 아이패드처럼 촉감을 인식하는 화면이 나방의 날갯짓에 직접 반응할 수 있지 않을까?

내가 컬러 바이오모프를 만들던 때는 랄라를 만난 무렵이었다. 자수는 랄라의 무수한 재능 중 하나였고—당시는 아직 모자이크 만들기, 도자기 색칠하기, 혹은 (현재 몰두한 예술 형식인) 재봉틀로 엮고 그리기로 관심이 넘어오지 않은 때였다—알록달록한 사각 대칭 바이오모프들에서 영감을 얻은 그녀는 자수의 한 땀이 컴퓨터 화면의 한 픽셀에 해당하도록 수를 놓아 방석과 의자 커버를 만들었다(화보를 보라). 그 작품들은 20년이 지난 지금도 사랑받고 있다.

내 바이오모프 프로그램들은 모두 자연선택이 아니라 인위선택을 썼다. 자연선택을 흥미로운 방식으로 모방하는 과제는 훨씬 더 어려울 테니, 나는 꿈만 꿔볼 따름이었다. 그 일이 어렵다는 것은 그 자체로 교훈적이다. 내 바이오모프 프로그램에 '뾰족함'이나 '둥긂' 같은 선택 기준을 도입하는 방안도 생각해볼 수 있을 것이다. 나는 정말로 시험 삼아 그렇게 해보았다. 그것은 선택 행위자인 인간의 눈을 동원하지 않는 방식이었고, 실제로 작동했다. 하지만 생물학적으로는 그다지 흥미롭지 않았다. 우리가 어떤 '세상' 속에서의 생존을 모방하려면, 그 세상 고유의 '물리학', 고유의 지리(이상적이기로는 3차원이어야 한다), 바이오모프가 그 세상 속 다른 대상이나 다른 바이오모프와 상호작용할 때 따를 고유의 법칙, 바이오모프가 다른 대상과 동일한 물리적 공간을 점유하지 않도록 하는 법칙 등을 다 갖춘 세상 전체를 구축해야 한다. 《눈먼 시계공》이 출간된 뒤, 여러 똑똑한 프로그래머가 실제로 고유의 '물리학'을 갖춘 인공세상을 개발해냈다. 스티브 그랜드의 '크리처스', 토스텐 레일의 '내추럴 모션', 그 밖에도 '세컨드 라이프' 풍의 다양한 판타지 세상들이 있었다. 이것은 내 능력 밖의 일이었고, 어차피 나는 프로그래밍 중독에서 벗어난 뒤였다.

아스로모프

'진화 가능성의 진화'란 새로운 창조 환경의 봇물을 터뜨리는 현상이다. 내가 이 개념을 소개한 로스앨러모스 학회는 내게 이 개념 자체에 대한 비유처럼 되어버렸는데, 왜냐하면 그 학회가 내 머릿속에서 창조성의 물결이 솟구치도록 만들어주었기 때문이다(다른 참가자들의 머릿속에서도 그랬을 것이다). 그 창조성의 분출은, 내가 볼 때 내 책들 중에서 제일 과소평가된 《리처드 도킨스의 진화론 강의》에서 절정에 달했다(《확장된 표현형》 다음으로 혁신적인 내용인 것 같은데도 가장 적게 읽힌다).

그리고 그 학회가 열어젖힌 또 다른 문이 있었다. 그곳에서 내가 테드 캘러를 만난 것이다. 애플의 스타 프로그래머였던 테드는 우리가 그 예술적이고 혁신적인 기업의 특징으로 여기게 된 창조적이고 독창적인 정신을 가졌다. 그가 거기 참석한 이유는 (내 강연을 포함하여) 발표자들의 컴퓨터 시연을 거들어주려는 것이었지만, 그의 전문성과 흥미는 기술적인 문제를 훨씬 넘어섰으며, 나는 진화에 관한 여러 발상을 그와 토론했다. 나중에도 그를 다시 만날 기회가 있었다. 앨런 케이가 애플의 후원으로 로스앤젤레스에서 진행하던 교육 프로젝트에 그가 소속된 시기였는데, 나도 그 열정적인 싱크 탱크에 짧게나마 합류하는 영광을 누린 덕분이었다. 내가 사랑스러운 그웬 로버츠의 집에 묵으면서 컬러 바이오모프 작업을 마무리해 가던 시절이었다(389쪽을 보라). 테드와 나는 함께 브레인스토밍을 하면서 점점 더 열의에 불타올랐다. 벌 연구를 소개한 장에서도 말했지만, 누군가와 공동으로 하는 생각이 빠르고 멋지게 내달릴 때의 기분이란 정말이지 근사하다. 우리는 진화 가능성의 진화에, 특히 체절화에 집착했다. 그래서 절지동물처럼 체절을 지닌 인공생명에 집중하는, 그 밖에도 발생의 명백한 생물학적 원리들을 반영한 바이오모프 풍 인위선택 프로그램을 짜자는 계획을 꾸몄다. 우리는 새 인공생명을 '아스로모프'라고 불렀다.

최초의 '눈먼 시계공' 바이오모프는 유전자가 9개였다. '로스앨러모스' 버전은 16개였고, 컬러 버전은 36개였다. 유전체가 확장될 때마다 내가 봇물이라고 부르는 것이 터져서, 비록 체절화나 '만화경 거울'처럼 '건설적인' 구속을 통해서이기는 해도 아무튼 진화의 '창조성'이 활짝 더 넓어졌다. 그러나 그런 향상에는 프로그래머가 대대적으로 개입해야 했다. 나는 제도판으로 돌아가서 처음부터 새 코드를 잔뜩 써내야 했다. 어떤 의미로 이것은 진화 가능성의 진화에 대한 적합한 비유일 수 있겠는데, 왜냐하면 현실의 생물에게서 우리가 말한 극단적인 분수령 같은 사건들은—체절의 시작, 다세포의 시작, 성의 시작, 극피동물의 오각 대칭 시작 등은—아주 드물고 재앙에 가까운 격변이라서 컴퓨터 프로그램을 대대적으로 고쳐 쓰는 것과 비슷한 데가 없지 않기 때문이다. 비유는 '버그 잡기'로까지 확장된다. 혁신적인 돌연변이가 선택에 의해 유전자풀에 통합될 때는 여러 부수 효과가 따를 것이다. 따라서 전반적으로 유익한 큰 돌연변이에 따르는 부작용을 완화해줄 작은 돌연변이들을 이후 후속 선택으로 선호함으로써 문제들을 처리해야 할 것이다.

그런데 현실의 생물학은 그 중간 단계의 돌연변이도 안다. 다세포, 성, 체절, 새로운 대칭 '거울'보다야 덜 혁신적이지만 일상적인 점돌연변이보다는, 즉 왓슨-크릭 이중나선의 뉴클레오티드 하나가 네 뉴클레오티드—C, T, G, A—중 다른 것으로 바뀌는 돌연변이보다는 좀 더 급진적인 돌연변이 말이다. 그런 중간 단계 돌연변이로는 염색체의 특정 구간 전체가 중복되는 돌연변이가 있다(거꾸로 삭제되는 돌연변이도 있다). 유전자 중복은 유전체가 커지는 주요한 방법이다. 나는 《조상 이야기》에서(특히 '칠성장어의 이야기' 장에서) 헤모글로빈의 예를 들어 이 과정을 설명했다. 짧게 간추리자면 이렇다. 우리에게는 다섯 종류의 '글로빈' 사슬이 있는데, 각각 유전체의 서로 다른 부분에 놓인 서로 다른 유전자가 암호화한 단백질들이다. 그런데 그 다섯 종류는 모두 하나의 선조 유전자가 암호화했던 하나의 선조 글로빈에서 유래했다. 하나의 선조 유전자가(우리의 멀고 원시적인 사촌인 칠성장어는 아직도 그 하나만 갖고 있다) 진화 과정에서 성공적으로 중복되어 오늘날 우리가 가진 여러 종류의 '글로빈 유전자'들을 낳은 것이다. 우리가 진화적 발산을 논할 때는 보통 한 선조 종이 둘로 갈라지는 것을 이야기한다. 즉, 걷고 숨 쉬던 동물들의 개체군이 둘로 쪼개져서 각자 다른 길을 가는 것을 뜻한다. 그러나 지금 이 사례에서 말하는 진화적 발산은 한 개체 *속에서* 분자 계통이 쪼개진 것, 그래서 두 후손 계통이 모든 후세대 개체들의 몸속에서 *나란히* 살아남게 된 것을 뜻한다.

여담인데, 나는 만일 지금 《이기적 유전자》를 다시 쓴다면 그동안 발전한 유전체학 지식 때문에 내용을 바꿔야 하겠느냐는 질문을 종종 받는다. 과학자란 족속은 새 증거가 나타났을 때 자신이 예전에 품었던 생각을 바꾸는 것을 짐짓 자랑스러워하는 법이라서 좀 아쉽기는 하지만, 내 답은 "아니요"다. '칠성장어의 이야기'에서 소개한 유전자 중복 같은 새 요소들은 내가 1976년에 품었던 '유전자의 관점'을 오히려 강화한다. 우리는 이제 진화적 발산이 개체 *내의* 유전자 차원에서 벌어지는 것까지 볼 수 있고, 그것은 선택이 행해지는 차원으로서 개체의 중요성을 (유전자에 비해) 약화시키기 때문이다.

테드와 나는 아스로모프 프로그램을 설계할 때 헤모글로빈 풍의 유전자 중복을 그대로 모방하진 않았다. 하지만 새 프로그램에 유전자 중복(또한 삭제)의 한 형태를 도입했는데, 나중에 보니 시사하는 바가 많은 조치였다. 이전의 바이오모프 프로그램들은 모두 유전자 수가 고정되어 있었던 데 비해(세 버전이 각각 9개, 16개, 36개였다), 아스로모프는 유전자 수 자체가 돌연변이의 대상이라서 변할 수 있었다. 이전에는 바이오모프의 진화 가능성 면에서 대돌연변이에 의한 발전이 일어나려면 내가 붙잡고 앉아서 코드를 더 많이 짜야 했지만, 보다시피 이제 우리는 진화가 스스로 소프트웨어를 다시 쓰도록 만드는 방향으로 나아가고 있었다.

체절은 절지동물 발생 과정의 바탕에 깊이 심어져 있는 요소다. 물론 체절을 딱 하나만 갖는 것도 유전학적으로 가능하다. 한편 좌

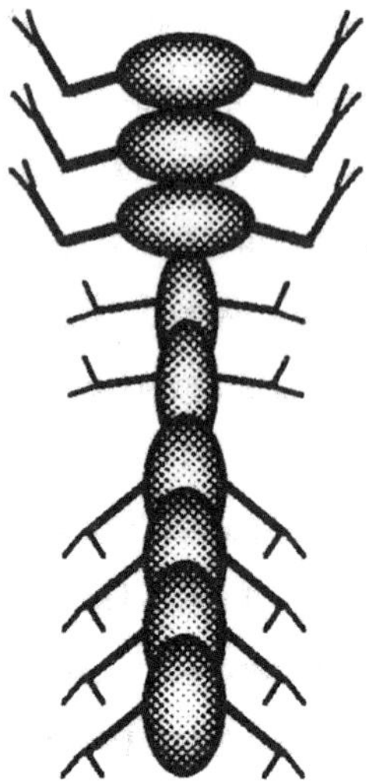

1

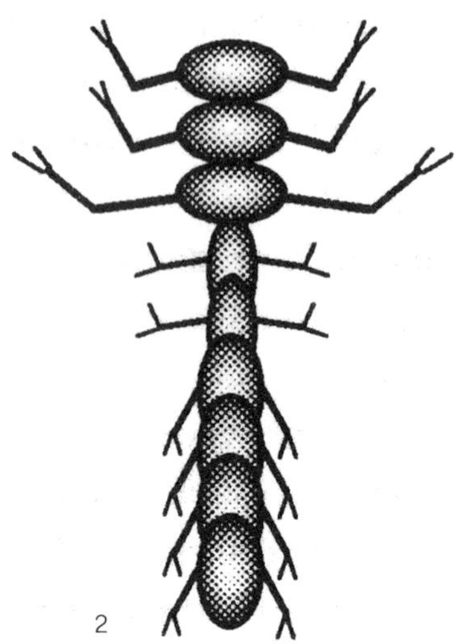

2

우 거울 대칭은 기본적으로 갖춰진 제약이라, 모든 절지동물은 좌우대칭이다. 각 체절은 한 쌍의 대칭적 다리를 길러내는 타원형 몸통으로 이뤄졌고(몸통의 형태와 크기는 유전자의 제어를 받는다), 각 다리는 끝에 두 갈래로 갈라진 발톱을 길러낸다. 여기까지는 그냥 절지동물답다. 각 다리의 관절 수도 유전자의 제어를 받으며, 관절의 크기와 각도도, 말단 발톱의 크기와 각도도 마찬가지다.

발생학적으로 좀 더 흥미로운 대목은, (연속된 서열에서) 이웃한 체절들로 구성된 한 집단은 서로는 같은 영향력을 겪는다는 규칙이었다. 이를테면 처음 세 체절은 서로는 거의 같지만 그다음 두 체절과는 좀 다르고, 그다음 네 체절과는 그보다 더 다를 수 있다. 이것은 머리, 가슴, 배 구조를 연상시킨다(위 그림의 아스로모프1을 보라). 우리는 이런 체절 집단 단위를(물론 꼭 세 집단이어야 하는 건 아니고, 그 수 자체도 유전적 변이를 겪는다) *몸마디*라고 불렀는데, 절지동물 생물학에서 실제로 쓰이는 용어다. 하지만 몸마디 속 체절들이 다 정확히 똑같을 필요는 없다. 체절들은 각각의 몸마디에 고유한 유전자들의 영향을 받지만, 그 유전자들이 체절마다 다르게 돌연변이를 일으킬 수 있다. 그래도 한 몸마디 내에서는 체절들이 상대적으로 서로 비슷한데, 그것은 각 체절의 유전적 양들을 해당 몸마디 고유의 숫자로(즉 '유전자'로) 곱한 결과였다. 옆 페이지 그림의 아스로모프2는 아스로모프1과 비슷하지만, 체절3이 다르다. 체절3이 몸마디1에 속한다는 건 알아볼 수 있지만, 체절3의 다리는 몸마디1의 다른 두 체절보다 더 길다. 몸마디3의 다리들도 전혀 다르게 생겼다.

그보다 더 높은 차원에는 개체의 모든 유전자의 값을 모든 몸마디에서 똑같이 증폭시키는 유전자가 있었다. 마지막으로 우리는 '기울기' 유전자를 더했는데, 이것은 개체의 몸에서 꽁무니로 갈수록(혹은 한 몸마디에서 뒤로 갈수록) 값이 커짐으로써(혹은 작아짐으로써) 다른 유전자들의 효과를 증폭시키는 유전자였다. 몸마디 수, 혹은 몸마디의 체절 수를 늘리는(혹은 줄이는) 것은 유전자 중복으로(혹은 삭제로) 해냈다.

아스로모프의 발생학은 이 정도였는데, 보다시피 생물학적으로 흥미로운 여러 측면에서 바이오모프보다 더 복잡했다. 덕분에 나는 프로그래밍 기술의 한계에 몰렸고, 나보다 능숙한 테드에게 의지해야 했다. 코딩은 내가 직접 했지만(파스칼을 썼는데, 그것은 테드가 선호하는 언어가 아니었으며, 앞서 말했듯이 요즘은 거의 쓰이지 않는다), 테드는 영어의 형식적 부분집합과 비슷한 유사 컴퓨터 언어 같은 걸 써서 이메일로 내게 조언하며 이끌어주었다. 짐작건대 그는—애플의 프로 소프트웨어 엔지니어의 기준에 미치지 못하는—내 느려터진 속도에 이따금 조바심이 났겠지만, 늘 아주 친절했다. 우리는 끝까지 해냈다. 일단 까다로운 발생 루틴을 작성하고 나니, 그것을 원래 바이오모프 프로그램에 삽입해 화면에서 '육성'을 선택할 수 있도록 만드는 건 간단한 문제였다. 아래 그림은 그렇게 짠 프로그램으로 인위선택을 통해 육성해낸 수많은 아스로모프 중 일부를 고른

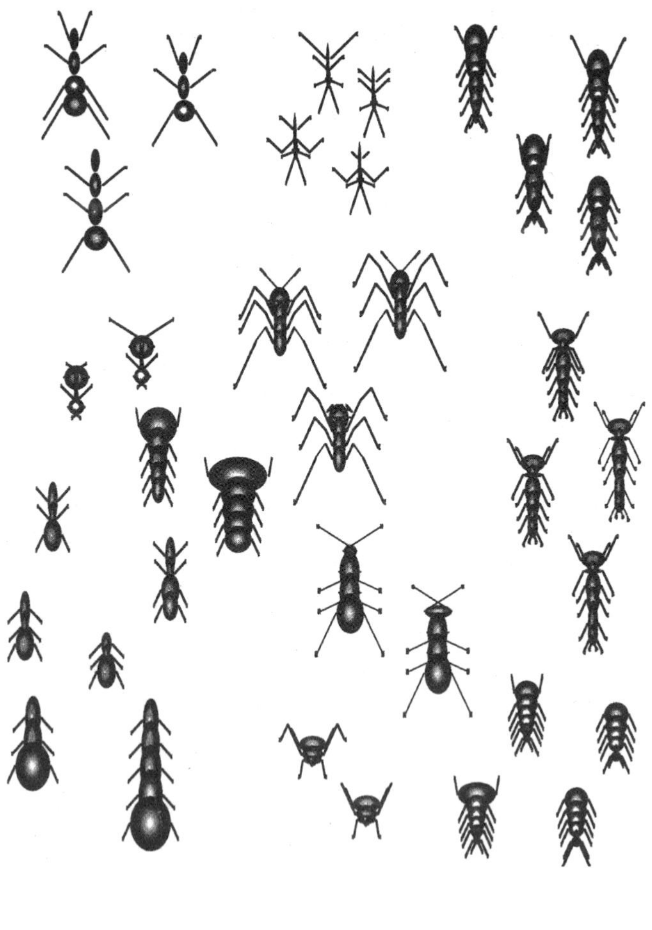

'동물원'이다('벼룩 서커스'라고 하는 편이 더 어울릴지도 모르겠다).

크리스토퍼 랭턴의 인공생명학회는 계속 이어졌고, 그와 연관된 '디지털 생물상' 학회도 생겼다. 후자가 1996년 케임브리지 모들린 칼리지에서 열렸을 때 크리스도 몸소 참석했는데, 그때 나는 '현실에서 본 관점'이라는 제목으로 기조 강연을 했다. 제목에서 의도를 뻔히 알 수 있듯이, 그것은 가상 세계의 매혹을 탐구하는 컴퓨터광들을 현실의 생물학에 단단히 묶어두려는 시도였다. 개인적으로 그 학회는 더글러스 애덤스가 근사한 즉흥 연설을 했던 것으로(그의 책 《의심의 연어》에 그 연설문이 실려 있다), 그리고 인공생명 프로그램 '크리처스'의 개발자로서 프로그램 못지않게 대단한 걸작인 《창조: 어떻게 생명을 만들 것인가》를 쓴 스티브 그랜드를 만난 것으로 기억에 남았다. 내가 가상 세계의 놀라운 가능성을 처음 접한 것도, 그 세계에서는 전 세계에 흩어진 플레이어들이 소유한 '아바타'들이 환상의 성과 궁전을, 카지노와 거리를 누비며 그런 건물들도 그들이 공동 프로젝트로 건설하고 관리하기까지 한다는 사실을 처음 안 것도 그 자리에서였다. 그런 가상 세계에 투입된 프로그래밍 기술이 흥미롭긴 하지만, 나는 아바타를 통해 그 속에서 살아가는 사람들이 보이는 일부 극단적인 행태에는 약간 오싹해진다. "현실을 살라"는 말은 진부한 문구가 되어버렸지만, 그래도 나는 가령 '세컨드 라이프' 속 큰 광장들마다 이 문구를 걸어두고 싶은 마음이 든다. 그 게임 속 거주자들은 실제로는 일면식도 없는 사람과 '결혼'했다가 사이버 공간에서의 '외도' 때문에 '이혼'하기도 한단다. 하긴, 어쩌면 이것이 미래의 방식이고, 언젠가 내가 너무 현실적인 내 식언을 무를지도 모르는 노릇이다.[57]

협력하는 유전자

'죽은 자의 유전자 책'의 텍스트로서 (개체의 유전체가 아니라) 종의 유전자풀을 강조한 내 입장은 내 세계관의 또 다른 골자, 즉 '협력하는 유전자' 개념을 지지하는 역할도 한다. 기능적 관점에서 유전자가 유전자풀의 다른 유전자들을 떠나서는 무력하다는 것, 달리 말해 그 유전자가 폭넓은 시간과 공간에 분포된 수많은 개체의 몸을 함께 나눠야 하는 다른 유전자들을 떠나서는 무력하다는 것, 이것은 자명하지만 중요한 개념이다. 나는 《무지개를 풀며》에서 한 장을 할애하여 그런 '이기적인 협력자'를 소개했는데, 이 개념은 사실(제목은 상충되는 것처럼 보이겠지만) 《이기적 유전자》에서 진작 예견한 것이었다.

> 유전자가 자신이 연속적으로 거칠 몸들에서 만날 가능성이 있는 다른 유전자들, 즉 유전자풀의 나머지 유전자들과 대체로 잘 협력한다면 그건 그 유전자에게 유리할 것이다.
> 예를 들어 유능한 육식동물의 몸에는 날카롭게 자르는 이빨, 고기 소화에 알맞은 장, 기타 등등 육식에 바람직한 속성이 많다. 반면 유능한 초식동물에게는 음식을 빻는 납작한 이빨, 육식동물과는 화학적 성질이 다른 소화 능력을 갖췄으며 훨씬 더 긴 장이 필요하다. 만일 초식동물의 유전자풀에 고기를 뜯는 날카로운 이빨을 제공하는 새 유전자가 나타나더라도, 그 유전자는 별로 성공하지 못할 것이다. 육식이 보편적으로 나쁜 발상이라서 그런 것은 아니다. 적당한 형태의 장을 비롯하여 육식에 필요한 다른 속성들까지 갖추지 않은 상태에서는 효과적으로 고기를 먹을 수 없기 때문이다. 고기

를 뜯는 날카로운 이빨을 만드는 유전자가 본질적으로 나쁜 유전자인 것은 아니다. 다만 초식성 유전자들이 지배하는 유전자풀에서는 나쁠 뿐이다.

이것은 미묘하고 복잡한 개념이다. 왜 복잡한가 하면, 한 유전자의 '환경'은 대체로 다른 유전자들로 구성되고, 그 다른 유전자들 또한 다른 유전자들로 구성된 *각자의* 환경에 잘 협력하는 능력에 따라 선택된 유전자들이기 때문이다.

나는 '협력하는 유전자'라는 제목으로 기꺼이 새 책을 쓸 마음이 있지만, 쓰더라도 그 책은 《이기적 유전자》와 단어 하나하나까지 똑같을 것이다.[58] 이것은 전혀 역설이 아니다. 이기적 유전자는 자신을 둘러싼 환경 속에서 살아남는다. 그 환경에는 물론 기후, 포식자와 기생자, 먹이 공급 등 우리가 눈으로 보는 외부 환경이 포함되지만, 유전자의 환경에서 그보다 더 중요한 것은 그 종의 유전자풀에 있는 다른 유전자들, 즉 그 유전자가 통계적으로 한 몸을 공유할 가능성이 높은 다른 유전자들이다. 혼자 고립된 유전자는 표현형 효과를 내지 못하며, 한 유전자가 낸 표현형 효과는 단기적으로는 같은 몸에, 장기적으로는 같은 유전자풀에 존재하는 다른 유전자들에 따라 달라진다. 자연선택은, 모든 유전자자리에서 독립적으로, 그 유전자자리의 대립 유전자들 중 자신이 연속적으로 깃들인 몸을 공유하는 다른 유전자들과 잘 *협력하는* 대립 유전자를 선호한다. 그것은 곧 다른 유전자자리에 있는 대립 유전자들, 역시 잘 협력하는 다른 대립 유전자들과 협력한다는 뜻이다. 협력이야말로 가장 중요한 자질이다. 그 결과, 유전자풀에는 서로 협력하는 유전자들의 카르텔이 구축된다. 만일 한 카르텔의 구성원이 뽑혀나가서 다른 카르텔에 놓인다면, 그 결과는 성공적이지 않을 것이다. 이 중요한 논점에서 내게 큰 영향을 미친 것은 옥스퍼드의 E. B. 포드 학파가 수행한 연구였다. 포드와 동료들은 잡종 실험을 통해서 나방의 유전자가 낯선 '유전자 환경'에, 즉 다른 종의 낯선 유전자 환경에 노출될 경우 나방의 복잡한 특징들이 망가진다는 것을 발견했다. 이 연구는 내가 대학원생으로서 포드의 후배 교수 로버트 크리드에게 개인 지도를 받던 시절에 내 머릿속에 깊은 인상을 남겼다. 아래는 내가 《무지개를 풀며》에서 설명한 말이다. 이렇게 길게 인용하다니 좀 미안하지만, 곧잘 오해되는 이 논점을 이보다 더 잘 표현할 말을 찾지 못했다.

> 우리는 '치타 전체' 혹은 '영양 전체'가 '한 단위로서' 선택된다고 말하고픈 유혹이 든다. 이것은 분명 유혹적인 생각이지만, 실은 피상적이다. 또한 게으르다. 실제 상황을 꿰뚫어보려면, 그보다 좀 더 깊이 생각해봐야 한다. 육식동물의 장 발달을 지시하는 유전자는 육식동물의 뇌 발달을 지시하는 유전자가 점령한 유전자 환경에서 번영을 누릴 것이다. 역도 마찬가지다. 방어적 위장을 지시하는 유전자는 초식동물의 이빨을 지시하는 유전자가 점령한 유전자 환경에서 번영을 누릴 것이다. 역도 마찬가지다. 생명이 살아가는 방법은 무수히, 무수히 많다. 포유류의 사례를 몇 가지만 들자면, 세상에는 치타의 방법도, 임팔라의 방법도, 두더지의 방법도, 개코원숭이의 방법도, 코알라의 방법도 있다. 어느 방법이 다른 방법보다 더 낫다고 말할 필요가 없다. 모든 방법이 다 통한다. 정말로 나쁜 상

황은, 적응의 절반은 한 방식을 목표로 삼는데 나머지 절반은 다른 방식을 목표로 삼는 상태에 놓여버리는 것이다.
이런 논증은 개별 유전자 차원에서 가장 잘 표현된다. 모든 유전자 자리마다 그 자리에서 가장 선호되는 유전자는 다른 유전자들이 제공하는 유전자 환경과 조화를 이루는 유전자, 그 환경에서 여러 세대를 거치며 계속 살아남는 유전자다. 그리고 이 조건은 환경을 이루는 모든 유전자 각각에게 적용되므로—모든 유전자는 다른 모든 유전자의 환경의 일부가 된다—그 결과 종의 유전자풀은 서로 조화를 이루는 파트너들로 구성된 하나의 무리로 뭉치는 경향이 있다.

그리고 유전자들이 '이기적'인 동시에 '협조적'이라고 말하는 데는 대단히 중요한 의미가 있다. 이 개념은 내가 좀 뻔뻔해지는 순간에 감히 내 '세계관'이라고 말하는 관점의 주춧돌이다. 협력의 진화를 이렇게 바라보는 사고방식은 개체가 '단위로서' 선택된다고 보는 허약하고 모호한 관점보다 훨씬 더 일관적이고 통찰력 있다.

보편 다윈주의

1982년, 다윈 사망 100주기를 맞아 전 세계에서 기념행사가 열렸다. 가장 눈에 띈 행사는 케임브리지의 학회였을 텐데, 청년 찰스가 신학 학위를 따려고 공부했고 "헨슬로와 함께 걸으며" 딱정벌레를 수집했던 곳이 바로 케임브리지였다. 영광스럽게도 나는 그 자리에서 강연해달라는 초청을 받았다. 내가 선택한 강연 제목은 '보편 다윈주의'였다. 강연에서 내가 주장한 논점은 자연선택이 우리가 아는 지구의 생물들에 대해서만 진화의 추동력으로 작용하는 게 아니라는 거였다. 우리가 아는 한, 적응적 진화의 궁극적 책임을 맡을 수 있는 힘으로 자연선택 외에 다른 힘은 없다. 이 문장에서 '적응적'이라는 단어는 꼭 필요하다. 무작위적 유전자 부동浮動도 분자 차원의 진화적 변화에서 대부분은 아닐지라도 많은 부분을 책임진다. 하지만 그런 부동은 기능적이고 적응적인 진화를 책임질 수 없다. 우리가 아는 한, 그리고 지금까지의 어떤 상상을 아울러도, 마치 엔지니어가 기관을 설계하는 것처럼 가령 하늘을 날 수 있는 날개, 볼 수 있는 눈, 들을 수 있는 귀, 마비시키는 침 따위를 만들어낼 수 있는 힘은 자연선택뿐이다. 정확히 말하자면, 내가 그렇다고 단언했다. 나는 만일 우리가 우주의 다른 곳에서 생명을 발견한다면 그것 역시 다윈주의적 생명일 것이라고 분명히 밝혔다. 그 생명도 지구의 다윈주의적 원칙에 대응하는 그곳의 다윈주의적 원칙에 따라 진화했을 것이다.

내 논증은 논리 면에서 난공불락은 아니었다. 하지만 나는 여전히 이 주장이 강력하다고 본다. 나는 존 브록먼의 연례 '에지' 시리즈 중 "당신이 증명할 순 없지만 그래도 진실이라고 믿는 게 있습니까?"라는 질문에 대한 답으로 바로 이 보편 다윈주의를 꼽았다. 내 대답의 요지는 "자연선택에 대한 유효한 대안은 아직 아무것도 제안되지 않았다"는 것이었다. 이런 식으로 표현된 명제는 물론 취약하다. 누군가 대안을 제기하는 순간 반증될 것이기 때문이다. 하지만 과학자에게는 직감이 허락되는 법이고, 내 글은 그런 반증이 영영 나타나지 않을 거라는 — 혹은 나타날 수 없을 거라는 — 강한 직감에 따른 것이었다. 글에서 나는 자연선택의 알려진 모든 대안에 반박했는데, 내가 판단하기로는 난공불락인 듯한 내 주장은 비단 사실에만 의거한 주장이 아니라 *이론적*인 주장이었다. 자연선택의 대안들 중 가장 두드러진 것은 이른바 용불용설과 획득 형질의 유전을 끌어들이는 라마르크 식 이론이다. 이전까지 생물학자들은 한 세기를 살면서 신다윈주의 종합을 이룬 생물학자 에른스트 마이어의 견해에 동조했는데, 마이어는 라마르크의 가설이 이론적으로는 괜찮지만 T. H. 헉슬리의 표현마따나 하나의 추악한 사실 때문에, 즉 획득 형질이 실제로는 유전되지 *않는다*는 사실 때문에 기각된 것뿐이라고 보았다. 마이어의 견해에 담긴 함의는, 만에 하나 획득 형질이 유전되는 행성이 있다면 그곳의 진화는 라마르크 식일 것이고 그런 진화도 제대로 굴러가리라는 것이다. 나는 바로 이 견해를 부정했다. 나는 내 반박이 설득력 있었다고 생각하며, 이후 지금까지 나에 대한 반론은 하나도 발표되지 않았다.

특정 용도로 자주 쓰이는 근육이 더 커지는 것, 그 용도에 더 잘 맞게 바뀌는 것은 사실이다. 역기를 많이 들면 근육이 커진다. 맨발로 많이 걸어다니면 발바닥이 두꺼워진다. 마라톤을 많이 하면 마라톤을 더 잘할 수 있게 된다. 심장, 폐, 다리 근육, 그 밖에도 많은 것이 그 용도에 맞게 변한다. 따라서 라마르크 식 진화가 벌어지는 가상의 행성에서는 더 센 근육, 더 거친 발바닥, 훈련된 폐가 다음 세대로 전달될 것이다. 라마르크는 바로 이런 원리에 따라 개선이 진화한다고 생각했는데, 여기에 대한 통상적인 반론은 실제로는 획득 형질이 유전되지 않는다는 '추악한 사실'을 지적하는 것이다. 하지만 내 반론은 좀 달랐다. 나는 사실보다는 원론에 입각하여 세 측면에서 반대했다.

첫째, 설령 획득 형질이 유전되더라도, 용불용설의 원리는 너무 조잡하고 집중되지 않은 과정이라서 적응적 진화의 사례에서 극소수를 제외한 나머지는 일으키지 못한다. 눈의 수정체는 광자들이 계속 통과해 지난다고 해서 더 깨끗해지지 않는다. 근육 확장은 용불용설이 개선을 낳는 비교적 드문 사례들의 대표에 지나지 않는다. 미묘하고 종종 시시한 진화적 개선을 무수히 조각할 수 있을 만큼 정밀하고 예리하며 정확하게 목표를 노릴 수 있는 끌을 갖춘 건 자연선택뿐이다. 용불용설의 원리는 너무 조잡하고 부실한 데 비해, 유전자가 매개한 개선은 아무리 미묘한 것이라도, 그리고 체세포의 화학 과정에 아무리 깊이 묻혀 있는 것이라도, 자연선택의 미세한 방아가 찧을 만한 재료가 되어준다.

둘째, 획득 형질 중 소수만이 개선이다. 근육을 많이 쓰면 근육이 커지는 건 사실이다. 하지만 몸의 대부분은 오히려 반복된 사용으로 닳아서 더 작아지고, 덜 완벽해지고, 구멍이나 상처까지 난다. 그 동안 수많은 세대에 걸쳐 종교적 할례가 시행되었음에도 불구하고 포피가 진화적으로 줄어드는 결과는 절대 나타나지 않았다는 건 진부하기까지 한 사례다. 따라서 라마르크 식 진화는 (거친 발바닥 같은) 소수의 개선과 (고관절이 닳는 것 같은) 다수의 퇴화를 분간하기 위해서 모종의 '선택' 메커니즘을 적용해야 할 텐데, 그렇다면 이것은 다윈주의적 선택과 무척 비슷하게 들리지 않는가!

흔한 믿음과는 달리, 우리 몸은 선조들의 상처와 부러진 팔다리를 간직한 채 걸어다니는 존재가 아니다. 내 어머니에게는 번치라는 아끼는 개가 있었다. 네 다리 중 세 다리로 절뚝거리는 버릇이 있는 녀석이었다(슬개골 탈구는 소형견에게 흔한 문제다). 어머니의 한 이웃은 벤이라는 더 늙은 개를 기르고 있었는데, 벤은 마침 사고로 뒷다리 하나를 잃어서 어쩔 수 없이 남은 세 다리로 절뚝거리는 녀석이었다. 그런데 그 이웃이 어머니에게 벤이 번치의 아빠인 게 틀림없다고 설득하려 했다는 것이다!

내가 창피한 줄도 모르고 감상에 젖는 걸 봐주기 바란다. 요전에 부모님이 오랫동안 서로를 위해 수고롭게 손으로 일일이 베껴 모은 시들이 담긴 나달거리는 서류철을 넘겨보다가, 어머니의 필적으로 적힌 다음 시를 발견했다. 번치가 죽은 직후에 쓰신 게 분명했다. 군데군데 가위표로 수정된 걸로 보아 미완성인 모양이지만, 내가 보기에는 여기 실어도 좋을 만큼 아름답다. 그리고 자서전에서 감상적인 말을 할 수 없다면 대체 *어디서* 하겠는가?

> 내게 행복을 주었던 사랑하는 작은 유령아,
> 내 곁에서 오랫동안 깡총거렸던 너,
> 살과 피를 가진 현실의 다른 어떤 개도
> 너를 대신하지 못하고, 내 심장에서
> 저절로 흐르는 이 눈물을 멎게 하지 못하리.
> 너는 다름 아닌 내 일부였기에 —
> 이제 모든 들판과 모든 길이,
> 숲속 오솔길도 탁 트인 언덕길도,
> 내게는 텅 빈 공간일 뿐이야.
> *네가 없으니 — 네가 없으니*

사랑스러웠던 번치. 개를 사람만큼 그리워할 순 없다는 말은 틀렸다. 다르게 말해, 애도의 측면에서는 개가 '사람'이 될 수 있다.

획득 형질의 유전에 기반한 진화를 원론적으로 반대하는 세 번째 논거는 모든 곳의 모든 생명에게 보편적으로 적용되진 않을지도 모른다. 하지만 발생 과정이 '전성설적'이지 않고 '후성설적'인 생명에게는 모두 적용되는 논리다(지구의 발생 과정은 후자다). 그리고 전성설적 발생이 원론적으로 작동 불가능한가 하는 것은 (다른 자리에서 해야 하겠지만) 여전히 논쟁 가능한 문제다. 아무튼 '후성설적'이니 '전성설적'이니 하는 전문용어가 무슨 뜻일까? 이 용어들은 발생학의 초기 역사에서 비롯되었는데, 나는 각각 '종이접기' 발생학과 '3D 프린터' 발생학이라고 부르겠다. 《조상 이야기》와 《지상 최대의 쇼》에서 썼듯이, 종이접기 발생학은 어떤 레시피나 일련의 지침으로 이뤄진 프로그램의 지시에 따라 조직을 길러낸 뒤 그것을 접고, 집어넣고, 다시 접고, 뒤집는다. 종이접기(즉 후성설적) 발생학은 속성상 비가역적이다. 종이로 접은 새나 배를 역분석하여 그것을 만들어낸 접기 과정을 알아낼 순 없듯이, 혹은 요리를 역분석하여 그것을 만들어낸 레시피의 단어들을 재구성할 순 없듯이, 몸을 역분석하여 그것을 만들어낸 지침들을 알아낼 순 없다.

전성설적(혹은 '청사진적') 발생은 사뭇 다르다. 이 과정은 가역적이고, 우리 지구의 생물에게는 존재하지 않는다. DNA를 '청사진'에 비유하는 게 틀린 건 이 때문이다. 만일 청사진적 발생이란 게 존재한다면, 그것은 가역적 과정일 것이다. 우리가 다 지어진 집을 놓고 방들의 치수를 재어 축척을 줄이면 청사진을 재구성할 수 있으니까. 하지만 동물의 몸을 아무리 세세하고 꼼꼼하게 측정하더라도 그것으로 동물의 DNA를 재구성할 수는 없다.

전성설적 혹은 '청사진적' 발생이 무엇인가 하는 것은 3D 프린터가 잘 보여준다. 3D 프린터는 보통의 종이 프린터를 자연스럽게 확장한 도구로, 재료를 한 층 한 층 '인쇄'함으로써 물체를 빚어낸다. 나는 그 놀라운 기계를 일론 머스크의 스페이스X 로켓 공장에 구경 갔을 때 처음 보았다. 그곳의 3D 프린터는—3D 프린터의 능력을 유감없이 보여주는 사례로서—체스 말을 찍어내고 있었다. 기존의 절삭 가공 기계는 마치 컴퓨터로 제어되는 조각가처럼 금속덩어리를 *깎아내어* 물체를 만들어내는 데 비해, 3D 프린터는 물질을 층층이 더함으로써 만들어낸다. 우리가 현실에 존재하는 어떤 3차원 물체를 층층이 스캔한 정보를 3D 프린터에 제공하면, 프린터는 층층이 물질을 쌓아서 원본의 복사본을 만들어낸다. 하지만 우리가 아는 형태의 생명은 후성설적으로[59] 발달할 뿐, 전성설적으로 발달하지 않는다.

전성설적 생물체를 우주 어디에선가 (그냥, 어쩌면, 그저 그냥, 그저 어쩌면) 상상해볼 수는 있다. 그런 생물체의 발생은 마치 3D 프린터처럼 작동하여, 부모의 몸을 스캔한 뒤 아이를 층층이 찍어낼 것이다. 그리고 그런 생물체는 이론적으로 자신이 획득한 형질을 후대에 물려줄 수 있을 것이다. 몸을 복사했던 스캔 메커니즘은 그 몸이 획득한 변화도(부상, 절단, 마모의 흔적까지도 포함하여) 당연히 복사할 수 있을 것이다. 하지만 우리가 지구의 DNA/단백질 기반 생명에 대해 아는 바에 의거하면, 부모의 몸을 스캔해서 그 정보를 후대에 물려줄 유전자로 바꿔낸다는 발상은 가능할 법하지 않다. DNA는 그렇게 작동하지 않고, 그렇게 작동할 수도 없다. 동물의 몸에서 유전체를 재구성해낼 순 없으며, 우리가 아는 한 유전자에서 몸을 만들어내는 방법은 자궁이나 알 속에서 배아를 길러내는 것뿐이다. 게다가 — 할례의 논점을 거듭 말하자면 — 몸을 스캔하면 '용불용'에 따른 개선뿐 아니라 부상까지 고스란히 복사될 것이다.

따라서 나는 에른스트 마이어의 다음 말이 틀렸다고 결론 내렸다. "우리가 라마르크의 전제들을 받아들일 경우, 그의 이론은 적응 이론으로서 다윈의 이론만큼이나 타당하다. 그러나 안타깝게도 그 전제들은 유효하지 않은 것으로 밝혀졌다." 아니다. 그 전제들이 유효하지 않은 것으로 '밝혀진' 게 아니다. 그 전제들은 설령 유효했더라도 원론적으로 제대로 작동할 수 없다. 프랜시스 크릭도 내 반론을 들어서, 자신이 한 다음 말을 번복했다면 참 좋았을 것 같다. "그런 메커니즘이 자연선택보다 덜 효율적이어야 할 이유에 대해서 *일반적인* 이론적 반론을 제기한 사람은 아무도 없다."

내 강연이 끝나자, 스티븐 굴드가 자리에서 일어나 유창하게 발언했다. 그의 발언은 가끔은 엄청난 박식함이 머리에 과부하가 되어 중요한 논점을 가리곤 한다는 사실을 보여주었는데, 솔직히 그가 그랬던 경우가 그때가 처음도 아니었다. 또박또박 유창한 말로, 그는 19세기 말과 20세기 초에 돌연변이주의나 도약진화론 같은 자연선택의 여러 대안이 유행했다는 사실을 지적했다. 그것은 역사적으로는 물론 사실이지만, 얼토당토않게 논점에서 빗나간 지적이었다. 라마르크주의와 마찬가지로(내가 케임브리지 강연에서 이미 주장했듯이), 돌연변이주의든 도약진화론이든 19세기의 다른 어떤 '주의'든 원론적으로 *적응적* 진화를 일으킬 수 있는 메커니즘은 없다.

'돌연변이주의'를 예로 들어보자. 윌리엄 베이트슨(1861~1926)은

멘델주의 유전학이(유전학이라는 용어를 만든 이가 베이트슨이다) 자연 선택을 어떻게든 대체할 수 있어서 선택 없는 돌연변이만으로도 진화를 충분히 설명할 수 있다고 여겼던 많은 유전학자 중 하나였다. 나는《눈먼 시계공》에서 그의 글을 두 번 인용했다.

> 다윈이 수집했던 비길 데 없이 방대한 사실들은 우리에게도 아직 참고가 되지만… 그의 말은 이제 우리에게 철학적 권위가 없다. 우리는 다윈의 진화 이론을 루크레티우스나 라마르크의 이론을 읽듯이 읽을 뿐이다.

이런 말도 인용했다.

> 집단이 선택이 이끄는 작은 단계들을 거쳐서 차츰 변한다는 생각은 오늘날 대부분의 사람들에게 사실과 전혀 다른 생각으로 보이기 때문에, 과거에 그 명제를 지지했던 사람들이 통찰이 얼마나 부족했던가, 그리고 아무리 그 시절이라도 그들이 얼마나 솜씨 좋게 변론을 했으면 그런 생각이 허용되는 것처럼 보였을까 하는 데 놀랄 뿐이다.

얼마나 말도 안 되는 소리인지. 19세기와 20세기 초에 다윈과 라마르크의 이론 말고 다른 진화 이론들도 유통되었다는 것, 베이트슨이 그 주창자 중 한 명이었다는 걸 지적한 굴드의 말은 역사적 사실로서는 옳다. 하지만 내 논점은 역사를 부정하려는 게 아니라, 그 다른 이론들도 라마르크주의처럼 원론적으로 틀렸다는 것이었다.

그런 이론들은 언제든 틀릴 수밖에 없다. 더구나 이 결론은 그 이론들이 증거로 반증되기 전에도, 우리가 머릿속으로 가만히 따져보기만 해도 명백하다. 다윈주의 자연선택은 그저 증거로 지지되는 이론에 불과한 것이 아니다. *적응적* 진화, 기능이 *향상되는* 진화에 대해서라면 우리가 아는 한 이론적으로 그 일을 해낼 수 있는 이론은 오로지 자연선택뿐이고, 이 사실은 우리가 모르는 다른 이론들로도 일반화될 것이다. 적어도 내 직감으로는 그렇다.

나는 케임브리지 학회에서 보편 다윈주의를 썩 잘 논증하지는 못했다. 이 주제를 제대로 펼치는 데 필요한 시간을 엄청나게 과소평가한 탓이었다. 그리고 그 시절에 나는 그런 실수를 저지른 뒤의 불편한 심기를 감추는 데 능하지 못했다. 발표 시간이 부족했던 경험은 그때만이 아니었다. 벌겋게 열이 오르면서 불안하고 당황스러워서 말 그대로 진땀을 줄줄 흘리게 되는, 예의 익숙한 감각이 아직도 떠오른다. 스스로 망했다고 느낀 발표를 마친 뒤 휴식 시간에, 나는 암담한 심정으로 꼼짝도 하지 않고 빈 강연장에 앉아 있었다. 그때 내 괴로움을 알아본 다정한 친구가 뒤로 와서 내 어깨에 두 손을 부드럽게 얹고는 정수리에 조용히 입을 맞춰주었다. 여성의 그런 따스한 자애로움은 이 세상에 살아 있어서 좋은 이유 중 하나다. 나중에 《눈먼 시계공》의 마지막 장에서 보편 다윈주의 이야기를 다시 꺼냈을 때는 내가 설명을 더 잘할 수 있었다.

밈

《이기적 유전자》(초판의) 마지막 장에서, 나는 그때까지 책의 주역이었던 유전자의 중요성을 살짝 깎아내리고서 보편 다윈주의의 한 형태를 선보였다. 나는 자기복제가 가능하도록 암호화된 정보라면 무엇이든 DNA의 대역으로 진화의 무대에 설 수 있을 거라고 주장했다. 어쩌면 어느 먼 행성에서는 정말로 그럴지 모른다. 나는 그 대역에게는 한 가지 특징이 더 필요하다는 것도 밝혔어야 했지만 그러지 못했는데—나중에 《확장된 표현형》에서 분명하게 밝혔다—그것에게 자신의 복제율에 영향을 미칠 힘이 있어야 한다는 조건이었다. 내가 '확장된 표현형'이라는 제목을 떠올리기 전, 리버풀대학의 선구적 진화 이론가 제프리 파커가 다음 책은 무슨 내용이냐고 물은 적이 있다. 그때 나는 "힘"이라고 대답했다. 제프는 당장 요지를 이해했는데, 아무리 생각해도 제프처럼 단 한 단어에서 그 요지를 파악할 수 있는 사람은 달리 많이 떠오르지 않는다.

1976년 《이기적 유전자》에서 보편 다윈주의 개념을 소개할 때, 강력한 복제자의 잠재력이 있는 다른 사례로서—즉, DNA의 가상적 대안으로서—내가 무엇을 들 수 있었을까? 컴퓨터 바이러스는 적당했겠지만, 그건 이제 막 어느 추잡한 사람들의 마음속에서 발명된 직후였던 데다가 내가 그 존재를 알았더라도 어차피 그 개념을 선전해줄 마음은 없었을 것이다. 나는 외계 행성에 어떤 희한한 복제자가 있을 가능성을 언급한 뒤, 이렇게 말을 이었다.

> 그런데 다른 종류의 복제자와 그로 인한 다른 종류의 진화를 찾기 위해서 꼭 딴 세상까지 나가야 할까? 나는 다름 아닌 우리 행성에서 최근 새로운 복제자가 등장했다고 본다. 그 복제자는 뻔히 우리 눈앞에 있다. 아직 유아기고, 아직 원시 수프 속에서 서툴게 떠다니

> 지만, 벌써 기존의 유전자가 한참 뒤처져서 헐떡이며 쫓아야 하는 속도로 진화적 변화를 이뤄내고 있다.

문화적 진화가 유전적 진화보다 몇 단위 더 클 만큼 빠른 속도로 벌어지는 건 사실이다. 하지만 만일 내가 밈의 자연선택이 모든 문화적 진화를 일으킨다고 말했더라면, 그건 경솔한 발언이었을 것이다. 어쩌면 정말 그럴지도 모르지만, 그것은 내 계획보다 훨씬 더 대담한 주장이 되었을 것이다. 일례로 언어의 진화는 선택을 닮은 과정보다는 (밈들의) 부동에 더 많은 빚을 지는 게 확실하다. 나는 이어서 밈이라는 단어를 제안했다.

> 새로운 수프란 바로 인간의 문화다. 우리는 새로운 복제자에게 이름을 지어주어야 한다. 그 이름은 문화 전수의 단위, 혹은 *모방*의 단위라는 개념을 전달하는 명사여야 한다. 적절한 그리스어 어원을 따르자면 '미밈mimeme'이라는 단어가 떠오르지만, 나는 '유전자(진gene)'와 발음이 비슷한 단음절 단어를 원한다. 내가 *미밈*을 *밈*meme으로 줄여도 부디 고전학자 친구들이 용서해주길. 위안이 될지는 모르겠지만, 대신 '메모리memory'와 연관된다고 생각해도 될 테고 프랑스어 '*멤*même'과 연관된다고 생각해도 된다. 발음은 '크림'과 운이 맞게 해야 한다.

유전자가 상호 적합성을 기준으로 선택되는 것처럼, 밈도 원칙적으로 그럴 것이다. 밈학을 이루는 방대한 문헌들은 '밈 콤플렉스'를 줄여서 '밈플렉스'라고 부른다. 나는 《이기적 유전자》에서 협력하는 유전자들의 콤플렉스라는 개념을 다시 언급한 뒤("진화적으로 안정한 유전자들의 집합"이라는 표현을 썼다), 밈들에게도 그런 집합이 있을지 모른다고 제안했다.

> 육식동물의 유전자풀에서는 서로 적합한[60] 이빨, 발톱, 장, 감각기관이 진화한 데 비해, 초식동물의 유전자풀에서는 그와는 다른 안정된 특징들의 집합이 나타났다. 밈풀에서도 비슷한 일이 벌어질까? 가령 신이라는 밈이 다른 특정한 밈들과 연합을 맺고, 그 연합이 그 속에 참가한 밈들 각각의 생존에 도움이 될까? 어쩌면 조직화한 교회는 그 건축, 예식, 법, 음악, 미술, 기록 전통 측면에서 서로 돕는 밈들끼리 상호 적응한 안정된 집합으로 간주해도 좋을지 모른다.

그렇다면 또 다른 흥미로운 가능성이 제기된다. 밈이 유전자처럼 자연선택된다는 가설을 받아들인다면, 상호 적합한 밈들과 유전자들이 함께 이룬 콤플렉스도 선택에서 선호될 수 있지 않을까? 물론 양쪽은 각자의 영역에서 선택될 것이다. 따라서 만일 '죽은 자의 유전자 책'이 선조 유전자들이 겪은 환경에 대한 묘사라면, 그 환경에는 선조 밈들도 포함되지 않을까? 선조 사회 풍습, 선조 종교, 선조 결혼 관습, 선조 전투 방식도 선조 유전자가 생존했던 세상의 중요한 일부가 아니었을까? 물론 역도 마찬가지다.

여러 인구집단 사이에는 기후, 태양에 대한 노출, 소젖에 대한 노출 등에서 지역적 차이가 있는 것은 물론이거니와 문화, 종교, 전통, 결혼 풍습 등에서도 중요한 차이가 있다. 그런 차이가 유전자에게

서로 다른 선택압을 행사할 수 있었을지도 모른다. 전혀 가망 없는 이야기는 아니다. 문제의 인구집단들은 충분히 오랫동안 지리적으로 어느 정도 분리되어 살아왔다. 따라서 '죽은 자의 유전자 책'에는 선조 문화에 대한 묘사도 포함되어 있을지 모른다. 이 생각을 표현하는 또 다른 방식은, 유전자와 밈이 서로 양립 가능한 카르텔을 이루어 협력한다고 말하는 것이다. E. O. 윌슨이 오래전에 말한 '유전자-문화 공진화'가 바로 이 뜻이다. 그렇다면 '죽은 자의 밈 책'도 있을까? 그리고 그 속에는 선조 밈뿐 아니라 선조 유전자에 대한 묘사도 담겨 있을까? 이것은 독자가 직접 고민해볼 문제로 남겨두겠다. 다만 한 가지 단서를 말해두자면, 유전자와 밈의 흐름을 막는 문화, 언어, 종교의 장벽은 진화적 발산을 북돋는 지리적 장벽과 비슷한 역할을 할 수 있다. 흥미롭게도 그런 문화 장벽은 집단들 사이의 지리적 거리가 짧아서 지리적 장벽이 존재하지 않는 상황에서도 장벽으로 기능할 수 있다. 뉴기니 고산지대의 여러 계곡에서 이웃하여 살아가는 사람들이 적대감 때문에 반목하다 보니 서로 못 알아듣는 천여 개의 언어를 진화시켰다면, 그들 간의 유전자 흐름은 어땠겠는가? '죽은 자의 유전자 책'이 선조 세상의 문화까지 담은 묘사라면, 선조 유전자까지 담은 묘사에 해당하는 '죽은 자의 밈 책'도 없으란 법은 없지 않을까? 말을 살짝 바꿔서 하자면, '죽은 자의 유전자 책'에 선조 밈에 대한 묘사도 담겨 있지 말란 법은 없지 않을까?

나는 이런 논의에서 한 발 물러났지만, 이후 밈학에 해당하는 연구가 많이 등장했다. 제목에 '밈'이 들어가는 책도 많이 나왔다. 밈 이론을 중요하게 발전시킨 사람으로는 뭐니뭐니 해도 수전 블랙모어(《밈》을 썼다), 로버트 아운저(《전기적 밈》을 썼다), 대니얼 데닛(《의식의 수수께끼를 풀다》, 《다윈의 위험한 생각》, 《주문을 깨다》, 《직관 펌프, 생각을 열다》 등 여러 책에서 말했다)이 있다. 데닛과 블랙모어는 마음의 진화까지 포함한 인류 진화에서 밈이 결정적인 역할을 했다고 본다. 수 블랙모어는 남편인 텔레비전 과학 진행자 애덤 하트 데이비스와 함께 사는 독특하고 아름다운 데번의 집에서 '밈랩' 워크숍을 열어오고 있다(여담이지만, 애덤은 옥스퍼드대학 출판부에서 일할 때 《이기적 유전자》 출간에 관여했다). 늘 주말 파티처럼 계획된 워크숍의 참가자들은 모두 그 집에서 묵고 함께 식사한다. 그 워크숍은 내가 늘 잘 맞는다고 느끼는 분위기, 그러니까 꼭 생각을 대화로 펼치는 듯하여 남들과 함께하는 게 근사하다고 느껴지는 기분을 안겨준다. 날씨가 좋으면 워크숍은 바람 거센 다트무어 바위산을 오르는 것으로 끝맺는다. 한번은 댄 데닛이 참가해, 기억할 만한 자리를 만들어주었다. 여느 때처럼 그는 남들의 수준까지 끌어올려주었다.

중국 배 접기와 중국 귓속말 놀이

나는 수전 블랙모어의 《밈》에 서문을 쓸 때, 그 자리를 빌려서 밈 이론에 대한 주요한 한 가지 비판에 대한 답을 제공했다. 그 비판이란 밈은 유전자와는 달리 충실도가 높게 복제되지 못한다는 것이었다. 비판자들은 밈의 경우 세대가 흐를수록 정보가 퇴화할 텐데 그것은 진화에 치명적인 상태라고 지적했다. DNA에서는 ATGCGATTC라는 서열이 정확하게 복사된다(설령 잘못 복사되더라도 그 오류는 명확하고, 개별적으로 확인 가능하다). 반면 자장가 같은 밈이 복사될 때는—가령 아빠가 아이에게 전달할 때는—복제가 부정확하게 이뤄진다. 아이의 목소리가 아빠보다 높고, 모음이 똑같은 식으로 발음되지 않고… 하는 식이다. 비판자들은 따라서 밈은 유전자와는 다르며, 복제 충실도가 충분히 높지 않기 때문에 진화의 기반이 될 수 없다고 말했다.

이 비판은 언뜻 그럴듯해 보이지만, 나는 이것이 틀렸다는 걸 보여줄 수 있다. 나는 '중국 귓속말 놀이'라는(미국에서는 '전화 놀이'라고 부른다) 아이들 놀이의 여러 버전을 사고실험으로 삼아서 설명했다. 아이 스무 명이 한 줄로 서 있다고 하자. 내가 그중 첫 번째 아이에게 어떤 문장을 귓속말로 속삭인다. "깊고 어둔 골짜기에 늙은 소 한 마리가 콩줄기를 씹으며 앉아 있었습니다"라는 문장이다. 첫 번째 아이가 자기가 들은 말을 두 번째 아이에게 속삭이는 식으로 아이들은 줄 끝까지 문장을 전달하고, 마지막 스무 번째 아이가 문장의 '진화된' 버전을 큰 소리로 말한다. 그 마지막 버전은 좌중의 웃음을 자아낼 만큼 왜곡되었을지도 모른다. 하지만 문장이 짧다면, 특히 아이들이 쓰는 언어에서 뭔가 의미가 있는 문장이라면, 문장이 줄 끝까지 변하지 않고 살아남을 가능성도 적지 않다. 그렇게 끝에서 정확한 문장이 다시 나타난 경우, 우리는 이런 점을 지적해볼 수 있다. 문장을 말한 아이들의 발성이 앞 아이의 발성을 정확히 복사한 게 아니라는 점은 아무 문제가 되지 않는다. 한 아이는 아일랜드 억양을 쓰고, 다음 아이는 스코틀랜드 억양을 쓰고, 그다음 아이는 요크셔 억양을 쓰는 식이었어도 괜찮다. 아이들이 공통으로 쓰는 언어에서 그 문장이 무슨 의미가 있는 말이었기 때문에, 아이들은 모두 발성을 '표준화'한다. 스코틀랜드 모음은 요크셔 모음과 다르지만, 그 차이 때문에 내용에서 주의가 흐트러지지는 않는다. 오스트레일리아 아이도 그 문장을 듣는다면 공통의 영어 어휘에서 온 단어들임을 인식하고 다음 아이에게 정확하게 전달할 테고, 그다음 아이가 미국 억양을 쓰는 아이라도 그 역시 문장을 잘 이해하고 잘 전달할 것이다.

전달 과정 어디선가 '돌연변이'가 발생할 수도 있다. 열네 번째 아이가 '어둔'을 '어떤'으로 바꾸는 바람에 '어떤'이라는 돌연변이가 끝까지 복사되었다고 하자. 그런 경우도 나름대로 흥미로울 것이다. 하지만 지금은 그런 돌연변이가 일어나지 않은 경우를 생각하자. 이제 실험자가 녹음기를 갖고 아이들이 하는 귓속말을 일일이 엿들었다고 하자. 그는 녹음된 19개의 귓속말을 별도의 테이프로 쪼갠 뒤, 그것들을 몽땅 뒤섞어 모자에 넣는다. 그러고는 제3의 관찰자들에게 그 테이프들을 주고, 첫 아이가 말한 최초의 메시지와 비슷한 순서대로 나열해보라고 한다. 결과가 어떨지는 여러분도 알 것이다. 어둔/어떤 식의 돌연변이가 발생하지 않은 경우, 줄에서 앞쪽 테이프가 원래 메시지와 더 비슷하고 뒤쪽으로 갈수록 덜 비슷해지는 경향성은 없을 것이다. 복사가 진행되더라도 정보가 퇴화하는 경향성은 없을 거라는 말이다. 이것만으로도 앞에서 언급한 비판을 물리치기에 충분하다.

그러나 한 단계 더 나아간 사고실험도 해보자. 원래의 메시지가 아이들이 모르는 언어로 되어 있었다고 하자. 가령 "아르마 비룸퀘 카노, 트로이아이 퀴 프리무스 아브 오리스"였다고 하자(베르길리우스의 서사시 〈아이네이스〉 첫 줄 "무기들과 한 사내를 노래하노라, 그는 처음 트로야를 도망쳐"에 해당하는 라틴어다 – 옮긴이). 이번에도 우리는 구태여 실험하지 않아도 결과가 어떨지 안다. 아이들은 라틴어를 모르니까, 소리만 흉내낼 것이다. 스무 번째 아이에게서 나온 마지막 소리는 첫 아이가 말한 소리와 거의 닮지 않았을 것이다. 게다가 만일 테이프를 뒤섞어 모자에 넣는 실험을 해본다면, 이때도 우리는 결과가 어떨지 안다. 제3의 관찰자들은 분명 원래 메시지와 비슷한 순서대로 테이프들의 순서를 매길 수 있을 것이다. 첫 테이프에서 마지막 테이프로 갈수록 원래 메시지와의 유사성이 차츰 퇴화할 테니까.

단어가 아니라 기술로도 비슷한 실험을 할 수 있다. 목공 기술을 예로 들어보자(장인이 수습생에게 어떤 기술을 전수하는 과정이 스무 '세대'에 걸쳐 이어진다고 하자). 이때 앞에서 공통의 언어가 담당했던 역할인 '표준화' 기능을 맡는 것은 정확히 어떤 기술을 달성해야 하는가에 대한 이해다. 장인이 수습생에게 망치로 못 박는 법을 알려주고 있다면, 수습생은 장인이 망치를 때리는 정확한 횟수와 강도까지 모방하려 들진 않을 것이다. 그보다는 장인이 달성하려는 목표, 즉 "못의 머리가 나무와 같은 높이가 되도록 만들라"는 목표를 모방할 것이다. 그 목표가 달성될 때까지 망치질을 계속할 것이다. 수습생이 모방하는 것은 목표이고, 다음번 수습생에게 전달되는 것도 그 목표다.

블랙모어의 책 서문에서, 나는 또 다른 손기술을 예로 들었다. 종이접기로 '중국 배'라는 걸 만드는 기술이었다. 이 기술을 밈으로 여길 만하다는 건, 내가 어릴 때 기숙학교에서 친구들에게 이 기술을 소개했을 때 마치 홍역처럼 유행이 전염되었다는 사실로 알 수 있다. 더욱 흥미로운 점은, 나는 그 기술을 아버지에게 배웠고 아버지는 또 사반세기 전 같은 학교에 다닐 때 역시 전염병처럼 번졌던 유행에서 배웠다는 사실이다.

종이접기 기술을 흉내낼 때, 아이들은 이전 아이의 정확한 손동작이 아니라 이전 아이가 무엇을 해내려고 *애쓰는가* 하는 인식에 따라서 '표준화'된 동작을 모방한다. '수습생' 아이는 '선생' 아이가 종이를 정확히 반으로 접으려고 애쓴다는 사실을 유추할 것이다. 만일 '선생'이 재주가 서툴러서 그가 접은 것이 중선에서 약간 벗어났더라도, '수습생'은 그 오류를 무시하고 정확히 반으로 접으려 할 것이다. 이때 '모자 속 테이프들'에 해당하는 실험은 제3의 관찰자들에게 19개 종이배의 순서를 매겨보라고 하는 것이다. 이렇다 할 돌연변이가 없었다고 가정할 때(물론 이때도 돌연변이가 발생한다면 그건 그 자체로 흥미롭겠지만), 서열에서 뒤쪽의 배가 앞쪽의 배에 비해 '퇴화'를 좀 더 많이 드러내는 경향성은 없을 것이다. 잘 접은 배와 못 접은 배가 뒤섞여 있을 것이다. 재주 좋은 아이는 종이를 정확히 반으로 접지 못하는 '선생'의 명백한 무능을 따라 하지 않고 그것을 '표준화'하려고 애쓸 것이기 때문이다.

밈/유전자 비유에 대한 반론 중에는 물론 훌륭한 것도 있을 것이다. 하지만 복제 충실성이 낮아서 '퇴화'하리라는 반론은 좋은 반론이 못 된다.

만일 우리가 밈학에 관한 실험을 하고 싶다면, 뭘 하면 좋을까? 표준 발음이 있는 단어를 하나 골라서, 잘못된 '돌연변이' 발음을 지어낸 뒤, 그것을 매일 수만 명의 사람들에게 방송으로 들려주자. 그랬다가 나중에 돌연변이 발음이 밈풀에서 우세한 표준이 되었는지 아닌지를 조사해보자. 이 실험은 시행하기에 값비싼 데다가 연구비 지원 기관의 관심을 끌 만한 게 못 된다. 하지만 우연히도 실험에서 제일 비싼 부분을 누가 이미 대신 해놓은 사례가 있다. 런던의 지하철은 차량에 설치된 스피커로 매일 수만 명의 승객들에게 역 이름을 방송으로 알린다. 돌연변이를 일으키기 전, 'Marylebone' 역의 원래 발음은 (대충) '메릴리번'이었다. 그런데 베이컬루 노선에서 젊은 여성의 녹음 목소리가 방송하는 돌연변이 발음은 '말리본'이다. 그렇다면 우리 실험에서 남은 일은, 베이컬루 노선의 통근자들 중에서 무작위로 표본을 뽑아 저 이름을 어떻게 발음하는지 물어보는 확인 작업을 매년 실시하는 것이다. 또한 영국 전체 인구에서 뽑은 표본을 점검하여, 밈이 얼마나 널리 퍼졌는지 조사해보면 된다. 내가 추측하기로는 벌써 돌연변이 형태가 꽤 널리 전파되었을 것이다. 농담이지만, 최후로 무너질 요새는 MCC라고 불리는 그 유명한 '메릴리번 크리켓 클럽'이 아닐까.

세상을 반영한 모형들

호러스 발로의 영향 덕에 나는 동물의 감각계를, 특히 특정 대상을 인식하도록 설정된 뇌의 뉴런 집합을 그 동물이 살아가는 세상에 대한 일종의 모형으로 여기게 되었다. 같은 맥락에서, 나는 동물의 유전자는 과거의 세상들에 대한 디지털 묘사라고 주장했다. 그 동물의 선조들이 겪었던 조건들을, 선조들이 생존했던 환경들을 통계적으로 평균하여 그린 그림이라고 말이다. 또한 어느 종의 유전자풀은 그 선조들이 살았던 세상들의 특징을 평균하는 컴퓨터라고 보았다. 이와 비슷한 맥락에서, 한 동물의 뇌는 그 개체가 끊임없이 무언가를 배워가면서 평생 경험하는 세상의 특징을 통계적으로 평균하는 셈이다. 자연선택이라는 조각가가 유전자풀을 깎아서 선조 세상들의 평균을 묘사한 모형을 만들듯이, 개체의 경험은 현재 세상에 대한 뇌 속의 모형을 조각해낸다. 두 경우 모두 모형은 세상으로부터 입력된 데이터에 따라 꾸준히 업데이트되지만, 그 시간 규모가 유전자풀 모형은 세대인 데 비해 뇌 모형은 개체의 발달 과정이다. 나는 줄리언 헉슬리의 아래 시를 예전부터 좋아했고(어째서인지 대학생 때 그에게 동일시했다), 《악마의 사도》에서도 인용했다.

> 사물들의 세상이 아기였던 당신의 마음으로 들어가
> 그 크리스털 캐비닛을 가뜩 채웠다.
> 그 벽들 속에서 가장 이상한 파트너들끼리 만났고,
> 사물들은 사상들로 바뀌어 저와 비슷한 종류를 퍼뜨리기 시작했다.
> 왜냐하면, 일단 그 속으로 들어가면, 형이하학적 사실은
> 영혼을 찾을 수 있기 때문이다. 사실과 당신은 서로 빚을 지면서
> 그곳에 당신만의 소우주를 세웠다 — 그리고 그것은
> 그 작은 자아에게 가장 버거운 작업들을 맡겼다.
> 그곳에서는 죽은 사람도 살 수 있고, 별들과 대화할 수도 있다.
> 적도와 극이 이야기 나누고, 밤과 낮이 이야기 나눈다.
> 영혼은 세상의 물질적 빗장들을 해소한다 —
> 수백만 가지의 고립들을 태워 없앤다.
> 우주는 살고 일하고 계획할 수 있고,
> 마침내 인간의 마음속에서 신을 만들었다.

이제 나는 헉슬리의 스타일을 모방해서 쓴 다음 연을 덧붙인다.[61]

> 선조들의 세상이 우리 종의 유전자로 침입해 들어와,
> 잊힌 지 오래된 죽음들과 삶들을 암호로 새겼다.
> 그 디지털 텍스트 속에는 이제는 산산조각난 유전체들로부터 걸러진 것들,
> 그래서 아직 살아남은 것들이 간직되어 있다.
> 과거엔 무엇이 있었을까? 무슨 일이 있었을까? 누가 말해줄까?
> 하지만 그 모든 것이 당신의 DNA에 씌어져 있다.

줄리언 헉슬리의 시와 개체 발달 과정에서 구축된 뇌 모형들의 문제로 돌아가자. 내가 1990년대에 한 대중 강연 중에는 이 주제를 논한 것이 많았다. 나는 특히 크리스마스 강연을 했던 해에 알게 되어 왕립연구소에서 아이들에게도 보여준 가상현실 소프트웨어에서 영향을 받았다. 나는 이 이야기를 《무지개를 풀며》 중 '세상을 다시 엮다' 장에서 종합적으로 펼쳐 보였다.

우리가 실제 세상을 '내다본다'고 생각할 때, 사실은 시뮬레이션을 보는 것이라고 말해도 괜찮을지 모른다. 그 시뮬레이션은 뇌에서 구성된 것이지만, 실제의 세상에서 흘러든 정보로 제약된다. 꼭 뇌 속 찬장에 감각기관으로부터 흘러든 정보의 지령에 따라 끄집어내어지기만을 기다리는 모형들이 잔뜩 보관되어 있는 것 같다. 리처드 그레고리가 저서들에서 잘 보여주었듯이(옥스퍼드에서 한 시모니 강연에서도 보여주었듯이), 착시는 "규칙을 입증하는 예외"라고 해도 좋을 의미에서 오히려 우리에게 이 사실을 납득시킨다. 네커 정

육면체는 유명한 착시 현상이다. 나는 《확장된 표현형》에서 네커 정육면체를 자연선택을 바라보는 두 방식, 즉 유전자 관점과 '운반자' 관점에 대한 비유로 사용했다(429쪽을 보라). 네커 정육면체는 뇌의 찬장에 보관된 서로 대안적인 두 3차원 모형에 둘 다 똑같이 부합하는 2차원 패턴이다. 어쩌면 뇌는 두 모형 중 하나를 골라 그것만을 고수하도록 설계될 수도 있었을 것이다. 하지만 실제 뇌는 찬장에서 우선 한 모형을 꺼내 그것을 몇 초쯤 '본' 뒤, 도로 집어넣고 다른 모형을 꺼낸다. 그 덕분에 우리는 우선 한 정육면체를 보고, 그다음 다른 정육면체를 보고, 그다음 첫 번째 정육면체를 다시 보고… 이런 식으로 왔다갔다 한다.

또 다른 유명한 착시인 악마의 굽쇠(아래 그림을 보라), 불가능한 삼각형(내가 왕립연구소 크리스마스 강연에서 보여준 그림이다[62]), 텅 빈 가면 착시 등도 똑같은 논점을 좀 더 극적으로 보여준다.

우리는 구성된 세상, 가상현실의 세상 속에서 살아간다. 우리가 제정신이고 약에 취하지 않아 말짱할 때, 우리가 헤쳐가는 그 구성

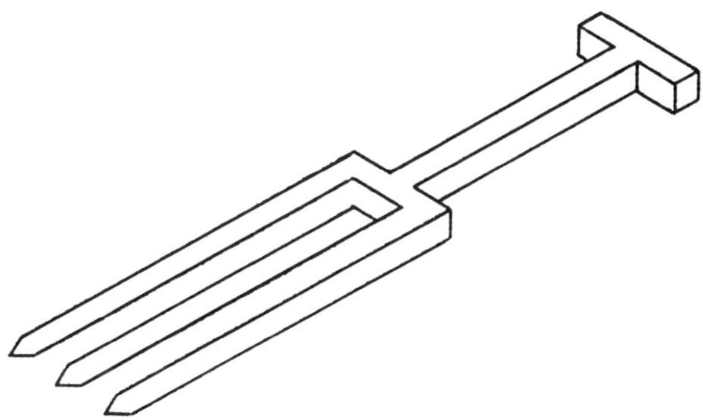

된 가상현실은 감각 데이터에 의해 우리의 생존에 이바지하는 방식으로 제약된다. 그것은 꿈이나 환각의 세상이 아니라 실제 세상이고, 우리는 그 속에서 살아남아야 한다. 컴퓨터 소프트웨어도 우리로 하여금 상상의 세계, 판타지 세계, 그리스 신전이나 요정의 땅, 과학소설 속 외계 행성의 풍경 속을 누비게 해준다. 우리가 고개를 돌리면, 헬멧에 부착된 가속도계가 그 움직임을 읽음으로써 컴퓨터가 우리 눈에 비춰주는 이미지가 그에 따라 달라진다. 그러면 우리는 그리스 신전 속에서 주변을 둘러보는 것 같은 경험을 하게 되고, 아까는 '등 뒤에' 있었던 조각상이 이제 눈앞에서 보인다. 한편 우리가 밤에 꿈을 꿀 때는 뇌에 기본으로 갖춰진 가상현실 소프트웨어가 스스로를 현실로부터 해방시켜, 우리는 근사한 상상의 저택 속을 걷거나, 혹 공포에 질린 악몽이라면 뇌가 만들어낸 괴물에게 쫓긴다.

《무지개를 풀며》와 1990년대 강연들에서 나는 미래의 외과 의사를 상상해보곤 했다. 의사는 환자가 누운 곳과는 다른 방에서, 환자의 몸에 삽입된 내시경으로부터 얻은 데이터를 써서 현실감 있게 시뮬레이션된 환자의 장 속으로 걸어들어간다. 의사가 고개를 옆으로 돌리면, 내시경 말단이 그 움직임에 맞춰 휙 돌아간다. 의사는 가상의(하지만 내시경적 현실에 의해 제약된) 장 속을 헤쳐나가다가 마침내 저 앞에서 종양을 발견한다. 그는 도구상자 속에 든 가상의 체인톱을 휘두르고, 그러면 내시경 끝에 달린 현미경 수술용 칼날이 그의 팔의 큰 움직임을 축소형으로 모방하여 종양을 섬세하게 잘라낸다. 이와 비슷한 또 다른 상상에서는 미래의 배관공이 똑같은 방식으로 일한다. 가상의 배수관 속을 걷는 — 심지어 헤엄치는 — 그의 움직임을 실제 배수관에서 막힌 곳을 뚫기 위해 그 속으로 파견된 작은 로봇이 똑같이 모방하는 것이다. 여기서 핵심은 제약이다. 우리가 활동하는 가상의 세상은 전적으로 환상적인 것이어서는 안 되고, 현실에 가깝게 유용할 만큼 제약된 궤도를 따라서만 움직여야 한다.

우리의 머릿속 찬장에는 특히 얼굴 모형이 많다. 우리는 누구나 광신경을 통해 사소한 자극이라도 받을라치면 즉각 얼굴 모형을 꺼내지 못해 안달이다. 이 현상은 사람들이 토스트 조각이나 물기 젖은 벽에서 예수나 성모의 얼굴을 보았다고 주장하는 숱한 사례들을 설명해준다. 텅 빈 가면 착시는(이것도 크리스마스 강연에서 소개했다[63]) 우리에게 걸핏하면 얼굴 모형을 끄집어내는 기능이 있다는 걸 가장 놀랍게 보여주는 사례다. 뇌 기능 장애 중 안면실인증이라는 병명이 있다는 것도 의미심장하다. 이 장애가 있는 사람은 다른 물체는 정상적으로 볼 줄 알지만 사람의 얼굴은 못 알아보는데, 심지어 자신이 익히 알고 사랑하는 사람들의 얼굴도 알아보지 못한다.

나는 《만들어진 신》에서도 이 주제를 다시 꺼내, 우리가 환시나 환영, 유령이나 정령, 천사나 성모의 이미지에 감동하는 것은 잘못이라고 지적했다. 우리 뇌는 가상현실이라는 예술의 대가다. 빛나는 후광을 두르고 가운을 덮어쓴 인물의 모습을 뚝딱 만들어내는 건 뇌에게 아이들 장난이나 다름없고, 폭풍우 속에서 차분하고 조용하게 부르는 목소리를 상상해내는 것도 마찬가지다. 많은 사람은 자신이 신을 몸소 체험했다고 진심으로 믿는다. 신이 그들에게 말을 걸고 꿈이나 백일몽에 나타났다는 것이다. 하지만 그런 사람들은 좀 덜 감동할 필요가 있다. 리처드 그레고리를 비롯한 심리학자들을 공부하라. 환영의 힘을 인정하라. 환영이 쉽게 망상으로 변신할 수 있다는 것을 알라. 예를 들어 신이라는 망상으로.

개인적인 불신에서 비롯된 주장

나는《눈먼 시계공》에서 창조론자의 핵심 '주장'을 요약한 표현으로 "개인적인 불신에서 비롯된 주장"이라는 말을 만들었다. 그보다 덜 냉소적인 표현은 "통계적으로 낮은 확률에 의거한 주장"일 것이다. "복잡성에 의거한 주장"이라고 해도 좋은데, 왜냐하면 통계적으로 낮은 확률은 복잡성을 측정하는 적절한 잣대이며 따라서 불신을 일으킬 만하기 때문이다. 논증은 늘 이런 식이다. 우선 어떤 복잡한 생물학적 구조를, 특히 수많은 부분이 정확하게 배열된 구조를 칭송한다. 만일 우리가 그 부분들을 무작위로 재배열한다면, 구조는 당연히 제대로 기능하지 못할 것이다. 그때 가능한 재배열의 가짓수를 계산해보면, 당연히 천문학적으로 큰 수가 나온다. 그러니 복잡한 배열은 우연히 생겨났을 리 없고, 따라서 — 논증이 제 발등을 찍는 건 이 대목이다 — 신이 그것을 만든 게 틀림없다….

다윈도 책에서 "대단히 완전하고 복잡한 기관들"이라고 부른 대상들에게 한 장을 할애했다. 그는 창조론자들이 자주 들먹이는 유명한 문장으로 글을 시작했다.

> 다양한 거리에 대해 초점을 조절하고, 다양한 양의 빛을 받아들이고, 구면수차와 색수차를 바로잡는 데 쓰이는 특수한 장치들, 이것들을 모두 갖춘 눈이 자연선택으로 만들어졌다는 가정은, 솔직히

고백하건대, 최고로 어처구니없는 말처럼 들린다.

우리는 이 문장의 분위기에서 다윈이 여기서 말을 끝맺진 않으리라는 걸 짐작할 수 있다. 안 그런가? 이 어조는 명백히 뒤에 '하지만'이나 '그러나'가 따를 것이라는 신호를 주지 않나? 어쩌면 다윈은 그 뒤에 이어지는 "하지만 이성에 따르자면…" 하는 말이 최대의 효과를 내도록 만들기 위해서 앞에서 일부러 독자를 유도했는지도 모른다. 그러나 구글로 검색해보면, 그 뒷구절은 39,300건밖에 안 나오지만 앞의 "최고로 어처구니없는"은 130,000건이나 나온다. 다윈 본인이 다른 곳에서 말했듯이, "꾸준한 와전의 힘은 대단하다…."

통계적으로 낮은 확률에 의거한 논증이 잘못된 대목은, 자연선택은 당연히 확률 이론이 아닌데 확률 이론이라고 보는 것이다. 자연선택은 무작위 변이를 비무작위로 걸러내는 과정이다. 그 과정이 작동하는 것은 개선이 누적적·점진적으로 이뤄지기 때문이다. 나는 《눈먼 시계공》에서 은행 금고에 달린 것 같은 번호 조합형 자물쇠를 비유로 들었다. 같은 제목의 BBC 〈호라이즌〉 다큐멘터리에서는 숫자를 무작위로 골라서 진짜 은행 금고를 열어보려는 시도까지 해보았다. 번호 조합형 자물쇠의 핵심은, 무작위로 다이얼을 돌려서 용케 문을 열려면 어마어마한 행운이 따라야 한다는 점이다. 하지만 만일 자물쇠가 흠이 있어서 우리가 다이얼의 숫자를 옳은 방향으로 돌릴 때마다 금고가 아주 조금씩 열린다면, 바보라도 쉽게 열 것이다. 바로 이것이 점진적 자연선택에 해당한다.

내가 그보다 나중에 든 '불가능의 산' 비유도 똑같은 논점을 설명하기 위한 것이었다. 앞서 짧게 언급했듯이, 나는 러셀 반스와 함께

〈만악의 근원?〉이라는 텔레비전 영화를 찍을 때 콜로라도스프링스의 '신들의 정원'에서 불가능의 산을 시뮬레이션해 보였다. 우선 내가 산의 '창조론자' 측면, 즉 '엄청난 요행'의 측면을 뜻하는 깎아지른 벼랑 꼭대기에 선 모습을 찍었다. 그런 불가능한 창조를 단숨에 달성한다는 것은 산의 발치에서 정상까지 단번에 껑충 뛰어오르는 것에 해당한다. 뒤이어 카메라는 다른 장소로 이동했고, 이번에는 내가 산의 '진화적' 측면에 해당하는 완만하고 쉬운 오르막길을 터덜터덜 걸어오르는 모습을 보여주었다. 충분한 시간과 완만한 개선의 경사가 주어진다면, 갑작스러운 도약 없이도 무한히 복잡한 기관을 얼마든지 진화시킬 수 있는 것이다. 그것은 텔레비전 화면이었기에, 오르막길과 벼랑은 사실 서로 다른 산이었다(이른바 '모스 경감 효과'인데, 영화에서는 그 멜랑콜리한 경감이 옥스퍼드의 한 칼리지로 들어갔다가 다른 칼리지의 마당으로 나오는 모습이 자주 등장한다).

사람들이 신을 믿는 이유로 대는 근거는 여러 가지지만, 그중에서도 내가 압도적으로 자주 접하는 것은 통계적으로 낮은 확률에 의거한 논증이다. 앞서도 말했지만, 이 논증에는 눈이나 헤모글로빈 분자처럼 복잡한 것이 '우연히' 존재하게 되었을 확률은 어마어마하게 낮다는 순진한 수학적 계산이 뒤따르곤 한다. 이 논증은 또 대폭발(빅뱅)을 만물의 기원으로 보는 이론에까지 적용된다. 아래 두 인용문은 여호와의증인 팸플릿에서 발췌한 것으로, 그야말로 이 장르의 전형이라 할 만하다.

> 누군가 당신에게, 인쇄소가 폭발해서 잉크가 벽과 천장에 온통 흩뿌려졌는데, 그 무늬가 우연히도 무삭제판 사전이 되었다고 말했습

> 니다. 당신은 그 말을 믿겠습니까? 그렇다면 질서정연한 우리 우주의 만물이 무작위적인 대폭발에서 생겨났다는 가설은 얼마나 더 못 믿을 말이겠습니까?
>
> 만일 당신이 숲을 걷다가 아름다운 통나무집을 만났다면, 당신은 "정말 멋진걸! 나무들이 딱 알맞은 방식으로 풀썩 넘어져서 이런 집을 만들어냈다니!" 하고 생각하겠습니까? 당연히 아니죠! 그건 합리적이지 못한 생각입니다. 그렇다면 우주의 만물이 우연히 생겨났다는 말은 우리가 왜 믿어야 합니까?

고백하건대, 이런 식의 말은 나를 절망시키고 가끔은 참을성까지 잃게 만듦으로써 나로 하여금 (약간만) 후회할 짓을 저지르게 만든다. 이유는 세 가지다.

첫째, 만일 겉보기 설계에 대한 자연주의적 설명을 반박하는 근거인 확률이 정말 그렇게 어마어마한 크기라면, 정말로 우주에 존재하는 모든 원자의 수를 넘을 만큼 큰 수라면, 그 못지않게 어마어마한 바보만이 자연주의적 설명에 속아넘어갈 것이다. 권위에 기댄 논증으로 수준이 낮아지는 건 나도 싫지만, 아무리 그래도 이 사실이 창조론자의 머릿속에 일말의 의혹이라도 일으킬지 모른다고 기대하는 게 지나친 바람인가? 설령 스치는 생각일지라도, 그토록 거대한 규모의 확률을 들먹여 반대하는 이들의 논점이 틀렸을지도 모른다고 생각해보는 게, 정말이지 만에 하나 그럴지도 모른다고 생각해보는 게 좋지 않을까? 과학자들도 가끔은 틀린다. 하지만 단위가 80배 차이 날 정도로 틀리는 경우는 거의 없다.

내가 "순전한 우연을 반박하는 논증"이 짜증나는 두 번째 이유는 그 논증이 진정한 가치를, 특히 다윈의 이론이 그 본보기라 할 수 있는 과학의 힘과 우아함을 전혀 몰라보기 때문이다. 대단히 강력하지만 대단히 단순한 다윈의 이론은 인류가 떠올린 가장 아름다운 생각 중 하나인데, 그 이론을 모르는 자들은 그 아름다움을 놓치는 셈이다. 더구나 만일 그들이 자신의 오해를 아이들에게도 전달한다면, 그들은 아이들로부터도 그 극치에 달한 지성적 아름다움을 빼앗는 셈이다.

통계적으로 낮은 확률에(혹은 복잡성에) 의거한 논증이 짜증나는 세 번째 이유는, 복잡성이 우연히 생겨났을 확률이 천문학적으로 낮다는 말은 사실 대폭발 이론이든, 진화 이론이든, 유신론이든, 만물의 존재를 설명하는 모든 이론이 풀어야 할 *문제* 자체를 다른 말로 표현한 것에 불과하기 때문이다. 존재의 수수께끼에 대한 답이 순전한 우연일 리 없다는 것, 혹은 아무것도 없는 곳에서 갑자기 뭔가가 생겨난 것일 리 없다는 건 뻔한 사실이다. 특히 생명의 경우에는 더 그렇다. 생물의 구조가 의도적으로 설계된 것 같다는 착각은 충격적일 만큼 설득력 있기 때문이다. 우리에게 주어진 진짜 문제는 우연에 대한 *대안*을 찾는 것이다. 생명이 존재할 확률이 낮다는 사실 그 자체가 우리가 풀어야 할 문제다. 유신론은 분명 이 문제를 풀지 못한다. 유신론은 사실 이 문제를 다르게 표현한 것에 지나지 않는다. 반면 점진적이고 누적적인 자연선택은 이 문제를 풀어주며, 아마 이 문제를 풀 수 있는 유일한 과정일 것이다. 생명의 복잡성 문제를 신이라는 또 다른 복잡한 존재를 가정함으로써 풀려는 것은 명백히 헛수고다. 이보다 덜 명백하지만 똑같은 논리가 우주의 기원 문제에도 적용된다. 창조론자가 통계적 불가능성을 쌓으면 쌓을수록, 그는 사실 제 발등을 찍는 셈이다.

만들어진 신

겉보기 설계의 통계적 불가능성에 관한 이 논점은 《눈먼 시계공》과 《리처드 도킨스의 진화론 강의》에 스며 있다. 나는 《만들어진 신》에서는 아예 이것을 명시적인 핵심 논증으로 정했다(물론 이 논점을 내가 만들어낸 건 아니다). 책이 출간된 뒤, 신은 복잡하기에 복잡성 수수께끼에 대한 해답이 될 수 없다는 내 논점에 대해 대답을 자처하는 말들이 쏟아졌다. 그 말들은 모두 같았고 모두 약했는데, 단 한 문장으로 요약되었다. "신은 복잡하지 않고 단순하다." 그걸 어떻게 아느냐고? 신학자들이 그렇게 말했고, 신학자들은 신에 관한 한 권위자들이니까. 간단하지 않나? 명령에 의거해서 논증을 이기면 되지! 하지만 둘 다 가질 순 없는 법이다. 신은 단순하거나 복잡하거나 둘 중 하나인데, 신이 단순한 경우 그는 우리가 찾는 복잡성의 설명을 제공할 지식도 설계 기술도 없는 처지가 된다. 반면 복잡한 경우 신은 사람들이 그를 끌어들여서 설명하려고 하는 복잡성 못지않게 그 스스로 설명이 필요한 존재가 된다. 우리가 신을 단순하게 만들수록, 신은 세상의 복잡성에 대한 설명이 될 자격이 없어진다. 반면 우리가 신을 복잡하게 만들수록, 신은 그 자체로 설명이 필요한 존재가 된다.

피터 앳킨스는 아름답게 씌어진 책 《다시 보는 창조》에서 이 논점을 극적으로 과장해 보였다. 그는 '게으른 신'을 가정한 뒤, 그 신이 우리가 보는 우주를 만들기 위해서 해야 할 일을 하나하나 줄여 나갔다. 그러고는 게으른 신이 해야 할 일이 워낙 적기 때문에 번거롭게 그 신이 존재할 필요까지도 없을지 모른다고 결론 내렸다. 신이 할 줄 안다고 여겨지는 복잡한 *부가* 기술을—70억 인구의 생각을 동시에 듣는다거나(죽은 사람들과의 대화는 말할 것도 없다), 사람들의 기도에 응답한다거나, 죄를 용서한다거나, 사후에 상벌을 준다거나, 일부 암환자는 구해주면서 나머지는 안 구해준다거나 등등—부여하는 문제에 관해서라면, 그런 능력은 문제를 더 어렵게 가중하기만 한다.

다윈주의 진화는 생명의 통계적 불가능성 문제를 풀어주는 유일한 이론이다. 그것은 누적적으로 또한 점진적으로 작동하는 과정이기 때문이다. 그것은 최초의 단순함에서 최종적 복잡함으로 건너갈 수 있는 다리를 놓아주며, 우리가 아는 한 그런 일을 해내는 유일한 이론이다. 인간 엔지니어도 복잡한 것을 설계하여 만들어낼 수 있지만, 문제는 인간 엔지니어 자체도 설명되어야 한다는 것이다. 그리고 자연선택에 의한 진화는, 다른 생명을 설명하듯이, 당연히 인간 엔지니어도 설명해낸다.

《만들어진 신》에는 통계적 불가능성이라는 중심 논증 외에도 많은 이야기가 담겼다. 종교의 진화적 기원, 도덕성의 근원, 종교 경전의 문학적 가치, 종교에 의거한 아동 학대를 다룬 대목도 있다. 가끔 이 책을 성마르고 거친 비난이라고 여기는 사람들이 있지만, 나는 오히려 유머 있고 인간적인 책이라고 여기고 싶다. 어떤 유머는 비아냥이고, 조롱에 가까운 것도 있으며, 그런 유머의 표적이 된 대상들이 부드러운 조롱과 혐오 발언을 잘 구별하지 못하는 것이 사실이다. 내가 피터 메더워에게 배운 교훈 하나는 목표를 정확하게 겨냥한 풍자적 조롱은 저속한 욕설과는 다르다는 것이다(579쪽도 보라). 그러나 종교적 의도를 지닌 비판자들은 그 차이를 분간하지 못할 때가 많다. 심지어 누군가는 나더러 투렛증후군이 있는 것 같다고 말했는데, 그가 정말로 책을 읽었을 거라고는 믿기 어렵다. 아마도 그는 그냥 제 표현에 반했을 것이다!

이 책에 쏟아진 엄청난 수위의 독설을 감안할 때, 내가 미국의 이른바 '바이블벨트'를 포함하여 곳곳에서 수백 건의 대중 행사에 참석했는데도 면전에서 이렇다 할 야유를 받진 않았다는 것, 심지어 별다른 비판적 질의도 받지 않았다는 것은 꽤 놀라운 일이다. 솔직히 상당히 실망스러운 일이다. 왜냐하면 나는 드문 예외들을 꽤 즐겼기 때문이다. 특히 버지니아주에 있는 랜돌프메이컨 여자대학에서(지금은 남학생도 받는다) 강연 초대를 받았을 때가 그랬다. 랜돌프메이컨은 높은 기준을 추구하는 점잖은 인문대학이다. 하지만 같은 도시에 악명 높은 제리 폴웰이 세운 리버티 '대학'이 있는데, 그곳 학생들이 적잖은 수의 버스를 타고 몰려와서 랜돌프메이컨 강당 앞줄을 점령했다. 질의응답 시간에도 그들은 두 통로에 설치된 마이크 뒤로 길게 늘어서서 질문을 독점했다. 그들의 질문은 지나칠 만큼 공손했지만, 그 '대학'에 입학하려면 필수조건인 근본주의 기독교 신앙에서 나온 질문들이라는 것이 노골적으로 들여다보였다. 물론 나는 랜돌프메이컨 여학생들의 환호 속에 질문을 하나하나 손쉽게 격파했다. 한 질문자는 리버티대학에 3천 년 된 화석이라고 적힌 공룡 화석이 있다는 이야기로 말문을 열었다. 그러고는 내게 그런 화석의 진정한 연대를 어떻게 알아내는지 설명해달라고 했다.[64] 나는 서로 다른 속도로 붕괴하는 여러 방사성 시계들로 화석의 연대를 측정하는데, 그 시계들이 다들 독립적으로 공룡 화석은 적어도 6500만 년은 묵은 것이라는 동일한 결론을 내린다고 말했다. 그리고 덧붙였다.

> 리버티대학 박물관에 정말로 3천 년 됐다고 적힌 공룡 화석이 있다면, 그건 교육의 수치입니다. 대학이라는 개념 자체를 더럽히는 겁니다. 이 자리에 참석한 리버티대학 학생들에게, 속히 그곳을 떠나서 제대로 된 대학으로 전학하기를 강력하게 권합니다.

이 답변은 그날 저녁 가장 큰 박수를 받았다. 랜돌프메이컨은 제대로 된 대학이었으니까. 그날 저녁의 또 다른 질문은 "만일 당신이 틀렸다면 어쩌겠습니까?"였는데(구글에서 검색해보라), 이 질문과 내 대답을 적은 글은 인터넷에서 엄청나게 유행했다.

내가 유일하게 적대적 야유를 경험한 곳은 오클라호마였다. 대형 스포츠 경기장에서 웬 남자가 내 강연 도중 벌떡 일어나더니 "당신은 내 구세주를 모욕했어!"라고 소리 질렀다. 내 바람은 아니었지만, 제복 입은 경비원들이 남자를 끌고 나갔다. 오클라호마대학에서 마련한 그 자리는 법적 수단을 동원하여 내 말을 막으려는 시도가 벌어진 유일한 사례이기도 했다. 주의원 토드 톰슨이 다음과 같은 요지의 주 법안을 제출한 것이다(무릇 '~한바'라는 표현이 출몰하는 글을 보면 골치 좀 썩겠구나 하고 대비해야 하는 법이다).

> 오클라호마대학이 2009년 다윈 프로젝트의 일환으로 옥스퍼드대

학의 리처드 도킨스를 대중 강연 연사로서 대학에 초청했는데, 그의 2006년작 《만들어진 신》에 나타난 그의 공식적 견해와 진화 이론을 공개적으로 지지하는 그의 발언들은 문화와 사상의 다양성에 대한 불관용을 드러내며, 그런 견해는 우리 오클라호마 시민 대다수의 생각과 일치하지 않는바.

그리고 리처드 도킨스를 초청하여 2009년 3월 6일 금요일 오클라호마대학 캠퍼스에서 강연하게 하는 것은 과학 개념을 가르치는 일이 아니라 진화 이론에 대한 편향된 철학만을 제시한 채 그것과는 다른 고려들을 배제하는 일일 것인바.

이에 본 의원은 제52회 오클라호마 주의회의 첫 번째 회기에서 의원들이 다음과 같이 결정하기를 제안합니다.

오클라호마 주의회는 옥스퍼드대학의 리처드 도킨스를 초청하여 오클라호마대학 캠퍼스에서 강연을 여는 것에 강하게 반대한다. 진화 이론에 대한 그의 공식적 발언과 그 이론을 믿지 않는 사람들에 대한 그의 견해는 우리 오클라호마 시민 대부분의 견해 및 의견과 반대되는 불쾌한 것이다.

톰슨 의원은 이어 내가 강연료로 3만 달러를(2016년 환율로 약 330만 원 – 옮긴이) 받았다고 주장하며, 그런 식으로 공금을 낭비한 대학 공무원들을 처벌해야 한다고 주장했다. 하지만 나는 한 푼도 받거나 요구하지 않았기 때문에, 그는 결국 제 체면만 구기고 말았다. 그의 법안도 통과되지 않았다. 진화 강연을 반대하는 주된 논거란 게 내 견해가 "오클라호마 시민 대다수의 생각과 일치하지 않아서"라니, 정말 놀랍다. 톰슨 의원은 대체 대학이 *왜* 있다고 생각하는 걸까?

《만들어진 신》의 비판자들이 책에서 특히 야비하거나 거칠다고, 공격적이거나 불쾌하다고 지목할 듯한 대목의 한 사례를 말해볼까 한다. 하지만 나는 이 대목을 부드러운 비아냥으로 여긴다. 좀 날카롭긴 할지언정, 무턱대고 때리거나 욕설을 퍼붓는 것과는 거리가 멀다. 나는 로마 가톨릭이 유일신교를 자처함에도 불구하고 다신교적 성향이 있다고 지적했다. 성모는 사실상 여신이고, 제각각 신자들의 탄원을 받는 성인들은 각자 전문 분야가 있는 반신半神들이나 마찬가지라고 말한 뒤, 이렇게 이었다.

> 교황 요한 바오로 2세가 시성한 성인의 수는 지난 몇 세기 동안 전임자들이 시성한 성인을 다 합한 것보다 더 많다. 그리고 그는 성모에게 특별한 애착을 품고 있다. 그의 다신교 갈망이 두드러지게 드러난 사건은, 그가 1981년 로마에서 암살 위기를 모면한 뒤 자신이 목숨을 부지한 것은 파티마의 성모가 개입하신 덕분이라고 말했을 때였다. 그는 "성모의 손길이 총알을 비껴나가게끔 인도하셨다"고 말했다. 그렇다면 우리는 왜 성모가 애초에 그가 총을 안 맞도록 인도하시진 못했을까 하는 의아한 생각이 든다. 그를 여섯 시간이나 수술했던 의사들도 공의 일부나마 인정받아야 하는 게 아닐까 하는 생각도 든다. 하긴 의사들의 손도 성모가 인도하신 것이었을지도 모르지. 아무튼 여기서 지적할 점은, 교황이 보기에 총알을 인도하신 것이 그냥 성모가 아니라 구체적으로 *파티마*의 성모였다는 것이다. 루르드의 성모, 과달루페의 성모, 메주고레의 성모, 아키타의 성모, 제이툰의 성모, 가라반달의 성모, 노크의 성모는 아마 다른 일을 처리하느라 바쁘셨겠지.

마음 상하게 만드는 빈정거림인지는 모르겠지만, 이게 '공격적'이라고? 나는 그렇게 생각하지 않는다. 물론 '투렛증후군'의 증상은 절대 아니다. 나는 이것이 적절한 비아냥이라고 생각하고, 꽤 웃기다고 보고 싶지만, 가톨릭 신자들은 물론이거니와 비종교적인 문화비평가 겸 지지자로서 마땅히 크나큰 존경을 받으면서 영국의 보물이 되어가고 있는 멜빈 브래그도 이 대목에 심각한 불쾌감을 느꼈다고 말했다. 내 생각에 이런 책망은 그저 우리가 종교를 비판의 성역으로 받아들였기 때문이다. 종교를 이런 가벼운 농지거리도 해서는 안 되는 대상으로 보는 관습을 받아들였기 때문이다. 내가《만들어진 신》을 쓰기 몇 년 전, 더글러스 애덤스는 케임브리지에서 한 즉흥 연설에서(529쪽을 보라) 이 논점을 훌륭하게 간추렸다.

> 종교의 핵심에는… 우리가 신성하다거나, 성스럽다거나, 아무튼 그런 식으로 보는 생각들이 놓여 있습니다. 그것은 곧 "여기 이 생각 혹은 개념에 대해서는 나쁜 말은 절대 해선 안 돼, 그냥 안 돼. 왜 안 되느냐고? 안 되니까!" 하는 뜻입니다. 누군가가 만일 당신이 찬성하지 않는 당에 표를 던졌다면, 당신은 마음이 내키는 한 얼마든지 자유롭게 그 문제로 논쟁할 수 있습니다. 누구든 논쟁할 수 있지만, 누구도 그 때문에 격분하진 않습니다. 누군가가 세금을 더 올리거나 낮춰야 한다고 주장한다면, 우리는 거기에 대해서도 자유롭게 논쟁할 수 있습니다. 하지만 누군가가 "나는 안식일에는 스위치 하나 올리는 일도 해선 안 됩니다"라고 말한다면, 우리는 그냥 "당신을 존중합니다"라고 말합니다.
>
> 노동당이냐 보수당이냐, 공화당이냐 민주당이냐, 이 경제모델이냐

저 경제모델이냐, 윈도스냐 매킨토시냐… 둘 중 한쪽을 지지하는 건 완벽하게 정당한 일이라고 하면서, 우주가 어떻게 시작되었는지, 누가 우주를 창조했는지에 대해서 의견을 갖는 건… 안 돼, 그건 신성한 문제야, 라고요? …우리는 종교적 견해에 도전하는 데 익숙지 않은데, 그래도 리처드가 나섰을 때 다들 엄청난 분노를 표출했다는 건 아주 흥미로운 일입니다! 그런 말을 하는 건 허락되지 않는 일이기 때문에 다들 미친 듯이 광분하는 겁니다. 하지만 문제를 이성적으로 따져보면, 그런 생각을 다른 생각들처럼 공개적으로 토론해선 안 될 이유가 전혀 없습니다. 왠진 몰라도 우리가 그러면 안 된다고 우리끼리 합의했다는 것 말고는 말입니다.

나는 《만들어진 신》 페이퍼백 서문에서 이런 이중 잣대를 다시금 강조했다(이 서문은 요즘 흔히 들을 수 있는 "나는 비록 무신론자*이지만*…" 하는 교묘한 표현을 중심에 두고 이야기했는데, 살만 루슈디도 최근 "하지만 단체"가 득세했다고 비꼬았다는 말은 앞에서 했다). 나는 내 책의 비교적 절제된 표현들을 우리가 당연하게 여기는 무대비평이나 정치평론의 가혹한 표현들과 대비해 보였다. 하다못해 식당 리뷰마저도 이런 식이지 않은가. "…내가 어릴 때 먹었던 지렁이 이래 내 입에 넣은 제일 혐오스러운 물질이었다…." "…틀림없이 런던 최악의 식당, 어쩌면 세계 최악의 식당이다…."

가톨릭의 여덟 성모 여신을 나열한 저 악명 높은 대목은 《만들어진 신》 2장에 나온다. 저 대목은 2장의 긴 도입부인데, 그 뒤로 이어지는 말은 틀림없이 사람들에게 가장 큰 불쾌감을 안겼다고 평가되는 부분이다. 그 덕분에 내가 '반유대주의자'라는 비난까지 받았다는 말은 앞에서 했다.

> 논쟁의 여지는 있겠으나, 구약의 신은 모든 픽션을 통틀어 가장 불쾌한 인물이다. 그는 시기가 심하고 그 사실을 자랑스러워한다. 옹졸하고, 불공평하고, 용서를 모르고, 집착적인 통제광이다. 보복적이고 피비린내 나는 인종청소를 자행한다. 여성혐오자이고, 동성애혐오자이고, 인종차별주의자이고, 영아살해자이고, 대량학살자이고, 자식살해자이고, 역병을 일으키고, 과대망상자이고, 가학피학성 변태성욕자이고, 변덕스럽고 고약하게 사람들을 못살게 군다.

그런데 종교 옹호자들이 좋아하든 말든, 여기 나열된 단어들은 모두 얼마든지 변호할 수 있는 것들이다. 근거 사례는 성경에 차고 넘친다. 그 사례들을 여기 나열할까도 생각해봤지만, 그러면 사례로 든 인용문만으로 책 한 권이 채워질 것이다. 그런데 맙소사, 책이라니 좋은 생각이잖아! 그리고 그런 책을 쓸 사람으로, 나는 내 친구 댄 바커보다 더 자격 있는 이를 알지 못한다. 나는 그에게 넘겼고, 그는 기꺼이 받아들였다.

댄은 예전에 전도사였다. 나는 그의 2008년작 《신을 잃다: 복음주의 전도사가 미국 최고 무신론자가 되기까지》의 서문에서 이렇게 썼다.

> 젊은 댄 바커는 그냥 전도사가 아니라 '당신이 버스에서 옆에 앉고 싶지 않은' 전도사였다. 그는 길거리에서 생판 모르는 사람에게 다가가서 구원받으셨느냐고 물어보는 전도사였다. 대문을 붙잡고 늘

어지는 바람에 당신이 개를 풀어서 쫓아버릴까 싶어지는 전도사였다.

댄은 찰스 다윈이 딱정벌레와 따개비를 속속들이 알았던 것처럼 성경을 속속들이 안다. 기쁘게도 그는 내 제안을 받아들여, 《만들어진 신》 2장의 저 도입부 문장에 나열된 단어들 하나하나에 대해서 차례차례 사례를 들며 가차없이 근거를 밝히는 책을 쓰고 있다.

기독교 옹호자들은 이렇게 대꾸한다. "물론 우리는 구약에 난감하고 당황스러운 대목들이 있다는 걸 압니다. 하지만 신약은 어떤가요?"[65] 그야 물론 예수의 가르침에는 온화하고 인도적인 지혜들이 담겨 있다. 산상수훈은 아주 훌륭하니, 좀 더 많은 기독교인이 그 가르침을 따르면 좋을 것 같다. 하지만 신약의 핵심 신화는 창세기에서 아브라함이 아들 이삭을 제물로 바쳐 죽일 뻔했던 신화만큼이나 불쾌하고,[66] 어쩌면 정말로 그 신화에서 유래한 것일지도 모른다. 나는 《만들어진 신》에서 이 논점을 이야기했고, 2009년에 어느 크리스마스 선집을 위해서 쓴 P. G. 우드하우스 패러디 글에서도 다시 말했다. 아쉽게도 저작권 문제 때문에 지브스, 버티, 그리고 버티가 학생 때 성경 지식 대회에서 상을 탔던 학교의 교장 오브리 업존 신부의 이름은 다 바꿔야 했다.

"우리 죄니, 구원이니, 속죄 따위를 위해서 대신 죽었다는 이야기 말이야, 자비스. '그 몸에 채찍으로 상처 입어 우리를 고쳐주었다' 운운하는. 대단치는 않지만 채찍으로 입은 상처라면 나도 늙다리 업콕 선생에게 좀 맞아봐서 아는데 말이야, 나는 그때 그에게 똑똑히 말했지. '제가 뭔가 못된 짓을 저질렀다면…,' 그런데 비행이라고 표현해야 하나, 자비스?"

"둘 다 될 겁니다, 주인님. 사안의 경중에 따라서 말입니다."

"아무튼 하던 말을 계속하면, 내가 뭔가 못된 짓이나 비행을 저질러서 붙잡혔을 때, 나는 내가 아닌 다른 가련한 얼간이의 무고한 엉덩이가 아니라 우프터 바지를 입은 내 엉덩이에 공명하고 정당한 응징이 신속히 가해지길 기대했어. 내 말뜻 알겠어?"

"알겠습니다. 희생양 원리는 늘 윤리적·법리적 타당성이 의심스럽다고 여겨져왔습니다. 현대 형벌 이론은 응징이라는 개념 자체를 의심합니다. 처벌받는 사람이 비행을 저지른 장본인일 때조차 말입니다. 따라서 무고한 대체자에게 대신 처벌을 가한다는 개념을 정당화하기는 더한층 어렵습니다. 그러나 주인님께서는 적절한 체벌을 받으셨다니, 다행스럽습니다."

"아무렴, 자비스."

"죄송합니다 주인님, 그런 뜻이 아니었는데…."

"됐어 자비스, 화내는 게 아니야. 불쾌하지 않아. 우리 우프터들은 잊을 건 금방 잊지. 게다가 아직 할 말이 남았어. 나는 아직 생각의 연쇄를 다 풀어내지 않았어. 어디까지 말했더라?"

"주인님의 논증은 대리처벌의 부당함에까지 다다른 참이었습니다."

"맞아 자비스, 잘 말해주었어. 부당함이 정확한 표현이야. 코코넛 껍질 깨지는 소리가 온 나라에 울려퍼질 만큼 엄청난 부당함이지. 더구나 그보다 더 심해질 수도 있어. 자, 퓨마처럼 날렵하게 내 말을 따라와봐. 예수는 신이었어. 그렇지?"

"초기 교부들이 반포했던 삼위일체 교리에 따르면, 예수는 삼위일체 신의 제2위격이었습니다."

"역시 생각했던 대로군. 그렇다면 그 신이 말이야, 세상을 창조했고 아인슈타인 따위는 얕은 물에서 헐떡이는 것처럼 보이게 할 만큼 깊디깊은 지성을 갖춘 신이, 세상에서 열리고 닫히는 모든 것을 창조한 전지전능한 신이, 셔츠 칼라 위로만 따지자면 귀감 중의 귀감인 신이, 모든 지혜와 권력의 원천인 그 신이, 스스로 경관에게 출두해서 몸을 내맡기는 것 외에는 우리 죄를 대신 사할 방법을 도통 생각해내지 못했단 말이야. 대답해봐, 자비스. 신이 우리를 용서하길 바랐다면, 왜 그냥 용서해주지 않았지? 왜 고문을 겪었지? 왜 채찍과 전갈을, 못과 고통을 겪었지? 왜 그냥 용서해버리면 안 되지? 어디 한번 대답해봐, 자비스."

"정말이지 탁월한 말씀이었습니다. 대단히 유창한 논증이었습니다. 제가 감히 몇 마디 덧붙이자면, 주인님은 거기서 한 발 더 나아가실 수도 있습니다. 전래의 신학 경전들 중 지극히 존중되는 몇몇 구절에 따르면, 예수가 대속한 죄는 아담의 원죄였다고 합니다."

"제기랄! 자비스, 자네 말이 맞아. 나도 그 점을 제법 힘 있게 지적했던 기억이 나. 심지어 내가 성경 지식 대회에서 우승 상금을 따냈던 것이 바로 그 논점으로 호평받은 덕이었던 것 같아. 하지만 계속 말해봐, 자비스. 자네 말은 묘하게 흥미로운걸. 아담의 죄는 뭐였지? 뭔가 상당히 심각한 거였겠지. 지옥을 바닥부터 뒤흔들어놓으려고 작정한 죄였겠지?"

"전하는 말에 따르면, 그가 몰래 사과를 먹은 탓이었다고 합니다."

"과일 서리? 그게 단가? 예수가 속죄해야 했던, 대속해야 했던 죄가 고작 그거였어? 눈에는 눈, 이에는 이라는 말은 들어봤어도 고작 서리 때문에 십자가형을 당했다고? 자비스, 요리하다가 셰리주라도 마신 거지? 당연히 농담이지?"

"창세기는 아담이 훔친 과일의 정확한 종류까지 말해주진 않습니다만, 오래전부터 전하기를 그것은 사과였다고 합니다. 하지만 이것은 그저 학술적인 이야기일 뿐입니다. 현대 과학에 따르면, 실은 아담이란 사람이 존재하지도 않았다니, 따라서 죄를 지을 수도 없었을 겁니다."

"자비스, 이건 얼룩덜룩한 굴은 말할 것도 없거니와 초콜릿 다이제스티브까지 따낼 수 있는 지적이야. 예수가 수많은 타인의 죄를 대신 속죄하기 위해서 고문을 당했다는 것만도 나쁜데, 그게 실은 단 한 남자의 죄를 대신하는 거였다면 더 나쁘잖아. 그 남자의 죄가 고작 사과 한 알 슬쩍한 거였다는 건 더더욱 나쁘지. 그런데 이제 자비스 자네 말은, 애초에 그런 놈이 존재하지도 않았다는 거잖아. 자비스, 나는 지혜로운 사람은 못 되지만, 그런 나조차 이건 완전히 미친 소리란 걸 알겠어."

"저는 그런 표현은 감히 입에 담지 못하겠습니다만, 주인님 말씀에 퍽 일리가 있습니다. 그러나 문제를 좀 누그러뜨리기 위해서, 현대 신학자들은 아담의 원죄 이야기를 문자 그대로 받아들이기보다 상징으로 받아들인다는 걸 말씀드려야 할 것 같습니다."

"상징이라고, 자비스? 상징? 하지만 채찍은 상징이 아니었어. 십자가에 못 박히는 것도 상징이 아니었어. 자비스, 내가 오브리 신부의 서재 의자에 엎드린 상태로 내 못된 짓 혹은 비행이 순전히 상징일 뿐이라고 항변했다면, 신부가 뭐라고 대답했겠어?"

"경륜 있는 그 교사는 그런 변명의 간청을 상당히 회의적인 태도로 받아들였으리라 쉽게 짐작됩니다."

"딱 맞혔어, 자비스. 업콕은 터프한 얼간이였어. 아직도 궂은 날에는 맞은 데가 욱신거리는 것 같아. 아무튼 내가 상징에 관한 논점 혹은 요점을 잘못 파악한 건 아니지?"

"음, 주인님의 판단이 약간 성급하다고 생각하는 사람들이 있을지도 모르겠습니다. 신학자라면 아담의 상징적 죄는 그렇게 사소한 게 아니라고 단언할지도 모릅니다. 왜냐하면 그것이 상징하는 바는 온 인류의 모든 죄, 아직 저질러지지 않은 죄까지 포함한 모든 죄이기 때문입니다."

"자비스, 그건 말짱 허튼소리야. '아직 저질러지지 않은 죄?' 다시 한 번 비운이 드리운 교장 서재에서의 그 장면으로 돌아가서 생각해보자고. 내가 안락의자에 엎드린 자세로 이렇게 말했다고 하지. '교장 선생님, 제게 학칙에 규정된 여섯 대의 매를 찰싹찰싹 때리실 때, 제가 무한한 미래의 어느 시점에 저지를 수도 있고 저지르지 않을 수도 있는 다른 모든 못된 짓 혹은 사소한 잘못까지 고려하여 여섯 대를 더 때려주시길 정중히 부탁드려도 될까요? 아, 그리고 저뿐 아니라 제 모든 친구가 미래에 저지를 못된 짓까지 전부 포함하는 걸로 해주세요.' 자비스, 이건 말이 안 돼. 누구도 콧방귀도 안 뀔 테고, 성공하지도 못할 거라고."

"저도 주인님께 대체로 동의한다고 말씀드리는 게 무례한 대답이 아니었으면 합니다. 그리고 이제 그만 물러나게 해주신다면, 연례 그리스도 강탄제에 대비해서 호랑가시나무와 겨우살이를 장식하던 일을 마저 끝낼까 합니다."[67]

구약에도 신약에도, 고약한 대목이 있는가 하면 좋은 대목도 있다. 하지만 어떤 구절이 좋고 나쁜가를 가리려면 기준이 필요하다. 그리고 순환논증을 피하려면, 그 기준은 성서 밖에서 와야 한다. 우리가 갖고 있는 지배적인 도덕 기준들이 모두 어디서 오는지를 알아내기는 힘들지만, 그 기준들은 분명 내가 '변천하는 도덕적 시대정신'이라고 부르는 무언가에 뚜렷이 드러나 있다. 현대의 우리는 뚜렷한 21세기적 가치들을 품은 21세기의 도덕주의자들이다. 19세기에 누구보다 선진적이고 진보적이었던 사상가라도, 이를테면 T. H. 헉슬리, 찰스 다윈, 에이브러햄 링컨 같은 이들이라도 오늘날의 저녁식사 자리나 인터넷 채팅방에서는 그의 인종차별주의와 성차별주의로 우리를 경악시킬 것이다. 헉슬리와 링컨은 흑인의 열등함을 당연한 사실로 여겼고, 미국 건국의 아버지들 중 많은 이가 노예를 소유했다. 세계의 민주주의 체제들 중 대부분은 여성 참정권을 1920년대 이후에야 인정했다. 프랑스는 1944년, 이탈리아는 1946년, 그리스는 1952년, 스위스는 믿기 어렵지만 1971년이었다. 여성 참정권을 억압하는 논리 중에는 믿기 어렵게도 "어차피 여성은 남편을 따라 투표하니까 따로 참정권이 필요하지 않다"는 말도 있었다. 도덕의 시대정신은 꾸꾸하게 한 방향으로만 움직여왔고, 그 결과 19세기의 가장 진보적인 사상가들이라도 21세기의 가장 덜 진보적인 사상가들보다 뒤지는 편이다. 오늘날의 우리는 21세기의 문명적인 대화라는 기준에 의거하여, 성경에서 어떤 구절은 나쁘고 좋은지를 취사선택한다. 그런데 우리가 그 취사선택의 기준을 선호하고 그것에 합의하는 이상, 도덕 지침을 찾아서 구태여 성경으로 갈 필요가 없지 않을까? 성서라는 중개인을 제치고 그냥 곧바로 우리의 도덕적 시대정신으로 가면 되지 않을까?

반면, 성경을 문학으로 읽을 이유는 많다. 《만들어진 신》에서도 말했지만, 서구 문화는 성경과 워낙 긴밀하게 얽혀 있기 때문에, 성경을 모르고서는 수사를 알아들을 수 없고 서구 역사를 이해할 수도 없다. 나는 심지어 누구나 익숙하지만 그게 성경에서 기원했다는 사실은 잘 알려지지 않은 구절들을 뽑아서 그 인용문만으로 두 쪽을 빽빽하게 채웠다. 나는 아이들에게 종교에 *대해서* 가르치는 것을 강력하게 찬성한다. 단 아이들이 어쩌다 몸담게 된 *특정* 종교 전통을 그들에게 세뇌시키는 것은 열렬히 반대한다. 우리가 '실존주의 아이' '마르크스주의 아이' '포스트모더니즘 아이' '케인스주의 아이' '통화주의자 아이' 따위의 표현을 접하면 몹시 당혹해할 테면서도 세속 사회든 종교적 사회든 '가톨릭 아이' '무슬림 아이' 같은 표현에 당혹해하는 사회는 유감스럽게도 없다는 사실, 나는 이 희한한 사실에 주목해야 한다고 거듭 주장해왔다. 페미니스트들이 '한 남자당 한 표' 같은 표현에 대한 의식을 고취하는 데 성공했던 것처럼('한 사람당 한 표'라고 번역될 수도 있는 구호 'One man, one vote'에서 man이 '사람'이 아니라 '남자'로 해석되는 것에 반대했다는 뜻이다–옮긴이), 우리는 저런 표현을 용납할 수 없다는 인식을 일으켜야 한다. 가톨릭 아이, 개신교 아이, 무슬림 아이 하는 말은 제발 쓰지 *말자.* 대신 '가톨릭 부모를 둔 아이', '무슬림 부모를 둔 아이'라고 말하자. "이천몇 년이 되면 프랑스 인구의 절반이 무슬림일 것이다" 처럼 기우를 일으키는 인구통계학적 계산들은, 아이란 부모의 종교를 자동으로 물려받는 존재라는 쓸데없는 가정을 바탕에 깔고 있다. 그것은 우리가 맞서 싸워야 할 가정이지, 무신경하게 당연하다고 받아들일 가정이 아니다.

《만들어진 신》이 출간된 뒤 내가 반복적으로 받은 질문이 있다. 우리가 종교를 가진 사람들과 논쟁할 때 회유적이고 '타협적'인 자세를 취해야 하느냐, 아니면 완벽하게 솔직해야 하느냐 하는 질문이었다. 앞에서도 로런스 크라우스와 닐 더그래스 타이슨이 내게 공개적으로 제기했던 질문을 소개하면서 이 문제를 언급했다. 나는 두 접근법이 각각 효과가 있을 거라고 보지만, 서로 다른 청중에게 그럴 것이라고 생각한다. 언젠가 '심술꾸러기가 되지 말라'는 제목의 강연을 들은 적이 있다. 평가가 꽤 좋았던 그 강연의 연사는 청중에게 이런 질문을 던지고는 손을 들어 답해보라고 했다. "누군가 당신을 바보라고 부른다면, 당신은 그의 관점에 조금이라도 더 잘 설득되겠는가?" 당연히 투표 결과는 압도적으로 부정적이었다. 그러나 사실 강연자가 물었어야 하는 것은 다른 질문이었다. "당신은 중립적인 제삼자로서 다른 두 사람의 논쟁을 듣고 있다. 그중 한 명이 상대방을 바보로 보이게 만들 만한 이유들을 제시할 경우, 그 때문에 두 사람에 대한 당신의 선호에 편향이 생기겠는가?" 나는 내가 쓸데없는 개인적 모욕을 가할 만큼 비열한 적은 없었기를 바란다. 하지만 유머러스하거나 풍자적인 조롱은 효과적인 무기가 된다고 믿는다. 그런 조롱은 물론 표적을 정확히 맞혀야 한다. 한번은 미국의 풍자적 애니메이션 〈사우스파크〉가 나를 자신들의 풍자에 포함시켰다. 그것은 꽤 교훈적인 사례였는데, 왜냐하면 풍자의 절반은 표적을 정확하게 맞혀서 제대로 조롱함으로써 "내가 졌군!" 하는 말이 나오게끔 만들었으나(미래에 무신론 '운동'이 분파로 쪼개져서 서로 전쟁을 벌이는 모습을 상상했다), 나머지 절반은 아무런 표적을 노리지 않았고 어떤 의미로도 풍자로 볼 수 없었기 때문이다(내 만화 캐릭터가 대머리 성전환자와 섹스하는 장면이었다).

《만들어진 신》에 비록 '공격적'이진 않아도 예민한 독자라면 지나친 비판으로 느낄 만한 대목들이 있었다고 하더라도, 책의 시작과 끝은 온화하다. '부르카 안에서 바라본 세계'라는 마지막 장은 확장된 비유에 해당한다. 나는 여성의 삶을 무력하게 만드는 부르카에 난 틈이 과학 이전 세계관의 협소함을 상징한다고 말한 뒤, 우리가 그 틈을 넓힘으로써 삶의 즐거움을 향상시킬 수 있는 다양한 방법을 소개했다. 이를테면 과학은 우리가 전자기 스펙트럼에서 감각으로 볼 수 있는 것은 아주 작은 부분에 지나지 않는다는 사실을 알려줌으로써 그 틈을 넓힌다.

《만들어진 신》 첫머리에서, 나는 옛날에 다녔던 학교의 신부를 훈훈하게 회상했다. 그는 꼬마였을 때 풀밭에 턱을 괴고 엎드려 있다가, 훗날 평생의 길이 될 종교를 받아들이게끔 만드는 계시의 순간을 느꼈다고 했다. "갑자기 잔디밭이라는 축소된 숲이 팽창하면서, 온 우주와 그 우주에 몰두해 있던 소년의 넋을 잃은 마음까지 다 담아낸 온 세상이 되었다." 나는 그의 계시를 충분히 존중하는 마음으로 이렇게 썼다. "다른 시기, 다른 장소였다면 내가 그 소년이었을 수도 있었다. 아프리카의 정원에서 플루메리아와 능소화가 내뿜는 한밤의 향기에 취한 채 오리온자리, 카시오페이아자리, 큰곰자리가 반짝이는 밤하늘 아래에서 은하수의 말 없는 음악에 눈물을 글썽이던 내가."

큰곰자리를 언급한 것은 어머니가 소녀 시절에 쓴 시가 떠올라서 일부러 그렇게 한 것이었다. 어머니의 그 시는 다음과 같이 끝난다.

물구나무로 선 큰곰,
그의 앞발은 사과나무 가지들 사이에 있고,
더 어두운 하늘을 배경으로 어둡게 보이는 가지들은
바람에 흔들리며 서로 잔가지를 부딪쳐
작게 쓸쓸하고 구슬픈 소리를 낸다,
밤의 어두운 공허 속에서.

《만들어진 신》의 첫 페이지는 우리가 신학 수업 시간에 그 신부에게 전쟁 중 공군에서 복무했을 때 이야기를 들려달라고 조르곤 했다는 일화를 나 좋을 대로 훈훈하게 떠올리며 맺었다. 그리고 그를 기리는 의미에서 존 베처먼의 온화하고 다정한 시 〈우리 신부님〉을 인용했다.

우리 군종신부는 늙은 조종사라네,
지금은 날개가 꺾였지만,
사제관 정원의 깃대는 아직
더 높은 것을 가리키고 있지.

그 책이 출간된 뒤, 나와 같은 학교에 다닌 웬 졸업생이 내 웹사이트에 이런 시를 남겼다. 나는 무척 기뻤다.

나는 자네의 조종사 신부를 안다네,
내 사감이기도 했으니 당연히 알아야지.
자네는 그의 진보적 견해를 보듬었지만

나는 그냥 그의 딸을 보듬었다네.

영국 사립학교 교육에 결함이 아무리 많아도, 아운들은 이런 시를 써내는 졸업생을 배출한 것만으로도 훌륭한 일을 해낸 게 분명하다.

RICHARD DAWKINS

13

한 바퀴 돌아서 제자리로

My Life in Science

시작했던 곳에서 끝맺겠다. 내 일흔 번째 생일, 랄라가 뉴 칼리지 홀에서 열어준 저녁 파티에 참석한 100명의 손님들 사이에서. 합창단의 향수 어린 노래들이 끝난 뒤 랄라가 일어나서 말했고, 그다음에는 내 스타 제자이자 나중에는 조언자가 되어준 앨런 그래펀이 그다음에는 전 일본 대사이자 이제 케임브리지 처칠 칼리지 학장인 존 보이드 경이 말했고, 그 뒤에 나도 한마디 했다. 나는 짧은 시 한 편으로(시라고 내세우기는 좀 그러니 그냥 운문이라고 해야겠다) 말을 맺었다. A. E. 하우스먼(내가 청년 시절에 제일 좋아했던 시인이고, 빌 해밀턴이 제일 좋아하는 시인이기도 한데, 아닌 게 아니라 하우스먼의 〈슈롭셔 젊은이〉의 멜랑콜리한 주인공은 정말 빌을 떠올리게 한다), 성경의 시편, 조지 거슈윈과 아이라 거슈윈, 영국의 국기國技인 크리켓, 셰익스피어, G. K. 체스터턴, 앤드루 마벌, 딜런 토머스, 키츠를 떠올리게 하는 패러디로 채워진 시였다.

이제 나는 60년하고도 10년을 더 살았으니
70년이 또다시 오진 않으리.
그리고 70번의 봄에서 내 운명을 빼면…
내게 얼마나 남았는지를 뺄셈이 알려준다.
하지만 그건 고대 시편 작가의 말을 믿을 만큼
걱정 많은 사람에게나 해당되는 이야기.
성스러운 경전에 뭐라 적혀 있든
나는 눈곱만큼도 신경을 안 쓰는 사람이다.
보험 통계의 신비주의자들은 썩 꺼지길!
나는 엄정한 통계학과 운명을 같이하겠다.
성경은 오래되고 예스러울지라도…
꼭 다 맞는 건 아니다… 꼭 그렇지만은 않지
(나는 조지, 아이라와 의견을 같이한다).
죽음의 사신의 활 너머로 나는
경고의 사격을 날리겠다. 나는
인생의 심판이 내게 아웃을 선언하도록,
'레그비포'나 '코트앤드볼드'를 선언하도록 놔두진 않겠다,
적어도 내가 정말로 늙어서
그 목적지에 도달하는 날까지는 — 우리가 알기로
어떤 여행자도 그로부터 다시 돌아오지 않는다는 그 목적지에.
그 깔끔한 여관 — 매리엇 수준은 아니지만 —
시간의 날개 달린 전차가 예고하는 그곳에.

아직은 내게 어두운 밤을 순순히 길들일 시간이 있다.

세상을 환히 밝힐 시간이 있다.

또 하나의 새 무지개를 풀어버릴 시간이 있다,

영원한 안식에 들기 전에.

감사의 말

다양한 종류의 조언, 도움, 지원을 준 이 사람들에게 고맙다.

랄라 워드, 랜드 러셀, 메리언 스탬프 도킨스, 샐리 가미나라, 힐러리 레드먼, 질리언 서머스케일스, 실라 리, 존 브록먼, 앨런 그래펀, 라르스 에드바르 이베르손, 데이비드 레이번, 마이클 로저스, 줄리엣 도킨스, 제인 브록먼, 로런스 크라우스, 제러미 테일러, 러셀 반스, 제니퍼 소프, 바르트 포르장어, 미란다 헤일, 스티븐 핑커, 리사 브루나, 앨리스 다이슨, 루시 웨인라이트, 캐럴린 포르코, 로빈 블룸너, 빅터 플린, 앨런 캐넌, 테드 캘러, 에디 타바시, 래리 섀퍼, 리처드 브라운.

주

1 영국에서 사립학교를 가리킬 때 쓰는 이상한 표현이다.

2 《리처드 도킨스 자서전 1》에서 회상했듯이, 용접은 내가 아운들 스쿨의 자랑거리로 선전되는 공작실에서 배운 거의 유일한 기술이다.

3 이 서평들 중 엄선된 것을 보려면 웹 부록을 보라.

4 P. B. Medawar, 'D'Arcy Thompson and growth and form', in *Pluto's Republic* (Oxford, Oxford University Press, 1982).

5 내가 컬런의 장례식에서 읽은 추모사 중 적잖은 부분이 《리처드 도킨스 자서전 1》에 실려 있다.

6 그는 상냥한 신사로, 히스테릭한 일부 무슬림들이 살만 루슈디의 피를 요구하며 울부짖었을 때 그가 그 저명 문필가를 자기 집에서 안전하게 보호해주었다는 이야기를 들은 뒤로 나는 그를 존경해왔다.

7 행사 전에 우리를 연습시켜준 왕실 시종이 단단히 일렀듯이, Ma'm(마담)은 흔히들 그러는 것처럼 '맘'이라고 발음하면 안 되고 '맴'이라고 발음해야 한다.

8 *도킨시아 필라멘토사*가 수조 속에서 다투는 모습을 찍은 멋진 영상도 있다. https://www.youtube.com/watch?v=FnWprpFYJhQ.

9 이 엉뚱한 일화는 내 친구 스티븐과 앨리슨 코브 부부의 경험과 아주 비슷하다. 스티브의 업인 야생동물 보존 활동차 우간다 서부에 갔을 때, 그들은 작은 마을에서 랜드로버를 세웠다. 그리고 아프리카에서 으레 그렇듯이, 방글방글 웃는 아이들에게 둘러싸였다. "안녕, 얘들아. 잘 지내니?" 코브 부부는 정중하게 물었다. 그러자 아이들이 완벽한 요크셔 억양으로 합창하듯 대답했다. "그냥 그래요." 아마도 요크셔 출신 선교사에게 영어를 배운 모양이었다.

10 http://archive.wired.com/wired/archive/14.11/atheism.html.

11 http://edge.org/documents/archive/edge178.html.

12 액설로드의 《협력의 진화》 2판에 내가 실은 서문에서 발췌했다.

13 '보드민bodmin'은 말할 것도 없다(구글에서 '더글러스 애덤스'와 함께 검색해보라).

14 그가 어렸을 때 학교에서 소풍을 가면 아이들이 시계탑 밑이 아니라 "애덤스 밑에서" 만나자고 말했다고 한다.

15 영국인이 아닌 독자가 이 사소한 불평을 이해하려면 설명이 좀 필요할 것이다. 영국에서 '오너러블Honourable'은 귀족 자제들에게 주어지는 칭호지만, 'FRS(왕립학회원 Fellow of the Royal Society)'는 과학자들에게 수여되는 진정한 작위다.

16 사실은 나도 '보편 생명의 교회' 목사다. 우리집 1층 화장실에 걸려 있는 서품서는 얀 웡이 농담 삼아 내 생일 선물로 사준 것이다. 로런스 크라우스도 같은 종파의 목사인데, 그는 실제로 그 자격을 써서 결혼식을 집전한 적이 있다. 로런스와 문제의 커플이 확인해본바, 그의 집전은 정말 법적으로 유효하다고 한다.

17 이 책을 쓰는 동안, 슬프게도 덩컨 댈러스의 사망 소식을 신문에서 읽었다. 그는 텔레비전 작업 외에도 '카페 사이언티피크'를 만들어 운영했다. 좀 더 많은 이에게 과학을 알리기 위한 풀뿌리 조직인 그 훌륭한 단체는 그의 고향 리즈에서 시작되어 영국 전역과 해외로까지 퍼졌다.

18 모든 유럽인의 미토콘드리아는 딱 일곱 가지 범주 중 하나에 속한다. 즉, 모든 유럽인은 단 일곱 명의 미토콘드리아 여족장 중 어느 한 명의 후손이다(한편 그 여족장들은 훨씬 더 과거에 아프리카에서 살았던 '미토콘드리아 이브'의 후예들이다). 사이크스는 책에서 유럽의 일곱 여족장에게 각각 이름을 붙여 극화함으로써, 그들이 어디에서 살았는지를 알려주고 그들 각각에 관한 짧은 이야기도 지어내 들려주었다. 좋은 책이니 추천한다. 사이크스는 Y염색체에 대해서도 똑같은 작업을 했다. 모든 유럽인의 Y염색체를 추적해 단 17명의 Y염색체 남족장을 밝혀낸 것이다. 그 남족장들은 모두 이른바 'Y염색체 아담'의 후예들이다.

19 '이야기들의 망'이라는 이름의 다음 웹사이트에서 볼 수 있다. http://webofstories.com/play/john.maynard.smith/1.

20 나는 이 구절을 내 〈가디언〉 기사에 인용했다. 크레이그 자신의 '정당화'를 더 읽고 싶다면 다음 웹사이트를 보라. http://www.reasonablefaith.org/the-slaughter-of-the-canaanites-re-visited.

21 기사 전문은 여기에서 읽을 수 있다. bit.ly/1fXPAGS.

22 R. Stannard, *Doing Away with God* (London, Pickering, 1993).

23 CICCU(케임브리지 칼리지 간 기독학생연합)의 로비가 악명 높을 만큼 힘이 세다는 사실을 떠올리면 놀라움이 가실지도 모른다.

24 전문은 다음을 보라. bit.ly/1rY74rY.

25 다음을 보라. http://www.electricscotland.com/history/glasgow/anec305.htm.

26 https://www.youtube.com/watch?v=tD1QHO_AVZA.

27 http://bit.ly/1AUT0GJ.

28 bit.ly/1iGJRVQ.

29 '포우닝'은 '제압하다'는 뜻으로 통하는 '오우닝'에서 우연히 철자 하나가 잘못된 것이 이후 돌연변이 밈으로서 선호된 것 같다. 질리언 서머스케일스는 내게 이 단어는 글로 적힌 것만 봤지 누가 발음하는 건 한 번도 못 들어봤다면서 "'발화되지 않는' 형

태의 언어도 등장할 수 있을까요?"라고 물었다. 만일 가능하다면, 'LOL'은 문자로만 존재하는 단어들의 사전에 추가할 또 하나의 후보일 것이다.

30 http://www.scientificamerican.com/article/should-science-speak-to-faith-extended/ 웹 부록도 보라.

31 *Glasgow Sunday Herald*, 5 Sept. 2004.

32 https://www.youtube.com/watch?v=eUMI3_QLmoM.

33 이 만남을 기록한 영상은 여기에서 볼 수 있다. https://www.youtube.com/watch?v=-_2xGIwQfik. 이 동영상은 200만 회가 넘는 조회수를 기록했다.

34 https://www.youtube.com/watch?v=n7IHU28aR2E.

35 이 책을 인쇄하려던 즈음, 당시 같은 편 토론자였던 A. C. 그레일링 교수를 우연히 오찬에서 만났다. 거짓 기억 이야기가 나와서, 나는 이 일화를 그에게 말해주었다. 그런데 그도 정확히 똑같은 거짓 기억을 갖고 있다고 고백했다. 우리는 둘 다 놀라지 않을 수 없었다. 내가 실제 대사를 들려주자 그는 못 미더워했지만, 촬영된 증거는 확실하다. 우리는 둘 다 똑같은 거짓 기억을 지어낸 것이다. 이런 일이 얼마나 자주 벌어질까? 이것은 내가 생각했던 것보다 더 목격자 증언의 신뢰도를 훼손하는 증거인 듯하다. 우리가 목격했다고 여겼던 상황이 토론회에서 누가 끼어드는 장면이 아니라 심각한 범죄였다고 상상해보라. 두 증인이 독립적으로 내놓은 증언이 똑같은데, 게다가 둘 다 대학 교수인데, 두 증인이 모두 거짓 기억 증후군을 겪고 있는 거라고 변호사가 아무리 주장한들 배심원단이 그 증거를 내버리겠는가?

36 http://www.secularhumanism.org/index.php/articles/3136.

37 2011년 이전에는 국제무신론자연맹이 수여했다.

38 내 연설 전체를 보려면 웹 부록을 참고하라. 우리 둘의 발언과 이어진 질문은 다음 영상에서 들을 수 있다. https://www.youtube.com/watch?v=8UmdzqLE6wM.

39 http://edge.org/conversation/thank-goodness.

40 Pulverbatch, 구글에서 이 단어를 '더글러스 애덤스'와 함께 검색해보라. (애덤스가 지어낸 단어로, 책 표지 저자소개에서 유명 저자가 자신이 젊었을 때 얼마나 희한한 직업들을 가졌는지 읊은 대목을 뜻한다. – 옮긴이)

41 영국인이 아닌 독자를 위해 설명하자면, 〈아처스〉는 BBC 라디오에서 방송되는 인기 드라마로, 가상의 시골 마을에서 농사를 지으며 살아가는 사람들의 삶과 반목을 다룬다.

42 극히 드문 예외가 있을 수 있겠지만, 너무 드물어서 여기서 구태여 말할 필요도 없다.

43 나는 찰스의 파자마 파티를 위해 쓴 시에서도 이 사실을 언급했었는데, 안타깝게도 시를 잃어버려서 다음 두 행만 기억난다. "최고의 샴페인이 있고, 최고의 음식이 있지."

44 S. J. Gould, 'Caring groups and selfish genes', ch. 8 in *The Panda's Thumb* (New York, Norton, 1980). (한국어판 제목은 '판다의 엄지'다. – 옮긴이)

45 이 글을 싣도록 허락해준 내털리 바탈라에게 고맙다.

46 실제로는 이보다 약간 더 복잡하다. 어떤 개체군 내에서 흔한 유전자라면 애초에 대부분의 개체들이 공유하고 있을 것이다(심지어 다른 종의 개체들도 대부분 공유할 것이다). 혈연선택 이론에서 어떤 유전자를 '공유할 확률'이라고 말하는 것은 곧 '전체 개체군의 기준선을 넘어설 확률'과 비슷한 뜻이다. 이 미묘한 개념을 시각화하는 최선의 방법은 앨런 그래펀이 개발한 기하학 모형을 쓰는 것이다. 다음 책에서 그래펀의 글을 참고하라. R. Dawkins and M. Ridley, eds, *Oxford Surveys in Evolutionary Biology*, vol. 2 (Oxford, Oxford University Press, 1985), pp. 28-9.

47 40번 이야기, 'W. D. 해밀턴: 포괄 적합도'. 다음을 보라. http://www.webofstories.com/play/john.maynard.smith/40.

48 대립 유전자란 개체군의 염색체에서 그 유전자와 같은 유전자자리에 있는 대안 유전자를 말한다.

49 D. P. Hughes, J. Brodeur and F. Thomas, eds, *Host Manipulation by Parasites* (Oxford: Oxford University Press, 2012).

50 http://www.sciencedaily.com/releases/2009/01/090119081333.htm.

51 맥락상 이것은 '생태지위 건설'이라는 모호한 이론을 비꼰 말이었다.

52 네스의 공저자였던 훌륭한 연구자 조지 C. 윌리엄스는 애석하게도 이미 세상을 떴다.

53 닉 데이비스는 이 놀라운 새에 대해 우리 세대에서 제일가는 권위자다. 그의 2015년 책《뻐꾸기: 속이는 본성》(London, Bloomsbury)을 보라.

54 https://www.youtube.com/watch?v=cO1a1Ek-HD0.

55 Peter Medawar, 'Two conceptions of science' (1965), reprinted in *Pluto's Republic*.

56 호일 경은 심지어 교만하기까지 했다. 그 유명한 화석 새인 시조새가 가짜라고 주장하면서, 물리학자라면 누구도 그런 허술한 증거를 생물학자들처럼 받아들이진 않을 거라고 말했을 때가 그랬다. 그는 물론 아주 탁월한 물리학자였다. 별 내부에서 화학원소들이 형성되는 과정을 밝힌 연구는 마땅히 그에게 노벨상을 안겨주었어야 했다. 사실 같은 연구를 한 다른 동료는 실제로 노벨상을 받았다(미국 물리학자 윌리엄 파울러를 가리킨다 – 옮긴이).

57 이 장을 쓴 직후, 미국 켄터키주의 뛰어난 프로그래머 앨런 캐넌이 내게 연락을 해왔다. 그는 내 아스로모프 프로그램과 그 밖의 '시계공' 프로그램들을 부활시켜 요즘의 컴퓨터에서 돌아가게 만들겠다고 자청했다. 시계공 프로그램의 최신 버전은 다음 웹사이트에서 다운로드받을 수 있다. https://sourceforge.net/projects/watchmakersuite.

58 우연이지만, 내 제자였고 지금은 동료이며 진화에 관한 시각이 나와 아주 비슷한 마크 리들리가《협력하는 유전자》라는 책을 냈다. 정확히 말하자면 미국판 제목이다. 원래 영국판 제목은 '멘델의 악마'다.

59 여담이지만, 최근 등장한 '후성유전학'이라는 용어와 헷갈려서는 안 된다. 후성유전

학은 유전자 *발현*의 변화가(물론 정상적인 발생 과정에서도 이런 변화는 늘 일어나는데, 만일 그렇지 않다면 몸의 모든 세포가 똑같을 것이다) 후대에 전달될 수 있다는 개념을 가리키는 말로 쓰이는데, 요즘 아주 인기 있지만 지나치게 과장 선전되는 개념이다. 물론 세대를 넘어서는 그런 효과가 이따금 벌어질 수는 있다. 그것이 드물기는 해도 꽤 흥미로운 현상인 것도 사실이다. 하지만 대중매체가 세대에서 세대로의 형질 전달이 드물고 흥미로운 변칙이 아니라 후성유전학의 정의 자체에 포함되는 현상인 것처럼 이 용어를 오용하는 건 부끄러운 일이다.

60 이 '적합한suitable'이라는 단어는 오늘날 우스운 결과를 잔뜩 빚어내는 '자동 수정' 소프트웨어의 인간 버전이 만들어낸 오식으로, 원래는 아마 '안정된stable'이었을 것이다. 정말 그렇다면 절묘한 오류가 아닐 수 없다. 두 단어가 다 적절하기 때문이다. 어쩌면 이것은 유익한 밈 돌연변이의 드문 사례일지도 모른다.

61 나는 줄리언 헉슬리를 딱 한 번, 그가 노인이고 내가 청년이었을 때 만났다. 옥스퍼드 동물학부는 세 원로 앨리스터 하디, 존 베이커, E. B. 포드의 공동 초상을 의뢰한 뒤, 완성된 그림을 공개하는 자리에 줄리언 경을 초대했다. 그는 연설문을 한 쪽 한 쪽 읽으면서 다 읽은 것은 손에 쥔 종이뭉치 맨 밑으로 돌렸다. 그렇게 마지막 장을 다 읽고 맨 밑으로 돌린 뒤, 그는 처음부터 다시, 맨 위에 있는 장부터 다시 읽기 시작했다. 참석한 학생들이 짓궂게시리 재밌어하면서 듣는 동안, 그는 연설문 전체를 두 번 다 읽고 세 번째로 읽으려 했다. 그때 그의 아내가 허둥지둥 나와서 그의 팔을 잡고 서둘러 단상에서 끌어내렸다.

62 다섯 번째 강연, 20분 지점. http://richannel.org/christmas-lectures/1991/richard-dawkins#/christmas-lectures-1991-richard-dawkins--the-genesis-of-purpose.

63 다섯 번째 강연, 18분 지점. http://richannel.org/christmas-lectures/1991/richard-dawkins#/christmas-lectures-1991-richard-dawkins--the-genesis-of-purpose.

64 https://www.youtube.com/watch?v=qR_z85O0P2M.

65 '뭐는 어때 전략Whataboutery'은 영어 어휘에 포함될 찰나인 신생 표현이다(위키피디아에는 항목이 생겼지만 《옥스퍼드 영어 사전》에는 아직 오르지 않았다). 이 말은 주로 뭔가 다른 데로 주의를 돌림으로써 애초의 부정적 논점을 약화시키려는 의도로 쓰인다.

66 같은 신화의 이슬람 버전에서는 이삭이 아니라 이스마엘을 바쳤다고 한다.

67 다음 책에 실린 내 글 〈버스 미스터리〉 중 일부를 발췌했다. Ariane Sherine, ed., *The Atheist's Guide to Christmas* (London, HarperCollins, 2009).

출처

컬러 화보

5	피터 메더워 경: © Godfrey Argent Studio
6	니코 틴베르헌: courtesy Lary Shaffer
7	빌 해밀턴: photo courtesy Marian Dawkins
8	존 메이너드 스미스: courtesy the University of Sussex
10	더글러스 애덤스: © LFI/Photoshot
11	칼 세이건, 1984년경: NASA/Cosmos
12	데이비드 애튼버러와 리처드 도킨스: © Alastair Thain
13	〈게인즈빌 선〉 1979년 5월 11일 자 기사: courtesy Jane Brockmann
14	스펙스 조롱박벌: courtesy Jane Brockmann
16	파나마의 스미스소니언 열대 연구소 전경, 1977년: © STRI
18~19	프리츠 볼라트, 마이클 로빈슨: 저자가 제공한 사진
20	크론베르크 슐로스호텔: © imageBROKER/Alamy
21	칼 포퍼, 1989년: IMAGNO/Votava/TopFoto
22	우주인 그림: STARMUS courtesy Garik Israelien
23~24	스타머스 학회, 짐 러벌과 알렉세이 레오노프, 2011년 6월: 둘 다 © Max Alexander
25	일리노이 주 에번스턴의 인간 행동 및 진화 학회 첫 모임, 1989년 8월: courtesy Professor Edward O. Wilson
26	멜부에서 리처드 도킨스, 1989년: photo by Tone Brevik courtesy Nordland Akademi, Melbu
27	베티 페테르센, 1992: courtesy Nordland Akademi, Melbu
28	멜부 전경: photo Odd Johan Forsnes courtesy Nordland Akademi, Melbu
31	리처드 도킨스와 닐 더그래스 타이슨, 하워드 대학, 2010년 9월: Bruce F Press, Bruce F Press Photography
32	리처드 도킨스와 로런스 크라우스: 저자가 제공한 사진
33	리처드 도킨스와 랄라, 1992년: © Norman McBeath

34 리처드 도킨스와 캔터베리 대주교 로언 윌리엄스, 옥스퍼드, 2012년 2월: Andrew Winning/Reuters/Corbis

35 로버트 윈스턴과 리처드 도킨스, 첼트넘 문학 페스티벌, 2006년 10월: © Retna/Photoshot

36 리처드 도킨스와 조앤 베이크웰, 헤이 페스티벌, 2014년 5월: © Keith Morris News/Alamy

37 책에 사인 중인 리처드 도킨스: Mark Coggins

39~40 연례 펀트 경주에서 앨런 그래펀과 빌 해밀턴, 1970년대 중반: courtesy Marian Dawkins

41 연례 펀트 경주, 1976년경: photo Richard Brown

43 마크 리들리, 1978년경: courtesy Marian Dawkins

44 리처드 도킨스, 프랜시스 크릭, 랄라, 리처드 그레고리, 옥스퍼드, 1990년대 초: photo by Odile Crick suppled by the author

45 리처드 애튼버러에게 명예 학위를 받는 리처드 도킨스, 서식스 대학, 2005년 7월: photo courtesy the author

48~50 왕립연구소 크리스마스 강연, 1991년 런던: 방송 〈Growing Up in the Universe〉에서

51~54 일본 강연, 1992년 일본: © The Yomiuri Shimbun

55~58 트리톤의 이디스 위더, 트리톤의 리처드 도킨스, 마크 테일러, 츠네미 쿠보데라, 대왕오징어: courtesy Edith Widder

59 라자 암팟, 인도네시아: © Images & Stories/Alamy

60 카누에 탄 리처드 도킨스: photo Ian Keller supplied by the author

61 헤론 섬의 리처드 도킨스: 저자가 제공한 사진

62 대보초 헤론 섬: © Hilke Maunder/Alamy;

64 부계 부족 계통도(살짝 수정됨): © Oxford Ancestors

65 리처드 도킨스와 제임스 도킨스: 저자가 제공한 사진

67 겐나디 파드칼카 대령(위), 찰스 시모니(가운데), 비행 엔지니어 마이클 R. 배럿, 익스피디션 19호 발사일에 카자흐스탄에서, 2009년 3월: NASA/Bill Ingalls

68 시애틀의 집에서 찰스 시모니, 1997년경: © Adam Weiss/Corbis

69 대니얼 데닛, 헤이 페스티벌, 2013년 5월: © D. Legakis/Alamy

70 재러드 다이아몬드, 콜로라도 애스펀, 2010년 2월: © Lynn Goldsmith/Corbis

71 리처드 그레고리: Martin Haswell

72 스티븐 핑커, 1997년

73 왕립 천문학자 마틴 리스, 2009년 5월: © Jeff Morgan 12/Alamy

74 케냐에서 리처드 리키, 1994년 1월: David O'Neill/Associated Newspapers/Rex

75	패서디나의 기자회견에서 카시니 우주선이 보내온 첫 영상들을 공개하고 있는 캐럴린 포르코, 2004년 7월: Reuters/Robert Galbraith
76	해리 크로토, 2004년: Nick Cunard/Rex
77	폴 너스, 2004년 10월: © J. M. Garcia/epa/Corbis
80	리처드 도킨스와 러셀 반스, 〈종교 학교의 위협〉: courtesy ClearStory
81	리처드 도킨스와 고릴라: Tim Cragg
82	〈찰스 다윈의 천재성〉을 촬영하고 있는 팀 크랙과 애덤 프레스코드: courtesy ClearStory
83~84	예루살렘 통곡의 벽에서 리처드 도킨스, 루르드에서 리처드 도킨스: Tim Cragg
85	폐품 하치장에서 리처드 도킨스: 저자가 제공한 사진
86	의자 커버와 정육면체를 든 랄라: 저자가 제공한 사진
87	집에서 리처드 도킨스, 1991: Hyde/Rex
90~92	데번에서 열린 '밈랩' 모임의 대니얼 데닛, 수 블랙모어, 리처드 도킨스, 2012 / 밈랩에서 중국 배 접기를 하는 모습: 둘 다 photos by Adam Hart-Davis, courtesy Sue Blackmore
94	70세 생일 파티, 뉴칼리지, 2011: photo Sarah Kettlewell

찾아보기

ㄱ

ㄴ

ㄷ

ㅁ

ㅂ

ㅅ

ㅇ

ㅈ

ㅊ

ㅋ

기타

RICHARD
DAWKINS